21世纪面向工程应用型计算机人才培养规划教材

Flash CS5 动画设计技术与实践

孟祥光　主编

清华大学出版社
北京

内 容 简 介

Flash CS5 是 Adobe 公司最新推出的一款优秀的矢量动画制作软件，如今 Flash 动画已经被广泛应用到网站广告、游戏制作、课件制作、电子贺卡等领域。本书详细介绍了初学者必须掌握的基础知识、操作方法和案例应用。

本书共分为 14 章，主要包括动画基础知识、Flash 快速入门、绘制基本图形图像、使用 Deco 工具、使用文本工具、时间轴与图层、元件与库、动画制作基础、滤镜的使用、多媒体在动画中的使用、ActionScript 动作脚本基础、组件、测试与发布影片和综合实例制作等。

本书语言简洁、内容丰富，由浅入深地介绍了 Flash CS5 动画制作的相关基础知识以及动画的制作方法，适合作为自学和考试的参考用书，也可以作为培训学校动画专业教学参考用书。

图书在版编目(CIP)数据

Flash CS5 动画设计技术与实践/孟祥光主编. —北京：清华大学出版社，2012.3
(21 世纪面向工程应用型计算机人才培养规划教材)
ISBN 978-7-302-26482-8

Ⅰ. ①F… Ⅱ. ①孟… Ⅲ. ①动画制作软件，Flash CS5－高等学校－教材 Ⅳ. ①TP391.41

中国版本图书馆 CIP 数据核字(2011)第 166571 号

责任编辑：高买花 薛 阳
封面设计：杨 兮
责任校对：李建庄
责任印制：杨 艳

出版发行：清华大学出版社
网 址：http://www.tup.com.cn，http://www.wqbook.com
地 址：北京清华大学学研大厦 A 座 **邮 编**：100084
社 总 机：010-62770175 **邮 购**：010-62786544
投稿与读者服务：010-62776969，c-service@tup.tsinghua.edu.cn
质 量 反 馈：010-62772015，zhiliang@tup.tsinghua.edu.cn
课 件 下 载：http://www.tup.com.cn，010-62795954
印 刷 者：北京富博印刷有限公司
装 订 者：北京市密云县京文制本装订厂
经 销：全国新华书店
开 本：185mm×260mm **印 张**：27.5 **字 数**：688 千字
版 次：2012 年 3 月第 1 版 **印 次**：2012 年 3 月第 1 次印刷
印 数：1～3000
定 价：44.50 元

产品编号：041566-01

前 言

foreword

21世纪是个快节奏的网络时代，很多事物都是日新月异。Flash就像网络大军中的一道彩虹，被广泛应用于网页制作、游戏制作、课件展示、网络广告、手机、电视等领域，是目前一种极其重要的二维动画制作手段，Flash CS5是Adobe公司最新推出的Flash软件版本，具有界面友好、操作简便、功能强大和易于掌握等特点，深受网页设计、动画制作人员的青睐。

本书特色

本书通过多个实用且经典的范例，由浅入深、循序渐进地介绍了Flash CS5软件的基本功能、新增功能和各种动画的制作方法，其结构清晰、案例实用、文字通俗易懂，全程图解更加易于读者轻松学习。

本书配送相关学习资源，其内容与书中内容紧密结合，包括实例所需要的全套素材、实例源文件以及相应效果图便于读者轻松学习，可到网址http://www.tup.tsinghua.edu.cn免费下载。

本书内容安排

全书共分为14章，系统、全面、深入地讲解了Flash CS5的最新功能以及操作方法。

第1章　Flash CS5动画的基础知识。主要讲解了Flash动画的发展历史及特点、Flash动画的设计原则及应用领域、图像的基础知识及Flash动画配色、Flash动画的制作流程和Flash动画基本术语。

第2章　Flash CS5快速入门。主要讲解了Flash CS5的安装、启动与退出、认识Flash CS5的工作界面、Flash CS5文档的基本操作、设置动画环境和应用辅助工具。

第3章　Flash CS5绘制基本图形图像。主要讲解了绘图工具、色彩填充、查看工具、调整工具和相关绘图实例讲解。

第4章　Deco工具的使用。主要讲解了Deco工具中多种类型的具体使用方法。

第5章　Flash CS5文本工具。主要讲解了文本的基本操作、文本的编辑和文本的特效处理。

第6章　时间轴与图层。主要讲解了时间轴概述、帧的操作、认识图层以及相关实例制作。

第7章　元件和库。主要讲解了元件、实例与库、如何创建元件、如何导入位图图像以及如何编辑元件等操作。

第8章　动画制作基础。主要讲解了逐帧动画、动作补间动画、形状补间动画、引导层动画以及遮罩动画。

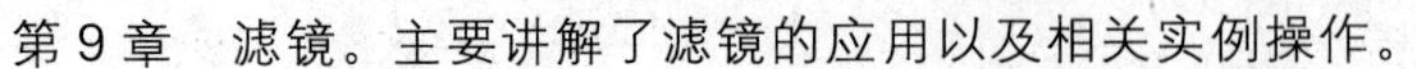

第 9 章　滤镜。主要讲解了滤镜的应用以及相关实例操作。

第 10 章　多媒体在动画中的应用。主要讲解了在 Flash CS5 中如何使用声音和导入视频文件。

第 11 章　ActionScript 动作脚本语言应用。主要讲解了 ActionScript 简介、“动作”面板和 ActionScript 基本语法语句。

第 12 章　认识组件。主要讲解了组件基础知识和如何添加文本组件。

第 13 章　影片测试与发布。主要讲解了影片的测试与优化、影片的发布设置、影片的导出和发布以及相关实例讲解。

第 14 章　综合实例制作。主要讲解了 Flash 技术在各领域中具有实际代表性实例操作，每个实例的步骤都详细易懂。

本书读者对象

本书是真正面向实际应用的 Flash 入门基础用书，不管是对于不具备任何软件操作基础的读者还是具有相关图形图像软件操作基础的读者，或者是网页设计人员来说，本书都是学习 Flash 二维动画的入门基础必备用书。

本书在编写过程中得到了很多朋友的支持，在此表示衷心的感谢。由于水平有限，书中错误与不足之处在所难免，敬请广大读者朋友批评指正。

编者

2011 年 12 月

目录

contents

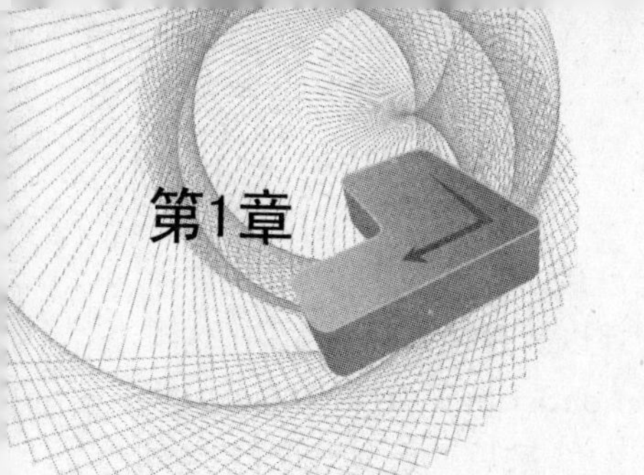

chapter 1

Flash CS5动画基础知识

Flash CS5 是一款优秀的集多种功能于一体的多媒体制作软件，主要用于动画制作、多媒体制作和动态网页制作等方面。利用 Flash 软件可以制作与传统动画相同的帧动画。而且简化了许多传统动画的制作流程，同时还能够为创作者节约更多时间。

本章主要向读者介绍有关 Flash 的一些知识，以便为以后学习 Flash 动画制作打下良好基础。

1.1 Flash 动画的发展历史及特点

1.1.1 了解 Flash 的发展历史

21 世纪是一个网络时代，如今，Flash 已经成为了一个新名词，作为一款矢量图形编辑和动画制作的专业软件，Flash 受到了很多设计师的宠爱，而且网络在近几年的迅速发展和网速的提高，使人们对视觉效果的追求越来越高，所以 Flash 的发展得到了充分的认识和肯定。

Macromedia 公司成立于 1992 年，在 1998 年收购了一家开发制作 Director 网络发布插件的名为 Future Splash 的小公司，随即发展了 Future Splash，就是 Flash 系列。

在 1996 年，微软网络(The Microsoft Network，MSN)使用 Future Wave 公司的 Future Splash 软件设计了一个接口，以全屏幕广告动画来仿真电影，在当时连 JPG 与 GIF 图片都很少使用的时代，这是一项让人惊叹的创举。这使得业界对 Future Splash 软件投以了高度的关注。此后 Macromedia 公司收购了该软件，并将其改名为 Flash。

1999 年 6 月，Macromedia 公司推出了 Flash 4.0，同时推出了 Flash 4.0 播放器，这一举动不仅给 Flash 带来了无限广阔的发展前景，而且使得 Flash 成为真正意义上的交互式多媒体制作工具。

经过了 1999 年过渡形式的 Flash 4.0 后，2000 年 Macromedia 推出了具有里程碑意义的 Flash 5.0。在 Flash 5.0 中首次引入了完整的脚本语言，即 ActionScript 1.0，这是 Flash 迈向面对对象的开发环境领域的第一步。

在 Flash 5.0 发布时，Macromedia 公司将 Flash 的发展与 Dreamweaver 和 Fireworks 整合在一起，它们被称为“网页三剑客”。

2002 年推出了 Flash 5.0 的一个增强版本，即 Flash MX(Flash 6.0)，新增了 Freehand 10 和 ColdFusion MX。Freehand 是一款矢量绘图软件，用来弥补 Flash 在绘画方面的不

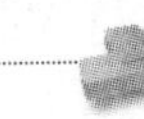

足，ColdFusion 是多媒体后台。

Macromedia 公司在 2004 年推出了 Flash MX 2004，自此以后，Flash 陆续集成了动态图像、动态音乐和动态流媒体等技术，并且添加了组件、项目管理以及预建数据库等功能，使得 Flash 功能更加完善。另外，Macromedia 公司还发布了 ActionScript 2.0，重新对 Flash 的 ActionScript 脚本语言进行了整合，摆脱了 JavaScript 脚本语法，采用了更为专业的 Java 语言规范，使得 Action 成为一个面向对象的多媒体编程语言。

2005 年，Macromedia 公司又推出了 Flash 8.0，扩展了 SWF 文件演示的舞台区域，并加强了渐变色、位图平滑、混合模式、效果滤镜、发布页面等各方面的功能。Flash 8.0 的启动界面如图 1-1 所示。

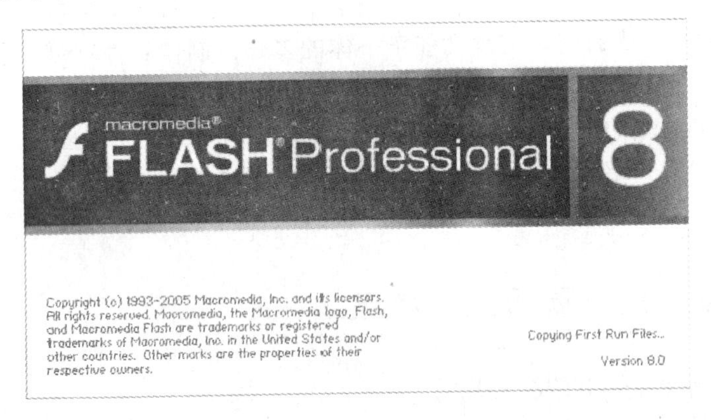

图 1-1

随后，Macromedia 公司被 Adobe 公司收购，Adobe 公司推出了全新的 Flash CS3，与以往 Flash 版本相比，增加了许多全新的功能，更具灵活性。其中，包括了对 Photoshop 和 Illustrator 文件的本地支持，以及复制、移动等功能，并且整合了 ActionScript 3.0 脚本语言的开发。Flash CS3 的启动界面如图 1-2 所示。

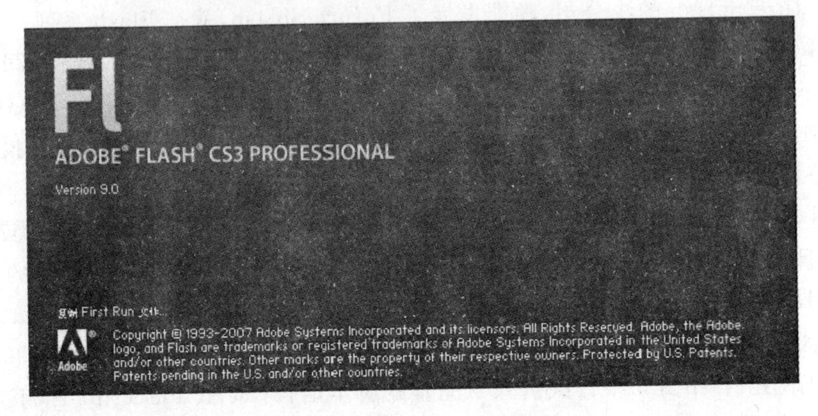

图 1-2

经过了 2008 年推出的 Flash CS4 版本后，在 2010 年 4 月，Adobe 公司推出了全新版本 Flash CS5，其强大的功能和交互性又一次引领了动画潮流，使得 Flash 逐渐走进每个人的生活。图 1-3 为 Flash CS5 的启动界面。

图 1-3

1.1.2 了解 Flash CS5 的优势及特点

在动画领域中，Flash 只是一种矢量编辑软件，但与其他同类型产品相比，Flash 除了简单易学之外，还有着其他明显的优势。

- 在 Flash CS5 中，可以导入 Photoshop 中生成的 PSD 文件，被导入的文件不仅保留了源文件的结构，而且不会更改 PSD 文件中的图层名称。
- 在 Flash CS5 中，可以更完美地导入 Illustrator 矢量图形文件，并保留其所有特性，包括精确的颜色、形状、路径和样式等。
- 在 Flash CS5 中，可以使用内置的滤镜效果（如阴影、模糊、高光、斜面、渐变斜面和颜色调整等效果），可以创造出更具吸引力的作品。
- 在 Flash CS5 中，可以使用钢笔工具，使得用户在绘制图形时能更加得心应手地控制图形元素。
- 在 Flash CS5 中，可以使用功能强大的形状绘制工具处理矢量图形，能以自然、直观的方式轻松弯曲、擦除、扭曲、斜切和组合矢量图形。
- 使用 Flash Player 中的高级视频 On2 VP6 编解码器，可以在保持视频稳健的同时拥有较小体积，制作出可与当今最佳视频编解码器相媲美的视频。

作为一款二维动画设计软件，能在短短几年内风靡全球，和它自身鲜明的特点是分不开的。Adobe 公司推出的 Flash CS5 集成了 Flash 早期版本的各种优点，并且在基础上进行了大幅度改进，其交互性和灵活性得到了很大提高。另外，Flash CS5 还提供了功能强大的动作脚本，并且增加了对组件的支持。Flash CS5 的特点主要有以下几方面。

- 体积小：在 Flash 动画中主要使用的是矢量图，使得 Flash 文件体积小、效果好、图像细腻，而且对于网络带宽要求低。
- 适用于网络传播：Flash 动画可以放置于网络上，用来供浏览者欣赏和下载，可以利用这一优势在网络上广泛传播，比如由 Flash 制作的 MV 比传统的 MTV 更加容易在网络上传播，而且网络传播无地域之分，也无国界之别。
- 交互性强：Flash 动画与其他动画最大的区别就是交互性。所谓交互，就是指用户通过键盘、鼠标等输入工具，实现作品的各个部分自由跳转从而控制动画的播放。Flash 的交互功能是通过用户的 ActionScript 脚本语言来实现的。使用

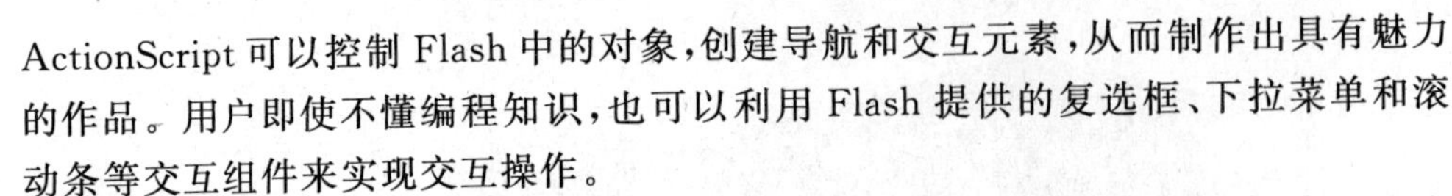

ActionScript 可以控制 Flash 中的对象，创建导航和交互元素，从而制作出具有魅力的作品。用户即使不懂编程知识，也可以利用 Flash 提供的复选框、下拉菜单和滚动条等交互组件来实现交互操作。

- 节省成本：利用 Flash 制作动画，极大地降低了制作成本，可以大大减少人力、物力资源的消耗。同时 Flash 全新的制作技术可以让动画制作的周期大大缩短，并且可以制作出更酷更炫的效果。
- 流式播放技术：在 Flash 中采用流式工作方式观看动画时，无需等到动画文件全部下载到本地后才能观看，而是在动画下载传输的过程中即可播放，这样就可以大大地减少浏览器等待的时间。所以 Flash 动画非常适合于网络传输。
- 更具特色的视觉效果：由于 Flash 的交互功能等独特的优点，Flash 动画有着更新颖的视觉效果，比传统动画更加亲近观众。
- 友好的用户界面：尽管 Flash CS5 的功能非常强大，但它合理的布局，友好的用户界面，使得初学者也可以在很短的时间内制作出漂亮的作品。同时软件还附带了详细的帮助文件和教程，并附有详细文件供用户研究学习。
- 可重复使用的元件：对于经常使用的图形或者动画片段，可以在 Flash CS5 中将其定义成元件。即使频繁使用，也不会导致动画文件的体积增大。Flash CS5 提供了大量的封装组件，供用户充分使用及共享文件。Flash CS5 还可以使用"复制和粘贴动画"功能复制补间动画，并将帧、补间和元件信息应用到其他对象上。
- 图像质量高：由于矢量图无论放大多少倍，都不会产生失真现象，所以，图像不仅可以始终完美显示，而且不会降低其质量。
- 文档格式的多样化：在 Flash CS5 中，可以引用多种类型的文件，包括图像、图形、音乐和视频文件，使动画能够更加灵活地应用于不同领域。

1.2 Flash 动画的设计原则及应用领域

对于用户来说，使用 Flash 制作动画并不困难，只需要掌握基本的制作方法和技巧，就可以制作出丰富的动画效果。

1.2.1 Flash 动画的设计原则

在具体的 Flash 动画设计过程中，图形是 Flash 编辑过程中最主要的表现手段，而任何非图形类的元素都要凭借图形使其在表达上更加丰满。因此，无论是 MV 还是网站，都必须重视图形，也就是说，在设计过程中应合理使用图形以形成自己的创作风格。

在制作 Flash 动画过程中，声音的作用也是很大的，一个好的 Flash 动画作品，如果只有图像，缺少声音，则会显得很死板。同时也不能只有声音没有图像。两者是相互结合、缺一不可的。

按钮是 ActionScript 脚本语言，在 Flash 动画具体的设计制作过程中起到的是衬托、辅助的作用，使用它们仅仅是为了达到一定的欣赏水平和一定的视觉效果，所以不能本末倒置，图形的运用不能改变，那样做出来的 Flash 动画作品也是不会受到观众欢迎的。图 1-4 为两幅成功的 Flash 动画作品的截图。

图　1-4

1.2.2　Flash动画的应用领域

随着互联网和Flash技术的快速发展，Flash动画的应用也越来越广泛。截止到目前已经有不计其数的Flash动画作品出现了，并成功应用到了生活中的各个领域。其中主要应用于网络中，其他应用还有制作卡通、漫画系列书籍、高级动画片、片头动画、广告动画、手机游戏、工业设计、卡通造型、音乐、教学课件、电子贺卡和MTV等。下面分别介绍Flash动画在以下领域中的应用。

1. 网络广告

截止到目前全世界已经有超过5.4亿网络用户安装了Flash Player，这使得浏览者可以直接欣赏Flash动画，而不需要下载和安装其他插件。

同时，由于互联网的快速普及，许多商家都通过互联网发布Flash动画广告，所起到的宣传作用也是非常好的，图1-5和图1-6为Flash动画在网络广告领域中的作用。

图　1-5

图　1-6

2. 电影领域

随着动画行业的快速发展，越来越多的网络宣传片和电影片头的设计开始向动画发展，由于Flash强大的交互功能和简单的动画制作流程等特点，可以在节省绘画时间的前提下，快捷、高效地制作出具有视觉冲击力的作品。图1-7为用Flash制作的片头动画效果。

另外，最近几年也出现了许多以Flash形式出现的电影作品，例如，动画片电影《花木兰》、《喜羊羊与灰太狼之虎虎生威》、《喜羊羊与灰太狼之兔年顶呱呱》以及迪尼斯的动画电影《The Journal Of Edwin Carp》等，都取得了很好的视觉效果。图1-8和图1-9为《花木兰》和《喜羊羊与灰太狼之虎虎生威》的截图。

图　1-7

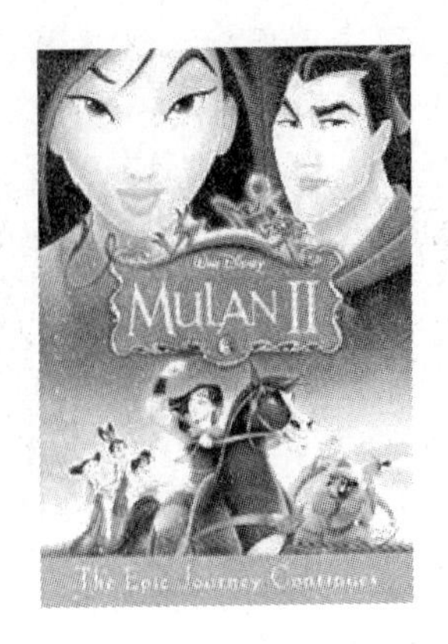

图　1-8

图　1-9

3. 电视领域

Flash 动画在电视领域的重要应用就是制作卡通动画，它不仅能应用于短片，而且可以应用于成套的电视系列篇的生产，并成为一种新的流行趋势。目前，一些电视台还专门成立了 Flash 动画的栏目，使得 Flash 动画在电视领域的应用越来越广泛。同时在制作卡通动画过程中，设计者要注意设计过程的每一个细节，多浏览动画以及时观察效果。图 1-10 为 Flash 制作的卡通动画。

图　1-10

4. 游戏领域

Flash 所具备的丰富的多媒体功能和利用 ActionScript 脚本实现的强大交互性功能，再搭配其优良的动画制作和编辑能力，使得用户可以制作出多彩而且好玩的动画游戏作品，这类游戏操作简单、画面精美并且可玩性比较强，因此受到了很多游戏玩家的青睐。图 1-11 为用 Flash 制作的游戏动画。

图　1-11

5. 手机领域

随着多媒体的发展，手机技术也越来越成熟，而手机技术的发展正好为 Flash 的传播提供了技术保障，而 Flash 动画自身的亲和力也为 Flash 在手机领域的发展起到了强大的推动作用，并且在将来的手机领域中，Flash 动画产业还会有一个良好的商业发展空间。图 1-12 为手机中 Flash 动画的应用。

图　1-12

6. 教学领域

由于科技的发展，多媒体技术也冲击了传统的教育方式。为了让学生可以在轻松愉快的氛围中学到知识，很多学校的教育方式也不再是古板的书本教育，而是采用了现代化的多媒体教学方式，而 Flash 动画技术就越来越广泛地被应用到了课件制作之中，使得课件的功能更加完善，内容也更加丰富。图 1-13 为 Flash 动画制作的教学课件。

图　1-13

7. 电子贺卡领域

以前每逢过年过节或者生日祝贺、活动庆祝等活动时，人们都是以邮寄贺卡的方式来互相传递祝福的。而随着网络技术的发展，大多数人通过发送 E-mail 或短信息等方式来表达祝福，但文字信息未免比较单调，于是电子贺卡出现了，使得越来越多的亲朋好友在重要日子里，通过互联网发送电子贺卡，改变了以往传统的邮寄文字贺卡的方式，丰富的 Flash 动画使得电子贺卡逐渐受到人们的青睐。图 1-14 为用 Flash 制作的电子贺卡。

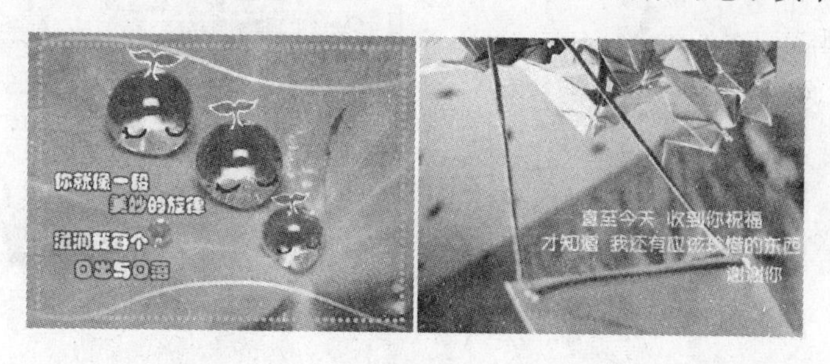

图　1-14

8. MTV 动画领域

互联网上现在最流行将流行的 MTV 歌曲用 Flash 动画来创作。这样便提供了另外一种宣传 MTV 的模式，有效地降低了成本，同时还比较方便地将传统唱片推广和扩展到网络经营的空间中。图 1-15 为用 Flash 制作的 MTV。

图 1-15

1.3 图像的基础知识及 Flash 动画配色

随着网络的日益普及,网络动画会无时无刻地出现在人们的视线中,所以要从众多的动画中脱颖而出,设计人员不仅要了解图像的基础知识,而且动画的配色知识也不可或缺。

1.3.1 像素与分辨率

像素是位图图像的基本单位,它是一个有颜色的小方块,这种最小的图形单位在屏幕上通常显示为单个染色点。图像就是由许多以行和列为排列方式的像素组成的,每个像素都有自己特定的位置和颜色,这些按照特定位置排列的像素最终决定了图像所呈现出来的最终效果。像素可以根据人为需要设置其长宽比和单位尺寸内所含像素的量。

图 1-16 为一幅正常屏幕下的图像所展示的效果,这样我们很难看出像素的存在,但是当把它放大到1200%时,从图 1-17 中就可以明显看到这幅图像是由一个个正方形的单色色块像素所组成的。

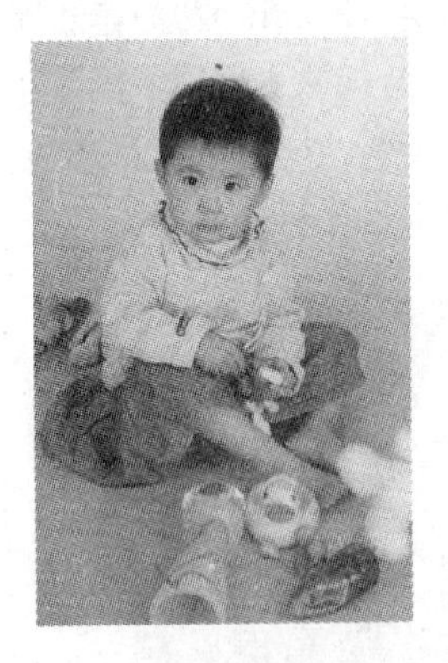

图 1-16

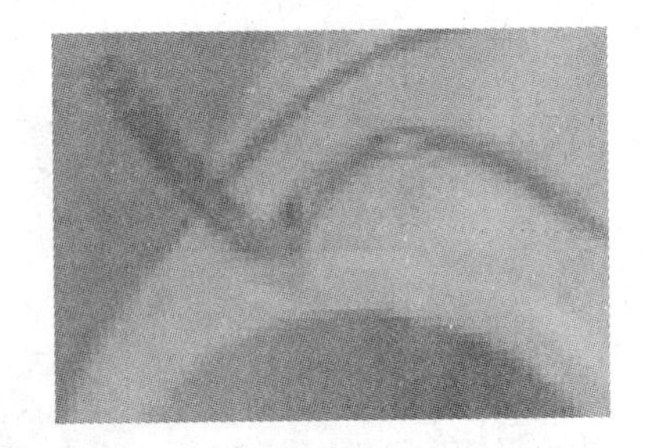

图 1-17

在图像中,分辨率是每单位打印长度显示的像素数目,通常用像素/英寸(PPI)表示。高分辨率的图像比相同打印尺寸的低分辨率图像包含的像素多,像素点更加密集。

在日常工作和生活中,最常用到的分辨率是 300ppi 和 72ppi 这两种。300ppi 用于出版印刷中,72ppi 多用于电视、电脑显示之中。而对于 Flash 动画来说,动画的流畅性要远远比图像质量重要,所以一般都是用 72ppi 的图像来制作动画。

1.3.2 矢量图与位图

在计算机领域中，图形图像分为两种类型，一种是位图图像；另一种是矢量图形，这两种类型的图形图像都有各自的特点。

位图图像是计算机中常用的图像显示方式，由不同的像素组成，清晰度越高，所要求的单位面积内显示的像素就越多。

位图图像的特点是，当放大图像时，可以看到这些构成整个图像的无数个单位像素，继续放大时，就会看到像锯齿一样的效果。即能看到组成位图的像素单位，如图 1-18 所示。

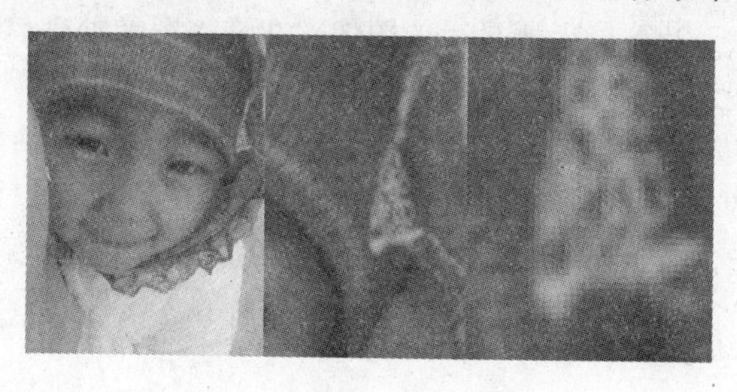

图 1-18

矢量图形是通过带有方向的直线和曲线来描述的，矢量图形中的图像元素被称为对象，每个对象都是独立的个体，都具有颜色、形状、轮廓、大小和屏幕位置等属性。当移动和改变某个对象的属性时，不会影响图中的其他对象。Flash 是一款矢量编辑软件，在 Flash 中可以根据要求创建和操作单个对象，所以基于矢量的绘图与分辨率无关，这意味着可以无限放大显示矢量图形，而且不会出现"锯齿"形状，如图 1-19 所示。

图 1-19

1.3.3 配色常识

在网络中，配色分为 216 网页安全色、216 网页安全调色板和自适应调色板 3 种类型。下面简单介绍一下 3 种配色工具的特点。

216 网页安全色：为 216 种颜色，其中彩色为 210 种、非彩色 6 种，是 RGB 颜色数字信号值，只要在网络动画中使用 216 网页安全色，就可以控制网络动画的色彩显示效果。

216 网页安全调色板：每个 Flash 文件中都包含了各自的调色板，Flash 将文件的调色板显示为"填充颜色"控件、"笔触颜色"控件以及"样本"面板中的样本。若要向当前调色板添加颜色，可以直接使用"颜色面板"。

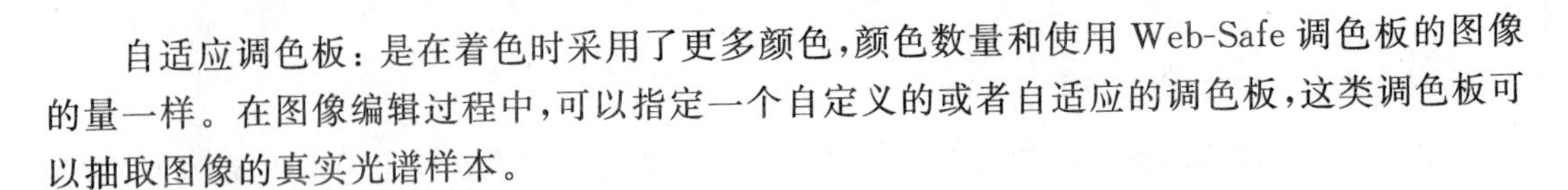

自适应调色板：是在着色时采用了更多颜色，颜色数量和使用 Web-Safe 调色板的图像的量一样。在图像编辑过程中，可以指定一个自定义的或者自适应的调色板，这类调色板可以抽取图像的真实光谱样本。

1.3.4 色彩模式

色彩模式分为 RGB 色彩模式和网页形式的十六进制代码两种。下面简单介绍一下两种色彩模式的特点。

RGB 色彩模式：RGB 色彩模式依赖混合不同的红、绿、蓝三原色的数值来建立色谱中大多数的颜色，主要用于计算机上所显示的图像。在许多图像处理软件中，输入三原色的数值可以调配出很多颜色，也可以直接根据软件提供的调色板来选择需要的颜色。

网页形式的十六进制代码模式：在 HTML 语言当中，对颜色的定义采用十六进制，颜色通常采用 RGB 三原色的十六进制数值来表示，因此，三原色可以混合成 1600 多万种颜色，在设计网络动画配色时，在调色板中可以找到颜色的十六进制代码。

1.3.5 配置动画色彩

设计和制作 Flash 动画时，色彩搭配是需要慎重考虑的，目的是为了让主要内容重点突出、风格一致、易于浏览等。动画色彩分为黑白和彩色两种，黑白是一种明显的对比变化，彩色有明度和纯度的搭配，可以和任意颜色搭配，也可以帮助任意两种对立的色彩和谐过渡。

配置动画色彩主要有自定义颜色、色彩推移和色彩并置 3 种方法。下面简单介绍一下这 3 种方法。

自定义颜色：是一些背景和文本选取的颜色，不影响图片或者图片背景的颜色。图片一般都由自身的颜色显示。

色彩推移：通常设计师为了丰富画面的色彩采用色相、明度和纯度等综合推移和组合色彩。其中包括色相推移、明度推移、纯度推移和综合推移等。

色彩并置：是选择一些色彩效果好的色彩图片作为色彩采集源。在制图软件中使用吸管等工具吸取色标，取得色彩的 RGB 值，然后在网页的安全色中找到相应或者相似数值的颜色。

1.4 Flash 动画的制作流程

Flash 动画的制作流程相对于传统动画来讲在要求和流程方面稍有不同，输出动画的过程也有所区别。这主要是由于应用领域的不同而造成的。

1.4.1 传统动画制作的工作流程

传统动画在制作过程中主要以手绘为基础，综合文学、摄影、音乐等手段进行协同创作。一部传统动画片按其制作过程可分为前期筹备、绘制和后期制作 3 大阶段，而每个阶段中都有一些具体的小步骤。

前期准备：绘画之前的工作包括做企划、出剧本、导演等。主要包括如下工作。

- 企划；
- 研究剧本；

- 撰写导演阐述；
- 撰写文字和画面分镜头剧本；
- 设计人物造型和背景风格；
- 完成先期录音；
- 进行动画风格试验；
- 进行摄影试验。

绘制：当进入到绘制阶段后，就是从动画设计开始，正式绘制动画镜头，直到完成动画。这阶段主要的工作如下。

- 讲解分镜头；
- 完成动画绘图；
- 完成镜头描线；
- 完成镜头上色；
- 镜头画面的校对；
- 完成全片排色。

后期制作：当样片全部准备好之后，就进入后期制作阶段。其中包括的工作如下。

- 样片剪辑；
- 后期录音；
- 双片鉴定和混合录音；
- 底片剪辑；
- 矫正复制和标准复制。

在传统动画制作中，过程比较复杂，而且需要的人力和物力资源都特别多，制作一秒钟的传统动画就需要绘制出25～30张图片。制作人员会承担巨大的工作量。

1.4.2 Flash动画制作的工作流程

相对于传统动画的制作而言，Flash动画就有了很多优势，传统动画中的各个环节可以利用Flash所具有的矢量绘画功能来绘制。而且Flash动画的创作从投入的成本到所达到的效果来看都与传统动画有很大区别，因此，在动画的创作流程上，Flash动画要比传统动画简单得多；从创作流程上，Flash动画可以分为前期策划、剧本、分镜头、动画、后期处理和发布几个步骤。

前期策划：Flash动画创作的前期策划工作相对于传统动画制作来说要简单得多。但不管是对于传统动画或者是Flash动画来说，都需要一个正规和严谨的前期策划，以明确该动画项目的目的和一些具体要求，方便工作人员顺利开展创作和制作等工作。

在前期策划中，一般需要明确该Flash动画项目的目的、动画制作规划和组织制作团队等。

剧本：根据前期的策划构思，便可以创作出剧本，然后根据剧本进行对角色形象方面的构思。Flash动画剧本主要包括剧情分类、表现种类、编写原理、段落分布、原创剧本和改变剧本等内容，重要的是要有一个具体的编写过程。

分镜头：Flash动画的剧情是按照剧本要求，通过镜头语言表达出来的，这就需要设计好人物造型和场景。然后将任务放置在场景中，运用电影分镜头的方法，将人物放置在场景中，通过不同机位的镜头切换来表达剧情。图 1-20 为分镜头的设计图样。

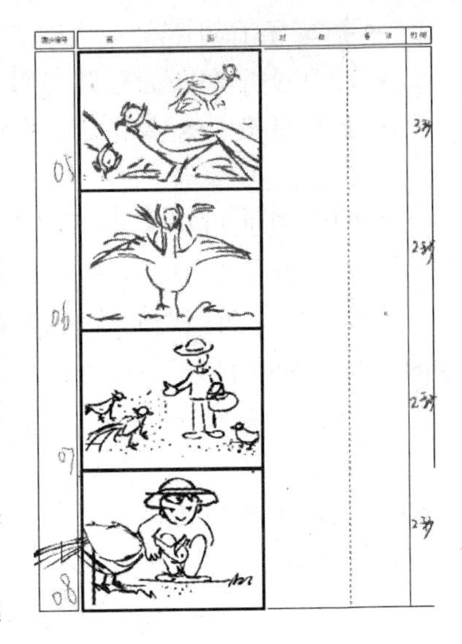

图 1-20

动画制作：这个阶段的任务就是用 Flash 软件将分镜头上的内容制作成动画。其具体的操作步骤是，录制声音、建立和设置电影文件、输入线稿、上色、动画编辑。

- 录制声音是这个阶段中一个非常重要而且困难的步骤，必须提前录制好音乐和声音对白，以此来估算镜头的长短。
- 建立和设置电影文件主要也是在 Flash 软件界面中完成的。
- 输入线稿是将手绘线稿扫描进电脑并将其转换成矢量图，然后导入到 Flash 软件中。
- 上色是根据已有的上色方案，用 Flash 软件对线稿进行上色处理。
- 动画编辑是在上色后，完成各镜头的动画制作的过程，主要是将各镜头拼接起来。

1.4.3 Flash 动画设计要素

在 Flash 动画的设计过程中，尤其要注意动画设计的要素，也就是一个完整的 Flash 动画的所有组成部分，包括预载动画（Loading 动画）、图形、按钮、音乐（音效）、ActionScript 脚本语言等。

- 预载动画（Loading 动画）：是在网民观赏动画时由于网速慢的原因使得动画经常停顿，而在 Flash 动画正式播放前所加的一个 Loading 动画，这样会使整个动画完全下载到本地临时文件夹后再开始播放，整个动画作品的播放就会很流畅，而且一个制作优美的 Loading 动画会使 Flash 动画更加引人注目。
- 图形：只要是制作 Flash 动画，就必须用到图形，而且最好有自己的风格。当导入图形文件时，要适当将它们转换成矢量图形。而且尽量使用较少的关键帧并尽可能使用已有的各项元素，这样会使 Flash 动画导出后的文件较小一些，从而缩短网络下载的时间。
- 按钮：在 Flash 动画的制作过程中，按钮是辅助的元素。在 Flash 动画开始和结束时分别添加一个按钮，会使得 Flash 动画的播放具有完整性和规律性。由于 Flash 制作动画的灵活性，也可以根据设计人员的需要在中间加入按钮，从而达到预想的效果。
- 音乐（音效）：在 Flash 动画的制作过程中添加音乐可以对观众的感官冲击更加强烈，从而使 Flash 动画更加生动，但需要注意的是音乐的添加是为了更好地配合画面，所以一定要选择与画面和情节相符合的音乐效果。
- ActionScript 脚本语言：在设计制作 Flash 动画之前要提前规划好什么地方该添加脚本语言，需要达到什么样的效果。而且 ActionScript 脚本语言是一个辅助性的工具，不能随意使用，而且脚本语言容易出现问题，必须在编写完 ActionScript 脚本语

言后检查其正确性。

- 其他：在完成制作后，要对 Flash 动画作品进行最后的修改，检查按钮、声音、脚本语言和对整体效果的优化与测试，以便达到理想的观赏效果。

1.5 Flash 动画基本术语

Flash CS5 是全新的 Flash 软件版本，在学习它之前要了解 Flash 软件的格式和一些 Flash 制作动画的基本术语等。这样会方便我们以后对软件知识的进一步学习。

1.5.1 Flash 动画文件的类型

Flash 软件可以和多种类型的文件一起使用，每种类型都有其不同的用途。其中包括 FLA、SWF、AS、SWC、ASC、JSFL 等文件类型。

FLA 文件类型：是包含 Flash 文档的媒体、时间轴和脚本基本信息的文件。

SWF 文件类型：是 FLA 文件的压缩版本，一般可以直接应用到网页中，也可以直接进行播放。

AS 文件类型：主要是指 ActionScript 文件，可以将某些或全部 ActionScript 代码保存在 FLA 文件以外的位置，这些文件有助于对代码的管理。

SWC 文件类型：包含可重新使用的 Flash 组件。每个 SWC 文件都包含一个已编译的影片剪辑、ActionScript 代码以及组件所要求的其他资源。

ASC 文件类型：是用于存储将在运行 Flash Communication Server 的计算机上执行的 ActionScript 文件，这些文件提供了实现与 SWF 文件中的 ActionScript 结合使用的服务器端逻辑的功能。

JSFL 文件类型：是用于 Flash 创作工具添加新功能的 JavaScript 文件。

1.5.2 Flash 基本专业术语

在使用 Flash 软件进行动画的制作时，有很多专业术语，理解这些专业术语有利于快速理解动画制作的原理。Flash 基本专业术语有场景、帧的类型、图层等。

- 场景：在 Flash 文档中，放置图形内容的矩形区域就是场景。这些内容包括矢量插图、文本框、按钮、导入的位图、视频剪辑等。场景在 Flash 创作环境中相当于 Flash Player 或者 Web 浏览器窗口中在回放期间显示 Flash 文档的矩形空间，也可以在工作时放大或者缩小，也可以更改场景的视图。在场景中，网格、辅助线和标尺都有助于在舞台上精确定位内容。
- 帧的类型：主要了解关键帧，是在其中定义了对动画的对象属性所做的更改，或者包含了 ActionScript 代码的帧，用于控制文档。Flash 可以在定义的关键帧之间做补间或者自动填充帧，从而生成动画。设计人员还可以通过在时间轴中拖动关键帧来轻松更改补间动画的长度。帧和关键帧在时间轴中出现的顺序决定它们在 Flash 应用程序中显示的顺序。用户可以在时间轴中排列关键帧，以便编辑动画中事件的顺序。
- 图层：在舞台上，图层就像是含有文字或图形等元素的“透明胶片”，一张张按顺序

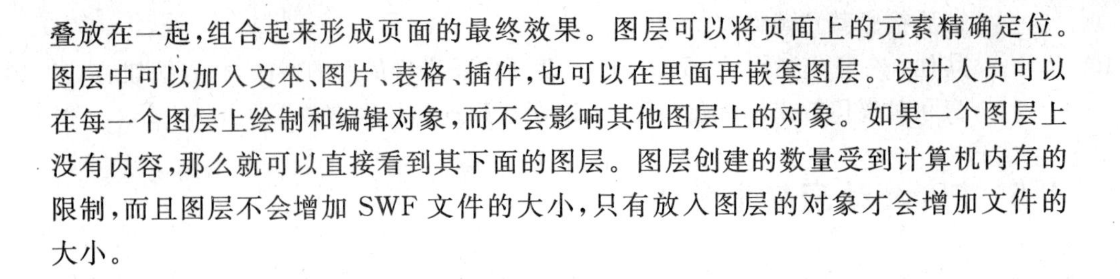

叠放在一起，组合起来形成页面的最终效果。图层可以将页面上的元素精确定位。图层中可以加入文本、图片、表格、插件，也可以在里面再嵌套图层。设计人员可以在每一个图层上绘制和编辑对象，而不会影响其他图层上的对象。如果一个图层上没有内容，那么就可以直接看到其下面的图层。图层创建的数量受到计算机内存的限制，而且图层不会增加 SWF 文件的大小，只有放入图层的对象才会增加文件的大小。

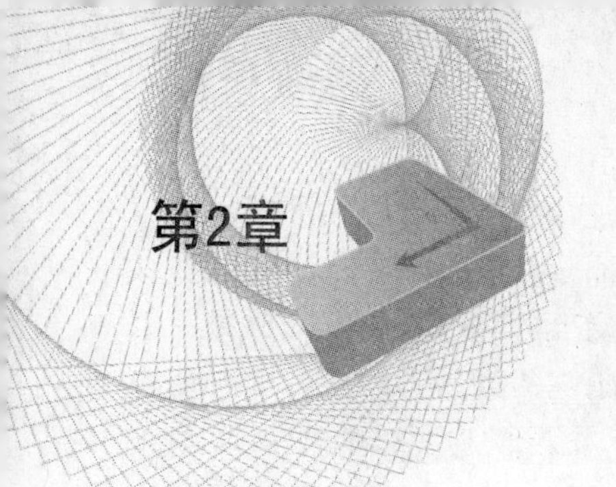

chapter 2

Flash CS5快速入门

在深入学习 Flash CS5 之前，我们首先来了解一下 Flash CS5 的基本操作。本章将通过对 Flash CS5 新增功能的介绍让读者从整体上把握 Flash CS5。

2.1 Flash CS5 的安装、启动与退出

Adobe 的一系列软件的安装和启动都比较简单，包括我们今天需要学习的 Flash CS5，在安装或者卸载时都有良好的引导界面，所以用户只需要按照引导提示信息操作，就可以正确安装和卸载 Flash。

2.1.1 Flash CS5 的安装

作为一款强大的矢量编辑软件，Flash CS5 对计算机配置也有一定的要求。

在 Windows 系统中，对处理器的要求是 Intel Pentium 4 或 AMD Athlon 64 处理器；对操作系统的要求是 Microsoft Windows XP(或带有 Service Pack 2 或 Service Pack3)，Windows Vista Home Premium、Business、Ultimate 或 Enterprise(带有 Service Pack 1)，Windows 7；对内存的要求是至少 1GB；对硬盘空间的要求是至少 3.5GB 可用硬盘空间用于安装，安装过程中需要额外的可用空间，但不能安装在基于闪存的可移动存储设备上。对显卡的要求是 1024×768 分辨率(推荐 1280×800)，16 位显卡；对光驱的要求是 DVD-ROM 驱动器并需要 QuickTime 7.6.2 软件；对网络的要求是需要在线服务宽带 Internet 连接。

在 Mac OS 系统中，对处理器的要求是 Intel 多核处理器；对操作系统的要求是 Mac OS×10.5.7 或 10.6 版；对内存的要求是至少 1GB；对硬盘空间的要求是至少 4GB 可用硬盘空间用于安装，安装过程中需要额外的可用空间(无法安装在区分大小写的文件系统的卷或基于闪存的可移动存储设备上)；对显卡的要求是 1024×768 分辨率(推荐 1280×800)，16 位显卡；对光驱的要求是 DVD-ROM 驱动器；对软件的要求是多媒体功能需要 QuickTime 7.6.2 软件，对网络的要求是在线服务宽带 Internet 连接。

在学习 Flash CS5 软件之前，要了解其安装过程。

(1) 将 Flash CS5 光盘插入驱动器中，此时系统将自动运行 Flash CS5 安装程序。

(2) Flash CS5 的安装程序会自动弹出一个安装向导窗口，此时如果系统中正在运行其他程序，则会提示关闭所打开的程序。然后会出现 Flash CS5 授权协议窗口，选择“简体中

文”选项，单击“接受”按钮，如图 2-1 所示。

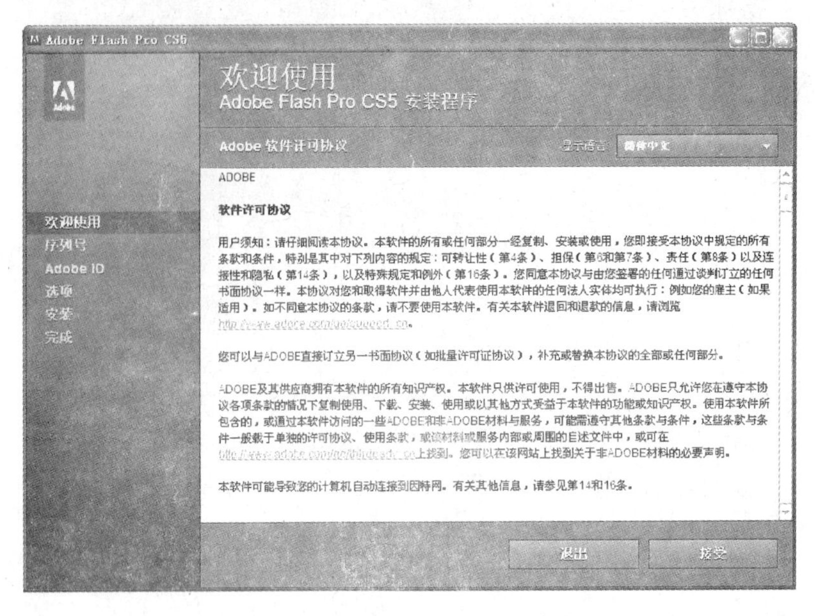

图　2-1

（3）然后进入验证序列号的安装流程，如图 2-2 所示。在其中输入所购买的序列号，单击“下一步”按钮即可。

图　2-2

（4）进入“安装选项”界面，用户可在该界面选择所要安装的组件和自定义软件安装位置，如图 2-3 所示。

（5）然后，单击“安装”按钮，画面显示为“正在准备安装”，如图 2-4 所示。

（6）开始 Flash CS5 软件的安装过程，如图 2-5 所示，显示 Flash CS5 的安装进度。

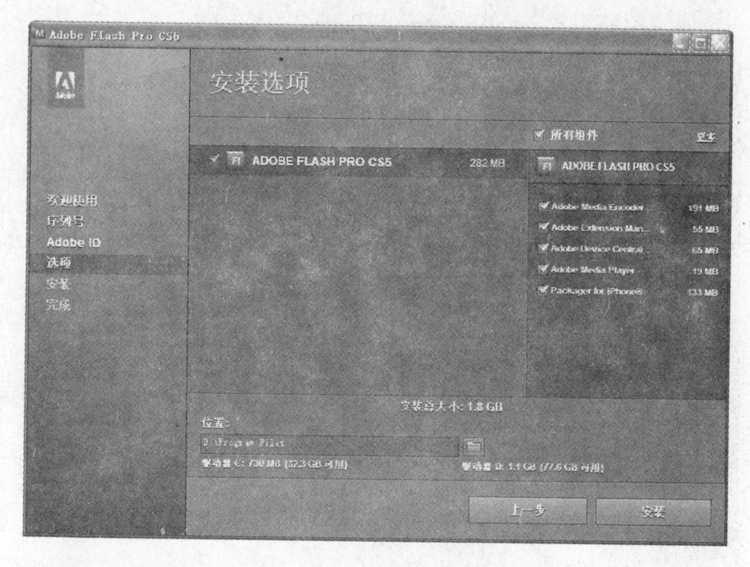

图 2-3

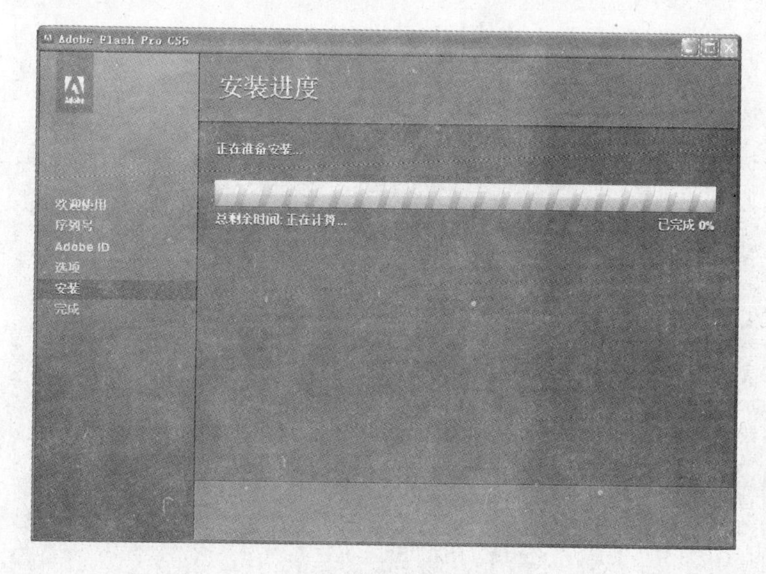

图 2-4

(7) 在 Flash CS5 安装后，会显示一个安装完成的画面，如图 2-6 所示。单击“完成”按钮即可完成 Flash CS5 的安装。

2.1.2 Flash CS5 的启动

当 Flash CS5 安装完成后，就可以启动软件进入操作界面了。

启动 Flash CS5 很简单，首先在桌面上找到 Flash CS5 Professional 的快捷方式图标 ，双击，然后会弹出 Flash 的启动界面，随即系统开始加载 Flash CS5 应用程序，如图 2-7 所示。

当程序启动之后，便进入到 Flash CS5 的环境界面，如图 2-8 所示。

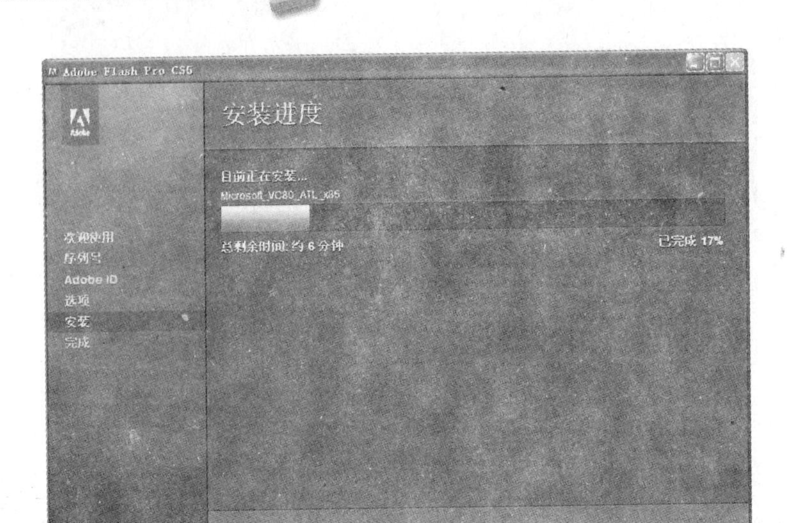

图　2-5

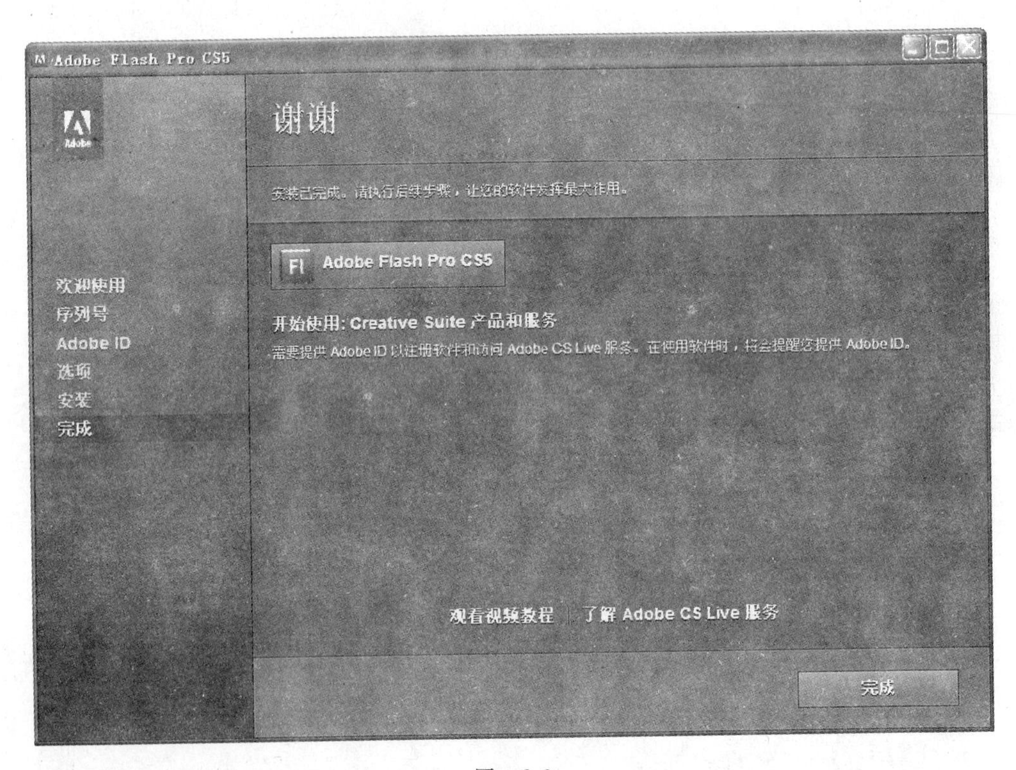

图　2-6

启动 Flash CS5 之后需要建立文档，执行“文件”/“新建”命令，快捷键为 Ctrl+N。弹出“新建文档”对话框，在其中选择 ActionScript 3.0 选项，如图 2-9 所示。创建新文档的方法还可以在欢迎屏幕上直接在中间的页面上单击 ActionScript 3.0 选项。

单击“确定”按钮后，进入 Flash CS5 的工作界面，如图 2-10 所示。

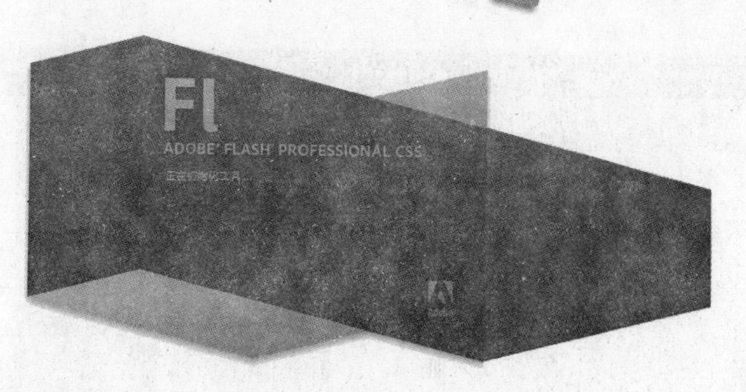
Fl
ADOBE® FLASH® PROFESSIONAL CS5

图　2-7

Fl
ADOBE® FLASH® PROFESSIONAL CS5
从模板创建
新建
学习
ActionScript 3.0
ActionScript 2.0
Adobe AIR 2
iPhone OS
Flash Lite 4
打开最近的项目
扩展
Flash Exchange »
Adobe® Creative Suite® 5 Web Premium
通过购买 Adobe Creative Suite 5 Web Premium 获取 Adobe Flash® CS5 Professional。

图　2-8

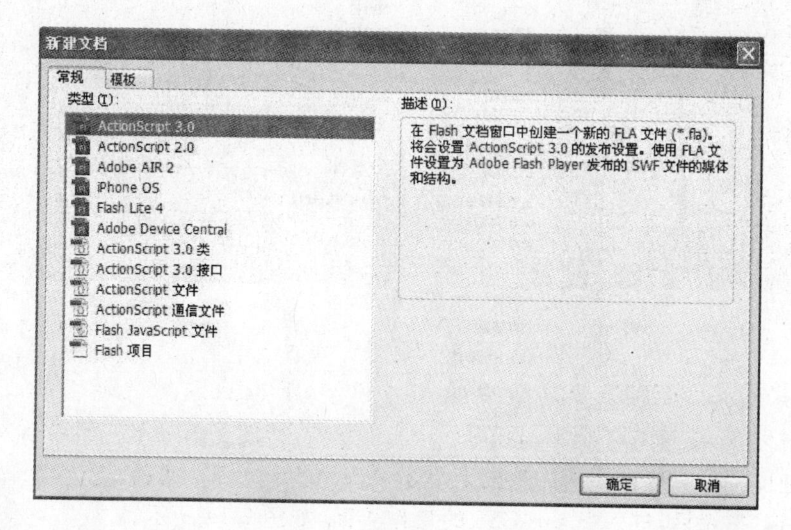
新建文档
常规
模板
类型(T):
描述(D):
ActionScript 3.0
ActionScript 2.0
Adobe AIR 2
iPhone OS
Flash Lite 4
Adobe Device Central
ActionScript 3.0 类
ActionScript 3.0 接口
ActionScript 文件
ActionScript 通信文件
Flash JavaScript 文件
Flash 项目
在 Flash 文档窗口中创建一个新的 FLA 文件 (*.fla)。将会设置 ActionScript 3.0 的发布设置。使用 FLA 文件设置为 Adobe Flash Player 发布的 SWF 文件的媒体和结构。
确定
取消

图　2-9

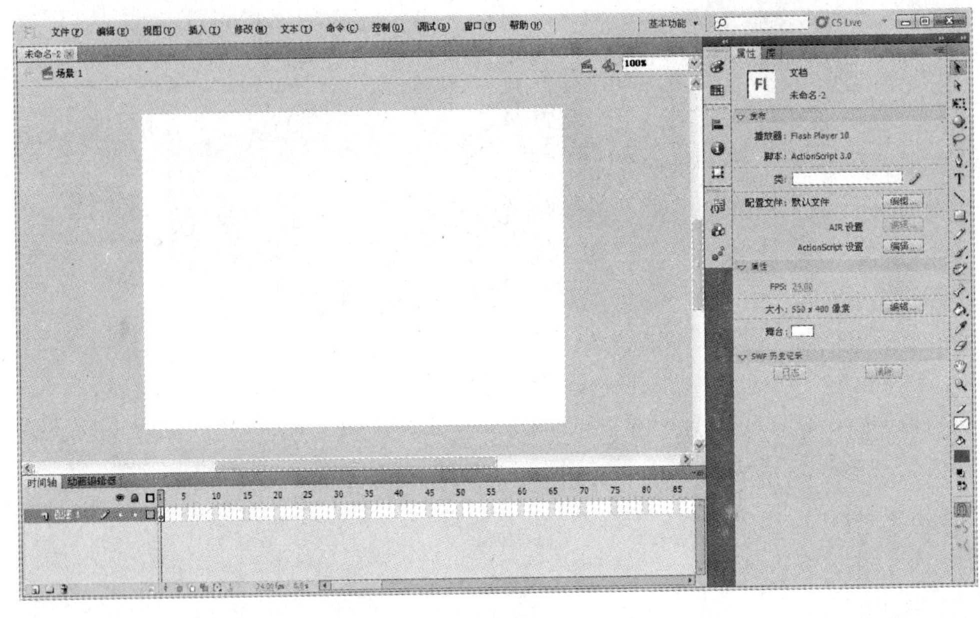

图 2-10

2.1.3 Flash CS5 的退出

当完成一个 Flash 文档的编辑后，需要关闭 Flash CS5 软件，从而减少计算机资源的占用。

执行“文件”/“退出”命令，快捷键为 Ctrl＋Q 或者 Alt＋F4，即可退出 Flash CS5 程序，如图 2-11 所示。

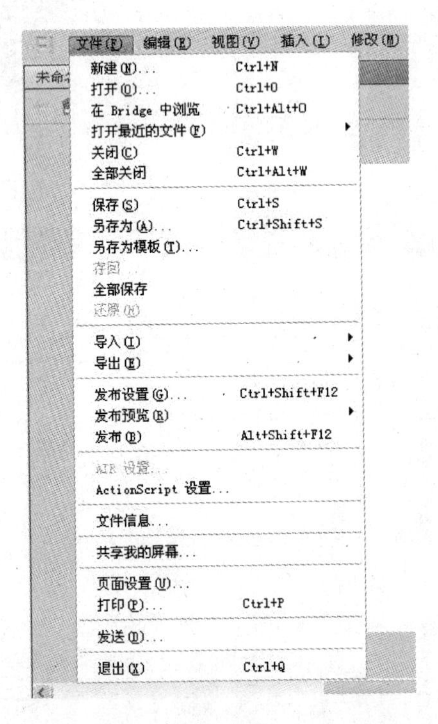

图 2-11

当用户在退出 Flash CS5 程序时有时候会弹出一个如图 2-12 所示的信息提示框，这是由于在对已有 Flash 文档进行编辑后并没有保存就退出 Flash CS5 程序导致的，计算机会提示用户在关闭程序之前是否要保存原来正在编辑的文件。单击"是"按钮，即可将文件保存，单击"否"按钮，将不保存文件，单击"取消"按钮，即选择不退出 Flash CS5 程序。

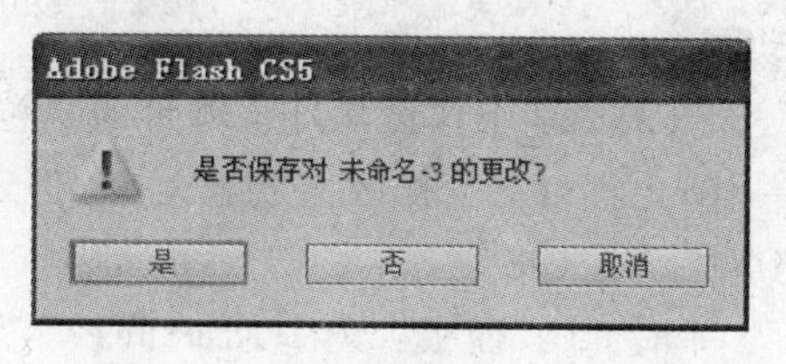

图 2-12

2.2 认识 Flash CS5 的工作界面

在 Flash CS5 中，工作界面相对于以往版本来说有了很多改进，如图像处理区域更加宽阔、文档的切换更加快捷等。

当启动 Flash CS5 程序后，随即会打开默认的工作界面。如图 2-13 所示，其中包括"菜单栏"、"绘图区"、"工作区"、"工具箱"、"时间轴"等部分。

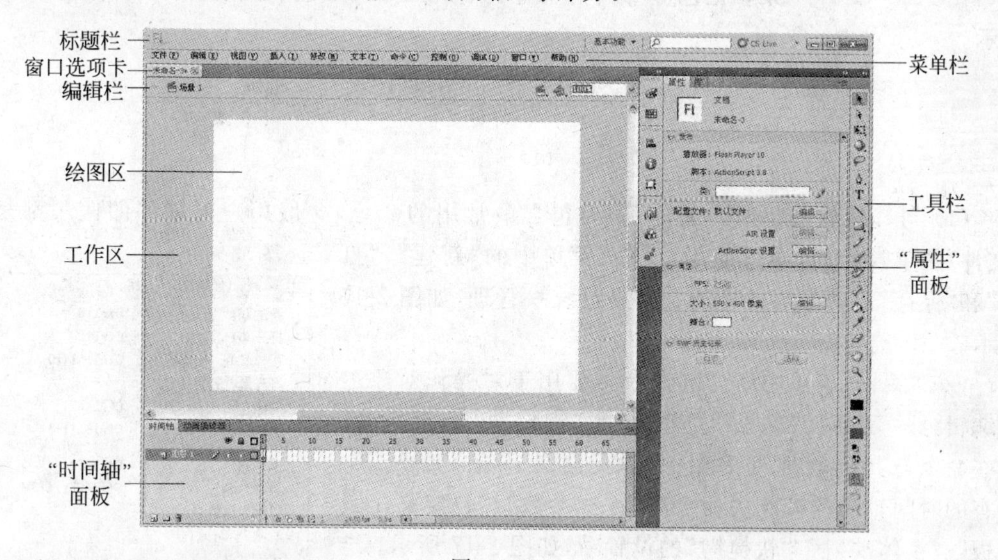

图 2-13

标题栏：也称为应用程序栏，当单击右侧的"基本功能"按钮时，会弹出如图 2-14 所示的下拉列表。这里提供默认的多种工作区预设，当选择不同的项目时，即可载入不同的工作区预设。在列表的最后提供了"重置工作区"、"新建工作区"和"管理工作区"三项功能，用来对创建的工作区域进行编辑。

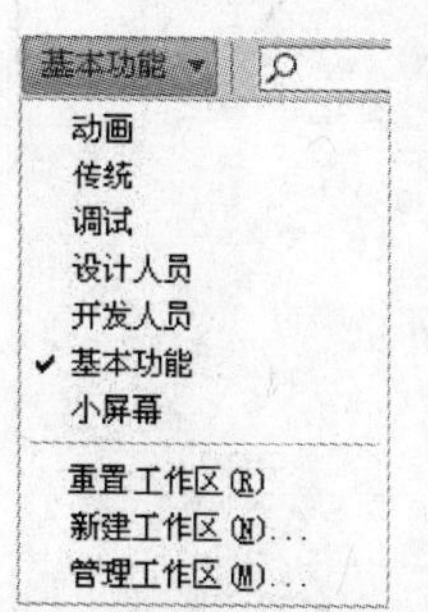

图 2-14

菜单栏：是 Flash CS5 提供的命令集合，几乎所有的可执行性命令都可以在这里直接或者间接操作。

窗口选项卡：用来显示文档名称，当用户对文档进行修改时，当文件未保存时，会显示"*"作为标记。

绘图区：也被称为"舞台"，是动画显示的区域，用来编辑和修改动画。

工作区：工作区是环绕舞台的灰色区域，工作区就像是背景。好比在舞台上放置东西一样，也可以在工作区上放置元件，但工作区中的元件在导出或测试 Flash 影片时是看不到的。

“时间轴”面板：又称为“时间线”，是 Flash CS5 软件中最重要的一部分，主要用于处理帧和图层，而帧和图层是项目的内容和动画的组成部分。

工具箱：其中的工具可以用来选择、绘图、填色、修改图形，以及改变舞台视图等。执行“窗口”/“工具”命令，可以显示或隐藏工具箱。

“属性”面板：是 Flash CS5 中很重要的一个功能面板，在默认的工作界面中它位于工作区的右下方，用来指定所选工具相应的属性设置。执行“窗口”/“属性”命令可以隐藏和显示“属性”面板，快捷键是 Ctrl＋F3。

2.2.1　Flash CS5 的菜单栏

在 Flash CS5 中，菜单栏包含 11 个子菜单，大多数命令都提供在相应的菜单中，如图 2-15 所示。

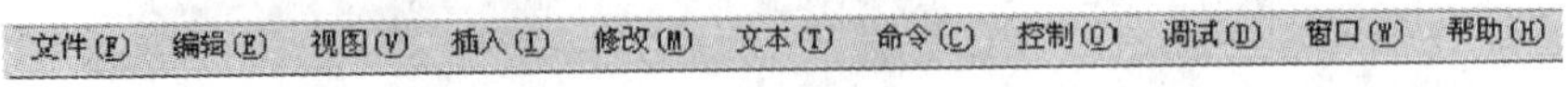

文件(F)　编辑(E)　视图(V)　插入(I)　修改(M)　文本(T)　命令(C)　控制(O)　调试(D)　窗口(W)　帮助(H)

图　2-15

(1) 与其他软件相似，“文件”菜单包含最常用的命令，一般用户对软件的使用都是从“文件”菜单开始的，通过使用“文件”菜单中的“新建”、“打开”和“保存”等命令对处理的文件进行统一管理，如图 2-16 所示。

(2) “编辑”菜单中所含的命令主要用于对操作对象进行编辑，如“复制”、“粘贴”、“剪切”和“撤销”等编辑命令。这些命令与其他软件近乎相似，除此之外还有 Flash CS5 特有的时间轴中的帧相关命令和“首选参数”、“自定义工具面板”、“字体映射”、“快捷键”的设置项，如图 2-17 所示。

(3) “视图”菜单包括了控制屏幕显示的各种命令，这些命令可以调整工作区的显示比例、显示效果和显示区域等，如图 2-18 所示。

(4) “插入”菜单包括用于针对整个“文档”的操作，比如，在文档中插入元件、场景，在时间轴中插入补间、层或帧等，如图 2-19 所示。

(5) “修改”菜单中的命令是用来修改 Flash CS5 动画中的对象、场景甚至动画本身的特性的。在 Flash CS5 中，一个影片就是一个完整的动画，即最终发布的成品。在影片中，多个场景的使用，使创建交互式动画成为可能，如图 2-20 所示。

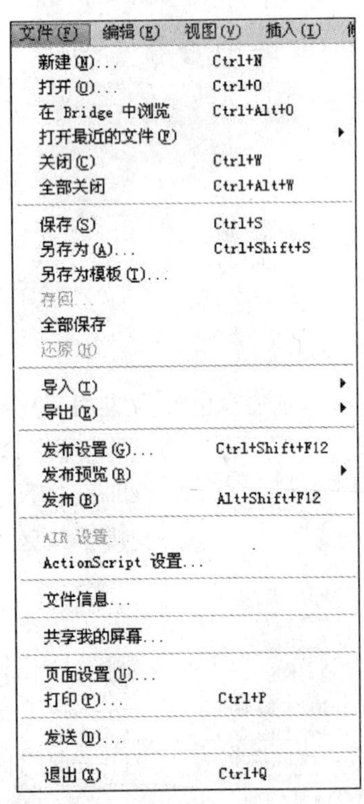

图　2-16

(6) “文本”菜单可用于设置影片中文本的相应属性，

例如，文本的字体、大小、类型和对齐方式等，从而使影片的内容更加丰富多彩，如图 2-21 所示。

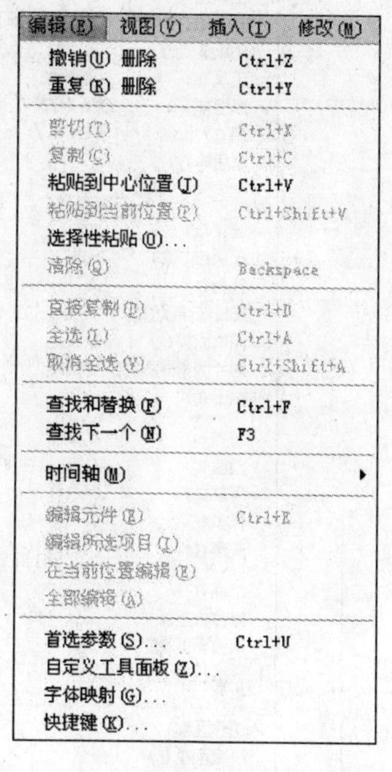

图 2-17

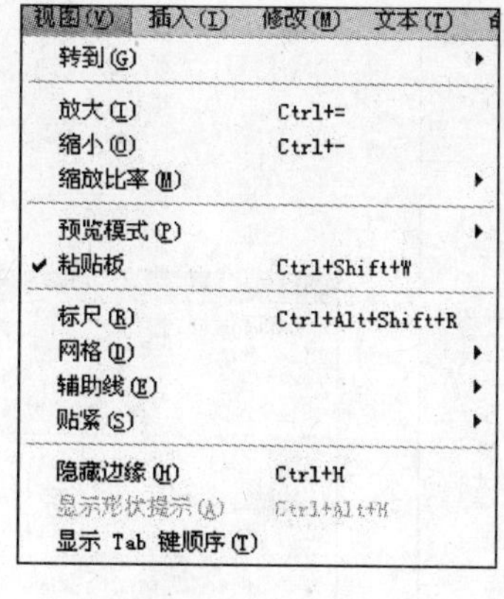

图 2-18

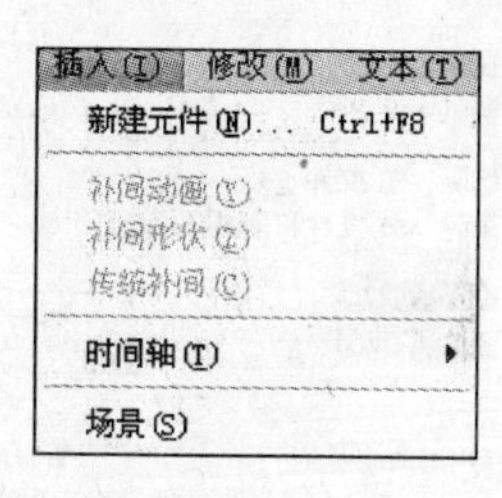

图 2-19

（7）“命令”菜单能够作用于当前动画。通过这些命令可以使动画创建过程中许多重复性的工作自动完成，从而提高工作效率，如图 2-22 所示。

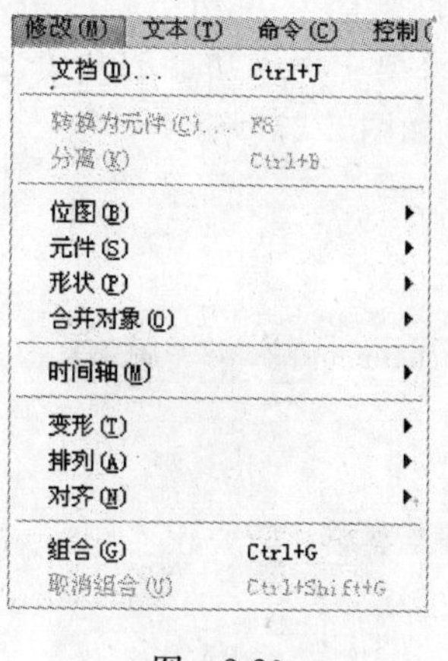

图 2-20

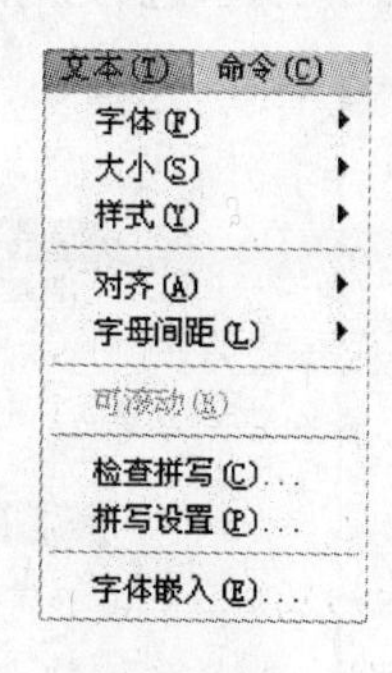

图 2-21

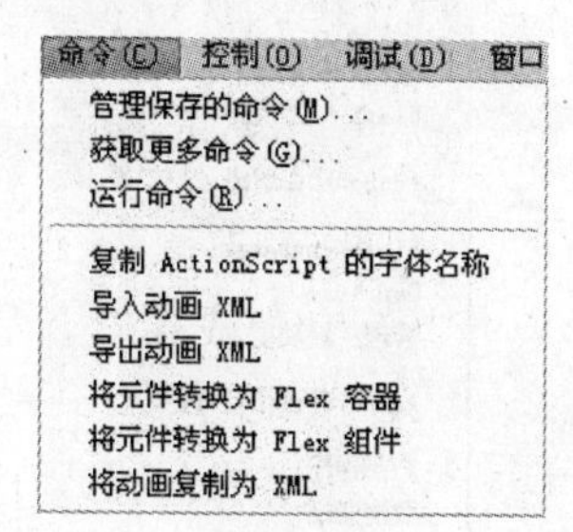

图 2-22

（8）“控制”菜单包含了动画的播放控制功能和测试功能，它使创作者可以在编辑状态下控制动画的播放过程。例如，在影片编辑状态下无法测试对象的交互性，就要通过“控制”菜单中的“测试影片”或“测试场景”命令来实现，如图 2-23 所示。

（9）“调试”菜单用于调试动画，尤其是使用 ActionScript 动作脚本制作的动画，如图 2-24 所示。

（10）“窗口”菜单主要用于设置软件界面中各种控制面板的显示状态，如图 2-25 所示。

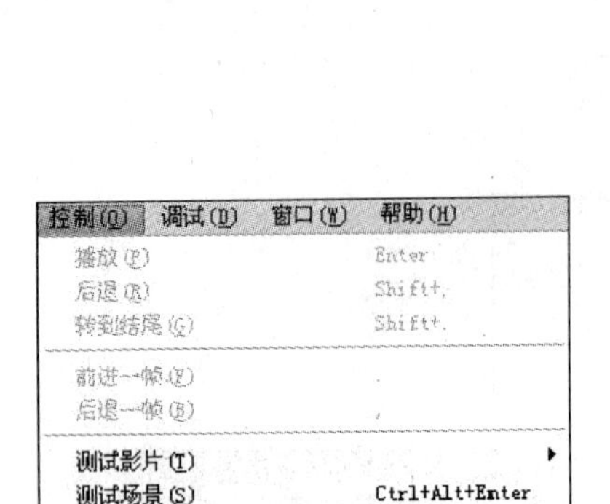

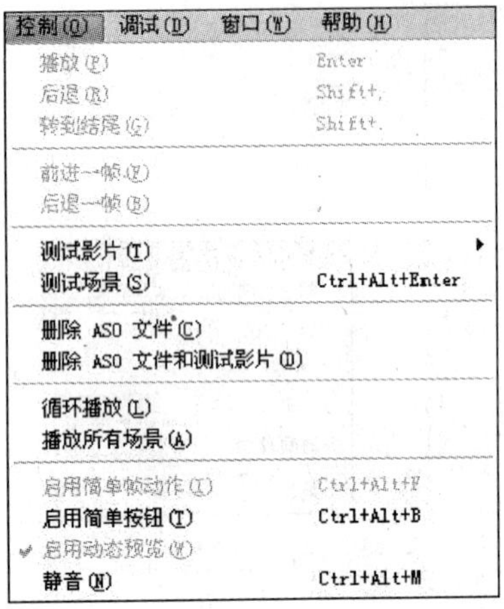

图 2-23

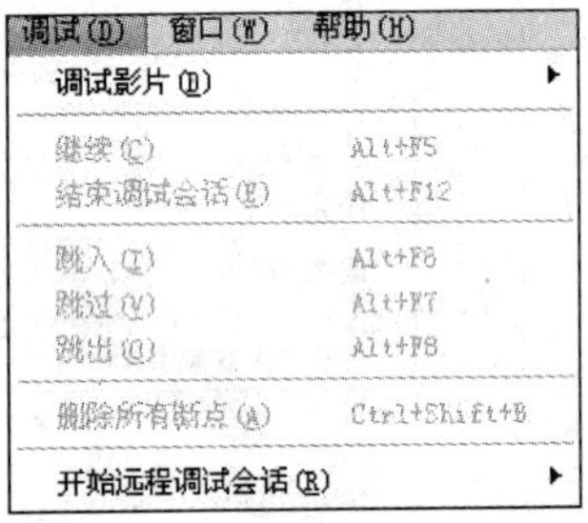

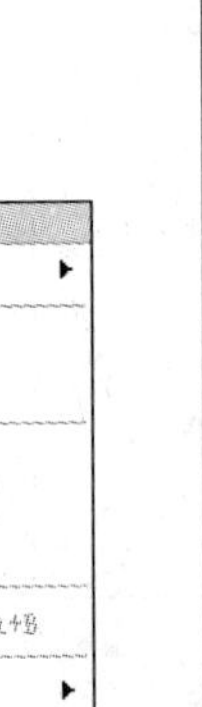

图 2-24

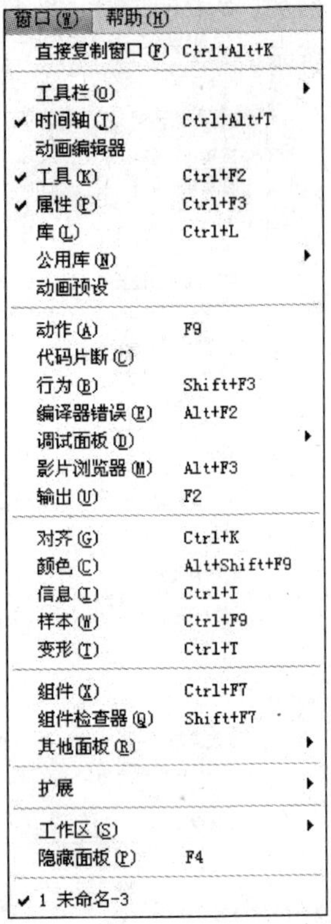

图 2-25

(11)“帮助”菜单包含详细的联机帮助、示例动画、教程等，如图 2-26 所示。

在 Flash CS5 中，单击一个菜单名称，即可打开该菜单，菜单中不同功能的命令之间采用分割线区分，带有黑色三角标记的命令表示包含扩展菜单，如图 2-27 所示。

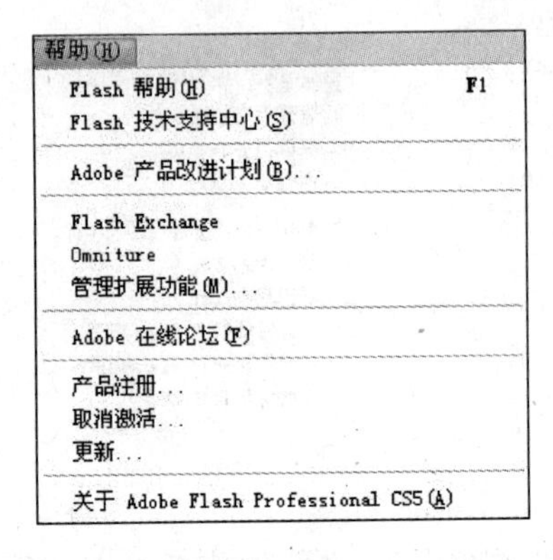

图 2-26

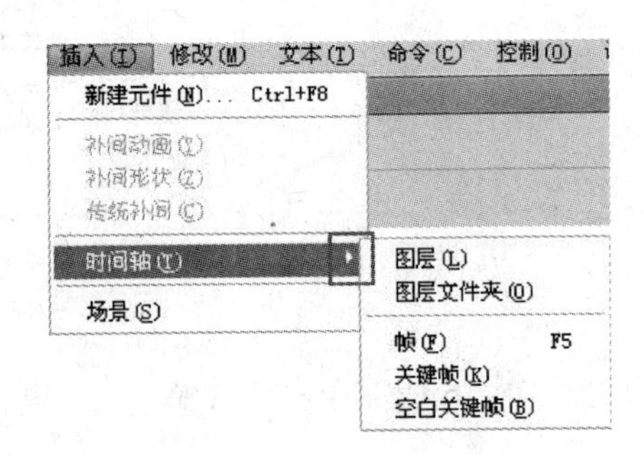

图 2-27

当选择一个菜单中的命令时，如果该命令后面标注有快捷键，那么按其快捷键即可执行同样的命令，如图 2-28 所示。

而有些命令后面只标注一个字母，那么就需要先按住 Alt 键，再按住菜单上面的字母键，就可以直接打开该菜单。例如，按住 Alt 键的同时按 H 键会出现如图 2-29 所示的菜单，

再按一次 H 键就会出现 Flash 帮助的页面，如图 2-30 所示。

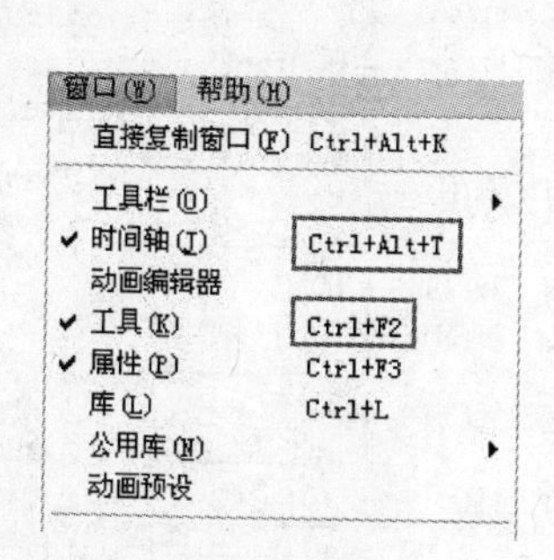

图 2-28

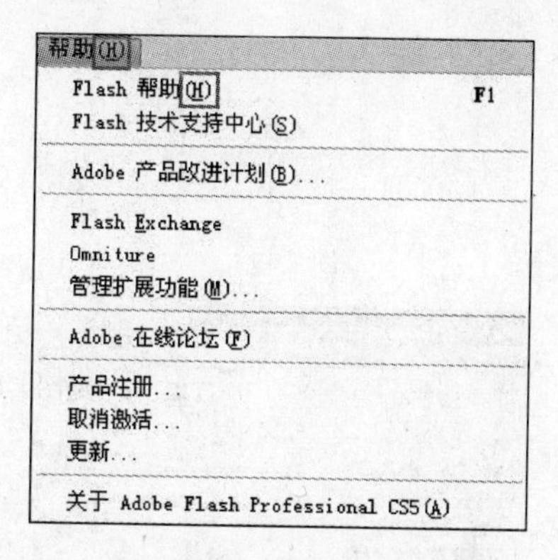

图 2-29

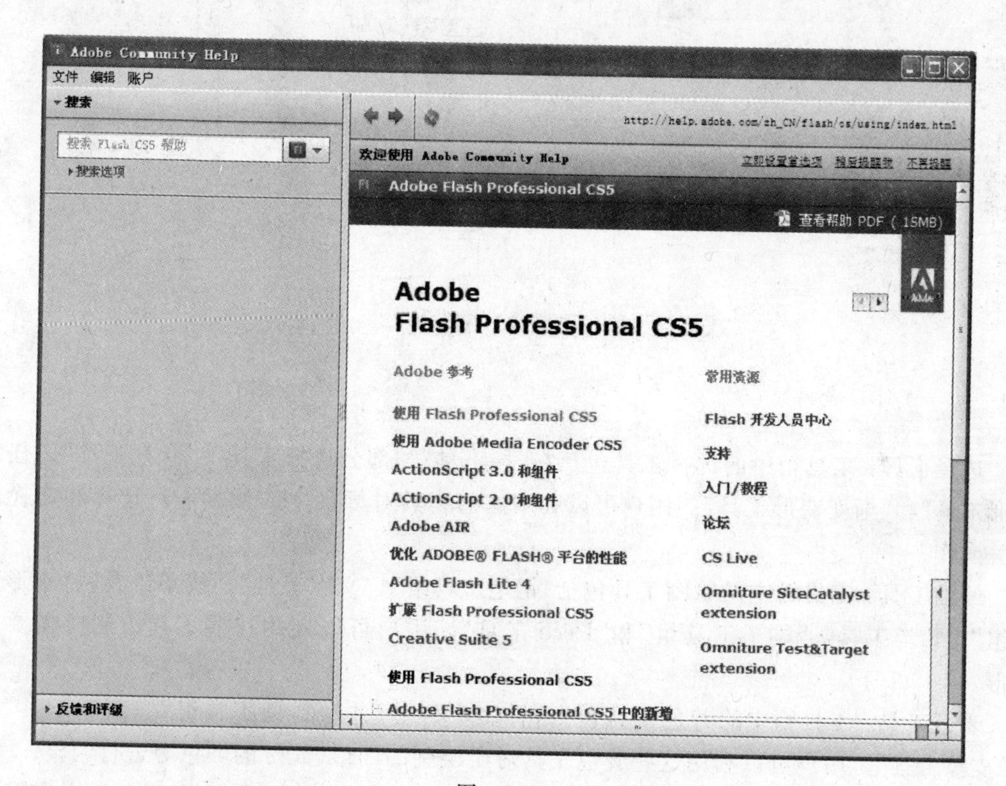

图 2-30

2.2.2 Flash CS5 的工具箱

在 Flash CS5 中，工具箱在默认状态下位于主工作区的右边，所有工具呈单列竖排放置，也可以单击工具箱顶端的按钮将它显示或隐藏成图标状，单击此图标，会出现提示性文字“工具”，并以方块形式显示所有工具箱的工具，如图 2-31 所示。

工具箱中的工具可以用来选择、绘图、填色、修改图形以及改变舞台视图等。执行“窗口”/“工具”命令，可以显示或隐藏工具箱。工具箱可以分为 6 部分，包括选择、绘图、填色、

查看、颜色和选项区，如图 2-32 所示。

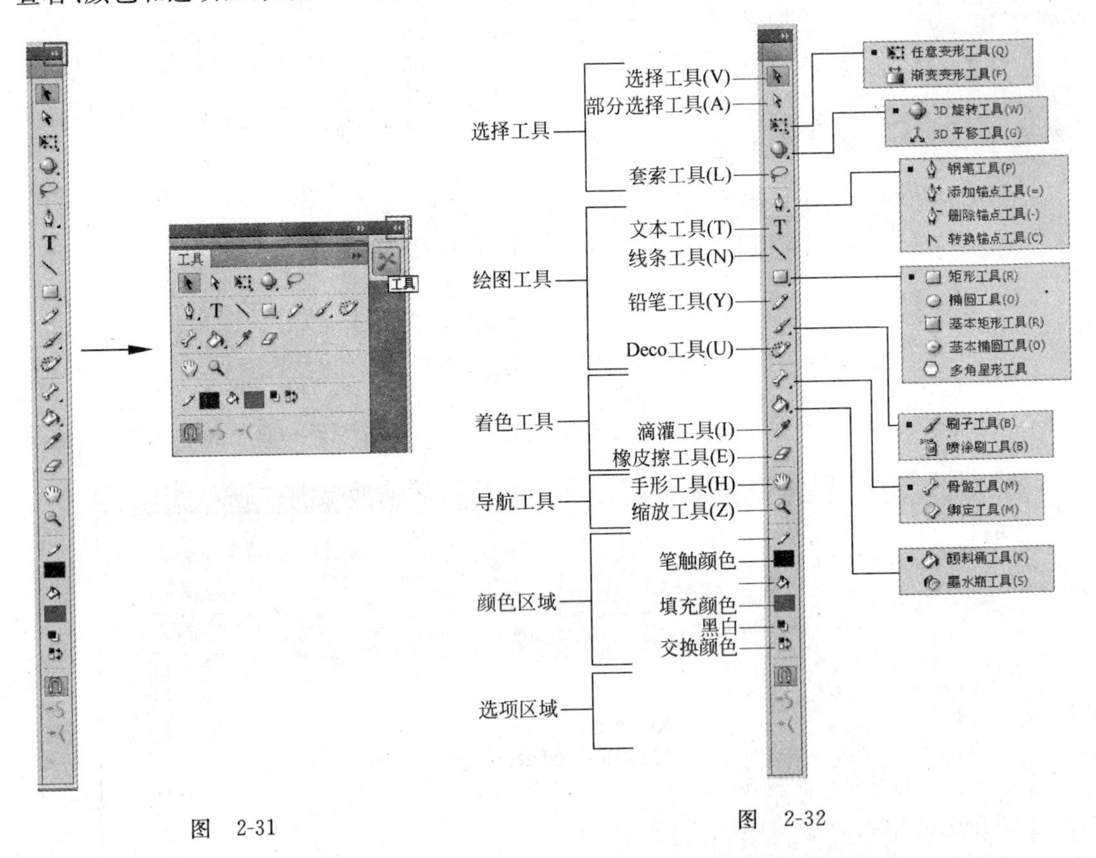

图 2-31　　　　图 2-32

选择工具：工具箱中的选择工具包括“选择工具”、“部分选择工具”、“套索工具”、“任意变形工具”和“渐变变形工具”。用户可以利用这些工具对舞台中的元素进行选择和变换等相关操作。

绘图工具：工具箱中的绘图工具包括“钢笔工具组”、“文本工具”、“线条工具”、“矩形工具组”、“铅笔工具”、“刷子工具组”和“Deco 工具”。用户可以使用这些工具绘制所需要的图形。

着色工具：工具箱中的着色工具包括“骨骼工具组”、“颜料桶工具组”、“滴管工具”和“橡皮擦工具”。用户可以利用这些着色工具对所绘制的图形、元件的颜色等进行调整。

导航工具：工具箱中的导航工具包括“手形工具”和“缩放工具”，主要用于放大和缩小舞台。

颜色区域：工具箱中的颜色区域包括“笔触颜色”和“填充颜色”。

选项区域：工具箱中的选项区域包括当前所选工具的功能按钮，其作用主要是影响工具的上色或编辑操作，很多操作的效果都是通过选项区域中的按钮完成的。

2.2.3 Flash CS5 的工作区

在 Flash CS5 中，工作区主要是位于屏幕顶部的命令菜单以及多种工具和面板，用于在影片中添加和编辑元素。用户可以在 Flash CS5 中为动画创建所有的对象，可以导入

Adobe Illustrator、Adobe Photoshop、Adobe After Effects 以及其他兼容应用程序中创建的元素。

启动 Flash CS5，默认情况下，页面会显示菜单栏、时间轴、舞台、工具箱、“属性”检查器以及其他面板。如图 2-33 所示，用户可以根据自己的需要和爱好自由打开、关闭、停放和取消面板，同时也可以随意移动面板。

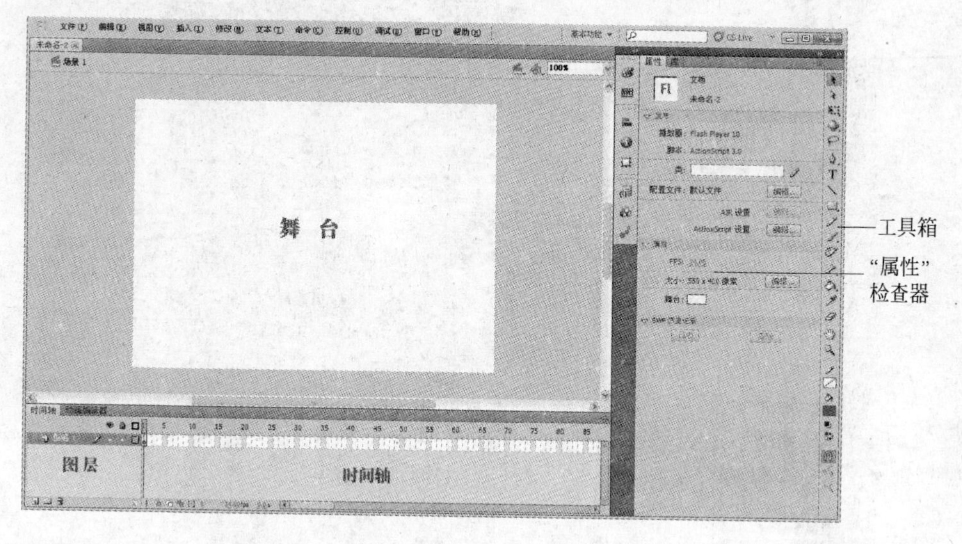

图 2-33

在 Flash CS5 中，系统提供了几种预置的面板排列方式，在窗口中工作区的顶部菜单中列出了工作区的排列方式，如图 2-34 所示。

将依据各个面板对于特定用户的重要性而重新排列它们并调整它们的大小。例如，“动画”和“设计人员”工作区就把“时间轴”面板置于顶部，使得用户可以轻松且频繁地使用“时间轴”面板。

如果移动了一些面板，当需要返回到预先排列的工作区之一的状态时，可以执行“窗口”/“工作区”/“重置”命令。

要返回默认的工作区，可以执行“窗口”/“工作区”/“基本功能”命令。

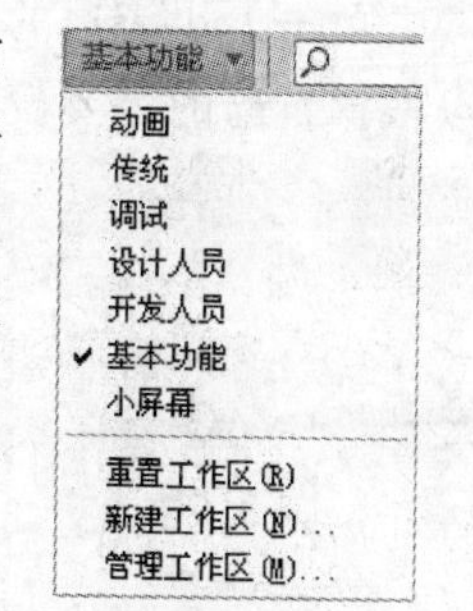

图 2-34

当按照自己的需求调整好各种面板的排列方式后，就可以保存自定义的工作区，以便以后可以重复使用。

保存工作区的方法是：单击 Flash CS5 右上角的“工作区”按钮，选择“新建工作区”，然后将其命名。保存了的工作区会自动添加到“工作区”下拉菜单的选项中。

在 Flash CS5 中，工作区的最主要部分就是页面中间的白色区域，即“舞台”。这是播放影片时观众观看的区域，其中包含出现在屏幕上的文本、图像和视频。在制作 Flash 影片时，出现在“舞台”内的元素才能被显现。用户可以使用标尺、网格或对齐等工具来帮助在“舞台”中内容的定位。

用户可以更改舞台的显示大小使其适应应用程序的窗口，方法是执行“视图”/“缩放比率”/“符合窗口大小”命令，也可以从“舞台”上方的弹出式菜单中选择不同的缩放比率，如

图 2-35 所示。

用户在使用 Flash CS5 制作影片时，可以更改“舞台”的颜色和尺寸等属性。更改舞台的属性的命令都在“属性”检查器中，此面板位于页面的右下部分。

图 2-36 为“属性”检查器面板，从中可以看到“舞台”的尺寸为 550×400 像素。

图 2-35

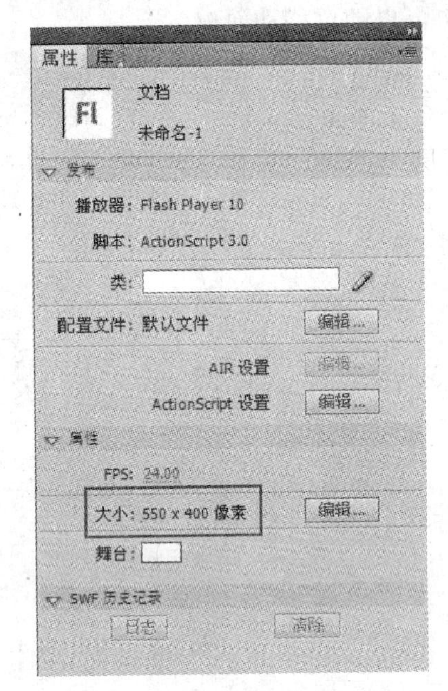

图 2-36

单击大小旁边的“编辑”按钮，将会弹出“文档设置”对话框，如图 2-37 所示。在其中可以根据自己的需要设置舞台尺寸、舞台颜色等属性。

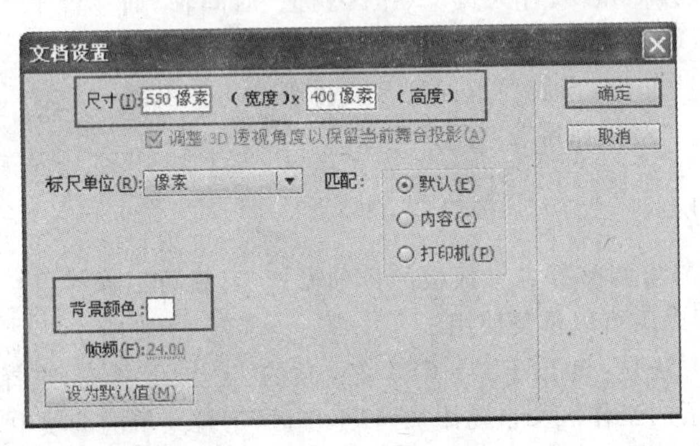

图 2-37

2.2.4 Flash CS5 的时间轴

在 Flash CS5 中，“时间轴”面板是编辑动画的基础，用来创建不同类型动画效果和控制动画的播放预览，同时也是处理帧和图层的工具。

“时间轴”面板位于“舞台”下面。Flash 文档以帧为单位度量时间，在影片播放时，播放头(红色垂直线)在“时间轴”中向前移动帧，可以为不同的帧更改在“舞台”上的内容。如果

要显示帧在“舞台”上的内容，可以在“时间轴”中把播放头移到需要显示的帧上。在“时间轴”底部，Flash会显示所选的帧编号、当前帧频（每秒钟播放的帧数），以及迄今为止在影片中所播放的时间。

帧和图层都是动画的重要组成部分，按照功能的不同，可以将“时间轴”分为图层控制区和时间轴控制区，如图2-38所示。

1. 图层控制区

位于“时间轴”面板左侧，在这片区域中，可以进行对图层的许多操作。

（1）添加图层、文件夹；删除图层、文件夹。

单击该面板中的“新建图层”按钮，可以直接添加一个新图层。也可以执行“插入”/“时间轴”/“图层”命令，添加新图层。

单击该面板中的“新建文件夹”按钮，可以直接添加一个新的图层文件夹。

对于图层和文件夹都可以将其重命名，方法是直接双击图层或文件夹旁边的名称或者直接双击图层或文件夹，然后进行重命名操作，如图2-39所示。

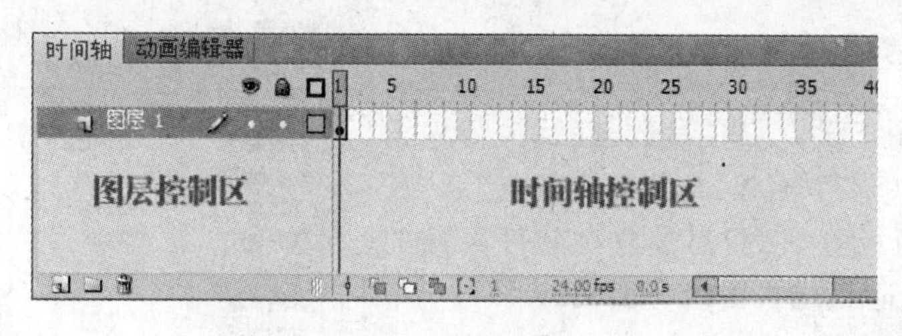

图　2-38

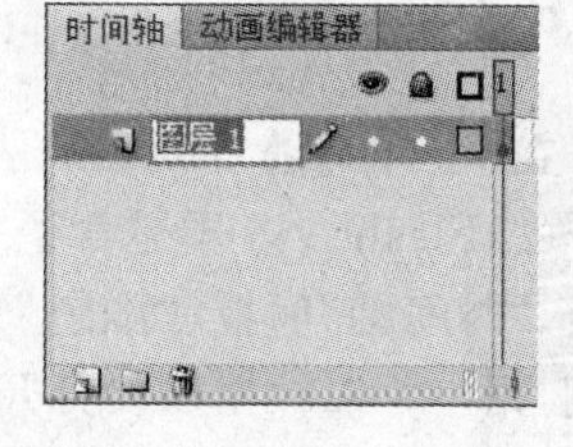

图　2-39

如果不想要某个图层或文件夹，可以在选取它后，单击“时间轴”下方的“删除”按钮。如果想重新排列图层，可以单击并拖动任何图层，将其移动到需要放置的新位置。

（2）显示、隐藏图层；锁定图层。

单击“时间轴”面板中的“显示或隐藏所有图层”按钮，即可切换图层的显示或隐藏状态。

单击“锁定或解除锁定所有图层”按钮，可以切换选择图层的锁定或解除锁定状态。

单击“将所有图层显示为轮廓”按钮，可以切换选择图层的显示或隐藏轮廓状态。

2. 时间轴控制区

位于“时间轴”面板右侧，由若干帧序列、信息栏以及一些工具按钮组成，底部的信息栏中显示了当前帧、帧速率以及预计播放时间。时间轴控制区主要用于设置动画的运动效果。在制作完成一个完整的动画后，“时间轴”面板的外观效果如图2-40所示。

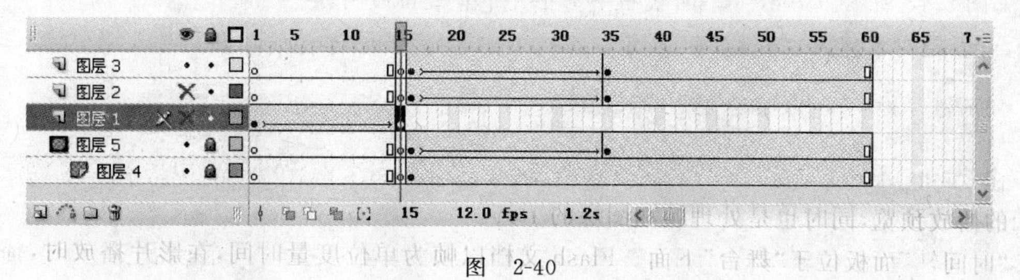

图　2-40

(1) 插入帧。

插入帧的方法很简单，在时间轴上选择一帧，然后执行“插入”/“时间轴”/“帧”命令，快捷键为 F5，也可以直接在选择的帧上右击，在弹出的菜单中选择“插入帧”命令。

在“时间轴”中，按住 Shift 键的同时单击可以选取多个帧。如果想在多个图层的不同位置都插入帧，可以在按住 Shift 键的同时，在不同图层所需要添加帧的位置处单击，然后执行“插入”/“时间轴”/“帧”命令。

(2) 创建关键帧。

在一个完整的 Flash 影片中，关键帧是指示“舞台”上内容变化的重要帧，在“时间轴”上以圆点显示，实心圆点表示在特定的时间那个特定的图层中具有某些内容。插入关键帧的方法是执行“插入”/“时间轴”/“关键帧”命令，快捷键为 F6。

当需要移动关键帧时，只需按住关键帧不放并拖动其到新位置即可。当需要删除关键帧时，不要按 Delete 键，这样做会删除“舞台”上那个关键帧中的内容。应该先选择关键帧，然后执行“修改”/“时间轴”/“清除关键帧”命令，快捷键为 Shift+F6，这样才能删除关键帧。

2.2.5 Flash CS5 的常用面板

在 Flash CS5 中，面板是用于设置工具参数，以及执行编辑命令的，Flash CS5 中包含了 20 多个面板，常用的面板有“属性”面板、“时间轴”面板、“颜色”面板等，它们都被放在软件页面的右侧，用户可以根据需要打开、隐藏或自由组合面板。

Flash CS5 的所有面板都在“窗口”菜单中，如图 2-41 所示。

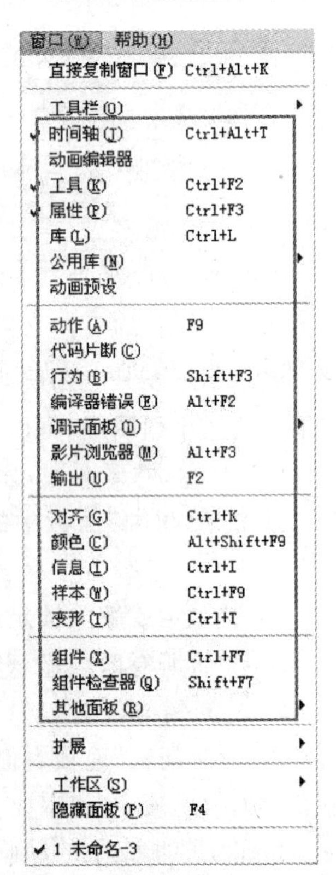

图 2-41

“时间轴”面板和“属性”面板已经在之前的内容中讲过了，故不再重复。

1. “动画编辑器”面板

在 Flash CS5 中，执行“窗口”/“动画编辑器”命令，快捷键是 Alt+F2，可以显示“动画编辑器”面板。当创建一个补间动画作为元件之后，需要在其中不同帧上进行编辑时，“动画编辑器”面板的作用就是用来控制补间的。选中一个补间或补间动画的元件，可以在“动画编辑器”面板中看到相应的信息，如图 2-42 所示。会显示对应项目的曲线。

2. “库”面板

在 Flash CS5 中，“库”面板主要用于管理动画中包含的元素，执行“窗口”/“库”命令，快捷键是 Ctrl+L，即可打开“库”面板，如图 2-43 所示。单击“库”面板右上方的“新建库面板”按钮，可以随时新建库，如图 2-44 所示。

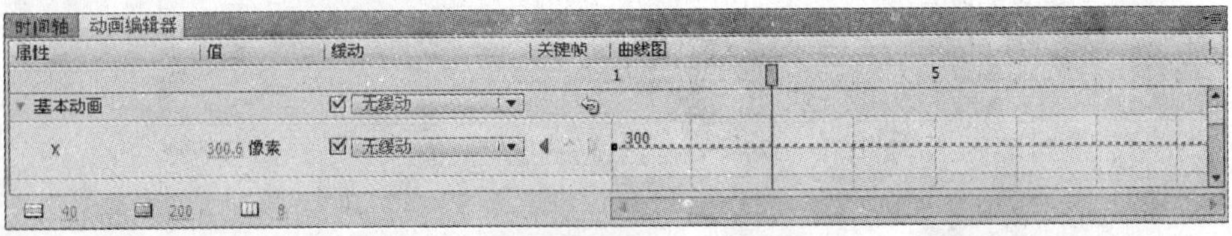

图 2-42

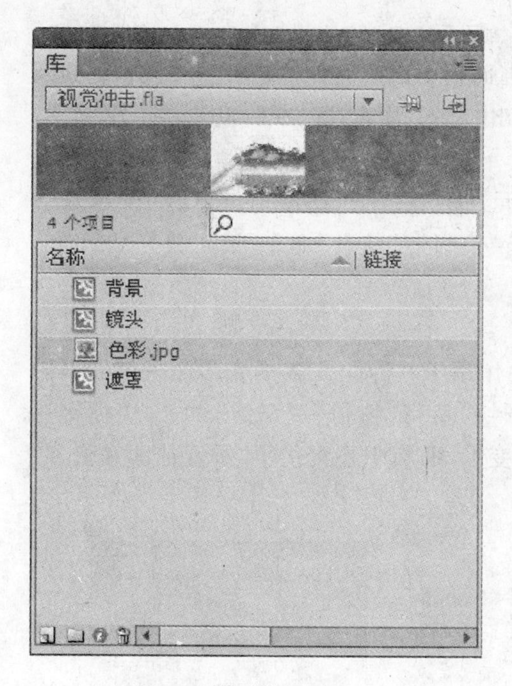

图 2-43

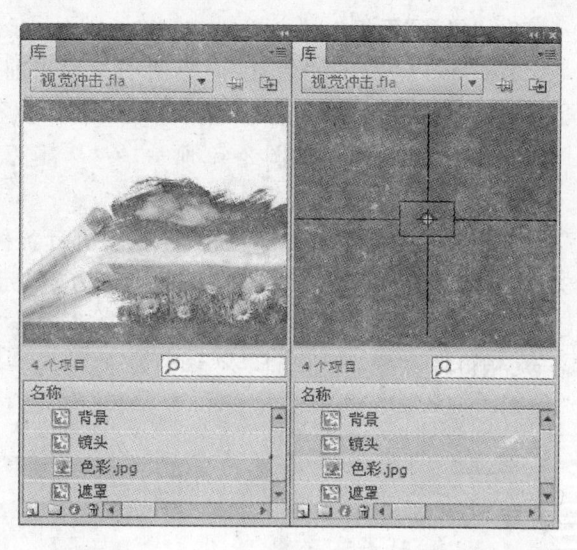

图 2-44

3."颜色"面板

在 Flash CS5 中,"颜色"面板可用于设置笔触和填充的颜色类型、Alpha 值,还可以对 Flash 影片的整个工作环境进行取样等操作。执行"窗口"/"颜色"命令,快捷键是 Alt+Shift+F9,即可打开"颜色"面板,如图 2-45 所示。

4."样本"面板

在 Flash CS5 中,"样本"面板主要用于对样本的管理,执行"窗口"/"样本"命令,快捷键为 Ctrl+F9,即可打开"样本"面板,如图 2-46 所示。当单击"样本"面板右上方的按钮时,在弹出的菜单中可以执行对样本的添加、删除、替换、保存等操作,如图 2-47 所示。

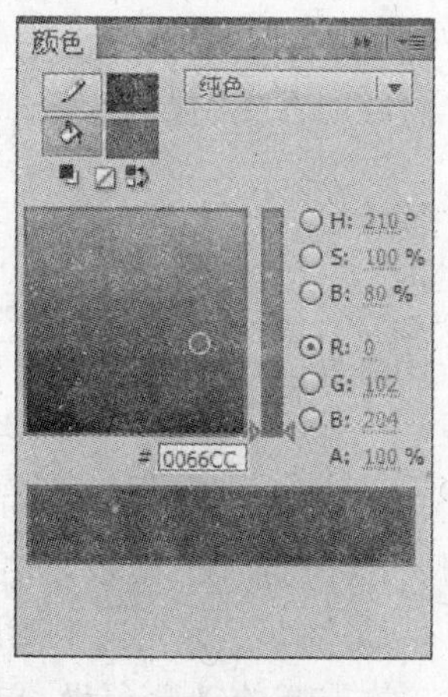

图 2-45

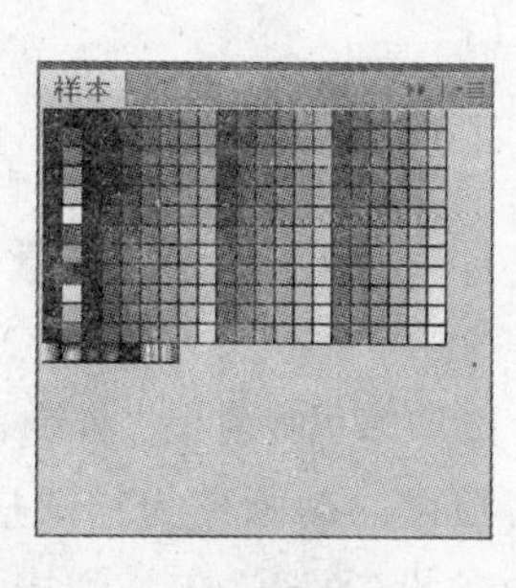

图 2-46

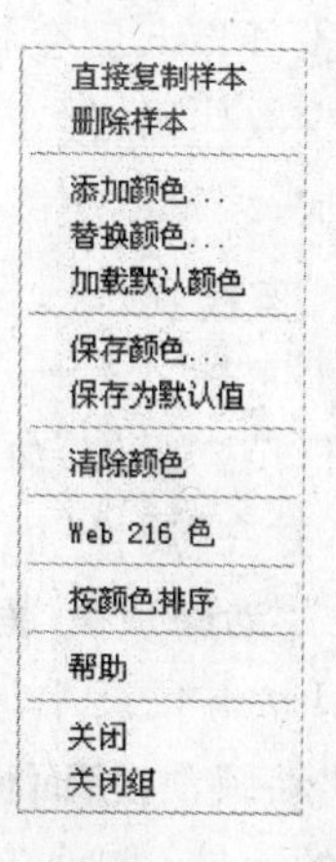

图 2-47

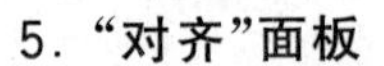

5. “对齐”面板

在 Flash CS5 中，选中多个元件后，可在“对齐”面板中对所选元件进行对齐操作。执行“窗口”/“对齐”命令，快捷键为 Ctrl+K，可以显示出“对齐”面板，如图 2-48 所示。

6. “信息”面板

在 Flash CS5 中，“信息”面板用于显示当前元件的宽度值、高度值、原点所在的 X/Y 值，以及鼠标的坐标和所在区域的颜色状态。执行“窗口”/“信息”命令，快捷键为 Ctrl+I，即可显示“信息”面板，如图 2-49 所示。

7. “变形”面板

在 Flash CS5 中，“变形”面板可用于执行各种作用于舞台上元素的变形命令，如旋转、3D 旋转等，其中 3D 旋转只适用于“影片剪辑”元件。执行“窗口”/“变形”命令，快捷键为 Ctrl+T，即可显示“变形”面板，如图 2-50 所示。“变形”面板中还提供了“重置选区和变换”命令，用以提高重复使用同一变换的效率。

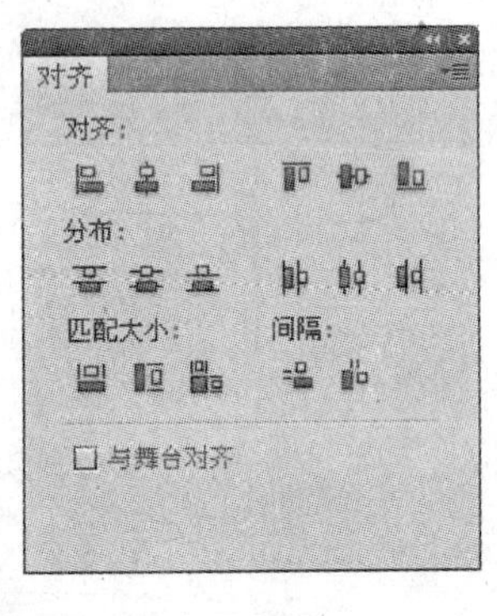

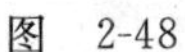

图 2-48

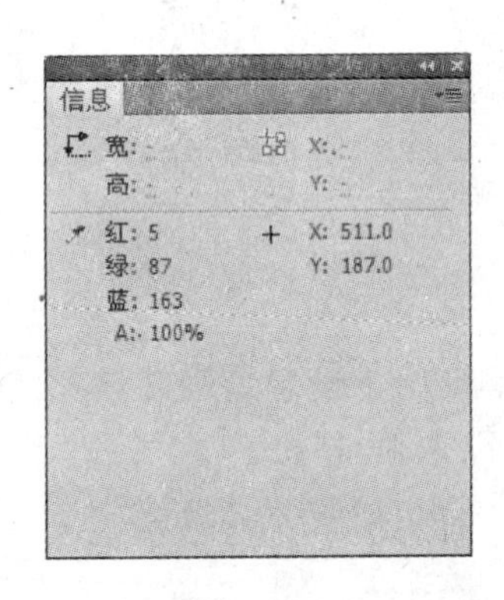

图 2-49

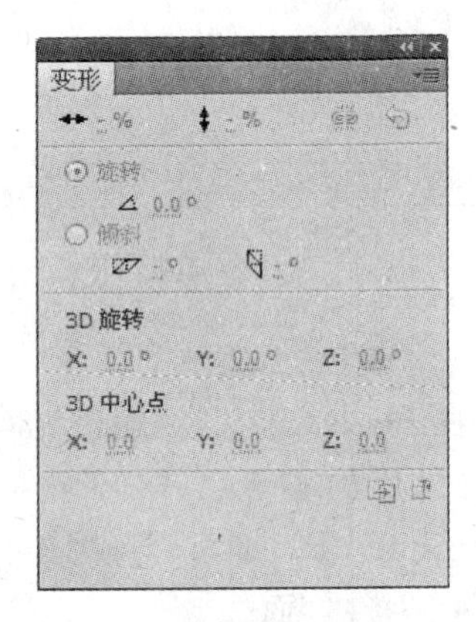

图 2-50

8. “代码片段”

在 Flash CS5 中，“代码片段”是新增的一款面板，如图 2-51 所示。“代码片段”中含有 Flash 为用户提供的多组常用事件，当选择一个元件后，在“代码片段”中双击一个所需要的代码片段，Flash 就会将该代码插入到影片中，这个过程有时候需要用户根据自己的需要手动更改少数代码，但在弹出的“动作”面板中都会有详细的修改说明。在“代码片段”中可以自行添加、编辑或删除代码短片。

9. “组件”面板

在 Flash CS5 中，“组件”面板为 ActionScript 新手提供了多款可重复使用的预制组件。执行“窗口”/“组件”命令，快捷键为 Ctrl+F7，即可显示“组件”面板。用户可以向文档中添加组件，并在“属性”面板或“组件检查器”中设置参数，如图 2-52 所示。

10. “动画预设”面板

在 Flash CS5 中，执行“窗口”/“动画预设”命令，即可打开“动画预设”面板，如图 2-53 所示。“动画预设”面板可将其预设的动画作为样式应用在其他元件上。首先选中要应用预设动画的元件，然后打开“动画预设”面板，在其列表中选择一款需要的动画预设，单击“应用”按钮即可。在“动画预设”面板中，还可以创建个人的预设。

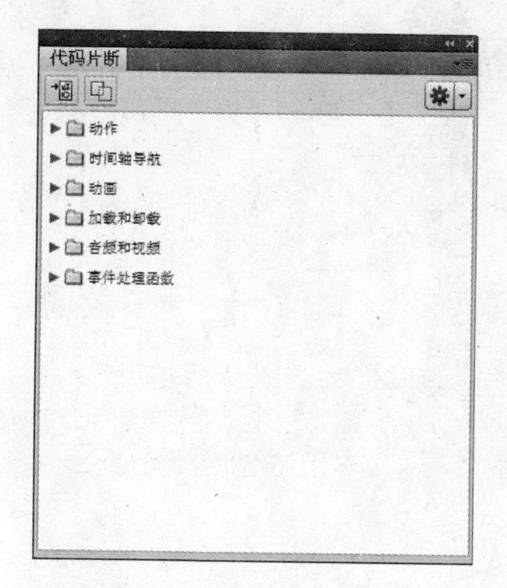

图 2-51

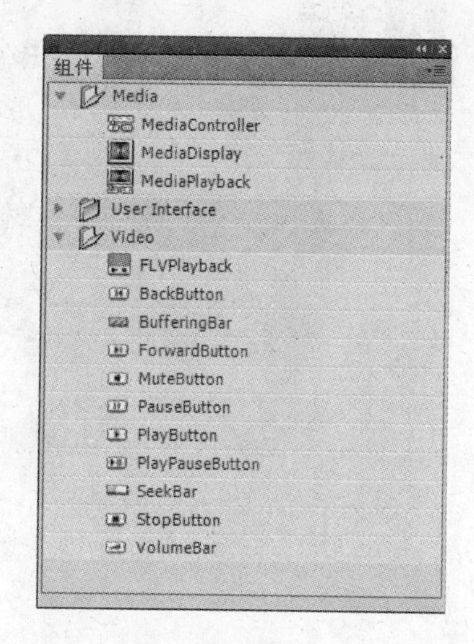

图 2-52

在使用 Flash CS5 制作影片的过程中，经常会根据需要对面板进行相关操作。

1. **选择面板**

当显示了需要选择的面板时，单击该面板的名称，即可选择该面板作为当前使用的面板，如图 2-54 所示。

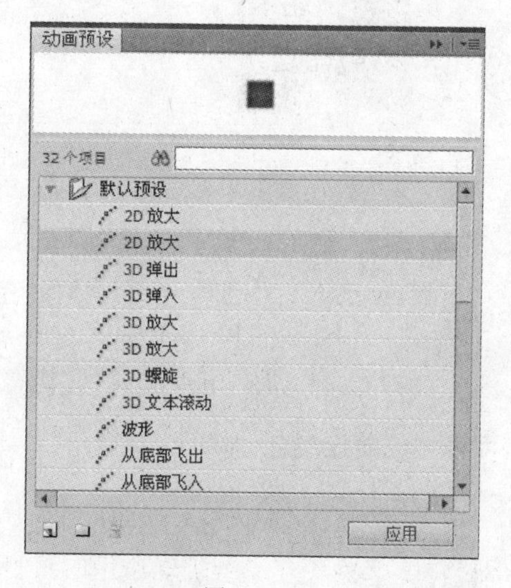

图 2-53

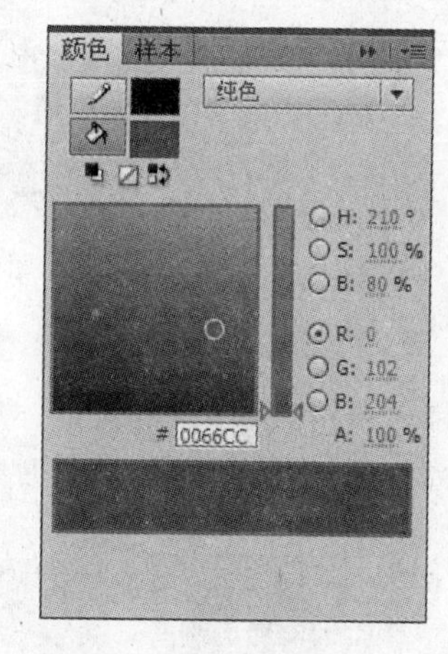

图 2-54

2. **折叠/展开面板**

在每个面板组的右上角都有一个双三角的按钮图标 和 ，可以折叠或展开面板，如图 2-55 所示。

3. **调整、移动面板**

当需要调整面板的显示大小时，只需要将鼠标放在面板的某个边缘，当鼠标形状变成双箭头时，拖动鼠标即可调整面板的大小。如果需要移动某个面板，可以将鼠标放在面板名称

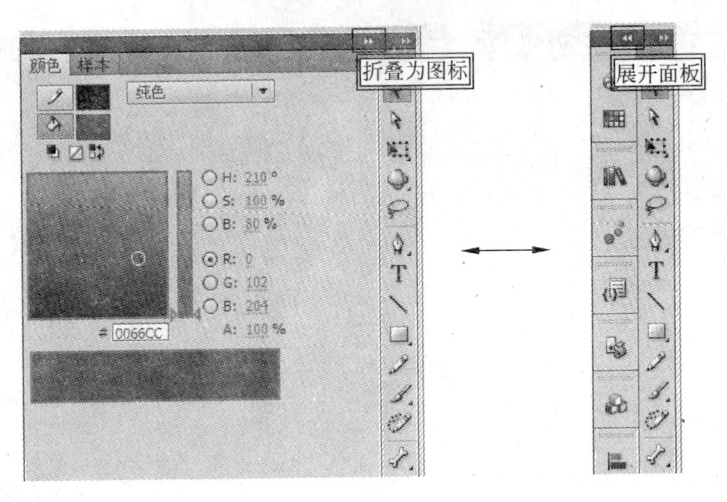

图 2-55

上，按住鼠标左键拖动到指定位置即可，此方法也可以将面板组中的某个面板移出该面板组，如图 2-56 所示。

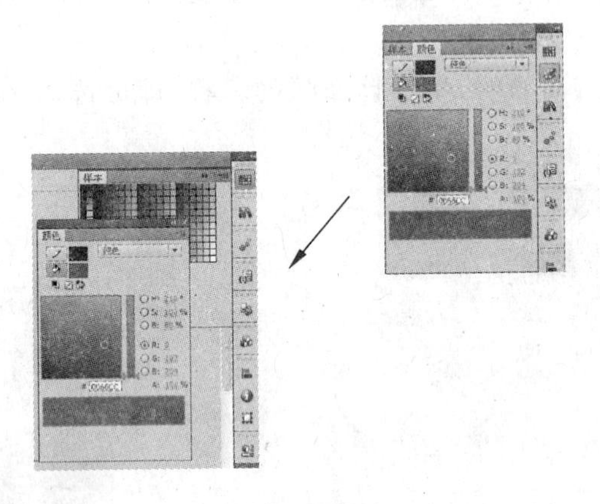

图 2-56

如果需要组合面板，可将鼠标放置在某个面板的名称上，按住鼠标左键拖动到另一个面板的名称位置，当出现蓝色横条时松开鼠标，即可完成面板组合，如图 2-57 所示。

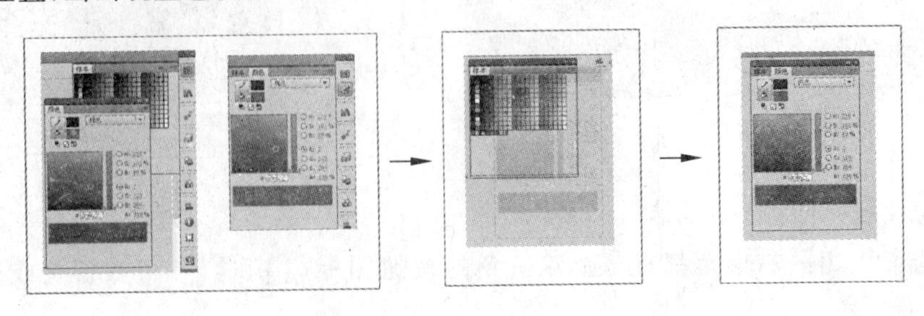

图 2-57

将一个面板拖动到另一个面板下方的连接处时，会出现蓝色横条标志，此时松开鼠标，即可将不同的面板连接起来，如图 2-58 所示。

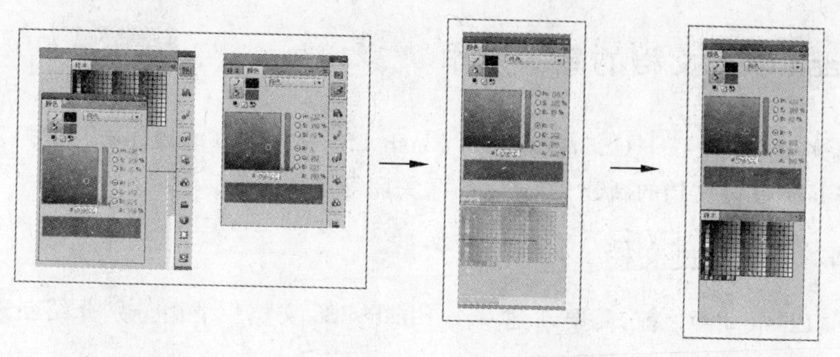

图 2-58

4. **使用面板菜单**

当需要对当前面板的内容进行相关操作时，可以单击该面板右上角的 按钮，在弹出的菜单中包含了与当前面板有关的诸多命令，如图 2-59 所示。

5. **关闭面板**

当需要关闭某个面板时，可以在其名称上右击，在弹出的菜单中选择命令，当选择“关闭”命令时，即可关闭该面板；选择“关闭组”命令，即可关闭该面板组，如图 2-60 所示。关闭面板也可以直接单击该面板右上角的“关闭”按钮。如果需要关闭所有面板，可按键盘上的 F4 键，将所有面板隐藏。

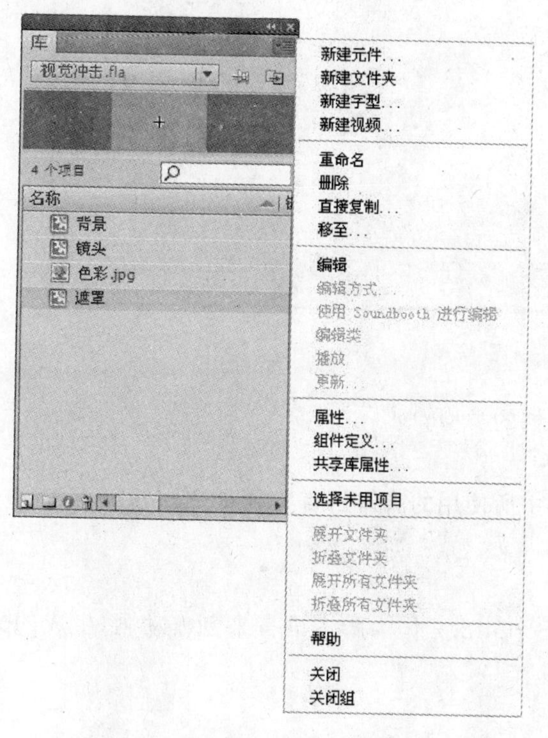

图 2-59

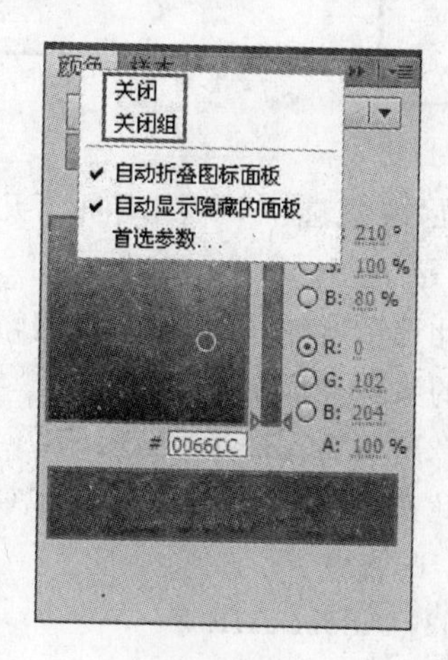

图 2-60

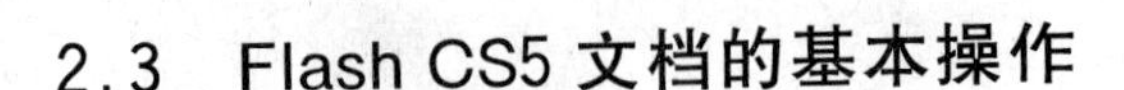

2.3 Flash CS5 文档的基本操作

为了更好地学习 Flash CS5，就需要对 Flash CS5 文档的基本操作有一定的了解。本节主要介绍 Flash 动画文档的新建、打开、保存、关闭等基本操作。

2.3.1 新建动画文档

在制作 Flash 动画之前，需要新建一个 Flash CS5 文档。下面分别介绍新建文档的几种方法。

1. 直接新建文档

执行“文件”/“新建”命令，快捷键为 Ctrl+N，会弹出“新建文档”对话框，在“常规”选项卡中选择新建的文档类型，然后单击“确定”按钮，即可创建一个空白文档，如图 2-61 所示。

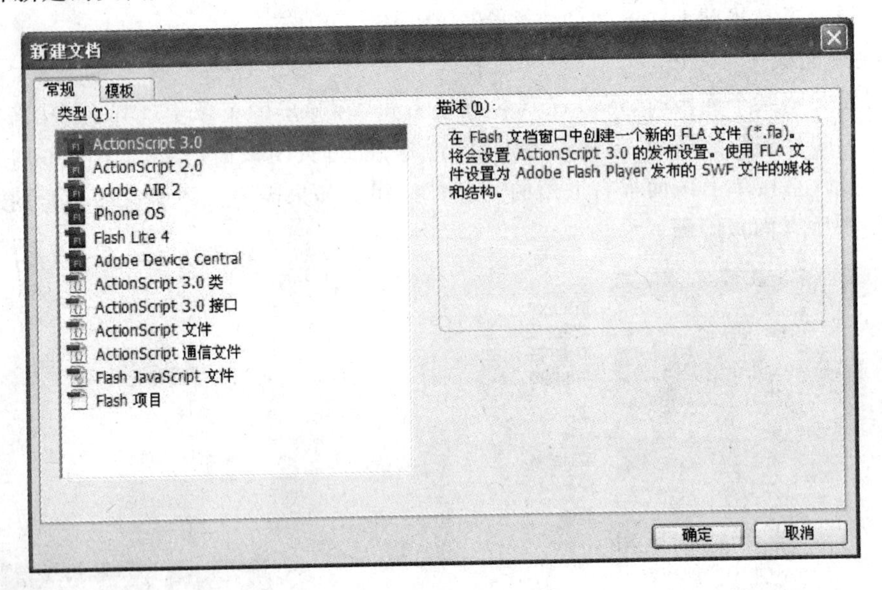

图 2-61

在“常规选项卡”中，有如下几种文档的类型。

(1) ActionScript 3.0

此选项所创建的文档，在编辑过程中所使用的脚本语言必须是 ActionScript 3.0 版本，生成的文件类型是.fla 格式。

(2) ActionScript 2.0

此选项所创建的文档将以 ActionScript 2.0 作为脚本语言来创作动画，生成的文件类型为.fla 格式。

(3) Adobe AIR 2

此选项用于开发 AIR 的桌面应用程序。

(4) iPhone OS

此选项是开发基于 iPhone 和 iPod Touch 上的应用程序，生成文件的类型为.fla 格式。

(5) Flash Lite 4

此选项用于开发可在 Flash Lite 4 平台上播放的 Flash。Flash Lite 4 是使用手机流畅播放、运行 Flash 视频或程序的环境。

(6) Adobe Device Central

当选择此选项后，将打开 Adobe Device Central，用来设置相应的手机设备及相关参数。而发布影片时，将在默认的 Device Central 中模拟手机环境进行测试。

(7) ActionScript 3.0 类

选择此选项，可以创建一个 AS 文件来定义新的 ActionScript 3.0 类。ActionScript 3.0 允许用户创建自己的类。

(8) ActionScript 3.0 接口

选择此选项可新建一个 AS 文件，用于定义一个新的 ActionScript 3.0 接口。

(9) ActionScript 文件

选择此选项，用户可在帧或者元件上添加 ActionScript 脚本代码，也可以创建一份 ActionScript 外部文件。

(10) ActionScript 通信文件

选择此选项，可以创建一个用于 FMS(Flash Media Server)服务端的 ASC(ActionScript Communications)脚本文件。

(11) Flash JavaScript 文件

选择此选项，可以创建一份 JSFL 文件，这是一种作用于 Flash 编辑器的脚本。

(12) Flash 项目

选择此选项，可以弹出 Flash 项目管理器，在其中对项目进行各种管理操作。

2. 从模板新建文档

用户除了可以直接新建文档外，还可以从模板新建 Flash 文档。同样执行“文件”/“新建”命令，快捷键为 Ctrl+N，会弹出“新建文档”对话框，切换至“模板”选项卡，如图 2-62 所示。

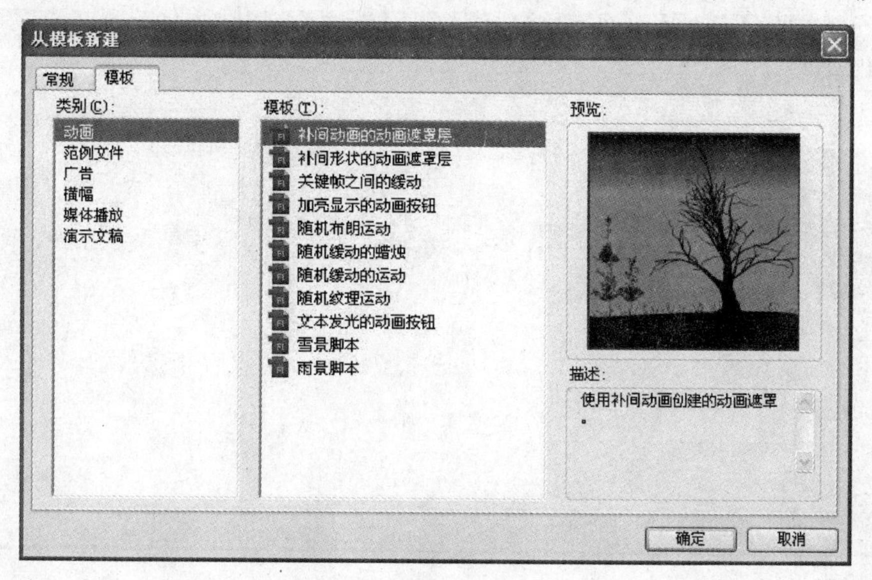

图 2-62

在模板选项卡中包含几种常用的模板。

1. 动画

动画类的模板是一种动画效果的应用实例，打开某个动画模板后，可以直接测试该影片，图 2-63 为测试第一个动画类模板的效果展示。

图 2-63

2. 范例文件

范例文件类的模板不仅应用于多种综合实例，而且在一些应用程序的案例中也可以使用。图 2-64 为范例文件中“平移”模板的效果展示。

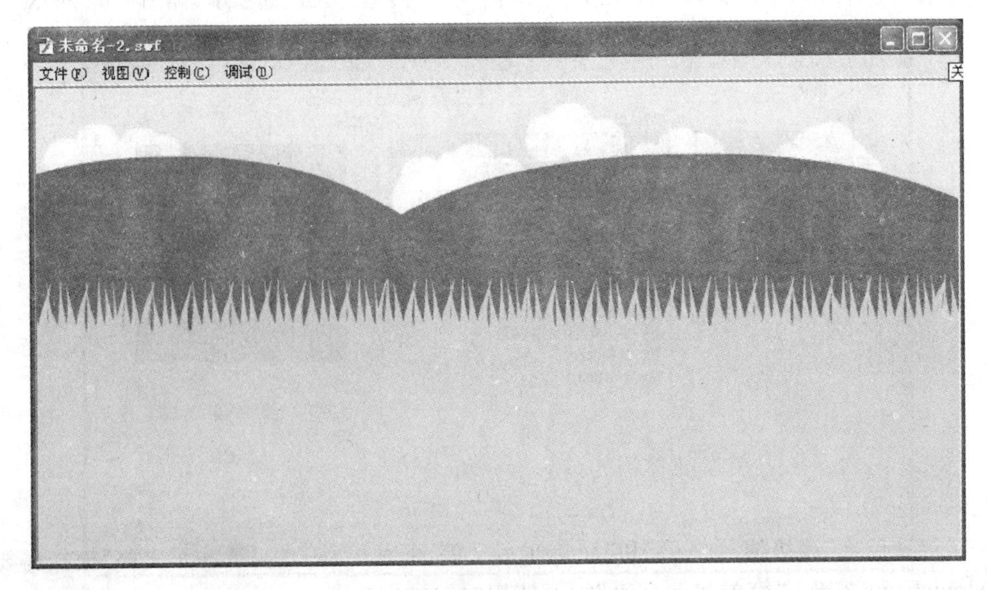

图 2-64

3. 广告

广告类的模板文件基本上都是为了快速新建一类既定大小的文档，如图 2-65 所示。

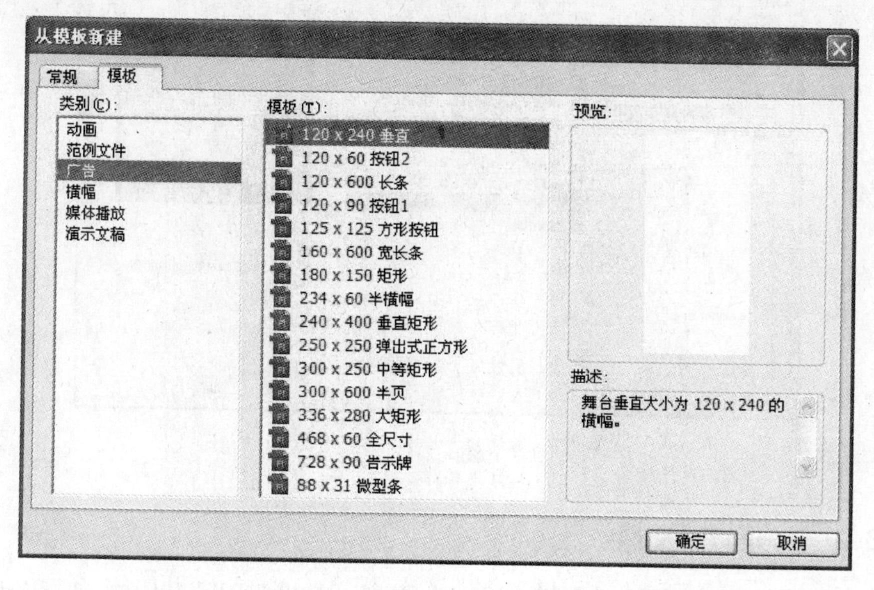

图　2-65

4. 横幅

此选项的模板主要用于快速新建一些横幅效果的文档，如图 2-66 所示。

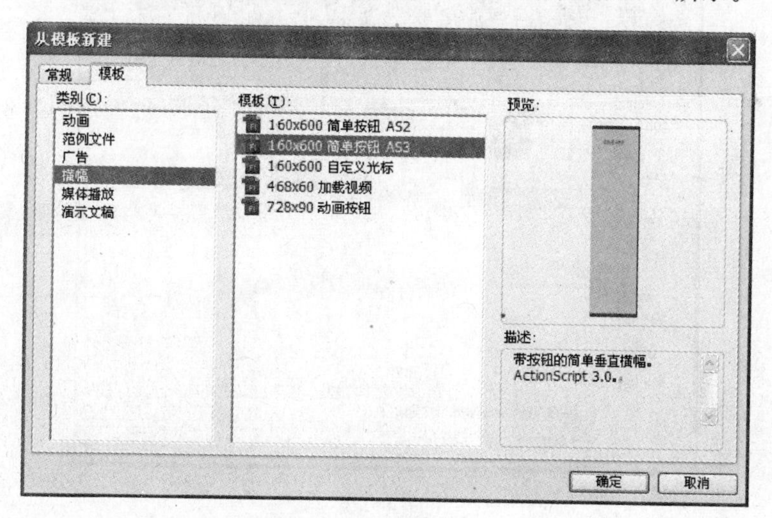

图　2-66

5. 媒体播放

此选项包含了各种用于媒体播放的预设模板，如图 2-67 所示。

6. 演示文稿

此选项包含“高级演示文稿”和“简单演示文稿”两种模板。“高级演示文稿”模板需要使用 MovieClips 实现，“简单演示文稿”需要使用时间轴实现。

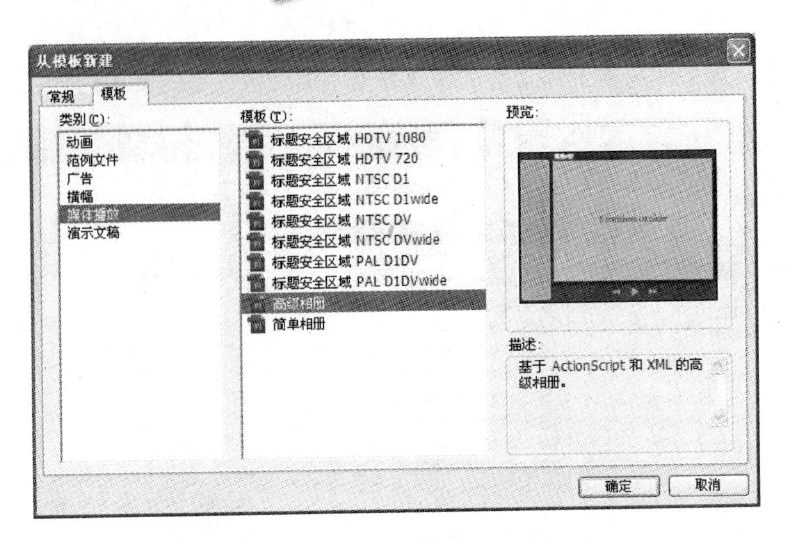

图　2-67

2.3.2　打开动画文档

执行“文件”/“打开”命令，快捷键为 Ctrl+O，即可弹出“打开”对话框，如图 2-68 所示。在其中选择需要打开的一个或多个 Flash 文档，然后单击“打开”按钮，即可以打开选中的动画文档，如图 2-69 所示。

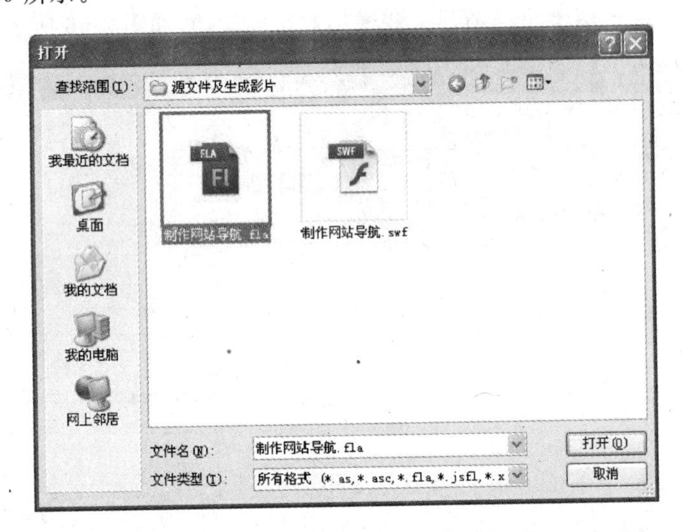

图　2-68

2.3.3　保存动画文档

用户在编辑 Flash 动画的过程中需要随时保存，Flash 默认的保存格式为 FLA，保存文档的方式有保存、另存为、保存并压缩、另存为模板、全部保存动画文档 5 种方式。

1. 保存

执行“文件”/“保存”命令，快捷键为 Ctrl+S。在弹出的对话框中即可选择所要保存的

图　2-69

路径和保存文档的名称,如图 2-70 所示。

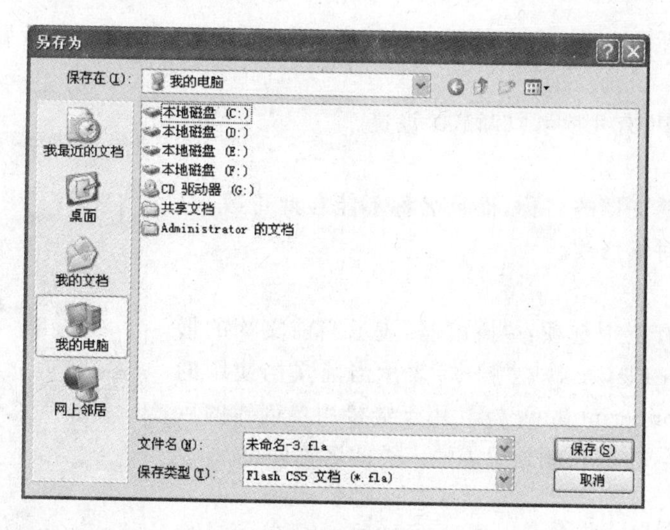

图　2-70

2. 另存为

执行“文件”/“另存为”命令,快捷键为 Ctrl+Shift+S。在弹出的对话框中即可选择所要另存为的路径和保存文档的名称,将文档保存到其他位置。

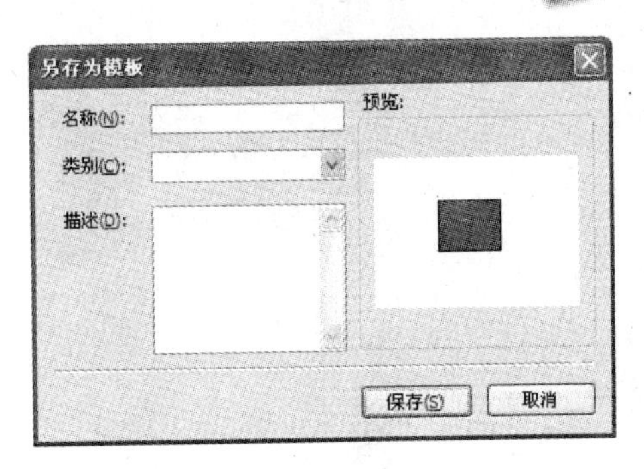

图 2-71

3. 保存并压缩

使用此选项保存文档的目的是为了减少Flash文档的大小，执行“文件”/“保存并压缩”命令，会弹出“另存为”对话框，选择合适的路径然后单击“保存”按钮，即可保存并压缩当前动画文档。

4. 另存为模板

执行“文件”/“另存为模板”命令，在弹出的对话框中即可将当前文档保存为模板，如图2-71所示。

5. 全部保存

执行“文件”/“全部保存”命令，可以同时保存多个正在编辑的文档。

2.3.4 关闭动画文档

当制作好一个Flash动画文档后，需要关闭该文档时，执行“文件”/“关闭”命令，快捷键为Ctrl+W，即可关闭当前动画文档。或者也可以直接单击该文档窗口选项卡上的“关闭”按钮来执行关闭文档的操作。

2.4 设置动画环境

在使用Flash CS5制作动画时，动画环境的设置对于动画设计者来说也是至关重要的。

2.4.1 文档属性

在新建或打开一个Flash文档后，执行“窗口”/“属性”命令，即可打开其“属性”面板，如图2-72所示。

在文档属性中，有几项可以调节的设置。

1. 文档

此处显示当前文档的名称，而且名称不能在此更改，只能在保存文档的时候修改。

2. 发布

在“发布”中有三个选项：“播放器”表示当前文档的播放器类型为Flash Player 10；“脚本”表示当前文档使用的脚本语言为ActionScript 3.0；“类”用于链接用户创建的后缀为.as的文档类文件，在此处只需输入类的名称即可。

3. 属性

在“属性”面板中有三个选项：“FPS”是每秒传输的帧数，默认值为24fps。也被称为帧频，值越大，画面就越细腻，但不能超出显示芯片的处理能力范围。

4. SWF历史记录

此选项用来显示在“测试影片”、“发布”和“调试影片”

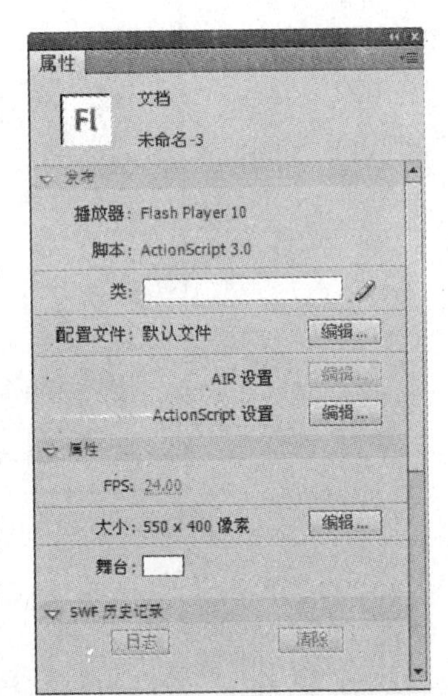

图 2-72

操作期间生成的所有 SWF 文件的大小。

2.4.2　舞台显示比例

在 Flash CS5 中，用户可以根据自己的需要随意设置舞台的显示比例。方法是在“工作区”右侧上方单击，打开缩放菜单或者直接输入需要显示的比例。图 2-73 和图 2-74 为 100％和 50％显示比例的效果。

图　2-73

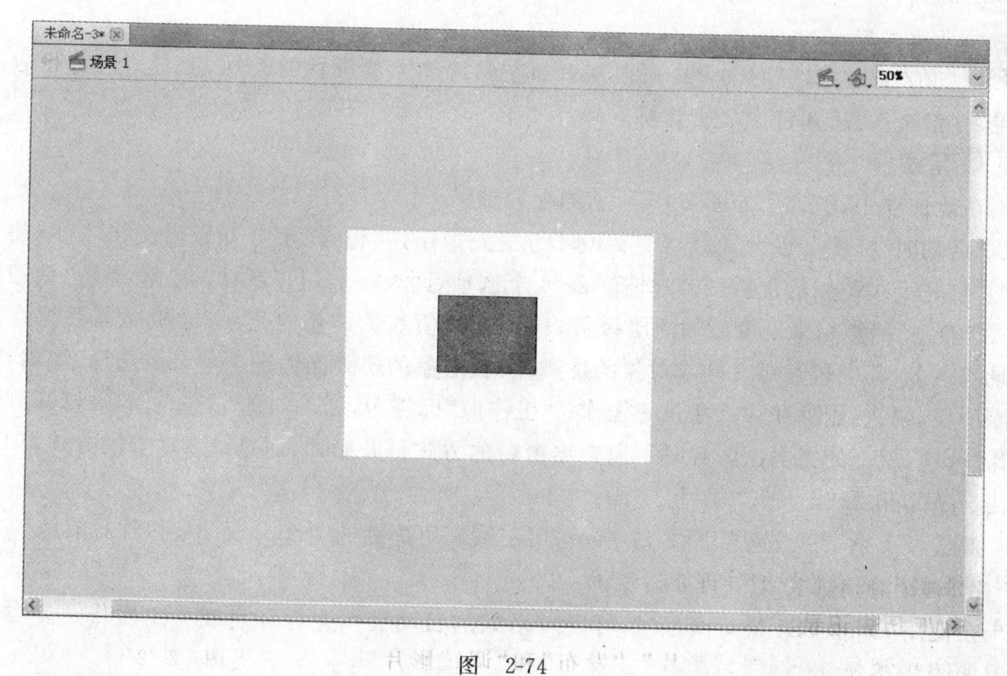

图　2-74

2.4.3 首选参数

执行“编辑”/“首选参数”命令，快捷键为 Ctrl+U，即可弹出“首选参数”对话框，如图 2-75 所示。

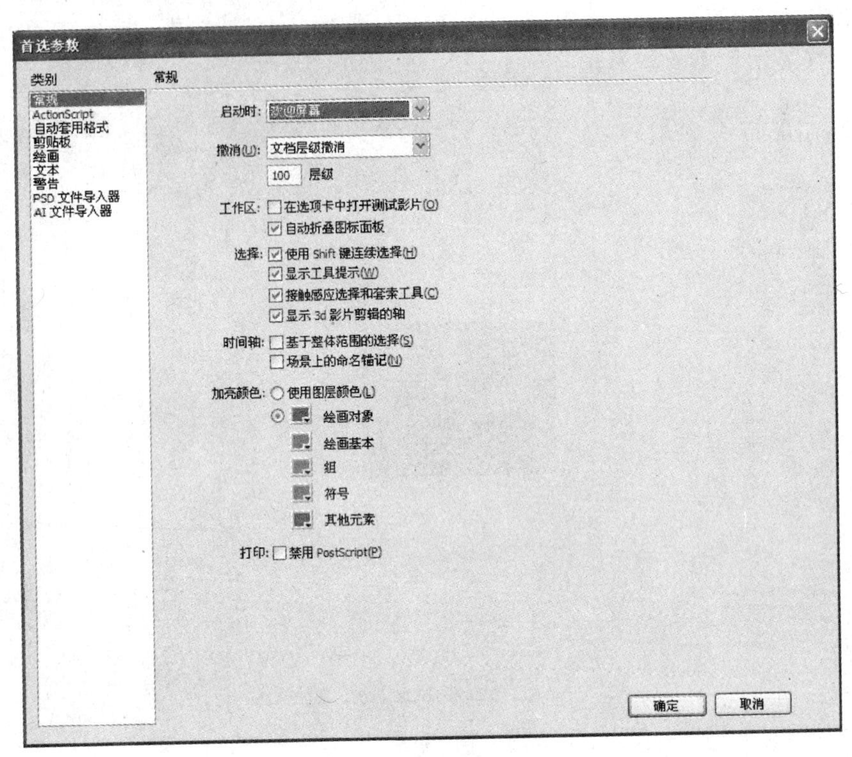

图 2-75

用户在“首选参数”对话框中可以在页面左侧选择需要设置的类别，在右侧进行相应的设置。“首选参数”共包含 9 项类别。

1. 常规

在此选项中，包含了如图 2-76 所示的配置选项。

“启动时”标签可以设置启动 Flash 时的相关操作，共包含“不打开任何文档”、“新建文档”、“打开上次使用的文档”和“欢迎屏幕”4 个选项，而大多数用户默认的选项都是“欢迎屏幕”；“撤销”标签用来设置撤销的层级数，这项的数值越大，“历史记录”面板所需要保存的记录就越多，其中包含对文档或对象的层级撤销，对象的层级撤销是不记录像选择、编辑、移动库项目、创建、删除和移动场景等操作；“工作区”标签中，如果勾选“在选项卡中打开测试影片”选项，就会使得测试影片时不以弹出窗口的方式打开影片，而是以选项卡的方式打开。

2. ActionScript

此选项类别下的配置如图 2-77 所示，用于编辑可配置的 ActionScript 参数的信息。

3. 自动套用格式

在使用 Flash CS5 进行编程时，可以对格式的自动套用进行开启或关闭操作。其参数设置如图 2-78 所示。

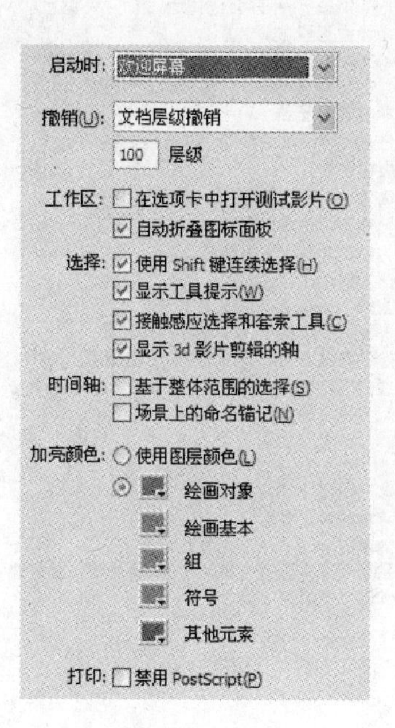

图　2-76

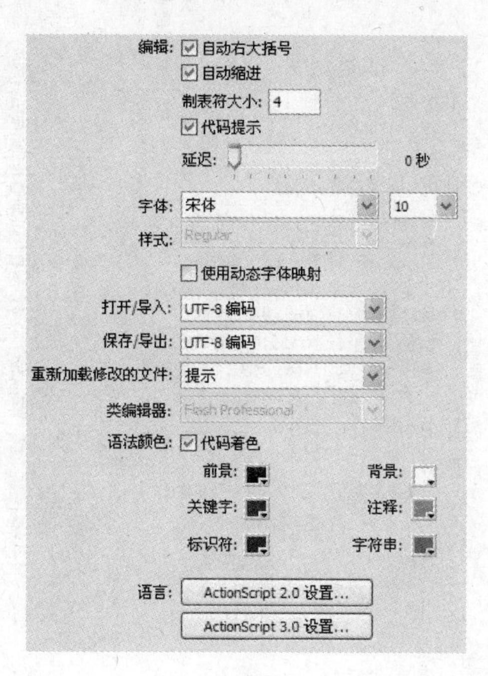

图　2-77

4．剪贴板

此选项的参数用于设置剪贴板中的位图属性，如颜色深度和分辨率等，其参数设置如图 2-79 所示。

5．绘画

此选项可用于设置钢笔、形状、线条、骨骼等参数，如图 2-80 所示。

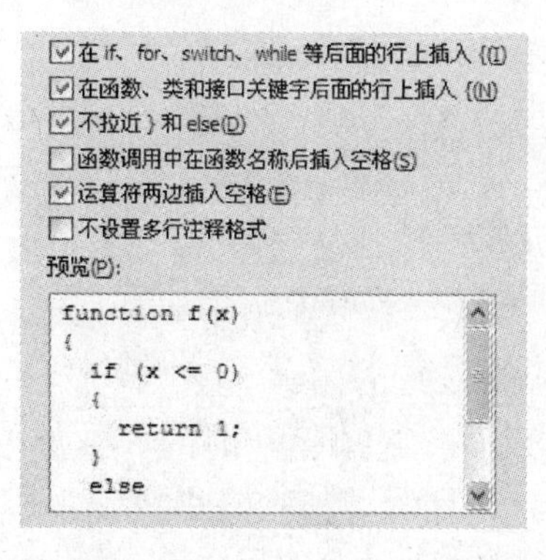

图　2-78

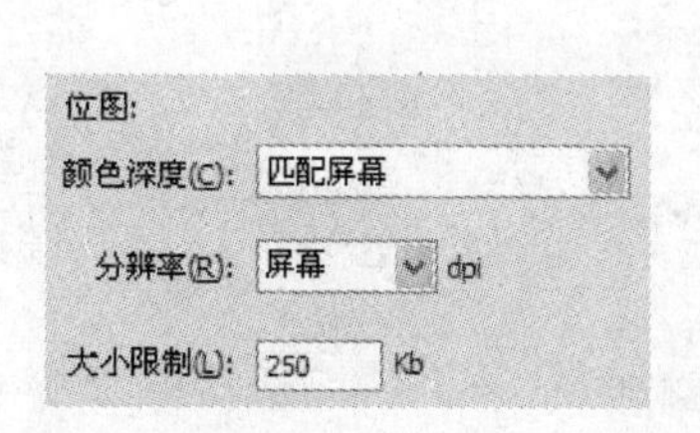

图　2-79

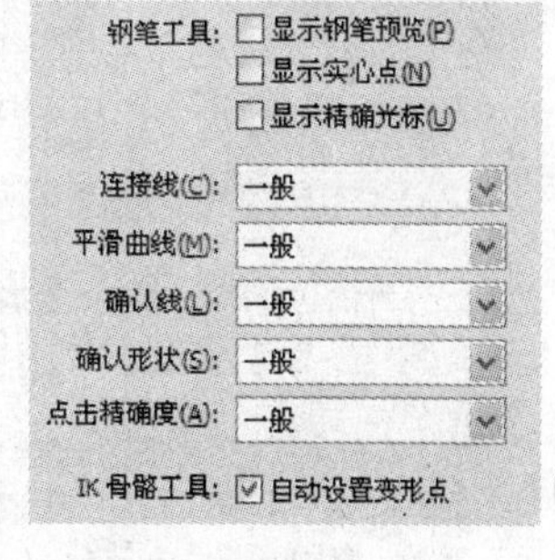

图　2-80

6．文本

此选项可用于设置打开 Flash 文档时替换缺少的字体，其参数设置如图 2-81 所示。其中“垂直文本”可用于设置垂直文本显示的方向和文本字距。

7．警告

当在 Flash CS5 中编辑动画时，如果操作不当，会出现一个“警告”对话框，此选项可设置 Flash 的警告是否显示，如图 2-82 所示。

字体映射默认设置(F): _sans
样式(S):
显示亚洲文本选项
显示从右至左的文本选项
字体映射对话框: 为缺少字体显示(M)
垂直文本(V): 默认文本方向(D)
从右至左的文本流向(R)
不调整字距(N)
输入方法(I): 日语和中文(J)
韩文(K)
字体菜单: 以英文显示字体名称(E)
显示字体预览(P)
小

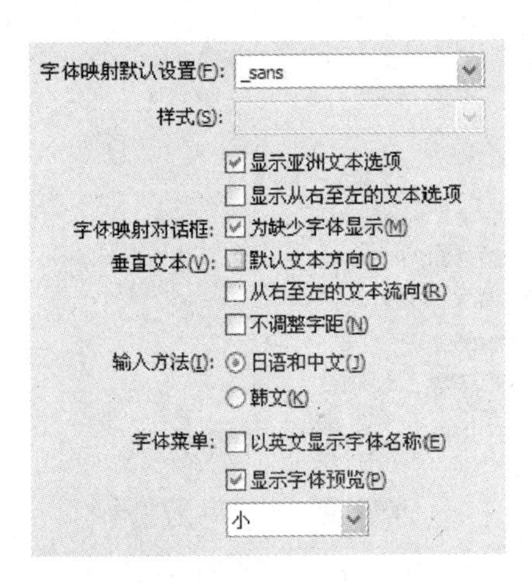

图 2-81

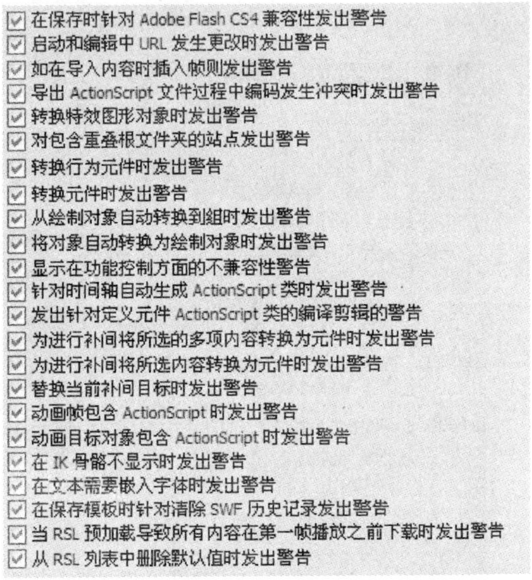

在保存时针对 Adobe Flash CS4 兼容性发出警告
启动和编辑中 URL 发生更改时发出警告
如在导入内容时插入帧则发出警告
导出 ActionScript 文件过程中编码发生冲突时发出警告
转换特效图形对象时发出警告
对包含重叠根文件夹的站点发出警告
转换行为元件时发出警告
转换元件时发出警告
从绘制对象自动转换到组时发出警告
将对象自动转换为绘制对象时发出警告
显示在功能控制方面的不兼容性警告
针对时间轴自动生成 ActionScript 类时发出警告
发出针对定义元件 ActionScript 类的编译剪辑的警告
为进行补间将所选的多项内容转换为元件时发出警告
为进行补间将所选内容转换为元件时发出警告
替换当前补间目标时发出警告
动画帧包含 ActionScript 时发出警告
动画目标对象包含 ActionScript 时发出警告
在 IK 骨骼不显示时发出警告
在文本需要嵌入字体时发出警告
在保存模板时针对清除 SWF 历史记录发出警告
当 RSL 预加载导致所有内容在第一帧播放之前下载时发出警告
从 RSL 列表中删除默认值时发出警告

图 2-82

8. **PSD 文件导入器**

此选项的参数设置如图 2-83 所示。可设置如何导入 PSD 文件中的特定对象，以及将 PSD 文件转换成为 Flash 影片剪辑等。

9. **AI 文件导入器**

此选项的参数设置如图 2-84 所示。此选项可用于设置在导入 AI 文件时是否导入隐藏图层等，并对文本和路径的导入也提供了可编辑的选项。

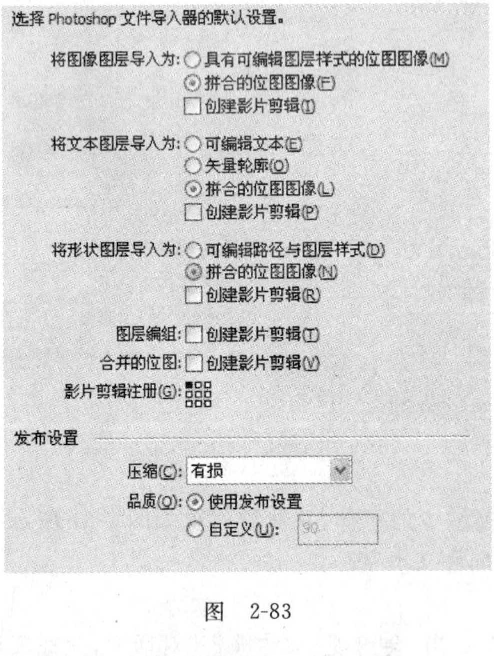

选择 Photoshop 文件导入器的默认设置。
将图像图层导入为: 具有可编辑图层样式的位图图像(M)
拼合的位图图像(F)
创建影片剪辑(I)
将文本图层导入为: 可编辑文本(E)
矢量轮廓(O)
拼合的位图图像(L)
创建影片剪辑(P)
将形状图层导入为: 可编辑路径与图层样式(D)
拼合的位图图像(N)
创建影片剪辑(R)
图层编组: 创建影片剪辑(T)
合并的位图: 创建影片剪辑(V)
影片剪辑注册(G):
发布设置
压缩(C): 有损
品质(Q): 使用发布设置
自定义(U): 90

图 2-83

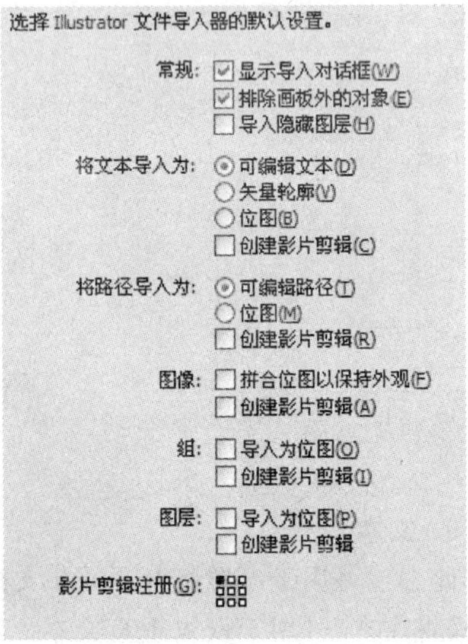

选择 Illustrator 文件导入器的默认设置。
常规: 显示导入对话框(W)
排除画板外的对象(E)
导入隐藏图层(H)
将文本导入为: 可编辑文本(D)
矢量轮廓(V)
位图(B)
创建影片剪辑(C)
将路径导入为: 可编辑路径(T)
位图(M)
创建影片剪辑(R)
图像: 拼合位图以保持外观(F)
创建影片剪辑(A)
组: 导入为位图(O)
创建影片剪辑(I)
图层: 导入为位图(P)
创建影片剪辑
影片剪辑注册(G):

图 2-84

2.4.4 场景基本操作

在 Flash CS5 中，场景的大小决定着动画尺寸的大小，默认的场景为 550×400 像素，在实际操作过程中，用户可以根据自己的需要，重新设置场景的大小以及显示颜色。

在舞台上右击，在弹出的菜单中选择“文档属性”命令，会出现一个“文档设置”对话框。如图 2-85 所示，在其中可以设置舞台的大小和显示颜色。

如果需要制作的动画比较复杂，有可能会添加多个场景，方法是执行“窗口”/“其他面板”/“场景”命令，在弹出的“场景”面板中单击左下方的“添加场景”按钮，即可添加一个新的场景，如图 2-86 所示。

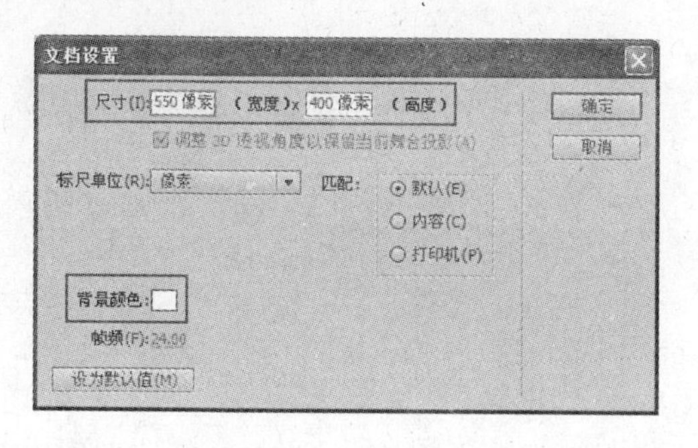

图 2-85

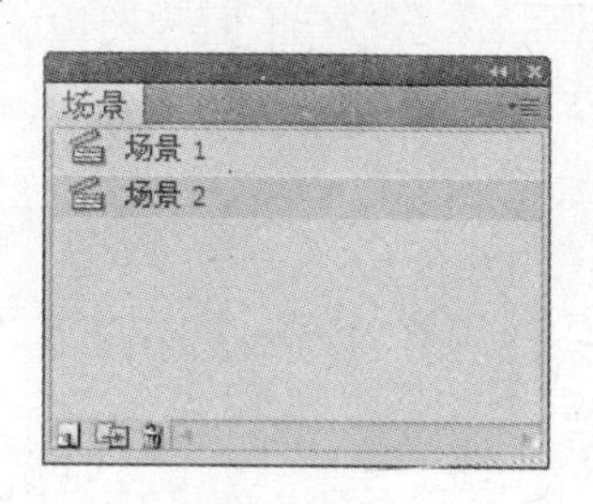

图 2-86

同样，如果需要复制当前场景，只需要在选择当前场景的情况下，单击“场景”面板左下方的“重置场景”按钮，即可创建当前场景的副本，如图 2-87 所示。

用户还可以根据需要删除相应场景。方法是选择需要删除的场景，直接单击“场景”面板左下方的“删除场景”按钮，此时会出现一个如图 2-88 所示的“警告”对话框，直接单击“确定”按钮，即可删除当前场景，如图 2-89 所示。

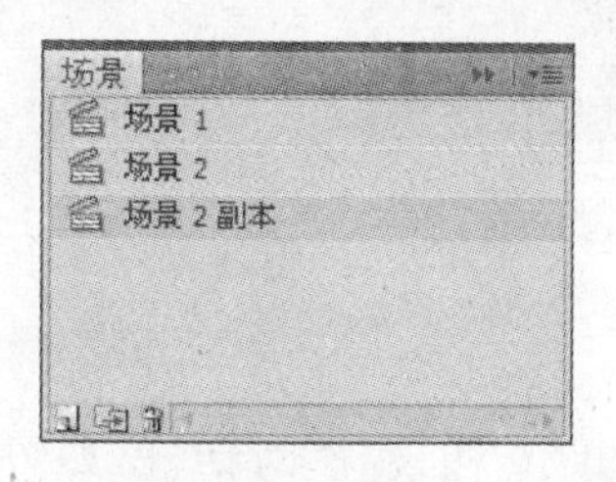

图 2-87

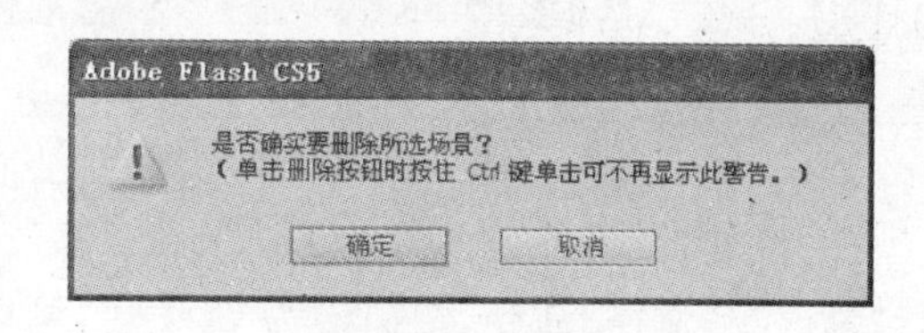

图 2-88

在当前场景的名称处双击，即可对其进行重命名，如图 2-90 所示。

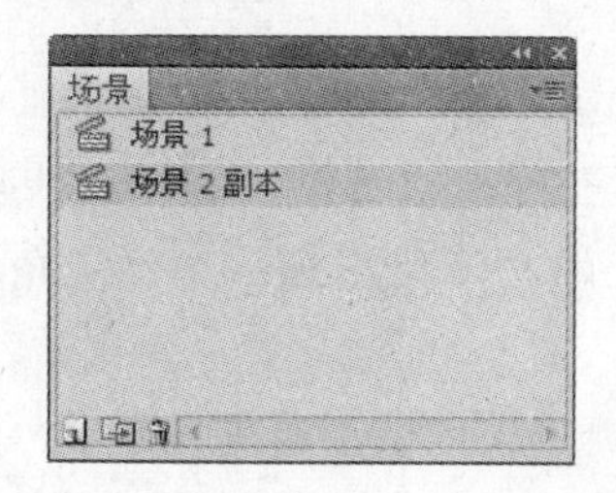

图 2-89

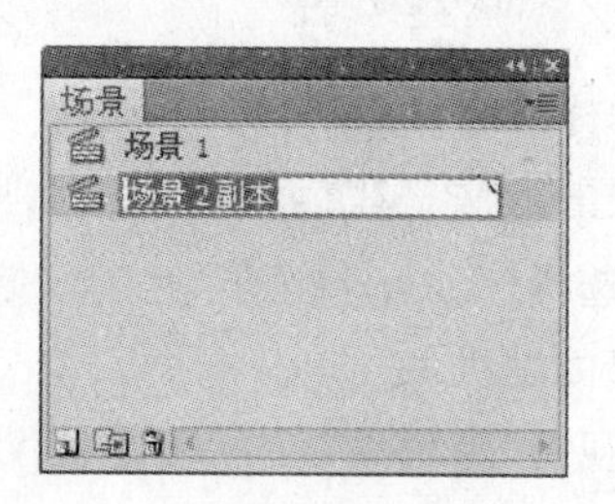

图 2-90

2.5　应用辅助工具

在使用 Flash CS5 制作和编辑影片时，用户可以使用标尺、辅助线和网格等工具对正在编辑的对象进行各种辅助设计的工作。

2.5.1　标尺

在 Flash CS5 中，标尺的主要作用是帮助用户在工作区内对图形图像进行定位。在默认情况下，标尺是隐藏的。执行“视图”/“标尺”命令，快捷键为 Ctrl＋Alt＋Shift＋R，即可显示标尺，如图 2-91 所示。

图　2-91

执行“修改”/“文档”命令，快捷键为 Ctrl＋J，可以弹出“文档设置”对话框，如图 2-92 所示，在“标尺单位”选项中可以设置所需要的标尺单位。

2.5.2　辅助线

在显示标尺的状态下，执行“视图”/“辅助线”/“显示辅助线”命令，可以激活辅助线功能，添加辅助线的方法是在标尺所在位置单击并按住鼠标左键拖动至舞台，如图 2-93 所示。

使用“选择”工具选取一条辅助线，然后当鼠标的右下角出现一个倒三角形时，即可移动所选择的辅助线。

执行“视图”/“辅助线”/“锁定辅助线”命令，即可锁定当前的所有辅助线。

执行“视图”/“辅助线”/“清除辅助线”命令，即可清除当前使用的所有辅助线。

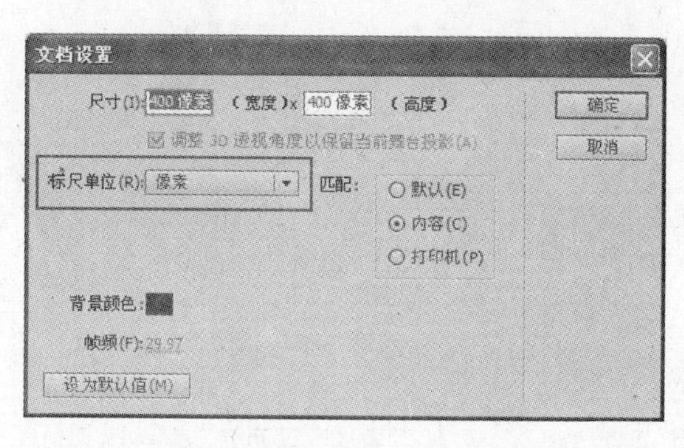

图 2-92

图 2-93

辅助线也可以根据用户自己的需要进行设置。执行“视图”/“辅助线”/“编辑辅助线”命令,在弹出的“辅助线”对话框中可以修改其默认参数,如图 2-94 所示。

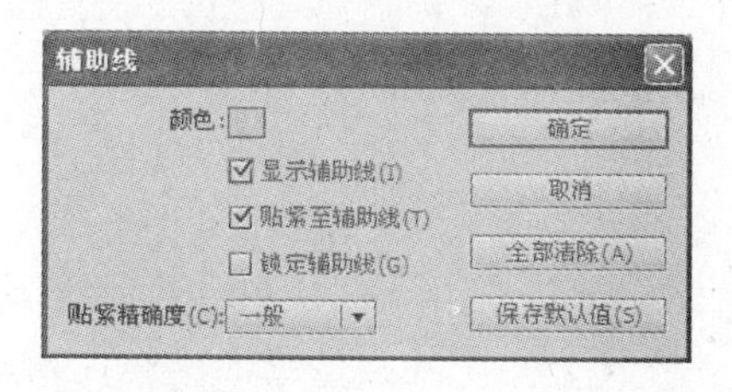

图 2-94

2.5.3 网格

执行“视图”/“网格”/“显示网格”命令,即可看到舞台中布满了类似围棋棋盘的网格,如图 2-95 所示。

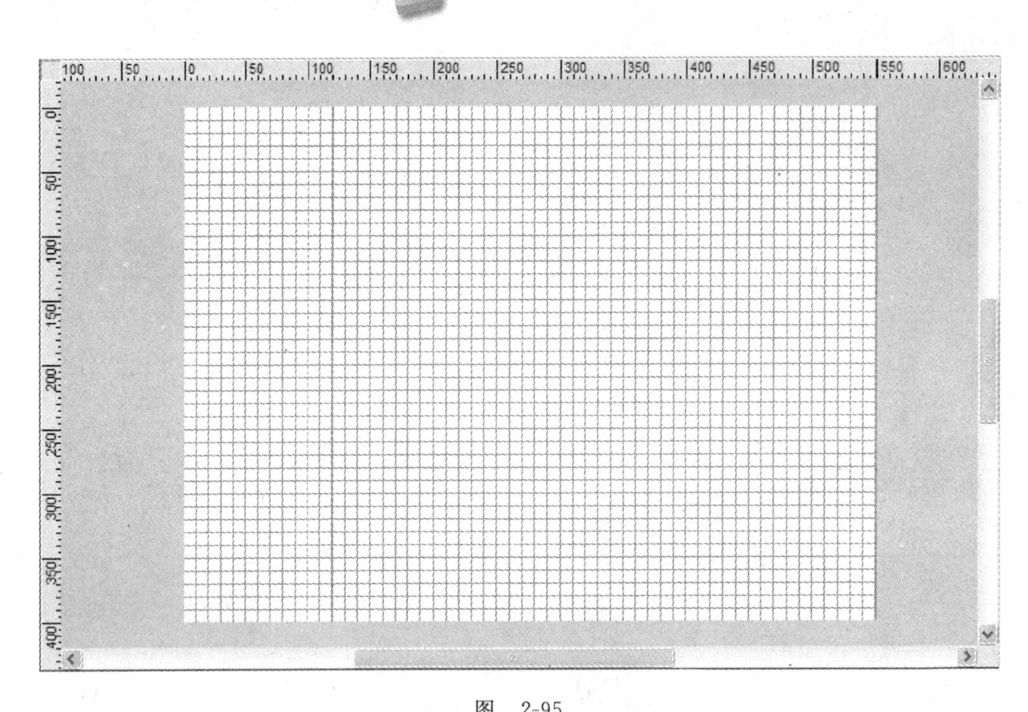

图 2-95

网格也可以根据用户的需要进行随意的编辑，执行“视图”/“网格”/“编辑网格”命令，弹出“网格”对话框，如图 2-96 所示。

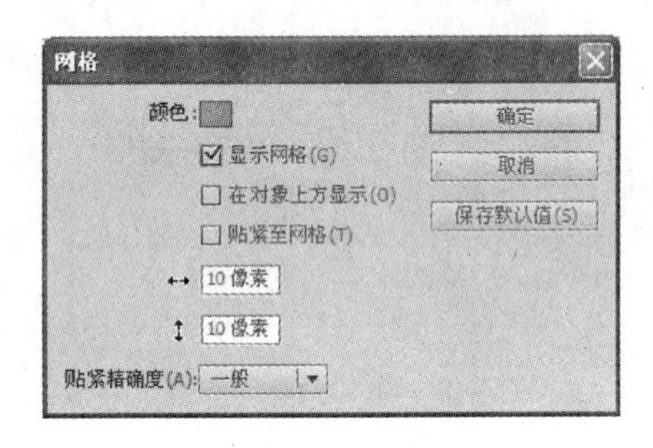

图 2-96

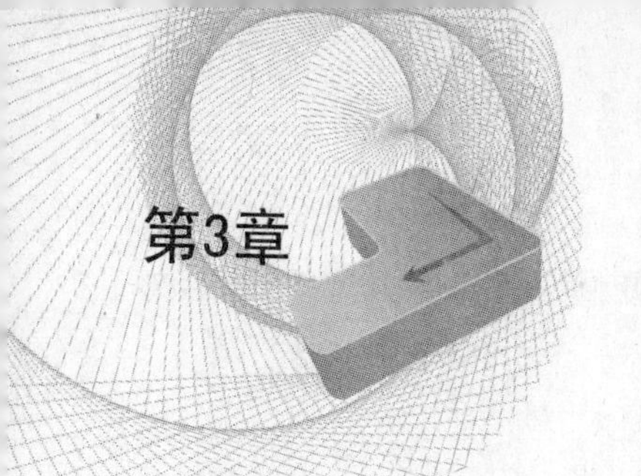

chapter 3

Flash CS5绘制基本图形图像

通过本章的学习，可以利用工具箱中的工具进行绘制、涂色、选择和修改图形操作，并可以运用舞台视图使得创作更为便利。

3.1 绘图工具

本节主要讲述如何运用“线条”工具、“铅笔”工具和“刷子”工具等来绘制线条以及修改和编辑其颜色、数量等属性。

3.1.1 线条工具

“线条”工具的主要功能是绘制任意方向和长短的直线。

单击工具箱中的“线条工具”按钮，在场景中拖动鼠标，此时随鼠标的移动可以绘制出一条直线，松开鼠标即可完成直线的绘制，绘制得到的直线的“笔触颜色”和“笔触高度”是系统的默认值。

在绘制之前需要设置直线的属性，如直线的颜色、粗细、类型等。

单击工具箱中的“笔触颜色”按钮，弹出如图 3-1 所示的调色板，可以直接选取单色或渐变色，还可以单击调色板右上角的按钮，在弹出的“颜色”对话框中设置颜色值选取颜色，如图 3-2 所示。单击按钮则去除笔触颜色。

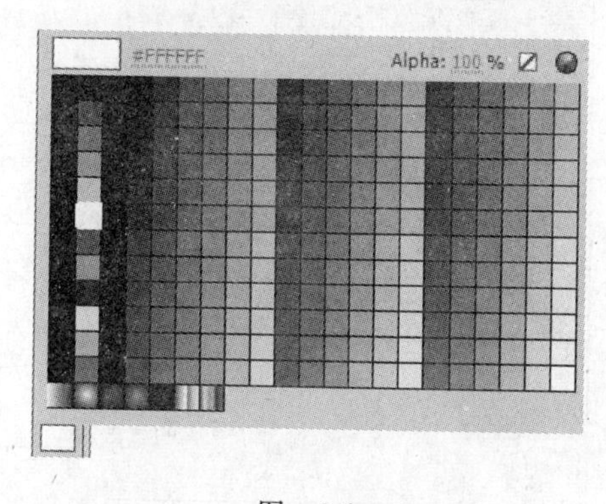

图 3-1

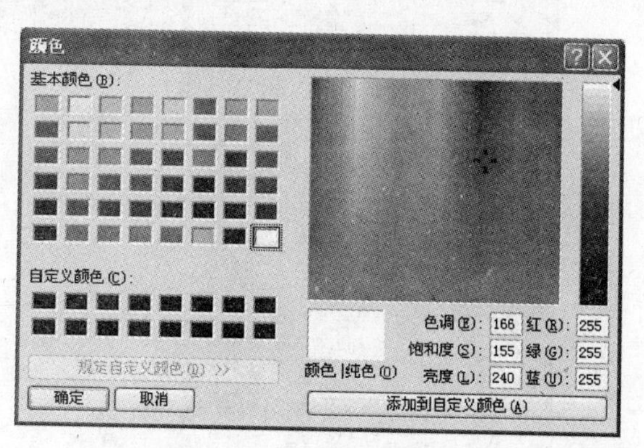

图 3-2

在 Flash CS5 中，选择工具箱中的“直线”工具，执行“窗口”/“属性”命令，快捷键为 Ctrl+F3，可以显示“属性”面板。用户可以在其“属性”面板中设置直线的颜色、粗细和类型等，如图 3-3 所示。

(1) “笔触颜色”：单击 按钮，可以在弹出的调色板中选择需要设置的颜色，如图 3-4 所示。

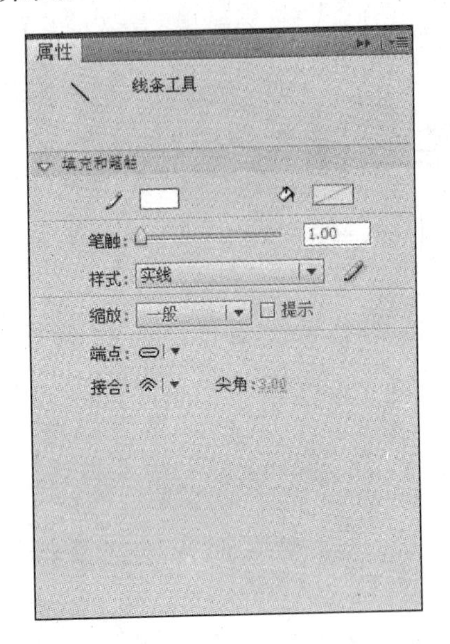

图　3-3

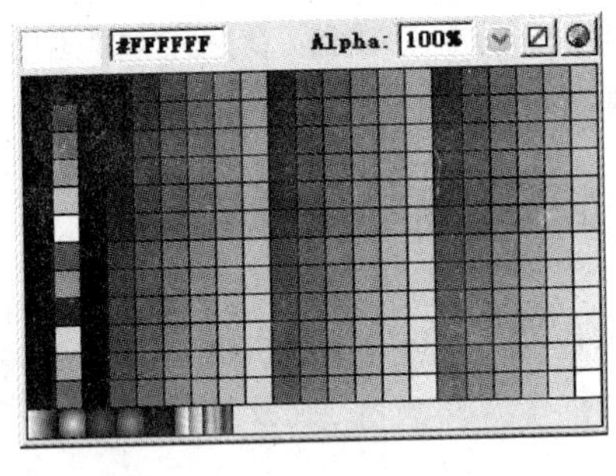

图　3-4

(2) “笔触粗细”：在文本框中输入数值或拖动滑块即可设置笔触粗细，如图 3-5 所示。

(3) “笔触样式”：在下拉列表中可以选择线条的类型，如极细线、实线、虚线等，如图 3-6 所示。

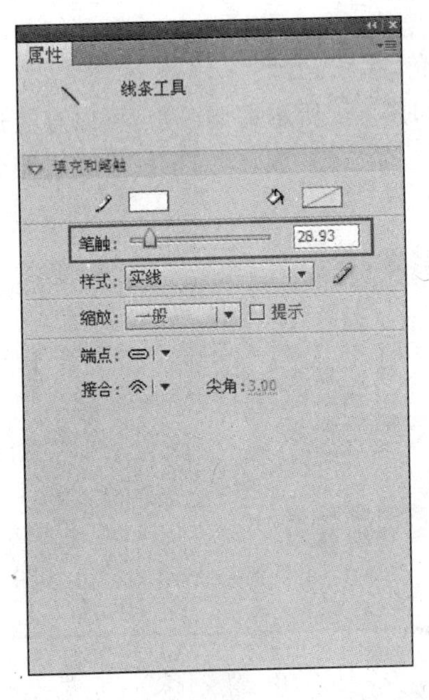

图　3-5

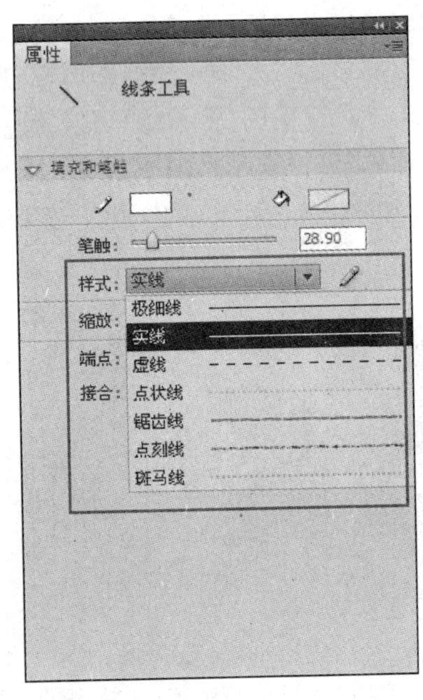

图　3-6

（4）“自定义”：单击按钮，在弹出的如图 3-7 所示的对话框中，可以设置线条粗细和形状等属性。

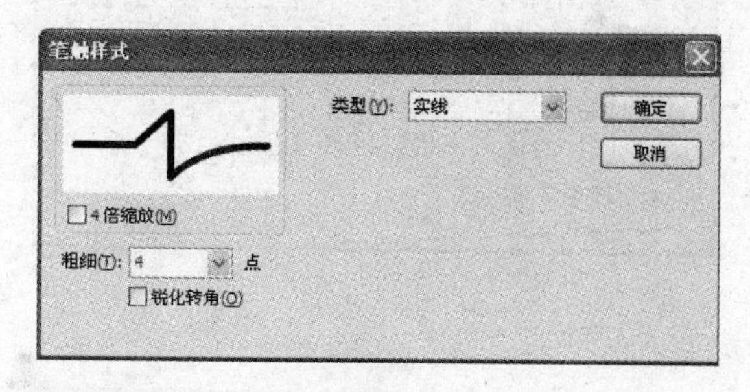

图 3-7

在选择“虚线”类型时，单击“自定义”按钮，可以在“笔触样式”面板中对“虚线”参数进行设置，如图 3-8 所示。

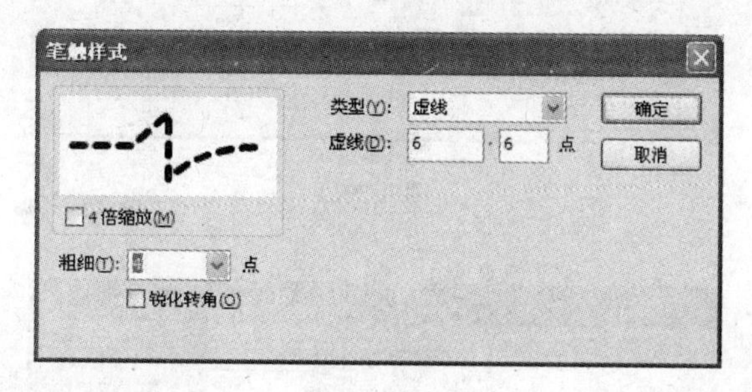

图 3-8

在选择“点状线”类型时，单击“自定义”按钮，可以设置“点状线”的“点距”，如图 3-9 所示。

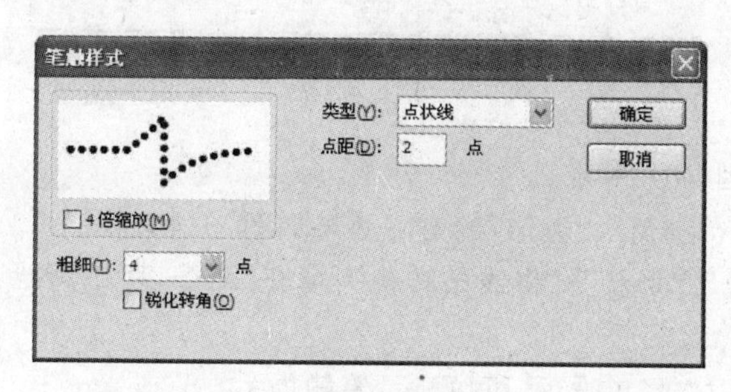

图 3-9

在选择“锯齿线”类型时，单击“自定义”按钮，可以设置“锯齿线”、“图案”、“波高”、“波长”参数，如图 3-10 所示。

在选择“点描”类型时，单击“自定义”按钮，可以设置“点刻线”的“点大小”、“点变化”、“密度”参数，如图 3-11 所示。

在选择“斑马线”类型时，单击“自定义”按钮，可以设置“斑马线”的“粗细”、“间隔”、“旋转”、“曲线”、“长度”参数，如图 3-12 所示。

（5）“端点”：单击此按钮，在弹出的菜单中可以选择直线端点的类型，分别为“无”、“圆

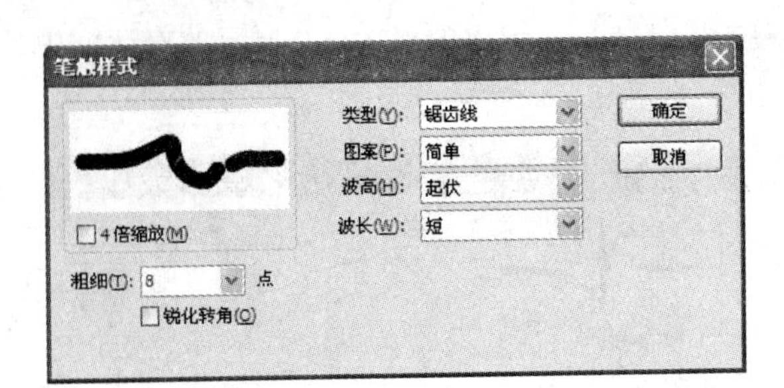

图 3-10

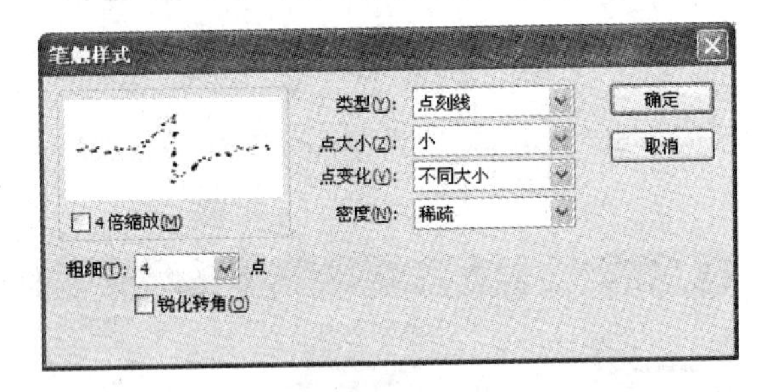

图 3-11

图 3-12

角”、“方形”三种，如图 3-13 所示。

端点类型为“无”、“圆角”、“方形”的实际效果如图 3-14 所示。

Tips：执行“修改”/“形状”/“将线条转换为填充”命令，可以将绘制的线条转换为填充色的图形。

(6) “笔触提示”：选择该选项，可以显示笔触提示。

(7) “缩放”：在其下拉列表中可以选择缩放类型。包括“一般”、“水平”、“垂直”、“无”4 个选项，如图 3-15 所示。

(8) “接合”：单击该按钮，在弹出菜单中可以选择线条连接的类型，包括“尖角”、“圆角”、“斜角”三个选项，如图 3-16 所示。

以“尖角”、“圆角”、“斜角”连接线条的图形效果如图 3-17 所示。

Tips：使用“线条”工具时，按住 Shift 键再拖动鼠标，可以绘制垂直或水平直线，或将角度设置为 45°；按住 Ctrl 键可以切换为“选择”工具。

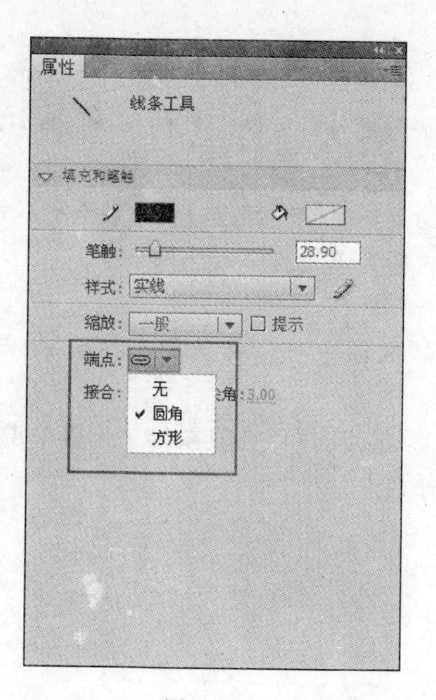

图 3-13

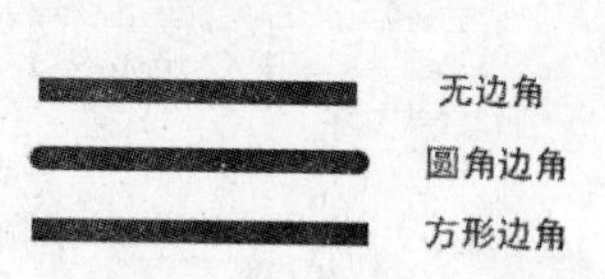

图 3-14

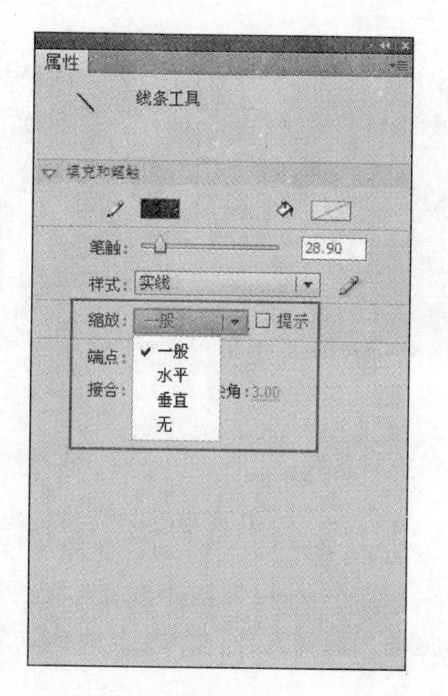

图 3-15

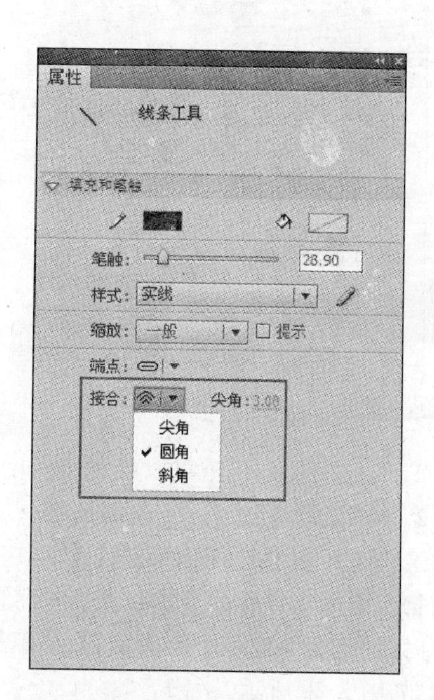

图 3-16

图 3-17

3.1.2　钢笔工具

“钢笔”工具又称为“贝塞尔曲线”工具，用来绘制各种复杂形状的矢量对象，以节点的方式建立复杂选区的形状。

“钢笔”工具有很强的绘图功能，主要用于绘制精确、平滑的路径，用来绘制不规则形状的图形，可以将曲线转换为直线，也可以将直线转换为曲线。

1. 利用“钢笔”工具绘制直线

选择工具箱中的“钢笔”工具，在其“属性”面板中可以设置相应参数，如图 3-18 所示。

在舞台中确定指针的开始位置，单击确定第一个锚点，然后在直线结束位置单击，绘制直线，继续单击，可以绘制出其他线段，如图 3-19 所示。

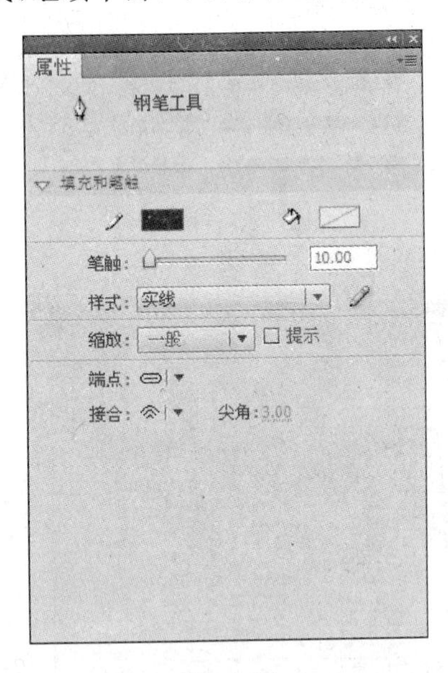

图　3-18

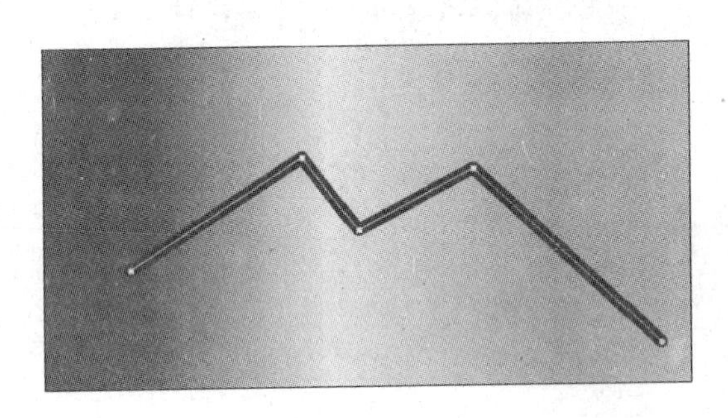
图　3-19

Tips：按住 Shift 键可以绘制倾斜度为 45°的倍数的直线。

2. 利用“钢笔”工具绘制曲线

选择工具箱中的“钢笔”工具，在工作区下方的“属性”面板中可以设置相应参数，然后在舞台中确定指针的开始位置，单击确定第一个锚点。当将鼠标指针移动到下一个锚点位置时，钢笔会变成一个箭头状，按住鼠标左键并拖动出曲线方向，此时会产生曲线的控制手柄，如图 3-20 所示。

如果松开鼠标左键，将指针放置在曲线结束的位置，单击下一个锚点，同样按住鼠标左键拖动出曲线，可以继续绘制曲线，如图 3-21 所示。

3. 调整路径上的锚点

在 Flash CS5 中，使用“钢笔”工具可以创建多个锚点。在绘制直线或曲线时会创建转角点。在一般情况下，被选择的曲线点会显示为空心圆圈，转角点会显示为空心正方形。

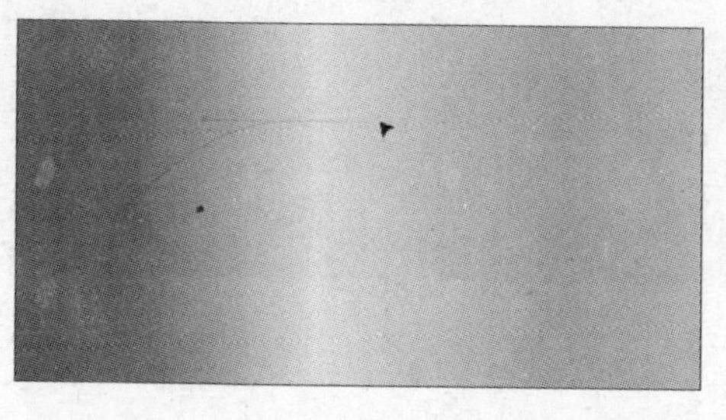

图 3-20

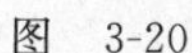

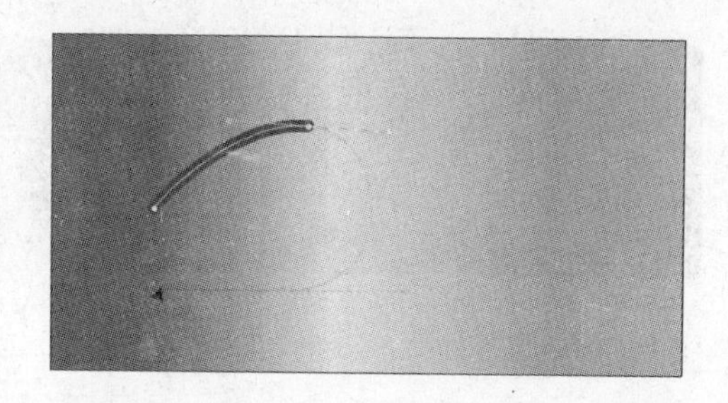

图 3-21

如果要把直线段转换为曲线段，可以使用“部分选取”工具选择该点，同时按住 Alt 键拖动该点来调整切线手柄，将转角点转换为曲线点，如图 3-22 所示。

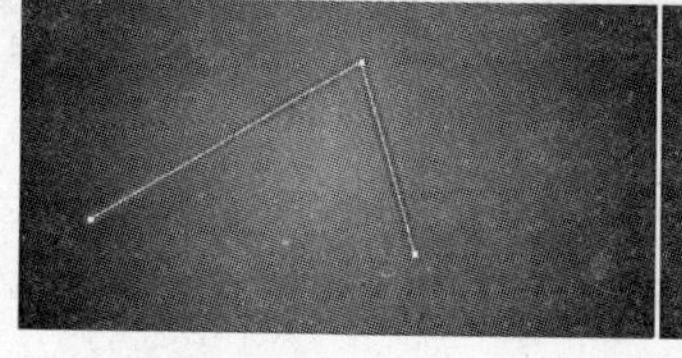
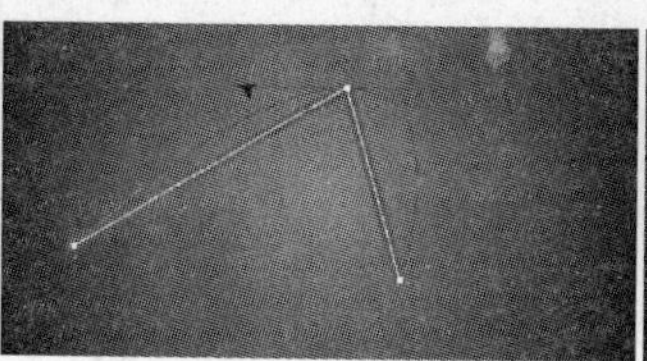
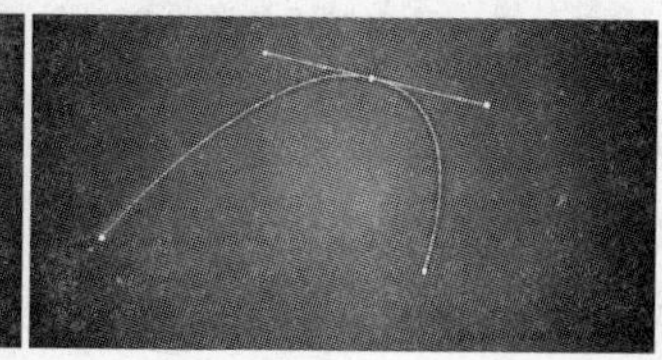

图 3-22

使用“部分选取”工具可以调整曲线的长度和角度，如图 3-23 所示。还可以利用键盘上的方向键对锚点进行细微调整。

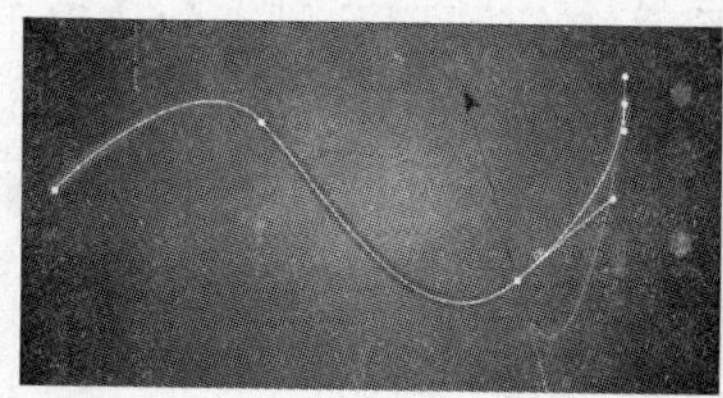

图 3-23

使用“钢笔”工具在线段上任意一点单击即可添加锚点，如图 3-24 所示。

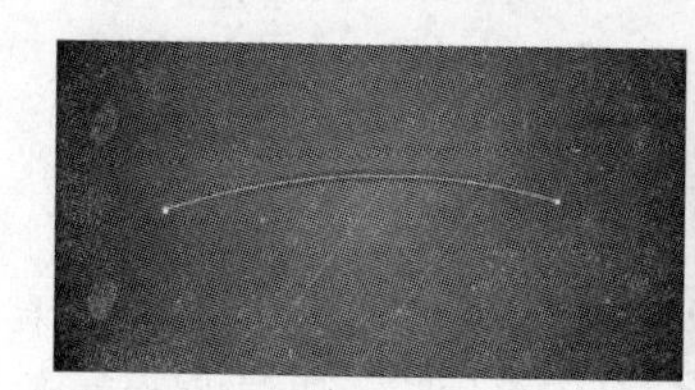
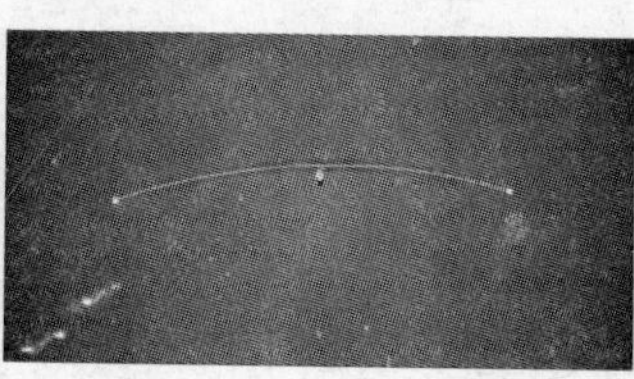
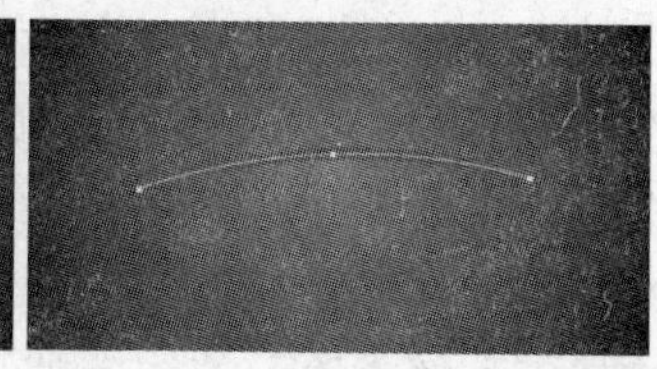

图 3-24

删除锚点的方法跟添加锚点很相似，选择工具箱中的“删除锚点”工具，在需要删除的锚点上单击即可删除锚点，如图 3-25 所示。或者用“部分选取”工具选择需要删除的锚点，然后按 Delete 键，也可以将锚点删除。

4. 调整线段

使用“部分选取”工具可以拖曳线段中的锚点或改变角度，从而改变线段的长短和

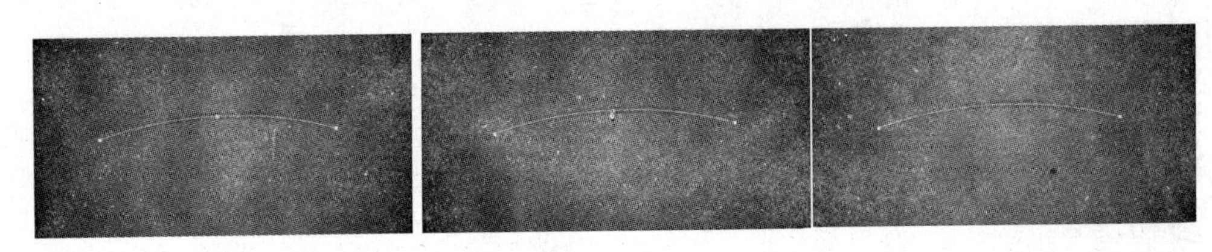

图 3-25

方向。

选择“部分选取”工具，然后在曲线段上选择一个锚点，锚点上会出现一个切线手柄。拖动锚点或切线手柄可以对曲线的形状进行调整。移动曲线上的切线手柄时，可以调整该点两边的曲线，移动转角点上的切线手柄时，可以调整该点切线手柄所在边的曲线。在拖动时按住 Alt 键可以单独拖动一个切线手柄。

5. 钢笔的指针状态详解

在 Flash CS5 中，使用“钢笔”工具绘制线段时，进行不同的操作时，指针形状也会有所变化，“钢笔”工具会显示成不同状态。下面对钢笔的指针状态进行详解。

普通锚点指针：选中“钢笔”工具后的指针状态，此时单击即可创建锚点。要想继续创建锚点，继续单击即可，并与前一个锚点相连接为线段。

添加锚点指针：用于添加路径的锚点，选择路径后，用“钢笔”工具在需要添加锚点的地方单击，即可添加锚点。

删除锚点指针：用于删除锚点，选择路径后，在需要删除锚点的位置单击，即可删除锚点。

转换锚点指针：用来调整锚点两端手柄的方向，也可以将普通锚点转换为转角点。

3.1.3 铅笔工具

使用“铅笔”工具绘制线条非常灵活，可以绘制直线，也可以绘制曲线。

选择工具箱中的“铅笔”工具，其“属性”面板和“直线”工具参数设置相同。在工具箱下方的选项区域会出现“铅笔”工具的设置选项。单击“铅笔模式”按钮，可以看到有三种模式可选，如图 3-26 所示。

“直线化”模式：可以使绘制的线条自动趋向于规整的直线、椭圆、矩形等。

“平滑”模式：可以使绘制的线条自动趋向于平滑。

“墨水”模式：可以使绘制的线条能够产生手绘的效果。

选择三种模式绘制的线条如图 3-27 所示。

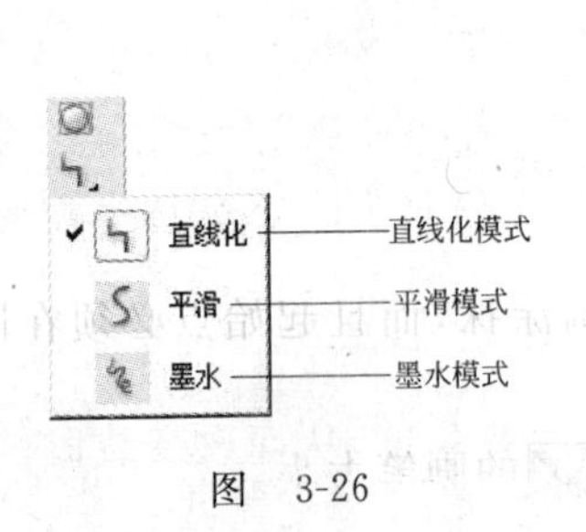

图 3-26

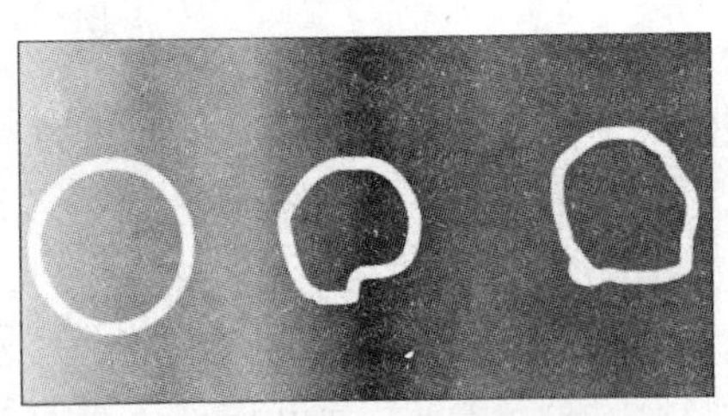

图 3-27

3.1.4 刷子工具

在 Flash CS5 中，工具箱中的“刷子”工具主要用于大面积上色，“刷子”工具可以为任意图形上色，对于填充，它要求的精度不高，可以产生用刷子画出来的效果。

在使用“刷子”工具进行绘画时，可以通过改变刷子压力来控制图形粗细。

选择工具箱中的“刷子”工具，在工具箱下方的选项区域会显示三个设置选项，即“刷子模式”、“刷子大小”和“刷子形状”，单击这些按钮会显示不同的选项，如图 3-28 所示。

(1) 刷子模式：包括“标准绘画”、“颜料填充”、“后面绘画”、“颜料选择”、“内部绘画”5 种模式。

“标准绘画”：选择该模式，绘制出来的图形将完全覆盖在后面的图像或背景上，效果如图 3-29 所示。

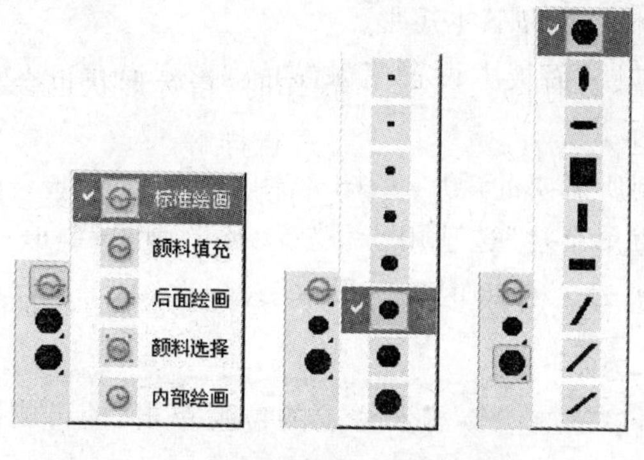

图 3-28

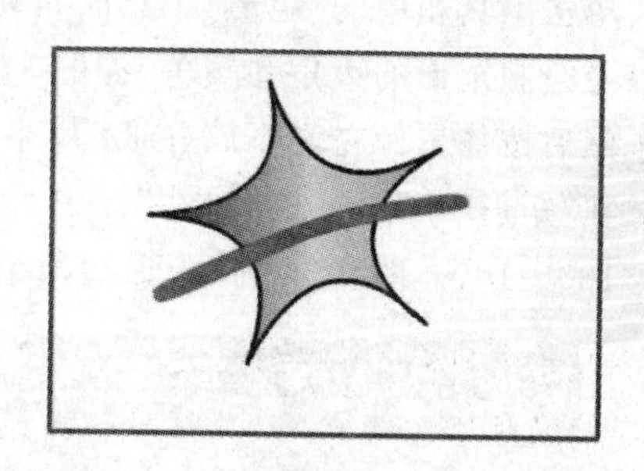
图 3-29

“颜料填充”：选择该模式，绘制出来的图形后面的背景色将被覆盖掉，不影响笔触线条，效果如图 3-30 所示。

“后面绘画”：选择该模式，绘制出来的图形将处于最底层，不会影响原图形，效果如图 3-31 所示。

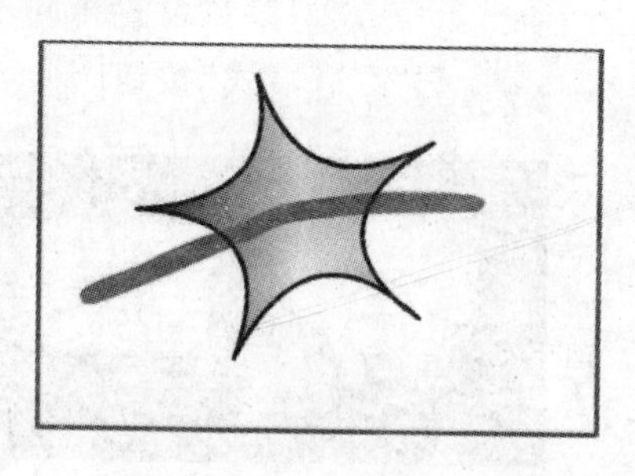
图 3-30

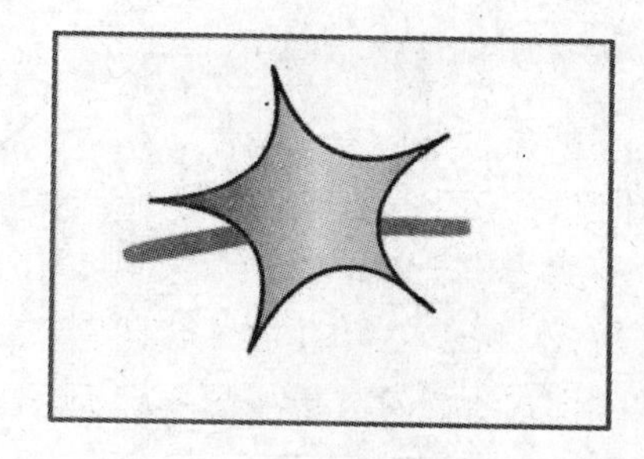
图 3-31

“颜料选择”：选择该模式，将在被选区域内保留绘画，如果没有选择，则不能直接在图形上绘画，效果如图 3-32 所示。

“内部绘画”：选择该模式，将在被选封闭形状内绘画涂抹，而且起始点必须在图形内部，效果如图 3-33 所示。

(2) 刷子大小：单击此选项后，即可设置“刷子”工具的画笔大小。

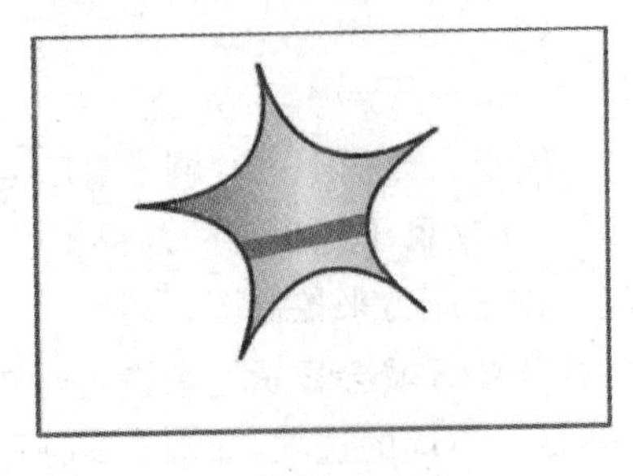

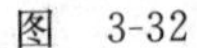

图 3-32

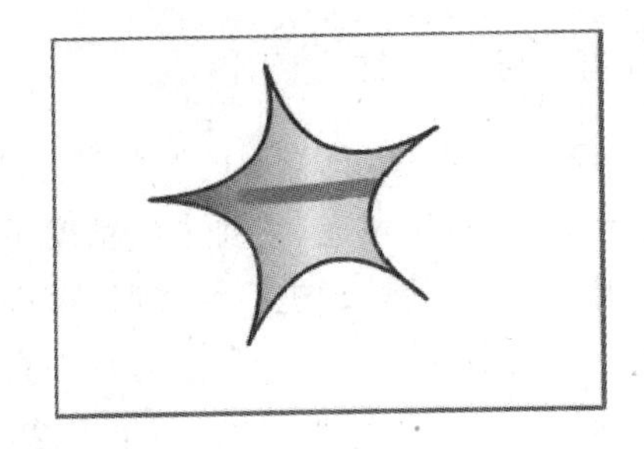

图 3-33

(3) 刷子形状：单击此选项后，即可选择相应的笔头形状。

3.1.5 矩形工具

在 Flash CS5 中，“矩形”工具用来绘制矩形和基本矩形。

单击工具箱中的“矩形”工具，在其“属性”面板中设置笔触颜色、样式、高度、填充颜色以及绘制矩形的边角和颜色，如图 3-34 所示。

然后按住鼠标左键不放并拖动，即可绘制所需要的矩形，如图 3-35 所示。

在“矩形”工具的“属性”栏中，“矩形边角半径”选项用于设置矩形的圆角，取值范围是－100～100。图 3-36 为“矩形边角半径”为－30 和 30 时的矩形效果。

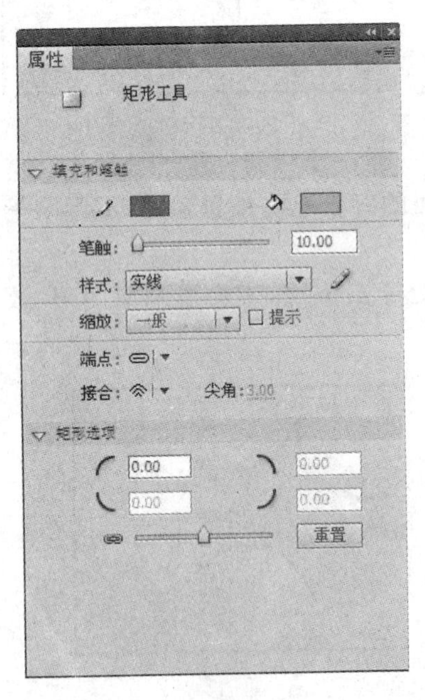

图 3-34

图 3-35

图 3-36

Tips：使用“矩形”工具绘制矩形时，按住 Shift 键并拖动鼠标，可以得到正方形，按住 Shift 键时按方向键可以调整圆角半角。

单击“矩形”工具，然后在弹出的列表中选择“基本矩形”工具，在文档中按住鼠标左键不放并拖动，即可绘制基本矩形，如图 3-37 所示。

观看其“属性”面板，如图 3-38 所示。

图 3-37

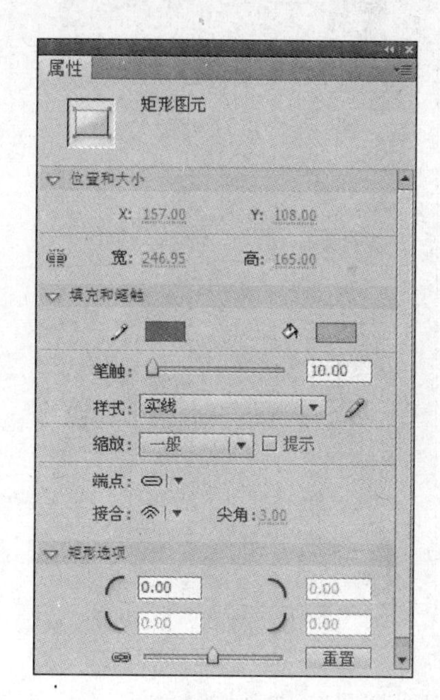

图 3-38

“笔触颜色”：用于设置基本矩形的笔触颜色。

“笔触粗细”：用于设置基本矩形的填充粗细程度。

“笔触样式”：用于设置基本矩形的笔触样式。

“填充颜色”：用于设置基本矩形的填充颜色。

“锁定宽高比”：单击此按钮，表明已锁定宽高比，再次单击则显示未锁定宽高比，如图 3-39 所示。

“宽、高”：用于设置基本矩形的宽度和高度，单位为像素。

“X、Y”：用于设置基本矩形的坐标位置。

“矩形边角半径”：用于设置基本矩形的圆角，取值范围是 -100～100。用法与“矩形”工具用法相同。

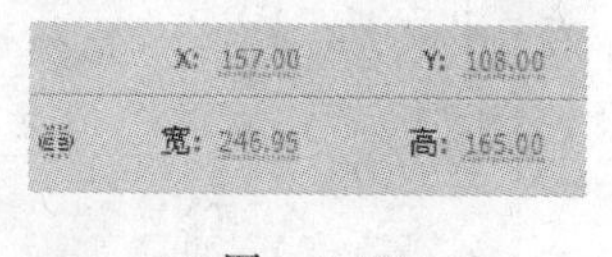

图 3-39

“重置”：单击此按钮，矩形的角半径会恢复为默认值 0。

3.1.6 椭圆工具

在 Flash CS5 中，“椭圆”工具也位于“矩形”工具组内，直接单击“矩形”工具，便可显示“椭圆”工具。使用“椭圆”工具可以绘制椭圆和正圆。其“属性”面板如图 3-40 所示。

在“属性”面板中设置所要绘制椭圆的笔触颜色、样式、高度、填充颜色等。

选择工具箱中的“椭圆”工具，在舞台中按住鼠标左键不放并拖动，即可以绘制出椭圆，如图 3-41 所示。

Tips：绘制椭圆时，按住 Shift 键可以绘制正圆。

单击“椭圆”工具，然后在弹出的列表中选择“基本椭圆”工具，在文档中按住鼠标左键不放并拖动，即可绘制基本椭圆，如图 3-42 所示。

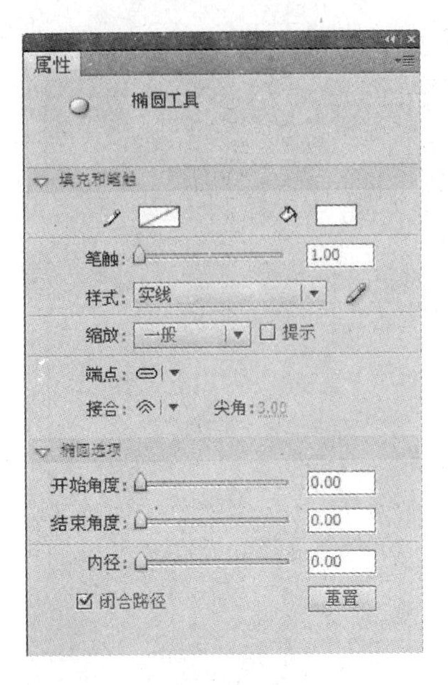

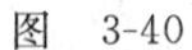

图　3-40

图　3-41

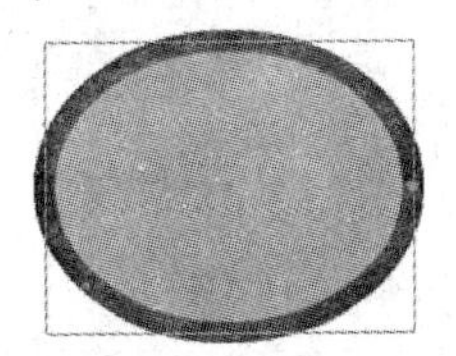

图　3-42

“基本椭圆”工具的“属性”面板如图 3-43 所示。

“开始角度、结束角度”：用于指定椭圆的开始点和结束点的角度。通过“开始角度”和“结束角度”可以将椭圆的形状修改成扇形、半圆形等形状。图 3-44 是“起始角度”为 30°，“结束角度”为 300°的椭圆效果。

“内径”：用于指定椭圆的内径。输入内径数值或调整滑块即可调整椭圆内径。范围为 0～99。图 3-45 为“内径”是 60 的椭圆效果。

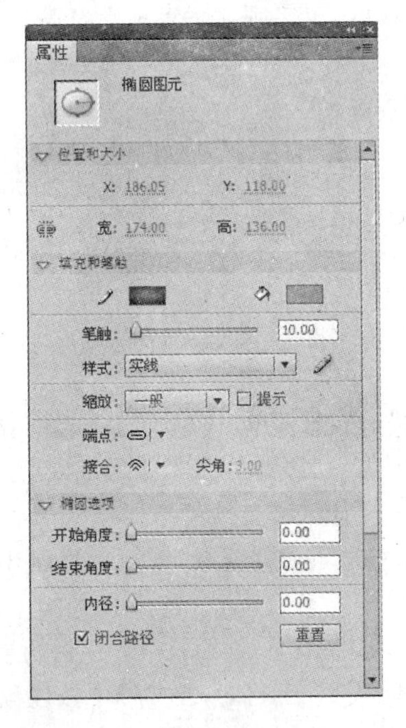

图　3-43

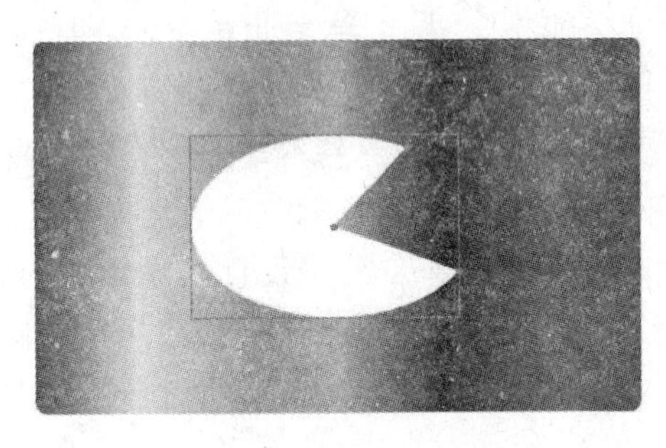

图　3-44

图　3-45

“闭合路径”：用于指定路径是否闭合。图 3-46 为“闭合”与“不闭合”的图像效果。

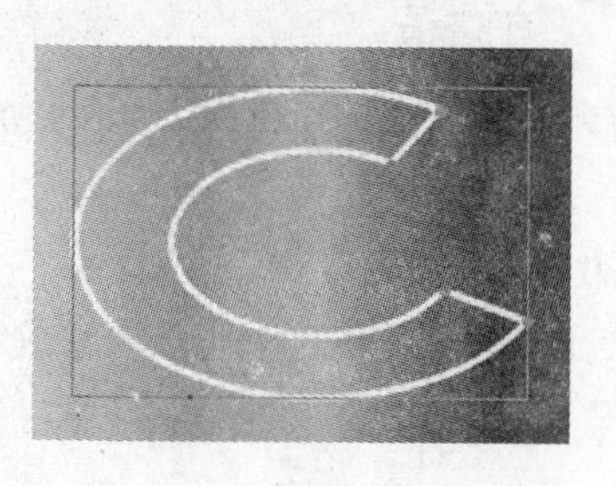
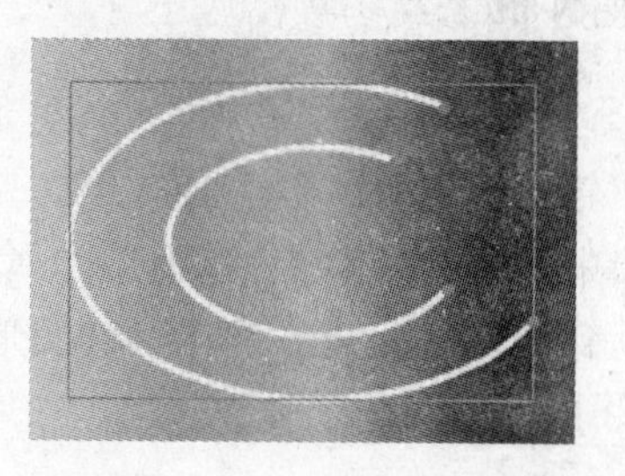

图　3-46

3.1.7　多角星形工具

在 Flash CS5 中，“多角星形”工具也位于“矩形”工具组内，单击“矩形”工具组，可以显示“多角星形”工具。单击“多角星形”工具，可以绘制三角形、五角星形和多角星形。其“属性”面板如图 3-47 所示。

在“属性”面板中，可以设置轮廓线颜色、填充颜色、笔触高度、笔触样式等。单击“属性”面板中的“选项”按钮，会弹出“工具设置”对话框，在对话框中可以设置星形、多边形的边数以及星形的顶点大小，如图 3-48 所示。

在“工具设置”对话框中，“星形顶点大小”的不同也会影响星形的形状。图 3-49 为“星形顶点大小”为 0.5 和 1 时的图形效果。

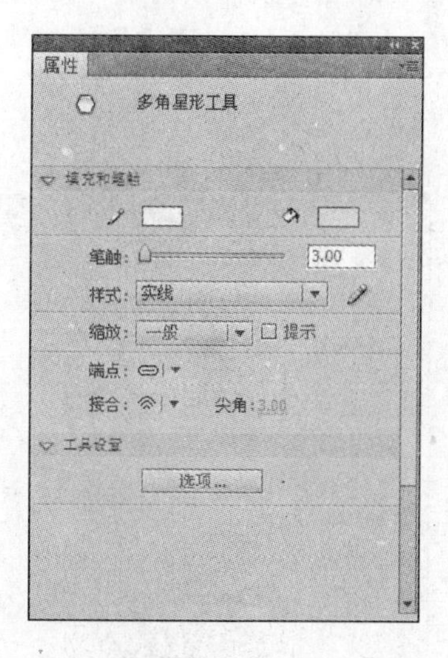

图　3-47

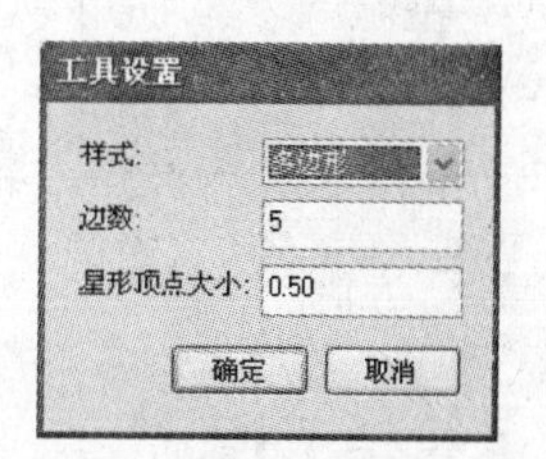

图　3-48

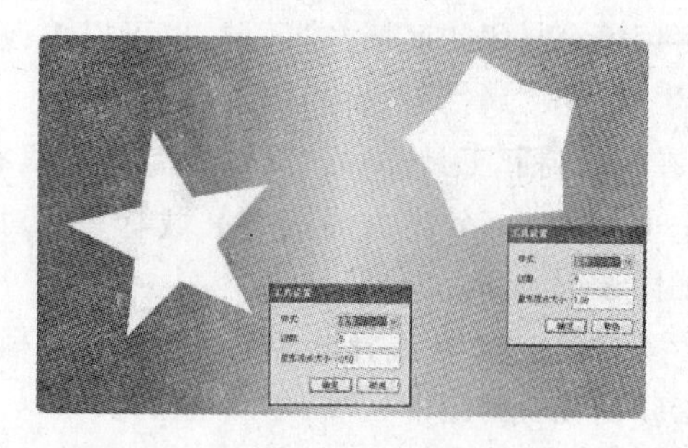

图　3-49

3.2　色彩填充

色彩填充对于在 Flash CS5 中创建影片发挥着巨大作用。

3.2.1 墨水瓶工具

在 Flash CS5 中,“墨水瓶”工具位于“颜料桶”工具组内。“墨水瓶”工具可以用来更改线条或轮廓的颜色、宽度、样式等。

选择工具箱中的“墨水瓶”工具,其“属性”面板如图 3-50 所示。

将指针移动到需要修改或添加笔触的图形上方,然后单击,即可修改或添加笔触,效果如图 3-51 和图 3-52 所示。

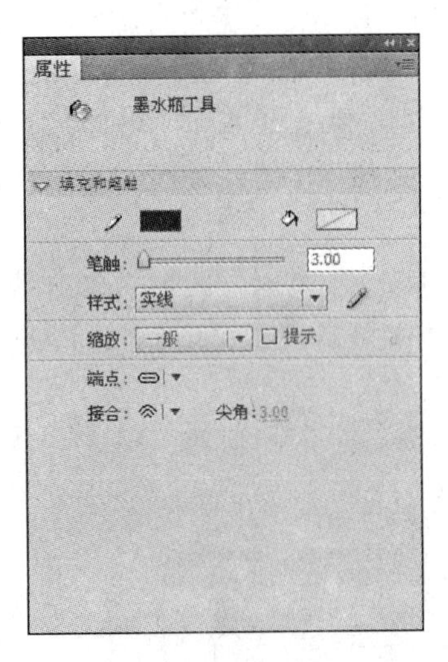

图 3-50

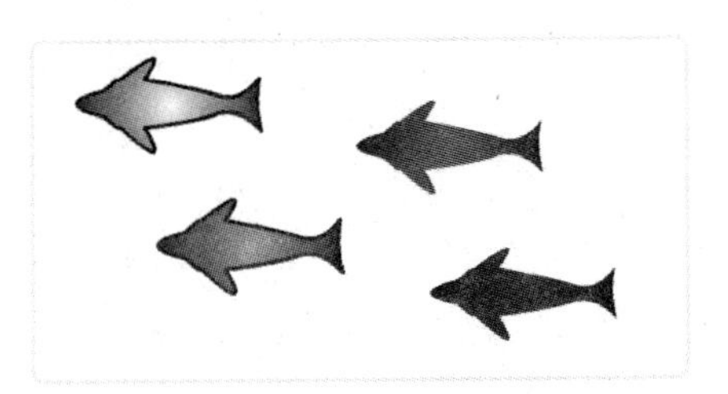

图 3-51

图 3-52

3.2.2 颜料桶工具

在 Flash CS5 中,“颜料桶”工具是用来填充图形的,可以填充封闭的区域、空区域,也可以更改已填充的颜色区域。其“属性”面板如图 3-53 所示。

在“颜料桶”工具的“属性”面板中,只有“填充颜色”选项。在工具箱下方的选项区域有一些对填充的设置,如图 3-54 所示。

“不封闭空隙”:选择此模式,是在颜料桶填充颜色前,必须是完全封闭的区域。

“封闭小空隙”:选择此模式,是在颜料桶填充颜色前,自动封闭小空隙。

“封闭中等空隙”:选择此模式,是在颜料桶填充颜色前,自动封闭中等空隙。

“封闭大空隙”:选择此模式,是在颜料桶填充颜色前,自动封闭大空隙。

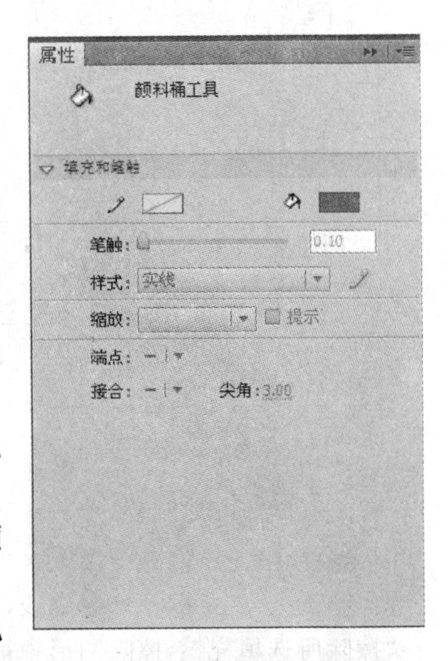

图 3-53

“锁定填充”：选择此选项，在使用渐变色填充图形时，可将上一次填充颜色的变化规律锁定，作为本次填充区域周围的色彩变化规范。

3.2.3 滴管工具

在 Flash CS5 中，“滴管”工具主要用来提取目标颜色然后填充颜色，“滴管”工具没有自己的“属性”面板。

单击“滴管”工具，将滴管的光标移动到需要采集色彩特征的区域，然后在需要吸取颜色的区域单击，即可将该区域所具有的颜色采集出来，然后单击需要填充或修改颜色的图像。如图 3-55 所示，分别是用“滴管”工具替换了颜色和外轮廓。所以“滴管”工具可以修改填充颜色、轮廓颜色、位图、文字等。

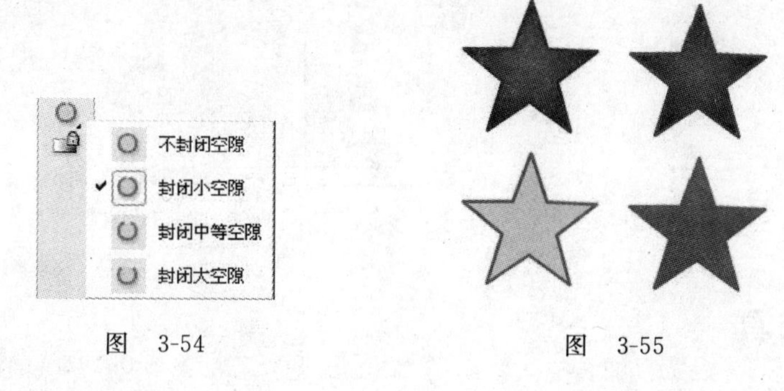

图 3-54　　图 3-55

3.2.4 橡皮擦工具

在 Flash CS5 中，“橡皮擦”工具主要用于擦除图形对象的内部颜色和外轮廓线。在舞台中，可以在需要擦除的区域内拖动鼠标，光标经过的位置就会被擦除，如图 3-56 所示。

“橡皮擦”工具也没有自己的“属性”面板，在工具箱下方的选项区域，有相关的设置选项。分别为“橡皮擦擦除模式”、“水龙头”、“橡皮擦形状”三个选项，“橡皮擦擦除模式”有 5 种不同的模式可供选择。单击此按钮可弹出如图 3-57 所示的选项。

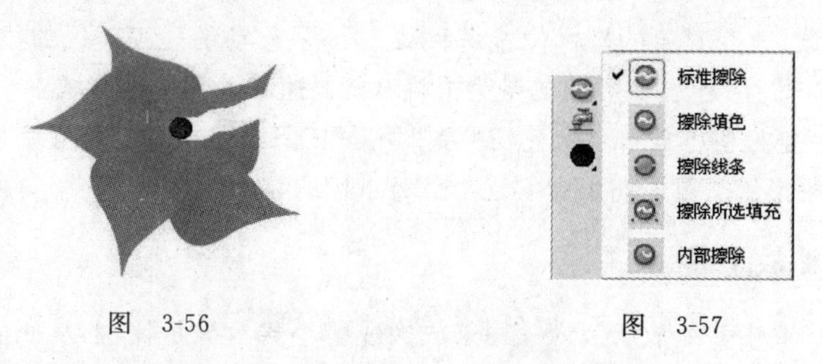

图 3-56　　图 3-57

“标准擦除”：擦除橡皮擦所经过区域的内容。

“擦除填色”：只擦除图形内部填充颜色，对外轮廓线不起作用。

“擦除线条”：只擦除外轮廓线，对图形内部填充颜色不起作用。

“擦除所选填充”：擦除图形中被选择的内部填充色。

“内部擦除”：从填充色的内部进行擦除。

“水龙头”：跟颜料桶功能相反，用处不多。

“橡皮擦形状”：选择橡皮擦的形状，如图3-58所示。

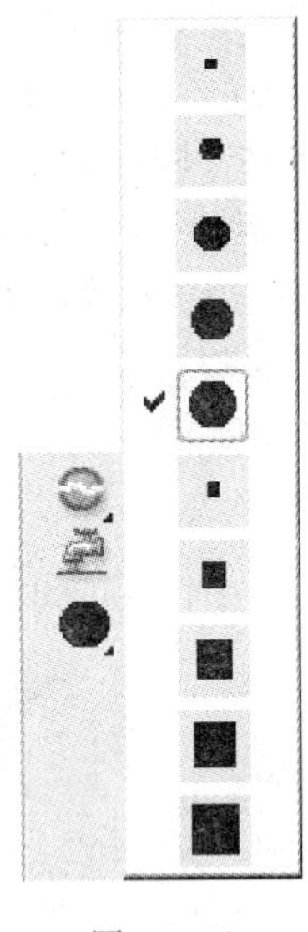

图 3-58

3.3 查看工具

在制作Flash影片过程中少不了查看的步骤，对于查看而言Flash也有非常详细的功能。

3.3.1 手形工具

在Flash CS5中，“手形”工具的作用就是移动工作区，辅助绘图，便于在制作Flash影片过程中观察效果。

选择工具箱中的“手形”工具，按住鼠标左键不放并拖动，即可移动工作区。

“选择”工具和“手形”工具有着明显的区别，“选择”工具的移动是指在工作区内移动绘图对象，改变对象的坐标位置；手形工具移动的是工作区的显示空间，其实质的坐标位置并未发生变化，主要目的是为了将对象快速移动到目标区域。

Tips：按住空格键不放可以快速切换到“手形”工具，松开空格键则切换回原来使用的工具。双击手形工具可以将舞台实现“充满窗口”的显示状态。

3.3.2 缩放工具

在Flash CS5中，“缩放”工具用来放大或缩小舞台显示比例，从而使得文档更易于编辑。“缩放”工具在处理细微部分时用处很大。

“缩放”工具没有自己的“属性”面板，当需要浏览的视图需要放大或缩小时，单击“缩放”工具，在工具箱下方的选项区域会出现“放大”和“缩小”两个按钮。

当选择“放大”按钮时，在文档中直接单击即可放大视图，每单击一次，视图就放大一倍。

当选择"缩小"按钮时,每单击一次,视图便缩小为原来的一半。

缩放视图的方法还有:

选择"缩放"工具,在舞台上拖出一个矩形选取框,把视图放大至选取框的大小。

执行"视图"/"放大"或"视图"/"缩小"命令来达到缩放视图的目的。

执行"视图"/"缩放比率"命令,然后在弹出的子菜单中选择缩放的比率。

在舞台上选择显示比例的下拉框,选择适当的视图显示比例。

Tips:双击工具箱中的"缩放"工具,舞台将变为100%显示比例。

3.4 调整工具

在制作 Flash 影片过程中,调整工具在很多步骤中有着不可忽视的作用。

3.4.1 选择工具

在 Flash CS5 中,"选择"工具主要用于选择文档中的图形对象。选择对象的方法是直接使用"选择"工具单击所要选择的对象。

在工具箱下方的选项区域有三个设置选项,如图 3-59 所示。

"贴紧至对象":单击此选项,当选择的光标向需要被选择的对象移动时,会自动吸附过去。

"平滑":单击此选项,有助于将线条变平滑。

"拉直":单击此选项,有助于将线条变平直。

当使用工具箱中的"选择"工具选择对象时,单击选择单个对象,按住 Shift 键可以选择多个对象。

当选择轮廓时,单击可选择一段轮廓,对于一个封闭的轮廓,双击即可选择整个轮廓,如图 3-60 所示。

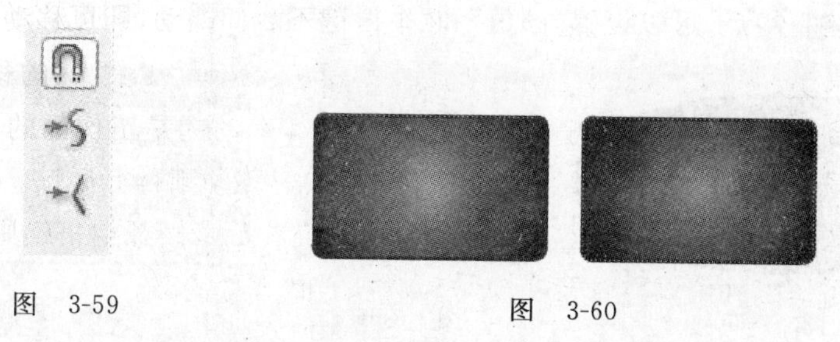

图 3-59　　图 3-60

当"选择"工具移动至圆滑曲线旁边时,鼠标指针右下方会出现一个带有拐角形状的光标,然后拖动鼠标即可制作拐角,如图 3-61 所示。

当"选择"工具移动至某线条上时,鼠标指针会变成下方是弧线的形状。按住鼠标左键并拖动,然后松开鼠标,可以将原来的直线转换成曲线,如图 3-62 所示。

3.4.2 部分选择工具

在 Flash CS5 中,"部分选择"工具可以选取或移动对象,对图形进行处理。

图　3-61　　　　　　　　　　图　3-62

选择工具箱中的“部分选择”工具，单击需要处理的对象，此时，被选择对象的周围会出现很多节点，这些节点可以用来对所选对象进行编辑，如图 3-63 所示。

当需要对所选择的对象进行编辑时，即可拖动周围的节点，如图 3-64 所示。

图　3-63　　　　　　　　　　图　3-64

3.4.3　套索工具

在 Flash CS5 中，“套索”工具主要用于选择一部分不规则的区域。

选择工具箱中的“套索”工具，在所选对象中拖动鼠标绘制出一个闭合选区，单击后即可选中选区内的图像，如图 3-65 所示。

单击工具箱中的“套索”工具后，工具箱下方的选项区域处会出现三个选项，如图 3-66 所示。

“魔术棒”工具，主要用于相同或相近色彩范围的选取，主要用于位图的编辑。单击“魔术棒设置”按钮后，可以设置“阈值”和“平滑”参数，如图 3-67 所示。

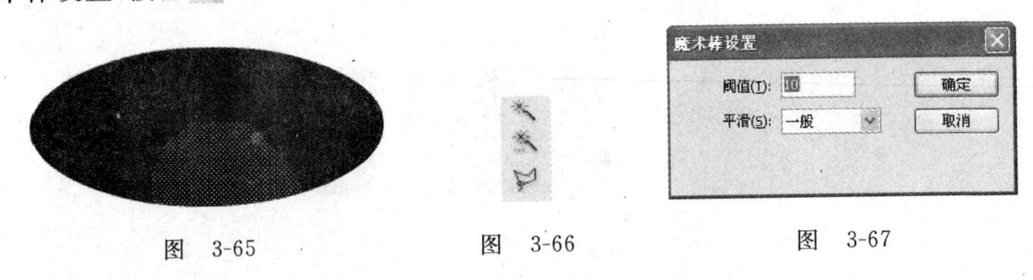

图　3-65　　　　　　图　3-66　　　　　　图　3-67

然后用魔术棒工具单击颜色相近的区域，进行图像的选择。

“多边形套索”模式：与套索模式相似，用法是首先在需要选取的部分单击一点作为起点，然后随着光标的移动依次单击第二点、第三点等。直至将需要选择的对象全部选择，然后闭合路径，双击，完成选取，如图 3-68 所示。

3.4.4　任意变形工具

在 Flash CS5 中，“任意变形”工具主要用于将所选择的对象进行变形处理，如旋转、倾斜、缩放、扭曲等。也可以通过执行“修改”/“变形”命令来实现。

选择需要进行变形处理的图形，单击工具箱中的“任意变形”工具，被选择的图形会出现可变形的控制框，如图 3-69 所示。

在工具箱下方的选项区域，有对“任意变形”工具的设置，如图 3-70 所示。

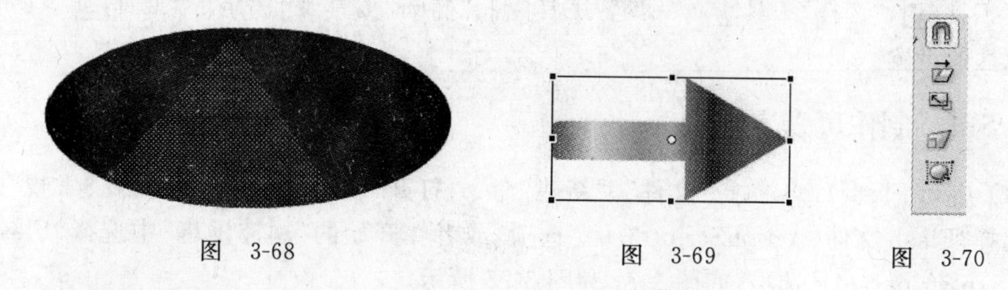

图 3-68　　图 3-69　　图 3-70

“倾斜与旋转”：可以将选择对象进行旋转和倾斜处理。

“缩放”：可以将选择对象进行缩放处理。

“扭曲”：可以将选择对象进行扭曲处理，拖动需要变形的控制点，将其向各个方向进行变形。

“封套”：可以将选择的对象进行弯曲或扭曲处理，即更改封套的形状。

3.4.5 渐变变形工具

在 Flash CS5 中，“渐变变形”工具与“任意变形”工具在一个工具组内。“渐变变形”工具主要用于对填充了渐变色的对象进行颜色的变形处理，如旋转变色方向、改变变色区域等。

“渐变变形”工具没有自己的“属性”面板，在工具箱下方的选项区域也没有参数设置的按钮。

选择已经填充了渐变色的对象，然后选择工具箱中的“渐变变形”工具，这时需要调整渐变色的对象变为带有编辑手柄的边框，如图 3-71 所示。

此时编辑手柄上会出现用于变形的标记。将鼠标移至图标上并按住鼠标左键向外拖动，可以将渐变色做拉伸处理，如图 3-72 所示。

将鼠标移动至图标处，会出现旋转的箭头，可以对渐变进行旋转处理，如图 3-73 所示。

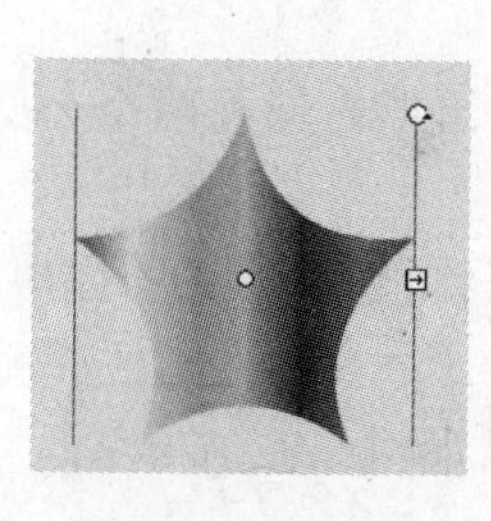

图 3-71

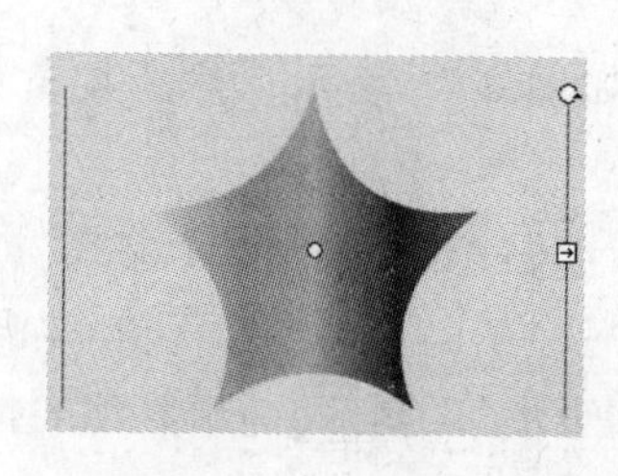

图 3-72

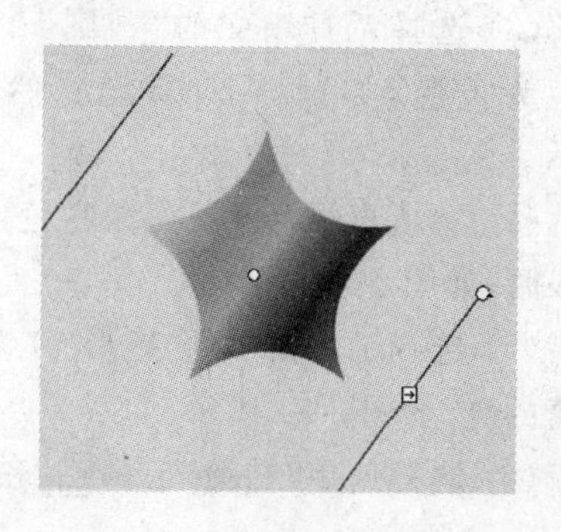

图 3-73

3.5 绘图实例讲解

通过本节的实例讲解，学生应熟练掌握利用绘图工具对简单图形图像的绘制方法，熟悉“线条”工具、“选择”工具、“钢笔”工具、“椭圆”工具、“矩形”工具等的使用及其属性的设置。

3.5.1 制作可爱表情脸

(1) 启动 Flash CS5，执行“文件”/“新建”命令，打开“新建文档”对话框，在“常规”选项卡中选择“Flash 文件(ActionScript 3.0)”选项，或者在开始的“欢迎屏幕”中选择“Flash 文件(ActionScript 3.0)”选项，如图 3-74 和图 3-75 所示。

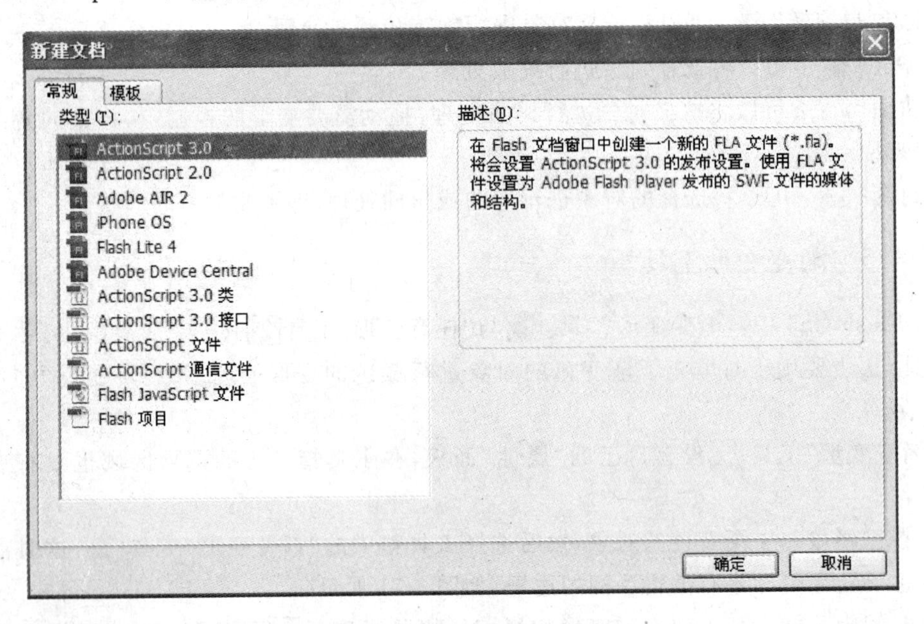

图 3-74

(2) 单击“确定”按钮后，即可创建一个新的 Flash 文档，然后在“属性”面板中设置背景颜色，这里将背景颜色设置成粉色，如图 3-76 所示。

(3) 选择工具箱中的“椭圆”工具，在其“属性”栏中设置线条颜色为无，内部填充色为黄色，如图 3-77 所示。然后在按住 Shift 键的同时绘制一个正圆，如图 3-78 所示。

(4) 将填充颜色设置为深粉色，如图 3-79 所示。然后在黄色圆形内部画两个小圆，作为眼睛，如图 3-80 所示。

(5) 选择工具箱中的“矩形”工具，填充颜色同样设置为深粉色，然后在图像中画出表情的嘴，如图 3-81 所示。

(6) 同样使用“椭圆”工具和“矩形”工具画出其他表情，如图 3-82 所示。

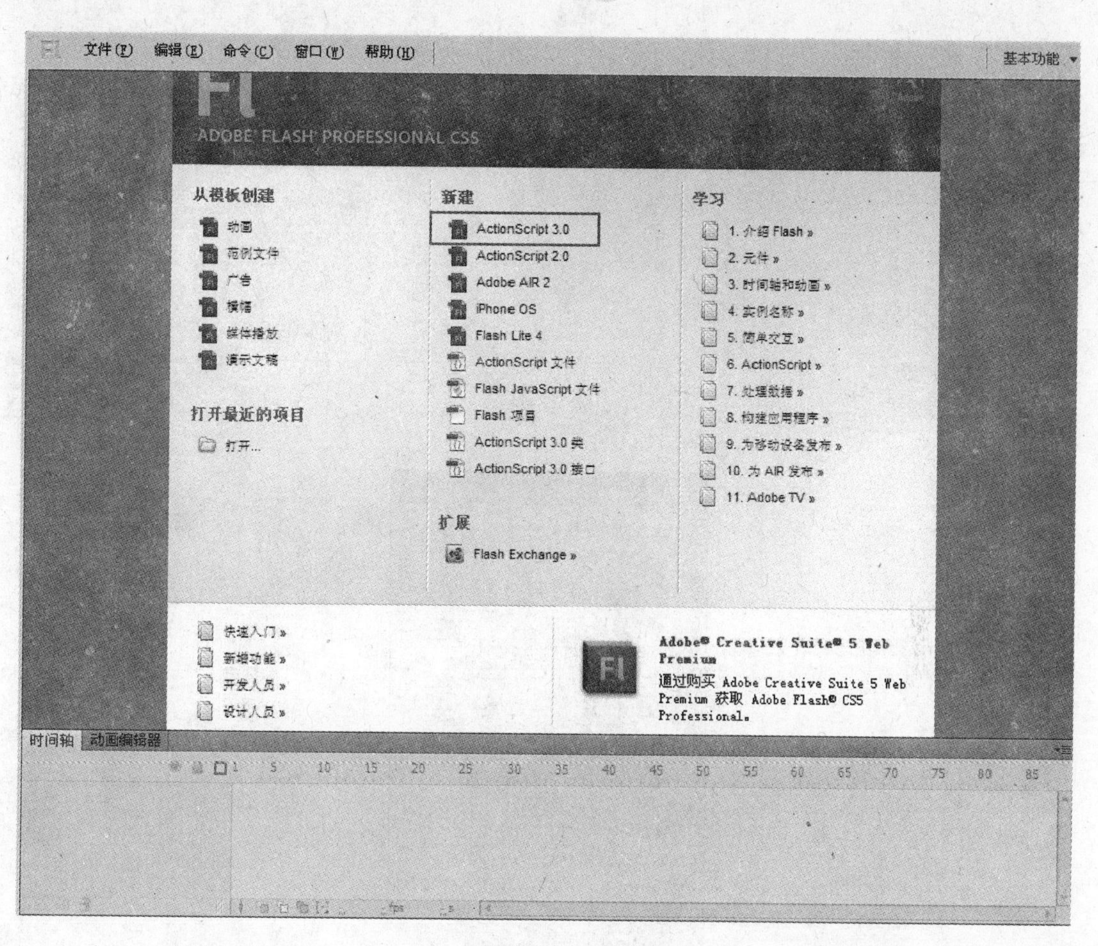

图 3-75

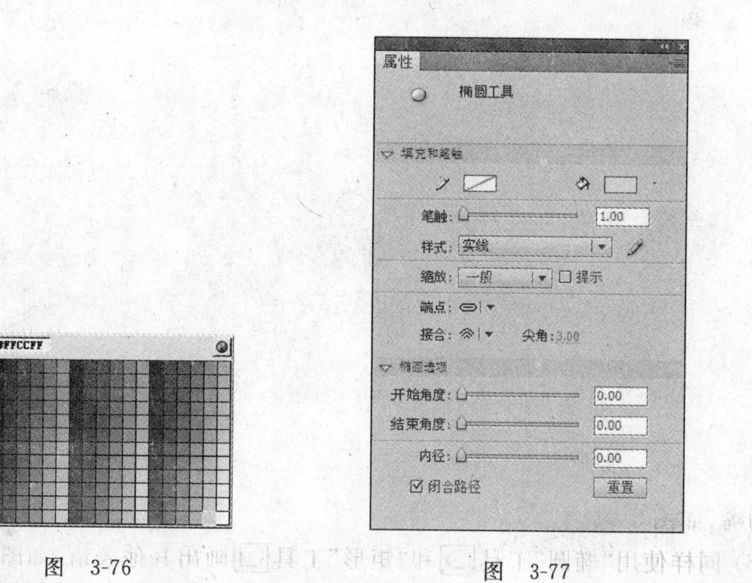

图 3-76

图 3-77

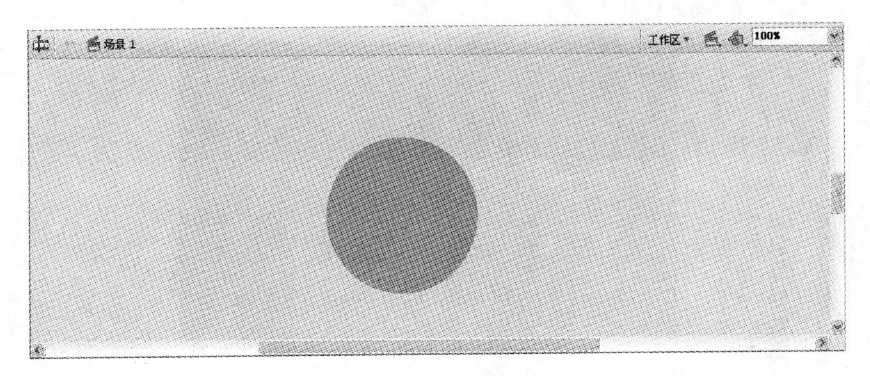

图 3-78

属性
椭圆工具
填充和笔触
笔触: 1.00
样式: 实线
缩放: 一般 提示
端点:
接合: 尖角: 3.00
椭圆选项
开始角度: 0.00
结束角度: 0.00
内径: 0.00
闭合路径 重置

图 3-79

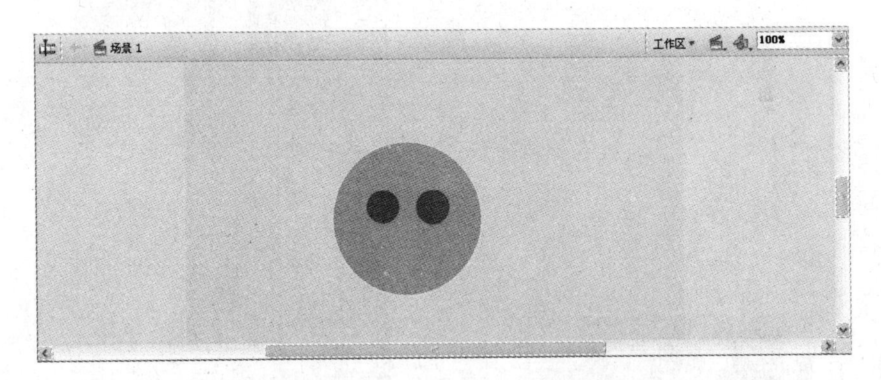

图 3-80

3.5.2 制作漂亮壁纸

(1) 启动 Flash CS5,执行“文件”/“新建”命令,打开“新建文档”对话框,在“常规”选项卡中选择“Flash 文件(ActionScript 3.0)”选项,或者在开始的“欢迎屏幕”中选择“Flash 文

图 3-81

图 3-82

件(ActionScript 3.0)”选项,如图 3-83 和图 3-84 所示。

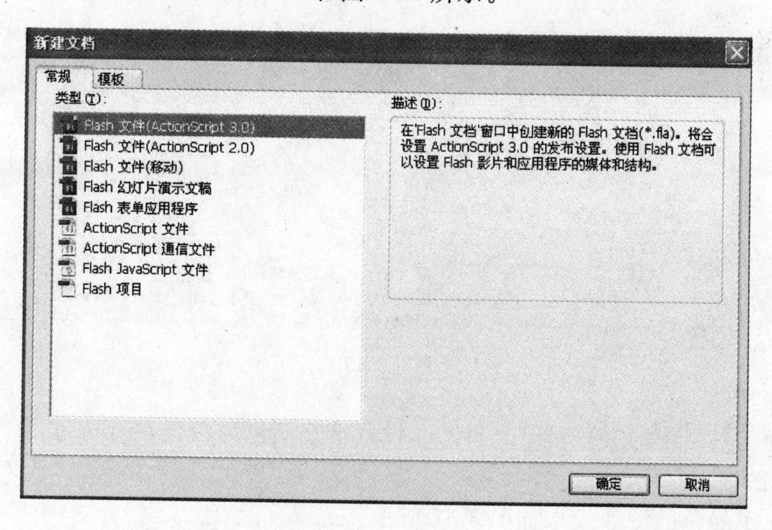

图 3-83

(2) 单击“确定”按钮后,即可创建一个新的 Flash 文档,然后将背景颜色设置成淡蓝色。选择工具箱中的“钢笔”工具,绘制如图 3-85 所示的图案。

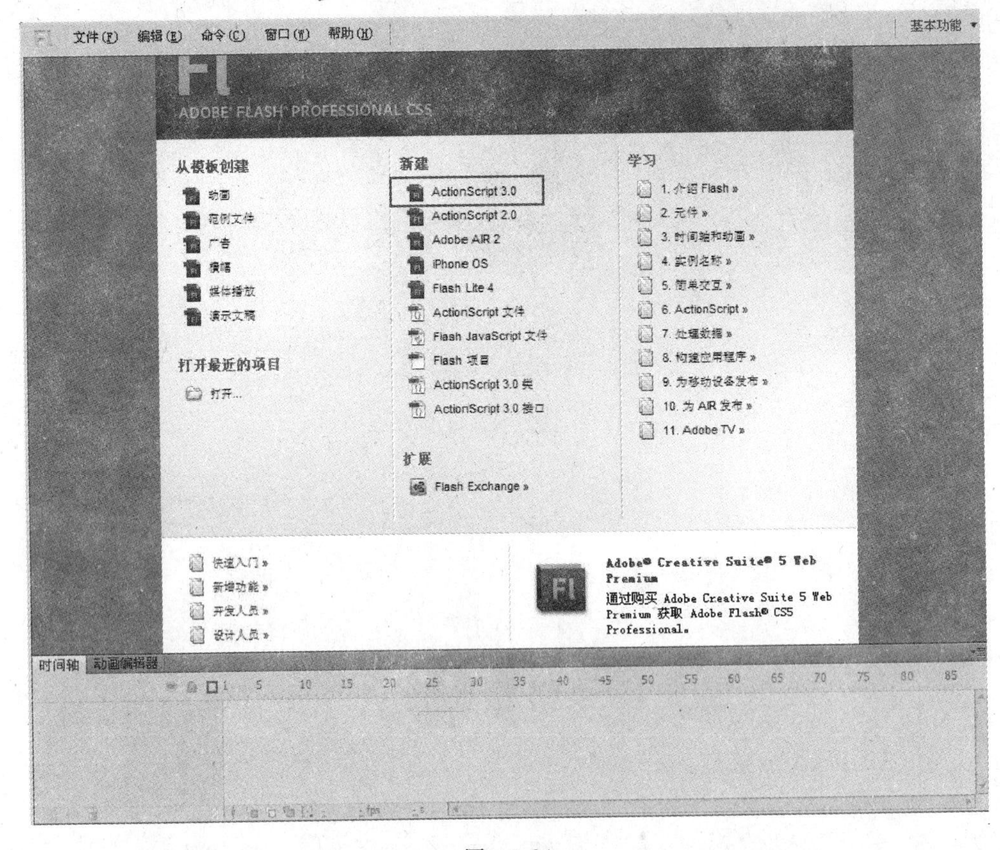

图 3-84

图 3-85

(3) 选择工具箱中的“颜料桶”工具，设置填充颜色为白色，Alpha 值为 50%，对图案进行填充，如图 3-86 所示。

(4) 填充了颜色的图像效果如图 3-87 所示。

(5) 双击被填充了颜色的图案，然后右击，在弹出的菜单中选择“转换为元件”命令，在转换元件对话框中选择“图形”元件，如图 3-88 所示。

(6) 转换成为元件之后的图形如图 3-89 所示。

(7) 被转换的元件会出现在“库”面板中，如图 3-90 所示。

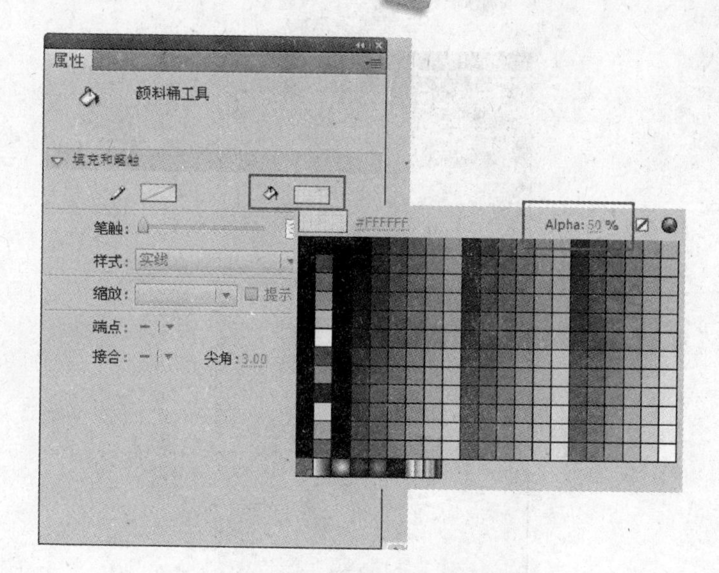

图　3-86

图　3-87

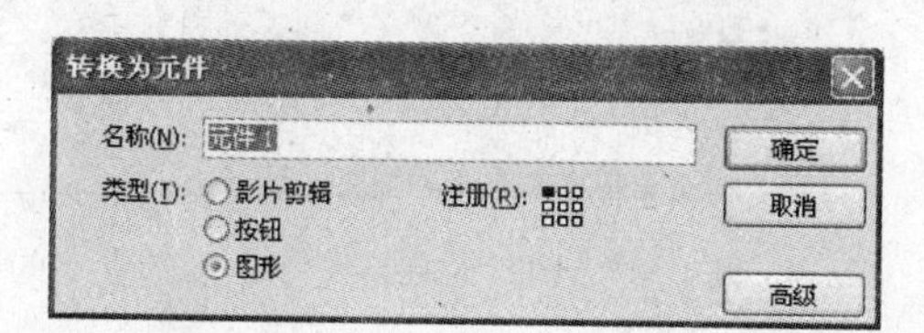

图　3-88

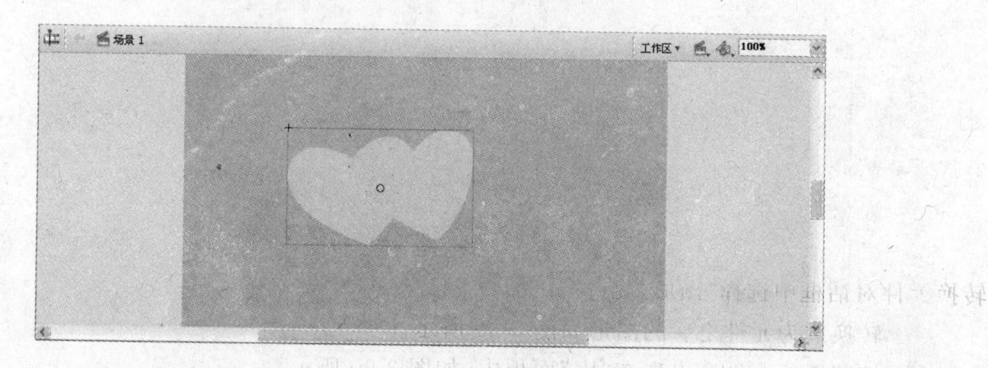

图　3-89

图 3-90

(8) 使用工具箱中的“选择”工具 选择“元件 1”，将其拖动到背景上，并选择工具箱中的“任意变形”工具 对其进行缩放和旋转，如图 3-91 所示。

图 3-91

(9) 选择“元件 1”，按住 Ctrl 键，拖动对其进行复制，如图 3-92 所示。

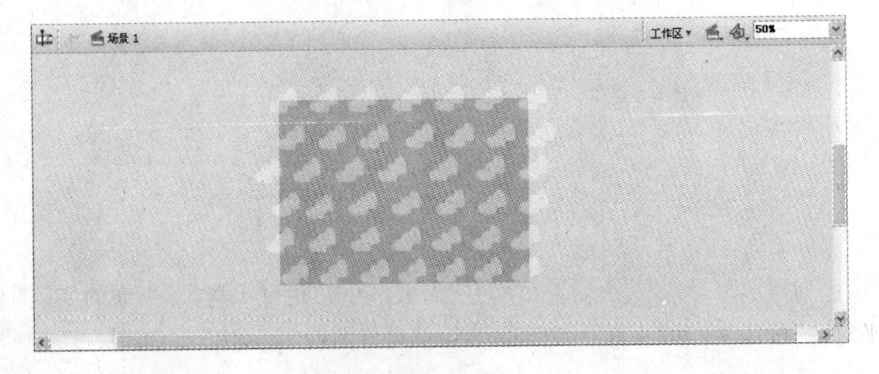

图 3-92

(10) 选择工具箱中的“矩形”工具，在其“属性”面板中完成相应设置，然后设置填充色为无，笔触颜色为彩虹色和黄色，分别为图像画出边框，如图 3-93 所示。

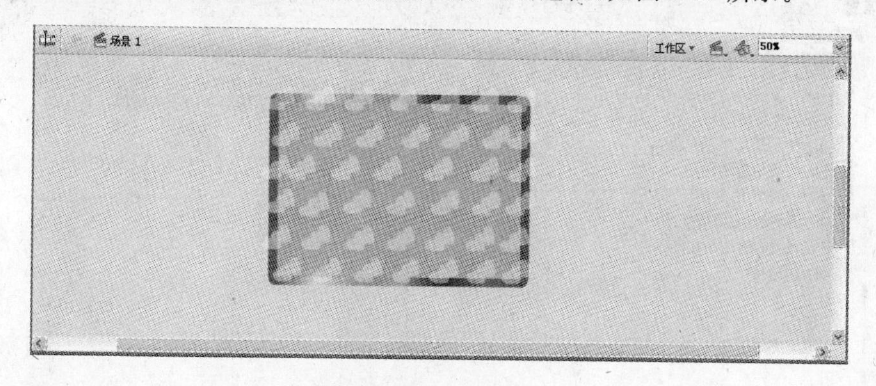

图 3-93

(11) 选择工具箱中的“文本”工具，设置相应字体和大小，在图像中输入文本，如图 3-94 所示。

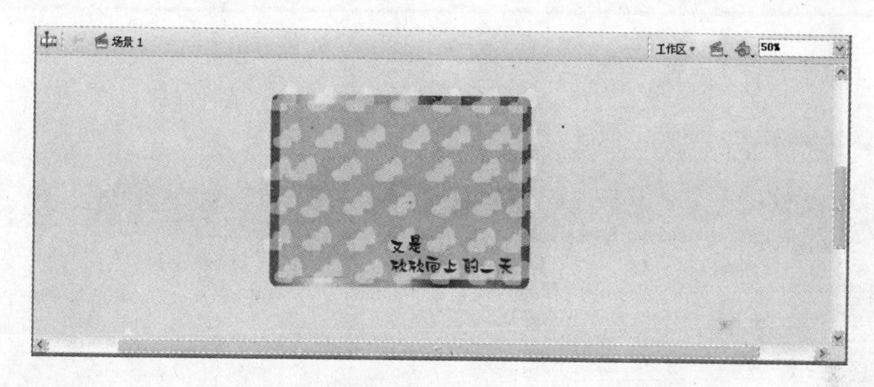

图 3-94

3.5.3 制作水晶按钮

(1) 启动 Flash CS5，执行“文件”/“新建”命令，打开“新建文档”对话框，在“常规”选项卡中选择“Flash 文件(ActionScript 3.0)”选项，或者在开始的“欢迎屏幕”中选择“Flash 文件(ActionScript 3.0)”选项，如图 3-95、图 3-96 所示。

(2) 单击“确定”按钮后，即可创建一个新的 Flash 文档，然后执行“插入”/“新建元件”命令，快捷键为 Ctrl+F8，即可新建一个图形元件，然后选择工具箱中的“椭圆”工具，在“属性”面板中设置笔触颜色为无，填充色为黑色，如图 3-97 所示。

(3) 按住 Shift 键，在舞台上画一个正圆，如图 3-98 所示。

(4) 用“选择”工具在正圆上单击，打开“属性”面板，将宽和高都设成 80，如图 3-99 所示。

(5) 设置好宽和高之后的图形如图 3-100 所示。

(6) 执行“窗口”/“对齐”命令，打开“对齐”面板，单击“相对于舞台”下面的图标，然后单击“水平对齐”按钮和“垂直对齐”按钮就是所谓的“全居中”了，如图 3-101 所示。

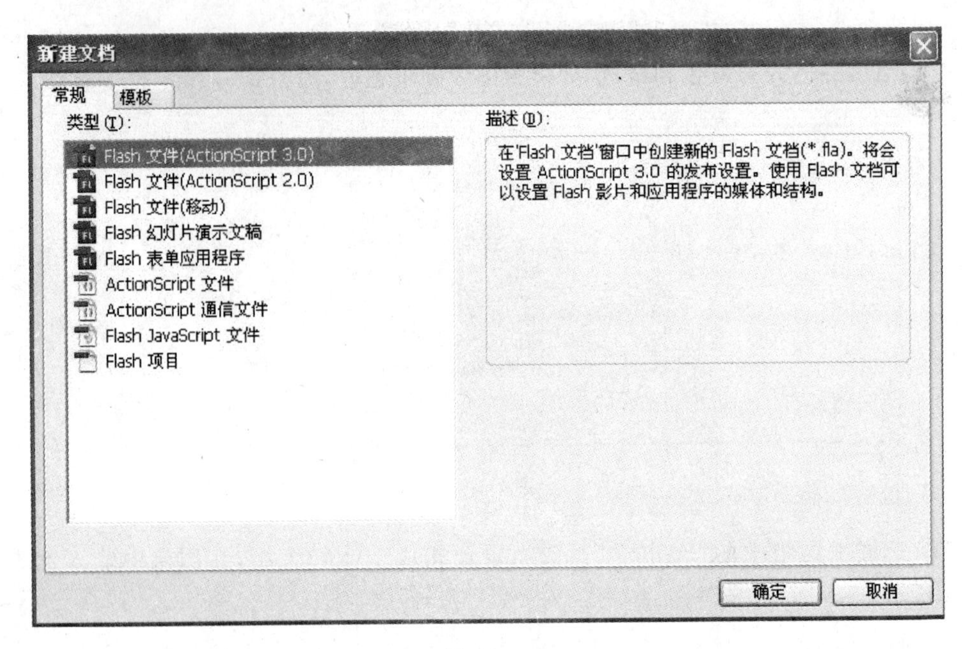
新建文档
常规
模板
类型(T):
Flash 文件(ActionScript 3.0)
Flash 文件(ActionScript 2.0)
Flash 文件(移动)
Flash 幻灯片演示文稿
Flash 表单应用程序
ActionScript 文件
ActionScript 通信文件
Flash JavaScript 文件
Flash 项目
描述(D):
在'Flash 文档'窗口中创建新的 Flash 文档(*.fla)。将会设置 ActionScript 3.0 的发布设置。使用 Flash 文档可以设置 Flash 影片和应用程序的媒体和结构。
确定
取消

图 3-95

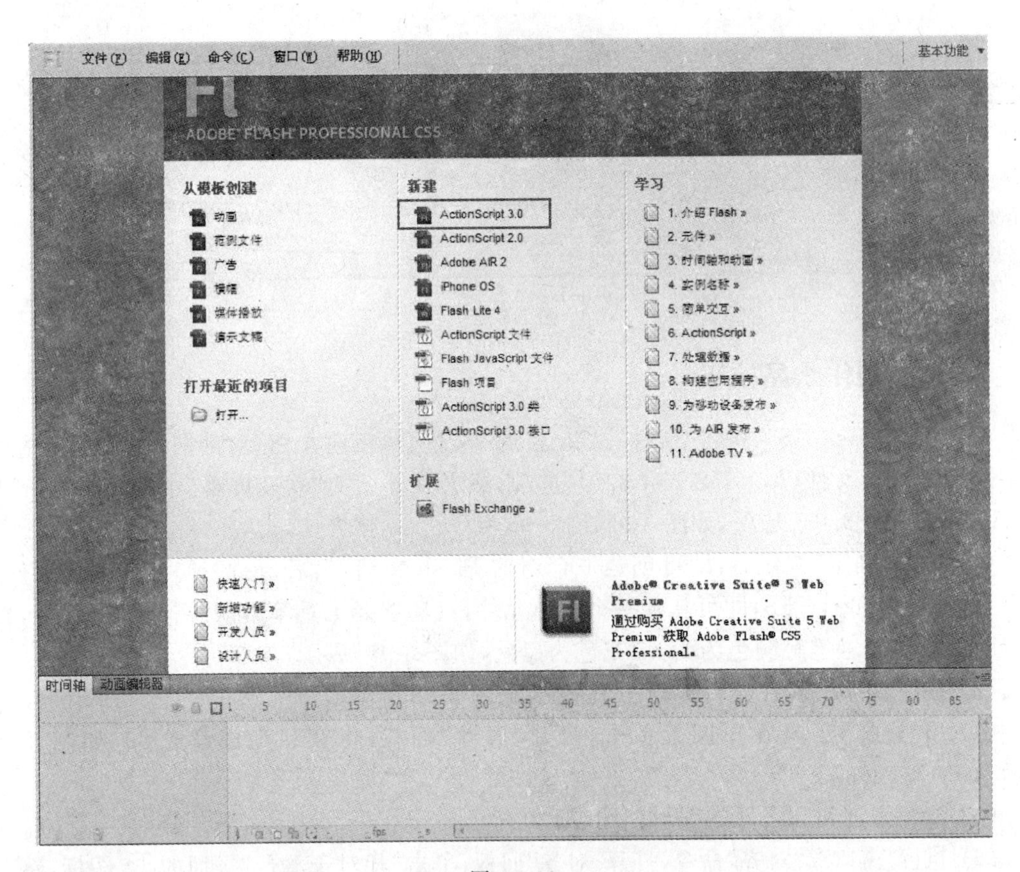
文件(F) 编辑(E) 命令(C) 窗口(W) 帮助(H)
基本功能
ADOBE FLASH PROFESSIONAL CS5
从模板创建
动画
范例文件
广告
横幅
媒体播放
演示文稿
打开最近的项目
打开...
新建
ActionScript 3.0
ActionScript 2.0
Adobe AIR 2
iPhone OS
Flash Lite 4
ActionScript 文件
Flash JavaScript 文件
Flash 项目
ActionScript 3.0 类
ActionScript 3.0 接口
扩展
Flash Exchange »
学习
1. 介绍 Flash »
2. 元件 »
3. 时间轴和动画 »
4. 实例名称 »
5. 简单交互 »
6. ActionScript »
7. 处理数据 »
8. 构建应用程序 »
9. 为移动设备发布 »
10. 为 AIR 发布 »
11. Adobe TV »
快速入门 »
新增功能 »
开发人员 »
设计人员 »
Adobe® Creative Suite® 5 Web Premium
通过购买 Adobe Creative Suite 5 Web Premium 获取 Adobe Flash® CS5 Professional。
时间轴
动画编辑器

图 3-96

图 3-97

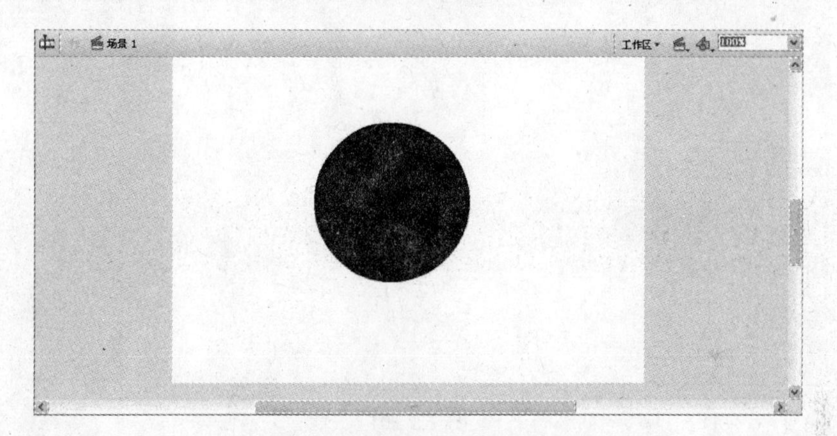

图 3-98

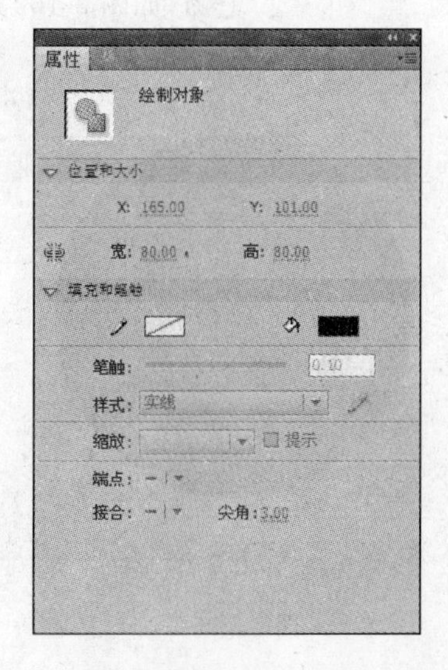

图 3-99

图 3-100

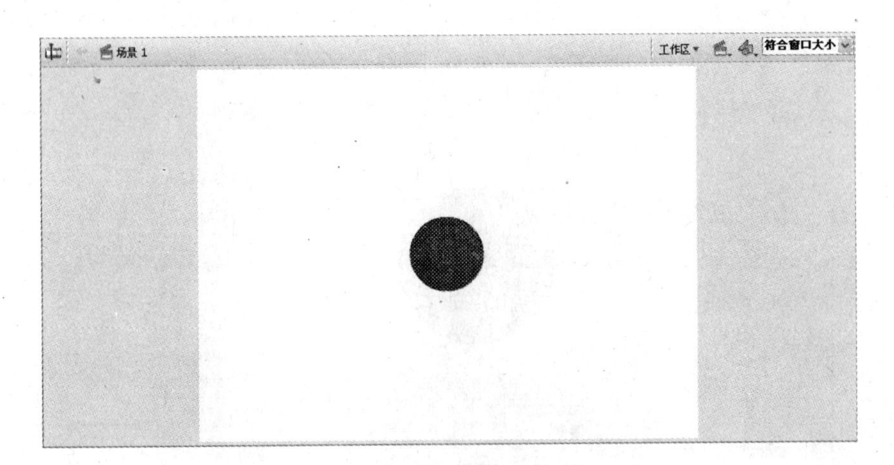

图 3-101

(7) 再把图形放大到400%,将"图层1"上锁,如图3-102和图3-103所示。

图 3-102

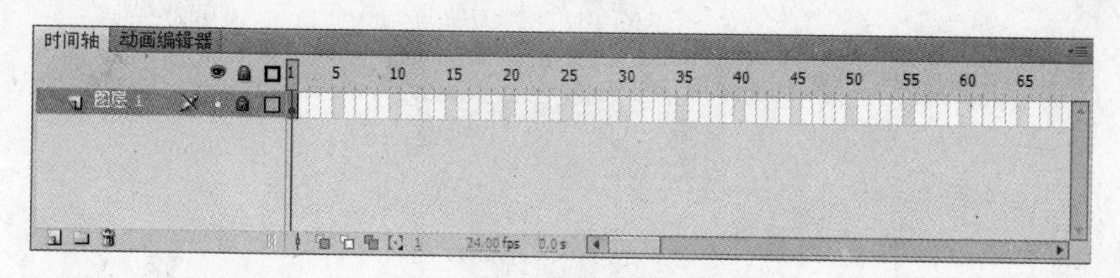

图 3-103

(8) 在“图层 1”上面新建一图层，选择工具箱中的“椭圆”工具，设置笔触颜色为白色，无填充色，在舞台的球体中画一个椭圆，并移动到球体正上方的位置，如图 3-104 和图 3-105 所示。

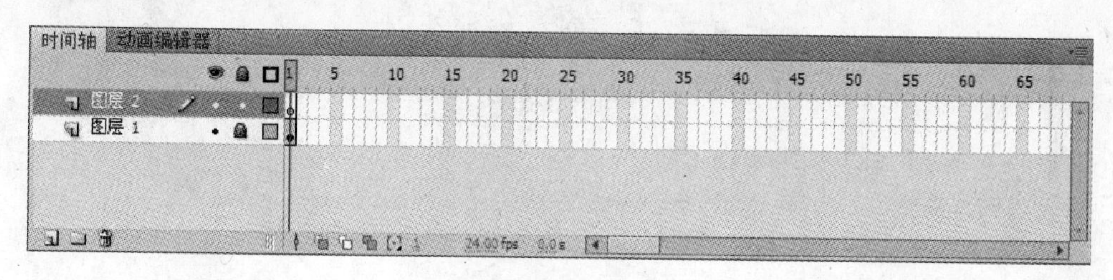

图 3-104

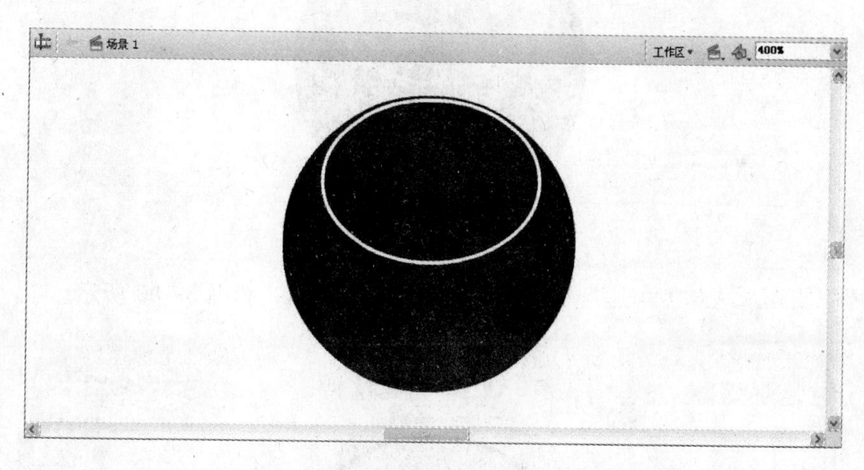

图 3-105

(9) 执行“窗口”/“颜色”命令，快捷键为 Shift＋F9，在颜色混色器面板中单击填充框，在“类型”中选择“线性”。左色标为白色，Alpha 值为 100%，右色标为白色，Alpha 值为 0%，这样设置就是让这个椭圆中的颜色从全白到透明渐变，如图 3-106 所示。

(10) 用“颜料桶”工具在椭圆中单击，再用“渐变变形”工具进行调整，如图 3-107 所示。

(11) 用“选择”工具，先在旁边空白处单击，再在椭圆的笔触上单击，使其成为蚁线，按键盘上的 Delete 键，删除。将本层上锁，如图 3-108 所示。

(12) 选择工具箱中的“椭圆”工具设置笔触颜色为无，填充颜色为白色，Alpha 值为

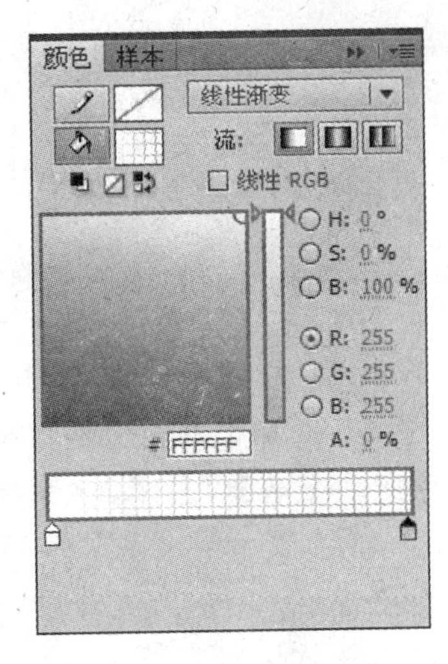

图 3-106

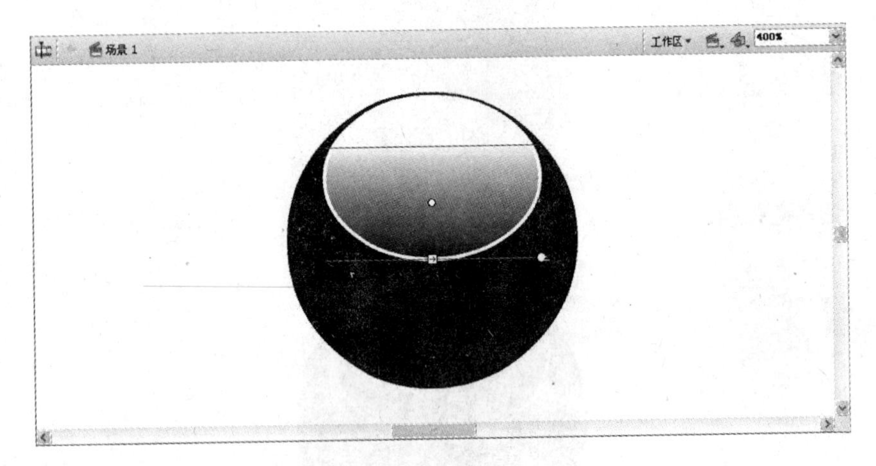

图 3-107

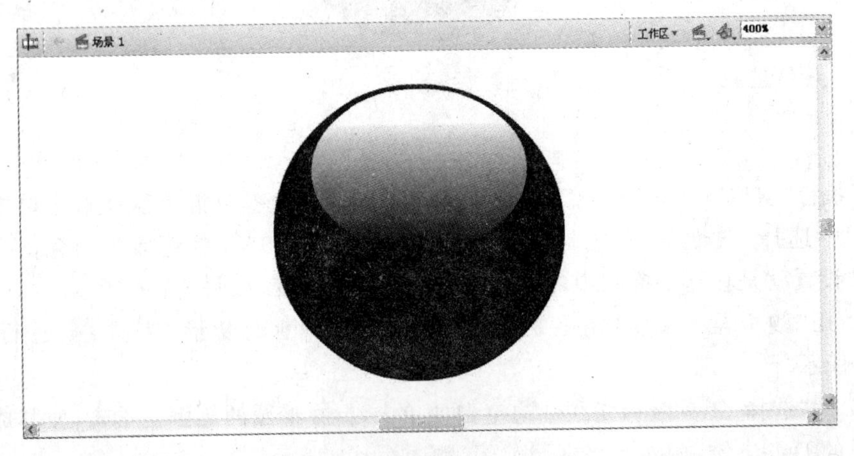

图 3-108

80%，如图 3-109 所示。然后在圆球的左下角处画一个小椭圆，并利用工具箱中的“任意变形”工具调整方向，效果如图 3-110 所示。

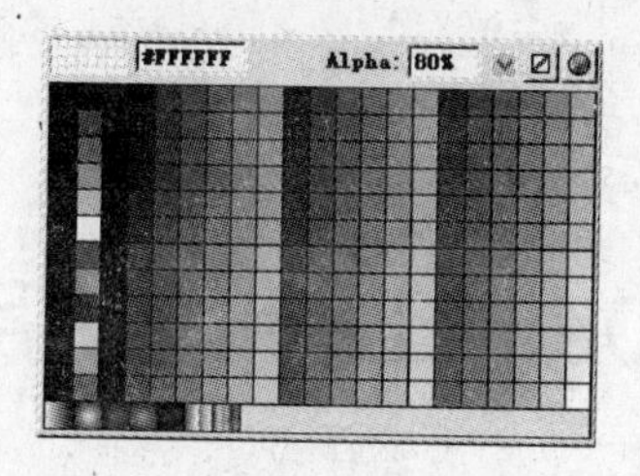

图　3-109

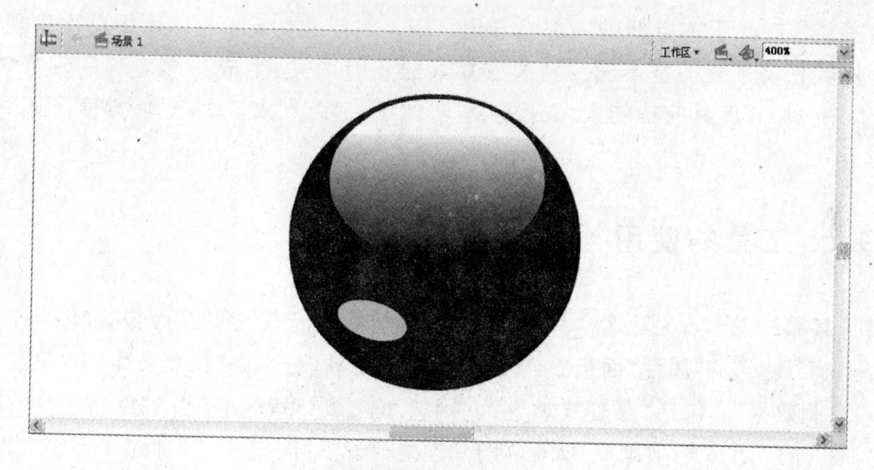

图　3-110

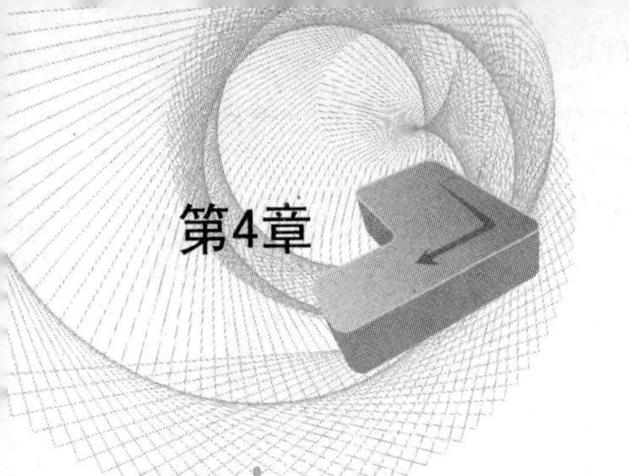

chapter 4

Deco工具的使用

一直关注 Flash 版本更新的人都会知道，Deco 工具是在 Flash CS4 中首次出现的，运用此工具可以轻松将创建的基本图形转换成复杂的几何图案，生成许多对称的图形效果。在 Flash CS5 中，Deco 工具的功能大大升级了，增加了许多绘图工具，更加方便了用户创建美丽的图形。

4.1　Deco 工具的使用

单击工具箱中的 Deco 工具，快捷键为 U，然后打开其“属性”面板，如图 4-1 所示。

在 Deco 工具的“属性”面板中，主要包括两大板块，分别是“绘制效果”和“高级选项”。

(1)“绘制效果”：包括“藤蔓式填充”、“网格填充”、“对称刷子”、“3D 刷子”、“建筑物刷子”、“装饰性刷子”、“火焰动画”、“火焰刷子”、“花刷子”、“闪电刷子”、“粒子系统”、“烟动画”和“树刷子”共 13 种绘制效果，如图 4-2 所示。

图　4-1

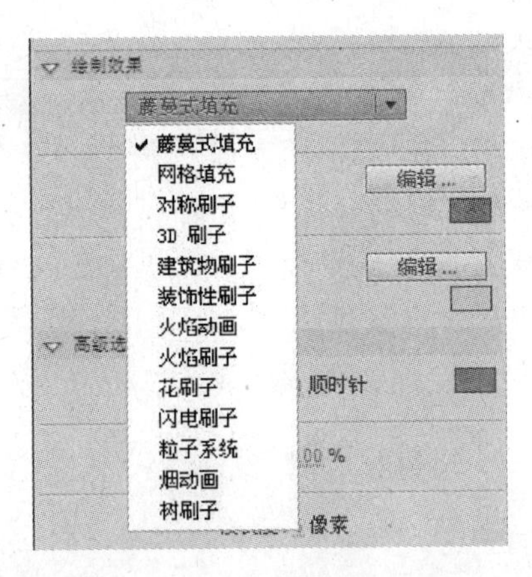

图　4-2

(2)"高级选项"：根据不同的绘制效果选项，高级选项中的设置也会影响其实现的绘制效果。

4.1.1 藤蔓式填充

在 Flash CS5 中，藤蔓式填充效果可以实现以藤蔓式图案填充舞台、元件或其他封闭性区域。在"绘制效果"选项中，单击"编辑"按钮可以从库面板中选择元件来替换叶子和花朵的插图，从而在影片剪辑中生成，同时影片剪辑本身也包含组成图案的元件。

图 4-3 是在默认 Deco 工具的各种属性参数的情况下，在舞台上单击得到的图形效果。

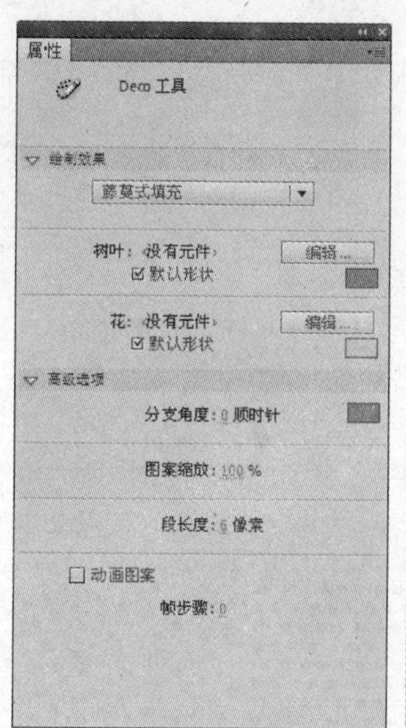

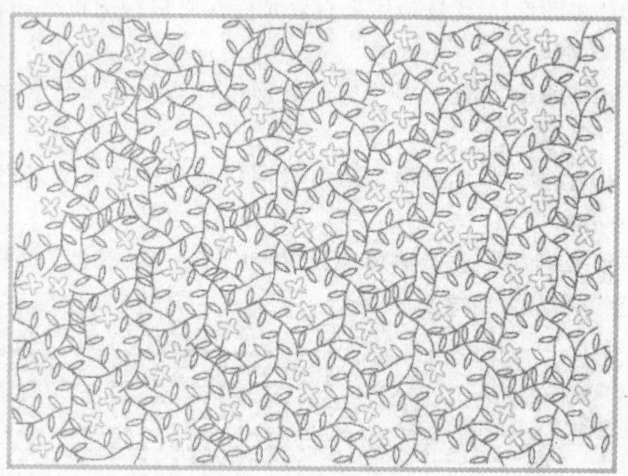

图 4-3

"树叶"：此选项用来设置花的叶子。单击"编辑"按钮，可以选择已经转化为元件的树叶，勾选"默认形状"选项即可选择默认形状的树叶。

"花"：此选项用来设置花朵。单击"编辑"按钮，可以选择已经转化为元件的花朵，勾选"默认形状"选项即可选择默认形状的花朵。

"分支角度"：此选项用来设置花朵的茎秆角度和颜色。

"图案缩放"：此选项可以使得对象同时沿水平和垂直方向放大或缩小。

"段长度"：此选项用来指定树叶节点和花朵节点之间的段长度。

"动画图案"：此选项用来指定效果的每次迭代都绘制到时间轴中的新帧。在绘制花朵图案时，将创建花朵图案的逐帧动画。

"帧步骤"：此选项用于设置绘制效果时每秒要走过的帧数。

4.1.2 网格填充

在 Flash CS5 中，网格填充可以把基本图形元素复制，并有序地排列到舞台上，产生类似壁纸的效果。

图 4-4 为选择“网格填充”绘制效果的“属性”面板。

“平铺 1～4”：这 4 个选项主要用来设置填充时最多可以有 4 个影片剪辑或图形元件参与填充，填充的顺序依次为从右向左。

“网格布局”：在 Flash CS5 中，网格布局主要有三种，包括“平铺模式”、“砖形模式”和“楼层模式”，如图 4-5 所示。“平铺模式”以简单的网格模式排列元件；“砖形模式”以水平偏移网格模式排列元件；“楼层模式”以水平和垂直偏移网格模式排列元件。三种布局的模式对比如图 4-6 所示。

“为边缘涂色”：此选项用来使填充与包含的元件、形状或舞台的边缘重叠，如图 4-7 所示。

“随机顺序”：此选项用来设置元件在网格内随机分布，如图 4-8 所示。

“水平间距”：此选项用来设置网格填充中相邻元素之间的水平距离。

“垂直间距”：此选项用来设置网格填充中相邻元素之间的垂直距离。

“图案缩放”：此选项用来设置使图形对象同时沿水平和垂直方向放大或缩小。

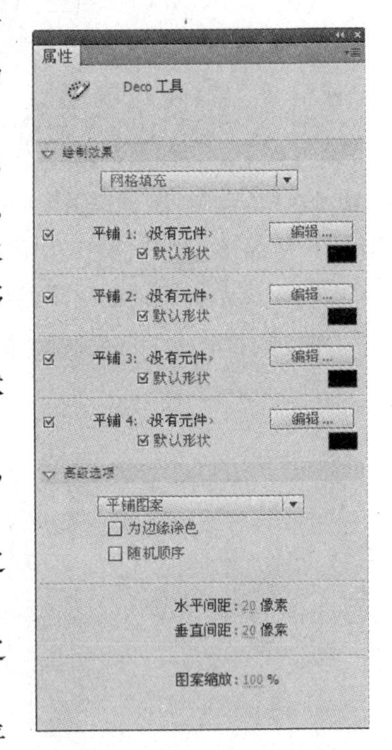

图 4-4

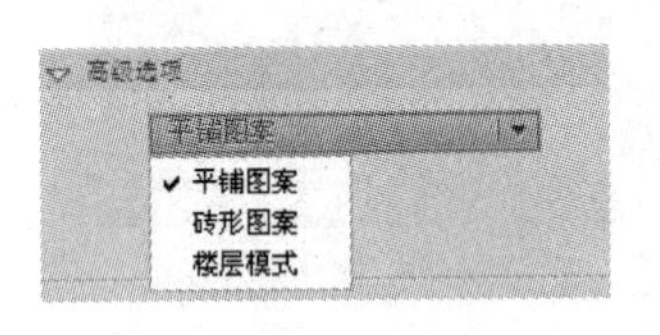

图 4-5

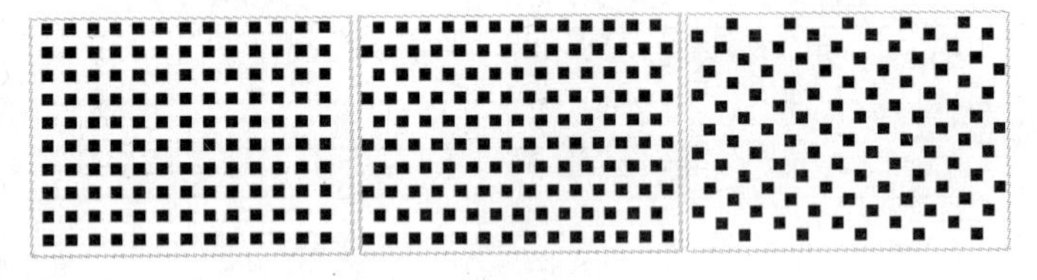

图 4-6

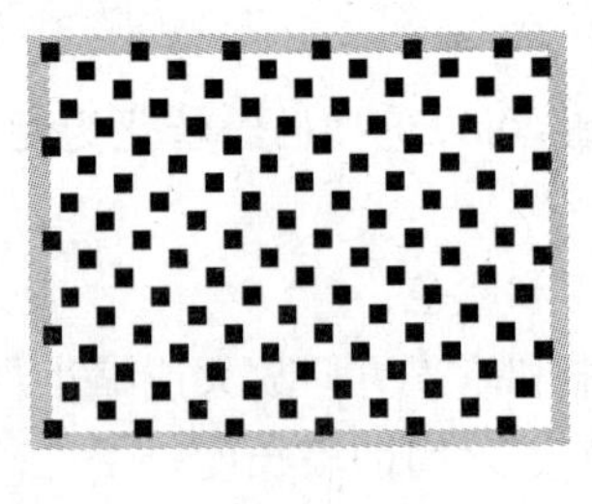

图 4-7

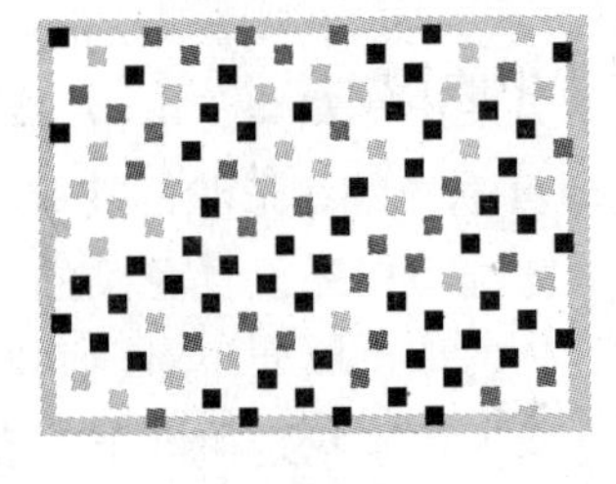

图 4-8

4.1.3 对称刷子

在 Flash CS5 中，使用 Deco 工具中的“对称刷子”绘制效果时，可以围绕中心点对称排列元件。图 4-9 为“对称刷子”的“属性”面板。在舞台中绘制时，可以显示手柄，通过控制手柄可以增加元件数、添加对称内容或编辑和修改效果，从而达到控制对称效果的目的，如图 4-10 所示。

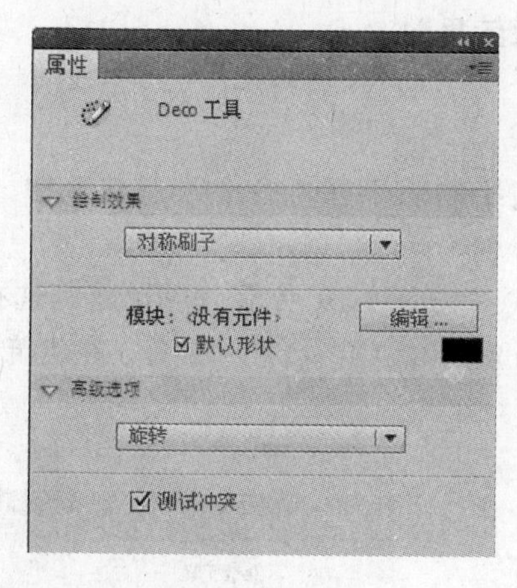

图 4-9

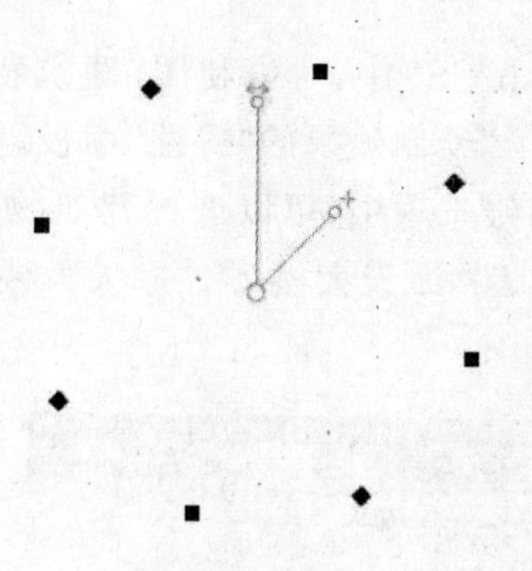

图 4-10

在“对称刷子”绘制效果的高级选项中，有“对称方式”下拉菜单。其中包括“跨线反射”、“跨点反射”、“旋转”和“网格平移”，如图 4-11 所示。“跨线反射”是指用户指定的不可见线条等距离翻转形状；“跨点反射”是指围绕用户指定的固定点等距离放置两个形状；“旋转”是指围绕用户指定的固定点旋转对称的形状；“网格平移”是指使用按对称效果绘制的形状创建网格。图 4-12 为 4 种对称方式所呈现的不同效果。

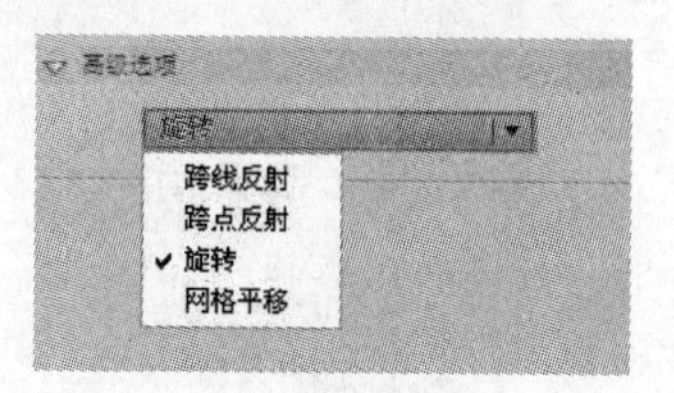

图 4-11

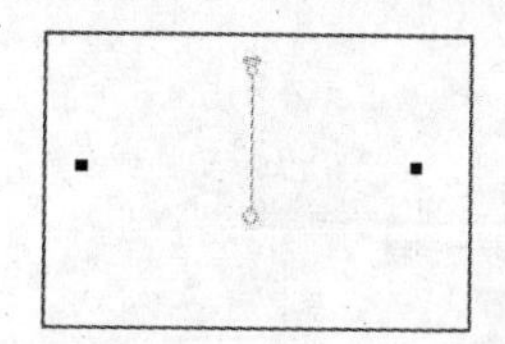

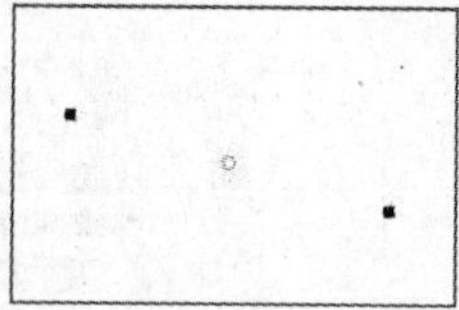

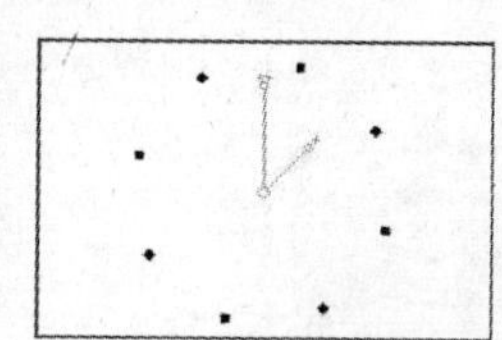

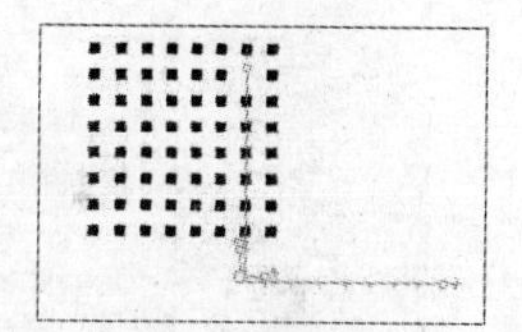

图 4-12

在“对称刷子”绘制效果的高级选项中，还有一个“测试冲突”的复选框，选中此选项可防止绘制的对象效果中的形状相互冲突。当取消此选项时，对称的效果会出现形状重叠。

4.1.4 3D 刷子

在 Flash CS5 中，通过使用“3D 刷子”效果来对元件或者实例涂色，使其通过在舞台顶部附近缩小元件，在舞台底部附近放大元件来创建 3D 透视效果。图 4-13 为“3D 刷子”绘制效果的“属性”面板。

“对象 1～4”：用来设置 4 个影片剪辑或图形元件参与填充效果。

“最大对象数”：用来设置要涂色对象的最大数目。

“喷涂区域”：表示与对实例涂色的光标的最大距离。

“透视”：用来切换 3D 效果。

“距离缩放”：用来确定 3D 透视效果的值。

“随机缩放范围”：用来随机确定每个实例缩放的程度。

“随机旋转范围”：用来确定每个实例的旋转角度。

4.1.5 建筑物刷子

在 Flash CS5 中，可以利用“建筑物刷子”绘制效果在舞台上绘制建筑物。图 4-14 为“建筑物刷子”绘制效果的“属性”面板。

在其高级选项中，可以选择建筑物的样式。如图 4-15 所示，包括“随机选择建筑物”、“摩天大楼 1”、“摩天大楼 2”、“摩天大楼 3”和“摩天大楼 4”。图 4-16 为 5 种建筑物方式的对比效果。

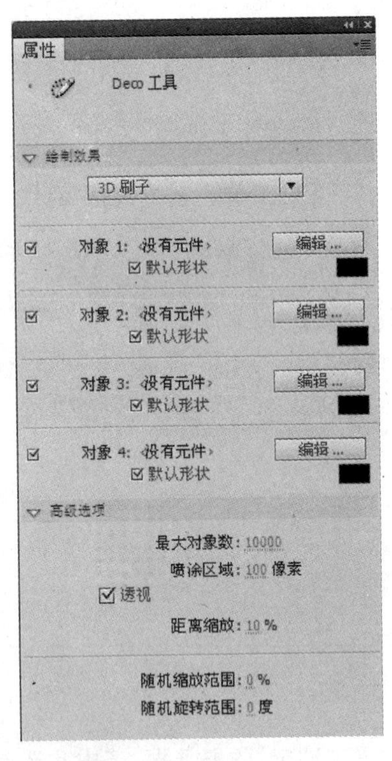

图 4-13

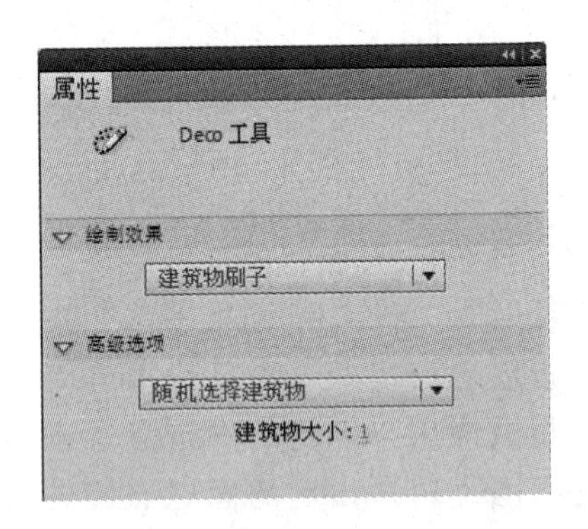

图 4-14

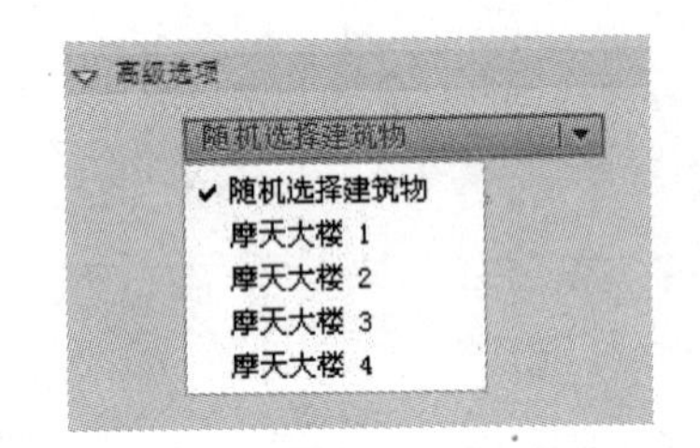

图 4-15

在其高级选项中，还可以设置建筑物大小。“建筑物大小”的值越大，建筑物就会越宽。图 4-17 为“建筑物大小”值为 1 和 10 的对比效果。

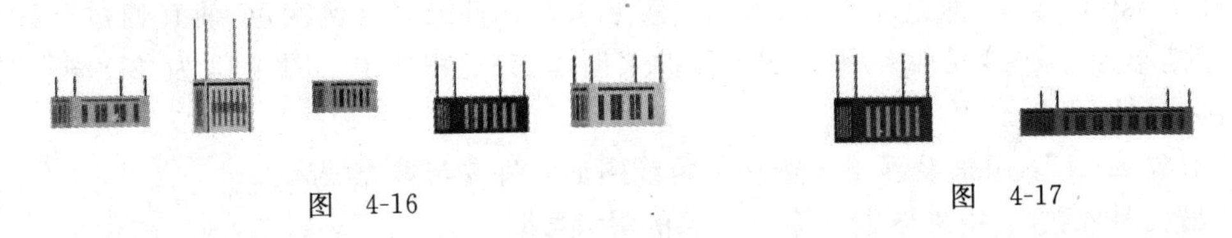

图 4-16　　　　图 4-17

4.1.6 装饰性刷子

在 Flash CS5 中，用户可以通过使用“装饰性刷子”绘制效果，绘制点、波浪线以及其他线条的装饰线。图 4-18 为“装饰性刷子”绘制效果的“属性”面板。

在其高级选项中，软件本身提供了 20 种装饰刷子，包括“梯波形”、“波形”、“虚线”、“点

线”、“锯齿形”、“玛雅图案”、“圆形”、“绳形”、“三角形”、“双波形”、“乐符”、“粗箭头”、“溪流形”、“方块”、“心形”、“发光的星星”、“卡通星星”、“凹凸”、“小箭头”和“茂密的树叶”，如图 4-19 所示。

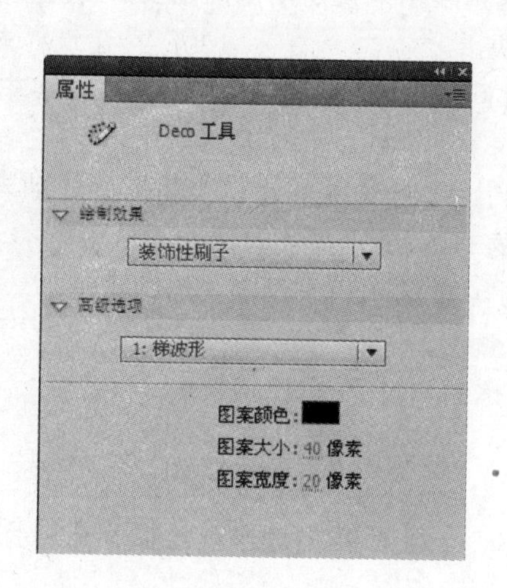

图 4-18

图 4-19

图 4-20 为 20 种装饰刷子的效果对比图。

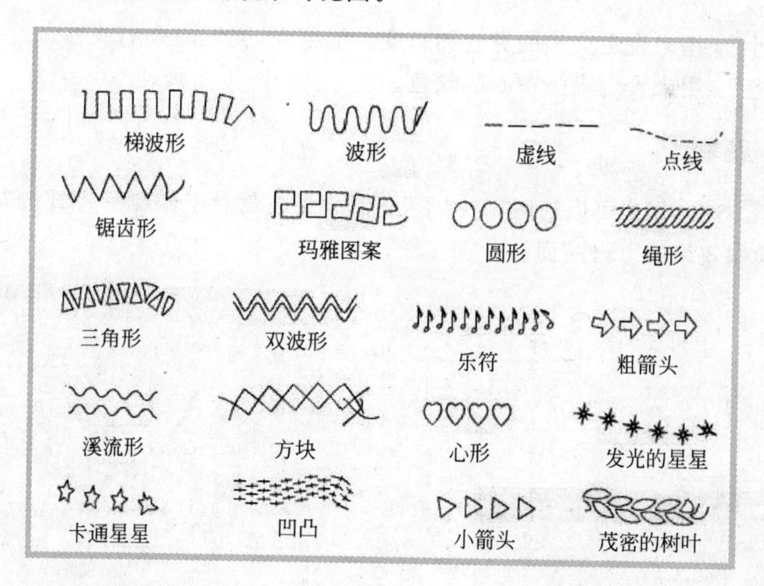

图 4-20

4.1.7 火焰动画

在 Flash CS5 中，用户可以利用“火焰动画”绘制效果来创建程序化的逐帧火焰动画。图 4-21 为“火焰动画”绘制效果的“属性”面板。

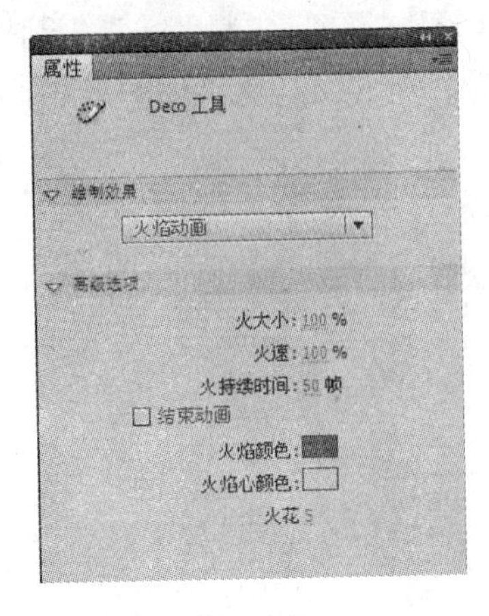

图　4-21

在其"属性"面板的"高级选项"中，有"火大小"、"火速"、"火持续时间"、"结束动画"、"火焰颜色"、"火焰心颜色"和"火花"7个选项。

"火大小"：此选项用来设定火焰的高度和宽度。值越大，创建的火焰就越大。

"火速"：此选项用来设定动画的速度。值越大，创建的火焰燃烧得越快。

"火持续时间"：此选项用来设定在时间轴中创建的帧数。

"结束动画"：此选项用来创建火焰燃尽的动画。但如果需要做循环的动画，就不需要勾选此项。

"火焰颜色"：此选项用来设定火焰的颜色。

"火焰心颜色"：此选项用来设定火焰心的颜色。

"火花"：此选项用来设定火焰底部各个火焰的数量。

4.1.8　火焰刷子

在 Flash CS5 中，用户可以利用"火焰刷子"绘制效果在舞台上绘制火焰。图 4-22 为"火焰刷子"绘制效果的"属性"面板。

在"火焰刷子"绘制效果"属性"面板的"高级选项"中，可以设置"火焰大小"和"火焰颜色"的属性。

"火焰大小"：用来设定火焰的宽度和高度。值越大，创建的火焰就越大。

"火焰颜色"：用来设定火焰中心的颜色。

4.1.9　花刷子

在 Flash CS5 中，用户可以利用"花刷子"绘制效果在舞台上绘制程序式的花朵。图 4-23 为"花刷子"绘制效果的"属性"面板。

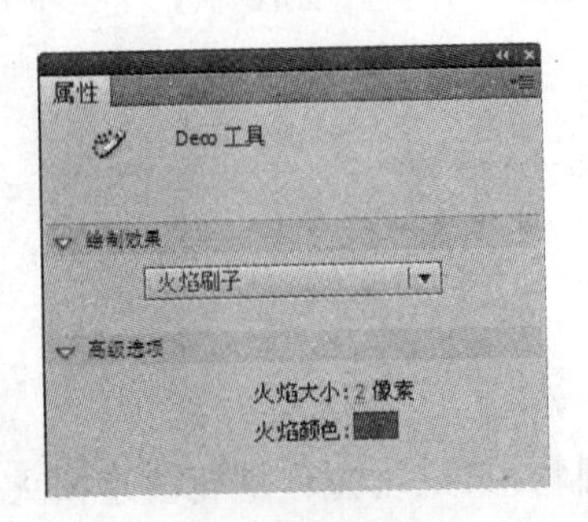

图　4-22

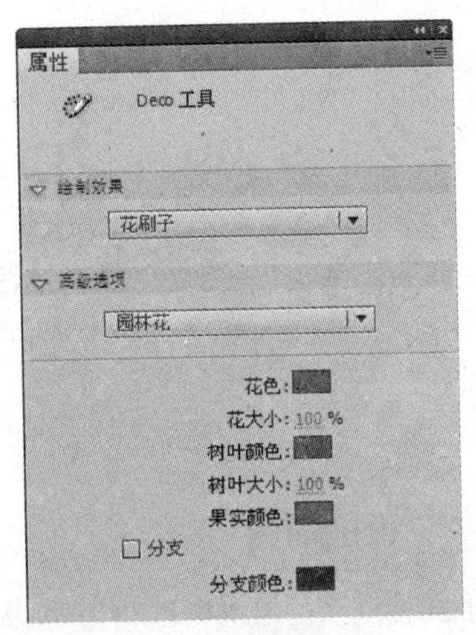

图　4-23

在“花刷子”绘制效果“属性”面板的“高级选项”中。可以设置“花色”、“花大小”、“树叶颜色”、“树叶大小”、“果实颜色”、“分支”、“分支颜色”和“花类型”等属性。

“花色”：此选项用来设置花的颜色。

“花大小”：此选项用来设置花的宽度和高度。值越大，创建的花就越大。图 4-24 为100%和 200%比例的对比图。

“树叶颜色”：此选项用来设置叶子的颜色。

“树叶大小”：此选项用来设置叶子的宽度和高度。值越大，创建的叶子就越大。图 4-25 为 100%和 200%比例的对比图。

图 4-24

图 4-25

“果实颜色”：此选项用来设置果实的颜色。

“分支”：此选项用来设置花和叶子之外的分支，如图 4-26 所示。

“分支颜色”：此选项用来设置分支的颜色。

“花类型”：此选项用来设置花的类型。如图 4-27 所示，包括“园林花”、“玫瑰”、“一品红”和“浆果”。图 4-28 为 4 种花类型的对比图。

图 4-26

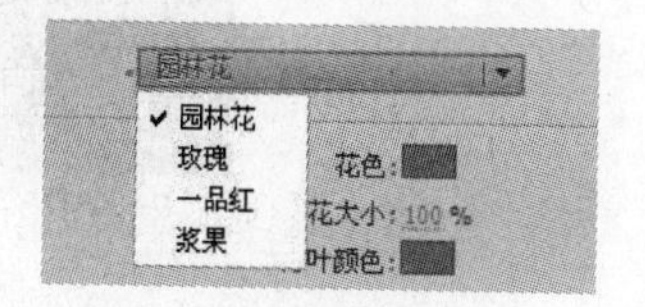

图 4-27

4.1.10 闪电刷子

在 Flash CS5 中，用户可以通过“闪电刷子”绘制效果在舞台上创建闪电效果。图 4-29 为“闪电刷子”绘制效果的“属性”面板。

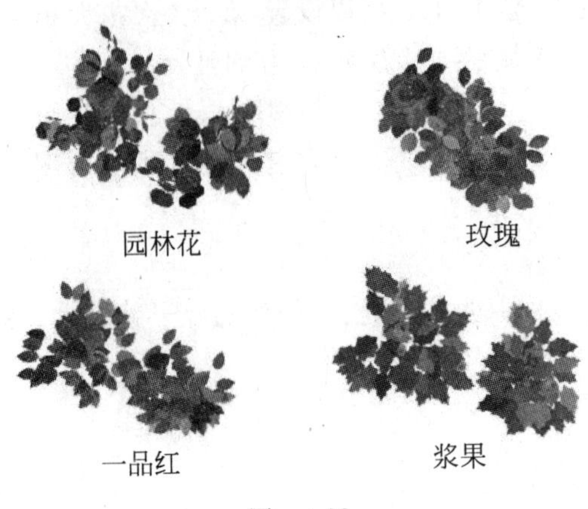

图 4-28

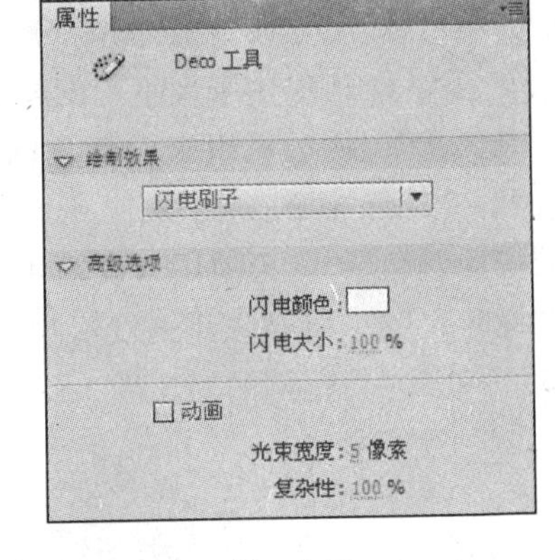

图 4-29

在“闪电刷子”绘制效果“属性”面板的“高级选项”中，可以设置“闪电颜色”、“闪电大小”、“动画”、“光速宽度”和“复杂性”等属性。

“闪电颜色”：此选项用来设置闪电的颜色。

“闪电大小”：此选项用来设置闪电的长度。

“动画”：此选项用来设置创建闪电的逐帧动画。

“光速宽度”：此选项用来设置闪电根部的粗细。

“复杂性”：此选项用来设置每支闪电的分支数。值越高，创建的闪电就越长，分支就越多。

图 4-30 为在默认参数下创建的闪电效果。

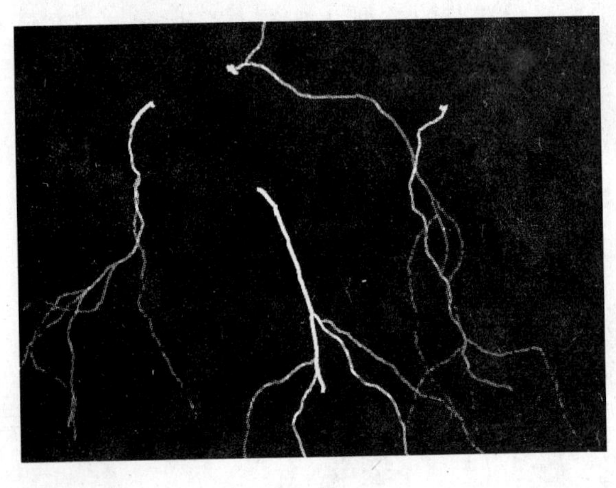

图 4-30

4.1.11 粒子系统

在 Flash CS5 中，用户可以通过“粒子系统”绘制效果在舞台上创建火、烟、水、气泡等其他效果的粒子动画。图 4-31 为“粒子系统”绘制效果的“属性”面板。

在“粒子系统”绘制效果“属性”面板的“高级选项”中，可以设置“粒子 1”、“粒子 2”、“总长度”、“粒子生成”、“每帧的速率”、“寿命”、“初始速度”、“初始大小”、“最小初始方向”、“最

大初始方向”、“重力”和“旋转速率”等属性。

“粒子 1～2”：用户可以分配两个元件作为粒子，在默认情况下，将使用黑色的小正方形作为粒子。

“总长度”：此选项用来设置动画的持续时间。

“粒子生成”：此选项用来设置生成的帧的数目。

“每帧的速率”：此选项用来设置每帧生成的粒子数。

“寿命”：此选项用来设置单个粒子在“舞台”上可见的帧数。

“初始速度”：此选项用来设置每个粒子在其寿命开始时的移动速度。

“初始大小”：此选项用来设置每个粒子在其寿命开始时的缩放。

“最小初始方向”：此选项用来设置每个粒子在其寿命开始时可能移动方向的最小范围。

“最大初始方向”：此选项用来设置每个粒子在其寿命开始时可能移动方向的最大范围。

“重力”：此选项为正数时，粒子方向为向下并且速度增加。负数则方向向上。

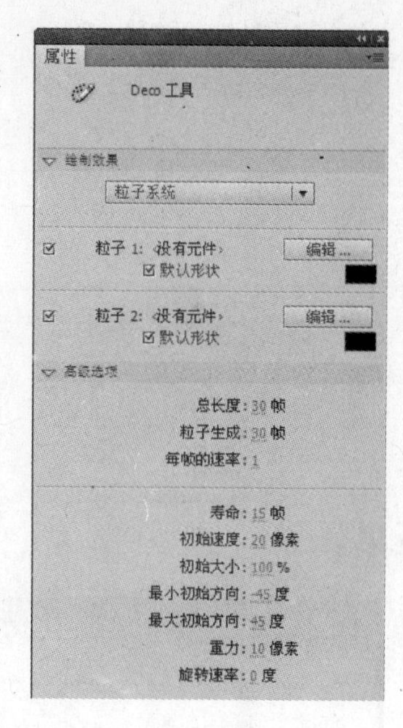

图　4-31

“旋转速率”：此选项用来设置应用到每个粒子的每帧旋转角度。

图 4-32 和图 4-33 为默认参数下的应用“粒子系统”绘制效果制作并生成的动画。

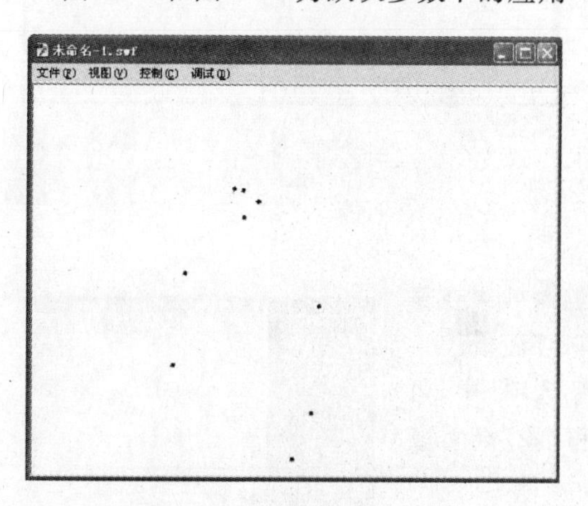

图　4-32

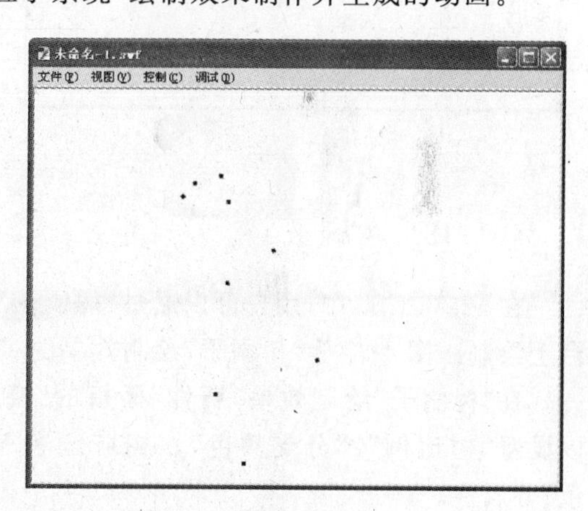

图　4-33

4.1.12　烟动画

在 Flash CS5 中，用户可以通过“烟动画”绘制效果在舞台上绘制烟的逐帧动画。图 4-34 为“烟动画”绘制效果的“属性”面板。

在“烟动画”绘制效果“属性”面板的“高级选项”中，可以设置“烟大小”、“烟速”、“烟持续时间”、“结束动画”、“烟色”和“背景颜色”等属性。

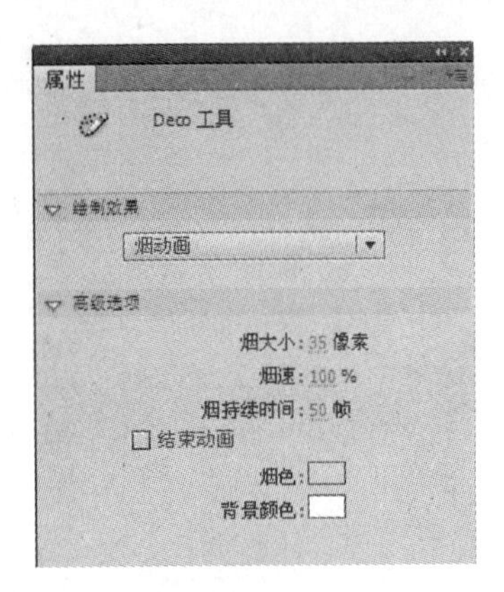

图　4-34

"烟大小"：此选项用来设定烟的宽度和高度。值越大，创建的烟就越大。

"烟速"：此选项用来设定动画的速度。值越大，创建的烟就越大。

"烟持续时间"：此选项用来设定在时间轴中创建的帧数。

"结束动画"：此选项用来设定是否创建持续性的动画。选择此选项即可创建烟消散而不持续的动画。

"烟色"：此选项用来设定烟的颜色。

"背景颜色"：此选项用来设定烟的背景色。

图 4-35 和图 4-36 为默认参数下生成的"烟动画"的绘制效果。

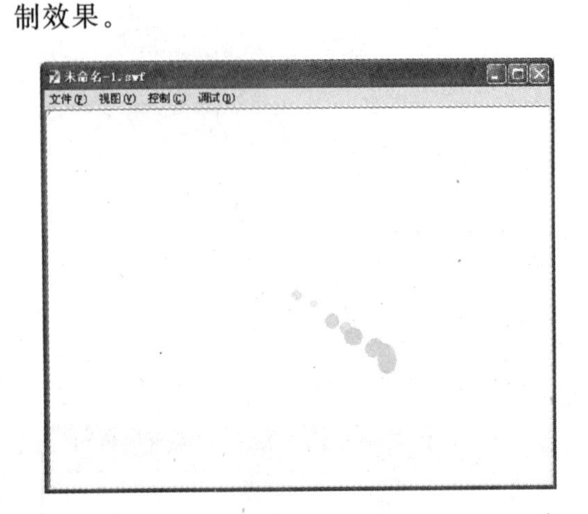

图　4-35

图　4-36

4.1.13　树刷子

在 Flash CS5 中，用户可以通过"树刷子"绘制效果在舞台上绘制。图 4-37 为"树刷子"绘制效果的"属性"面板。

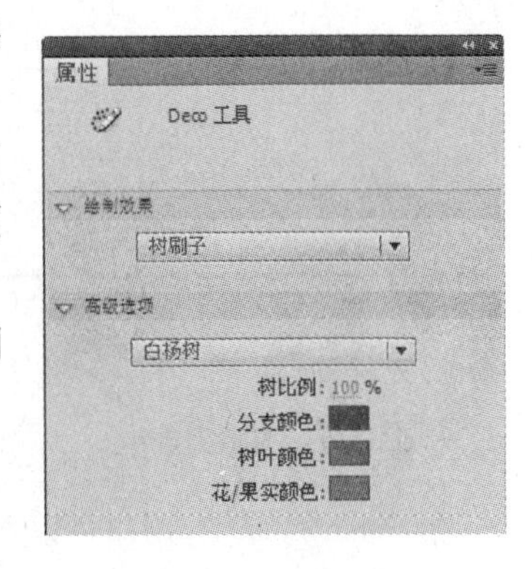

图　4-37

在"树刷子"绘制效果"属性"面板的"高级选项"中，可以设置"树比例"、"分支颜色"、"树叶颜色"和"花/果实颜色"等属性。

"树比例"：此选项用来设定树缩放的大小。值越大，创建的树就越大。

"分支颜色"：此选项用来设定树干的颜色。

"树叶颜色"：此选项用来设定树叶的颜色。

"花/果实颜色"：此选项用来设定花和果实的颜色。

在其"属性"面板中同时可以设置树的种类，包括"白杨树"、"柏树"、"柏树"、"冰之冬"、"草"、"长青之冬"、"橙树"、"凋零之冬"、"枫树"、"桦树"、"灰树"、"卷藤"、"空灵之冬"、"圣诞树"、"藤"、"杏树"、"杨树"、"银杏树"、"园林植物"和"紫荆

树”,如图 4-38 所示。

图 4-39、图 4-40 和图 4-41 为各种树样式的对比图。

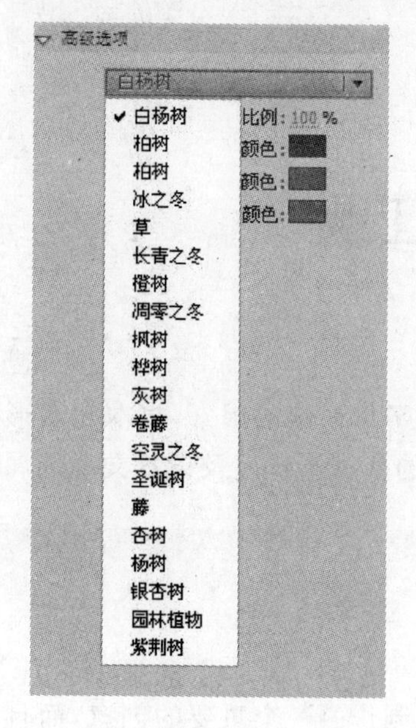

图 4-38

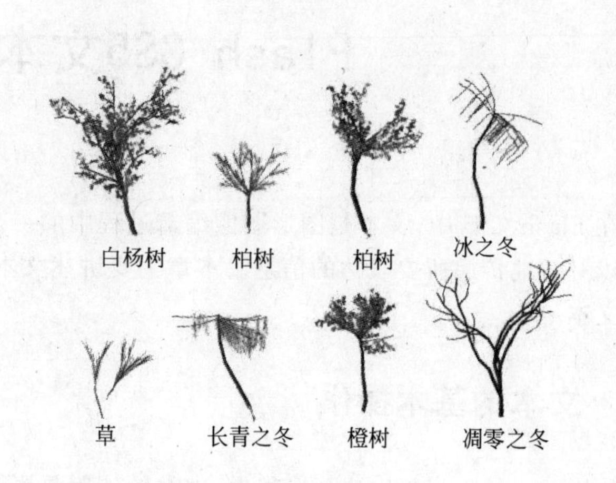

图 4-39

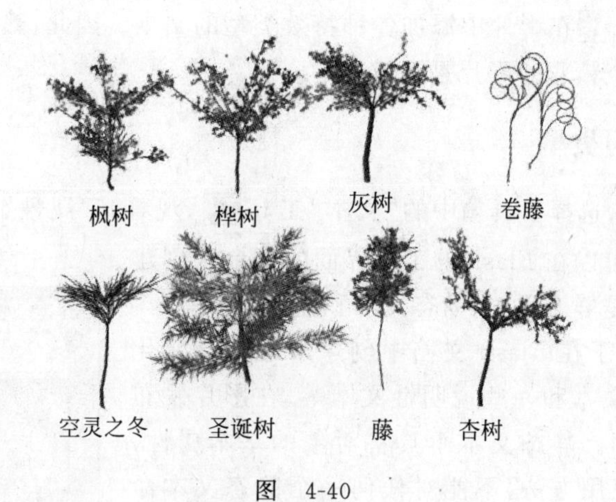

图 4-40

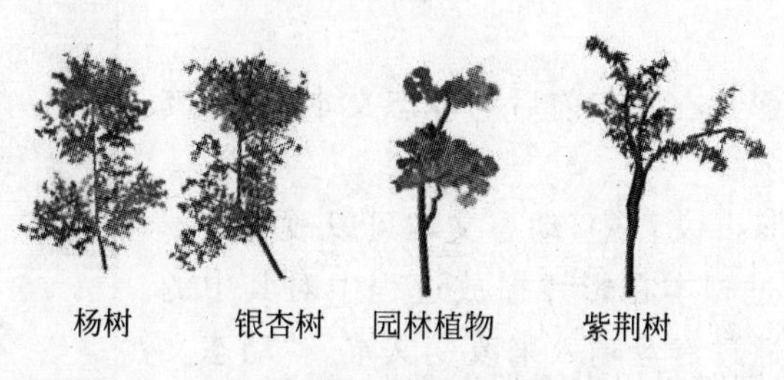

图 4-41

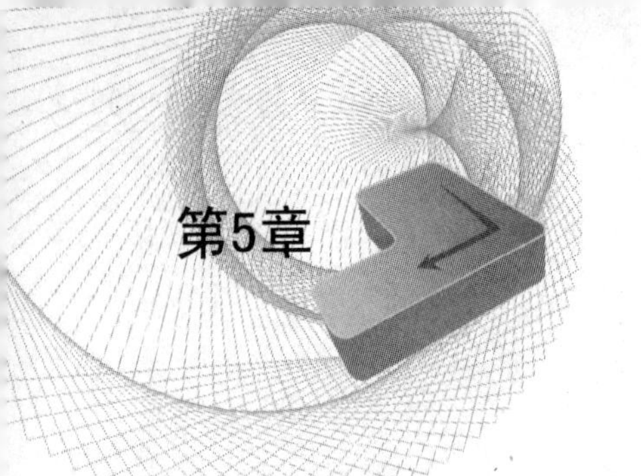

第5章

chapter 5

Flash CS5文本工具

在 Flash CS5 中，文本是图形图像编辑过程中的一个不可或缺的因素，文本和图形的结合可以有效地传递所要表达的信息。本章主要讲述文本的基本操作以及设置文本的属性和编辑文本。

5.1 文本的基本操作

使用 Flash CS5 制作动画过程中，文本的使用是影片制作的一个重要的创意，而且不再拘泥于静态文本的使用，在网络动画中往往以多种动态文本表现。这就需要使用 Flash CS5 中的“文本”工具 T 在影片中添加各种特效类型的文本。因此，熟练合理地使用“文本”工具 T 对于制作一个精彩的影片是很重要的。

5.1.1 文本的类型

在 Flash CS5 中，选择工具箱中的“文本”工具 T，观看其“属性”面板，如图 5-1 所示。

在传统文本类型下，可以在 Flash 的工作界面的舞台中创建三种文本类型，分别是静态文本、动态文本和输入文本。

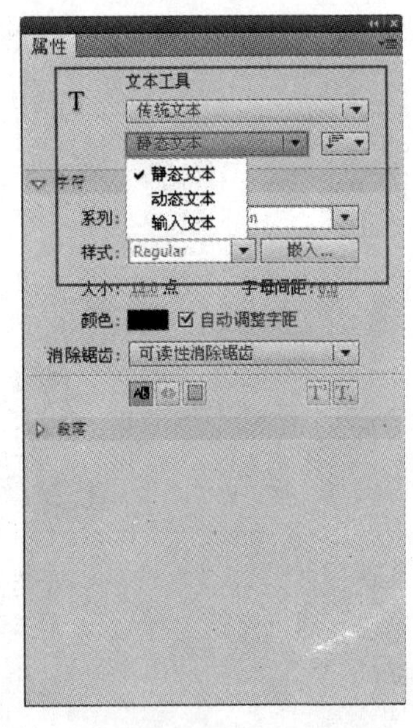

图 5-1

“静态文本”：用于在 Flash 文档中创建永远不会变化的文本信息，如标题文本和一些说明性文本等，在影片发布前后的显示效果相同。静态文本不具备对象的基本属性，没有自己的属性和使用方法，不能对任何一个静态文本命名，也不能对一组静态文本添加行为或设计一段程序语言使它发生动态变化。

图 5-2 和图 5-3 为影片在发布前后的静态文本显示，其显示效果相同，用处较多。

“动态文本”：在 Flash 文档中，动态文本可以改变文本内容和形式，主要是通过脚本在影片播放过程中对其中的内容进行修改，而不是通过键盘输入来改变文本。“动态文本”有自己的属性和使用方法，具备对象的基本特征，是真正的对象元素，可以在“属性”面板中对其进行命名。动态文本字段一般显示动态更新的文本，如光标位置、即时股票

图 5-2

图 5-3

的信息。

“输入文本”：与“动态文本”相似，都有自己的属性和使用方法，具备对象基本特征，可以添加行为命令，也可以对其命名。与“动态文本”不同的是，其内容的改变主要是通过键盘的输入，即在发布后的影片中的文本框中直接输入文本，很多时候用来开发表单应用程序，如会员登录、查询系统等。

“静态文本”、“动态文本”和“输入文本”三种文本类型具有一些相同的属性设置，例如设置字体的类型、字号、颜色、粗体、斜体等，也可以随时进行类型的转换，只需要在舞台中选择需要转换的文本，然后在“属性”面板中的“文本类型”下拉列表中选择不同的类型即可。

5.1.2 文本的基本属性设置

选择工具箱中的“文本”工具[T]，在“文本”工具[T]的“属性”面板中，还有很多关于输入文本的设置，可以对字体、大小、颜色、粗体、斜体和对齐等对文本的基本属性进行相关的设置。图5-4为“传统文本”类型下的属性设置选项。

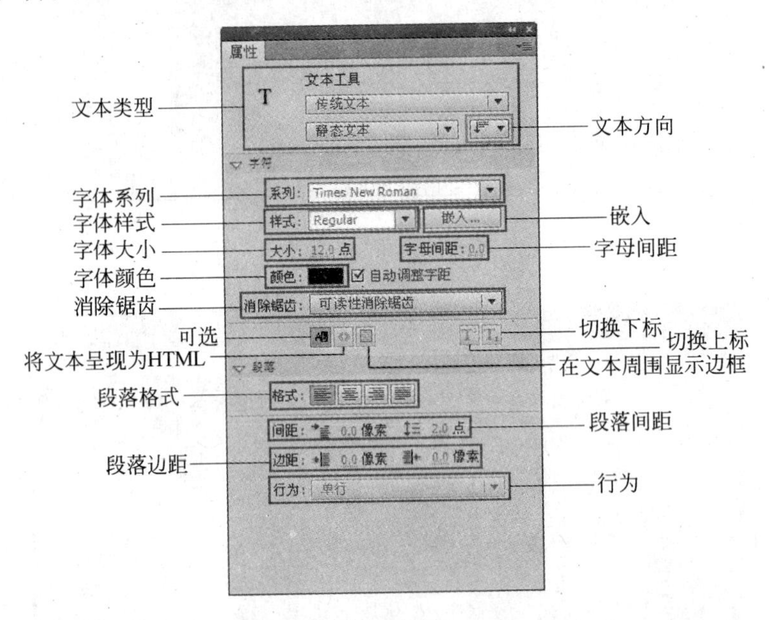

图 5-4

“文本类型”：在Flash CS5中，包括两种文本类型，而且其中又包含不同类型，如图5-5和图5-6所示。通过这两种不同文本的不同类型，可以创建不同的动画。

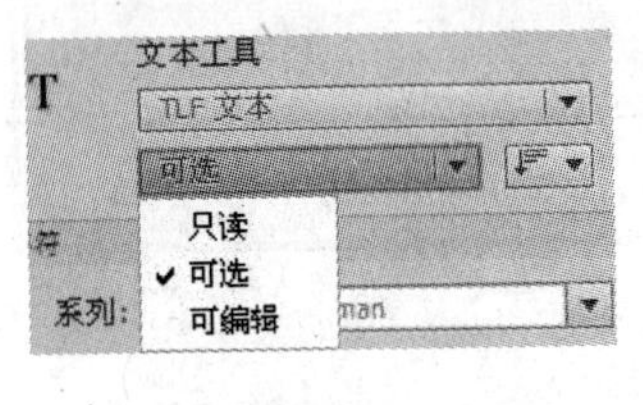

图 5-5

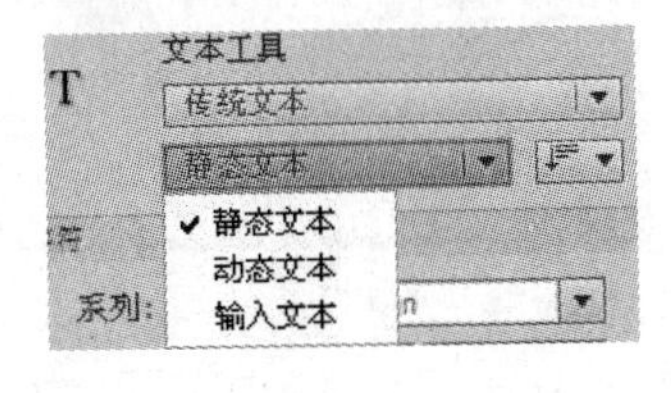

图 5-6

在“TLF文本”类型下，“只读”表示当作为SWF文件发布时，此文本无法选中或编辑；“可选”表示当作为SWF文件发布时，此文本可以选中并可以复制到剪贴板，但不能被编辑；“可编辑”表示当作为SWF文件发布时，此文本可以选中和编辑。

在“传统文本”类型下，此选项用来设置所绘文本类型，分为“静态文本”、“动态文本”和“输入文本”三种类型。

“文本方向”：由于文本类型的不同，所显示的文本方向也是不一样的。图5-7和图5-8为“TLF文本”和“传统文本”的方向选项。

“水平”表示输入的文本按照水平方向显示；“垂直”表示输入的文本按照垂直方向显示；“垂直，从左向右”表示输入的文本按照垂直居左方向显示。

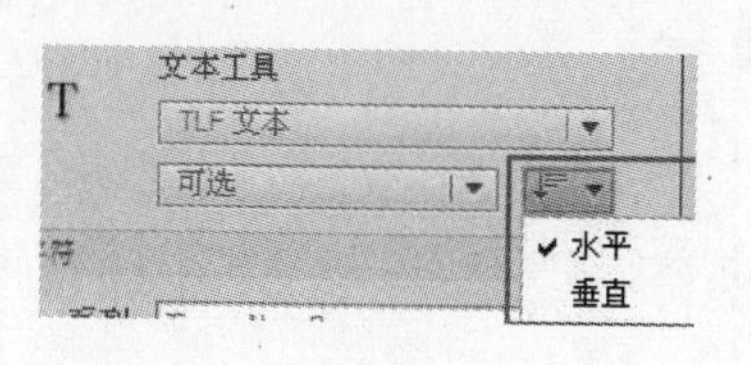

图 5-7

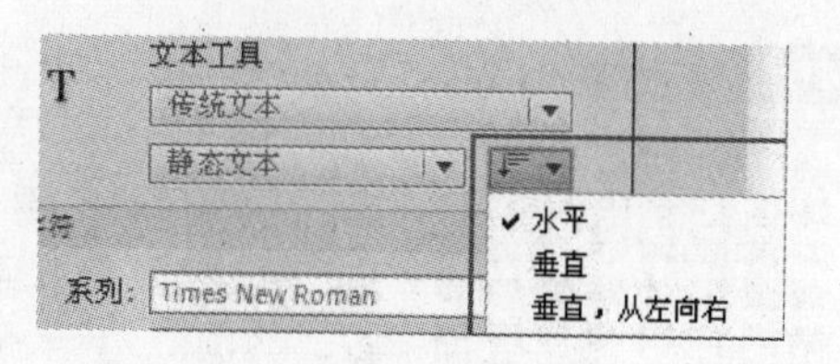

图 5-8

“字体系列”：用来显示当前使用的字体，在文本框后的下拉列表中可以选择所需要的中英文字体，如图 5-9 所示。

“字体样式”：用来设置字体的样式，对于不同的字体可以提供选择的样式也不同，通常情况下，有以下几种选项，如图 5-10 所示。如果所选择的字体不是其中的某种样式，那么此样式显示为不可用状态。

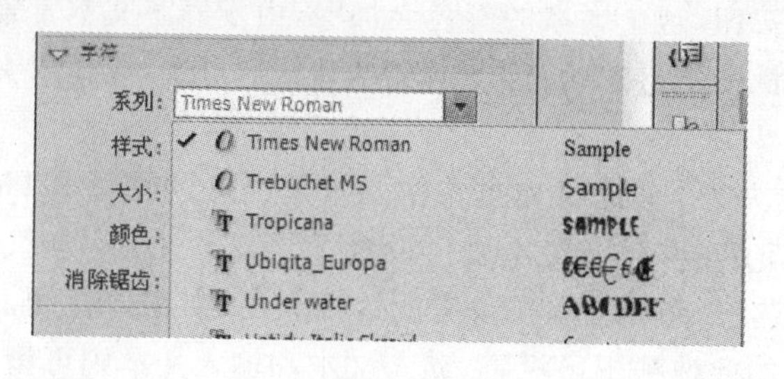

图 5-9

图 5-10

- Regular：正常样式；
- Italic：斜体；
- Bold：仿粗体；
- Bold Italic：仿斜体。

“嵌入”：此选项可以使 Flash 中的动态文本和后面将要讲到的输入文本在显示时边缘更加柔和精致。

“字体大小”：用来显示文本字号的大小，可以通过下拉框选择字体大小，也可以通过输入数值来改变字体大小。

“字母间距”：用来设置所选区域文本字符之间的距离。调整范围为－60～60，拖动文本框后滑杆上的滑块可以加大或缩小字符间的距离，也可以通过输入数值来改变，只对静态文本起作用。

“字体颜色”：即填充颜色，单击颜色框■，将显示出一个调色板，从中可以选择字体的颜色，如图 5-11 所示。如果调色板中没有所需的颜色，可以单击调色板右上角的“颜色选择器”按钮，在打开的“颜色”对话框中可以创建自定义颜色，如图 5-12 所示。

“消除锯齿”：即字符的呈现方法，包括消除锯齿功能。在其下拉列表中有“使用备用字体”、“位图文本”、“动画消除锯齿”、“可读性消除锯齿”、“自定义消除锯齿”选项，如图 5-13 所示。

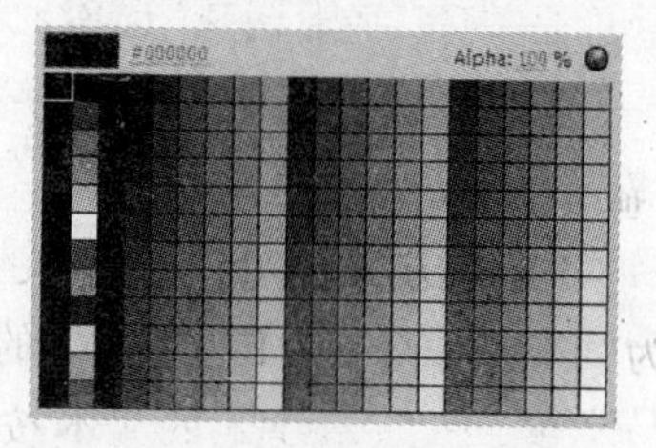

图 5-11

“可选”：指生成的 SWF 文件中的文本是否能够被用户

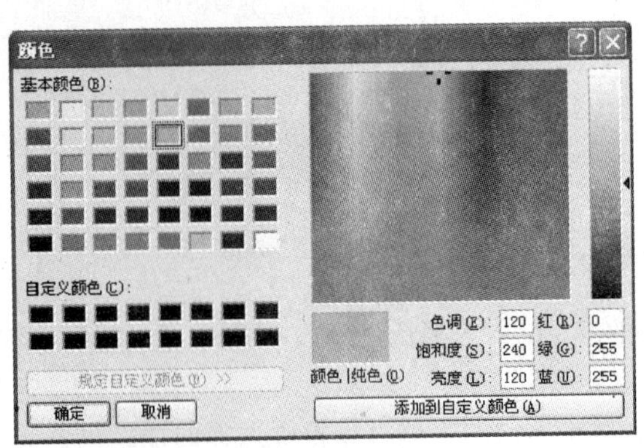

图 5-12

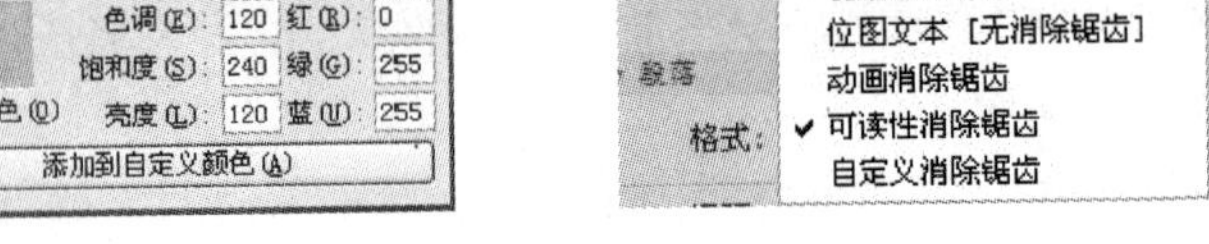

图 5-13

通过鼠标来进行选择或复制。单击此按钮,这个区域的颜色会加深,由于静态文本常常用来显示信息,出于对内容的保护,此项默认为不可选状态,动态文本默认为可选,而输入文本则不能对这个属性进行设置。

“将文本呈现为 HTML”: 此选项决定了动态文本框中的文本是否可以使用 HTML 格式。静态文本的此选项不可设置,动态文本和输入文本则可设置。

“在文本周围显示边框”: 单击此选项,系统会根据设置的边框大小,在字体背景上显示一个白底不透明的输入框。静态文本的此选项不可设置,动态文本和输入文本则可设置。

“切换上标”: 可以将文本放置在基线之上(水平文本)或基线右侧(垂直文本)。

“切换下标”: 可以将文本放置在基线之下(水平文本)或基线左侧(垂直文本)。

“段落格式”: 作为段落文本的对齐方式,分为左对齐、居中对齐、右对齐和两端对齐。

“段落间距”: 包括“缩进”和“行距”两个选项,“缩进”可以设置段落边界与首行开头字符之间的距离;“行距”可以设置段落中相邻行之间的距离。

“段落边距”: 此选项可以设置文本字段的边框与文本之间的距离。

下面再来了解一下 TLF 类型的文本。

在 Flash CS5 中,TLF 文本比传统文本在编辑上丰富了许多内容: 更多的字符样式;更多的段落样式;可以控制更多亚洲字体属性;应用多种其他属性;可排列在多个文本容器中;支持双向文本等。图 5-14 为 TLF 类型的文本属性设置选项。

“加亮显示”: 此选项可以设置文本的底色,目的是为了加亮文本的颜色。

“字距调整”: 此选项可以设定特定字符之间加大或缩小距离,包括“自动”、“开”和“关”三个选项。“自动”表示为拉丁字符使用内置于字体中的字距调整信息。对于亚洲字符,仅对内置有字距调整信息的字符应用字距调整;“开”表示总是打开“字距调整”选项;“关”表示总是关闭“字距调整”选项。

“旋转”: 此选项可以对字符进行旋转操作,包括“自动”、“0°”和“270°”三个选项。“自动”表示仅对全宽字符和宽字符进行 90°逆时针旋转,此选项通常适用于亚洲字体,仅旋转需要旋转的字符,而且尽量在垂直文本中应用,使得全宽字符和宽字符回到垂直方向,而不会影响其他字符;“0°”表示强制所有字符不进行旋转;“270°”主要用于具有垂直文本的罗马字符。

“样式”: 此按钮组包括“下划线”、“删除线”、“上标”和“下标”4 个功能选项。

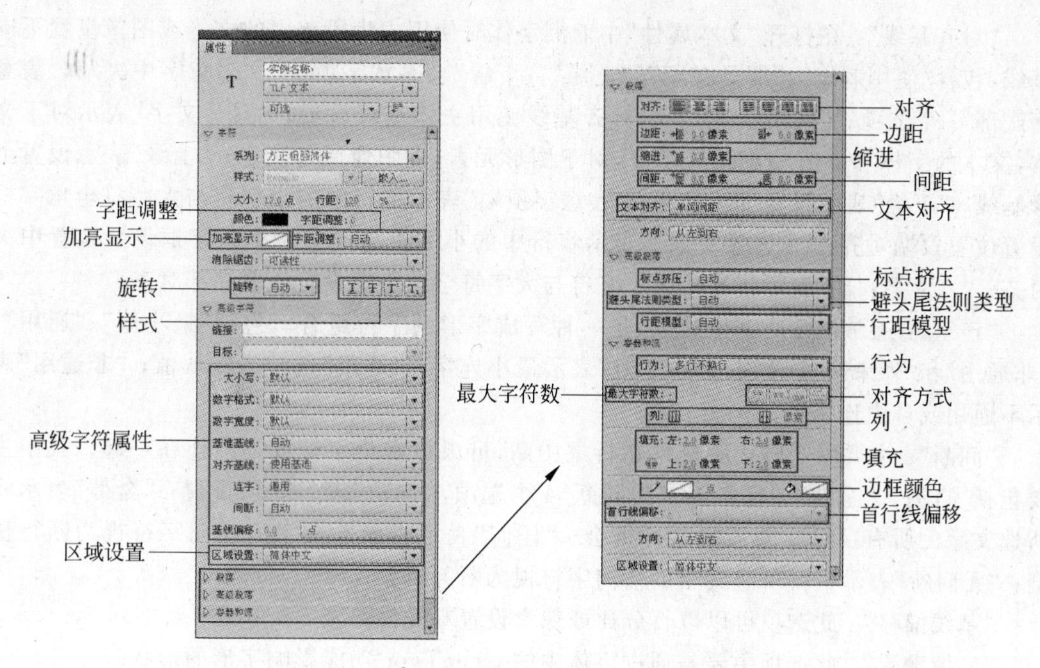

图 5-14

“大小写”：此选项用来设置大小写字符的使用，其中包括“默认”、“大写”、“小写”、“大写为小型大写字母”和“小写为小型大写字母”5 个选项。“默认”表示使用每个字符的默认字面大小写；“大写”用来设置所有字符使用大写；“小写”用来设置所有字符使用小写；“大写为小型大写字母”用来设置所有大写字符使用小型大写格式。要求选中的字体包含小型大写字母；“小写为小型大写字母”用来设置所有小写字符使用小型大写格式，要求选中的字体包含小型大写字母。

“数字格式”：此选项用来设置在使用 OpenType 字体提供高和变高数字时应用的数字样式。其中包含“默认”、“全高”和“旧样式”三个选项。“默认”表示设置默认数字大小写；“全高”用来设置全部大写数字。

“数字宽度”：此选项用来设置在使用 OpenType 字体提供高和变高数字时，是使用等比数字还是定宽数字。其中包含“默认”、“等比”和“定宽”三个选项。“默认”表示设置默认数字宽度；“等比”表示设置等比数字，显示通常包含等比数字，这些数字的等字符宽度是数字本身的宽度加上数字旁边的少量空白；“定宽”表示设置定宽数字，每个数字都具有相同的总字符宽度。

“基准基线”：此选项仅在打开“文本属性”面板选择亚洲字符时可以使用。可以为文本基线偏移后的选定文本设置主体基线。其中包含“自动”、“罗马文字”、“上缘”、“下缘”、“表意字顶端”、“表意字中央”和“表意字底部”7 个选项。“自动”表示设置为默认；“罗马文字”表示对于文本，文本的字体和点值决定此选项值，对于图形元素，则由图像底部决定；“上缘”表示设置上缘基线；“下缘”表示设置下缘基线；“表意字顶端”表示将行中的小字符与大字符全角字框设置为位置顶端对齐；“表意字中央”表示将行中的小字符与大字符全角字框设置为位置中央对齐；“表意字底部”表示将行中的小字符与大字符全角字框设置为位置底部对齐。

“对齐基线”：在打开“文本属性”中亚洲字体时使用。为段落内的文本或图像设置不同基线，包含“使用基线”、“罗马文字”、“上缘”、“下缘”、“表意字顶端”、“表意字中央”和“表意字底部”7个选项。“使用基线”表示对齐基线使用主体基线设置；“罗马文字”表示对于文本，文本的字体和点值决定此选项值，对于图形元素，则图像底部决定；“上缘”表示设置上缘基线；“下缘”表示设置下缘基线；“表意字顶端”表示将行中的小字符与大字符全角字框设置位置顶端对齐；“表意字中央” 表示将行中的小字符与大字符全角字框设置位置中央对齐；“表意字底部”表示将行中的小字符与大字符全角字框设置位置底部对齐。

“连字”：通常由几对字母组成，是一种写成字形的字符组合。包括“最小值”、“通用”、“非通用”和“外来”4个选项。“最小值”表示最小连字；“通用”通常为默认值；“非通用”表示不通用或自由连字。

“间断”：主要用于防止所选词在行尾中断，可以将多个字符或词组连在一起。其中主要包括“自动”、“全部”、“任何”和“无间断”4个选项，“自动”表示默认设置；“全部”表示将所选文字的所有字符视为强制断行机会；“任何”表示将所选文字的任何字符视为断行机会；“无间断”表示不将所选文字的任何字符视为断行机会。

“基线偏移”：此选项可以以百分比或像素设置基线偏移。

“区域设置”：此选项主要是通过字体中的 OpenType 功能影响字形的形状。

“对齐”：用来设置文本的对齐方式。

“边距”：以像素为单位设置文本的边距，包括开始和结束的边距，默认为0。

“缩进”：用来设置所选段落的第一个词的缩进。

“间距”：可以设置段前或段后的间距。

“文本对齐”：用来设置字母或单词的对齐方式。

“标点挤压”：此选项用来确定如何应用段落对齐，根据设置的参数会影响标点的间距和行距。其中包含“自动”、“间隔”和“东亚”三个选项。“自动”表示在文本“属性”面板的“字符”部分所选的区域里应用字距调整；“间隔”表示使用罗马语字距调整规则；“东亚”表示使用东亚语言字距调整规则。

“避头尾法则类型”：此选项用来处理日语避头尾字符，不能出现在行首或行尾。

“行距模型”：由行距基准和行距方向的组合构成的段落格式。行距基准确定了两个连续行的基线，它们的距离是行高设置的相互距离。

5.1.3 创建文本

1. 创建静态文本

选择工具箱中的“文本”工具 T，在“属性”面板中做相应的选项设置，如图5-15所示。然后将鼠标移动到舞台上，单击鼠标左键，在舞台上会出现文本框，即可输入文本，如图5-16所示。一般情况下，输入的都是静态文本。

当输入段落文本时，需要先在“属性”面板中选择文本的方向，包含“水平”、“垂直，从左到右”和“垂直，从右向左”三个选项，如图5-17所示。

图 5-15

图 5-16

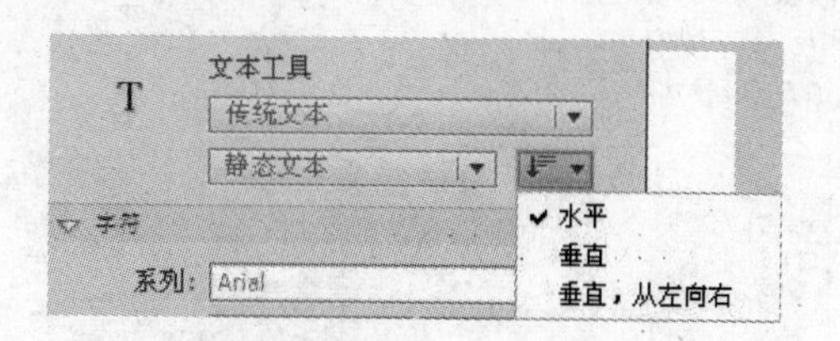

图 5-17

当文本的方向选择分别为“水平”、“垂直，从左到右”和“垂直，从右向左”三种类型时，分别对应的图像效果如图 5-18 所示。

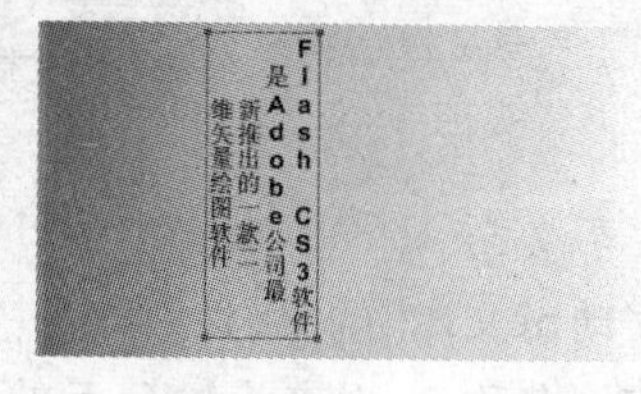

图 5-18

在“属性”面板中，可以在“链接”文本框中输入需要链接的网址，为文本添加超链接，即在浏览器中单击添加了超链接的文本可以打开另外一个网页的超链接，如图 5-19 所示。

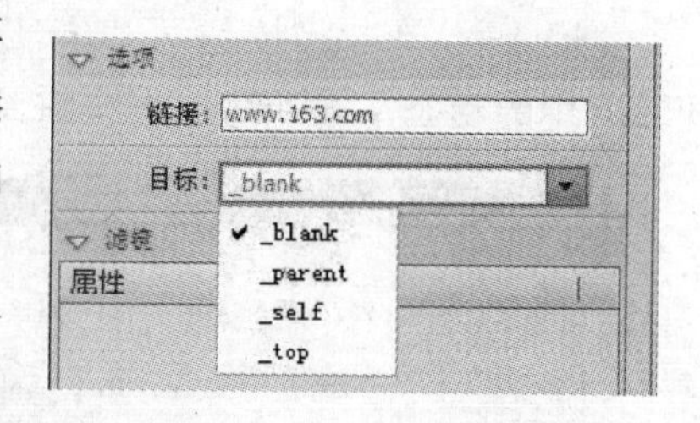

图 5-19

当输入超链接网址后，在“目标”选项中会显示 4 个可选选项，用来设置链接到的网页将在什么状态的窗口中打开。4 个选项的含义如下。

“_blank”：表示可以在一个新的浏览器窗口中打开链接网址。

“_parent”：表示如果当前网页是框架结构的网页，则选择此项可以在当前网页的上一级网页中打开超链接。如果当前网页没有上一级网页，则链接网页的内容将取代当前浏览器中的现有网页内容，然后覆盖整个浏览器窗口。

“_self”：表示如果当前网页是框架结构的网页，选择此项，链接网站的内容会取代当前包含这一链接的框架内的页面。如果当前网页不是框架结构的网页，则链接的内容会直接取代当前浏览器中的内容。

“_top”：表示不管当前页面是框架结构还是非框架结构，用链接的网页内容完全替代当前浏览器中的页面内容。

图 5-20

2. 创建动态文本

选择工具箱中的“文本”工具 T，在其“属性”面板中做相应的选项设置，主要是在“文本类型”选项中选择“动态文本”，如图 5-20 所示。然后将鼠标移动到舞台上，单击鼠标左键，在舞台上会出现文本框，即可创建

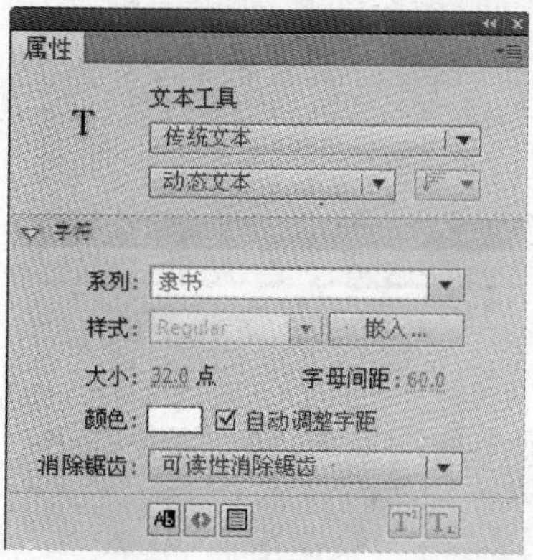

"动态文本",如图 5-21 所示。

图　5-21

在"动态文本"的"属性"面板中,有一些专门针对"动态文本"的属性设置。

"实例名称":用来为舞台上的"动态文本"命名,为"动态文本"命名便于为实例添加各种行为特效。实例名称应尽量用英文和数字来命名。

"嵌入":单击此按钮可以打开"字符嵌入"对话框,如图 5-22 所示。此选项可以使 Flash 中的动态文本和后面将要讲到的输入文本在显示时边缘更加柔和和精致。

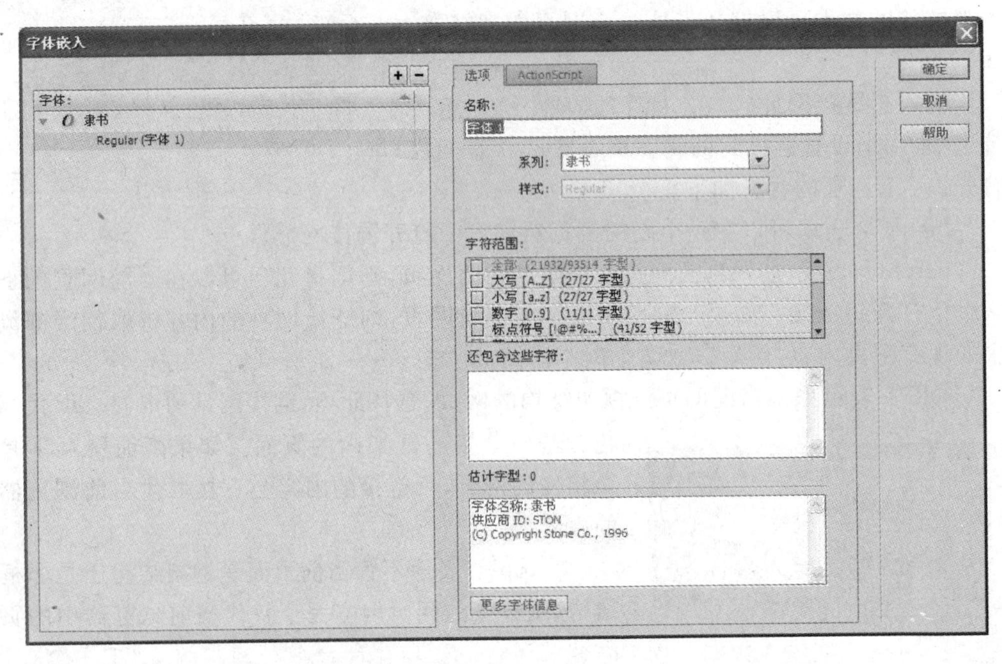

图　5-22

"将文本呈现为 HTML" :用来为"动态文本"添加一些 HTML 标记以格式化动态文本。

"将文本周围显示边框" :用来在"动态文本"的周围添加一个细边框,以显示"动态文本"和"输入文本"的位置。因为"动态文本"和"输入文本"在没有显示或得到数据前,其内容是没有任何文本的,无法确定它们的精确位置,而"将文本周围显示边框"按钮的使用可以明确标出文本的位置。在输出动画之前取消这一按钮的选中状态即可。

3. **创建输入文本**

选择工具箱中的"文本"工具,在其"属性"面板中做相应的选项设置,主要是在"文本类型"选项中选择"输入文本",如图 5-23 所示。然后将鼠标移动到舞台上,单击鼠标左键,在舞台上会出现文本框,即可创建"输入文本",如图 5-24 所示。

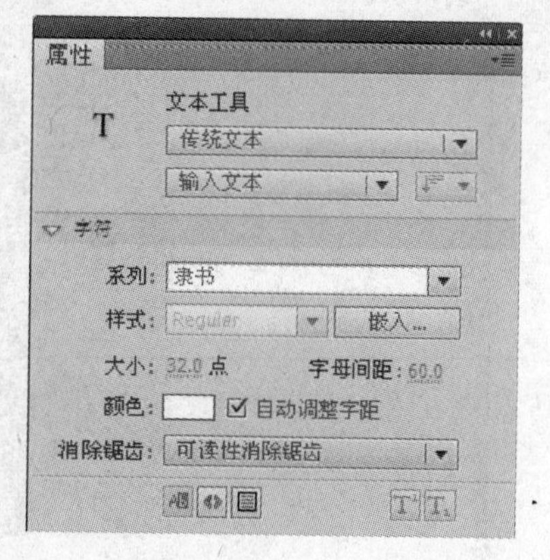

图 5-23

图 5-24

5.2 文本的编辑

在使用 Flash CS5 制作动画过程中,对文本对象进行编辑时可以将输入的文本看做一个整体来编辑,也可以将文本中的每一个字单独作为一个对象来编辑。

5.2.1 文本的输入

在 Flash CS5 中,输入文本的方法有两种,分别为以标签方式输入文本和以文本块方式输入文本。

1. **以标签方式输入文本**

选择工具箱中的"文本"工具,移动到指定的区域并单击,标签方式的输入区域即可出现,然后可以直接输入文本。标签方式的输入区域可以根据实际需要自动横向延长。其右上角的控制点形状为空心小方块,如图 5-25 所示。

2. **以文本块方式输入文本**

选择工具箱中的"文本"工具,移动到指定的舞台区域按住鼠标左键并横向拖动,拖动出满足需要的输入区域。这样拖动出来的文本区域宽度是固定的,不可以自动横向延长,

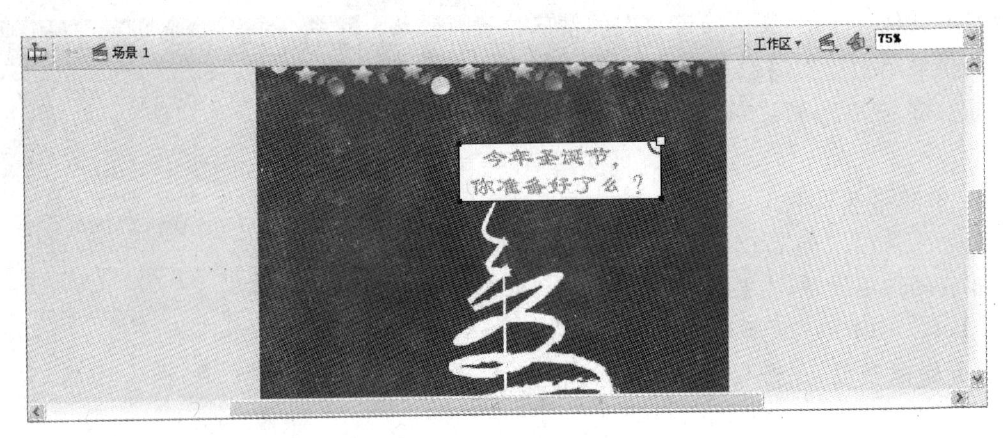

图 5-25

但是文本框会根据输入文本长度自动纵向延长。右上角会出现一个空心小方块，如图 5-26 所示。

图 5-26

5.2.2 文本的分离

在 Flash CS5 制作动画的过程中，在对文本对象进行一些复杂的变形操作时，如封套、扭曲、变形、填色等，必须先将文本进行分离。分离文本可以将每个字符放在单独的文本字段中，然后快速地将文本字段分布到不同图层，并使每个字段具有动画效果。

对文本进行分离是对静态文本而言的，首先选择工具箱中的“文本”工具T，在其“属性”面板中设置“文本类型”为“静态文本”，同时设置文本的字体和大小等属性，如图 5-27 所示。

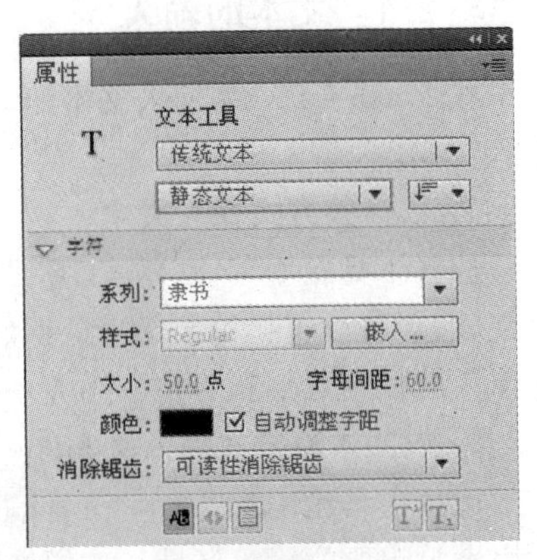

图 5-27

在舞台中输入文本，如图 5-28 所示。

选择需要进行分离的文本，执行“修改”/“分离”命令，快捷键为 Ctrl+B，如图 5-29 所示。

图 5-28

图 5-29

然后再次执行分离命令，此时的文本已经转换成矢量图形，而不是文本了，如图 5-30 所示。注意，在测试影片时如果不能预览，要检查文本是否被分离，因为没有分离的文本不能被预览。

图 5-30

可以对此时的矢量图形进行变形、填色操作，可以使用“选择”工具、“部分选择”工具和“钢笔”工具等对其进行调整，还可以用“橡皮擦”工具进行擦除等操作。不能再以文本的方式进行编辑。

图 5-31 和图 5-32 为将分离了的文本执行变形和填色操作后的效果。

图　5-31

图　5-32

5.2.3　文本的描边

在 Flash CS5 中，不能对文本直接进行描边操作，必须先进行两次分离操作，将文本变为矢量图形后才可以对其进行描边处理。

选择已被分离成矢量图形的文本，单击工具箱中的“墨水瓶”工具，在其“属性”面板中设置笔触颜色、笔触高度和笔触样式，如图 5-33 所示。

然后用“墨水瓶”工具在图形上依次单击并对其进行描边处理，如图 5-34 所示。

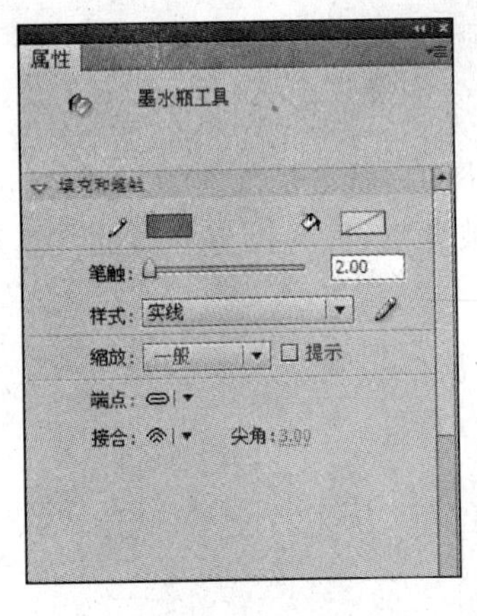

图　5-33

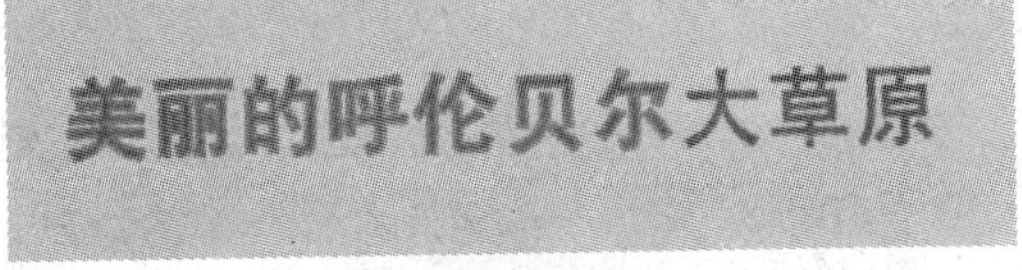

美丽的呼伦贝尔大草原

图　5-34

5.3　文本的特效处理

5.3.1　制作发光字体

(1) 打开 Flash CS5 软件，新建空白文档，设置背景色为红色，选择工具箱中的“文本”工具，在“属性”面板中设置相应的文本属性，如图 5-35 所示。

(2) 将光标移至舞台,然后单击并输入文本,如图 5-36 所示。

图 5-35

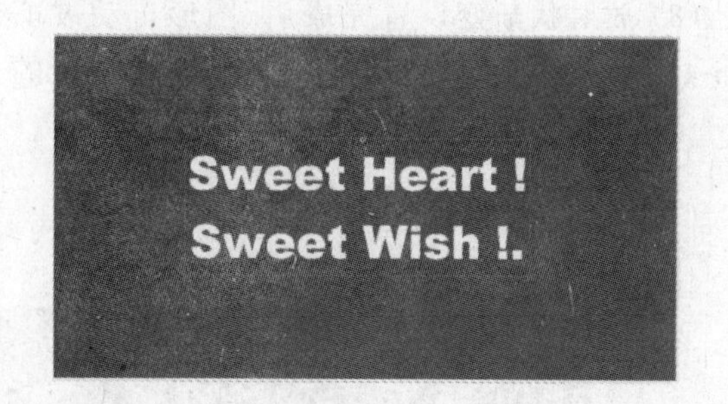

图 5-36

(3) 使用"选择"工具选择所输入的文本,按 Ctrl+B 键对文本执行分离操作,将文本打散成单个字符,如图 5-37 所示。

(4) 继续按 Ctrl+B 键对文本进行分离操作,将文本字符打散成为图形元素,此时的文本属性已经不存在了,变成了形状属性,如图 5-38 所示。

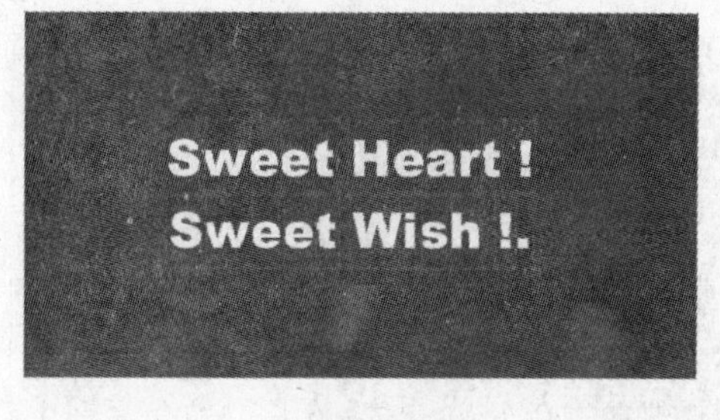

图 5-37

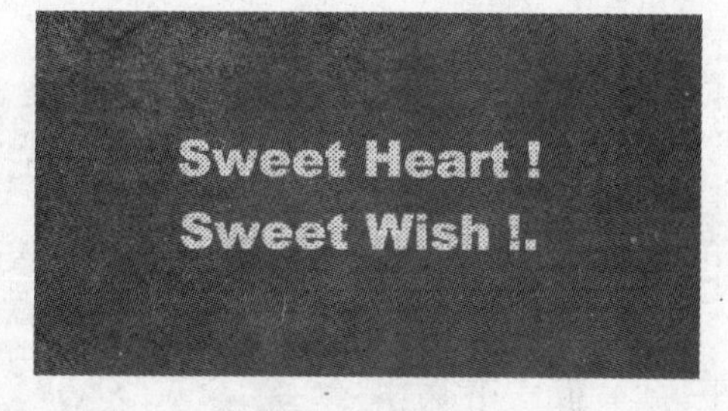

图 5-38

(5) 保持文本被选中的状态,单击工具箱中的"填充颜色"图标,在弹出的"颜色"面板中设置颜色为"#FFFF99",如图 5-39 所示。此时文本图形的颜色变成了黄色,如图 5-40 所示。

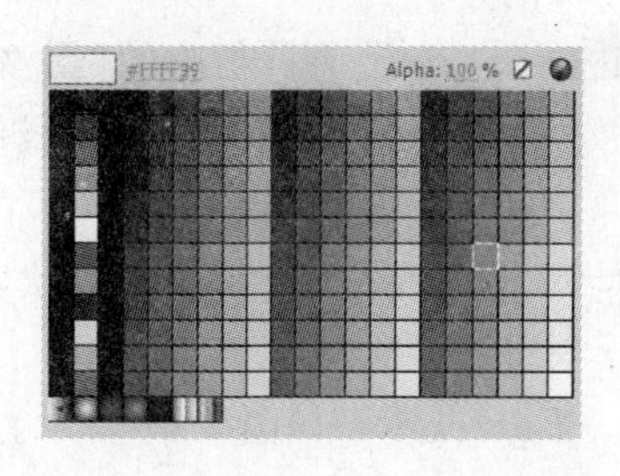

图 5-39

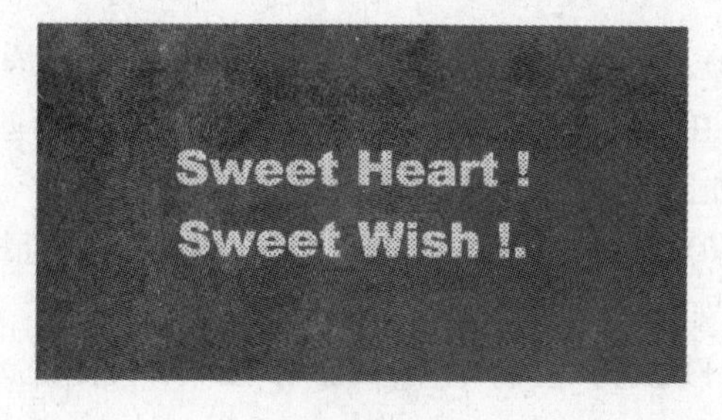

图 5-40

(6) 保持文本被选中的状态,执行"修改"/"形状"/"柔化填充边缘"命令,在弹出的菜单中设置"距离"为 20 像素,"步长数"为 8,"方向"为扩展,如图 5-41 所示。然后单击"确定"按钮。得到的边缘柔化效果如图 5-42 所示。

(7) 使用“选择”工具，按住 Shift 键，然后在柔化的字符图形内部一一单击，将里层文本图形全部选中，然后打开“颜色”面板，设置为从黑色到红色的放射状渐变，如图 5-43 所示。

(8) 放射状渐变设置完成后，图形自动被填充成渐变色，如图 5-44 所示，得到填充了渐变色而且边缘发光的文本效果。

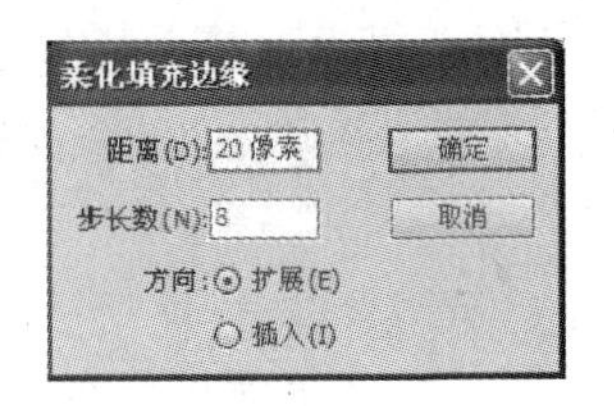

图 5-41

图 5-42

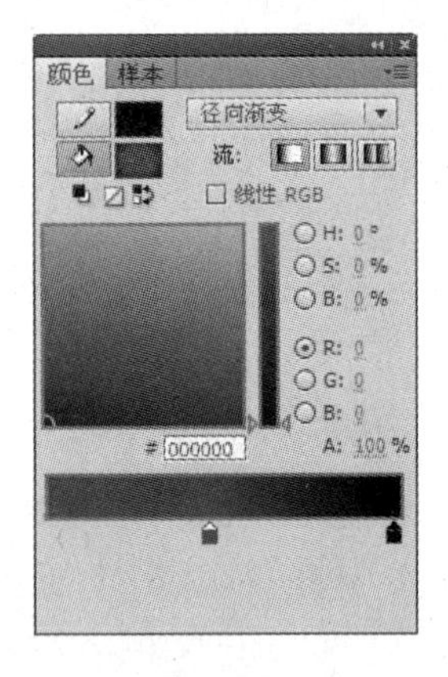

图 5-43

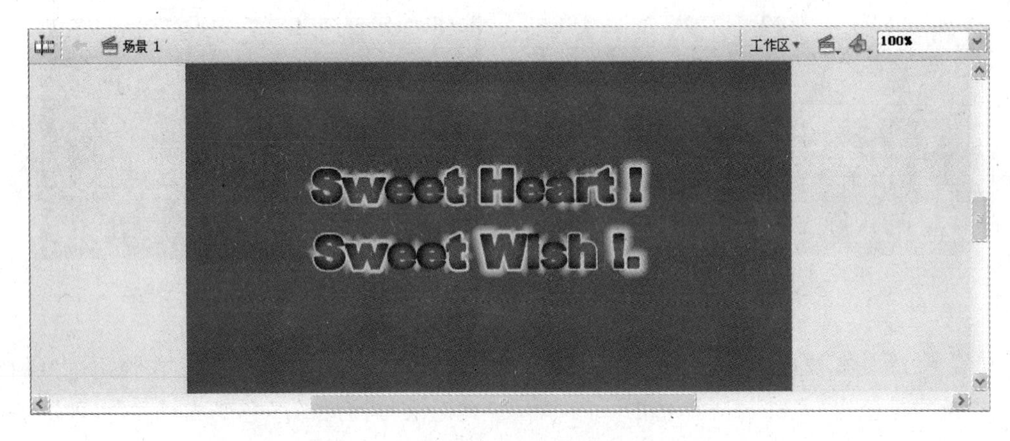

图 5-44

(9) 然后给填充渐变色的文本图形边缘再添加花边特效，选择工具箱中的“墨水瓶”工具，在其“属性”面板中设置“笔触高度”为 3，颜色为黄色，“笔触样式”为短小竖线组成的虚线，如图 5-45 所示。

(10) 设置完成后，在每个图形上单击，进行描边操作，描边完成后，制作的齿状特效文本效果如图 5-46 所示。

(11) 执行“控制”/“测试影片”命令，快捷键为 Ctrl+Enter，效果如图 5-47 所示。

5.3.2 制作珍珠字体

(1) 首先执行“文件”/“导入”/“导入到舞台”命令，将素材图片导入到舞台中，作为底图，如图 5-48 所示。

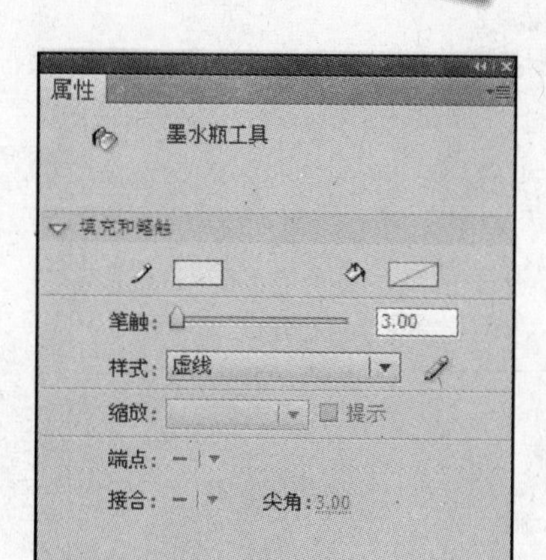

图 5-45

图 5-46

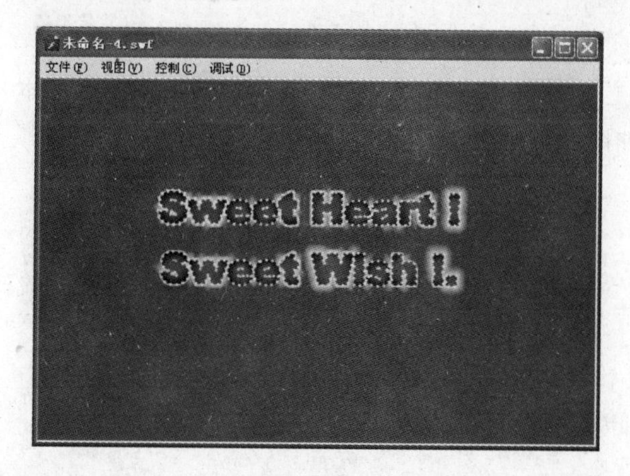

图 5-47

(2) 选择工具箱中的“文本”工具 T ,在“属性”面板中设置相应的文本属性,如图 5-49 所示。

图　5-48

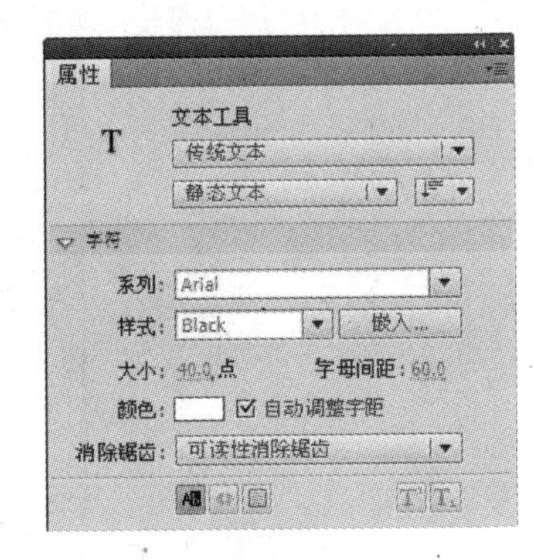

图　5-49

(3) 将光标移至舞台,单击并输入文本,如图 5-50 所示。

图　5-50

(4) 使用"选择"工具选择所输入的文本,按 Ctrl+B 键对文本执行分离操作,将文本打散成单个字符,如图 5-51 所示。

图　5-51

(5) 继续按 Ctrl+B 键对文本进行分离操作，将文本字符打散成为图形元素，此时的文本属性已经不存在了，变成了形状属性，如图 5-52 所示。

图 5-52

(6) 保持文本被选中的状态，执行"修改"/"形状"/"柔化填充边缘"命令，在弹出的菜单中设置"距离"为 10 像素，"步长数"为 8，"方向"为扩展，如图 5-53 所示。然后单击"确定"按钮。得到的边缘柔化效果如图 5-54 所示。

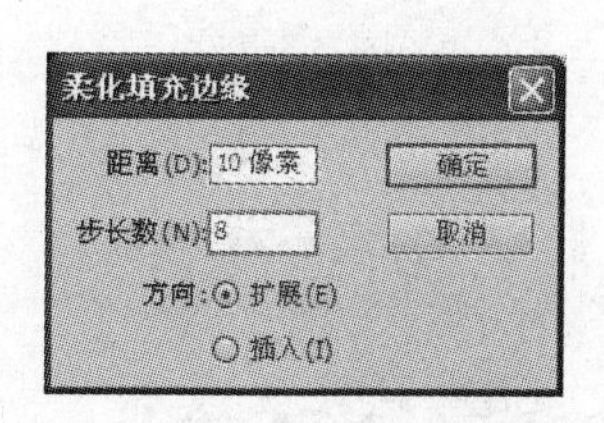

图 5-53

图 5-54

(7) 使用"选择"工具，按住 Shift 键，然后在柔化的字符图形内部一一单击，将内部的颜色全部删除，如图 5-55 所示。

(8) 选中舞台中的对象。打开"颜色"面板，设置为从紫色到浅紫色的放射状渐变，如图 5-56 所示。得到的图像效果如图 5-57 所示。

(9) 选择工具箱中的"墨水瓶"工具，在其"属性"面板中设置"笔触高度"为 2，颜色为白色，"笔触样式"为短小竖线组成的虚线，如图 5-58 所示。

(10) 设置完成后，在每个图形上单击，进行描边操作，描边完成后，制作的齿状特效文本效果如图 5-59 所示。

(11) 执行"控制"/"测试影片"命令，快捷键为 Ctrl+Enter，如图 5-60 所示。

图　5-55

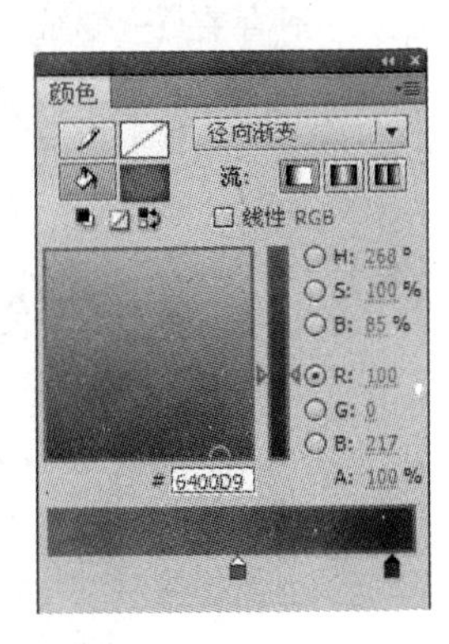

图　5-56

图　5-57

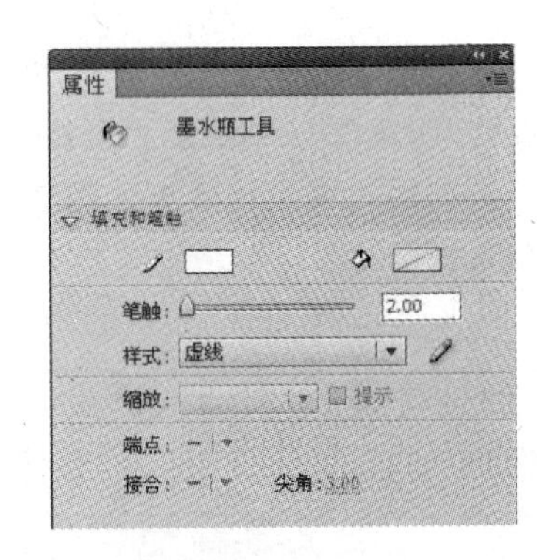

图　5-58

图　5-59

5.3.3　制作霓虹灯字体

(1) 执行“文件”/“新建”命令，新建一个 Flash 文档，在“属性”面板中的“背景”颜色框中设置背景颜色为黑色，如图 5-61 所示。

图 5-60

(2) 选择工具箱中的“文本”工具，在其“属性”面板中设置字体的颜色为红色以及其他属性，如图 5-62 所示。

图 5-61

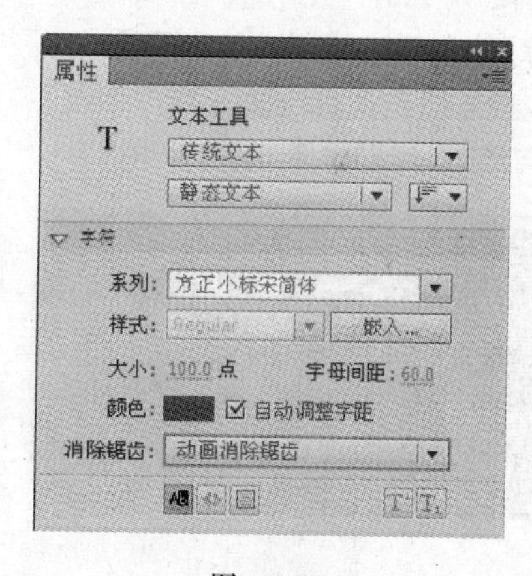

图 5-62

(3) 在文档中单击并输入文本，如图 5-63 所示。

(4) 选择工具箱中的“选择”工具，选择文本，执行“修改”/“分离”命令，快捷键为 Ctrl+B，执行两次，此时的文本已经转换为图形，效果如图 5-64 所示。

(5) 选择工具箱中的“墨水瓶”工具，在其“属性”面板中设置颜色为白色，如图 5-65 所示。

(6) 使用“墨水瓶”工具在被打散的文本上单击，将其边线涂上白色，如图 5-66 所示。

图　5-63

图　5-64

图　5-65

图　5-66

(7) 使用“选择”工具，按住 Shift 键，然后在字符图形内部一一单击，将内部的颜色全部删除，只留下边线，如图 5-67 所示。

(8) 按 Ctrl+A 键全选，执行“修改”/“形状”/“转换线条到填充”命令，将文本的边线转换为填充状态，效果如图 5-68 所示。

图　5-67

图　5-68

(9) 再次按 Ctrl+A 键全选，执行“修改”/“形状”/“柔化填充边缘”命令，在弹出的“柔化填充边缘”对话框中输入数值，如图 5-69 所示。得到的效果如图 5-70 所示。

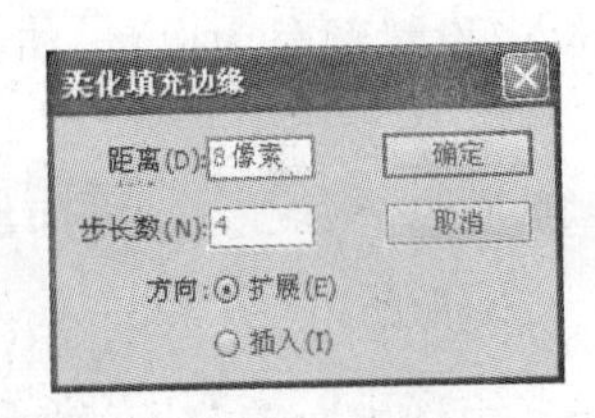

图　5-69

图　5-70

5.3.4　制作跳动字体

(1) 执行“文件”/“新建”命令，新建一个 Flash 文档，然后按快捷键 Ctrl+J，设置文档属性，给动画设置一个合适的舞台尺寸和帧频。具体的设置如图 5-71 所示，把“帧频”设为 24，这样，动画的播放会较流畅，具有真实感一些。

(2) 然后进行文本的制作。一共要制作 4 个文本，类型为“影片剪辑”，分别为“跳”，“动”，“文”，“字”4 个字。按快捷键 Ctrl+F8，新建元件“跳”，选“影片剪辑”类型，如图 5-72 所示。

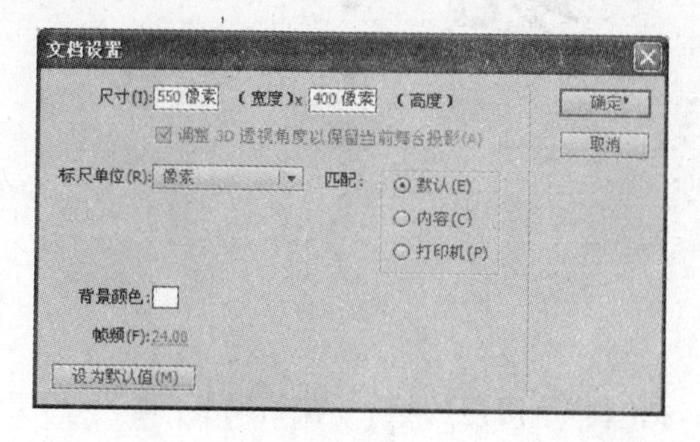

图　5-71

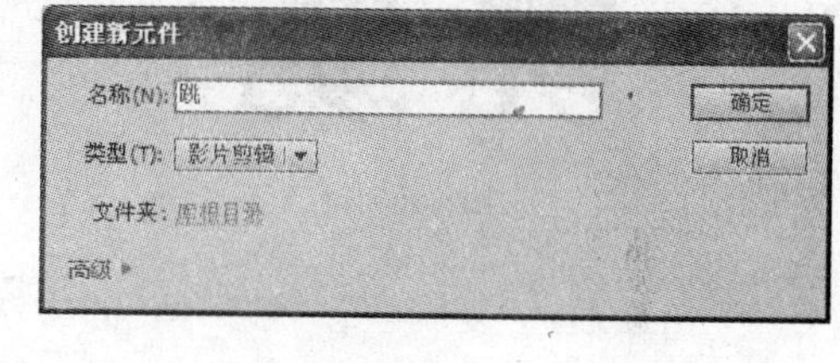

图　5-72

(3) 单击“确定”按钮，进入“跳”元件的编辑界面，需要为文本加上一定的立体效果，使之更加美观。选择工具箱中的“文本”工具 T，在其“属性”面板中对文本进行属性设置，如图 5-73 所示。在具体操作上，大家可以根据自己的情况，选择自己喜欢的字体、字号和颜色。

(4) 在舞台中输入文本“跳”，选择文本，按快捷键 Ctrl+B，对文本进行分离操作。把文本转成矢量图形。对文本进行分离操作后，保持文本的选中状态，按快捷键 Ctrl+C 进行复制，然后按快捷键 Ctrl+Shift+V，把复制的文本粘贴到原文本的正上方，继续保持文本的选中状态，按键盘上向左的方向键、向上的方向键各 2 次，使之和原来的文本错开一点位置，填充暗红色。这样，第一个文本“跳”就制作好了。制作好的文本如图 5-74 所示。

图　5-73

图　5-74

(5) 按照同样的方法制作其他文本“动”、“文”、“字”，效果如图 5-75 所示。

(6) 选择“跳”字图层的第 10 帧，右击，选择插入关键帧。选择工具箱中的“任意变形”

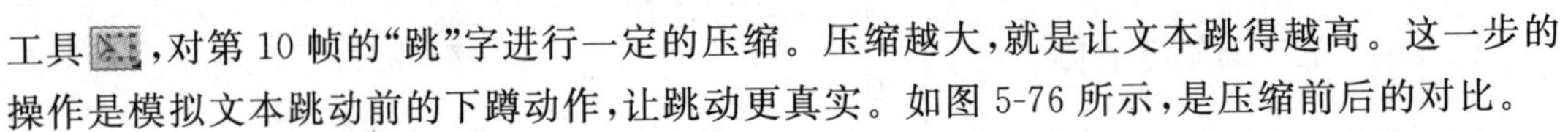

工具，对第 10 帧的“跳”字进行一定的压缩。压缩越大，就是让文本跳得越高。这一步的操作是模拟文本跳动前的下蹲动作，让跳动更真实。如图 5-76 所示，是压缩前后的对比。

(7) 选择“跳”字图层的第 15 帧，在第 1 帧的关键帧上右击，选择“复制帧”/“粘贴帧”的方法，粘贴到第 15 帧，并把第 15 帧的“跳”字通过按键盘上的向上方向键的方法，垂直移动到上方参考线的上面，如图 5-77 所示。

跳 动 文 字

图 5-75

跳跳

图 5-76

图 5-77

(8) 然后通过“复制帧”/“粘贴帧”的方法，把“跳”字图层的第 10 帧粘贴到“跳”字图层的第 20 帧。在第 1 帧、第 10 帧、第 15 帧间右击，加上运动补间动画，这样，文本就完成了一个从跳跃到落地的循环，如图 5-78 所示。

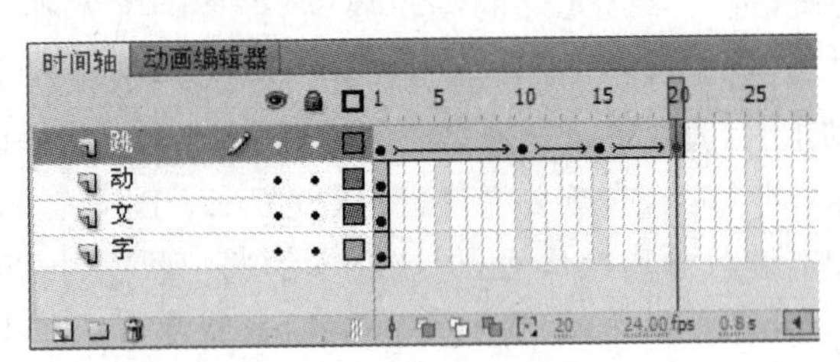

图 5-78

(9) 执行“控制”/“测试影片”命令，快捷键为 Ctrl＋Enter。可以看到“跳”字的跳动过程，如图 5-79 所示。

图 5-79

(10) 选择“跳”图层的第 24 帧，把“跳”字图层的第 1 帧复制，粘贴到第 24 帧，再把文本垂直向上移动一点，距离不要太大。并添加补间动画，如图 5-80 所示。

(11) 选择“跳”字图层的第 26 帧，把“跳”字图层的第 1 帧粘贴到第 26 帧，并对文本进行一点点的压缩，注意是一点点的压缩，即压缩不要太大，压缩前后的对比如图 5-81 所示。在第 24 帧至第 26 帧之间添加补间动画。

图 5-80

跳跳

图 5-81

(12) 用同样的方法，为其他三个文本添加跳动效果。为了让文本按一定的时间，有规律、有间隔地跳动，让文本的跳动错开一点时间。最后在“时间轴”面板的部分要直接添加帧，补充最后的效果。把“时间轴”面板设成如图 5-82 所示的样子。这样，文本动画的制作就完成了。注意，选择连续多个帧的方法是：单击要选择的开始帧后，按着键盘上的 Shift 键，再单击要选择的结束帧，就可以了，之后就可以按着鼠标左键，拖动选择的帧到合适的位置即可。

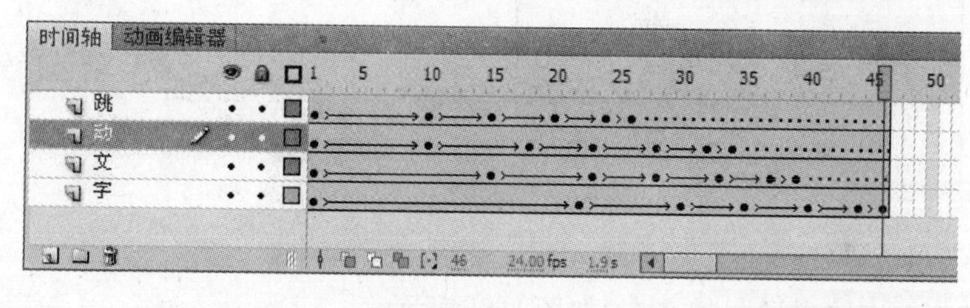

图 5-82

(13) 最后执行“控制”/“测试影片”命令，快捷键为 Ctrl+Enter。可以看到得到的最终效果是文本连续跳动，如图 5-83 所示。

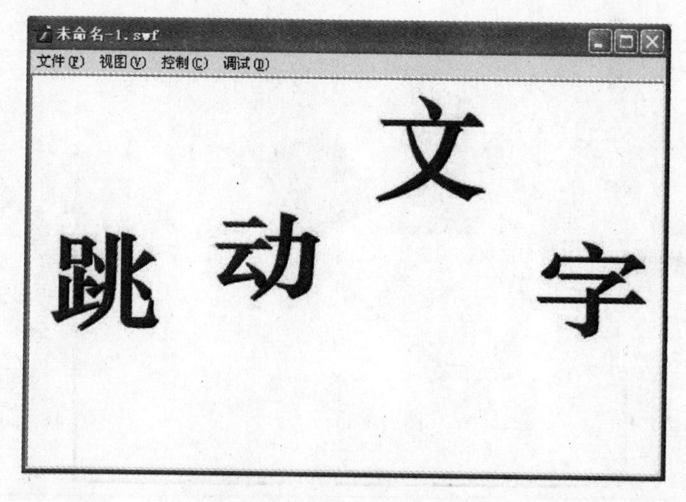

图 5-83

5.3.5　产品介绍

(1) 新建文件,设置背景色为白色,然后执行“文件”/“导入”/“导入到舞台”命令,导入一张素材图片。将“图层1”命名为“产品”,如图5-84所示。

图　5-84

(2) 新建图层,命名为“文本说明”,选择工具箱中的“文本”工具T,在其“属性”面板中设置“文本类型”为“动态文本”,然后在画布上拖拽出如图5-85和图5-86所示的动态文本框。

(3) 选中该文本框,右击,选中“可滚动”选项,如图5-87所示。

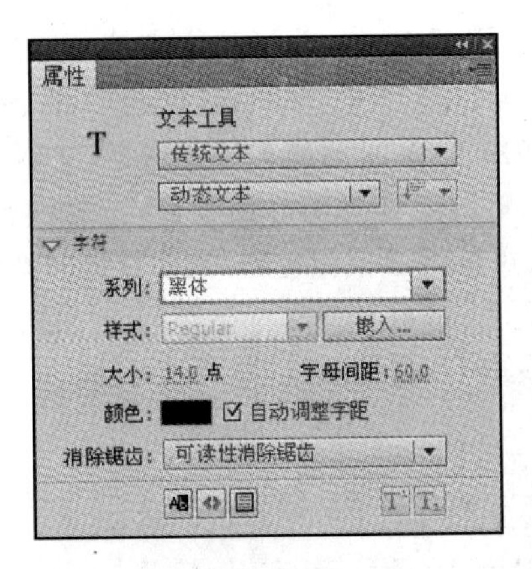

图　5-85

图　5-86

(4) 在文本框中输入说明的文本,如图5-88所示。

(5) 调整好“动态文本”框的位置,如图5-89所示。

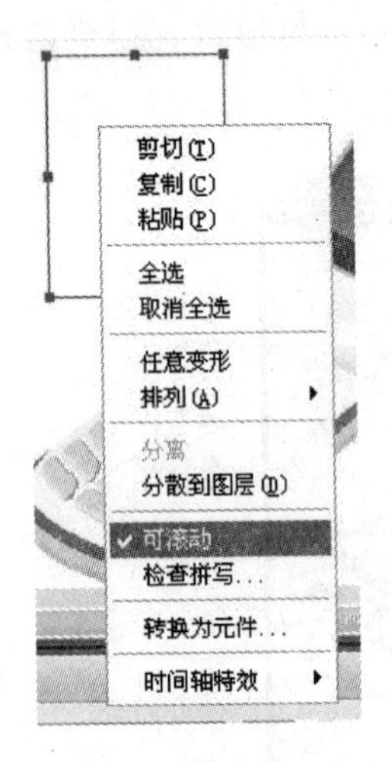

图　5-87

图　5-88

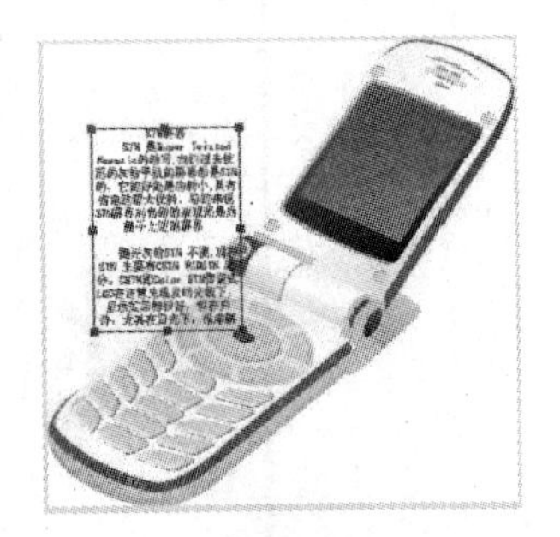

图　5-89

(6) 执行“控制”/“测试影片”命令，快捷键为 Ctrl+Enter。将鼠标放置在动态文本上，滑动鼠标可以看到文本也随着鼠标在滚动，如图 5-90 所示。

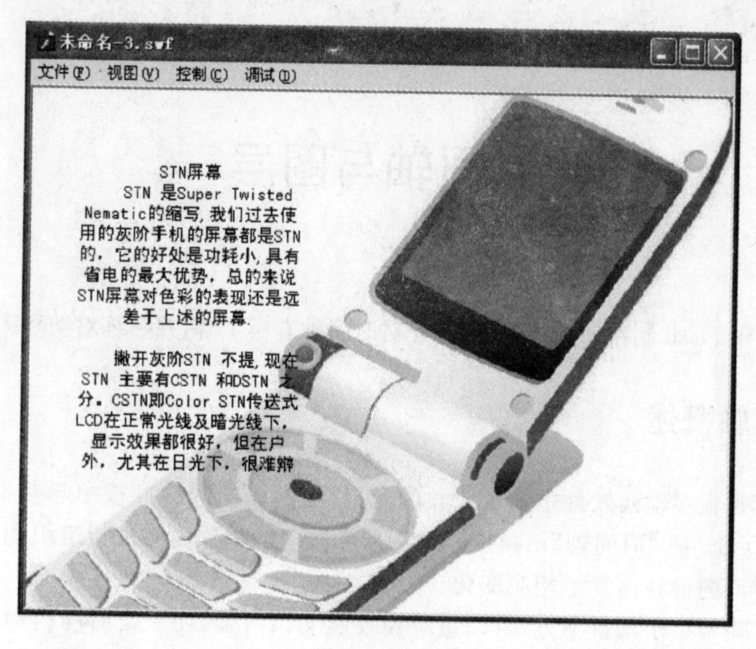

图 5-90

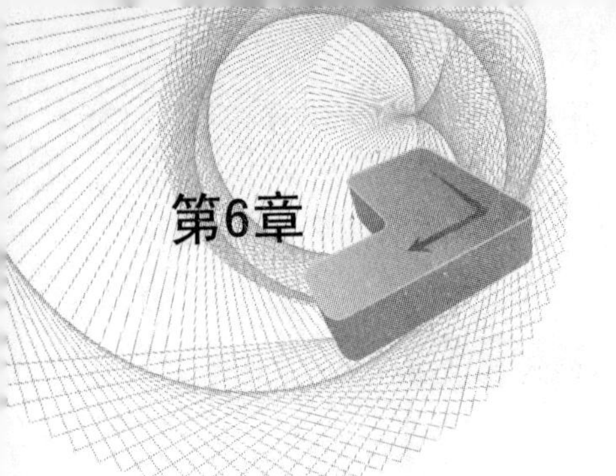

chapter 6

时间轴与图层

在学习使用 Flash 制作动画之前,需要先对时间轴有所了解,并熟练对帧和图层的操作。

6.1 时间轴概述

“时间轴”是很多动画软件中不可或缺的元素,在制作动画的过程中起着举足轻重的作用。在 Flash CS5 中,“时间轴”面板用来对图层和帧中的影片内容进行组织和控制,使得这些内容随着时间的推移而发生相应变化。

“时间轴”面板位于舞台下方,可以组织和控制文档内容,在一定时间内播放图层和帧。主要组件是层、帧和播放磁头等,如图 6-1 所示。影片中的层列表在“时间轴”窗口的左边,每一层包含的帧都在层名称的右边,帧标题在“时间轴”面板的上方,可以显示动画的帧数,时间轴的播放磁头可以在时间轴中随意移动,指示舞台上的当前帧,播放磁头有红色标记。在“时间轴”面板底部还有一个状态栏,该状态栏会显示当前帧数、用户在影片属性中设置的帧频率,以及播放到当前帧所需要的时间等。

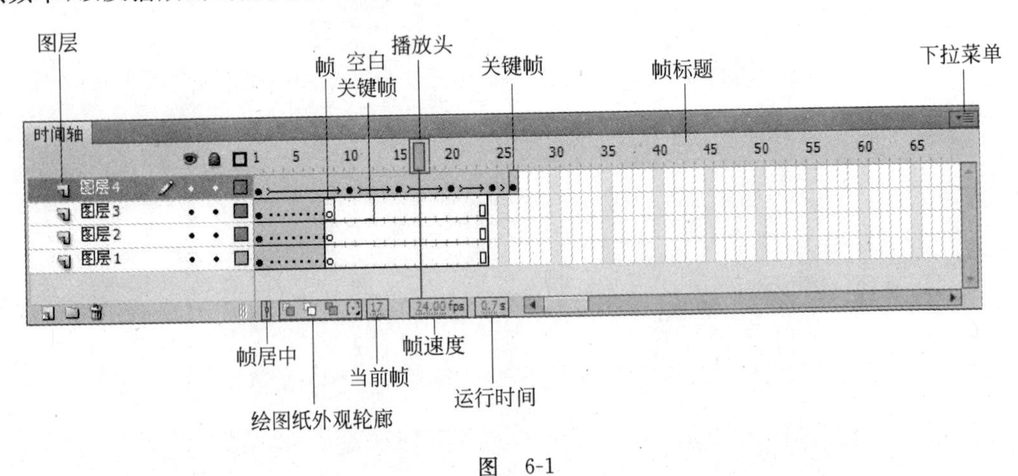

图 6-1

“图层”:在不同的图层中可以放入不同的元件,对元件的编辑可以在各层中进行,不影响其他图层的元件。

“播放头”:表示当前帧所位于时间轴的位置。

“帧标题”:显示时间轴所用时间的长度标尺,每格表示一帧。

“帧”：是 Flash 影片的基本组成部分，在播放影片的过程中，每一帧都是按从左至右的顺序呈现的，帧通常被放置在图层上。

“空白关键帧”：为了在帧内插入元素，就需要先创建空白关键帧。

“关键帧”：表示实体的“帧”，黑色实心圆表示已有内容，空心圆表示没有内容，称为空白关键帧。

“帧居中”：可以将播放头所处的位置设置为中央位置。

“绘图纸外观轮廓”：在场景中显示多帧要素，可以在操作的同时，查看帧的运动轨迹。

“当前帧”：播放磁头当前所在的帧的位置。

“帧速度”：表示当前影片文件的帧频，即每秒播放动画的帧数为 24。

“运行时间”：表示从第一帧开始到播放磁头所在位置需要的时间。

单击“时间轴”面板右侧的 ▾☰ 按钮，将弹出设置帧视图的选项下拉菜单，如图 6-2 所示。

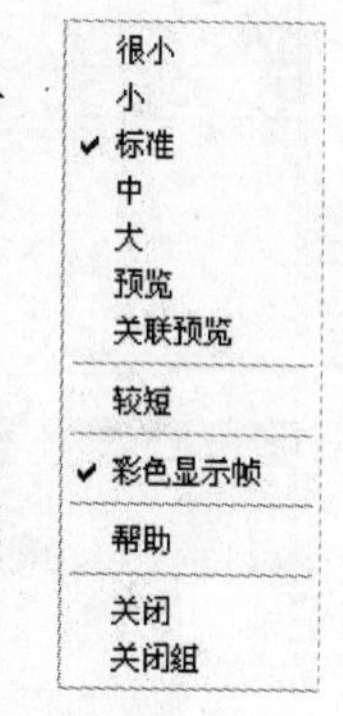

图 6-2

“很小”：此选项用来将帧的宽度设置得比较小，使帧列看上去很密集，效果如图 6-3 所示。

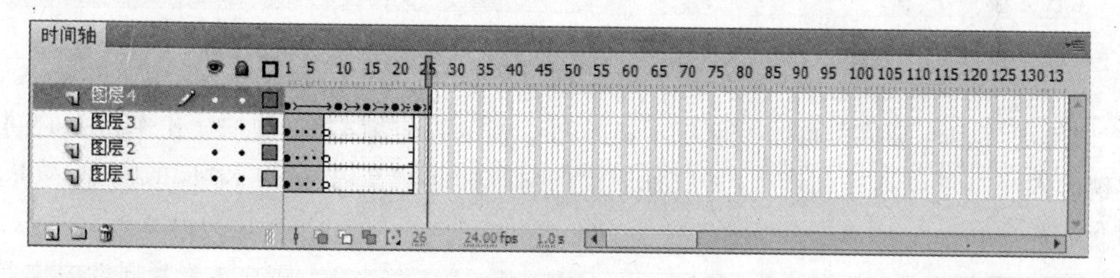

图 6-3

“小”：此选项用来将帧的宽度设置得很小，效果如图 6-4 所示。

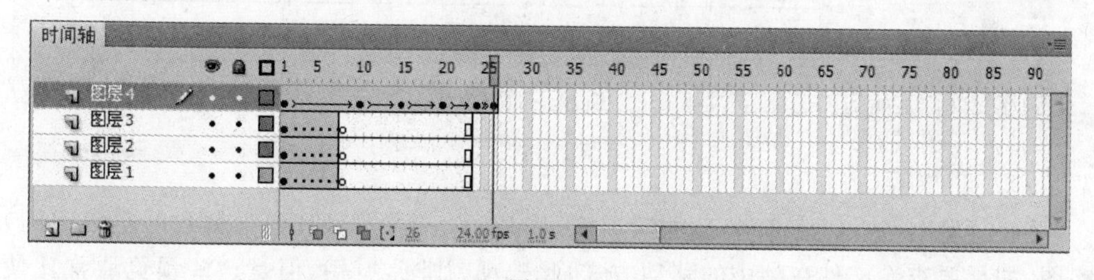

图 6-4

“标准”：此选项用来将帧的宽度设置为默认值，效果如图 6-5 所示。

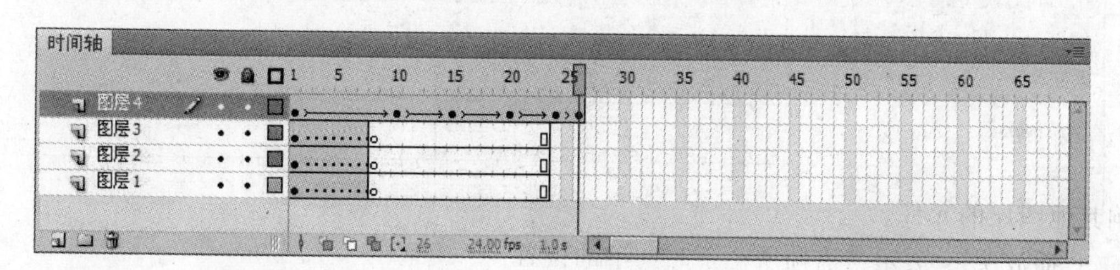

图 6-5

“中”：此选项用来将帧的宽度设置为中等大小，效果如图 6-6 所示。

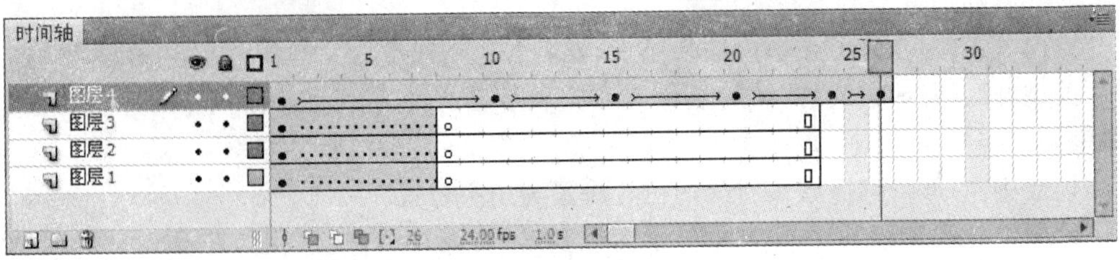

图 6-6

“大”：此选项用来将帧的宽度设置得比较大，效果如图 6-7 所示。

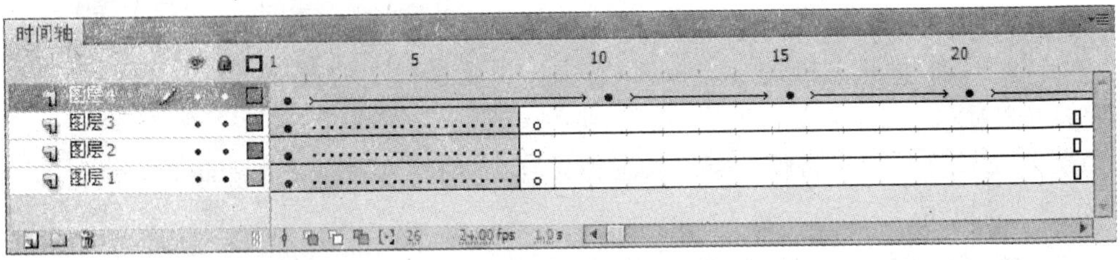

图 6-7

“预览”：如果要在“时间轴”面板中显示每个帧的内容缩略图（其缩放比率适合时间轴中帧的大小），可以选择此选项，然后各帧上的对象将出现在时间轴中对应的帧中，效果如图 6-8 所示。

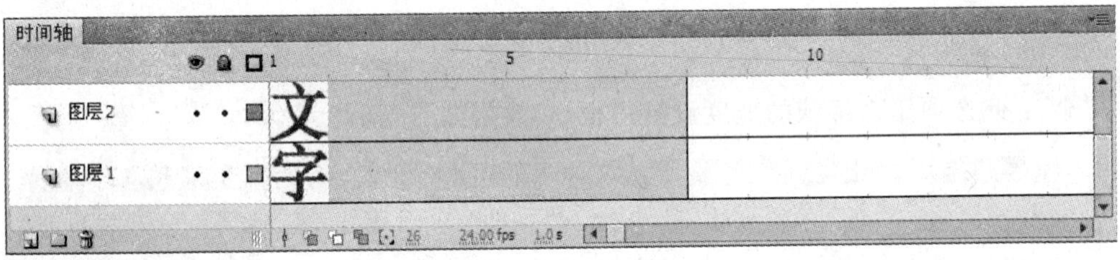

图 6-8

“关联预览”：是与“预览”相反的选项，可以显示每个完整帧（包括舞台的空白空间）的缩略图，如果要查看文件在帧中的移动方式，此选项就非常有用，但是这些预览通常比使用“预览”选项生成的预览小，效果如图 6-9 所示。

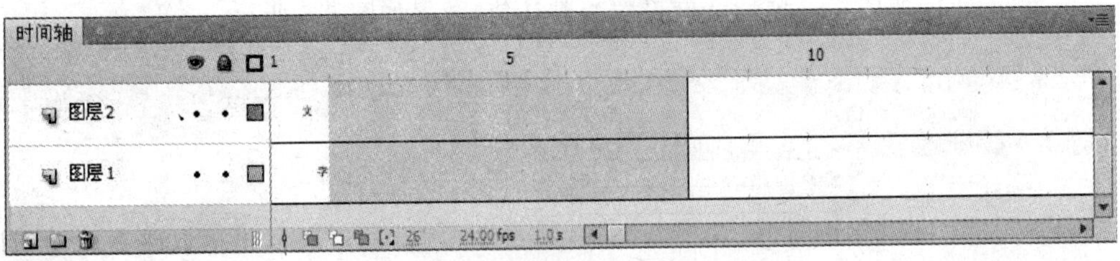

图 6-9

“较短”：此选项用来降低帧单元格的高度，如果图层比较多，使用此选项可以集中显示较多的图层。

“彩色显示帧”：此选项用来设置补间动画的帧列为彩色显示，补间运动渐变的帧列为蓝色，补间形状渐变的帧列为绿色。

在播放影片过程中，在状态栏上显示实际的帧频率，它可能会和影片属性中的帧频率不一致。例如，用户将影片的帧频率设置为 30fps，但此处显示的数字帧频率很可能不等于 30fps，因为计算机可能无法按这么快的速度播放动画。

默认状态下，“时间轴”面板会出现在舞台的正下方。如果需要改变“时间轴”面板的默认位置，可以将“时间轴”面板拖动到应用程序的中间或边缘等其他位置使之固定，也可以使其成为一个独立的窗口或直接隐藏它，如图 6-10、图 6-11 和图 6-12 所示。

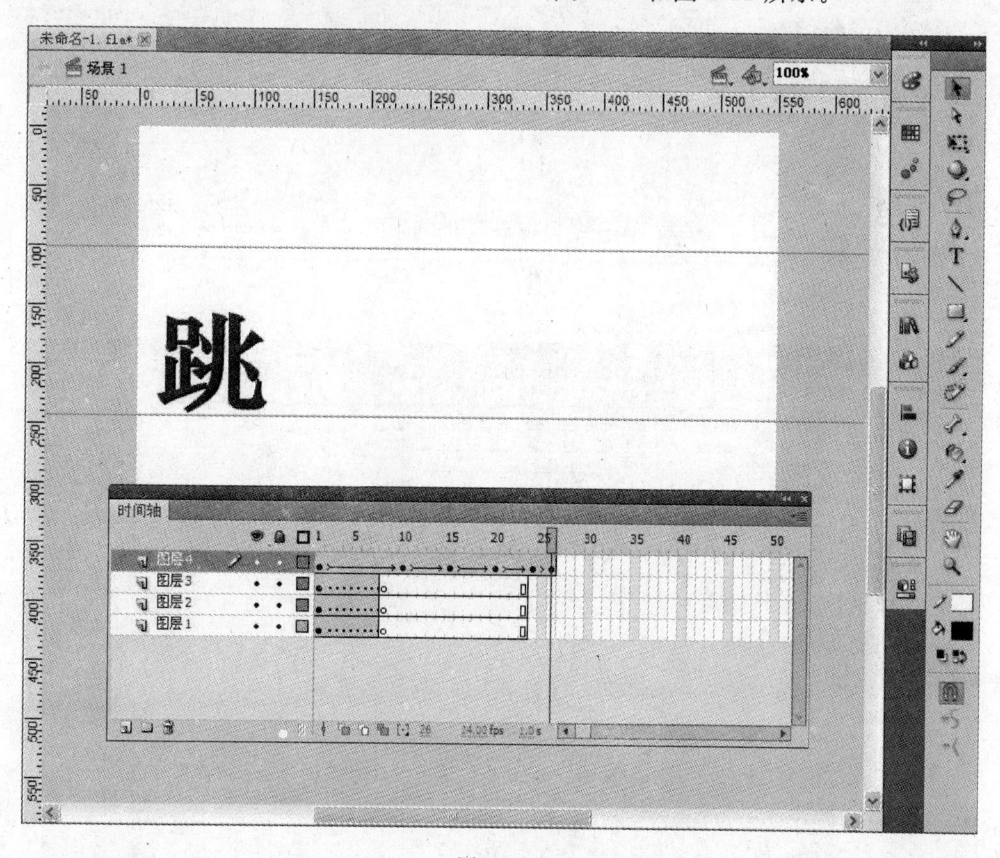

图 6-10

用户可以重新调整“时间轴”面板的大小，改变层和帧的显示数目，如果在“时间轴”面板中包含多个层，以至于不能完全显示，可以在“时间轴”面板的右侧拖动滚动条来显示其他层，如图 6-13 所示。

在 Flash CS5 中，播放磁头可以在“时间轴”面板中随意移动，指示当前舞台上的帧，帧标题显示了动画的帧数，如果需要显示舞台中的某一帧，用户可以将播放磁头移动到该帧上，如图 6-14 所示。

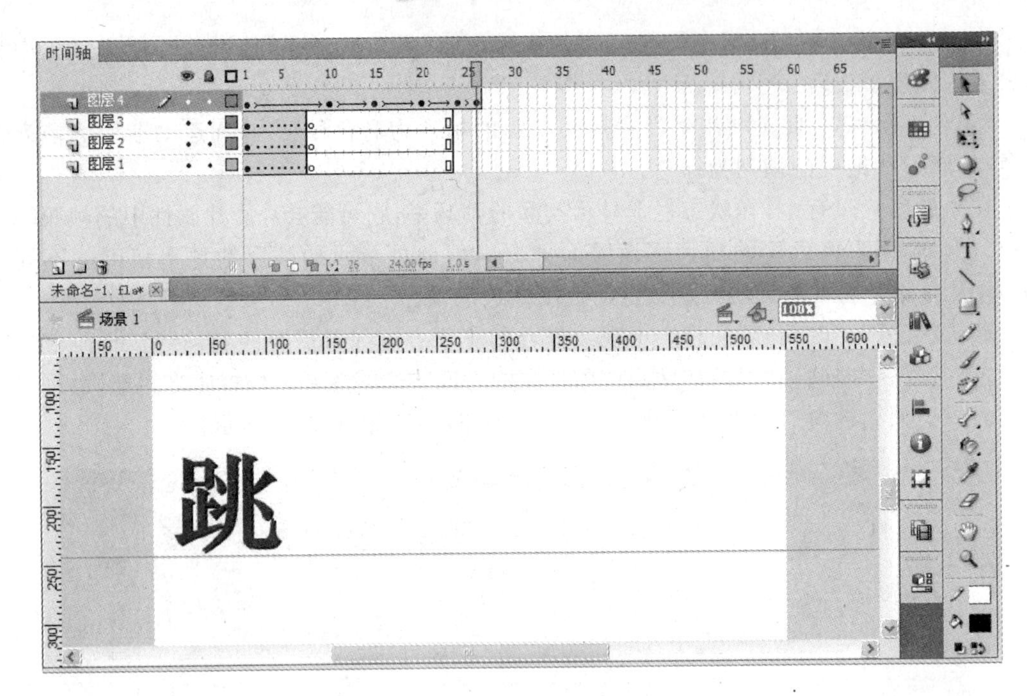
时间轴
图层 4
图层 3
图层 2
图层 1
24.00 fps
1.0 s
未命名-1. fla*
场景 1
100%

图　6-11

未命名-1. fla*
100%
时间轴
图层 4
图层 3
图层 2
图层 1
24.00 fps
1.0 s

图　6-12

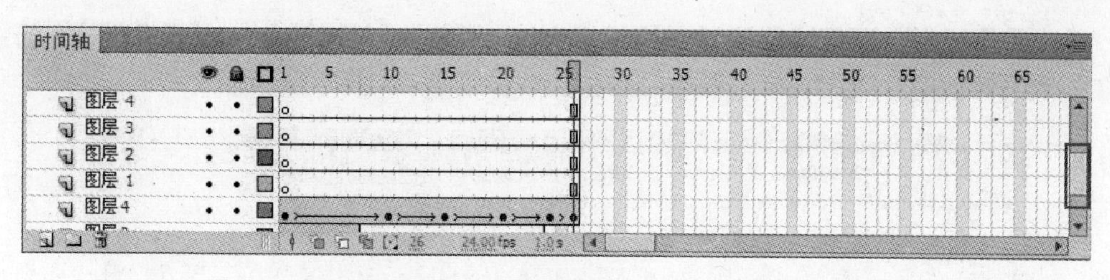

图　6-13

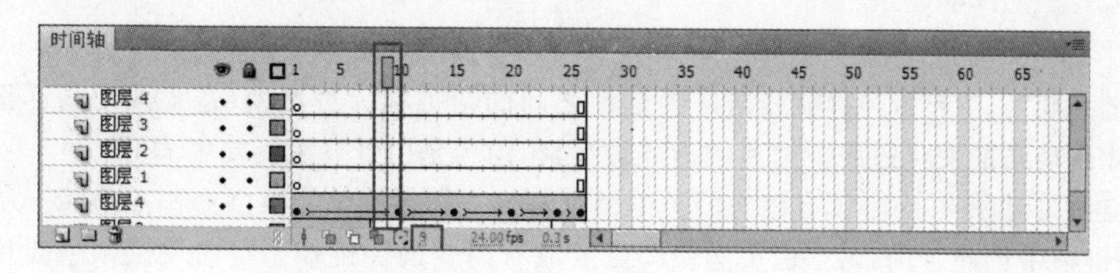

图　6-14

当影片中包含大量帧时，“时间轴”面板无法一次性完全显示，用户可以将“时间轴”面板中的播放磁头居中显示，这样可以更快地定位到当前帧。单击“时间轴”面板底部状态栏上的“滚动到播放磁头”按钮 即可实现。

6.2　帧的操作

帧是创建动画的基础，也是构建动画最基本的元素之一，动画的制作实际上就是改变连续帧中内容的过程，不同的帧表现动画中不同时刻的某一动作，对动画的操作实际就是对帧的操作，因此，在学习制作动画之前需要学习帧的有关知识。本节将着重讲述关于帧的操作。

6.2.1　帧的概述

在 Flash CS5 中，帧的类型有关键帧、过渡帧、空白关键帧和空白帧等，如图 6-15 所示。

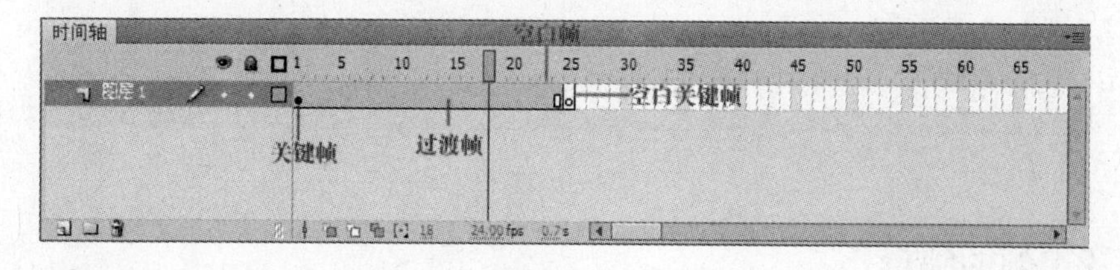

图　6-15

“关键帧”：关键帧以黑色圆点标记，代表有实际内容的帧。用来定义动画的起始点和结束点。如果没有内容，则只是个小圆圈。关键帧在动画播放过程中会呈现出关键性动作或内容的变化，可以在关键帧中间添加普通帧，并通过制作补间动画生成流畅的动画。在“时间轴”面板中拖动关键帧可以更改补间动画的播放时间。

单击需要显示的目标帧位置，执行“插入”/“时间轴”/“关键帧”命令，或者按 F6 键，可以在一个关键帧的后面插入与其舞台内容相同的关键帧，如图 6-16 所示。

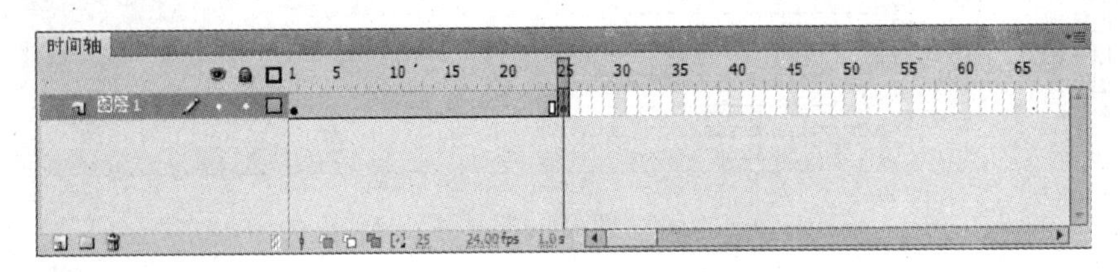

图 6-16

“过渡帧”：在起始关键帧和结束关键帧之间的帧被称为过渡帧，是实现动画详细过程的帧，体现动画的变化过程。过渡帧不能被编辑，因为是由计算机直接生成的。

“空白关键帧”：一个没有内容的关键帧被称为空白关键帧。以空心圆点显示。一旦在空白关键帧中创建了内容，空白关键帧即可变成有内容的关键帧。空白关键帧主要用于在画面与画面之间形成间隔。单击需要显示的目标帧位置，然后执行“插入”/“时间轴”/“空白关键帧”命令，或按 F7 键即可创建空白关键帧，如图 6-17 所示。

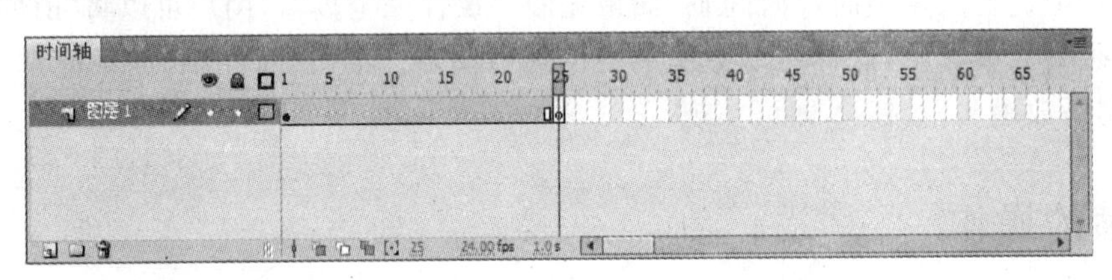

图 6-17

“空白帧”：即普通帧，就是不起关键作用的帧，只起着过渡和延长内容显示的功能，以空心矩形或单元格表示，单击需要显示的目标帧位置，然后执行“插入”/“时间轴”/“帧”命令，或按 F5 键即可创建普通帧，如图 6-18 所示。

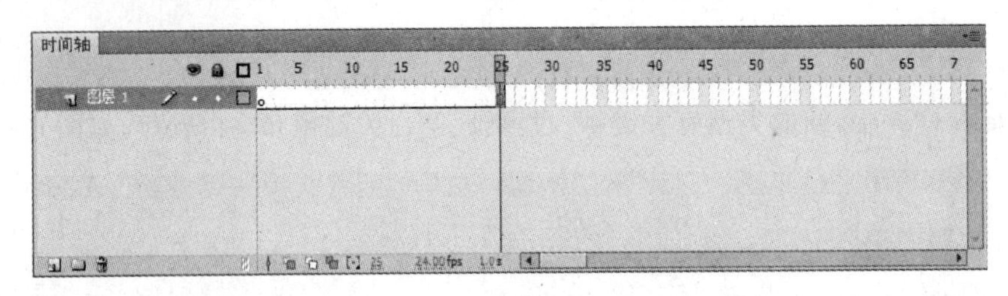

图 6-18

6.2.2 帧的编辑

在 Flash CS5 中，帧的编辑在制作动画的过程中显得非常重要，帧的操作和编辑主要有选择、插入、移动、复制、删除等。

1. 选择帧

在对帧进行编辑之前，需要先选择需要编辑的帧，单击帧所在的位置即可选择单个帧。如果需要选择多个不连续的帧，可以通过按住 Ctrl 键的同时依次单击需要选择的帧，如

图 6-19 所示。

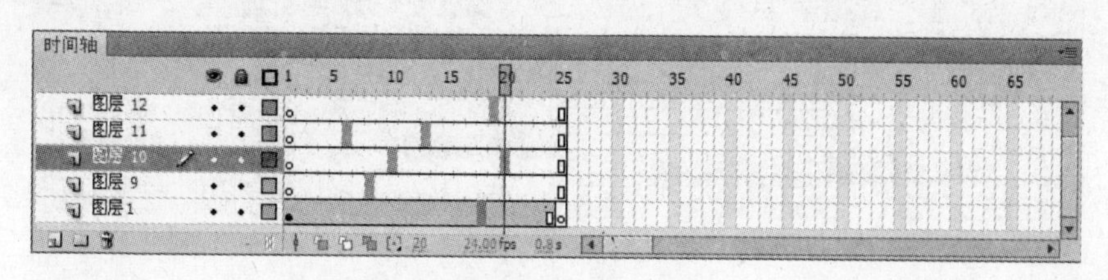

图 6-19

如果需要选择多个连续的帧，可以通过按住鼠标左键然后拖动的方法选中需要选择的帧，或者先单击需要选择的第一帧，然后按住 Shift 键的同时单击需要选择的最后一帧，如图 6-20 所示。

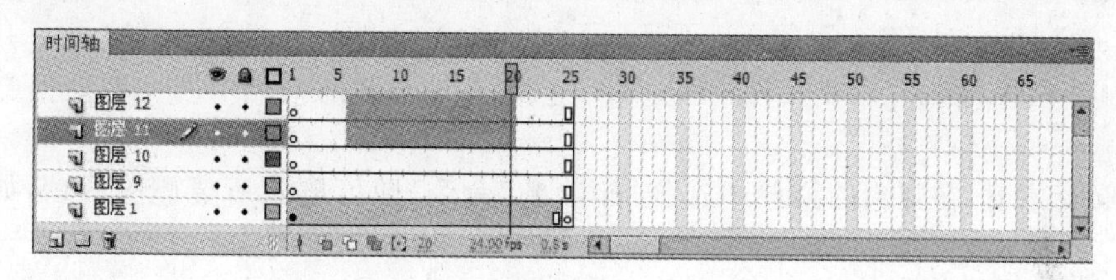

图 6-20

2. 插入帧

按 F5 键可以插入一个普通帧，按 F6 键可以插入一个关键帧，按 F7 键可以插入一个空白关键帧。

在“时间轴”面板上右击，在弹出的菜单中选择“插入帧”选项，如图 6-21 所示。或者执行“插入”/“时间轴”命令，也可以插入帧。

3. 移动帧

在使用 Flash CS5 制作影片时，如果要将所创建的帧移动，需要先选中帧，被选中的帧会反亮显示，然后按住鼠标左键不放并移动，拖至目标位置后松开鼠标，这样可把选中的帧移动到目标位置，如图 6-22 所示。

4. 复制帧

在 Flash CS5 中，有些重复的内容可以通过复制帧来解决。

在“时间轴”面板上选择需要复制的帧，单击鼠标右键，在弹出的菜单中选择“复制帧”命令，然后在需要粘贴帧的目标位置右击，执行“粘贴帧”命令。

如果不需要将原来的帧保留，则可以选择“剪切帧”命令。

5. 删除帧

在 Flash CS5 中，对不满意的帧可以进行删除操作。

首先在“时间轴”面板上选择需要删除的帧，如图 6-23 所示。

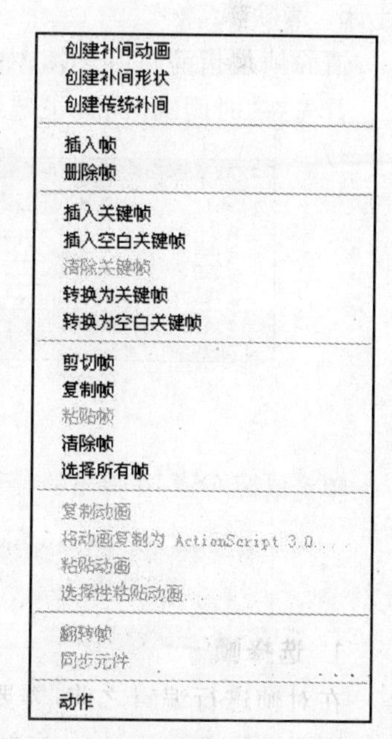

图 6-21

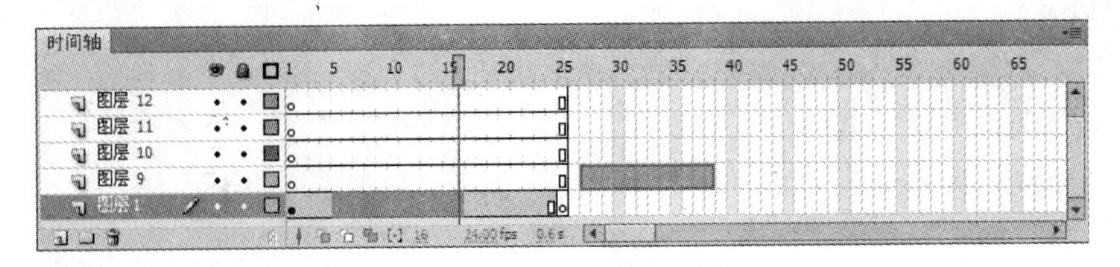

图 6-22

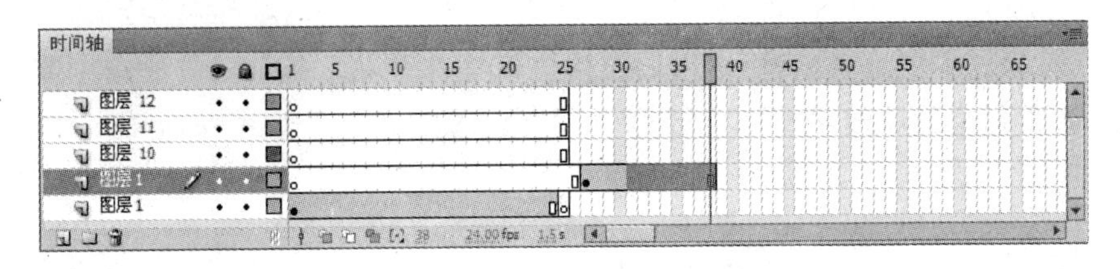

图 6-23

单击鼠标右键,在弹出的菜单中选择“删除帧”命令,即可删除所要删除的帧,如图 6-24 所示。

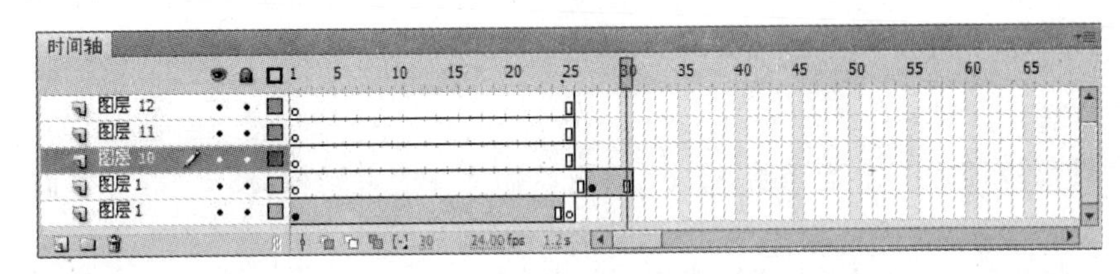

图 6-24

6. 清除帧

清除帧是指清除所选帧中的内容,即转换为空白关键帧。

首先在“时间轴”面板中选择需要清除的帧,如图 6-25 所示。

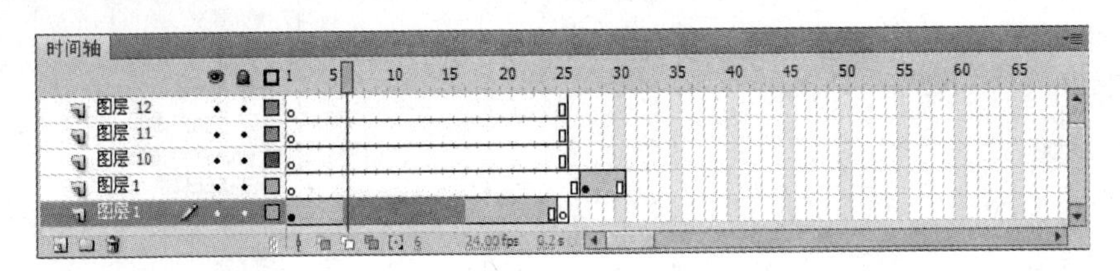

图 6-25

单击鼠标右键,在弹出的菜单中选择“清除帧”选项,即可将所选的帧清除,如图 6-26 所示。

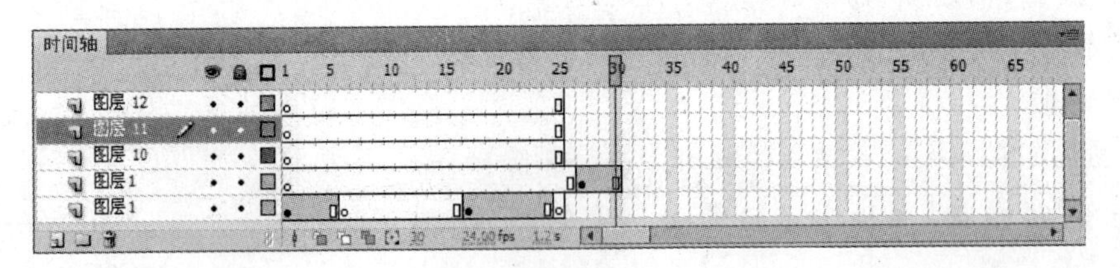

图 6-26

7. 帧标签

在 Flash CS5 中，帧标签适用于标记“时间轴”面板的关键帧，为关键帧添加命名标记。帧标签在动作脚本中可以起到方便导航的作用。

为关键帧添加帧标签的步骤是：首先需要在“时间轴”面板选择某一关键帧，然后在“属性”面板的“帧”处填写第几帧。如图 6-27 所示为“第十四帧”。添加完成后，“时间轴”面板上对应的帧处会出现一个“小红旗”标签，如图 6-28 所示。

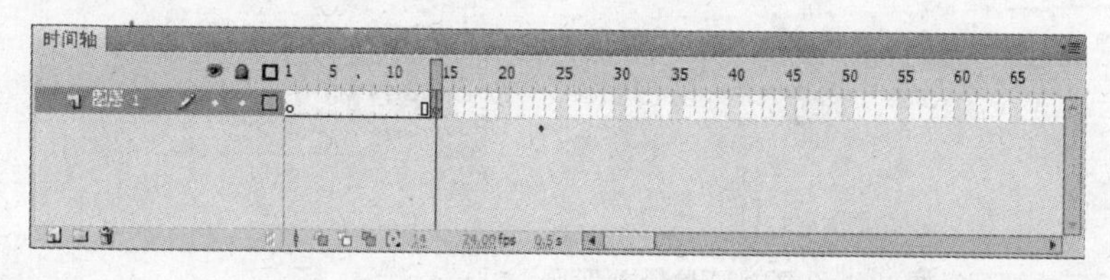

图 6-27

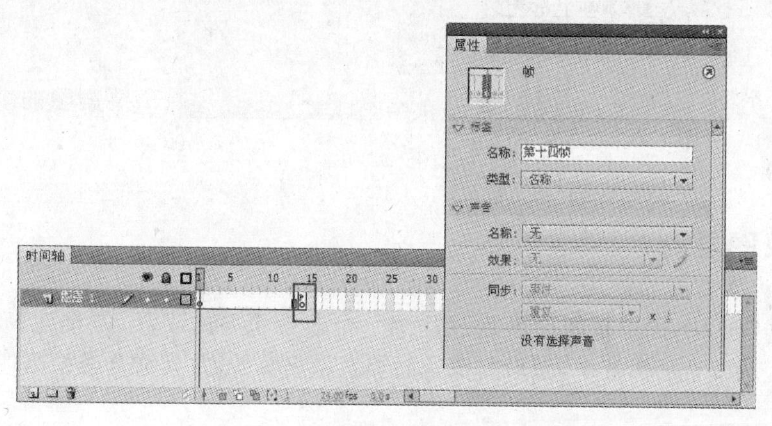

图 6-28

帧标签有助于定位帧，在 Flash CS5 中，如果需要定位到某个帧，可以直接选择帧标签。

在“属性”面板中的标签类别中有三个选项，第一个选项是“名称”，即为帧标签命令。第二个选项是“注释”。注释在编辑的过程中会起到很大作用，添加注释的方法是选中需要添加注释的帧，在“帧”处输入“//注释的内容”，然后在“属性”面板中的“标签类型”选项中选择

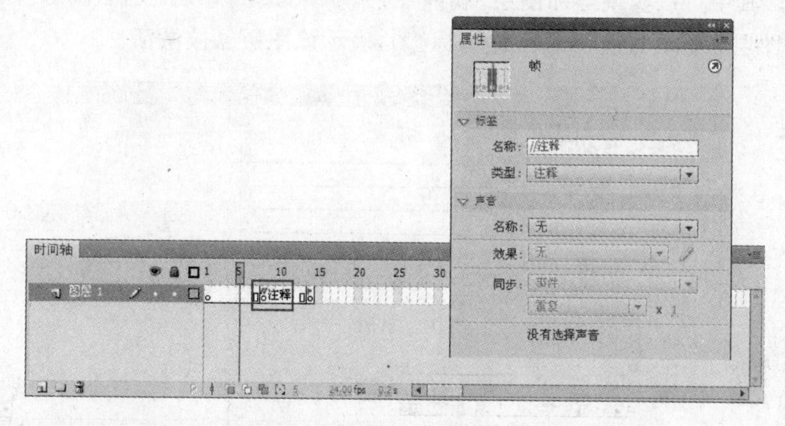

图 6-29

“注释”,此时添加了注释的帧会显示出两条绿色的斜杠,如图 6-29 所示。第三个选项是“锚记”,它的功能是可以在浏览器中通过单击“前进”和“后退”按钮从一个帧跳到另一个帧,或是从一个场景跳到另一个场景。要添加锚记,需要先选择相应的帧,然后在“属性”面板中“帧”处输入锚记的名称,然后选择“锚记”选项,如图 6-30 所示。被锚记的帧显示为黄色。

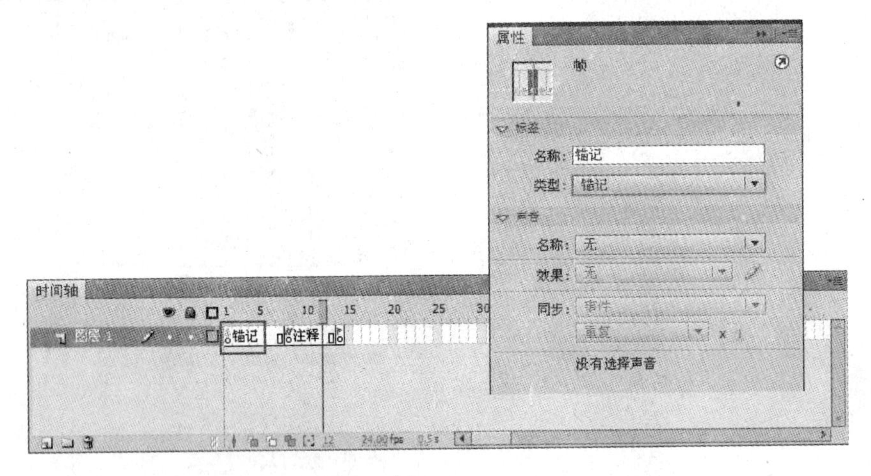

图 6-30

6.3 认识图层

在 Flash CS5 中,图层是制作影片过程中一个非常重要的工具,是创建高级动画的基础。一般在较为复杂的影片中,图形图像是能够互相重叠的,并且结合透视原理能更好地显示动画效果。

每次新建一个 Flash 文档时,都会自动存在一个“图层 1”中,接下来所绘制的所有图形都会保存在这个图层中,在制作动画过程中,可以根据需要创建新图层,新建的图层会自动排在已有图层的上方。而且 Flash 对一个动画中的层数没有限制,输出时会自动将图层合并,因此图层的多少不会影响输出动画文件的大小。

图层的操作主要是在图层控制区进行的,图层控制区位于“时间轴”面板的左侧,如图 6-31 所示。其中可以实现增加图层、删除图层、隐藏图层以及锁定图层等操作。当选中某个图层后,图层名称右边会出现铅笔图标,表示该图层已被激活。

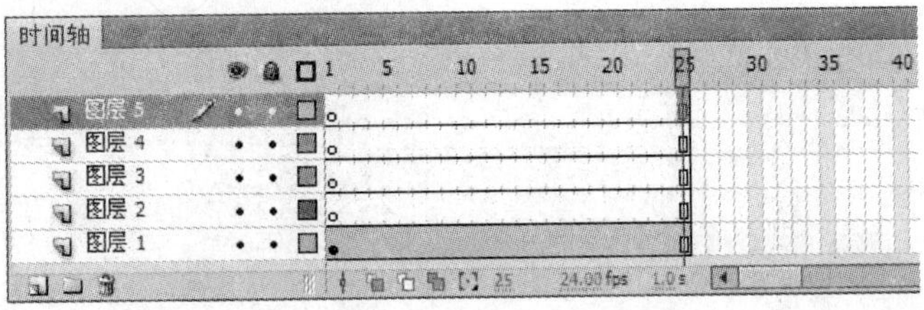

图 6-31

在 Flash CS5 中,每一个图层都相对独立,都有自己的“时间轴”面板,包含自己独立的多个帧,当需要修改某一图层时,不会影响到其他图层中的对象。图 6-31 为图层控制区,其各部分含义如下。

显示/隐藏图层：此按钮用来显示或隐藏图层，单击它即可在两者之间进行切换，单击其下图标即可隐藏当前图层，被隐藏了的图层将标记一个图标。

锁定/解锁图层：此按钮用来锁定图层，单击它即可解锁，单击其下图标即可隐藏当前图层，被锁定的图层将标记一个图标。

显示图层轮廓：此按钮用来将图层用线框模式隐藏，单击其下图标可以在线框模式下隐藏图层，标记为图标。

图层名称：用来显示当前图层的名称，双击图层名称可以对名称进行更改。

新建图层：用于新建普通图层。

新建运动引导层：用于新建引导层。

新建图层文件夹：用于新建图层文件夹。

删除图层：用于删除选中的图层。

6.3.1 图层类型

Flash 中的图层按照制作动画时的功能可以分为几个类别，分别是普通层、引导层和遮罩层，如图 6-32 所示。

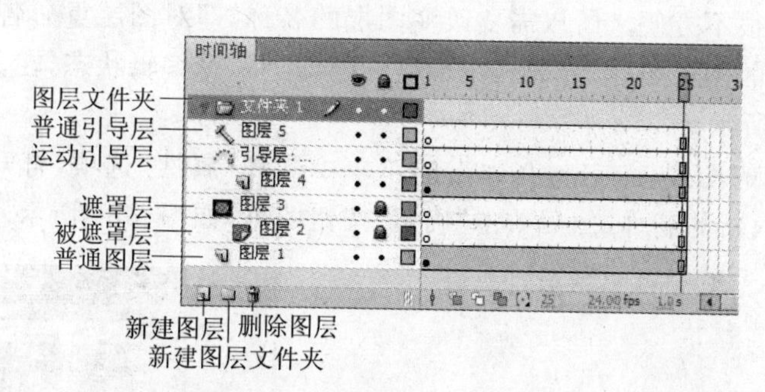

图 6-32

普通层：普通层中一般放置的对象是最基本的动画元素，如矢量对象、位图对象等。起着存放画面的作用，使用普通层可以将多个帧按照一定顺序叠放，从而形成动画。

引导层：主要用来设置运动对象的运动轨迹，其中轨迹图案可以为绘制的图形或对象定位。引导层不从影片中输出，不会增大作品文件的体积，而且可以使用多次。

遮罩层：用来将与遮罩层相链接图层中的图像遮盖起来。所以可以将多个图层组合起来放在一个遮罩图层下，从而创建多样效果。在遮罩层中可以使用各种类型的动画从而使得遮罩层中的对象动起来。但是在遮罩层中不能使用按钮符号。

6.3.2 图层的基本编辑与管理

本节将详细讲述有关新建、显示、锁定、删除图层等基本操作的具体方法。

1. 新建图层

每创建一个 Flash 文件时，系统会自动创建一个图层，并命名为“图层 1”。当需要添加新图层时，可以在“时间轴”面板的图层控制区中选中一个已经存在的图层，执行“插入”/“时间轴”/“图层”命令，即可创建一个新图层，如图 6-33 所示。也可以在已经存在图层处右击，选择“插入层”命令。或者单击图层控制区中的“新建图层”按钮同样可以创建新图层。

当创建新图层后，系统会自动为其命名，并且所创建的新图层都位于被选中图层的上方。如果想要改变图层的叠放顺序，在图层上按住鼠标左键不放，将其上下拖动即可，如图 6-34 所示。

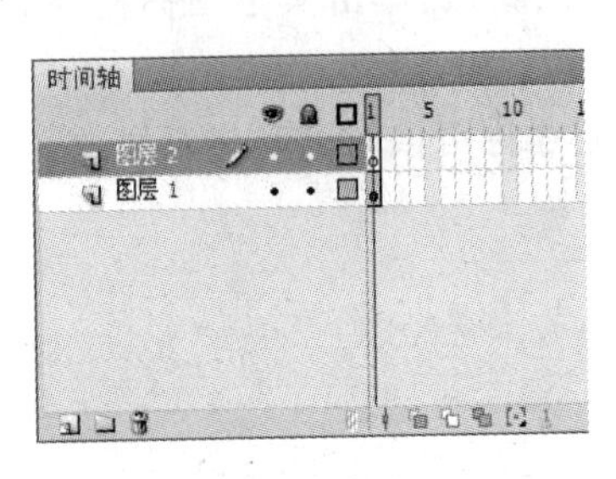

图 6-33

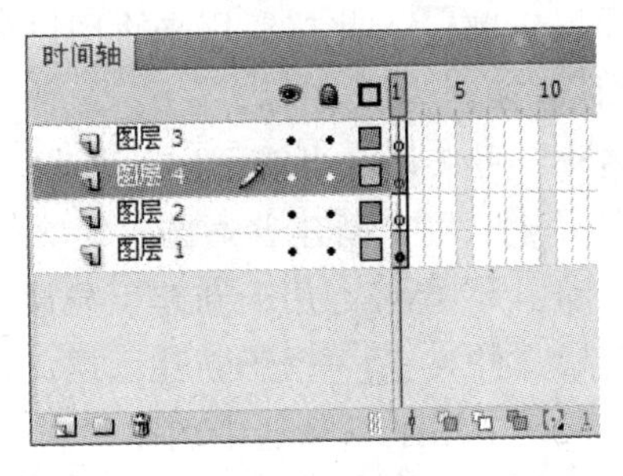

图 6-34

在 Flash CS5 中，插入的图层的名称都是系统默认的图层名称，如“图层 1”、“图层 2”等，每新建一个图层，图层名称中的数字就会递加。当“时间轴”面板中的图层非常多时，要查找某个图层就会很不方便。所以需要改变图层的名称，即对图层重命名。

在需要重命名的图层名称上双击，图层名称随即进入可编辑状态，在文本框中输入新名称即可，如图 6-35 所示。

在需要重命名的图层上右击，在弹出的菜单中选择“属性”选项，打开“图层属性”对话框，在“名称”中输入新的名称，然后单击“确定”按钮即可，如图 6-36 所示。

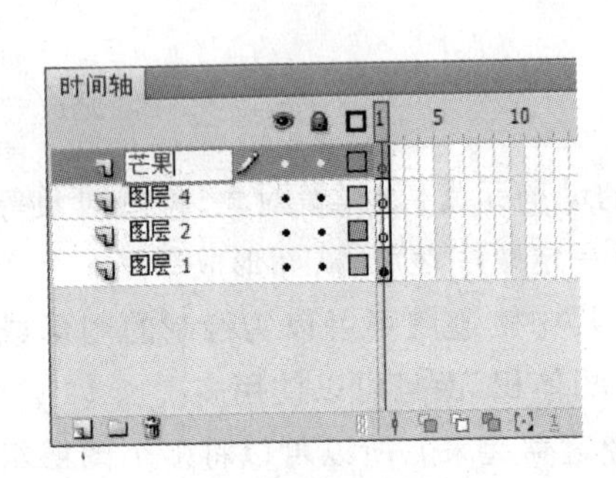

图 6-35

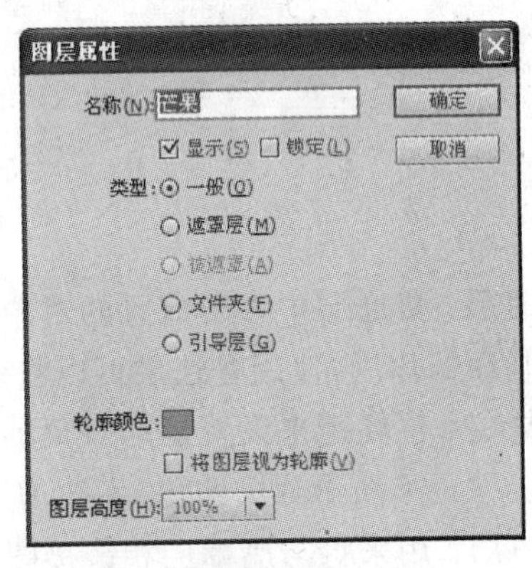

图 6-36

2. 显示/隐藏图层

在 Flash CS5 中，为了便于查看、编辑各个层中的内容，需要将其他图层隐藏起来。单击需要隐藏的图层后面的第一个圆点图标，圆点会变成一个图标，可以将图层隐藏。或者单击“时间轴”面板中图层列表上方的图标，此时对应的所有图层内容将全部隐藏。图 6-37 和图 6-38 为图层隐藏前后的效果。

3. 显示图层轮廓

利用 Flash CS5 显示图层轮廓的功能可以使得图层中的对象结构更加清晰，并且使每

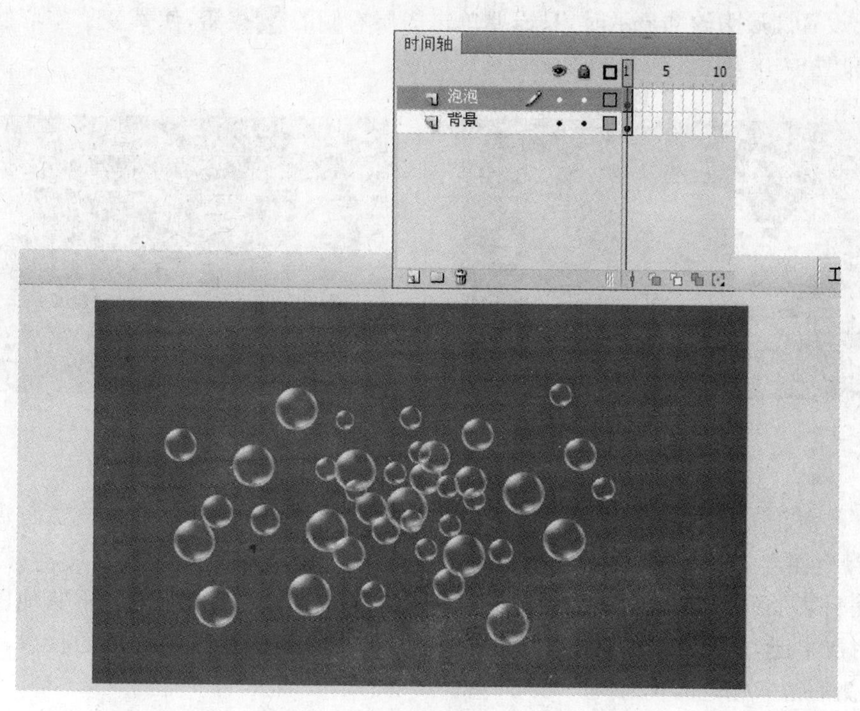

图 6-37

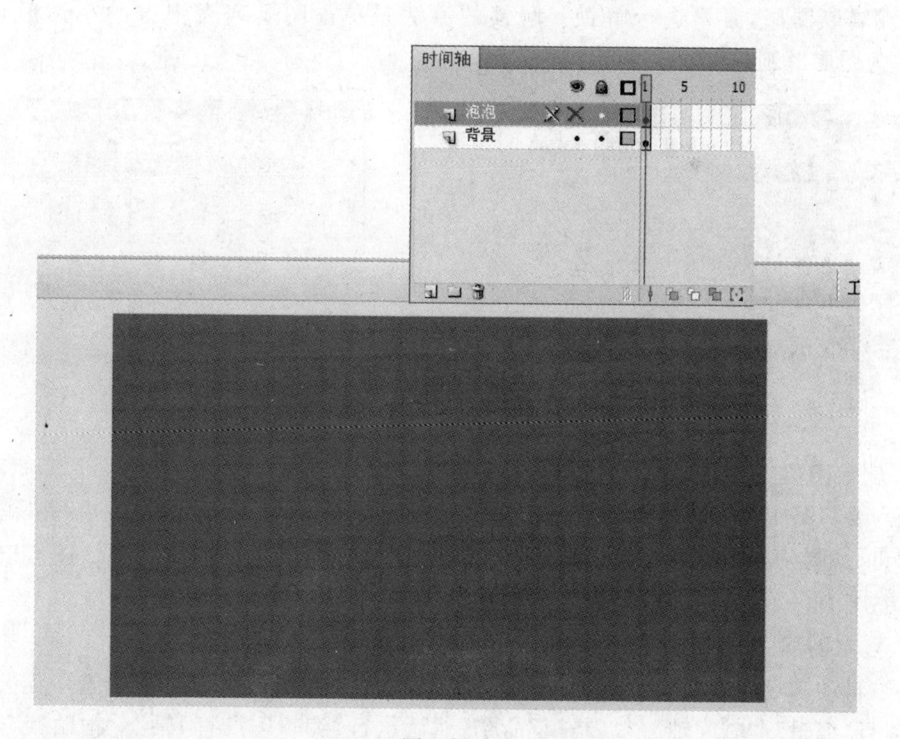

图 6-38

个图层显示的轮廓颜色不同，更加有利于分辨图层的内容，使得用户能更加方便地寻找复杂影片中的对象。

需要设置图层为轮廓显示时，只需要单击图层右侧的■按钮，使其变成空心状态即可，图 6-39 和图 6-40 为原图和轮廓图。

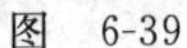

图 6-39

图 6-40

如需取消轮廓显示，只需再次单击轮廓层中的空心按钮□，使之恢复成实心状态。

4. **锁定图层**

当编辑某个图层中的内容时，为了避免影响其他图层中的内容，可以将其他图层锁定。对于遮罩层来说，必须是锁定状态下才起作用。图 6-41 为图层被锁定后的状态，图层被锁定后，左侧的铅笔标记也被划掉。

当图层被锁定后，此时鼠标已经不能再对此图层中的任意对象进行操作了。所以如果要继续编辑该图层，必须进行解锁。解锁的方法是单击图层列表上方的小锁形状图标。图 6-42 为图层解锁后的状态。

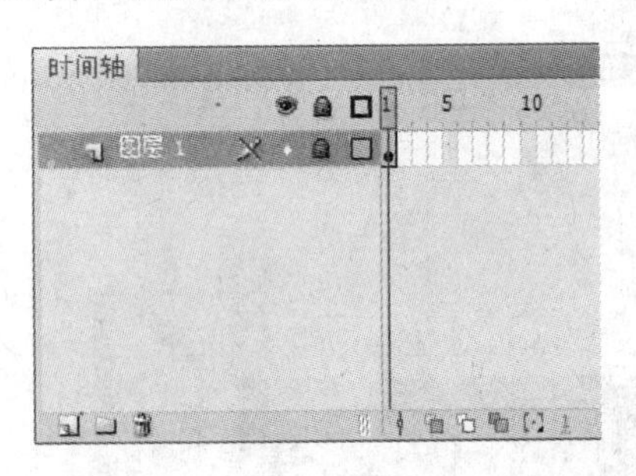

图 6-41

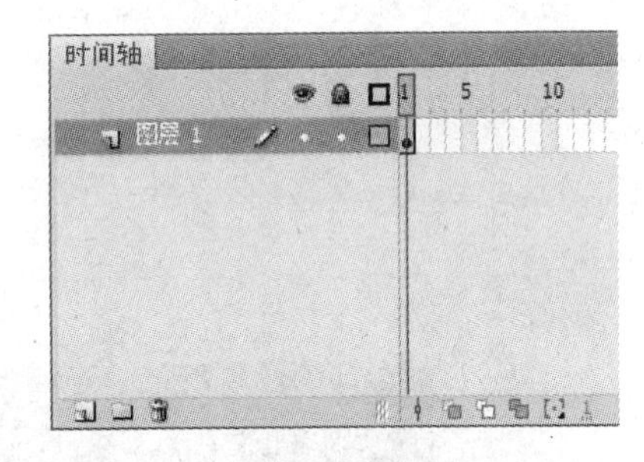

图 6-42

5. **删除图层**

当需要将某个图层删除时，只需在“时间轴”面板中选中该图层，然后单击“删除图层”按钮即可，或者将选中的图层直接拖至“删除图层”按钮上也可删除图层。还可以在选中图层状态下右击，然后在弹出的菜单中选择“删除图层”选项。

6. **复制图层**

在编辑动画过程中，当需要两个相同图层时，就要用到复制图层功能。选中需要复制的图层，执行“编辑”/“时间轴”/“复制帧”命令，然后执行“编辑”/“时间轴”/“粘贴帧”命令，即可再次创建一个相同的图层。

此处的“复制帧”和“粘贴帧”其实与图层的性质是一样的，即复制了图层中的所有帧，也表示复制了此图层。

6.3.3 设置图层属性

在 Flash CS5 中，图层的显示、锁定、线框模式颜色等设置都可在“图层属性”对话框中进行编辑，双击图层图标 ，或者在图层上右击，在弹出的菜单中选择“属性”都可以打开“图层属性”对话框，如图 6-43 所示。

在“图层属性”对话框中，各选项说明如下。

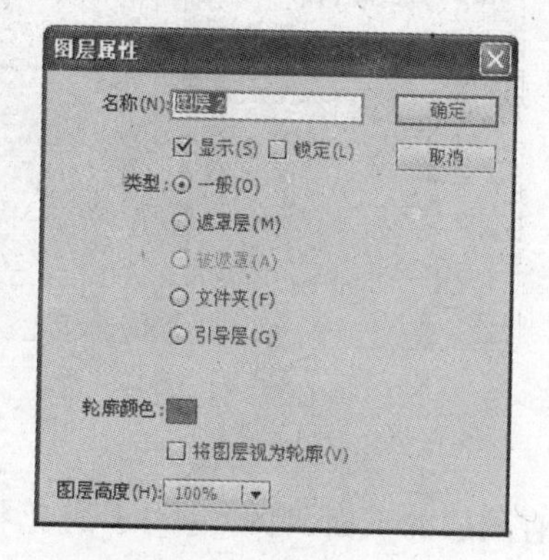

图 6-43

“名称”：用于设置图层的名称。

“显示”：用于设置图层的显示与隐藏。选择“显示”复选框，图层则处于显示状态；反之，图层则处于隐藏状态。

“锁定”：用于设置图层的锁定与解锁，选择“锁定”复选框，图层则处于锁定状态；反之，图层则处于解锁状态。

“类型”：用于指定图层的类型，包括 5 个选项。“一般”选项表示指定当前图层为普通图层；“遮罩层”选项表示将当前图层设置为遮罩层，可以将多个正常图层链接到一个遮罩层上；“被遮罩”选项表示该图层仍是正常图层，只是与遮罩图层存在链接关系；“文件夹”选项表示将正常图层转换为图层文件夹用于管理其他图层；“引导层”选项表示将该图层设定为辅助绘图用的引导层，用户可以将多个标准图层链接到一个引导图层上。

“轮廓颜色”：用于设置该图层对象边框线的颜色。为不同的图层设定不同的边框线颜色，有助于区分不同图层，在“时间轴”面板中的轮廓颜色显示区域如图 6-44 所示。

“将图层视为轮廓”：可使该图层内的对象以线框模式显示，其线框颜色为在“属性”面板中设置的轮廓颜色。若要取消图层的线框模式，可直接单击“时间轴”面板上的 按钮，如果只需要让某个图层以轮廓方式显示，可单击图层上相对应的色块。

“图层高度”：在其下拉列表中可以选取不同的值用来调整图层的高度，这在处理插入声音的图层时会很有用，有 100%、200%、300% 三种高度。例如，将某个图层高度设置为 200% 后，得到的效果如图 6-45 所示。

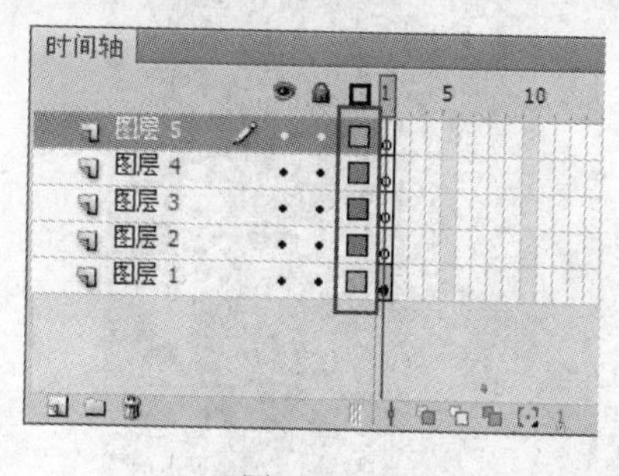

图 6-44

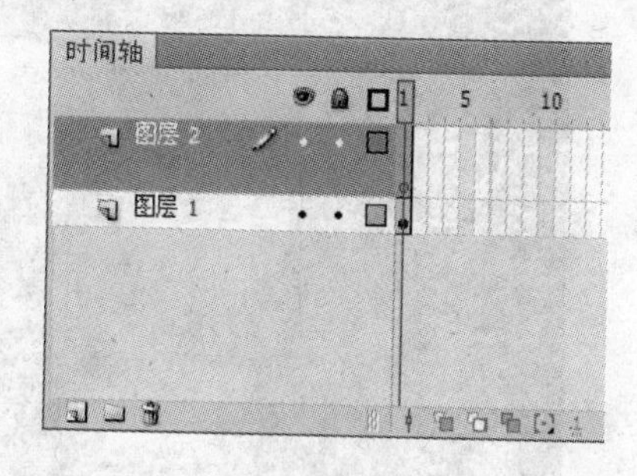

图 6-45

6.3.4 引导层与遮罩层

在 Flash CS5 中，提供了两种特殊的图层，即引导层和遮罩层，利用这两种特殊的图层，可以制作出非常丰富多彩的动画效果。

1. 引导层

引导层是一种特殊的图层，在动画制作过程中应用比较广泛。使用引导层可以使对象沿着特定的路径运动，可以使多个图层与同一个运动引导层相关联，从而使多个对象沿相同的路径运动。

2. 普通引导层

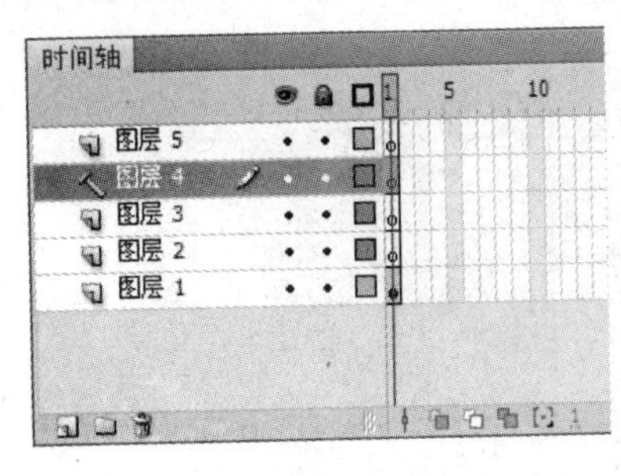

图 6-46

普通引导层的图标是🔨，是在普通层的基础上建立起来的，其中所有的内容只是在绘制动画时作为参考，并不会发布在影片中。右击选定的图层，从弹出的快捷菜单中选择“引导层”选项，如图 6-46 所示。此时原来的普通图层就变成了普通引导层。

如果需要将普通引导层转换为普通图层，只需在图层上右击，在弹出的菜单中选择“引导层”选项即可。

在使用普通引导层时，必须使普通引导层位于所有图层的下面，目的是为了避免将一个普通引导层拖放到普通层下面使其变成了运动引导层。

如图 6-47 所示，在编辑状态下，“图层 1”为普通图层，“图层 2”为普通引导层。在影片发布以后，普通引导层中的对象不会显示，效果如图 6 48 所示。

图 6-47

图 6-48

3. **运动引导层**

在 Flash CS5 中，使用运动引导层可以绘制运动路径，然后利用“创建补间动画”来使元件、组件或文本沿着这些路径运动。可以将多个图层链接到同一个运动引导层中，从而使多个对象沿着同一条路径运动，此时链接到运动引导层的多个图层就成为被引导层。被引导层的名称栏位于运动引导层的下方。

下面制作一个简单的蝴蝶飞舞的实例。

首先创建一个文档，将背景颜色设置为黑色，然后导入素材“蝴蝶”，如图 6-49 所示。

新建一个图层，并将图层设置为运动引导层，在运动引导层中利用“钢笔”工具绘制一条曲线，作为蝴蝶飞过的路线，如图 6-50 所示。

图 6-49

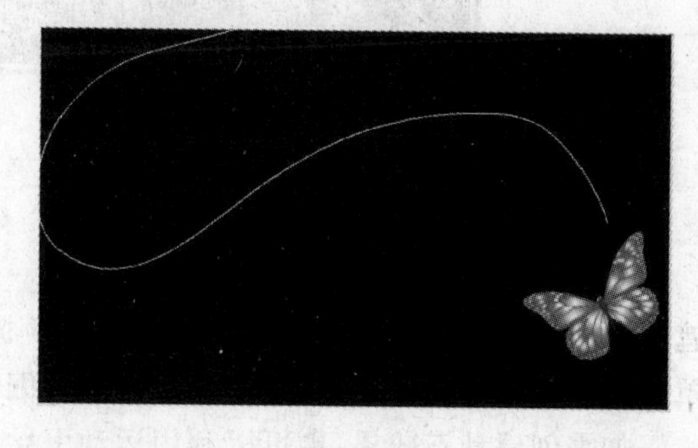

图 6-50

调整位置，将蝴蝶的中心点与运动引导层的中心点对齐至重合，如图 6-51 所示。

单击运动引导层的第 25 帧，将蝴蝶拖至引导路线的另一端，将其中心控制点与运动引导层中的路径重合，如图 6-52 所示。

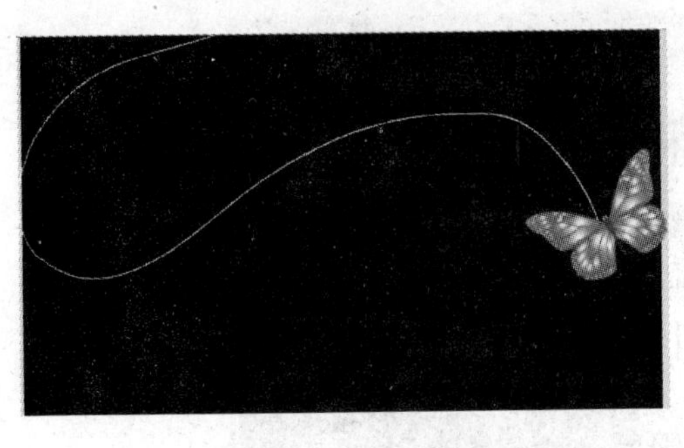

图 6-51

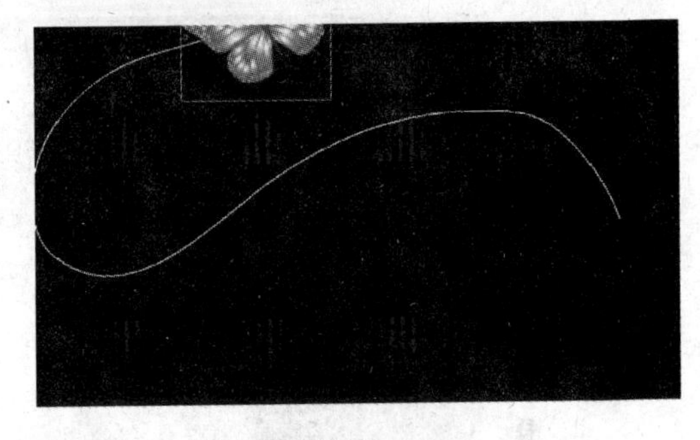

图 6-52

在“时间轴”面板中，右击“图层 1”的第 1 帧，在弹出的菜单中选择“创建补间动画”命令。这样蝴蝶的飞舞效果就完成了。执行“控制”/“测试影片”命令，快捷键为 Ctrl+Enter，即可以看到蝴蝶的飞舞效果了，如图 6-53 所示。

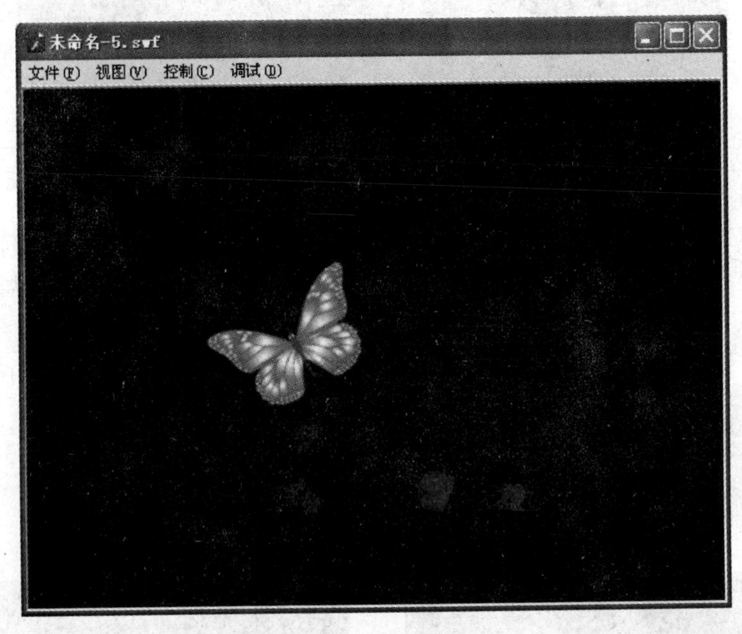

图 6-53

4. 遮罩层

遮罩层主要用于制作遮罩动画过程中，一般由两个图层实现，一个为遮罩层，一个为被遮罩层。最终效果是为了显示遮罩层中的形状，颜色为被遮罩层中的颜色。对于设置了遮罩层的图层系统默认为锁定状态，不能进行编辑。

如需创建动态效果，也可以利用运动引导层让遮罩层动起来。对于用作遮罩层的填充形状，可以使用补间形状；对于文字对象、图形实例或影片剪辑，可以使用补间动画。当使用影片剪辑实例作为遮罩层时，可以让遮罩层沿着运动路径运动。

下面通过一个实例来了解遮罩层的含义。

首先新建一个 Flash 文档，然后执行“文件”/“导入”/“导入到舞台”命令，导入一张图片到舞台中，并调整其具体位置和大小，如图 6-54 所示。

单击“时间轴”面板中的“插入图层”按钮，插入“图层 2”。选择工具箱中的“椭圆”工具，在其“属性”面板中设置边框颜色为无，填充色为白色。在舞台左侧绘制椭圆，如图 6-55 所示。

图 6-54

图 6-55

在“图层 1”的第 30 帧处插入帧，在“图层 2”的第 30 帧处插入关键帧，然后选中“图层 2”中第 30 帧中的圆，将其挪至舞台右下角，如图 6-56 所示。

图 6-56

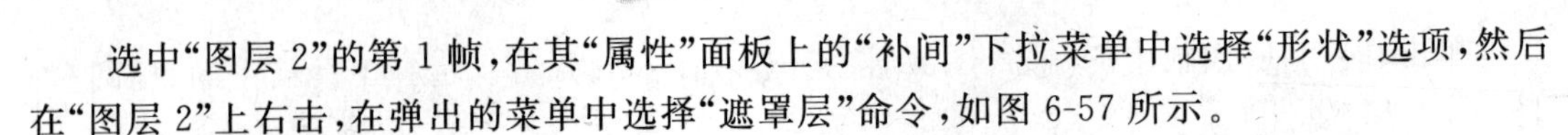

选中“图层 2”的第 1 帧，在其“属性”面板上的“补间”下拉菜单中选择“形状”选项，然后在“图层 2”上右击，在弹出的菜单中选择“遮罩层”命令，如图 6-57 所示。

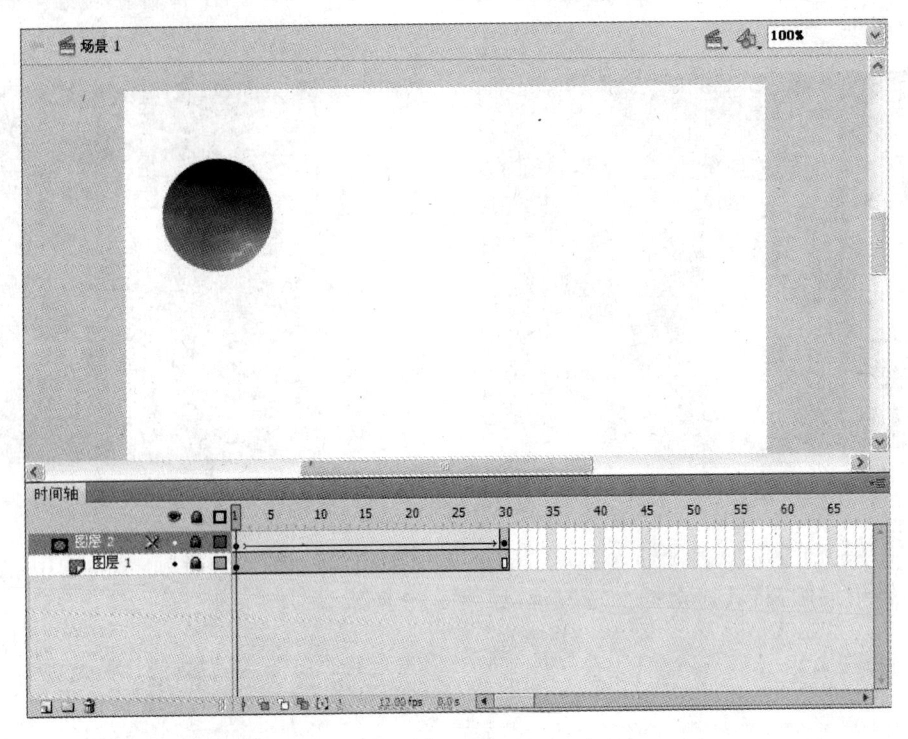

图 6-57

此时遮罩的效果已经显现。最后保存并执行“控制”/“测试影片”命令，快捷键为 Ctrl+Enter，得到的效果如图 6-58 和图 6-59 所示。

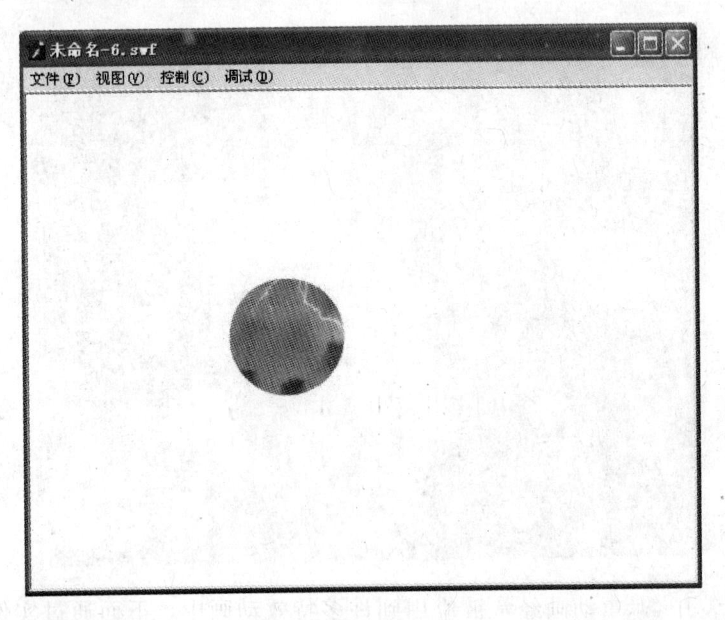

图 6-58

图 6-59

6.3.5 场景

“场景”面板是用来处理和组织影片的，并且允许创建、删除和重新组织场景，在不同的场景之间切换。“场景”面板如图 6-60 所示。

当发布包含多个场景的影片时，影片中的场景将按照它在Flash 文档的“场景”面板中列出的顺序进行播放。

影片中的帧也是按照场景的顺序编号的。如图 6-60 所示的“场景”面板中，包含“场景 1”和“场景 2”两个场景。那么会从“场景 1”开始播放。对于“场景”面板，可以对其进行复制、添加、删除、重命名和更改场景顺序等操作。

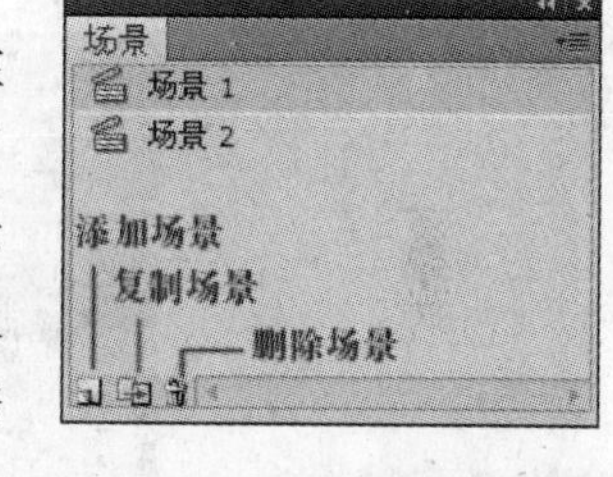

图 6-60

“添加场景”：用来在影片中建立一个新场景。

“复制场景”：先选中需要复制的场景，单击此按钮，可以在影片中复制一个与此场景完全相同的新场景。

“删除场景”：用来删除选中的场景。

“更改场景的顺序”：在“场景”面板中，将场景拖动到不同位置可以更改影片中场景的顺序。

“更改场景名称”：在“场景”面板中，双击场景名称，即可重命名该场景。

6.4 实例制作

在 Flash CS5 中，遮罩动画经常被应用到许多特效动画中。下面通过实例来理解遮罩的应用。

利用遮罩动画制作百叶窗的步骤如下。

(1) 新建空白文档,执行"文件"/"导入"/"导入到库"命令,导入 2 张位图图片到"库"面板中,如图 6-61 所示。

图 6-61

(2) 把导入的第一张图片"百叶窗(1)"拖拽至舞台上,并调整其位置和大小,如图 6-62 所示。

图 6-62

(3) 选中第 30 帧,按 F7 键插入一个空白关键帧。继续将另外一张图片拖拽至舞台上,并调整其大小和位置使之与舞台对齐,如图 6-63 所示。

(4) 在第 60 帧处按 F5 键插入帧,如图 6-64 所示。

(5) 新建图层,用同样的方法,在第 1 帧处放置第二张图片,在第 30 帧处放置第一张图片。在第 60 帧处插入关键帧,如图 6-65 所示。

(6) 执行"插入"/"新建元件"命令,快捷键为 F8,创建一个新的影片剪辑元件,作为横

图 6-63

图 6-64

向百叶窗的元件。参数设置如图 6-66 所示。

(7) 单击“确定”按钮后，即可进入“横向”影片剪辑的场景中。选择工具箱中的“矩形”工具，设置边框颜色为无，填充颜色为绿色。在场景中绘制一个矩形，然后在其“属性”面板中设置宽为 550 像素，高为 40 像素。让矩形的左上角对准场景中的“＋”符号，如图 6-67 所示。

(8) 在“时间轴”面板的第 30 帧处按 F6 键插入一个关键帧，然后将第 30 帧处的矩形设置为宽为 550 像素，高为 1 像素，如图 6-68 所示。

图 6-65

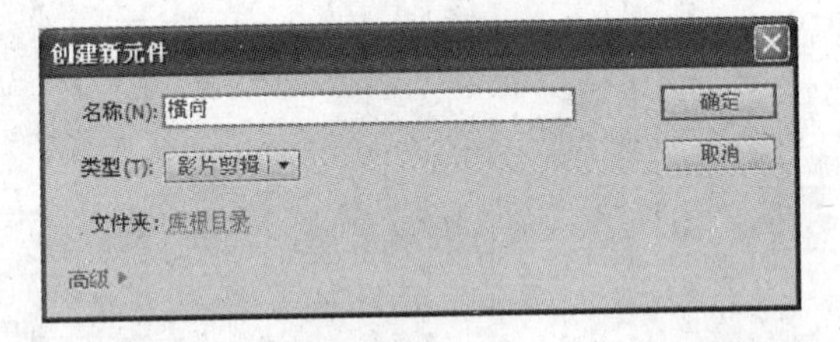

图 6-66

图 6-67

图　6-68

(9) 单击第 1 帧，在“属性”面板中设置第 1 帧补间到第 30 帧补间的类型为“形状”。按照同样的方法，新建一个名为“竖向”的影片剪辑元件，如图 6-69 所示。

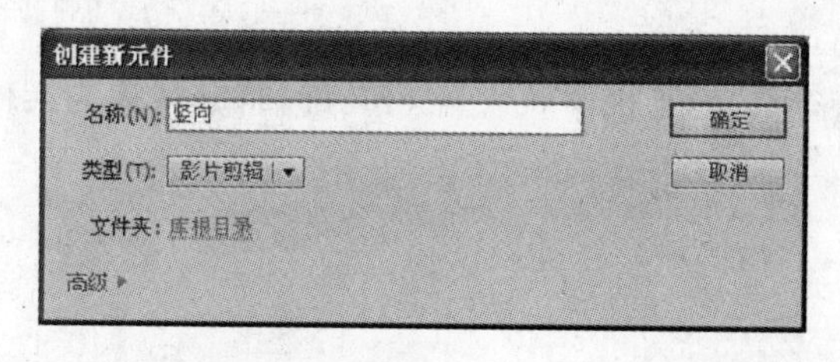

图　6-69

(10) 单击“确定”按钮后，进入“竖向”影片剪辑元件的编辑场景中。同样绘制一个矩形，并设置宽为 550 像素，高为 400 像素。同样让矩形定点贴近左上角的“+”图标，如图 6-70 所示。

图　6-70

（11）同样在第30帧处插入关键帧，将宽度缩短为1像素，然后选择第1帧，在“属性”面板中设置第1帧补间到第30帧补间的类型为“形状”。回到原来的场景中，新建图层，把“横向”影片剪辑元件拖拽至场景的左侧，然后在按住Ctrl的情况下快速复制出9个矩形，如图6-71所示。

（12）然后将所有的“横向”影片剪辑元件选中，执行“窗口”/“对齐”命令，打开“对齐”面板，单击“相对于舞台”按钮，然后单击“分布”中的“垂直居中”和“水平居中”，得到的效果如图6-72所示。

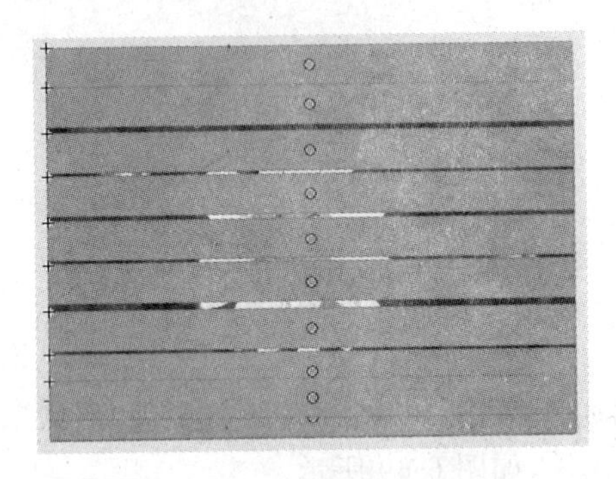

图　6-71

图　6-72

（13）保持“横向”影片剪辑为选中状态，按F8键，将其转换为元件，如图6-73所示。

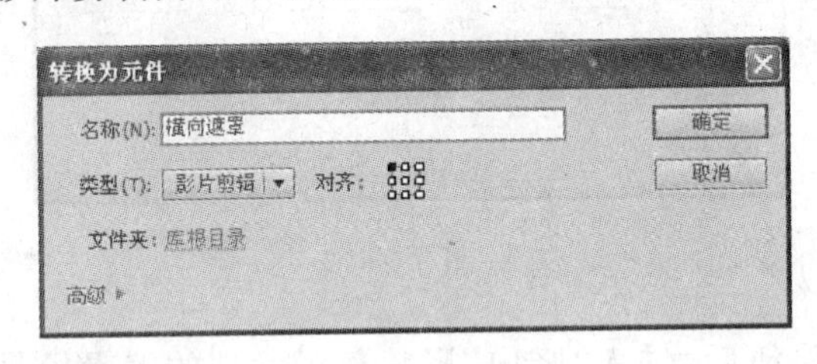

图　6-73

（14）选中第30帧，插入空白关键帧，用同样方法，将“库”面板中的“竖向”影片剪辑元件拖拽至场景中，并按Ctrl键的同时进行复制，如图6-74所示。

（15）然后再保持“竖向”影片剪辑为选中状态，按F8键，将其转换为元件，如图6-75所示。

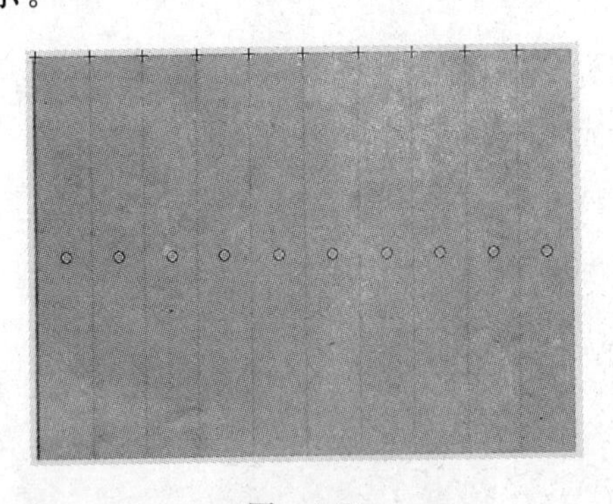

图　6-74

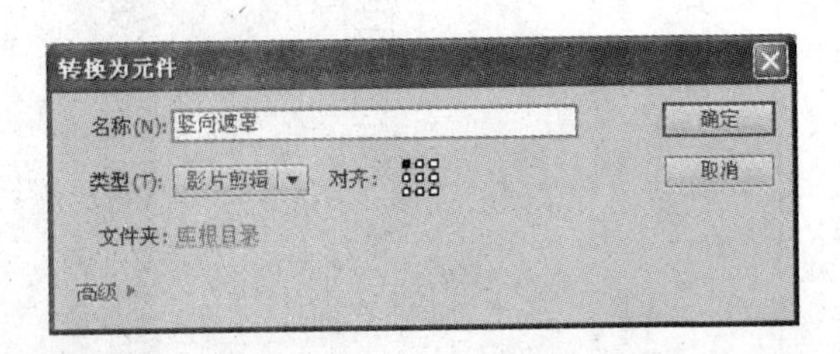

图　6-75

(16) 然后在第 60 帧处插入帧。在“图层 3”上右击，在弹出的菜单中选择“遮罩层”选项。此时“图层 3”的名称和被遮罩层前的图标都发生了变化，而且两个图层自动被锁定。这就说明遮罩的效果已经被成功创建了，如图 6-76 所示。

图 6-76

(17) 执行“控制”/“测试影片”命令，快捷键为 Ctrl+Enter。可以看到百叶窗效果的影片，如图 6-77 所示。

图 6-77

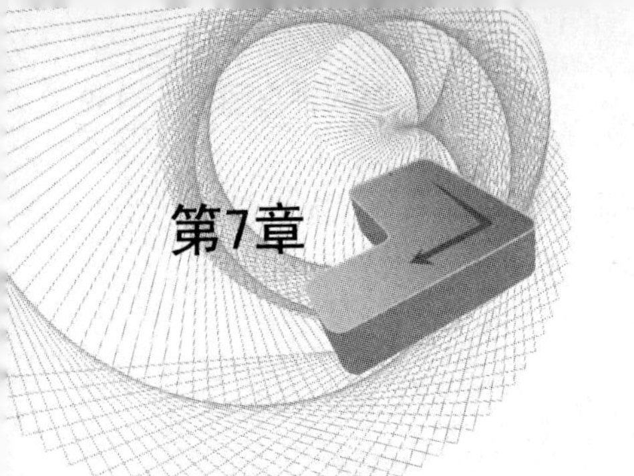

chapter 7

元 件 和 库

在 Flash CS5 中,制作影片通常都是有一定的流程的。对于需要重复使用的资源可以将其制作成元件,然后从“库”面板中拖动到舞台上。元件可以重复使用。元件的存在可以使得影片的制作更加简单快捷。

7.1　元件、实例、库

在 Flash 影片的制作过程中,元件是在 Flash 中创建过一次的图形、按钮或影片剪辑。随后可以在整个文档或其他文档中重复使用该元件。元件可以减少动画的文件大小以及下载时间,单个元件可以在一个项目中使用无数次,但是 Flash 中只能使用一次有关该元件的数据。

元件通常存储于“库”面板中。当将元件拖拽到舞台上时,Flash 便创建了该元件的一个实例,并且会将原始的元件留在“库”面板中。所以说实例是位于舞台上或嵌套在另一个元件内的元件副本。

7.1.1　元件

在 Flash CS5 中,元件是指在 Flash CS5 中创建的图形、按钮或影片剪辑,如图 7-1 所示,当元件创建完成后会自动存储于“库”面板中,如图 7-2 所示。

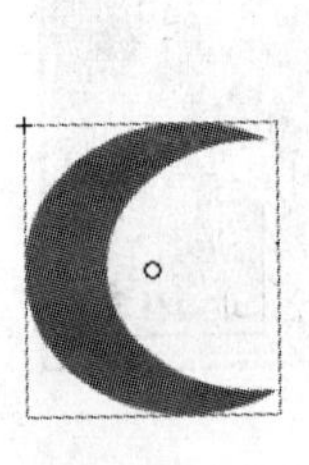

图　7-1

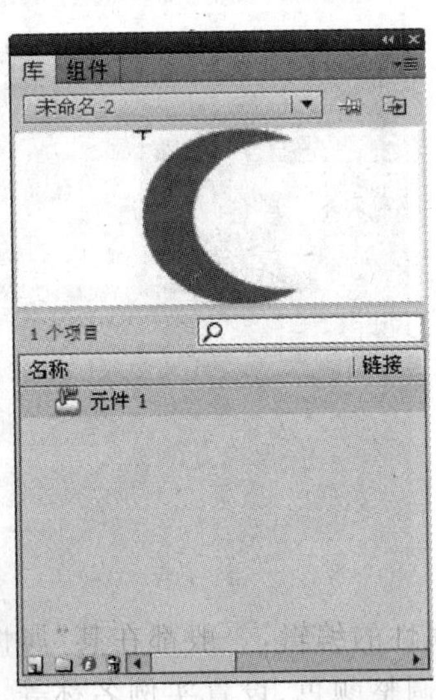

图　7-2

元件只需要创建一次，即可在整个动画中反复使用，不需要在文件中复制。创建元件可以节省文档所占空间大小，更加易于网络传输。

在创建元件过程中，元件可以是通过各种绘图工具创建的图形图像，还可以是导入的插图，如图 7-3 和图 7-4 所示。

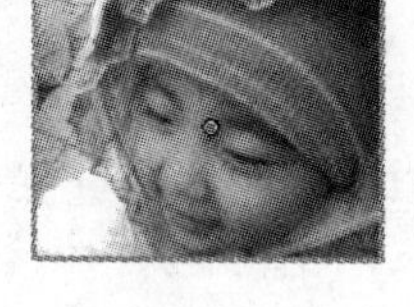
图 7-3

图 7-4

7.1.2 元件实例

在 Flash CS5 中，实例又被称为实例化元件，是指在动画制作过程中，常常会将一个元件嵌套到另一个元件内，这种做法使得动画的变化更多，操作起来也更加容易。

在制作影片过程中，使用元件可以明显缩小生成文件的大小，因为不管影片中使用了多少个元件实例，影片中只会保存元件，而其他实例都是以附加信息保存的，即用文字性的信息说明实例的位置和其他属性，所以保存一个元件的几个实例比保存元件内容的多个副本占用的存储空间小。合理地使用元件还可以加速影片的回放速度，因为一个元件只需下载到 Flash Player 中一次即可，元件的实例不必再次下载。

图 7-5

1. 元件实例的创建

按 Ctrl+L 键打开“库”面板，如图 7-5 所示。在“库”面板中选中元件，按住鼠标左键不放，将其拖拽至场景中，然后松开鼠标，实例便创建成功。

创建实例时需要注意场景中帧数的设置，为多帧的影片剪辑和多帧的图形元件创建实例时，舞台中影片剪辑设置一个关键帧即可，图形元件则需要设置与该元件完全相同的帧数，动画才能完整播放。

2. 元件实例属性的设置

元件实例属性的编辑，一般都在其“属性”面板中进行，包括改变大小、调整颜色、设置实例名称等。如果需要修改

实例的内容,则需要进入元件中才能操作,并且这样的操作会改变所有使用该元件创建的实例的内容。

颜色:当选择某个元件实例后,打开其“属性”面板,如图 7-6 所示。

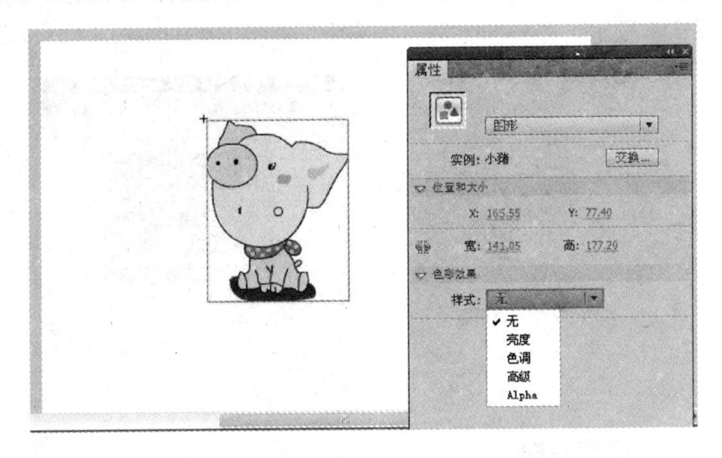

图 7-6

在其“属性”面板中可以看到“样式”选项的下拉列表中有 5 个可选操作,它们是“无”、“亮度”、“色调”、“Alpha”和“高级”,如图 7-7 所示。

“无”:表示不做任何修改。

“亮度”:用来调整元件实例的相对亮度。亮度值为-100%至100%,-100%为亮度最弱,100%为亮度最强,默认值为0。调整亮度时可以直接输入数字,也可以通过拖动右侧滑块来调整。图 7-8 为亮度是-50%、0 和 50%时元件实例的效果。

图 7-7

图 7-8

“色调”:使用一种颜色来对实例进行着色操作,可以在 中选择一种颜色,也可以调整 RGB 的数值来选定颜色。当颜色选定后,可以在右面的色彩数值框中输入数值,该数值表示此种颜色对实例的影响大小。0 表示没有影响,100%表示完全变为选定的颜色。图 7-9 为当选择颜色为蓝色时,数值是 0、30%、70%和 100%的元件实例的效果。

图 7-9

"Alpha"：用来调整元件实例的透明程度，数值范围是 0～100%。0 表示完全透明，100%表示完全不透明。图 7-10 为数值是 20%和 70%时的元件实例的效果。

"高级"：选择此选项后，单击右边的"设置"按钮，在打开的"高级效果"对话框中，可以调节实例的颜色和透明度。这在制作颜色变化非常精细的动画中非常有用。每一项都有左右两个调节框，左边的调节框用来输入减少相应颜色分量或透明度的比例，右边的调节框通过数值来增加或减少相应颜色和透明度的值。

图 7-10

3．**设置实例名**

实例名称的设置只针对影片剪辑和按钮元件，图形元件和其他元件没有实例名称。选中实例，打开"属性"面板，在"实例"名称文本框中输入的名字即为该实例的名称，如图 7-11 所示。

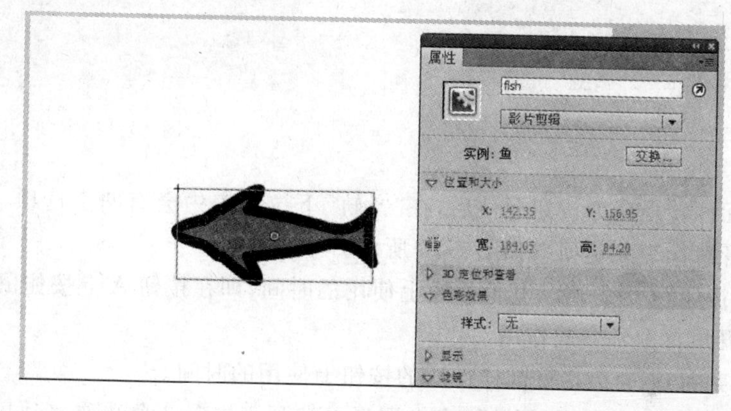

图 7-11

实例名称用于脚本中对某个具体对象进行操作，可以用中文、英文和数字表示。但使用英文时需注意大小写，因为 ActionScript 识别英文大小写。

4．**实例交换**

在舞台中创建实例后，可以为实例指定另外的元件，舞台上的实例会变为另一个实例，但是原来的实例属性不会改变。

选择舞台中的实例，在其"属性"面板中单击"交换"按钮，在弹出的"交换元件"对话框中选择需要交换的元件，如图 7-12 所示。

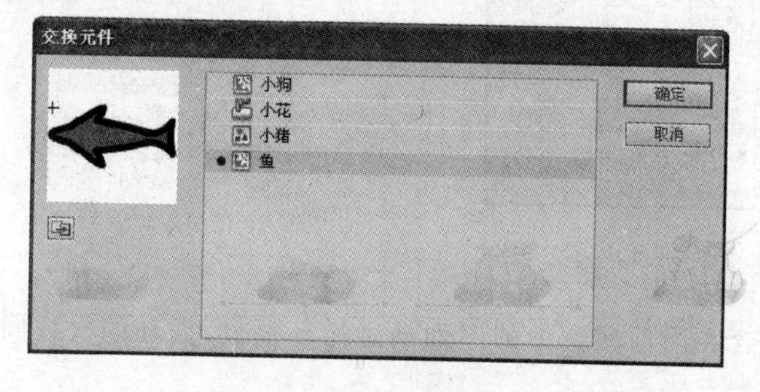

图 7-12

选择需要交换的实例后，单击“确定”按钮，即可完成交换。

5. 改变实例类型

在舞台上创建的元件实例也会继承之前元件的类型，可以通过选中实例后在其“属性”面板中修改实例的类型，如图 7-13 所示。

当将其他元件转换成影片剪辑元件后，可以在“实例名称”文本框中为实例命名，如图 7-14 所示。

图 7-13

图 7-14

当将其他元件转换成为按钮元件后，在“音轨”下拉列表中会有两个选项，分别是“音轨作为按钮”和“音轨作为菜单项”，如图 7-15 所示。

“音轨作为按钮”：会忽略从其他按钮上使用的时间，即在按钮 A 上按住鼠标，然后移动到按钮 B 上松开鼠标就不会起作用。

“音轨作为菜单项”：会接受同样性质的按钮上使用的时间。

当将其他元件转换成图形元件后，会在图形下拉列表中有 3 个选项，它们是“循环”、“播放一次”和“单帧”，如图 7-16 所示。

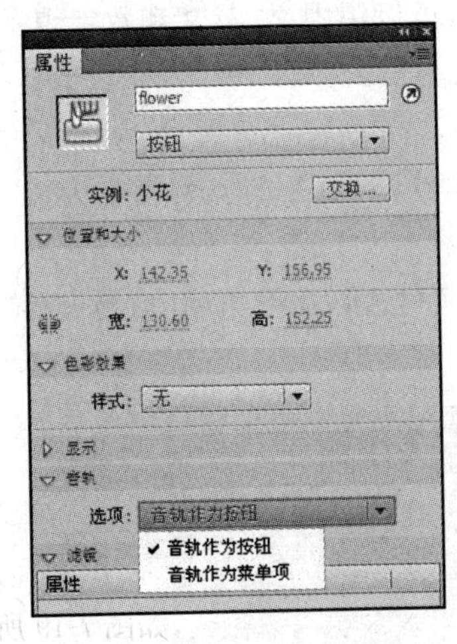

图 7-15

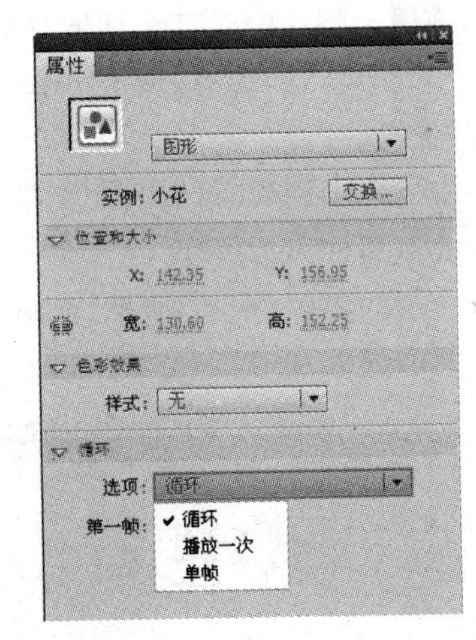

图 7-16

“循环”：令包含在当前实例中的序列动画循环播放，循环的次数同实例所占的帧数相等。

"播放一次"：从指定帧开始，只播放动画一次。

"单帧"：显示序列动画的指定帧。

7.1.3　库

在 Flash CS5 中，各种元件都存储于"库"面板中，而且"库"面板也可以用于存储导入的文件，包括位图、声音、视频类文件等。图 7-17 为"库"面板图示，里面列出了影片中可以存储的许多元件。

"菜单"：单击该选项，可以执行创建新元件等操作，如图 7-18 所示。

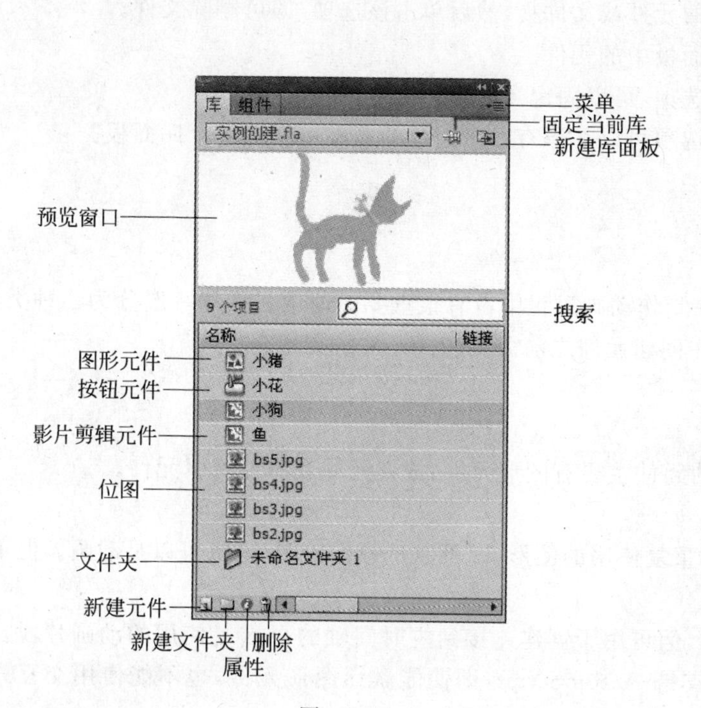

图　7-17

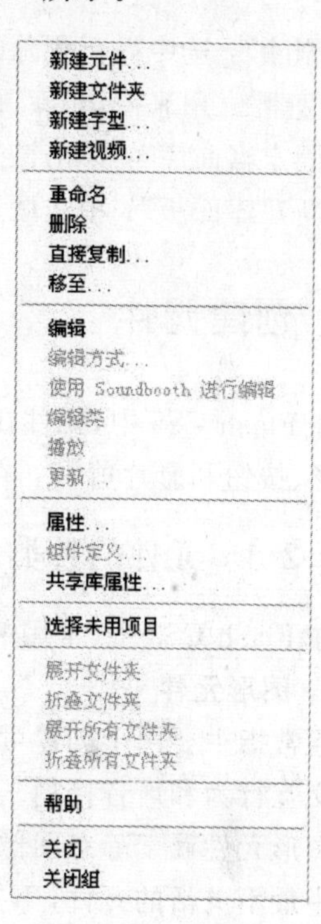

图　7-18

"预览窗口"：不论单击"库"面板列表中的哪个选项，都会在预览窗口中显示效果。如果选定的是个动画文件，预览窗口中会出现带有"播放"和"停止"按钮的动画效果。

"位图"：代表位图元件。

"文件夹"：用来将不同类型的元件归类。

"按钮元件"：代表按钮类元件。

"影片剪辑元件"：代表影片剪辑类元件。

"图形元件"：代表图形类元件。

"新建元件"：单击该按钮后，屏幕上会出现如图 7-19 所示的"创建新元件"对话框，可以为新建的元件命令以及选择类型。执行"插入"/"新建元件"命令也可以做到，如图 7-19 所示。

"新建文件夹"：单击该选项，可以创建文件夹为保存在"库"面板中的元件进行分类，在编辑过程中会方便很多。

"属性"：选择"库"面板中的任意一个元件，然后单击该选项，可以查看或修改库中元件

图 7-19

的属性。

"删除"：选中需要删除的元件或文件夹，然后单击该选项，即可删除文件。

"搜索"：用来搜索"库"面板中的元件。

"固定当前库"：单击该选项，可以固定当前"库"面板。

"新建库面板"：单击此选项可以在原有"库"面板的基础上新建一个库面板。

7.2 创建元件

在 Flash CS5 中，元件在制作动画过程中占有很重要的地位。元件一般分为三种类型，即图形、按钮和影片剪辑。在创建元件之前需要选择元件的类型。

7.2.1 元件的种类

在 Flash CS5 中，常用的元件主要有图形元件、按钮元件和影片剪辑元件。

1. 图形元件

通常指主要用于创建可重复使用的图形，既可以是静止的图片，也可以是动画。但不能添加交互行为和声音控制。

图形元件属于静态图像，但可用于创建连接到主时间轴的可重复使用的动画片段。是元件中最不灵活的元件，不支持 ActionScript，即使能激活图形元件，也不能使用交互式空间和声音，也无法对图形元件使用滤镜或混合模式。

2. 按钮元件

通常指主要用于影响鼠标单击、滑过或其他动作的交互式按钮，在 Flash 的动画制作过程中，主要用于随时控制动画的播放速度。

可以在标准的滚动状态下使用按钮元件，从而快速地创建交互按钮，与影片剪辑不一样的是，按钮元件的时间轴有 4 个帧，分别是："弹起"、"指针经过"、"按下"和"单击"。

在 Flash CS5 中，可以为单个按钮实例命名，也可以通过使用 ActionScript 来控制这些实例，同时还能应用滤镜、混合模式和颜色设置。

"弹起"是默认状态；"指针经过"状态决定指针滑过按钮时该按钮的外观；"按下"状态决定单击按钮时该按钮的外观；"单击"状态定义按钮的活动区域，该区域对应单击的区域。

3. 影片剪辑元件

在 Flash CS5 中，可以为各种各样的对象创建影片剪辑，因为影片剪辑是最灵活的元件。可以对一个影片剪辑使用滤镜、颜色设置和混合模式，还可以为每个影片剪辑实例命名，使用 ActionScript 来控制元件实例。

影片剪辑的时间轴也是最灵活的，可以包含声音和交互控制，以及其他影片剪辑实例。即使它们不包含按钮元件时间轴中滚动状态的默认帧，也可以通过使用 ActionScript 创建滚动状态方式来使用影片剪辑元件创建一个按钮。

影片剪辑元件可以独立制作各种动画，并且可以将其他各种元件嵌套在一起。当播放动画时，影片剪辑元件也在同时循环播放。

7.2.2 创建图形元件

图形元件作为制作动画的基本元素之一，主要用于创建可以重复使用的图形。图形元件是 Flash 影片制作过程中最基本的元件，不仅可以建立和存储独立图形，还可以制作图像。

1. 创建新的图形元件

执行“插入”/“新建元件”命令，快捷键为 Ctrl＋F8。在弹出的“创建新元件”对话框中选择元件类型为“图形”，然后命名元件，如图 7-20 所示。

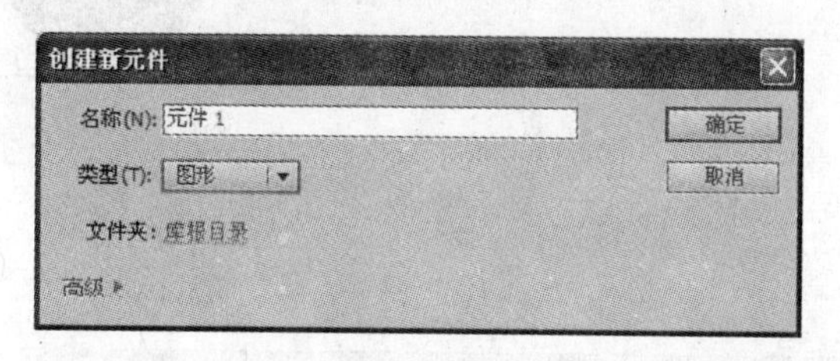

图 7-20

如果单击对话框下面的“高级”选项，“创建新元件”对话框将会变成如图 7-21 所示的扩展功能面板。

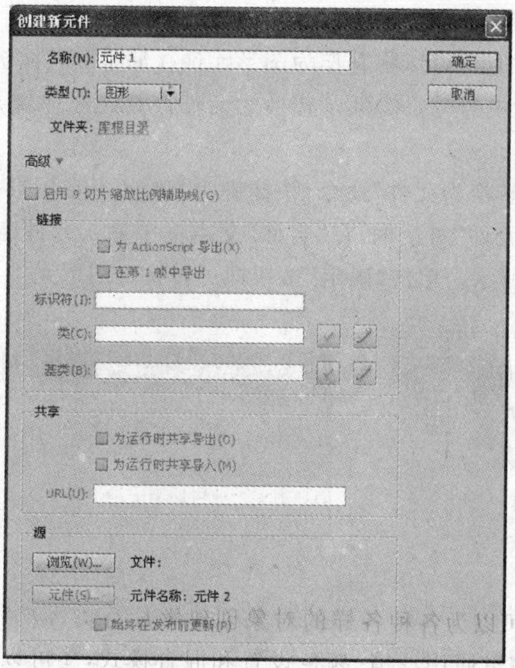

图 7-21

在 Flash CS5 中，扩展面板对于制作动画、创建元件的用处不多。当设置好新创建元件的类型和名称后，单击“确定”按钮，就可以进入图形元件的编辑界面，对元件进行编辑。图形元件的编辑界面如图 7-22 所示。

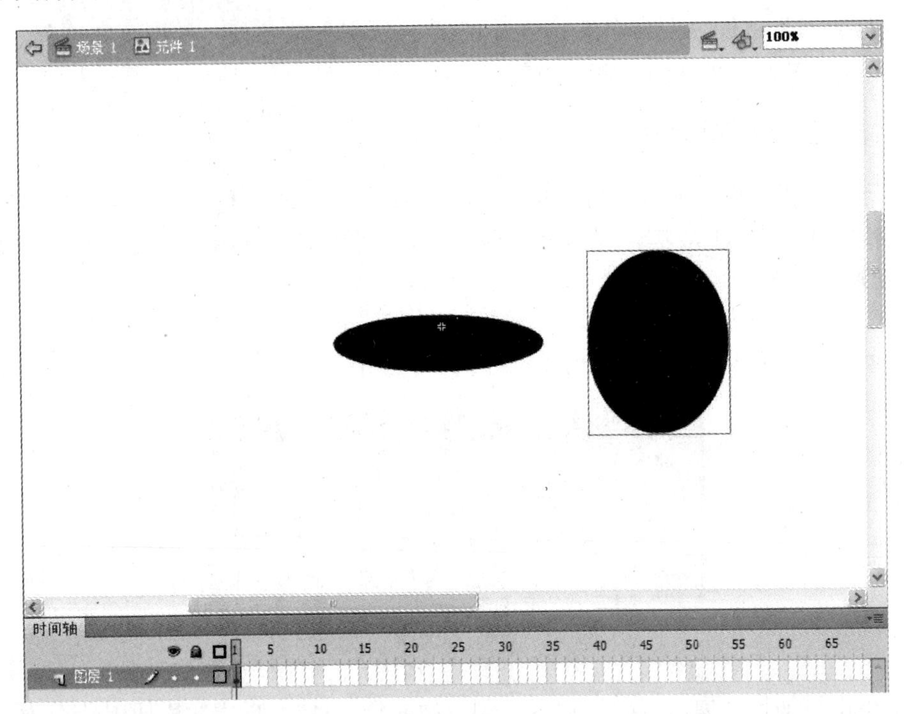

图　7-22

2. 将对象转换为图形元件

对于影片中静止的图形，可以将其作为图形元件存储于“库”面板中。

在 Flash CS5 中，选中的对象都可以转换为元件。首先选择舞台中需要转换为元件的对象，如图 7-23 所示。

然后执行“修改”/“转换为元件”命令，快捷键为 F8，或者在图形上右击，选择“转换为元件”命令。打开“转换为元件”对话框，在“名称”文本框中输入元件名称，在“类型”区域选择“图形”选项，如图 7-24 所示。单击“确定”按钮即可转换为图形元件。

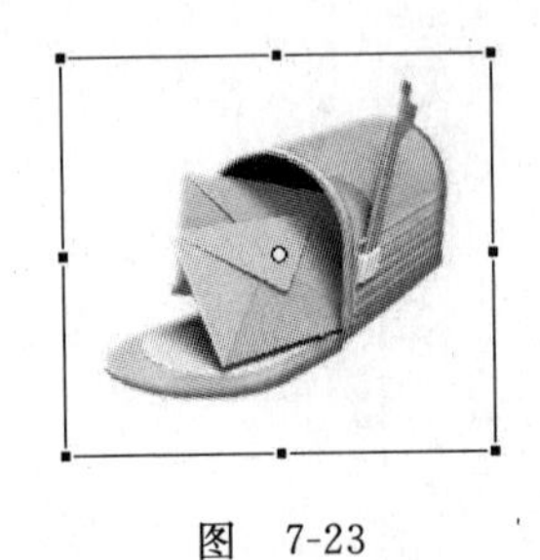

图　7-23

图　7-24

Tips：图形元件被放入其他场景或元件中后，不能对其进行编辑。如果需要对元件进行编辑，则需要双击元件进入元件编辑界面，然后才可以对元件进行编辑。

7.2.3 创建按钮元件

在使用 Flash CS5 制作动画过程中，常常会希望影片具有一定交互性，可以通过创建按钮元件来实现，按钮元件可以影响标准的鼠标动作，如单击、双击等操作。

当按钮元件创建完成后，Flash CS5 会出现一个 4 帧的时间轴。前 3 帧显示按钮的 3 种可能状态，即弹起、指针经过和按下，第 4 帧定义按钮的有效影响区域。按钮元件在时间轴上实际不播放，只是对鼠标指针的不同运动和动作做出反应。

执行“插入”/“新建元件”命令，快捷键为 Ctrl＋F8，在弹出的“创建新元件”对话框中选择创建的元件类型为“按钮”，然后命名新建的元件。最后单击“确定”按钮，如图 7-25 所示。

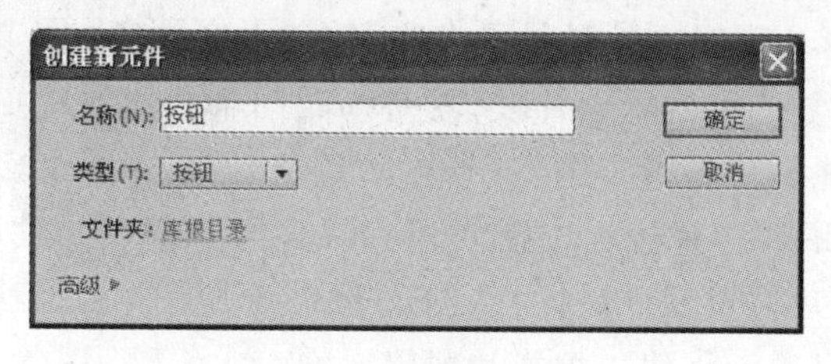

图 7-25

按钮元件创建完成后，Flash CS5 会自动切换到按钮元件的编辑模式下，如图 7-26 所示。

图 7-26

可以看到按钮在“时间轴”面板上出现了 4 个帧，而且每一帧都有其特定的名称和功能，分别是“弹起”、“指针经过”、“按下”和“点击”，如图 7-27 所示。

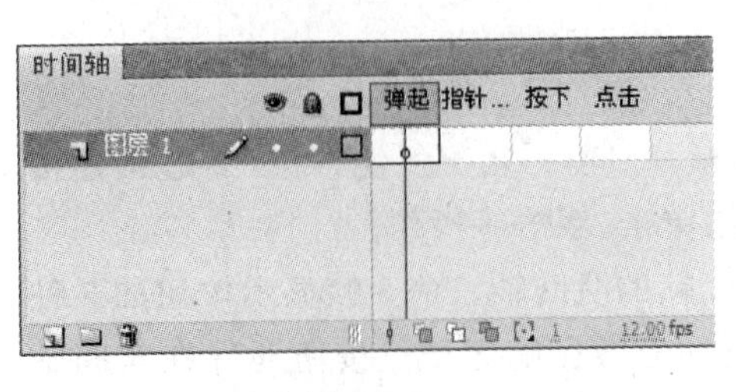

图 7-27

“弹起”：表示在鼠标指针没有滑过按钮或者单击按钮后又立即松开的状态。

“指针经过”：表示鼠标指针经过按钮时的外观。

“按下”：表示鼠标单击按钮时的外观。

“点击”：表示用来定义可以影响鼠标事件的最大区域。如果这一帧没有定义图形，鼠标的影响区域则由“指针经过”和“弹起”两帧的图形定义。

7.2.4 创建影片剪辑元件

在 Flash CS5 中，影片剪辑元件是最具有交互性、用途最多以及功能最强的部分。影片剪辑元件可以创建可重复使用的动画片段，具有和时间轴相对独立的时间轴属性。包含交互式控件、声音甚至其他影片剪辑实例。

如果在制作一个 Flash 影片过程中需要用到很多重复的动画片段，这时可以将这些重复的动画片段制作成影片剪辑元件。同样，创建影片剪辑元件的方法可以直接将动画转换为影片剪辑元件，也可以重新创建一个影片剪辑元件。

执行“插入”/“新建元件”命令，快捷键为 Ctrl+F8，在打开的“创建新元件”对话框中选择元件类型为“影片剪辑”，并输入名称，如图 7-28 所示。

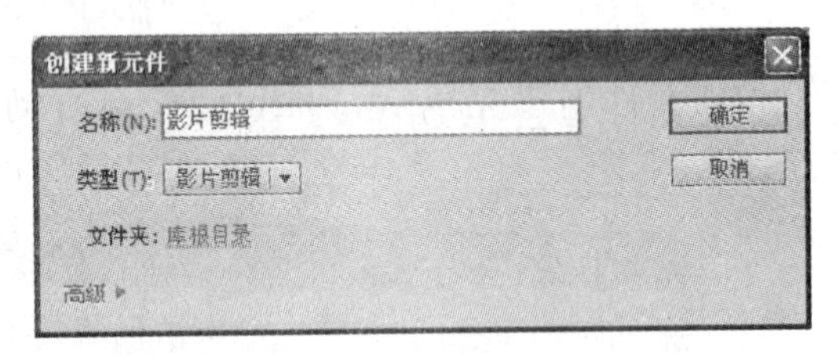

图 7-28

单击“确定”按钮后，即可创建影片剪辑元件。然后 Flash CS5 系统会自动切换到影片剪辑元件编辑模式，此时在元件编辑区域中心将会出现一个“+”光标，便可以在这个编辑区域编辑影片了，如图 7-29 所示。

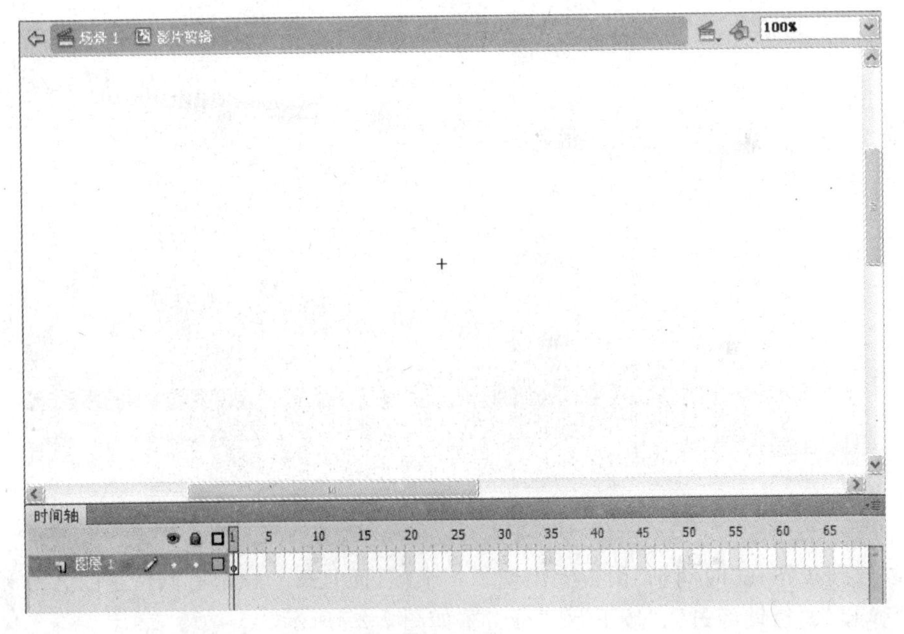

图 7-29

7.3 导入位图图像

在 Flash CS5 中，可以使用其他应用程序创建的图像，并且可以导入各种文件格式的矢量图和位图。例如，可以导入 PNG 文件到 Flash 中，并保留其格式中的属性。当导入位图时，可以应用压缩和消除锯齿功能，将位图直接放置在 Flash 文件中，使用位图作为填充，在外部编辑器中编辑位图，将位图分离为像素或者转换为矢量图。如果将图像导入到舞台上，那么 Flash 会将它们自动添加到"库"中。

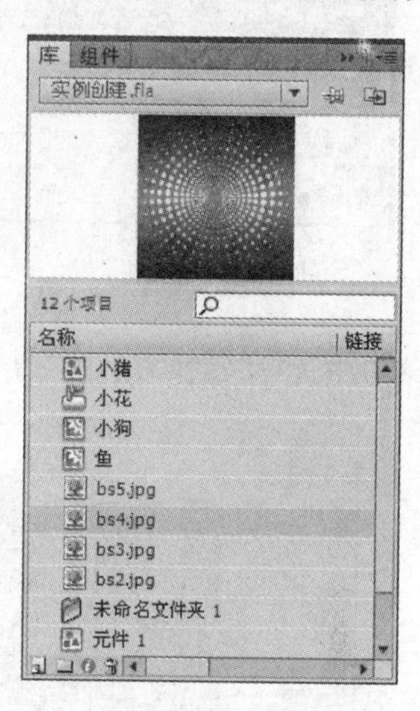

图 7-30

Flash CS5 支持 JPEG、GIF 和 PNG 格式的位图文件。JPEG 格式文件主要用于包含渐变和微小变化的图像，如摄影中发生的这种变化；GIF 格式文件用于包含较大的纯颜色色块的图像；PNG 格式的文件通常比 JPEG 或 GIF 格式的文件都要大。

执行"文件"/"导入"/"导入到库"命令，选择需要导入的位图文件，按住 Shift 键可进行多选，将位图图像导入到"库"面板中。在如图 7-30 所示的"库"面板中可以看到导入的位图图像。

也可以将图像导入到舞台，执行"文件"/"导入"/"导入到舞台"命令，选择需要导入的位图文件，按住 Shift 键可进行多选，将位图图像导入到舞台中，如图 7-31 所示。

图 7-31

为了缩小影片的文件大小，使在处理图形时有更大的灵活性，可以将位图图像转换为矢量图形，使用“转换位图为矢量图”命令可以将位图转换为具有可编辑的离散颜色区域的矢量图形。

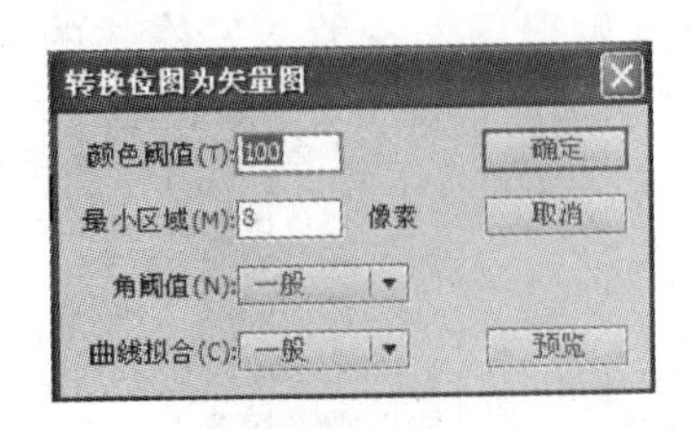

图　7-32

选择舞台中的位图图像，执行“修改”/“位图”/“转换位图为矢量图”命令，弹出如图 7-32 所示的对话框。然后对其进行参数设置，将阈值设置为 100，最小区域为 8 像素，角阈值为正常。

单击“确定”按钮后得到的图像效果如图 7-33 所示。

当位图被导入到 Flash 中后，也可以将其转换为影片剪辑元件。方法是在选择位图图像的基础上右击，在弹出的菜单中选择“转换为元件”命令。

图　7-33

7.4　编辑元件

对于元件的大部分操作都是在“库”面板中完成的，因为元件只有存在于“库”面板中，才被称为元件，一旦被移到了舞台，就变成了元件的实例，对于元件可以进行多种操作，包括复制、粘贴、删除和重命名等常规操作。

每个元件实例都是独立于该元件存在的，可以单独对其更改色调、透明度和亮度，对其所属的元件并无影响。对于元件实例，可以重新定义它的行为，设置动画在图形实例内的播放形式，可以倾斜、旋转或缩放比例，这些都不会影响到元件。即使已经编辑的元件或实例链接到其他元件上但对实例属性的修改仍然会应用于该实例。

当对已经创建了的元件进行修改时，可以将之前的元件进行复制，复制元件后，新元件将被添加到“库”面板中，然后可以根据需要对新元件进行修改。

如果需要删除一个元件，可以在“库”面板中直接删除，这样就从影片中彻底删除了元件，如果从舞台中删除，则是删除了元件实例，“库”面板中的元件仍然存在。

删除元件与复制元件一样，都可以通过“库”面板右上角的弹出菜单或右击后弹出的菜单的命令进行操作，如图 7-34 和图 7-35 所示。

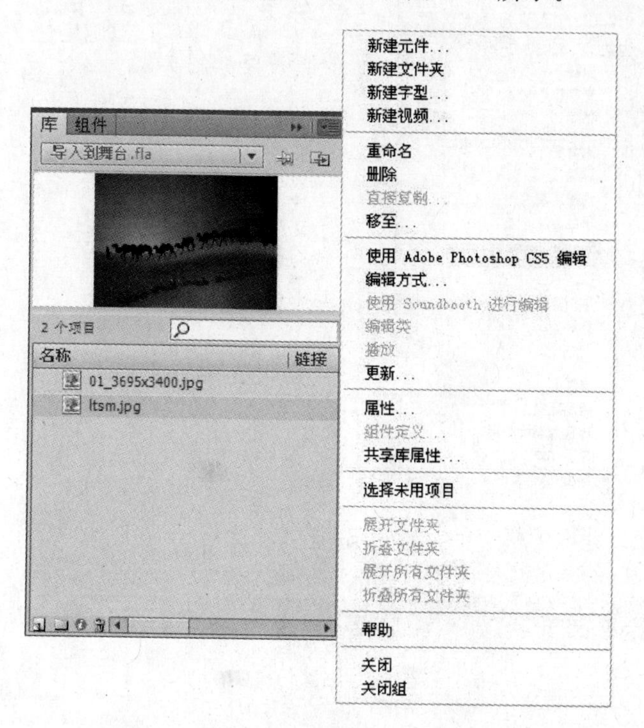

图 7-34

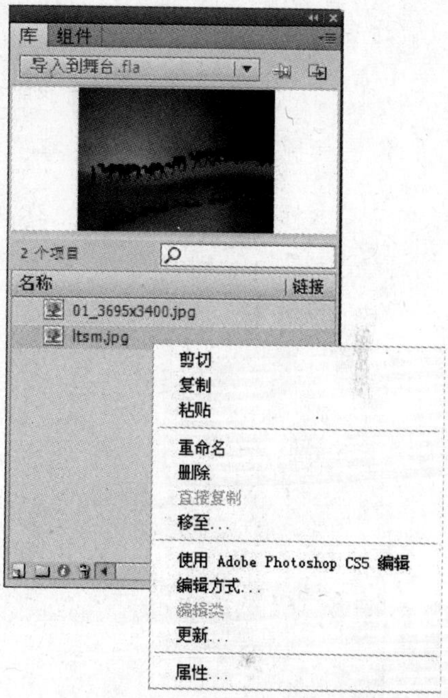

图 7-35

如果需要将一种元件转换为另一种元件，需要先在“库”面板中选择该元件，然后再右击，在弹出的快捷菜单中选择“属性”选项来改变元件的类型，如图 7-36 所示。

图 7-36

当需要对元件进行编辑时，选中舞台中的元件实例，右击，在弹出的菜单中选择“编辑”选项，就可以对元件进行编辑了，如图 7-37 所示。

“编辑”：可将窗口从舞台视图改为只显示该元件的单独视图。正在编辑的元件名称会显示在舞台上方的信息栏内。双击该元件也可以直接进入编辑窗口，效果如图 7-38 所示。

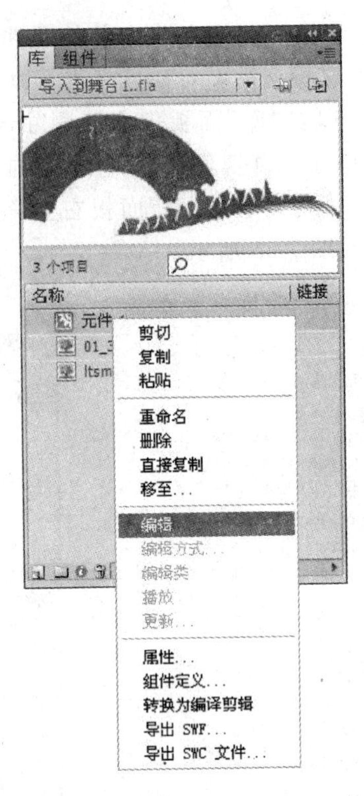
库
组件
导入到舞台1..fla
3 个项目
名称
链接
元件
剪切
复制
粘贴
重命名
删除
直接复制
移至...
编辑
编辑方式...
编辑类
播放
更新...
属性...
组件定义...
转换为编译剪辑
导出 SWF...
导出 SWC 文件...

图　7-37

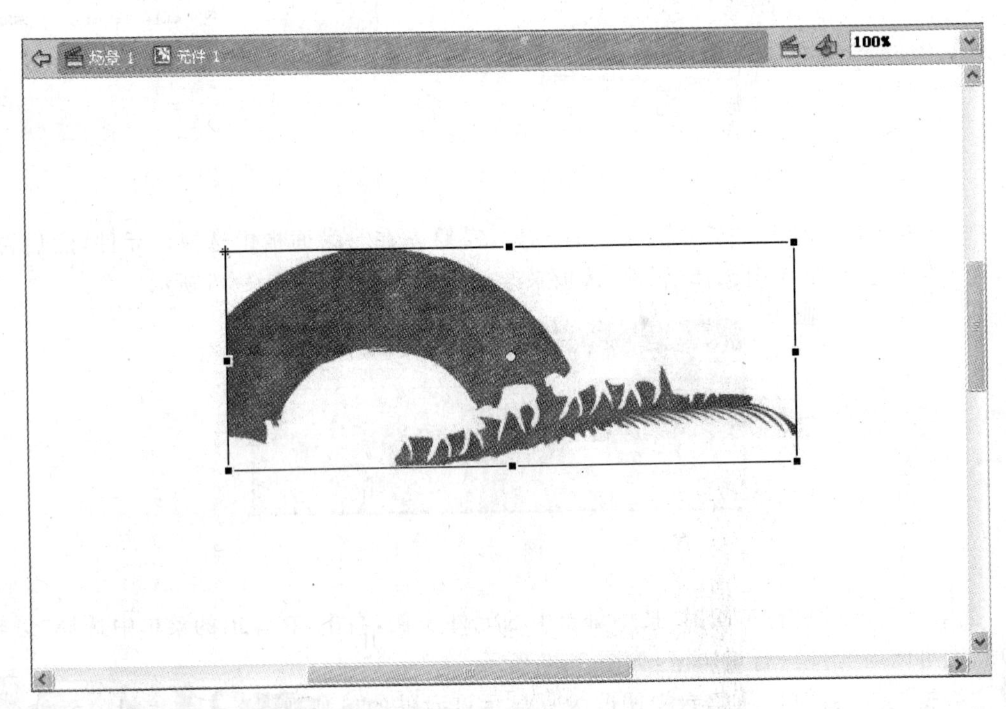
场景 1
元件 1
100%

图　7-38

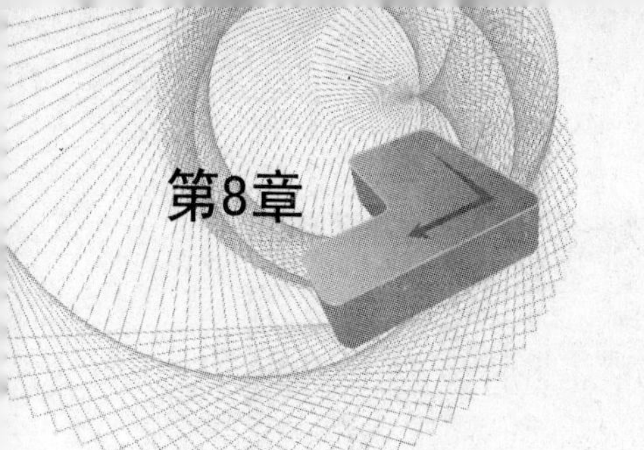

第8章

chapter 8

动画制作基础

在 Flash CS5 中，动画按照其功能和效果可以分为逐帧动画、补间动画、引导层和遮罩动画。每一种动画类型都能实现其特有的动画效果，在制作动画过程中综合使用这些方法可以使得制作出来的动画更加生动。

8.1 逐帧动画

逐帧动画是 Flash 动画制作中最为常见的制作方法，形式简单但富有变化性。是把一系列相差甚微的图像或文字放置在一定的帧和关键帧中，其中关键帧用的很多，几乎每一个关键帧中的图像的变化都很小，所以得到的连贯图像的效果会很顺畅。

逐帧动画就是把每一个动作分成了很多画面，这些画面需要单独对它们进行绘制，将它们连起来进行播放就形成了逐帧动画。

逐帧动画做起来会很麻烦，但是它的功能是最强大的，传统上所看到的动画一般都是由逐帧动画制作出来的。是将每一个动作拆分成很多个画面，然后再进行绘制，将绘制出来的画面进行流程的拍摄，这样就形成了动画效果。

在了解了逐帧动画的制作流程之后，通过一个小的实例进一步深刻理解它。

(1) 打开 Flash CS5 软件，然后新建文件。选择工具箱中的"椭圆"工具，设置笔触颜色为黑色，填充颜色为红色，在按住 Shift 的情况下绘制一个正圆，如图 8-1 所示。此时在"时间轴"面板上的第 1 帧处会自动出现关键帧，如图 8-2 所示。

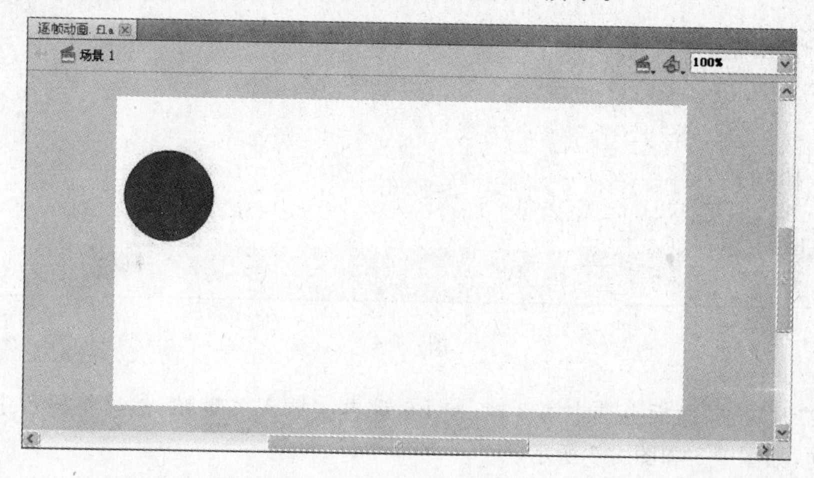

图 8-1

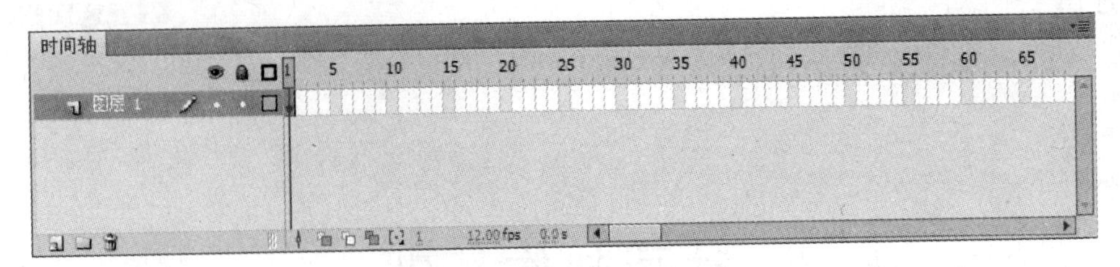

图 8-2

(2) 在“时间轴”面板的第 2 帧处右击，在弹出的菜单中选择“插入关键帧”命令。快捷键为 F6，此时在“时间轴”面板的第 2 帧处会出现一个关键帧，如图 8-3 所示。

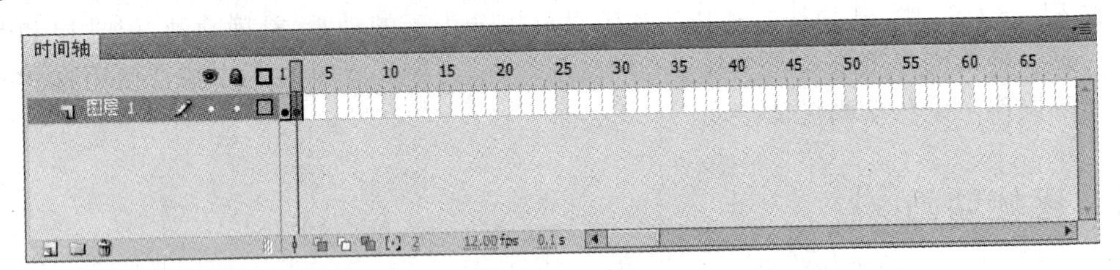

图 8-3

(3) 然后将所绘制的圆形慢慢向右移动一点距离，如图 8-4 所示。

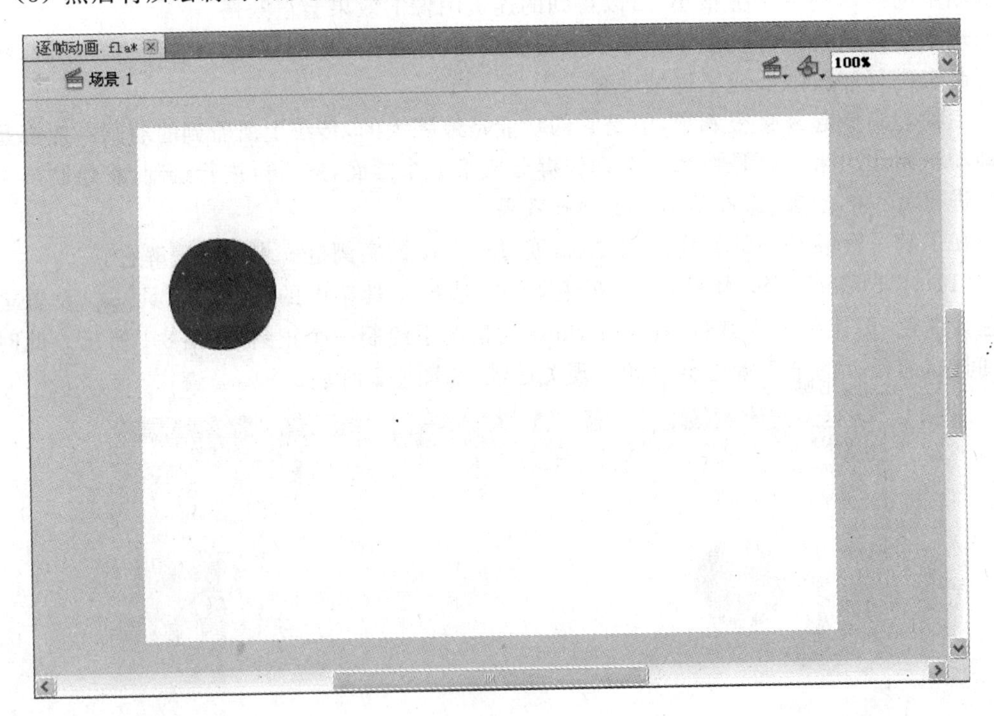

图 8-4

(4) 在“时间轴”面板上选中第 3 帧，按 F6 键再次插入关键帧，然后将舞台中的圆形继续向右移动，如图 8-5 和图 8-6 所示。

(5) 用同样的方法继续添加关键帧的同时移动舞台中的圆形。将帧数增加至 20 帧，使

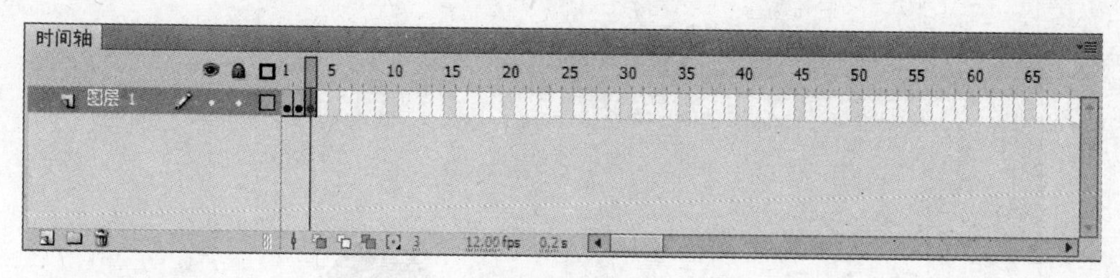

图 8-5

图 8-6

得舞台中的图形能够形成从左至右的一个运动过程，如图 8-7 和图 8-8 所示。

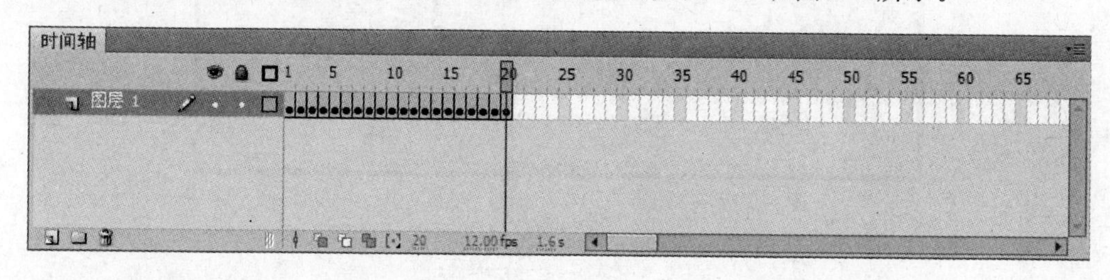

图 8-7

(6) 执行“控制”/“测试影片”命令，快捷键为 Ctrl＋Enter。可以看到圆形从左至右运动的过程，如图 8-9 所示。

图　8-8

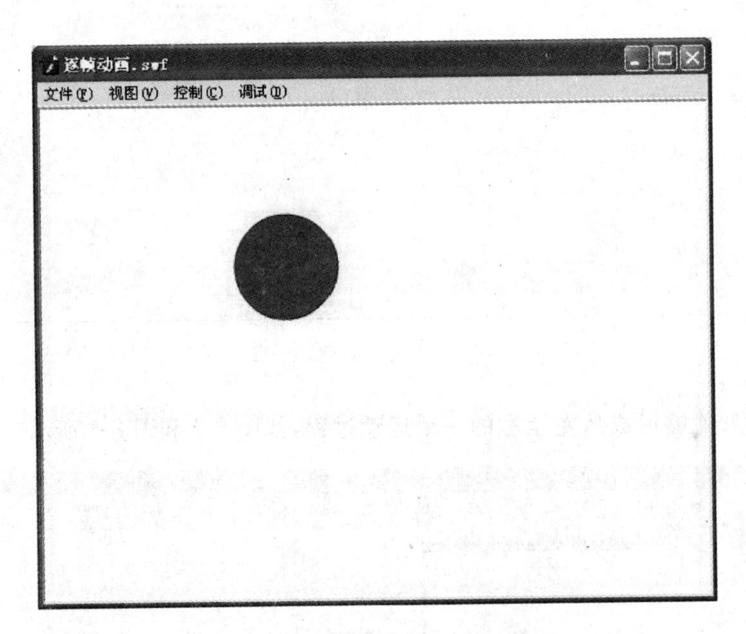

图　8-9

8.1.1　逐帧动画的特点

在逐帧动画制作过程中，如果一个动作的帧数越多，所制作出来的动画就会越细腻。还以之前的圆形运动的过程来说，如果要使圆形从文档的左侧边缘运动到右侧边缘，在“时间轴”面板上设置两个关键帧，第 1 帧时圆形在文档左侧，第 2 帧将圆形移动至文档右侧，如图 8-10、图 8-11、图 8-12 和图 8-13 所示。

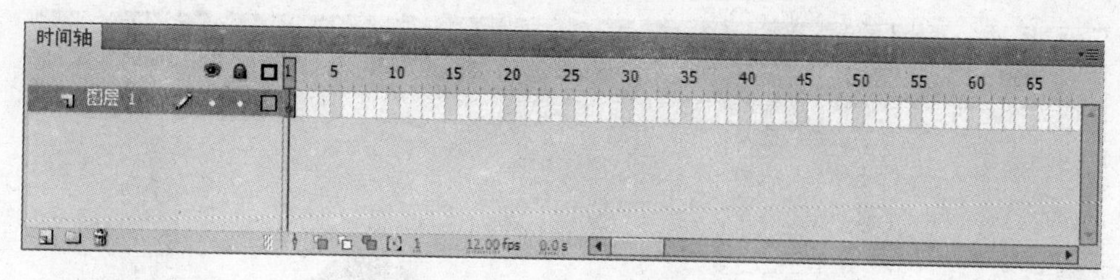

图 8-10

图 8-11

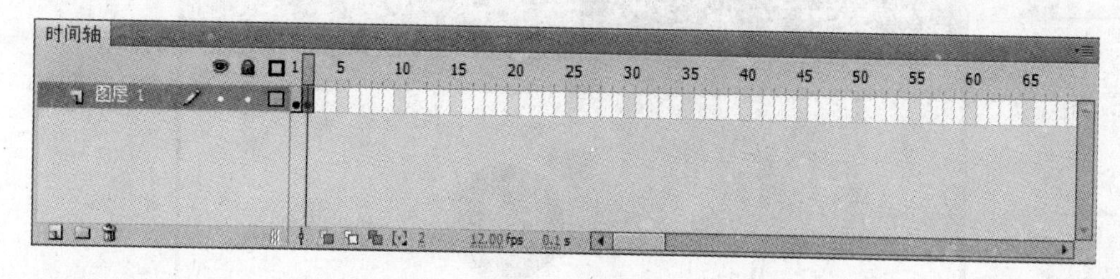

图 8-12

用鼠标滑动“时间轴”面板的指针或者执行“控制”/“测试影片”命令，快捷键为 Ctrl+Enter。可以看到圆形从左到右运动是一个跳动的过程。

而当把圆形从左向右运动的过程设置为 40 帧，每两帧之间的具体宽度设置得比较小，如图 8-14 所示。

然后滑动“时间轴”面板上的滑块或者执行“控制”/“测试影片”命令，快捷键为 Ctrl+Enter。可以看到圆形的运动是个循序渐进的过程，动画也会非常细腻，如图 8-15 所示。

图 8-13

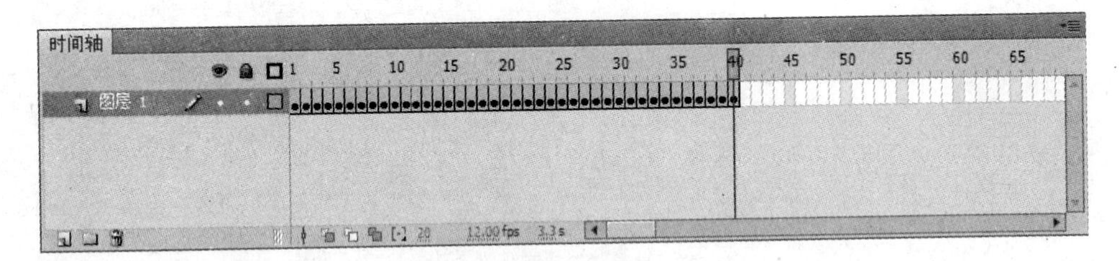

图 8-14

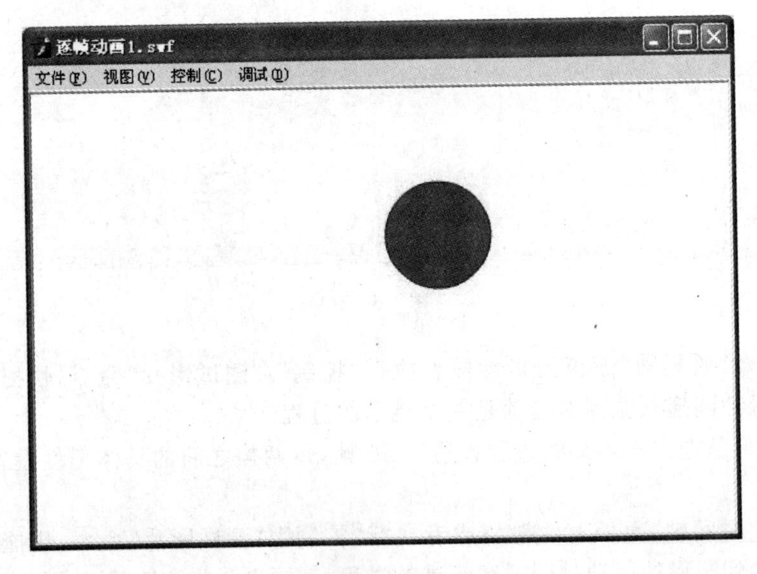

图 8-15

8.1.2 逐帧动画的技巧

首先按照之前讲述的方法制作一个圆形运动 10 帧的动画，如图 8-16 和图 8-17 所示。

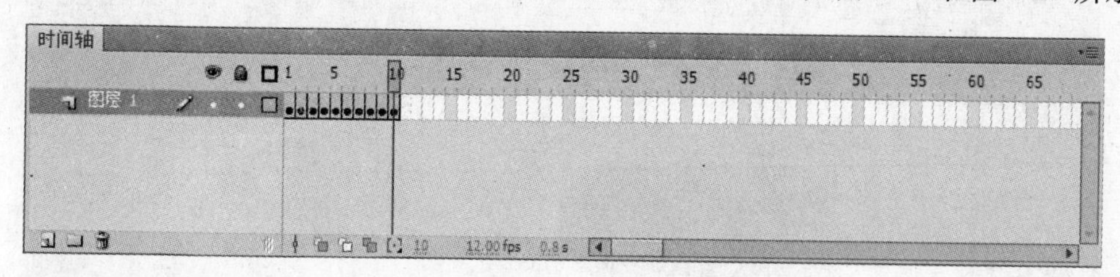

图 8-16

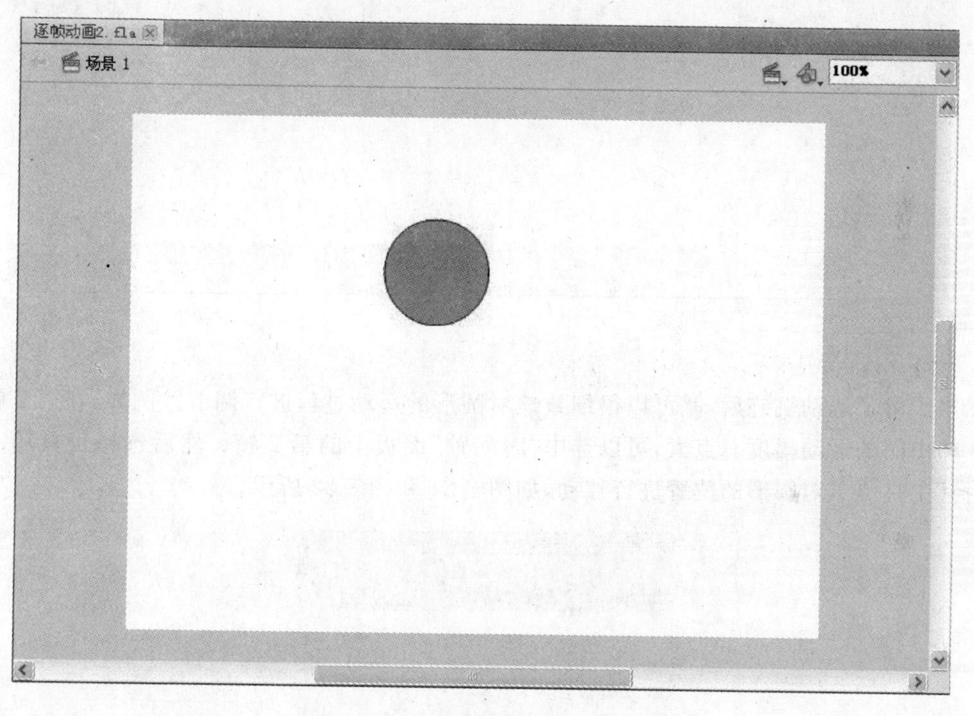

图 8-17

单击“时间轴”面板上的“绘图纸外观”按钮，此时可以看到“时间轴”面板上方会出现一个类似括号的符号，如图 8-18 所示。

将括号的左半部分向靠近“时间轴”面板开始的方向拖动，拖至第 1 帧处，如图 8-19 所示。

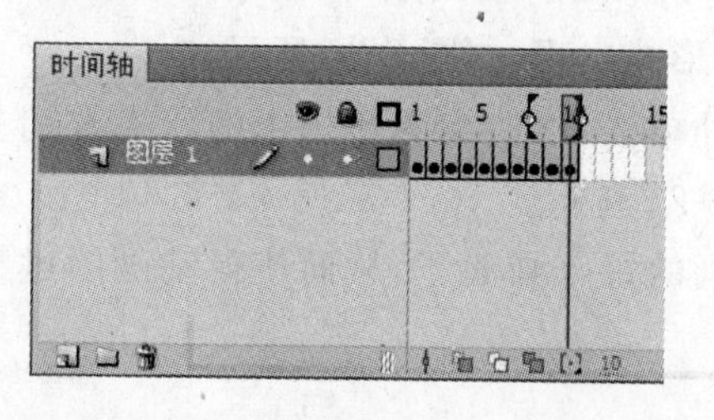

图 8-18

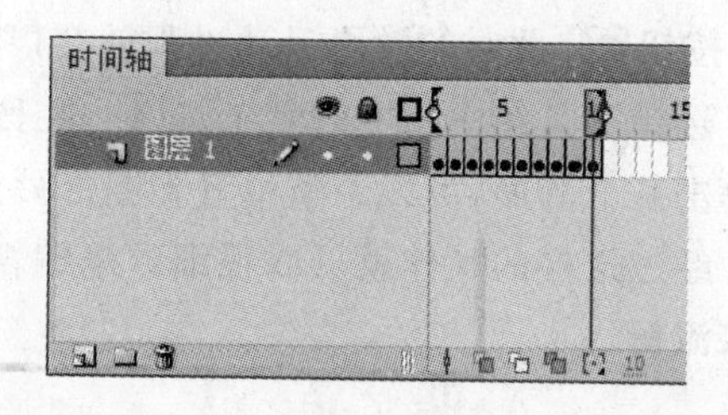

图 8-19

此时可以看到圆形的运动轨迹，如图 8-20 所示。

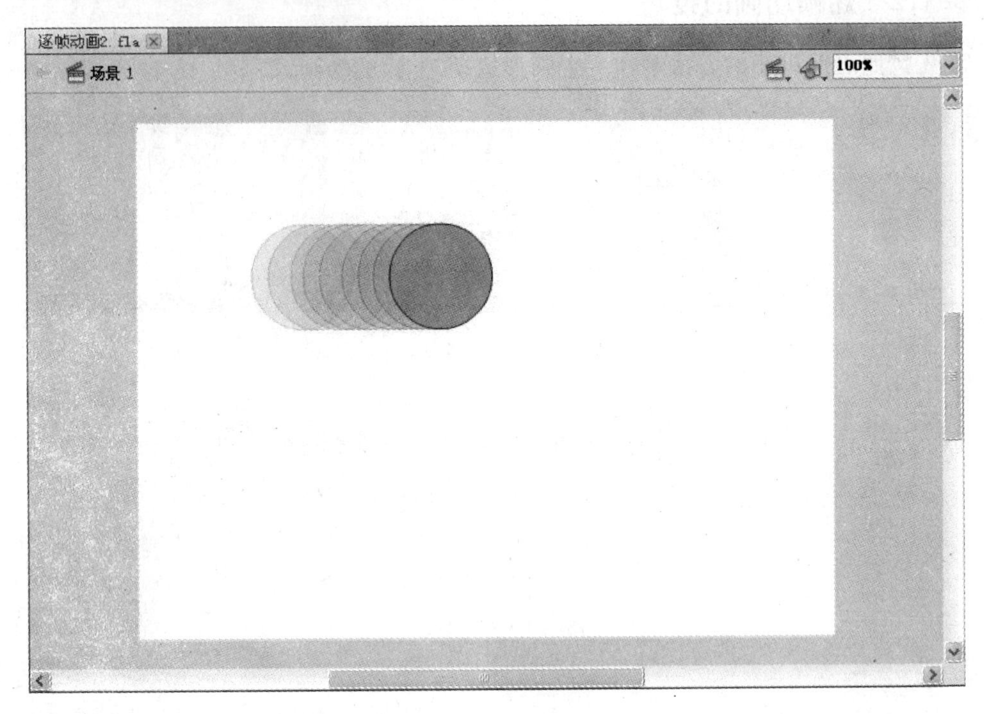

图 8-20

当了解了运动轨迹后，就可以很细致地对圆形的运动过程进行调节。例如，在第 2 帧和第 3 帧中间的运动幅度有点大，可以选中“时间轴”面板上的第 2 帧。然后选择工具箱中的“选择”工具，对圆形的位置进行移动，如图 8-21 和图 8-22 所示。

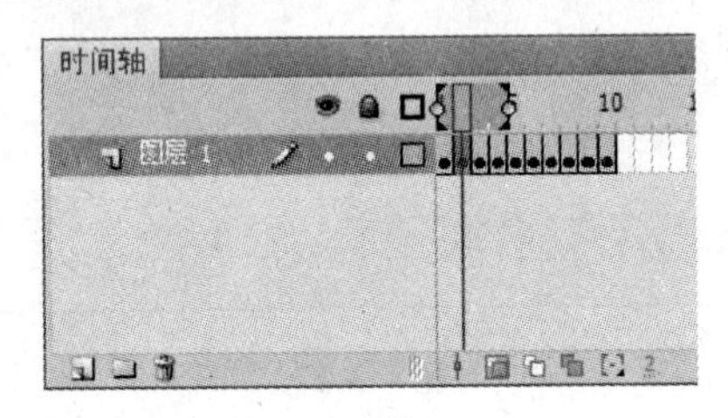

图 8-21

如果觉得调节时显示图形颜色会比较不方便，可以单击“时间轴”面板下方的“绘图纸外观轮廓”按钮，此时可以发现圆形的运动轨迹就只留下外观了，如图 8-23 所示。

如果想细致编辑运动过程中图形的外观情况，可以单击“时间轴”面板下方的“编辑多个帧”按钮，此时的圆形运动过程就会以多个帧的形式出现，如图 8-24 所示。

选择工具箱中的“选择”工具，在舞台空白处单击，将所有图形选中的状态取消。然后单击某个画面，可以调整位置和图形外观，如图 8-25 所示。

经过这样的操作就可以很细致地编辑逐帧动画的每个画面了，从而使得动画的过程很细致流畅。

图 8-22

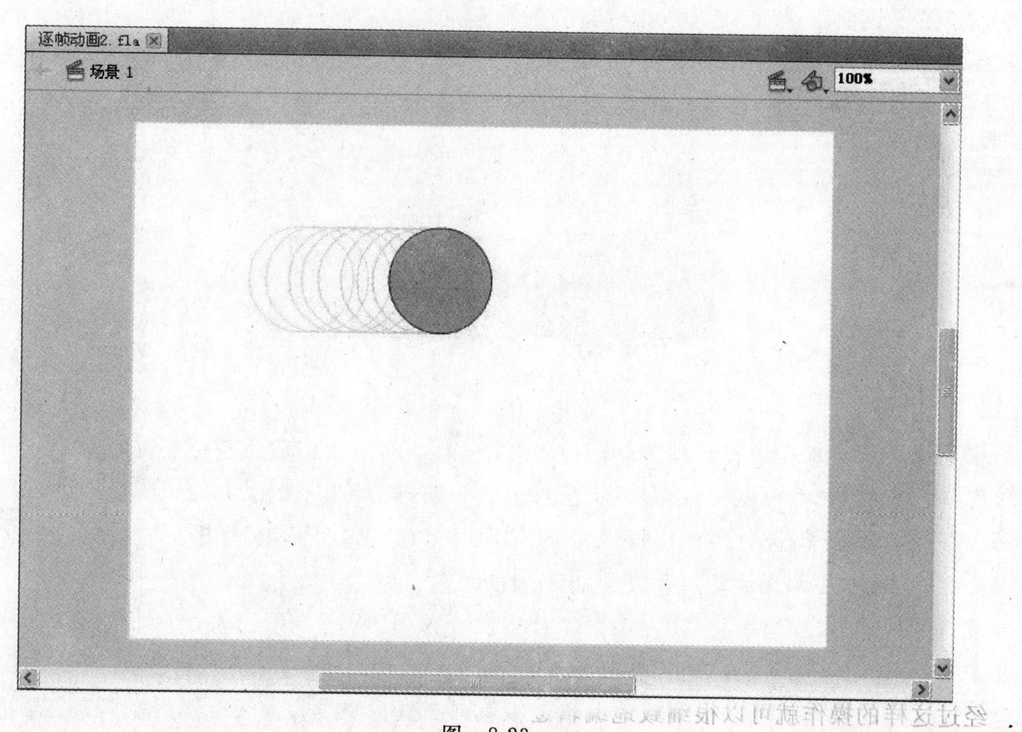

图 8-23

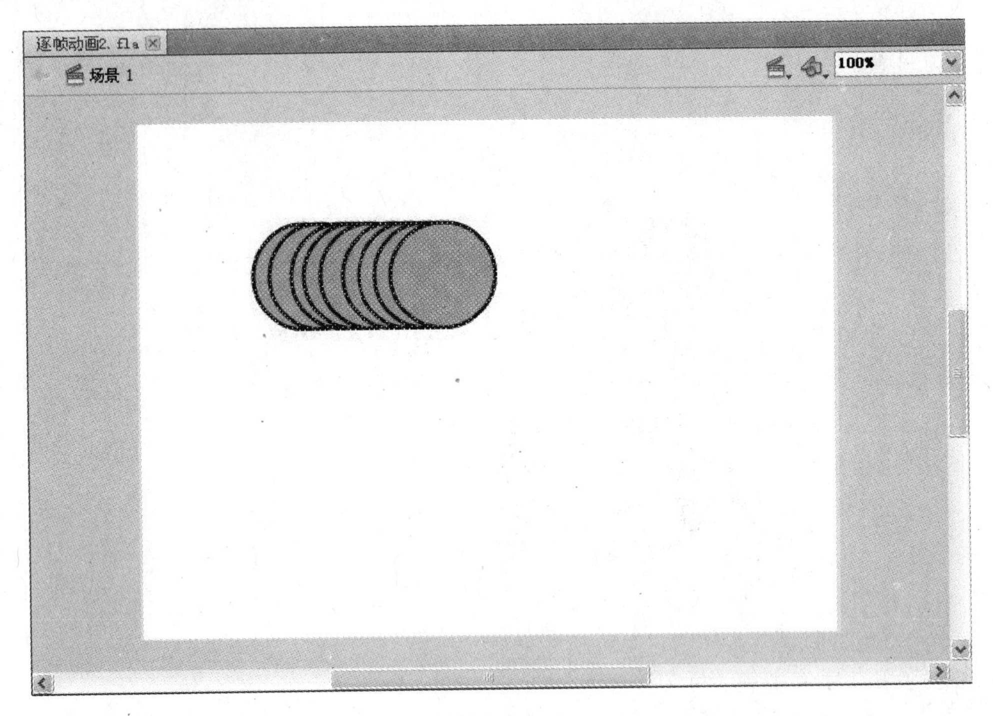

图 8-24

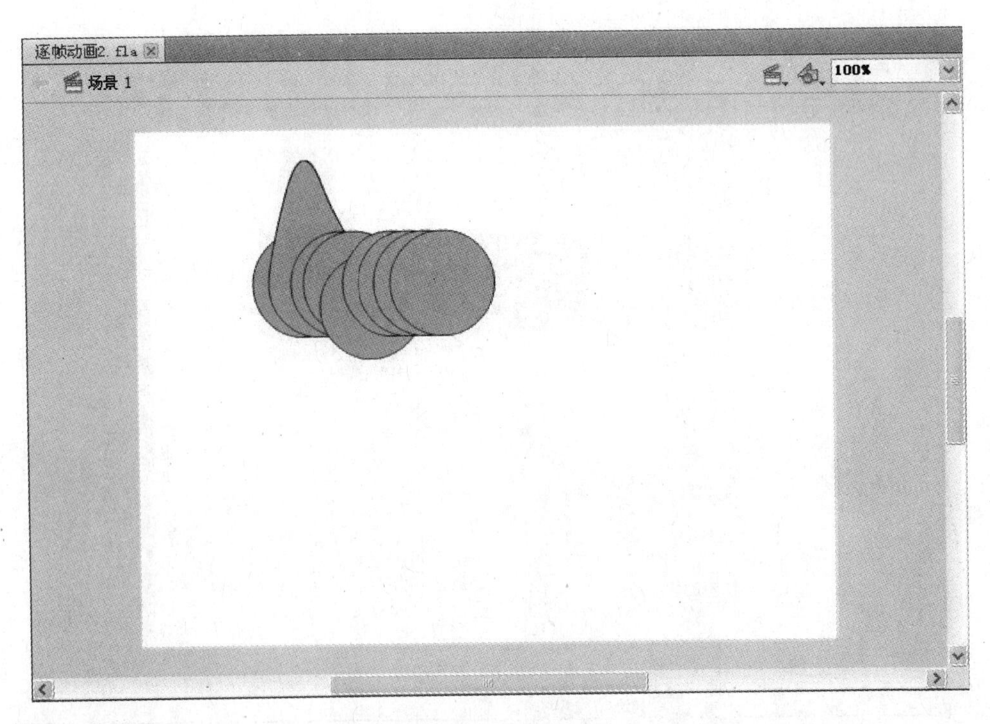

图 8-25

8.1.3 逐帧动画的适用范围

逐帧动画的功能虽然很强大，但制作过程却非常麻烦。那么哪些动画必须用逐帧动画来实现呢？前面我们曾经提过，逐帧动画操作简单，但制作过程复杂，而且能实现的效果也特别多，使用范围非常广。当在使用其他动画不能实现效果的情况下，就需要用逐帧动画一帧一帧地制作。

如人的转头或转身动作，如果想使这个动画过程发生得特别细致，就需要一帧一帧地绘制。再比如说汽车的转弯动作，当汽车从一个方向驶来，突然转弯。要想描述这样的一个过程，就需要按照视角的变化构建一个个画面。而这样的过程需要用逐帧动画进行绘制才能将整个过程的动画做得非常细腻。还有头发的飘动等。只要是形状和补间动画等不便于实现的，就需要用逐帧动画一帧一帧地制作。

所以说如果想制作非常细腻和庄重的动画，逐帧动画的技术是必须要掌握的。

Tips：逐帧动画最大的缺点就是制作过程复杂，因为每一帧都相对独立，所以所占空间也会较大。

8.1.4 实例讲解

1. 制作打字动画效果

(1) 打开 Flash CS5 软件，然后新建文件，选择工具箱中的“文本”工具[T]，将填充颜色设置为黑色。在舞台中单击并输入 F，如图 8-26 所示。此时，在“时间轴”面板上，会自动在第 1 帧处生成一个关键帧，如图 8-27 所示。

图 8-26

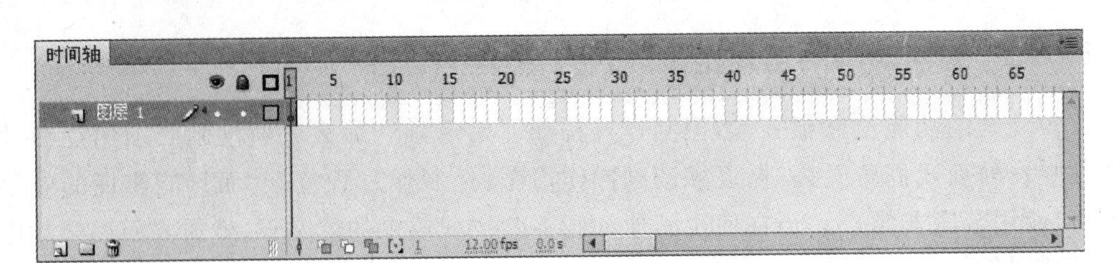

图　8-27

(2) 在“时间轴”面板的第 2 帧处单击或按 F6 键，插入关键帧。输入文字 1，如图 8-28 和图 8-29 所示。

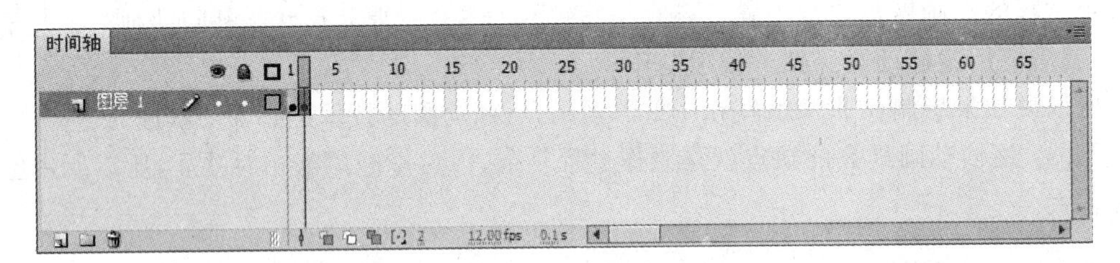

图　8-28

图　8-29

(3) 用同样的方法在插入关键帧的同时，输入相应的文字，在输入文字时，空格和换行也要对应一个关键帧，如图 8-30 和图 8-31 所示。

(4) 此时拖动“时间轴”面板上的滑块或者执行“控制”/“测试影片”命令，快捷键为 Ctrl+Enter。可以看到 Flash CS5 制作的打字动画效果，如图 8-32 所示。

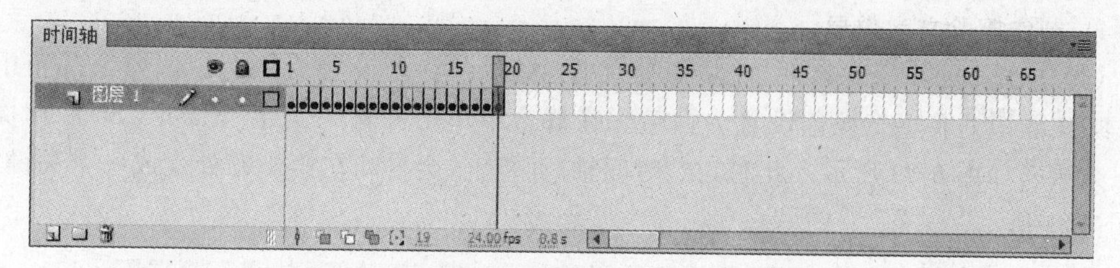

图 8-30

图 8-31

图 8-32

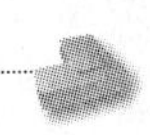

2. 制作擦除文字效果

(1) 打开 Flash CS5 软件，然后新建文件，将舞台背景设置为黑色。选择工具箱中的“文本”工具，将填充颜色设置为白色。在舞台中单击并输入文字“Flash CS5 制作擦除文字效果”，如图 8-33 所示。此时，在“时间轴”面板上，会自动在第 1 帧处生成一个关键帧，如图 8-34 所示。

图 8-33

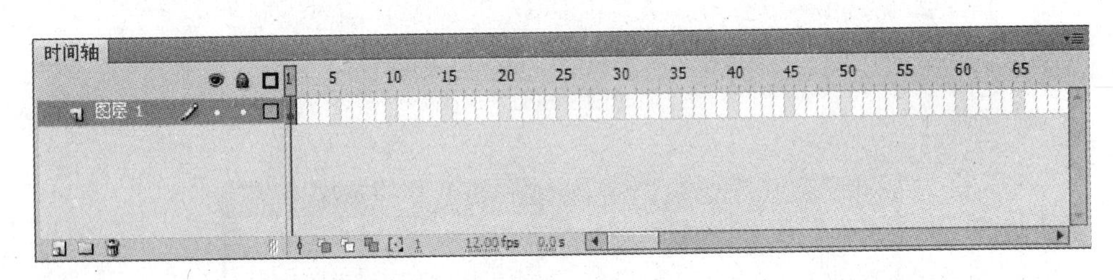

图 8-34

(2) 按快捷键 Ctrl+B 将文本打散，如图 8-35 所示。再次按快捷键 Ctrl+B，将文本转换成图形效果，如图 8-36 所示。

(3) 此时的文本已经不再有文本的属性了，而变成了图形，在“时间轴”面板上选择第 2 帧，按 F6 键插入关键帧，如图 8-37 所示。然后选择工具箱中的“套索”工具，在舞台中圈中左上角的一部分图形，然后按 Delete 键删除，如图 8-38 所示。

(4) 继续在“时间轴”面板的第 3 帧处插入关键帧，利用“套索”工具在舞台中的左侧部分圈中一部分图形然后删除，如图 8-39 和图 8-40 所示。

(5) 按照同样的方法在“时间轴”面板上插入关键帧的同时，制作擦除效果，如图 8-41 和图 8-42 所示。

(6) 最后拖动“时间轴”面板上的滑块或者执行“控制”/“测试影片”命令，快捷键为 Ctrl+Enter。可以看到 Flash CS5 制作的擦除文本效果，如图 8-43 所示。

图 8-35

图 8-36

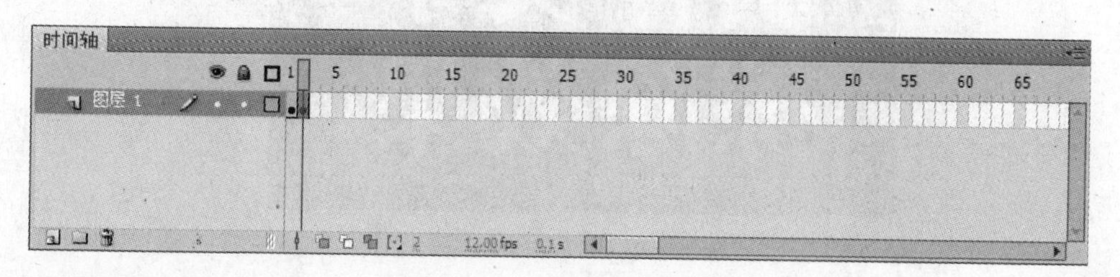

图 8-37

图 8-38

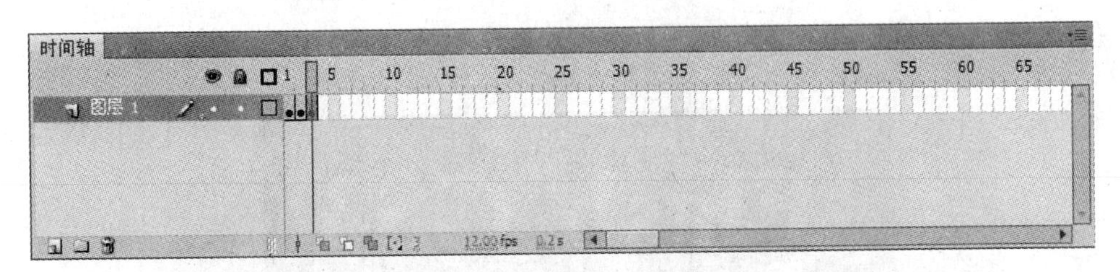

图 8-39

图 8-40

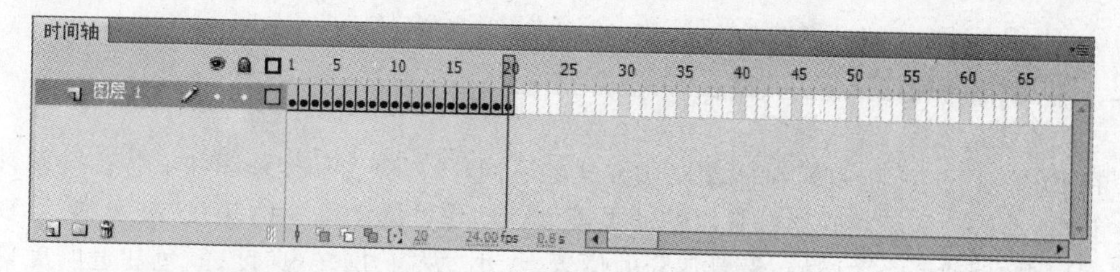

图 8-41

图 8-42

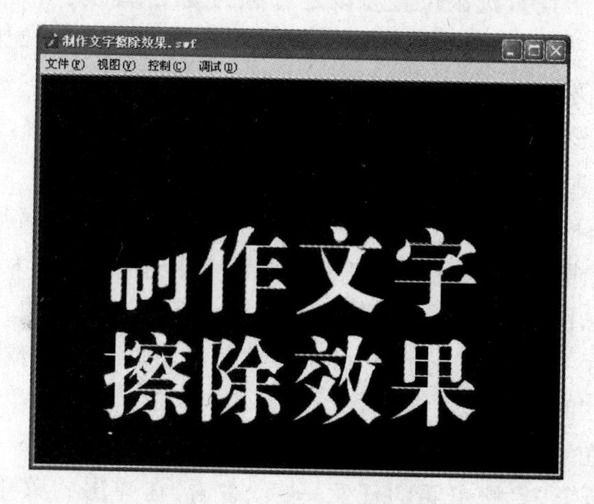

图 8-43

8.2 动作补间动画

在 Flash CS5 中，补间动画根据动画样式的不同，可以分为动作补间和形状补间两种类型。其中，动作补间动画是比较常用的动画类型。动作补间动画指的是在“时间轴”面板的一个图层中，创建两个关键帧，设置不同的位置、大小、方向、旋转、速度、颜色和透明度等参数，然后在两个关键帧之间创建动作补间动画效果。

当设定好两个不同位置的关键帧后，右击两个关键帧中的任意一帧，在弹出的菜单中选择“创建传统补间”命令，即可创建动作补间动画。

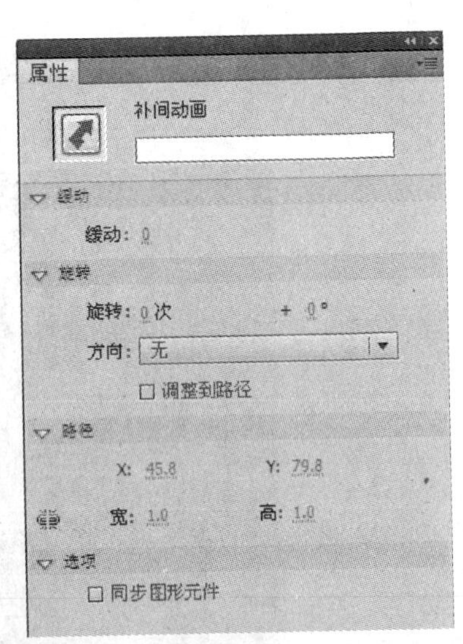

图 8-44

如果想要让创建的动作补间动画拥有一些特殊的效果，还需要在“属性”面板中做相应设置，“属性”面板如图 8-44 所示。

“缓动”：此选项用于设置动画播放过程中的速率是减速还是加速，可以设置速度的快慢，取值为－100 至 100，正数代表对象运动由快到慢，做减速运动，右侧显示“输出”；负数则相反，显示为“输入”，默认值为 0，表示对象为匀速运动。

“旋转”：旋转次数用于设置实例的角度和旋转次数。选择的方向包括 3 个选项。

- “无”：表示不旋转。
- “顺时针”：表示动画沿顺时针方向旋转到终点位置。
- “逆时针”：表示对象沿逆时针方向旋转到终点位置。

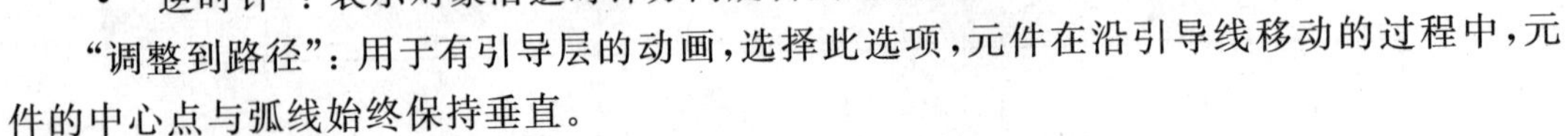

“调整到路径”：用于有引导层的动画，选择此选项，元件在沿引导线移动的过程中，元件的中心点与弧线始终保持垂直。

“路径”：此选项用于设置选区位置和设定选区的宽度、高度。

“同步图形元件”：选择此选项，会重新计算补间的帧数，从而匹配时间轴上分配给它的帧数，使得图形元件实例动画和主时间轴同步。

比如，制作一个圆形从左向右，然后又从右向左的一个运动过程，也就是一个对象的物理改变，即位置改变。就可以使用动作补间动画来实现。

(1) 首先打开 Flash CS5 软件，新建一个空白文档。选择工具箱中的“椭圆”工具，在舞台的左侧绘制一个圆形，然后右击，在弹出的菜单中选择“转换为元件”命令，将其转换为图形元件，如图 8-45、图 8-46 和图 8-47 所示。

(2) 得到了元件后，只需要定义起始画面和结束画面就可以完成动画了。现在起始画面已经定义好，然后在“时间轴”面板的第 30 帧处右击，在弹出的菜单中选择“插入关键帧”命令。将圆形从舞台左侧拖至舞台右侧，如图 8-48 和图 8-49 所示。

(3) 选中第 1 帧至第 30 帧中间的任意一帧，右击，在弹出的菜单中选择“创建传统补间”命令。其“时间轴”面板如图 8-50 所示。

图 8-45

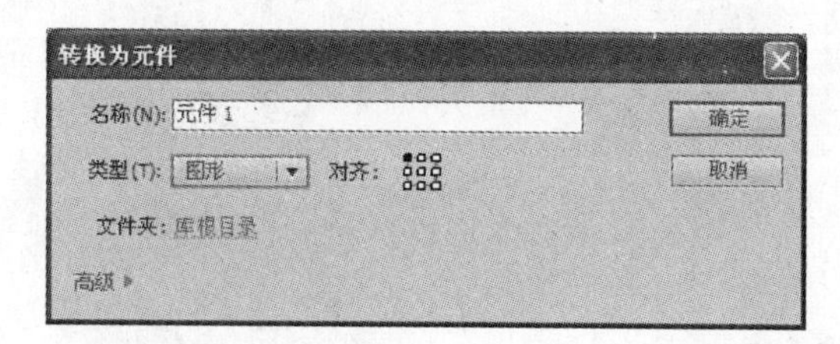

图 8-46

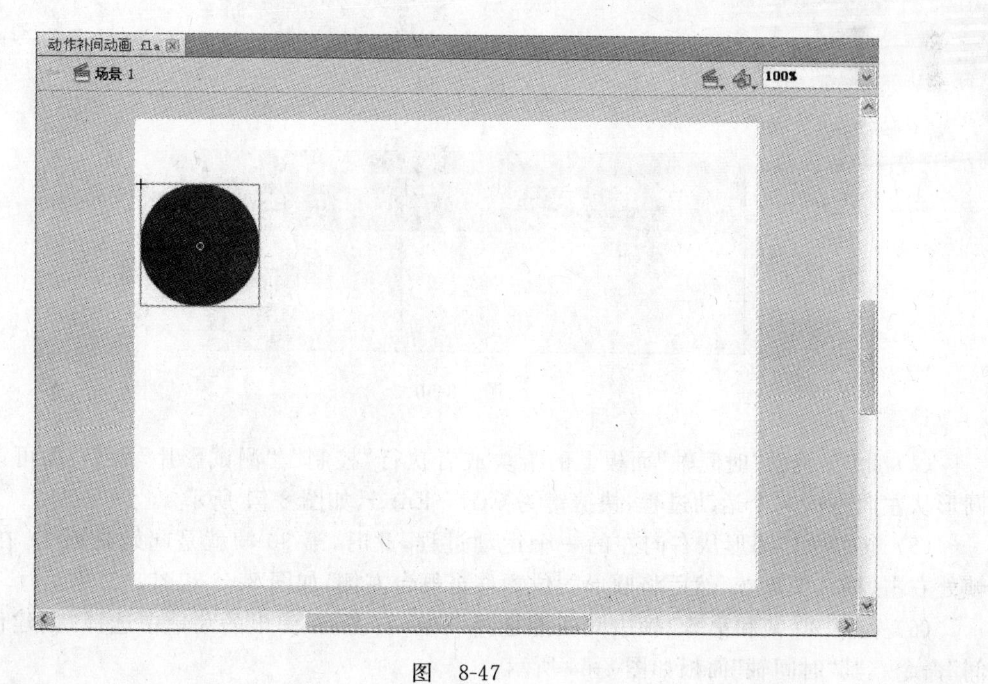

图 8-47

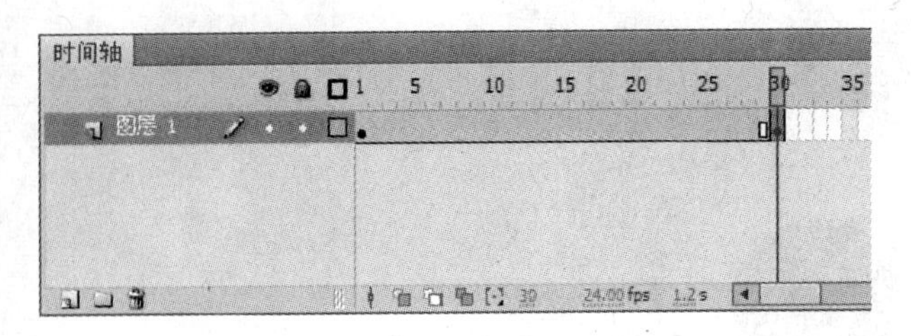

图 8-48

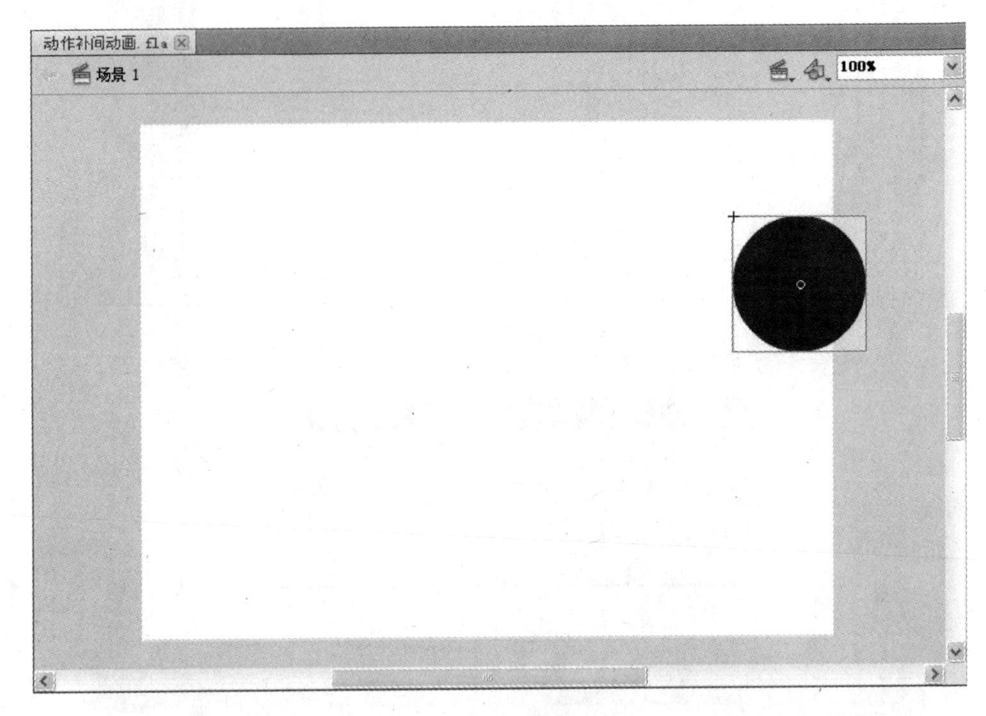

图 8-49

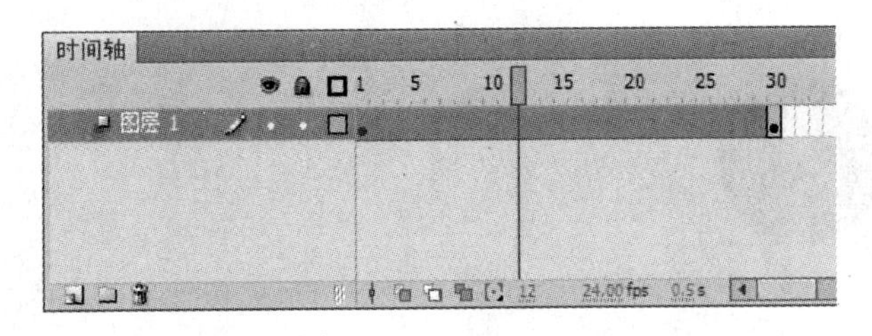

图 8-50

(4) 此时，拖动“时间轴”面板上的滑块或者执行“控制”/“测试影片”命令，即可以看到圆形从左向右的一个运动过程，快捷键为 Ctrl＋Enter，如图 8-51 所示。

(5) 继续做让圆形从右向左的一个运动过程，此时，第 30 帧就是起始画面了，在第 55 帧处右击，插入关键帧，然后将圆形的位置移至舞台左侧，如图 8-52 和图 8-53 所示。

(6) 在第 30 帧和第 55 帧中间任意选择一帧，右击，在弹出的菜单中选择“创建传统补间”命令。其“时间轴”面板如图 8-54 所示。

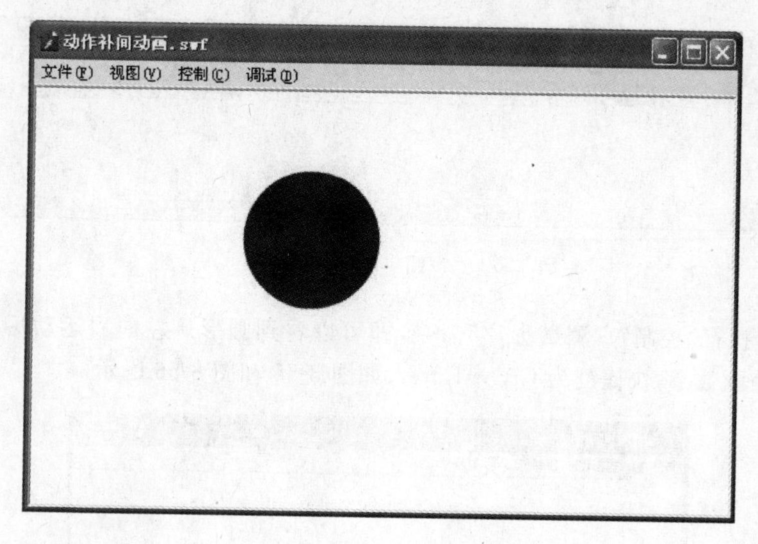

图 8-51

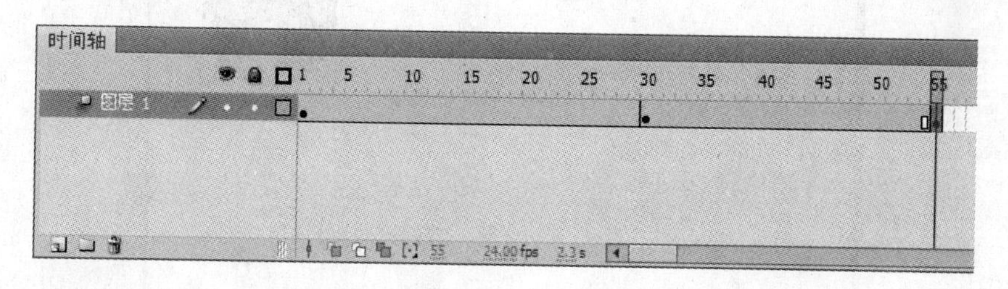

图 8-52

图 8-53

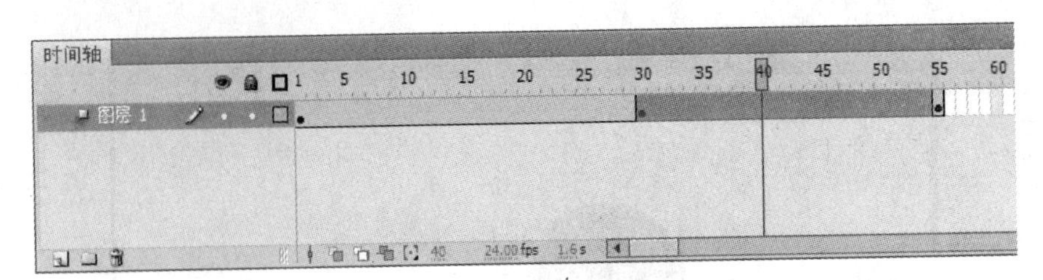

图　8-54

(7) 最后执行“控制”/“测试影片”命令，即可以看到圆形从左向右运动后，又从右向左运动过程的动画效果，快捷键为 Ctrl+Enter，如图 8-55 和图 8-56 所示。

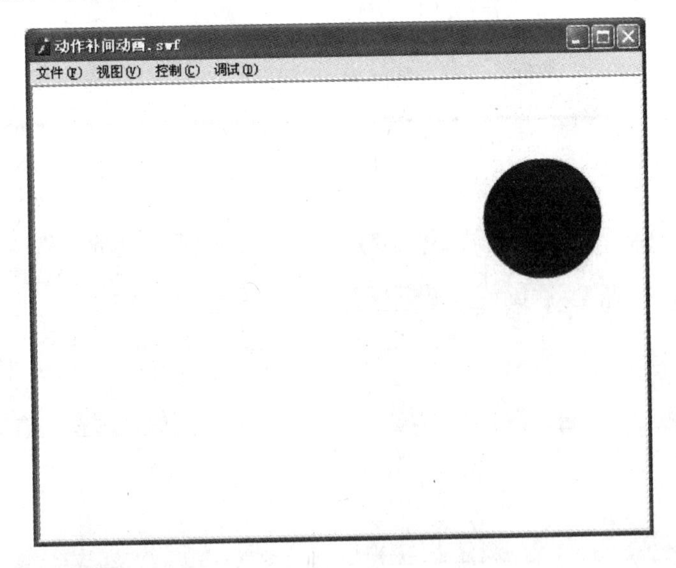

图　8-55

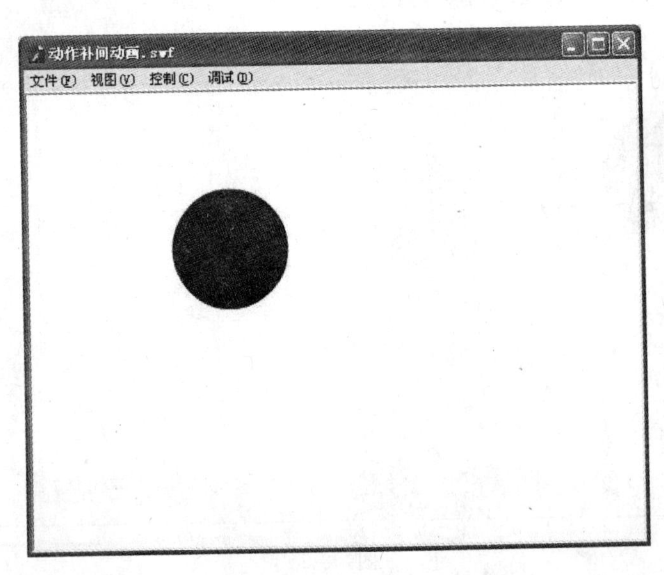

图　8-56

(8) 如果要使圆形在运动的过程中进行旋转，那么选中起始画面第 1 帧，在其“属性”面板中选择旋转的方向为“顺时针”，次数为“1”，如图 8-57 所示。

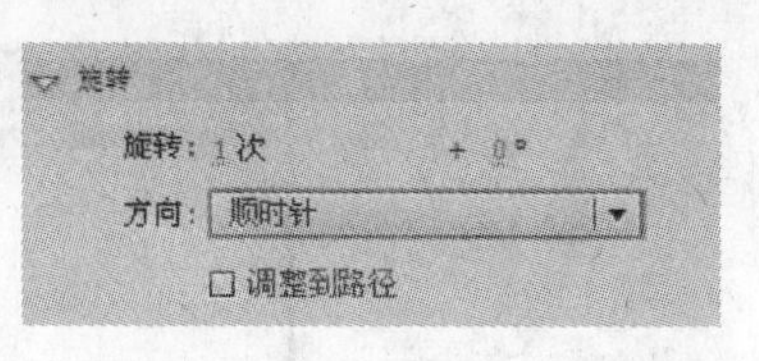

图 8-57

(9) 如果要看到图形旋转的过程，那么对象不能是圆形，所以双击该图形元件，进入元件编辑界面，使用工具箱中的“选择”工具 对其形状做出更改，如图 8-58 所示。

图 8-58

(10) 然后进入场景中，此时，拖动“时间轴”面板上的滑块或执行“控制”/“测试影片”命令即可看到旋转的效果，快捷键为 Ctrl+Enter，如图 8-59 和图 8-60 所示。

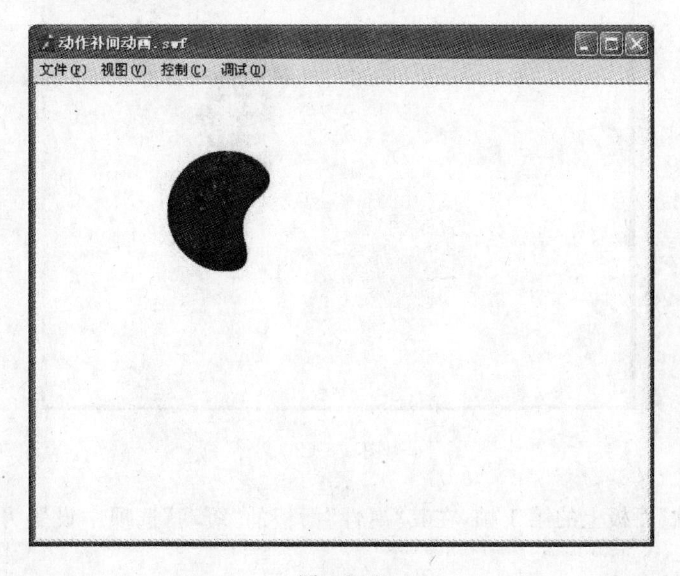

图 8-59

图 8-60

(11) 选择“时间轴”面板上的第30帧,在其“属性”面板中选择旋转的方向为“逆时针”,次数为“1”,如图8-61所示。

(12) 此时,在第30帧到第55帧之间的运动方向为逆时针。执行“控制”/“测试影片”命令后可以看到效果,快捷键为Ctrl+Enter,如图8-62和图8-63所示。

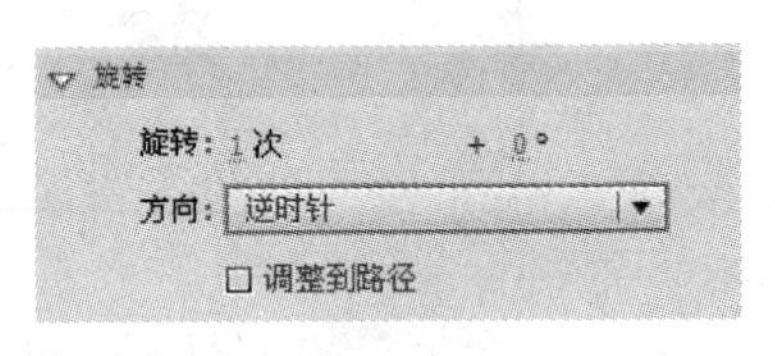

图 8-61

(13) 现在的动画不管是从左向右还是从右向左都是个匀速运动的过程。那么,如何给圆形创造一个不是匀速运动的动画效果呢?

图 8-62

选中“时间轴”面板上的第1帧,在其“属性”面板的“缓动”选项中设置为“100”,如图8-64所示。

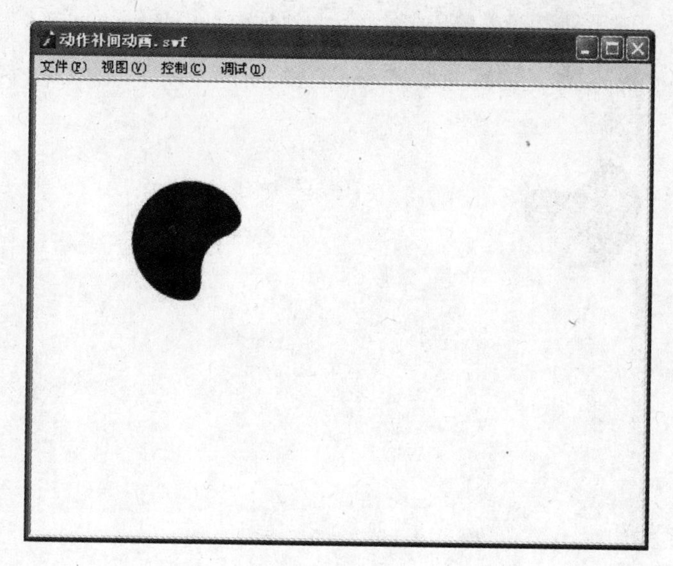

图 8-63

(14) 选中"时间轴"面板上的第30帧,在其属性面板的"缓动"选项中设置为"−100",如图8-65所示。

图 8-64

图 8-65

(15) 此时执行"控制"/"测试影片"命令,可以看到圆形运动的过程是先由快到慢,然后又加快,快捷键为Ctrl+Enter,如图8-66和图8-67所示。

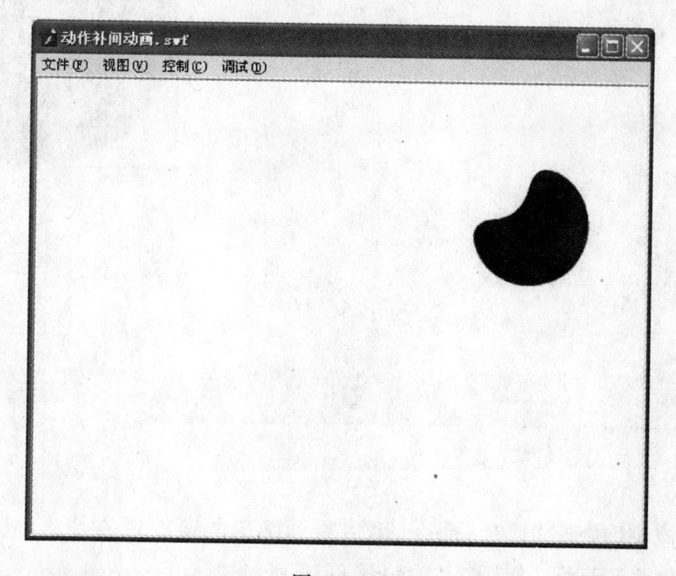

图 8-66

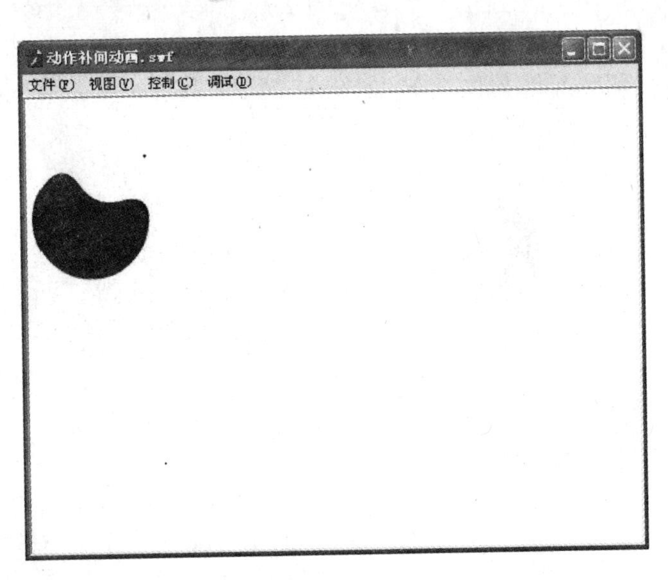

图 8-67

(16) 运动动画不仅可以进行位置的改变，它的另一个特点是可以进行大小的缩放。选中“时间轴”面板的第 30 帧，使用工具箱中的“任意变形”工具将图形放大，如图 8-68 所示。

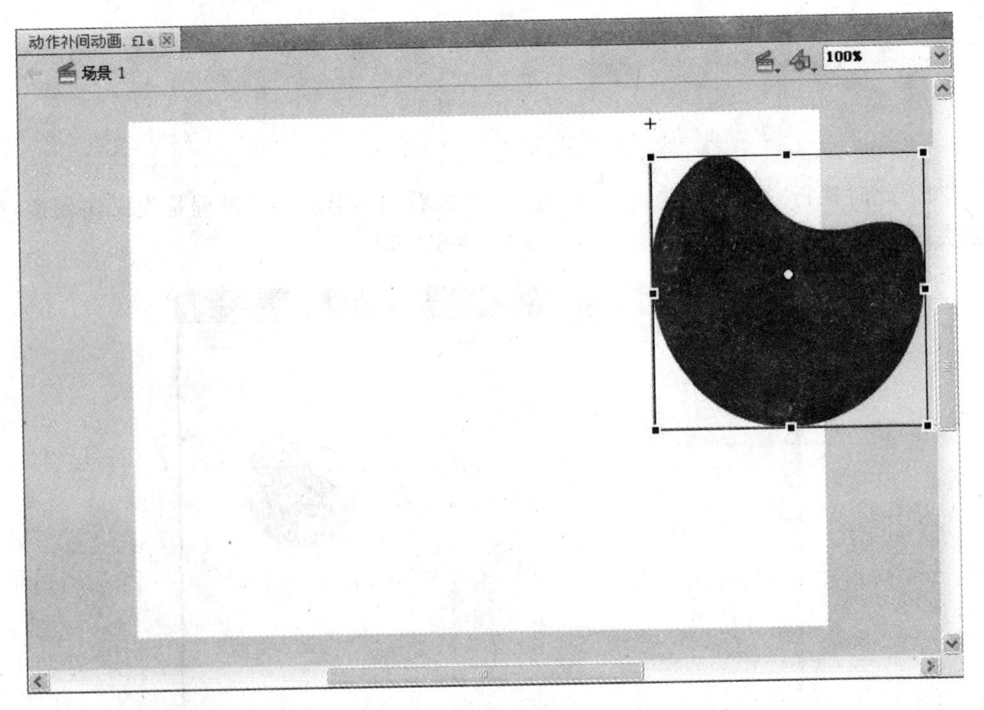

图 8-68

(17) 执行“控制”/“测试影片”命令，可以看到圆形的运动轨迹是从小到大，然后又从大到小，快捷键为 Ctrl+Enter，如图 8-69 和图 8-70 所示。

(18) 既然能进行大小的变化，当然也可以对颜色进行变化。选中“时间轴”面板的第 30

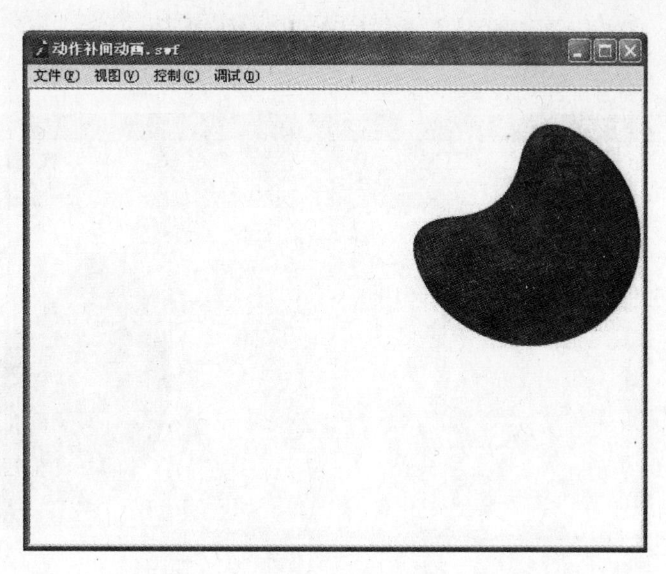

图　8-69

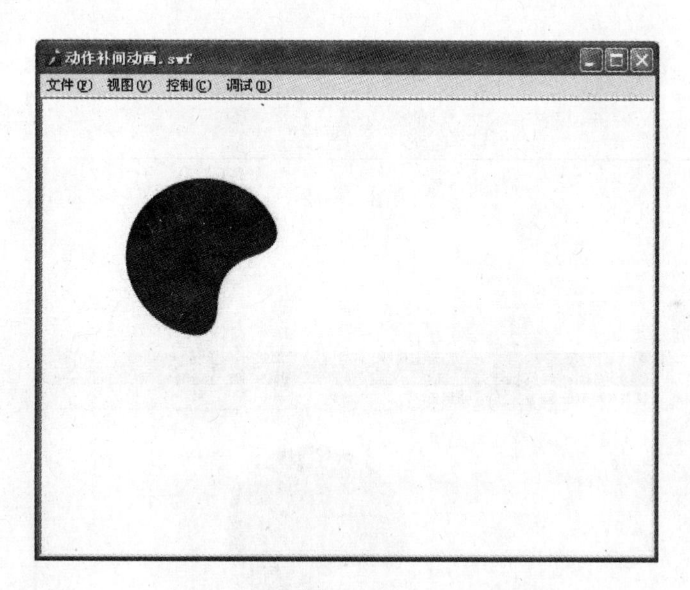

图　8-70

帧，在其“属性”面板的“色彩效果”选项中选择“色调”，其中可以调节颜色和透明度，如图 8-71 和图 8-72 所示。

(19) 执行“控制”/“测试影片”命令，可以看到图形经过了位置、大小和颜色的多方面变化的动画，快捷键为 Ctrl＋Enter，如图 8-73 和图 8-74 所示。

(20) 在“色彩效果”选项中，还可以对其进行透明度和综合色值的调节。

Tips：形状动画只能用于图形，运动动画需要用到元件。

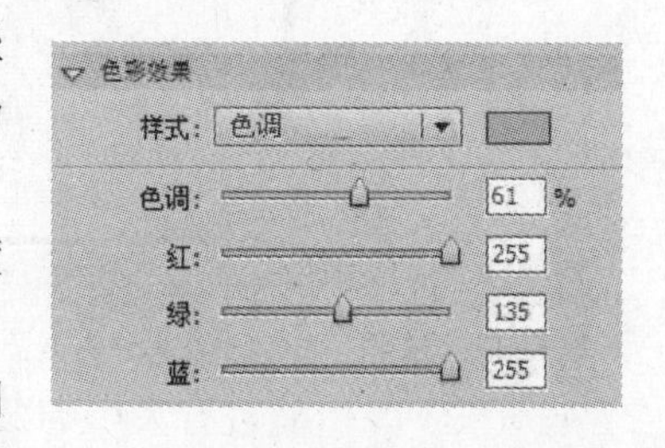

图　8-71

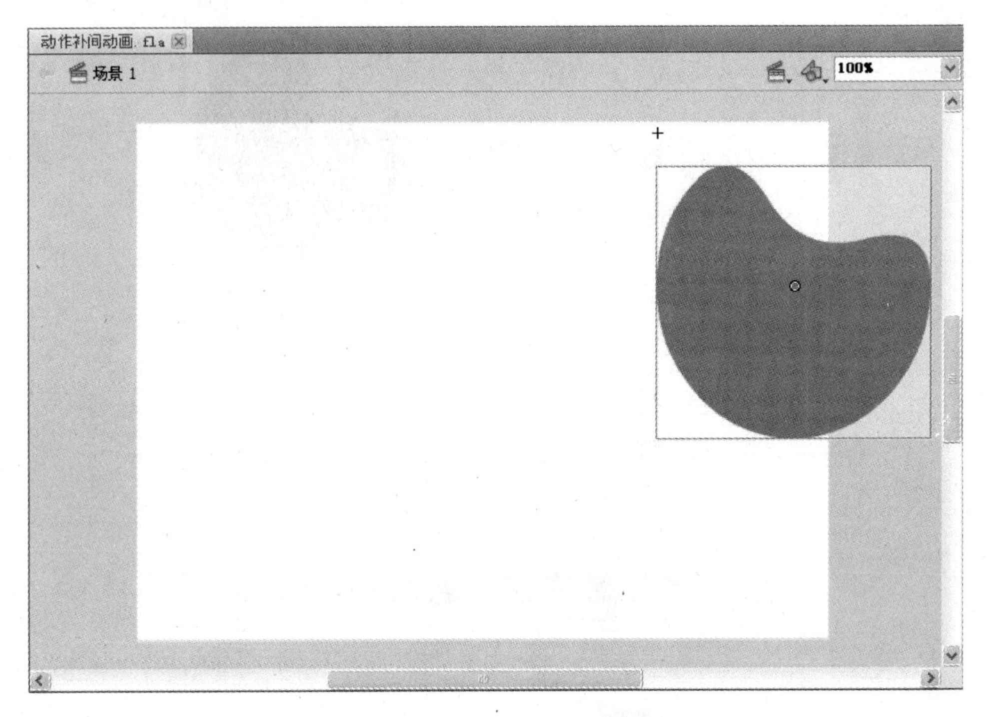

图 8-72

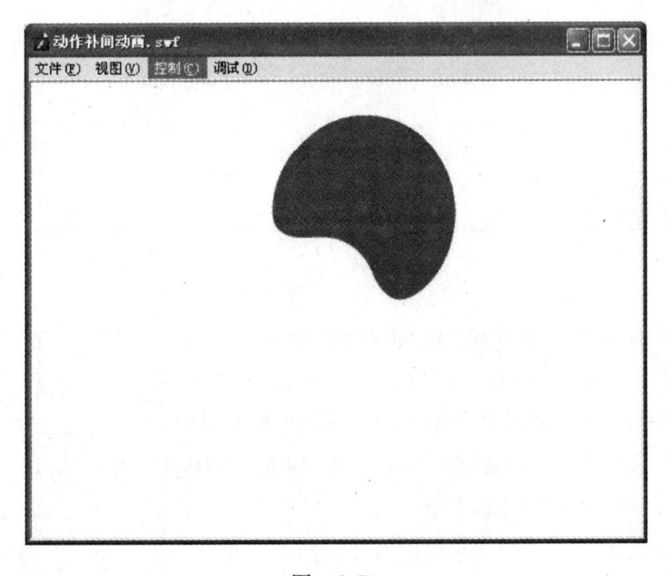

图 8-73

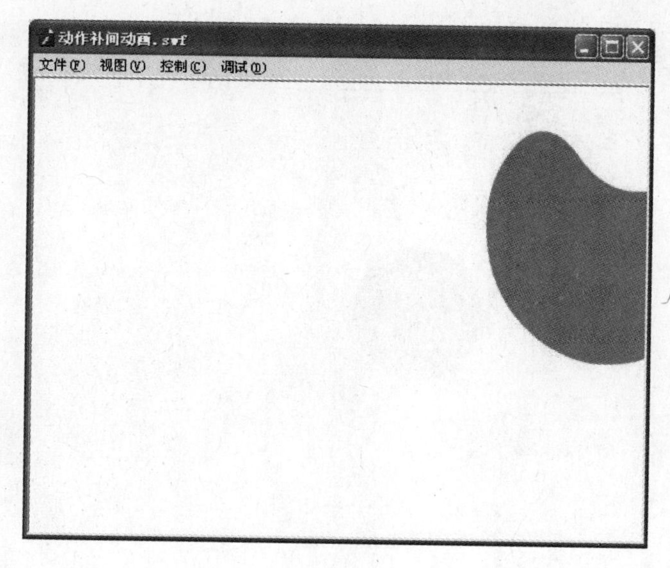

图 8-74

8.3 形状补间动画

形状补间动画与动作补间动画原理类似,即在某一帧中绘制一个对象,再在另一个帧中修改该对象或者重新绘制其他对象,然后在两帧之间的某一帧右击,选择“创建补间形状”命令。

对于补间形状,要为一个关键帧中的形状指定属性,然后在后续关键帧中修改形状或者绘制另一个形状。

在形状动画制作过程中,对于其“属性”面板的设置主要有“缓动”和“混合”两项,如图 8-75 所示。

图 8-75

“缓动”:用来设置形状对象变形的快慢趋势,取值范围是-100 至 100。若取值为 0 表示对象形状的变化是匀速的;若取值为负值,表示对象形状的变化是加速的,值越小越明显;若取值为正值,则表示对象形状的变化是减速的,值越大越明显。

“混合”:用来设置形状对象的变形模式,有两种形式,一种是分布式,另一种是角形式。

- “分布式”:表示对象的变形过程是平滑不规则的。
- “角形式”:表示对象的变形过程是菱角比较分明的。

形状动画顾名思义是由一种形状转换成另一种形状的过程,所以只需定义起始画面和最终画面。例如,要创作一个圆形转换成方形的过程,可以利用形状动画轻松实现。

(1) 打开 Flash CS5 软件,新建空白文档。选择工具箱中的“椭圆”工具,在舞台中绘制一个圆形。此时,在“时间轴”面板上的第 1 帧处会自动生成一个关键帧,如图 8-76 和图 8-77 所示。

(2) 在“时间轴”面板上选择第 10 帧,右击,在弹出的菜单中选择“插入空白关键帧”命令,如图 8-78 所示。

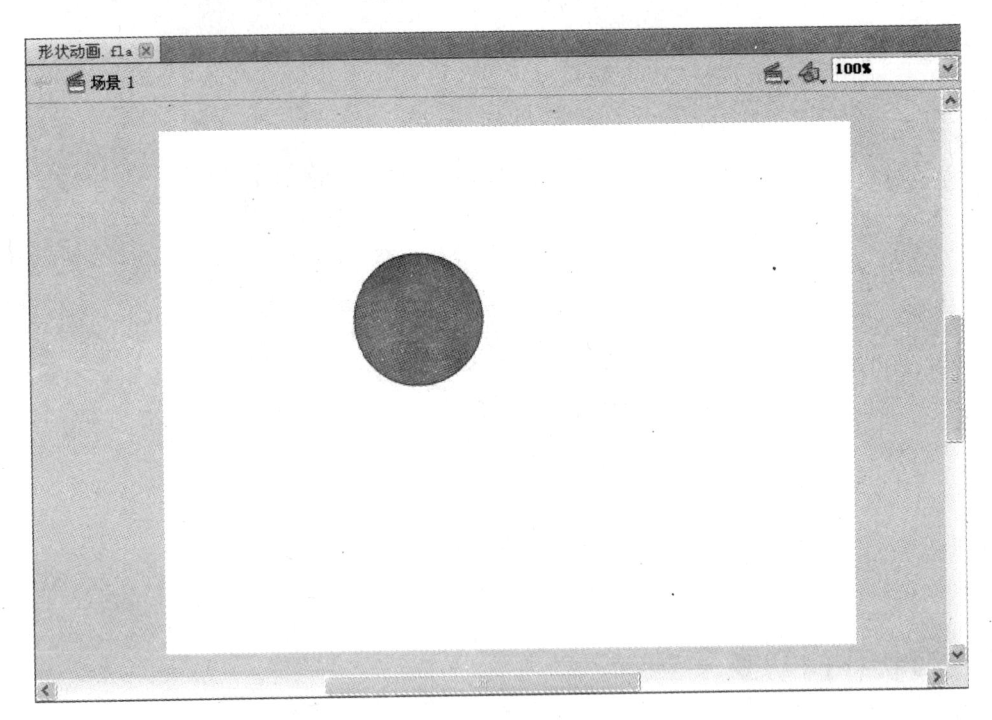

图 8-76

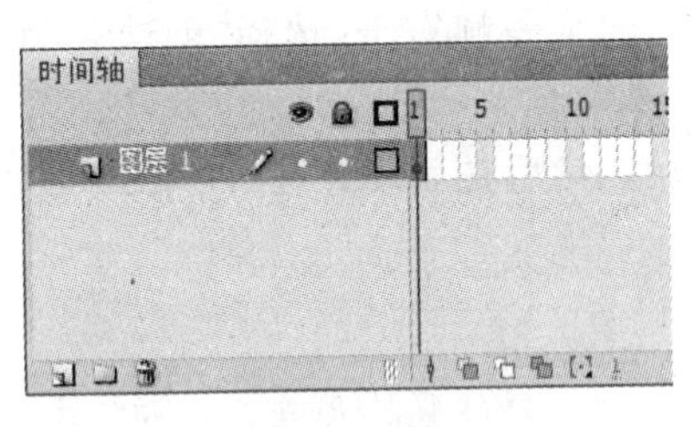

图 8-77

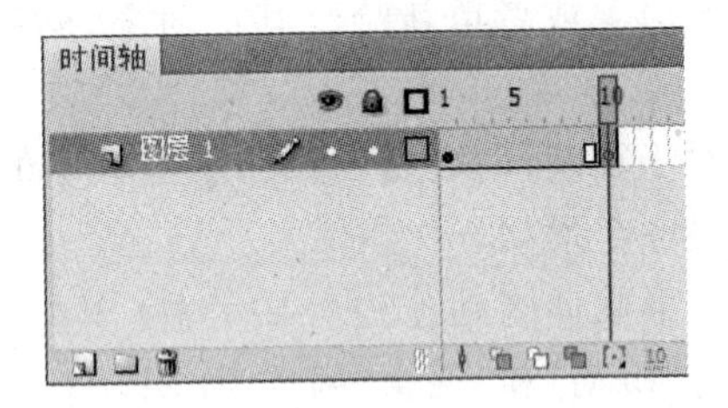

图 8-78

(3) 选择工具箱中的“矩形”工具，在舞台中绘制矩形，如图 8-79 所示。此时，“时间轴”面板上的第 10 帧变成了关键帧，而且在第 1 帧和第 10 帧中间的帧也发生了变化，如图 8-80 所示。

(4) 选择第 1 帧和第 10 帧中间的任意一帧，右击，选择“创建补间形状”选项。“时间轴”面板如图 8-81 所示。

(5) 最后拖动“时间轴”面板上的滑块或者执行“控制”/“测试影片”命令，可以看到由圆形转变成方形的效果，快捷键为 Ctrl+Enter，如图 8-82 所示。

Tips：在制作形状动画过程中，所用的对象必须是图形，不能是元件。

8.3.1 形状动画的提示点功能

对于形状动画来说，它比较适合做简单的形状变化，如果是复杂的形状变化，有时候会出现一些错误。比如，新建一个 Flash 空白文档，选择工具箱中的“椭圆”工具，在舞台中绘制一个圆形，如图 8-83 和图 8-84 所示。

图 8-79

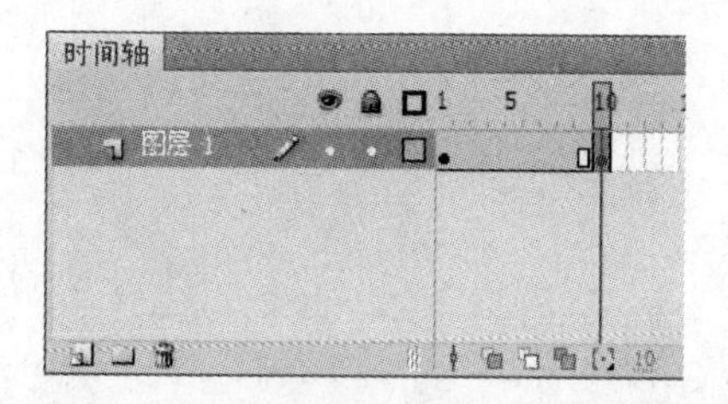

图 8-80

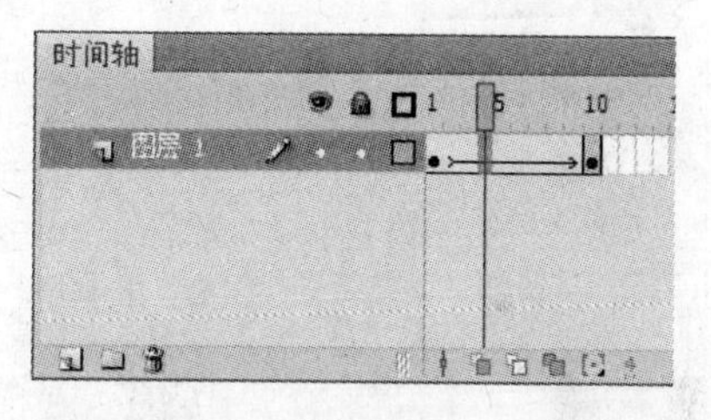

图 8-81

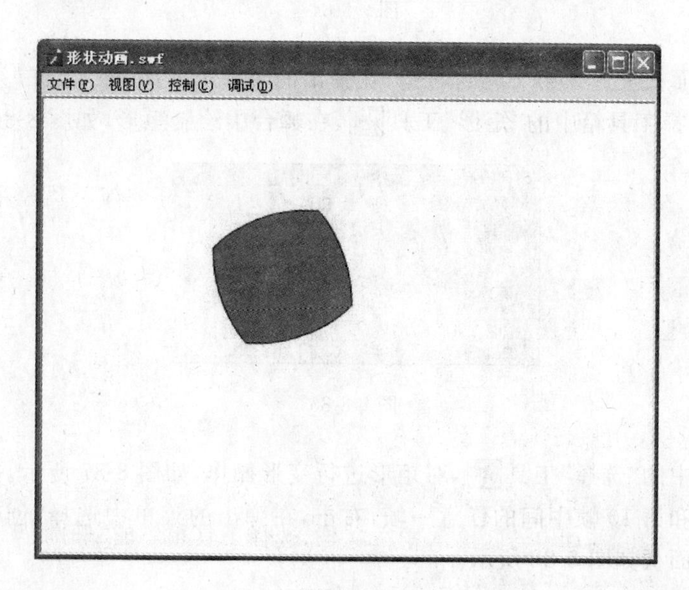

图 8-82

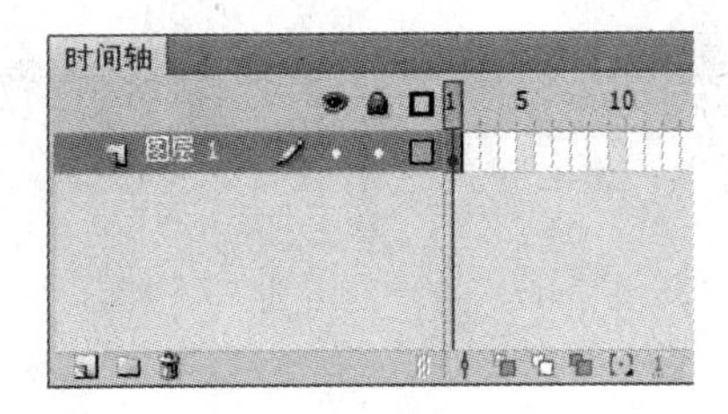

图 8-83

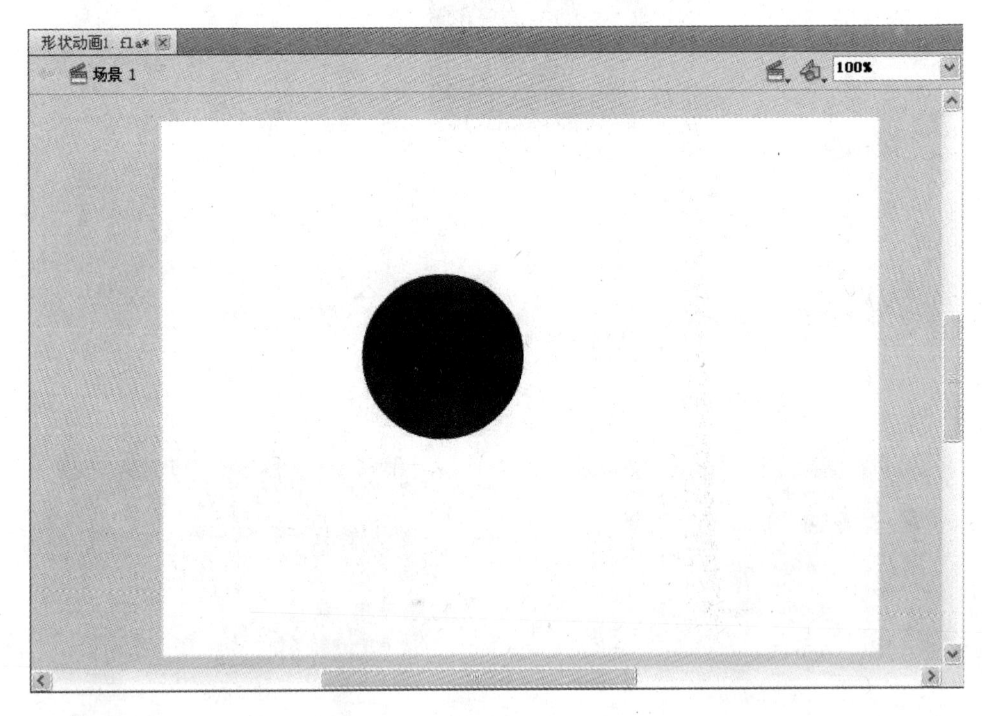

图 8-84

在“时间轴”面板上选择第10帧，右击，在弹出的菜单中选择“插入空白关键帧”命令，如图8-85所示。选择工具箱中的“矩形”工具，在舞台中绘制矩形，如图8-86所示。

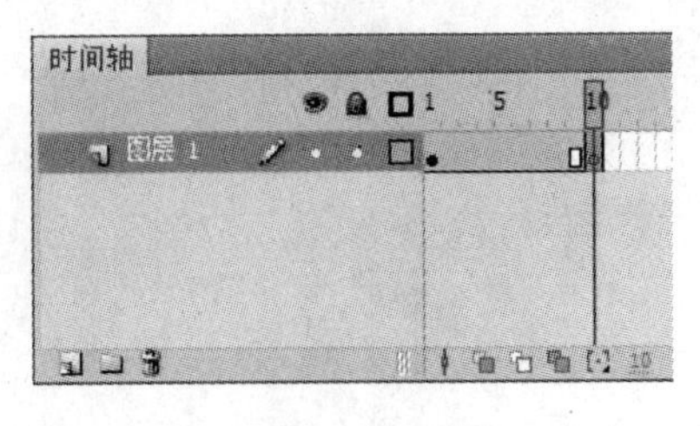

图 8-85

选择工具箱中的“选择”工具，对矩形进行变形操作，如图8-87所示。

选择第1帧和第10帧中间的任意一帧，右击，在弹出的菜单中选择“创建补间形状”命令。其“时间轴”面板如图8-88所示。

图 8-86

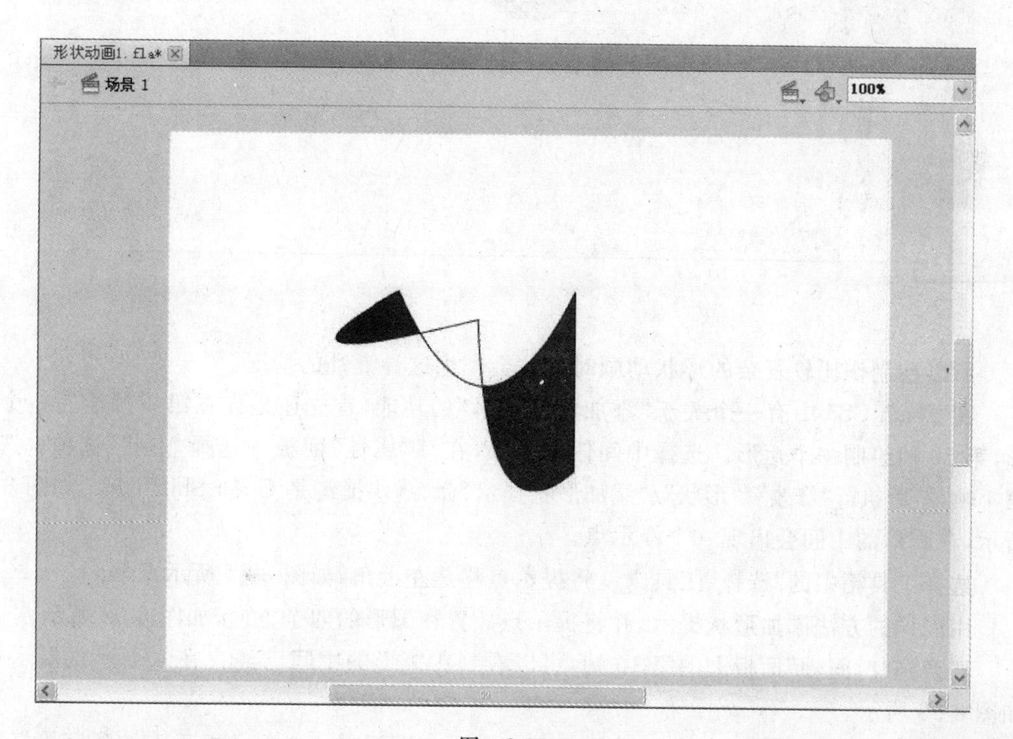

图 8-87

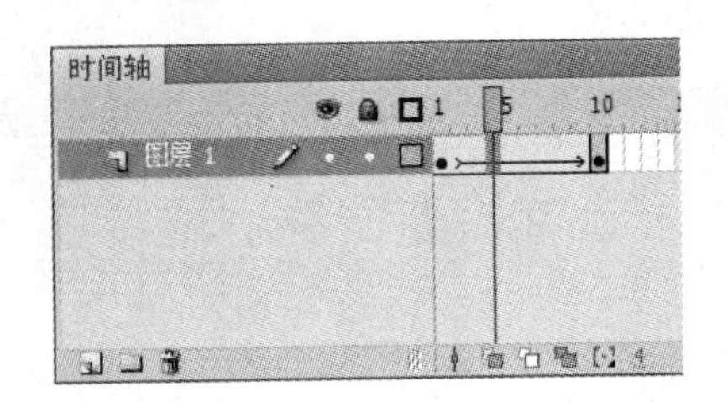

图 8-88

最后滑动“时间轴”面板上的滑块或者执行“控制”/“测试影片”命令，快捷键为 Ctrl＋Enter。可以看到整个形状变化的过程很混乱，如图 8-89 所示。

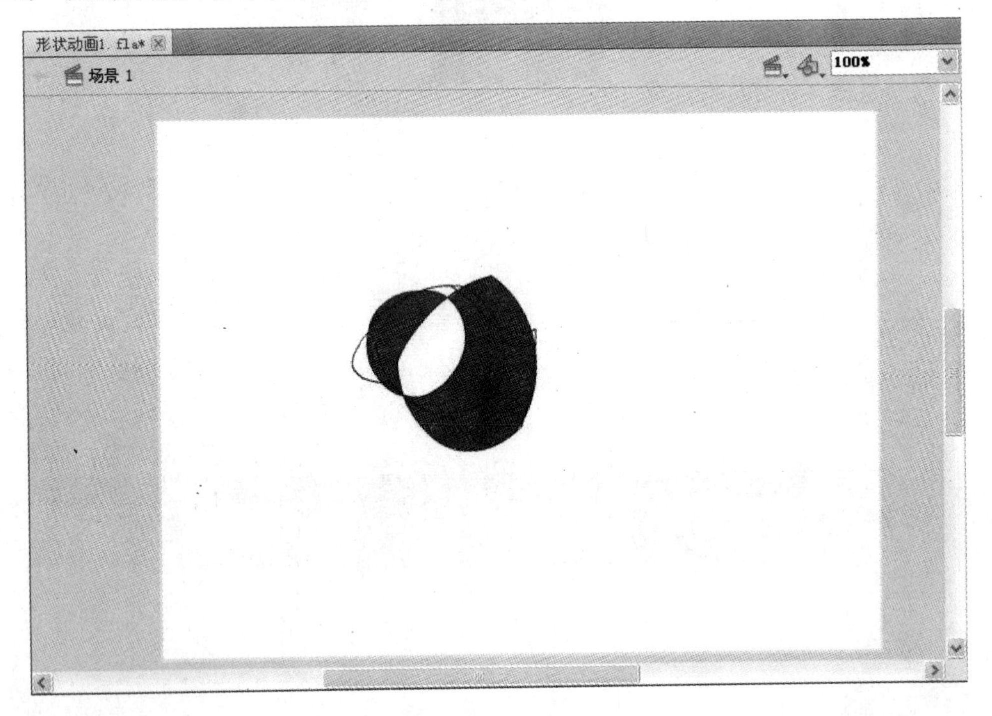

图 8-89

所以在制作比较复杂的形状动画时往往会产生这种混乱的情况。

在 Flash CS5 中有一个关于“添加形状提示”的功能，首先还是先在第 1 帧绘制一个圆形，第 10 帧绘制一个矩形。选择中间任意一帧，在其“属性”面板中选择“形状”选项。选择第 1 帧，然后执行“修改”/“形状”/“添加形状提示”命令，快捷键是 Ctrl＋Shift＋H。如图 8-90 所示，在圆形的中间会出现一个提示点。

选择工具箱中的“选择”工具，将提示点移至左上角，如图 8-91 所示。

用同样的方法添加形状提示，并将提示点放置在圆形的四个方向，如图 8-92 所示。

切换到“时间轴”面板上的第 10 帧，可以看到在矩形的中间已经存在 4 个形状提示点，如图 8-93 所示。

使用“选择”工具将矩形的 4 个形状提示点按照圆形 4 个形状提示点的顺序排好，如图 8-94 所示。

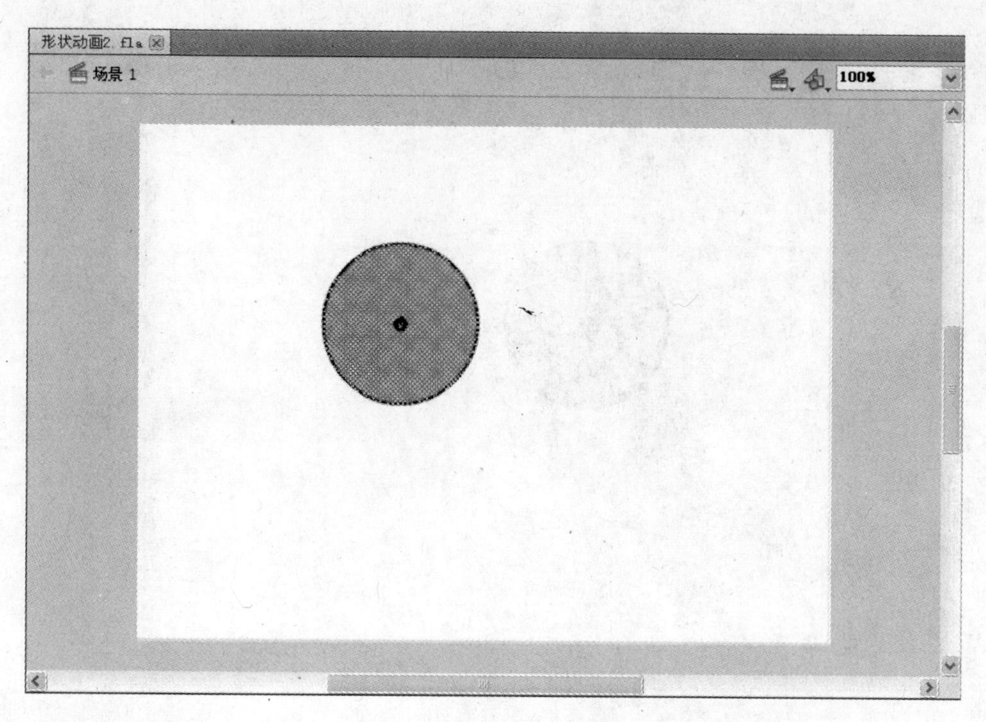

图 8-90

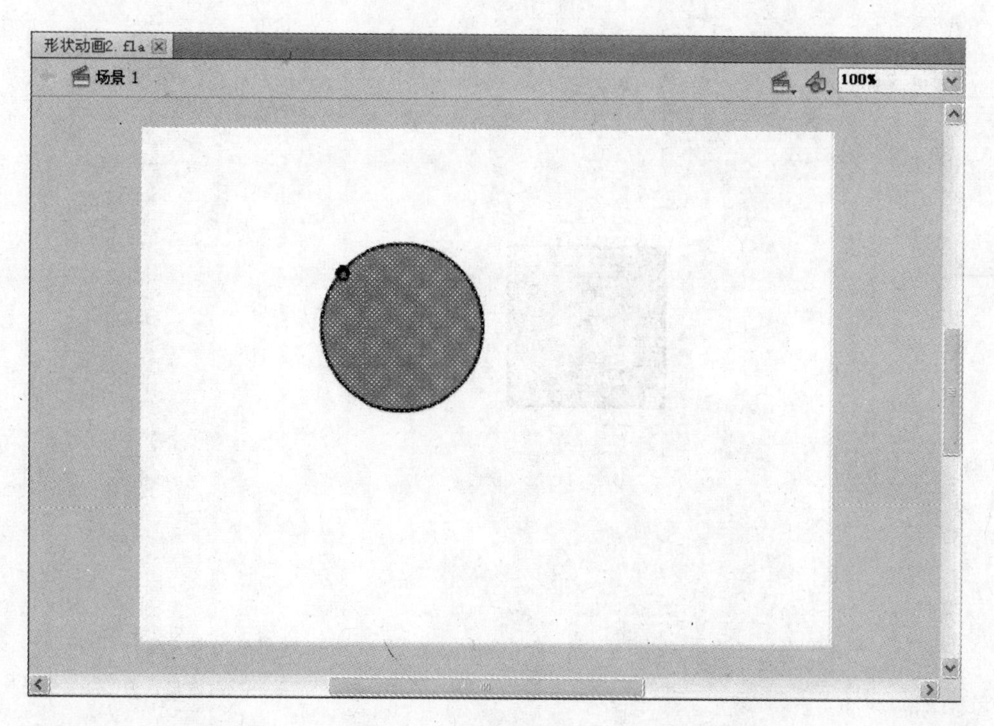

图 8-91

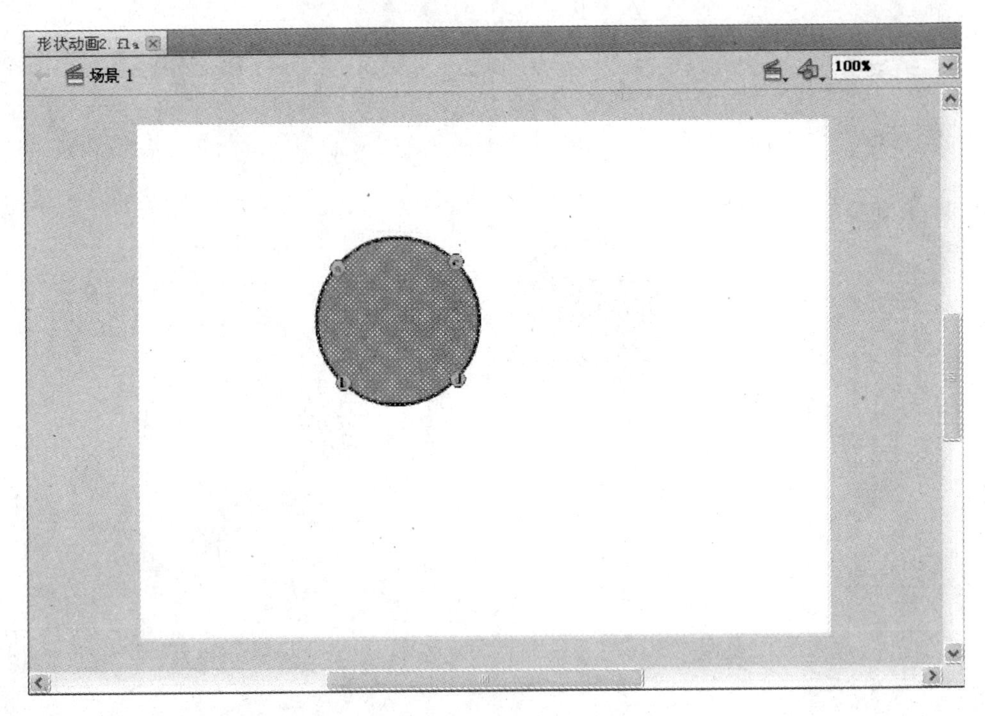

图　8-92

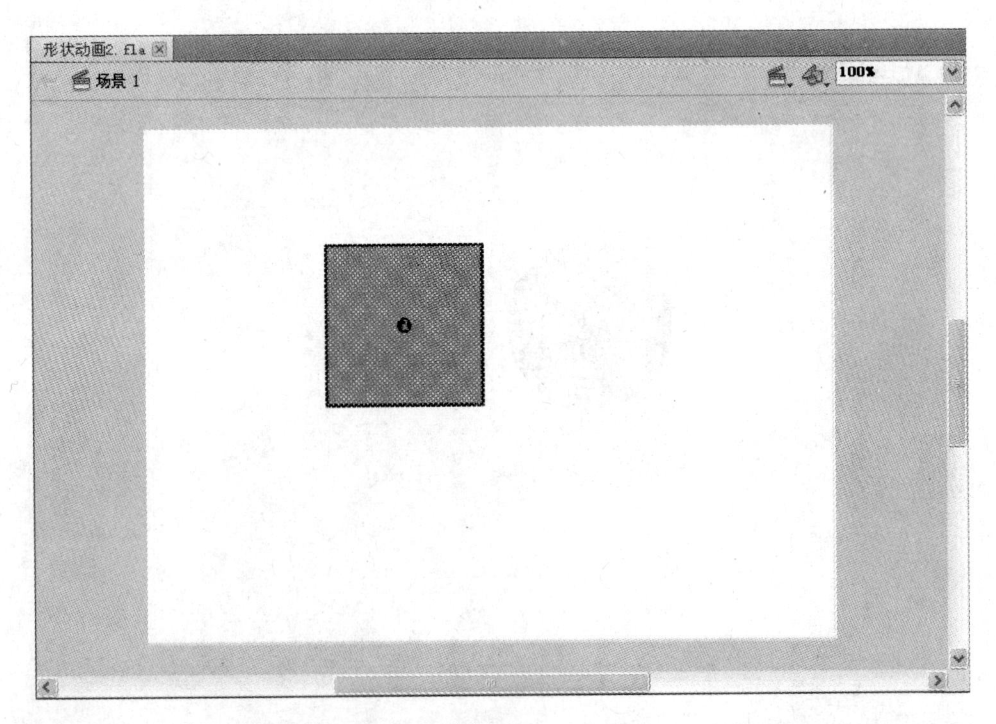

图　8-93

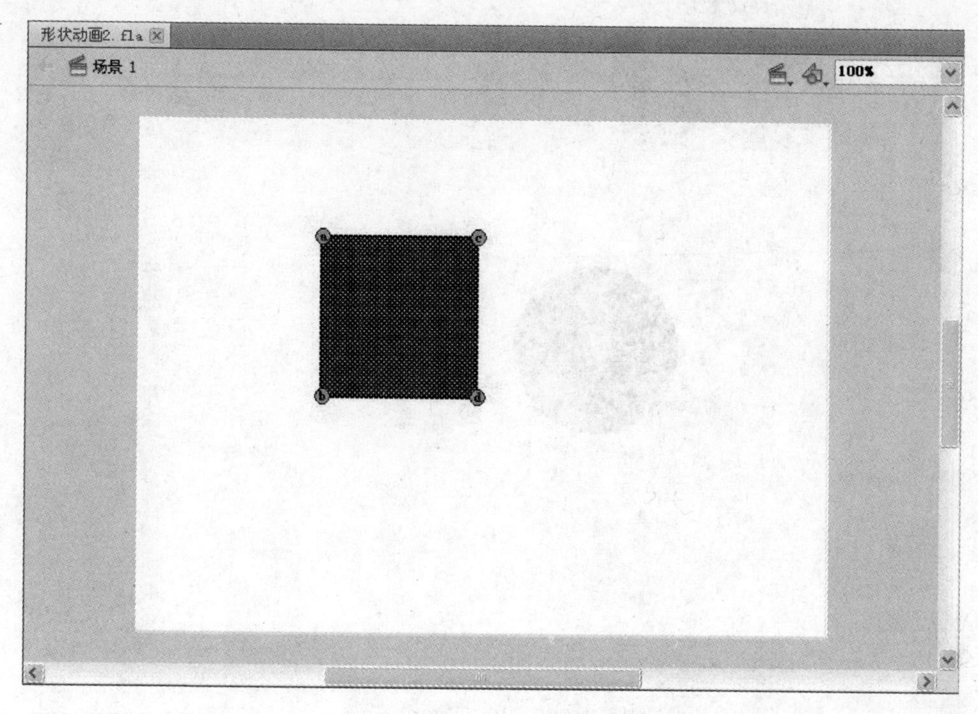

图 8-94

最后拖动“时间轴”面板上的滑块或者执行“控制”/“测试影片”命令，快捷键为 Ctrl+Enter。可以看到从圆形向矩形变化的过程中因为有了形状提示点的存在，变化很规律。图 8-95、图 8-96 和图 8-97 为变化的过程。每个形状提示点都在相互对应。

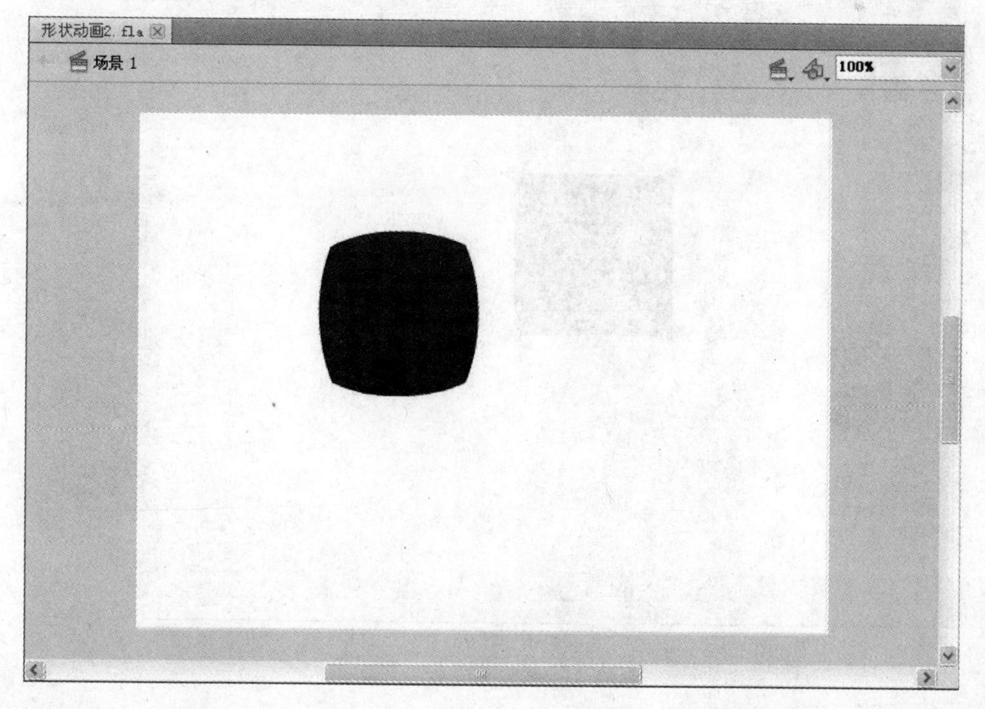

图 8-95

图 8-96

图 8-97

删除“形状提示点”的方法是执行“修改”/“形状”/“删除所有提示”命令。

8.3.2 形状动画的派生动画

对于形状动画来说，不仅可以使对象在形状上发生变化，还可以在颜色和位置上发生变化。在上面的例子中，如果将第 10 帧的矩形的颜色换成红色后，再执行“控制”/“测试影片”命令，快捷键为 Ctrl＋Enter。可以看到从圆形到矩形变化的过程中形状和颜色在同时发生着变化，如图 8-98、图 8-99 和图 8-100 所示。

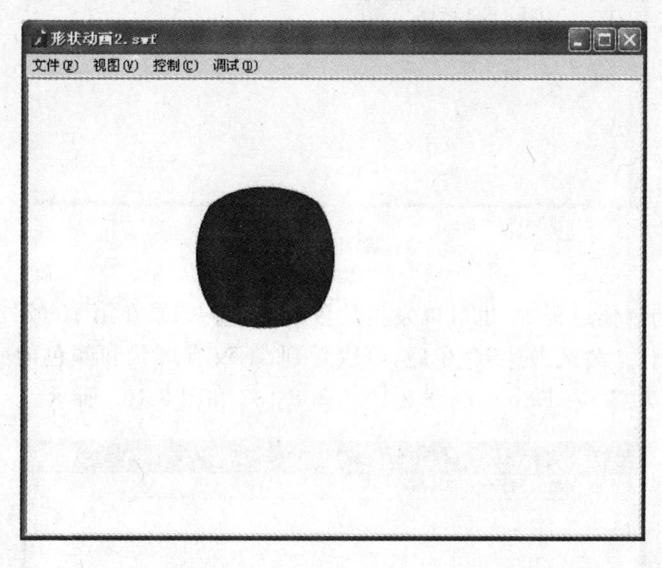

图 8-98

图 8-99

图 8-100

在形状动画的制作过程中,也可以发生位置的转移。如果在第10帧处将矩形的位置移动,然后执行"控制"/"测试影片"命令后,可以看到,不仅有形状和颜色的变化过程,还有位置的转移,快捷键为Ctrl+Enter,如图8-101、图8-102和图8-103所示。

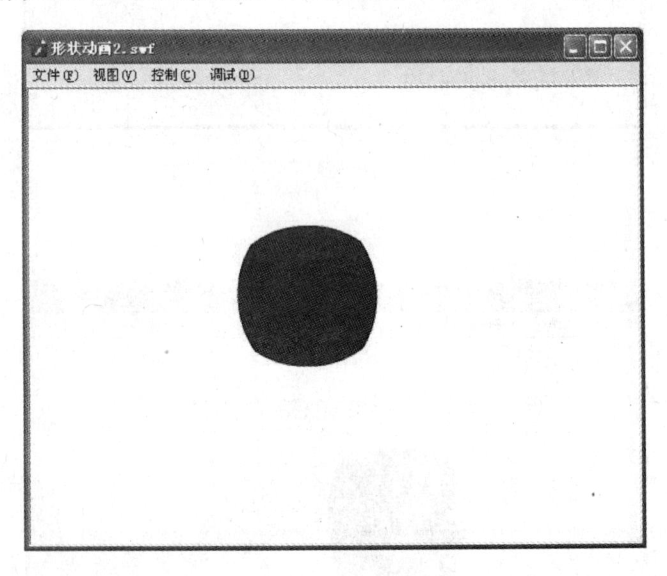

图 8-101

8.3.3 实例讲解

1. 制作夜晚的星空

(1) 打开Flash CS5,新建空白文档,然后执行"文件"/"导入"/"导入到库"命令,将一幅夜晚的位图导入到"库"面板中,如图8-104所示。

(2) 将"库"面板中的位图拖拽至舞台上,并调整其位置和大小,如图8-105所示。

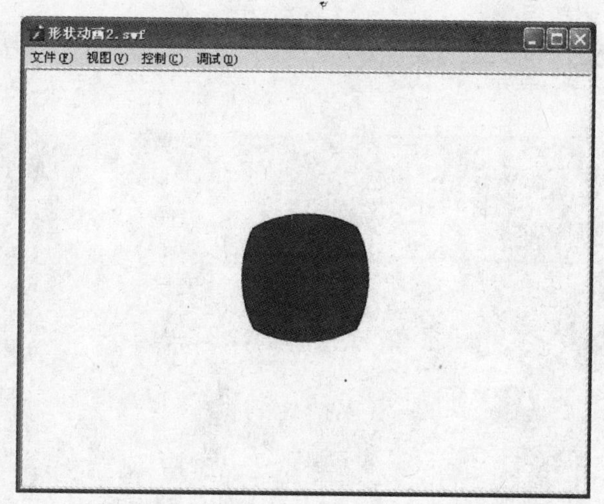

图 8-102

图 8-103

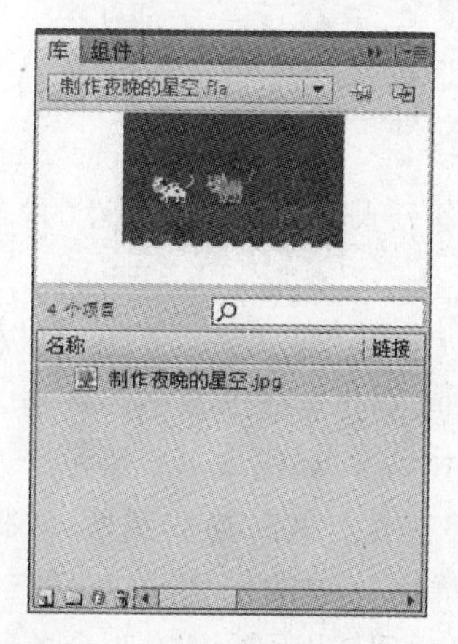

图 8-104

图 8-105

(3) 执行"插入"/"新建元件"命令,选择元件类型为"影片剪辑",将其命名为"星形",如图 8-106 所示。

(4) 进入元件编辑状态后,选择工具箱中的"多角星形"工具,在其"属性"面板中单击"选项"按钮,弹出如图 8-107 所示的对话框,可以设置星形的属性。

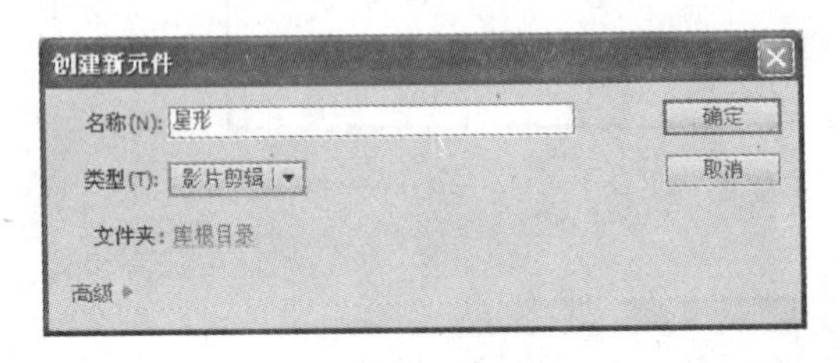

图 8-106

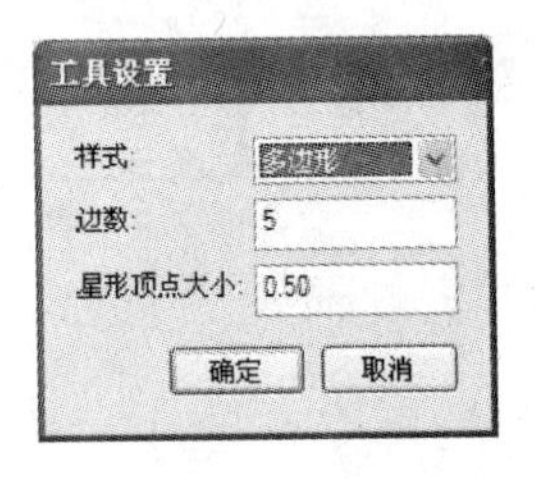

图 8-107

(5) 在"时间轴"面板上选择第 1 帧,用设置好属性的"多角星形"工具在舞台上绘制五角星形,效果如图 8-108 所示。

(6) 选择工具箱中的"文本"工具T,在其"属性"面板中设置字体、字号以及颜色,如图 8-109 所示。然后在"时间轴"面板上选择第 20 帧,右击,在弹出的菜单中选择"插入空白关键帧"命令。在舞台中输入文本"星",如图 8-110 所示。

(7) 对于文本,按 Ctrl+B 键将其打散转换成图形,如图 8-111 所示。

(8) 在"时间轴"面板上,选择两帧中的任意一帧,单击鼠标右键,在弹出的菜单中选择"创建补间形状"命令。此时,在"时间轴"面板上的两个关键帧之间的部分会变成绿色。然后选择第 50 帧,按 F5 键,插入帧作为延长帧,如图 8-112 所示。

图 8-108

属性
文本工具
传统文本
静态文本
字符
系列：方正平和简体
样式：Regular 嵌入...
大小：85.0 点 字母间距：60.0
颜色： 自动调整字距
消除锯齿：动画消除锯齿

图 8-109

图 8-110

图 8-111

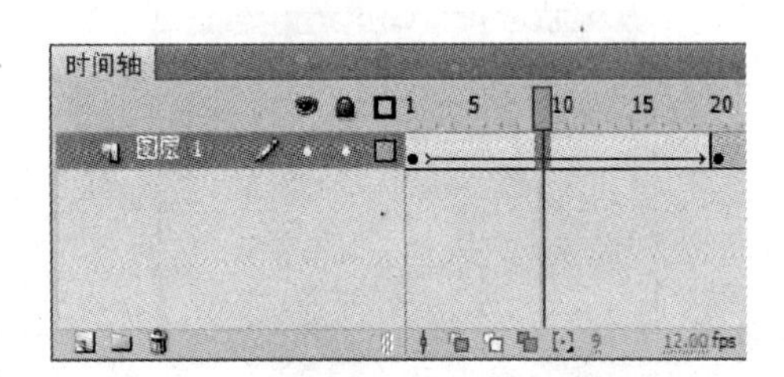

图 8-112

(9) 选择“时间轴”面板上的第1帧，执行“修改”/“形状”/“添加形状提示”命令，添加两个提示点，将它们分别放在图形的上方和下方，如图8-113所示。

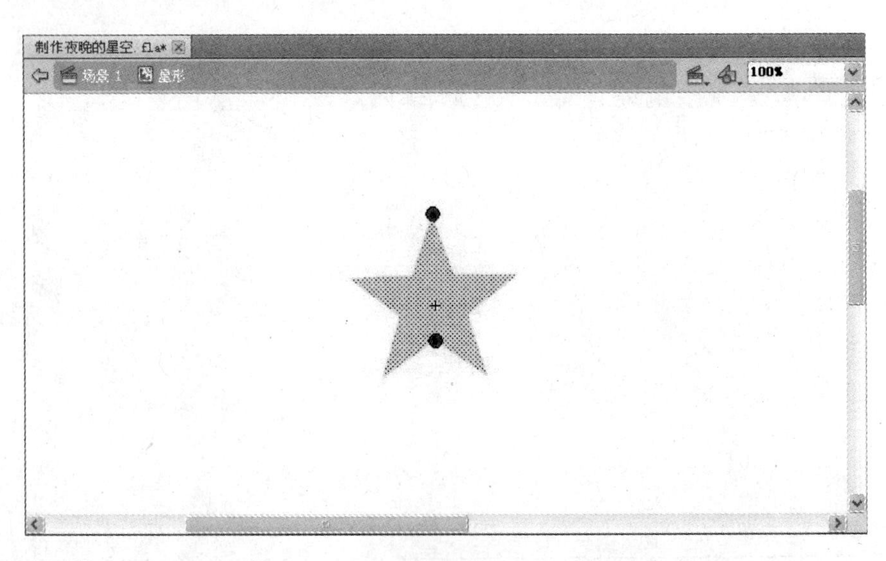

图 8-113

(10) 单击“时间轴”面板上的第 20 帧，将出现的提示点调整到“星”的上方和下方，并与开始的星星顺序相对应，如图 8-114 所示。

图　8-114

(11) 回到场景中，在“时间轴”面板上新建一个图层，选中该层第 1 帧，将“星形”元件从“库”面板拖拽至舞台上，创建两个元件实例，并调整其大小和位置，如图 8-115 和图 8-116 所示。

(12) 执行“插入”/“元件”命令，插入一个新的图形元件，命名为“星形 1”，如图 8-117 所示。

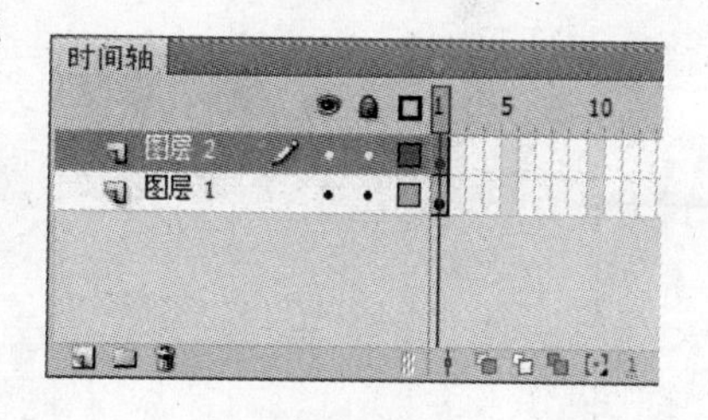

图　8-115

(13) 进入元件编辑状态后，选择工具箱中的“多角星形”工具，在其“属性”面板中单击“选项”按钮，弹出如图 8-118 所示的对话框，可以设置星形的属性。

(14) 在“时间轴”面板上选择第 1 帧，用设置好属性的“多角星形”工具在舞台上绘制五角星形，效果如图 8-119 所示。

(15) 再次执行“插入”/“元件”命令，插入一个新的图形元件，命名为“月亮”，如图 8-120 所示。

(16) 进入元件编辑状态后，选择工具箱中的“椭圆”工具，绘制一个月亮，如图 8-121 所示。

(17) 选择“时间轴”面板上的“图层 1”，在场景中插入“星形 1”和“月亮”元件，并调整其位置和大小，如图 8-122 所示。

图 8-116

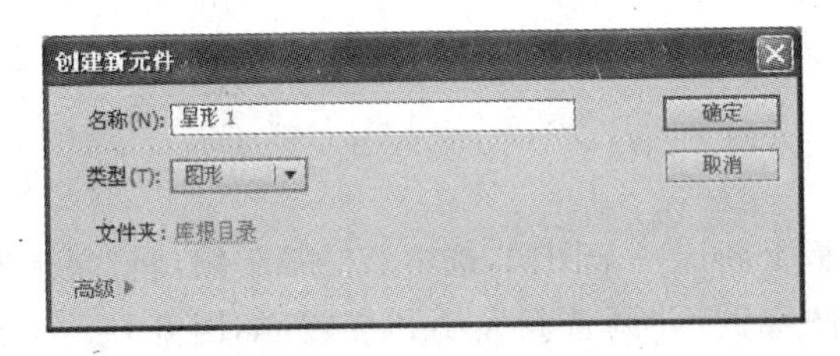

图 8-117

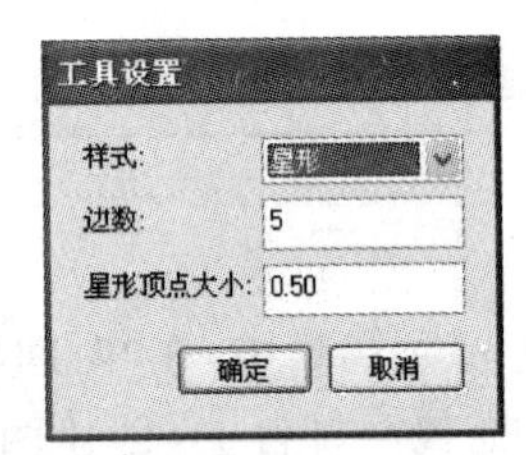

图 8-118

图 8-119

图 8-120

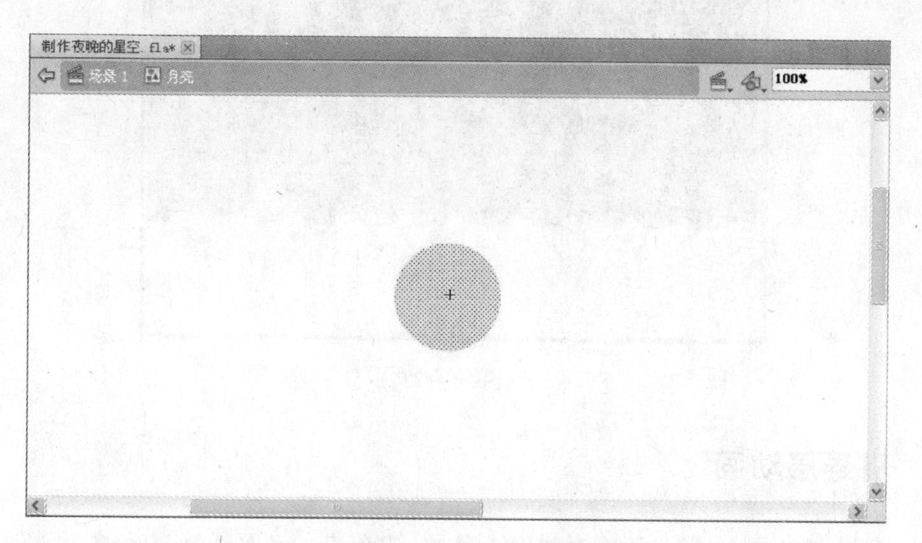

图 8-121

图 8-122

(18) 执行“控制”/“测试影片”命令，可以看到夜晚的星空效果，快捷键为 Ctrl+Enter，如图 8-123 所示。

图 8-123

8.4 引导层动画

在 Flash CS5 中，补间动画有时并不能完成一些复杂的动画特效，有很多运动的路径是弧线或者不规则的路线，这种不规则的运动效果则可以通过引导层来实现。

引导层作为一个特殊的图层，在动画设计制作过程中应用十分广泛。使用引导层，可以将一个或多个图层链接到一个运动引导层上，使一个或多个对象沿着特定的路径运动，从而产生不规则的运动动画，也被称为“引导线动画”，这种动画是通过引导层和引导线两部分完成的。

“引导层”：必须绘制在引导层中，而且需要使用引导线作为物体的轨迹线，所在图层必须在引导层下方，一个引导层可以为多个图层提供运动轨迹，同时在一个引导层中可以有多条运动轨迹。

“引导线”：起到轨迹线或者辅导线的作用，用来让物体沿着引导线运动。

前面讲述的都是对象规律的运动，下面通过一个小例子来理解引导线的作用，让对象沿着固定的路径运动。

(1) 打开 Flash CS5 软件，新建一个空白文档，选择工具箱中的“椭圆”工具，设置笔触颜色为无，填充颜色为黑色到红色渐变。在舞台的左上角绘制一个圆形，如图 8-124 所示。

(2) 选择“时间轴”面板上的第 20 帧，右击，在弹出的菜单中选择“插入关键帧”命令，如图 8-125 所示。将圆形移至舞台左下角，如图 8-126 所示。

(3) 在“时间轴”面板的“图层 1”上右击，选择“引导层”选项，添加一个引导层，如图 8-127 所示。

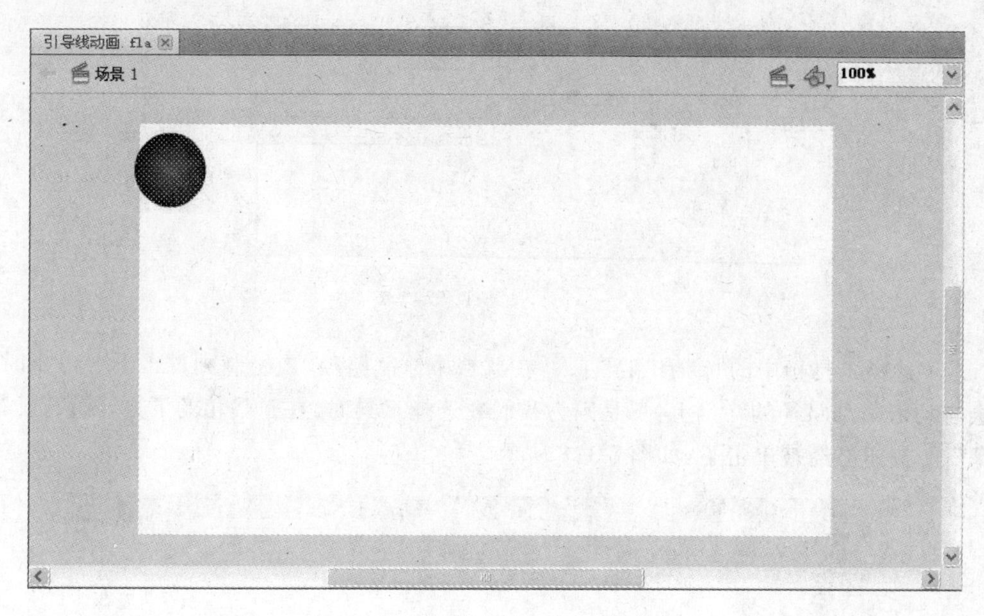

图 8-124

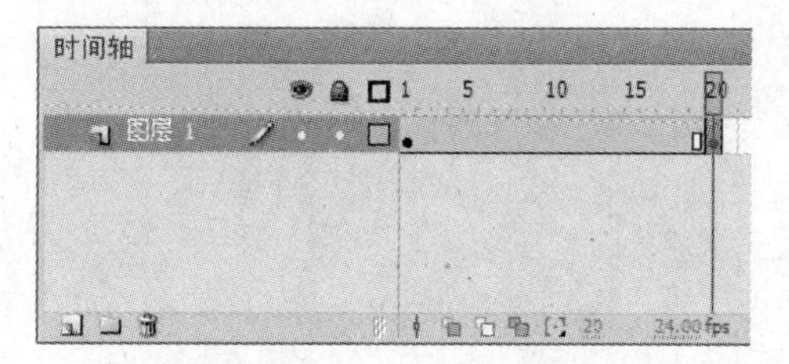

图 8-125

图 8-126

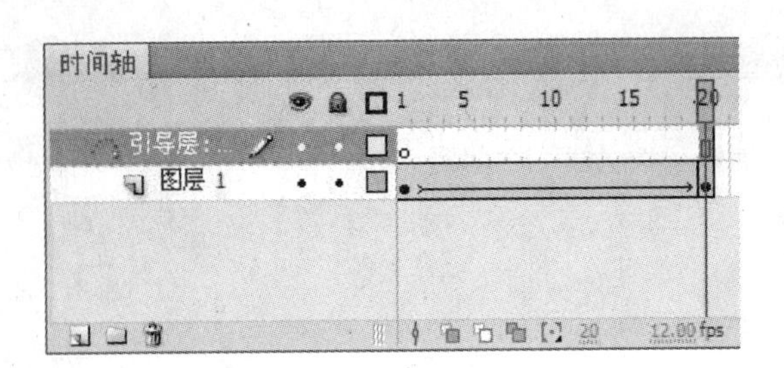

图 8-127

(4) 选择工具箱中的"铅笔"工具，在舞台中绘制路径，当绘制到舞台下方停止时，小球会自动依附到路径的终点上，那是因为我们在选择工具时，在工具箱的下方，默认"贴紧至对象"按钮已经被单击了，如图 8-128 所示。

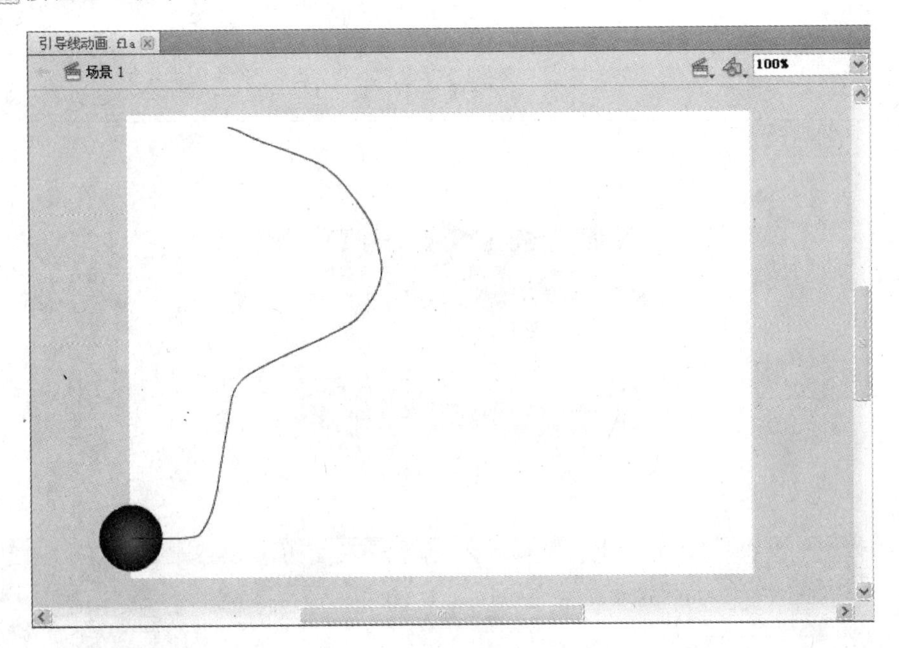

图 8-128

(5) 拖动"时间轴"面板上的滑块或者执行"控制"/"测试影片"命令，快捷键为 Ctrl+Enter。可以看到小球是沿着铅笔绘制的路径移动的，在测试影片过程中，路径是看不到的，如图 8-129 所示。

(6) 在绘制路径过程中，有时候对象不会依附到路径上，就需要手动将对象的中心点移至路径的起点或终点。选择工具箱中的"选择"工具，对绘制好的路径进行调节，如图 8-130 所示。

(7) 此时调整"时间轴"面板上的滑块或者执行"控制"/"测试影片"命令，快捷键为 Ctrl+Enter。可以看到小球重新沿着修改后的路径运动，如图 8-131 所示。

Tips：引导线是对象运动的轨迹，一般用钢笔或铅笔工具绘制。路径动画只适用于运动动画，不适用于形状动画。

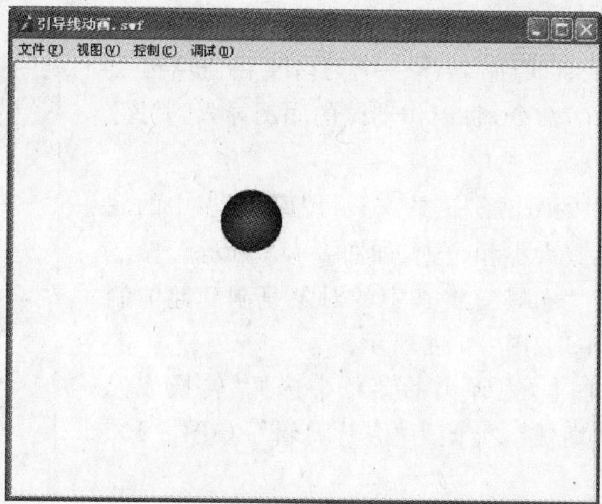

图 8-129

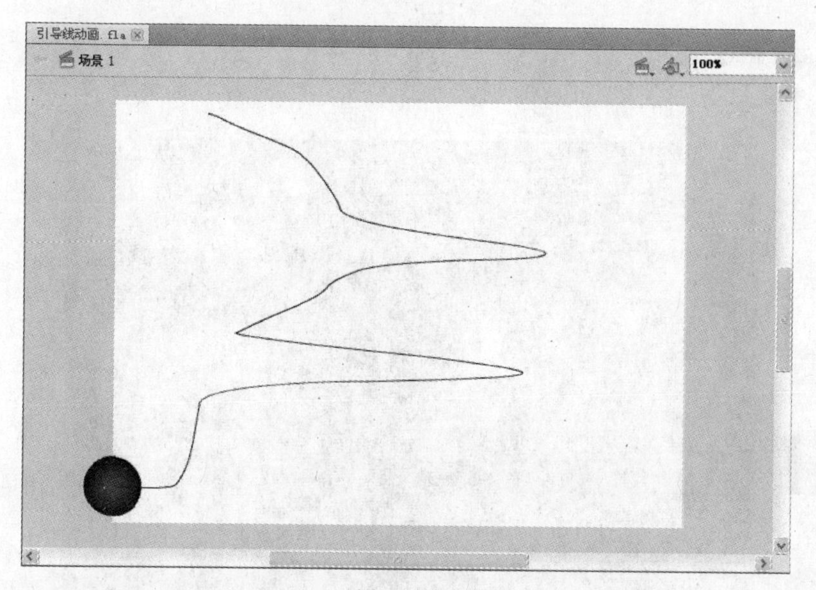

图 8-130

图 8-131

制作蝴蝶之恋动画的步骤如下。

(1) 打开 Flash CS5 软件，新建一个空白文档，执行"文件"/"导入"/"导入到库"命令，将制作动画的底图导入到"库"面板中，如图 8-132 所示。

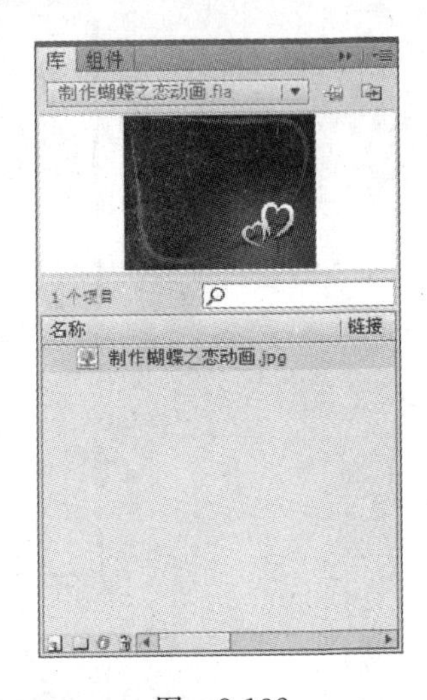

图 8-132

(2) 使用工具箱中的"选择"工具，将"库"面板中的底图拖至舞台中，并调整其大小和位置，如图 8-133 所示。

(3) 打开素材文件"蝴蝶"，将其中的对象复制到此前制作的"蝴蝶之恋"场景中，如图 8-134 所示。

(4) 在"蝴蝶"上右击，在弹出的菜单中选择"转换成元件"命令，将其命名为"蝴蝶"，类型为"影片剪辑"，如图 8-135 所示。

(5) 双击该元件，进入元件的编辑场景中，如图 8-136 所示。

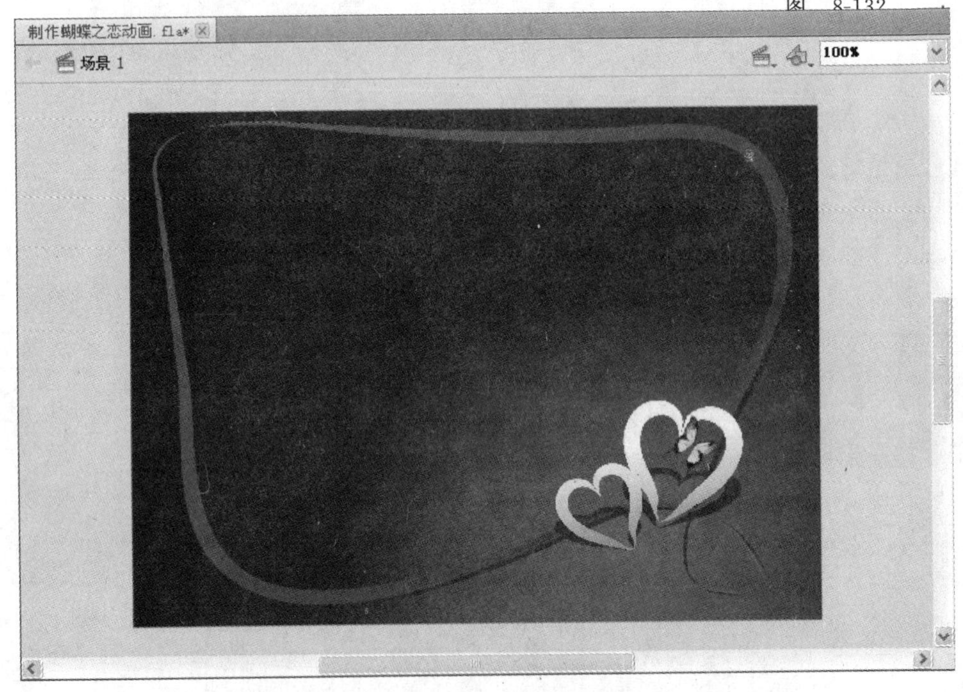

图 8-133

(6) 选择"时间轴"面板上的第 40 帧，右击，插入关键帧，如图 8-137 所示。

(7) 调整蝴蝶的位置和方向，如图 8-138 所示。

(8) 在第 1 帧和第 40 帧中间选择任意一帧，右击，在弹出的菜单中选择"创建补间动画"命令，如图 8-139 所示。

(9) 在"时间轴"面板的"图层 1"上右击，选择"引导层"选项，添加一个引导层，如图 8-140 所示。选择工具箱中的"铅笔"工具，如图 8-141 所示绘制路径，如果蝴蝶没有自动依附到路径的起始点上，那么需要手动调整蝴蝶的中心点让它和路径的起始点相对应。

图 8-134

转换为元件

名称(N): 蝴蝶 确定

类型(T): 影片剪辑 对齐: 取消

文件夹: 库根目录

高级

图 8-135

图 8-136

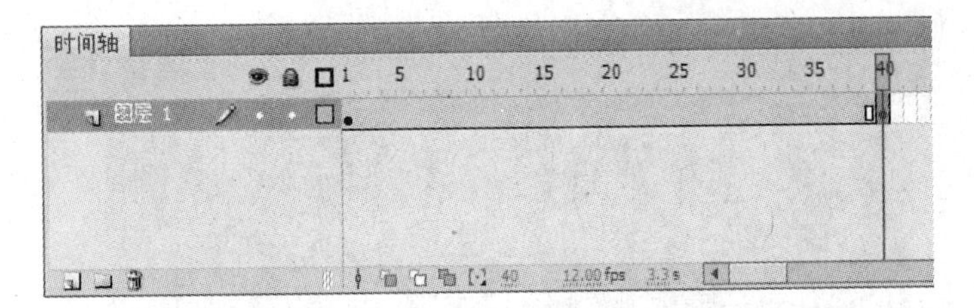

图 8-137

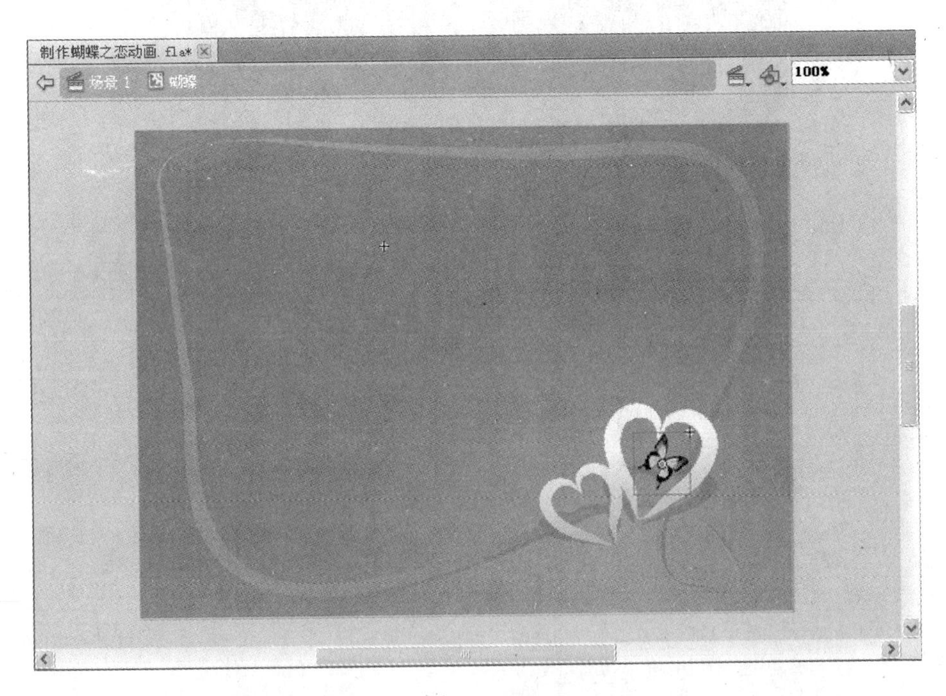

图 8-138

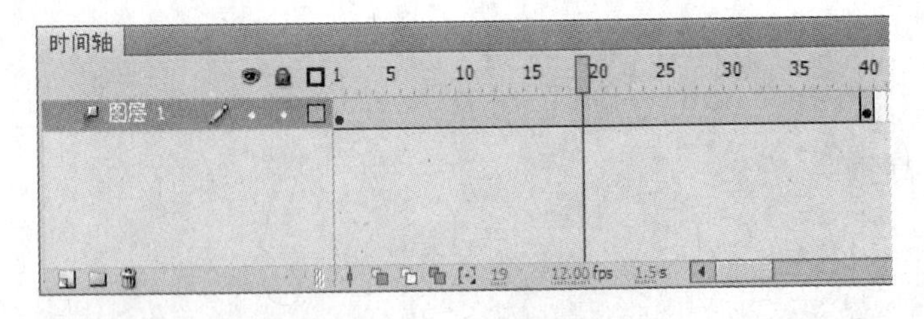

图 8-139

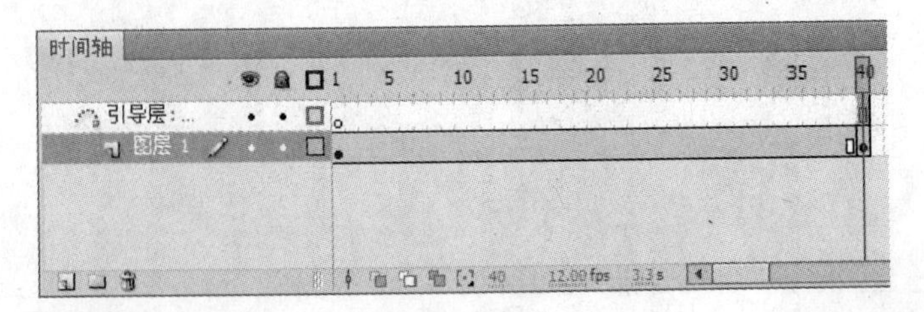

图 8-140

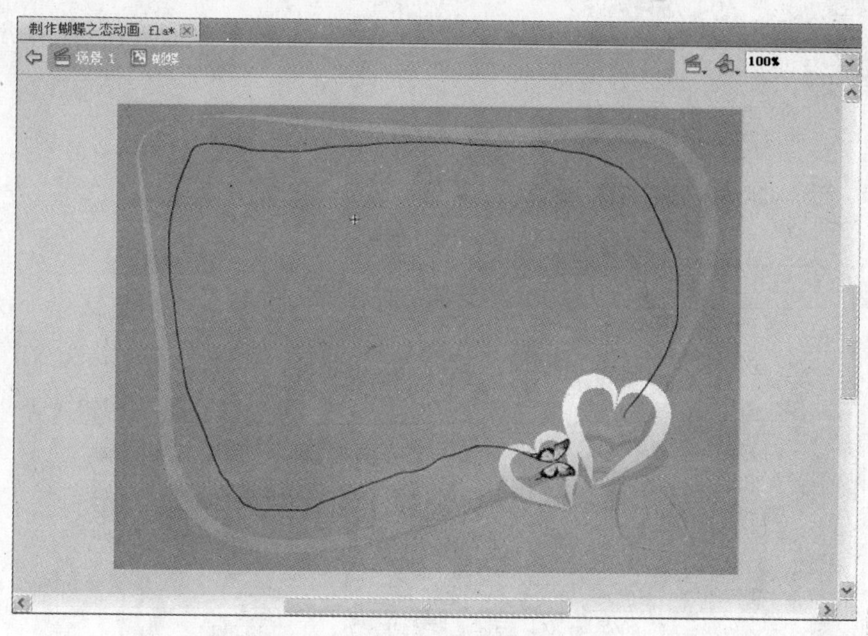

图　8-141

（10）选择“图层 1”的第 1 帧，插入关键帧，调整蝴蝶的位置和方向，如图 8-142 和图 8-143 所示。

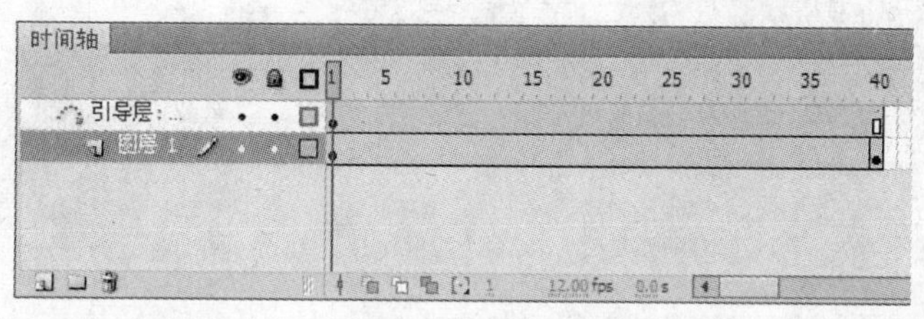

图　8-142

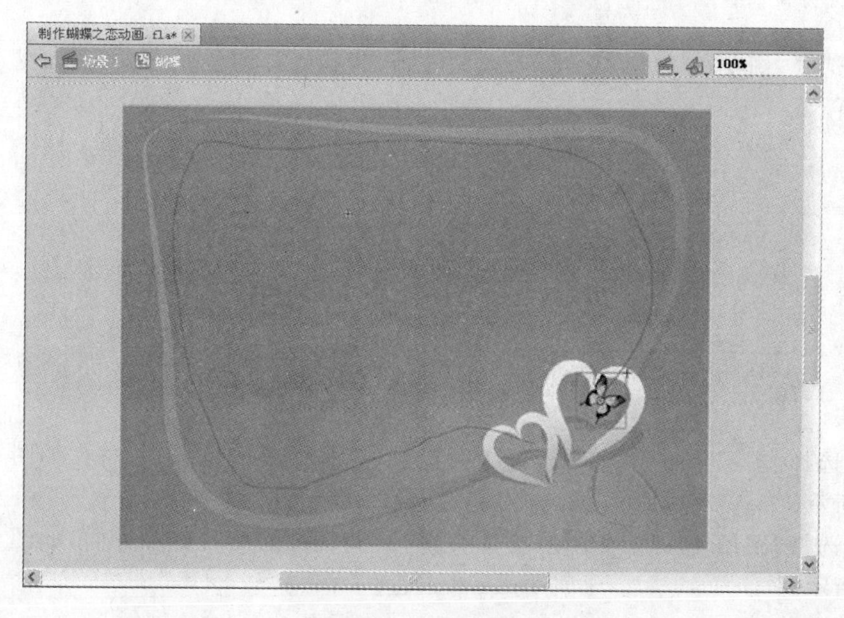

图　8-143

(11) 选择“图层 1”的第 5 帧,插入关键帧,调整蝴蝶的位置和方向,如图 8-144 和图 8-145 所示。

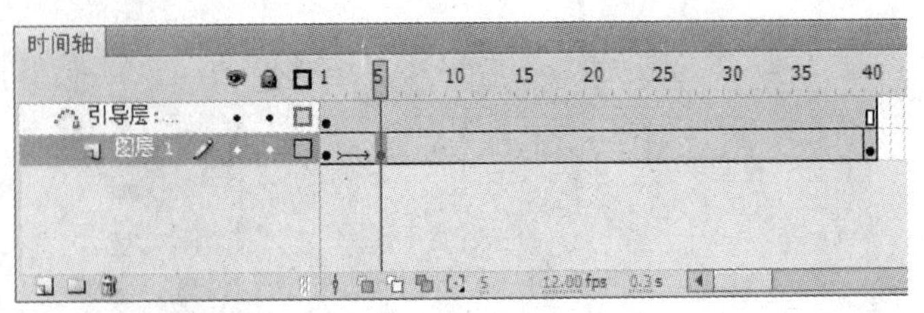

图　8-144

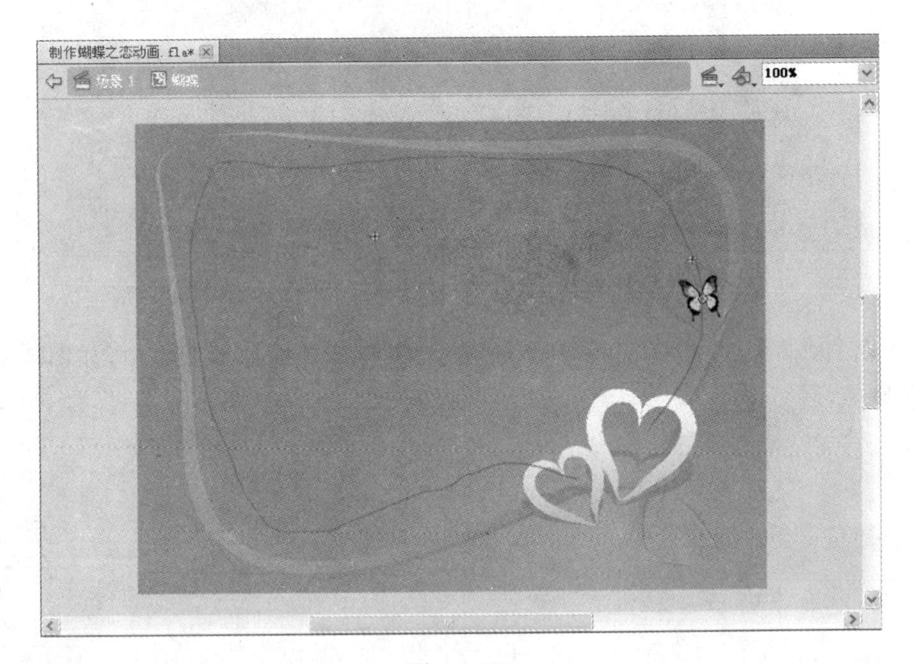

图　8-145

(12) 选择“图层 1”的第 10 帧,插入关键帧,调整蝴蝶的位置和方向,如图 8-146 和图 8-147 所示。

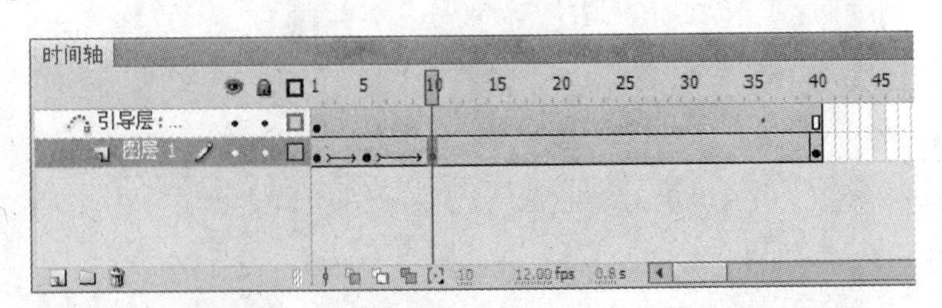

图　8-146

(13) 选择“图层 1”的第 15 帧,插入关键帧,调整蝴蝶的位置和方向,如图 8-148 和图 8-149 所示。

(14) 选择“图层 1”的第 20 帧,插入关键帧,调整蝴蝶的位置和方向,如图 8-150 和图 8-151 所示。

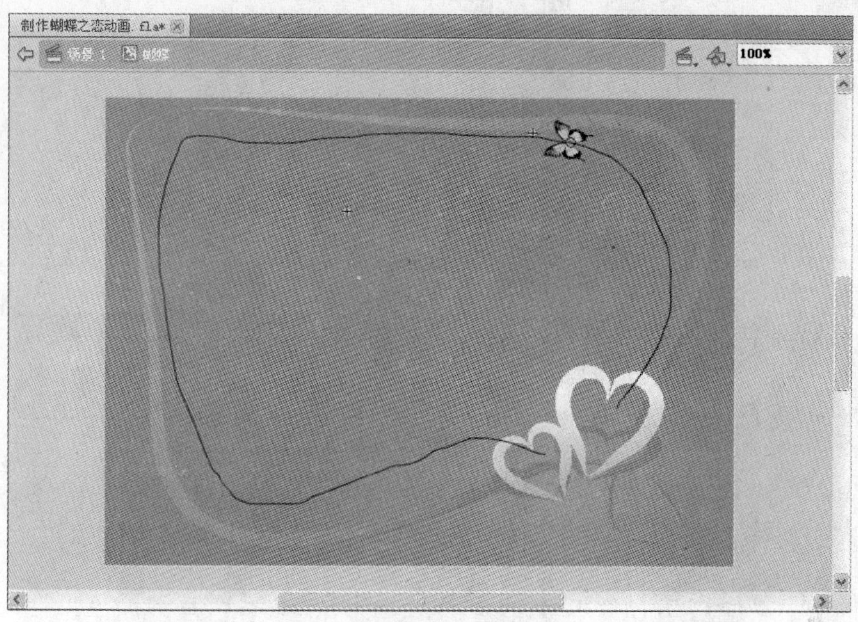

图 8-147

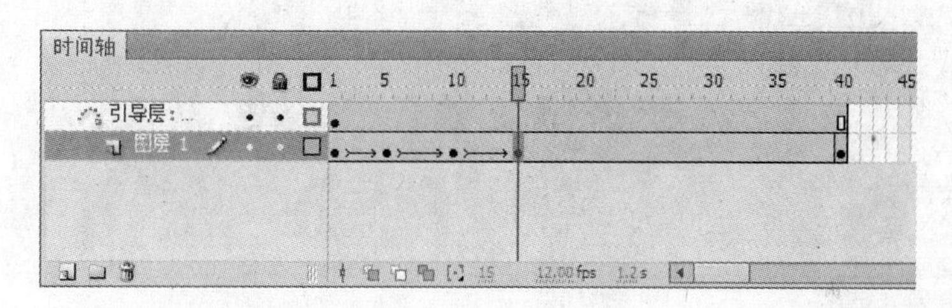

图 8-148

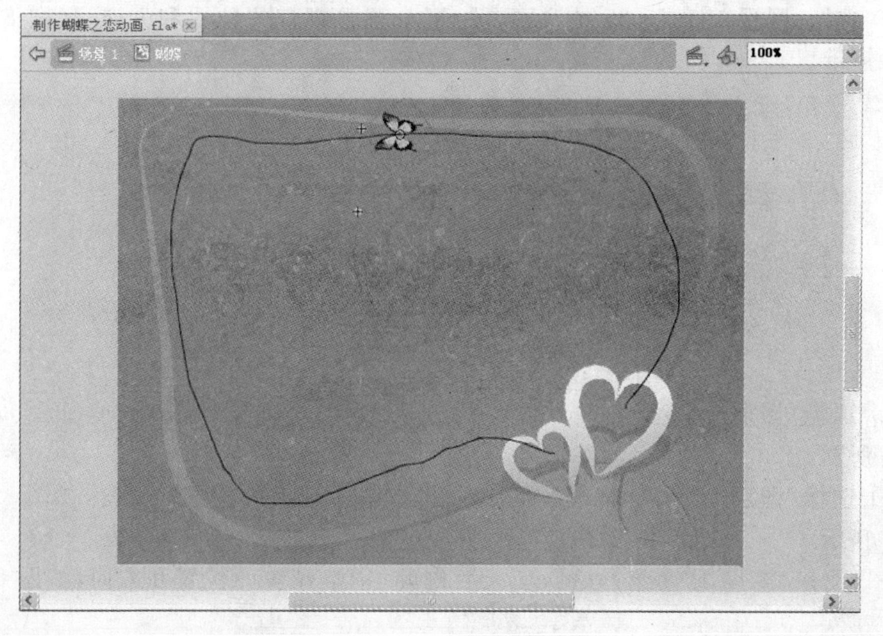

图 8-149

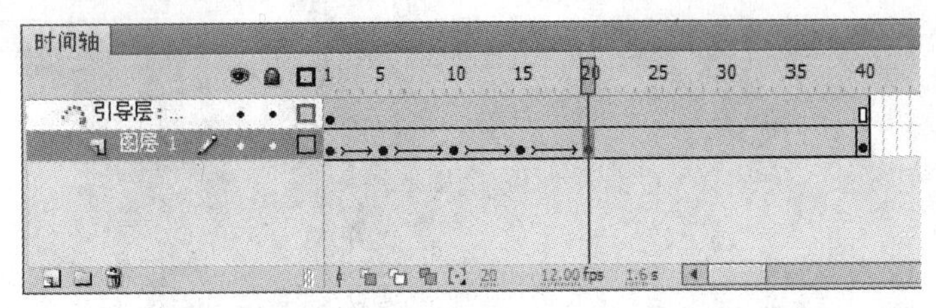

图 8-150

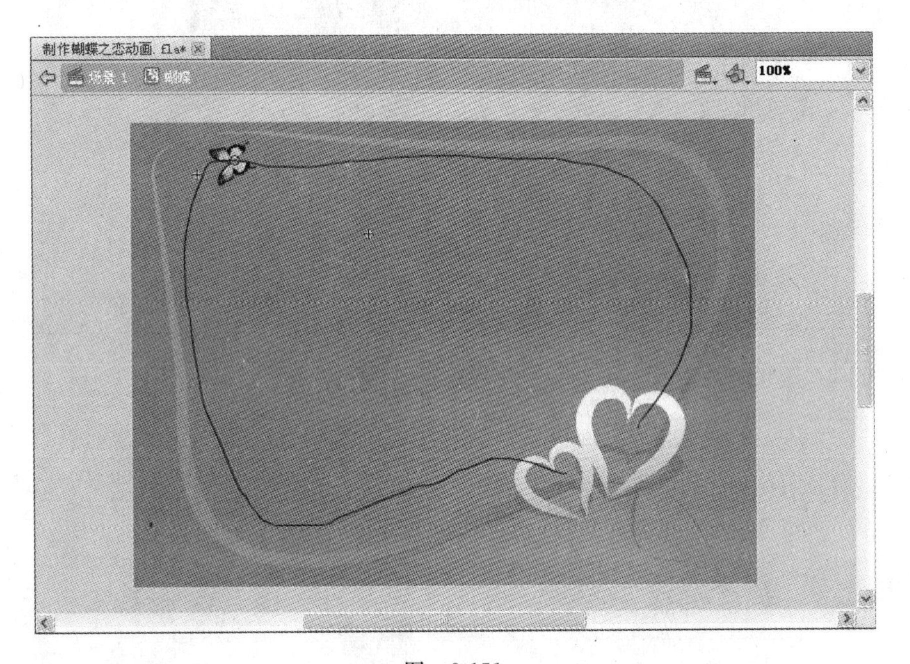

图 8-151

(15) 选择“图层 1”的第 25 帧,插入关键帧,调整蝴蝶的位置和方向,如图 8-152 和图 8-153 所示。

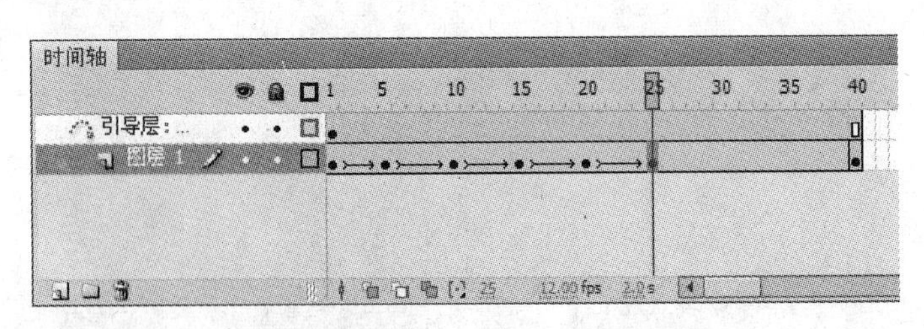

图 8-152

(16) 选择“图层 1”的第 30 帧,插入关键帧,调整蝴蝶的位置和方向,如图 8-154 和图 8-155 所示。

(17) 选择“图层 1”的第 35 帧,插入关键帧,调整蝴蝶的位置和方向,如图 8-156 和图 8-157 所示。

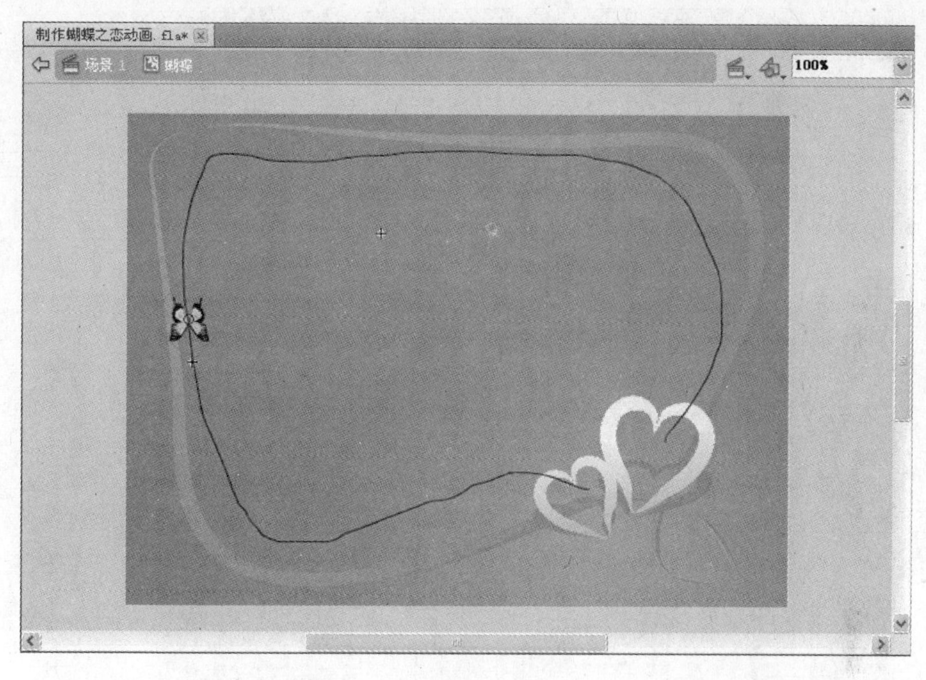

图 8-153

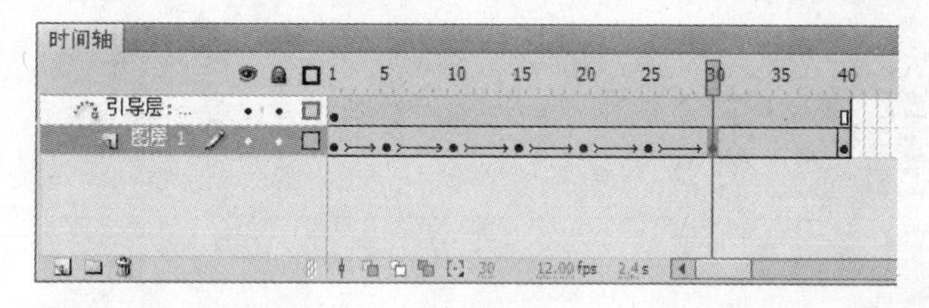

图 8-154

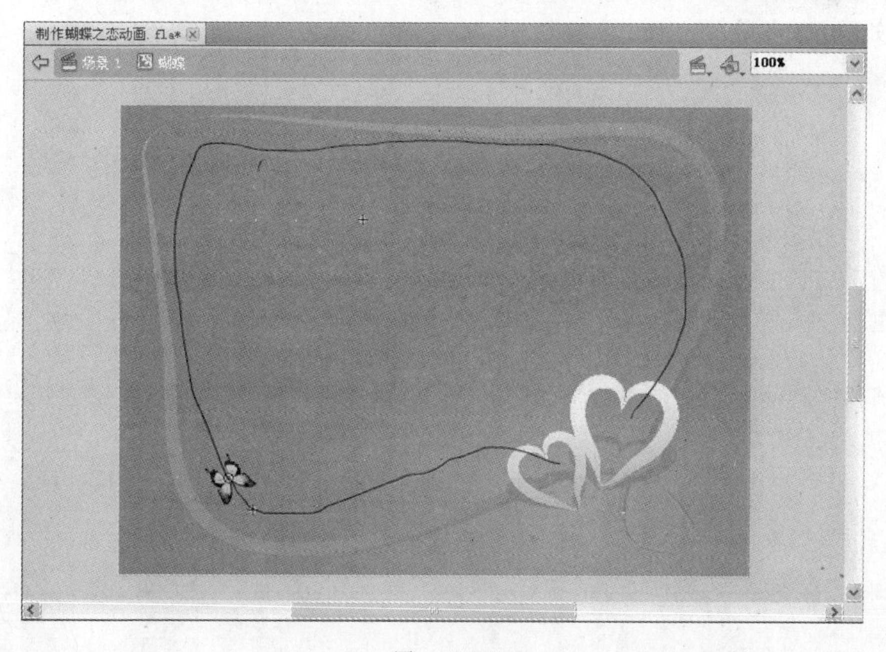

图 8-155

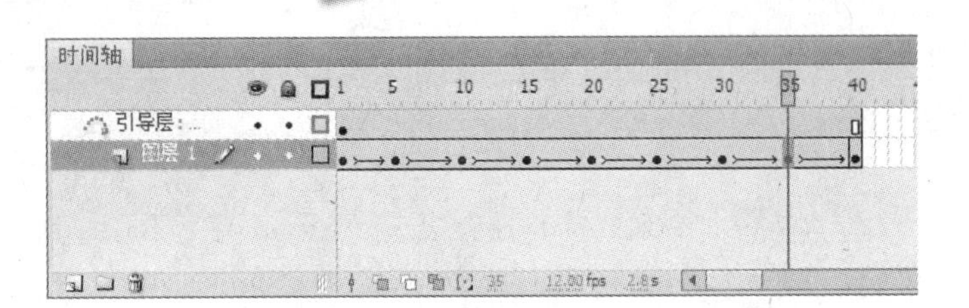

图　8-156

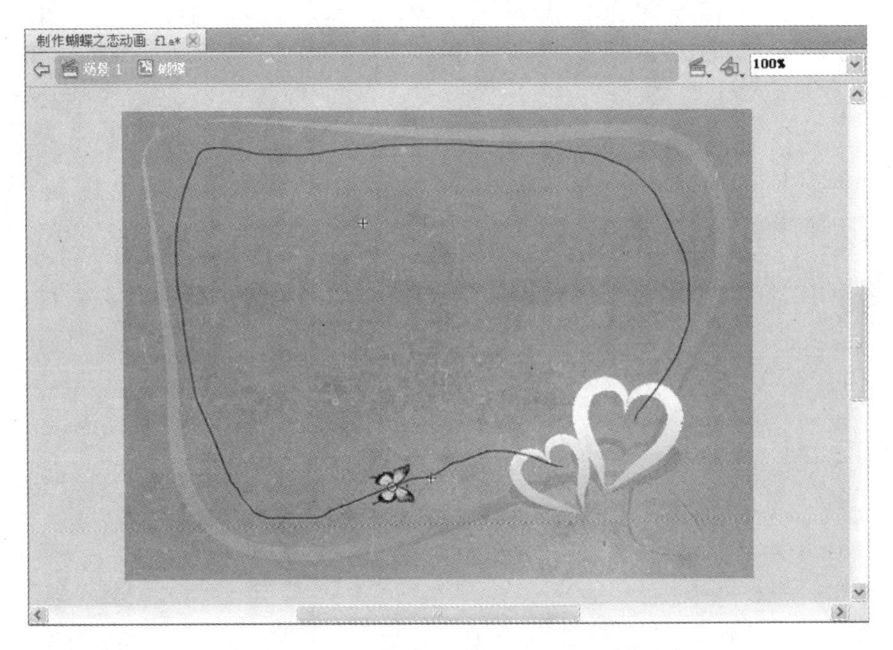

图　8-157

（18）切换到场景中，执行“控制”/“测试影片”命令，可以看到蝴蝶沿着引导线飞行的动画效果，如图 8-158 所示。

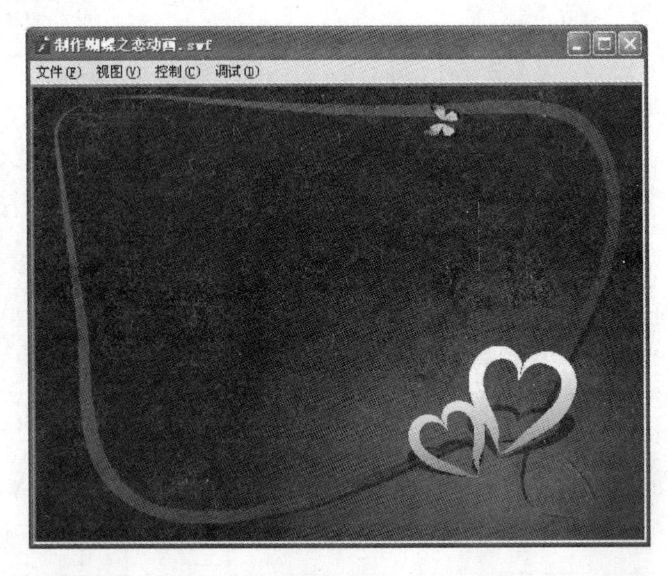

图　8-158

8.5 遮罩动画

在 Flash CS5 中，遮罩层用来在动画中制作遮罩，一般由两个图层实现，一个是遮罩层，一个是被遮罩层，用来显示遮罩层中的形状，颜色则为被遮罩层的颜色。

有时需要创建动态效果，可以让遮罩层动起来，对于用作遮罩的填充形状，可以使用补间形状。对于文字、图形实例或影片剪辑等，可以使用补间动画。当使用影片剪辑实例作为遮罩时，可以让遮罩沿着路径运动。

遮罩的意思就是用上面的颜色来显示下面的内容，上面颜色区域所覆盖的图形是什么样，下面就显示什么样的内容。

(1) 首先打开 Flash CS5 软件，新建一个空白文档，选择工具箱中的“椭圆”工具，在舞台中绘制椭圆，并使用“选择”工具对其形状进行修改，如图 8-159 所示。

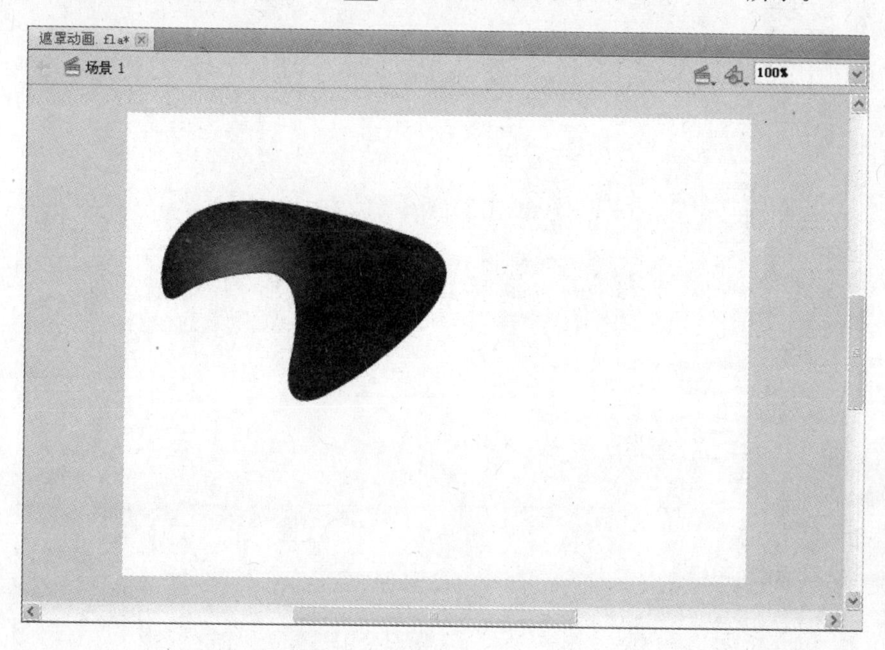

图 8-159

(2) 在“时间轴”面板上新建一个图层，如图 8-160 所示。然后选择工具箱中的“椭圆”工具，设置笔触颜色为无，填充色为粉色。在舞台中绘制一个椭圆，如图 8-161 所示。

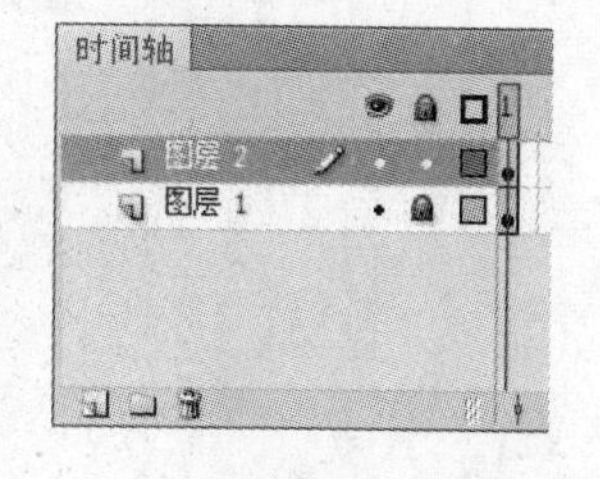

图 8-160

(3) 选中“时间轴”面板上的“图层 2”，右击，在弹出的菜单中选择“遮罩层”命令。可以看到“时间轴”上的图层状态发生了变化。“图层 2”不再可编辑，而且两个图层同时被锁定，这表示添加遮罩层成功，如图 8-162 所示。

(4) 在舞台中可以看到两个图层中对象颜色重叠的部分已经显示出来了，不重叠的部分就不会显示，如图 8-163 所示。

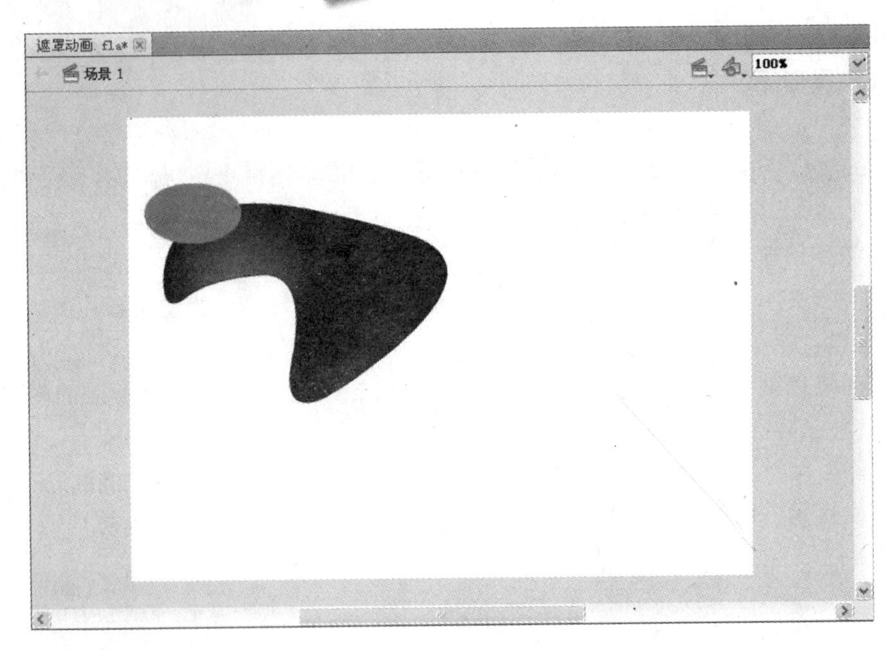

图 8-161

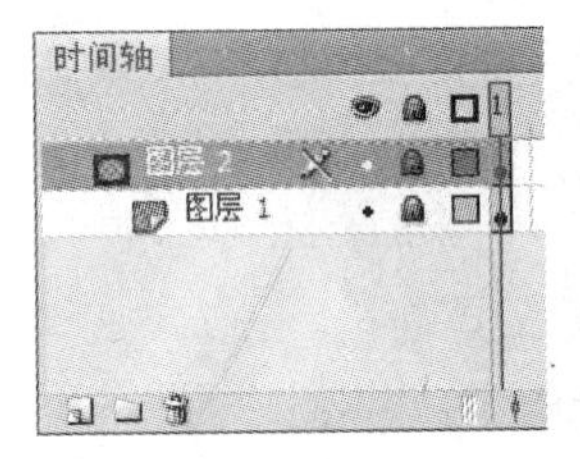

图 8-162

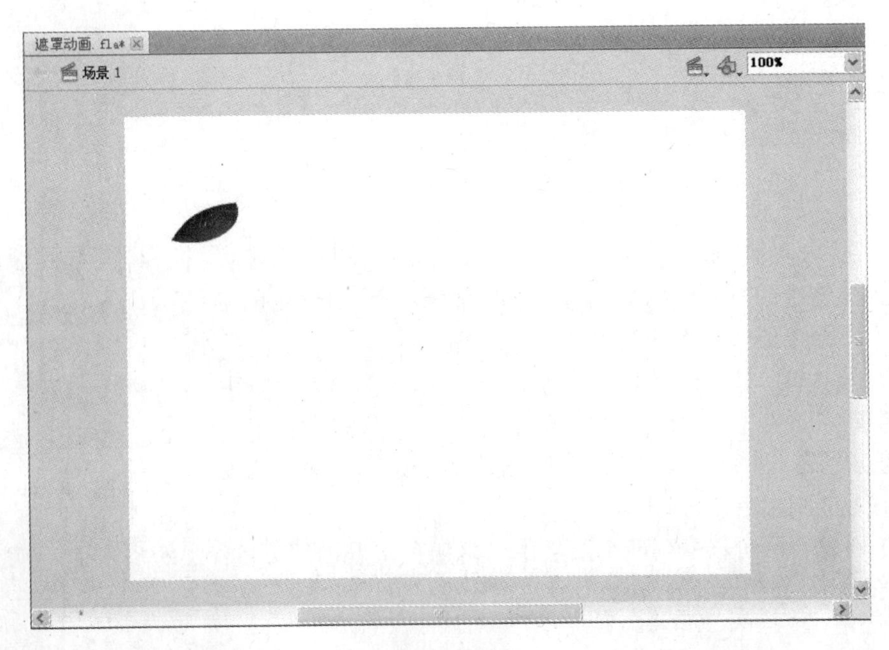

图 8-163

(5) 依据这样的特效,可以选择其中的一个图层作为遮罩层或者被遮罩层制作成动画,这就是遮罩的原理。

将两个图层解锁。选择“图层 2”,在第 20 帧处右击,在弹出的菜单中选择“插入关键帧”命令,将椭圆移动到舞台右侧,如图 8-164 和图 8-165 所示。

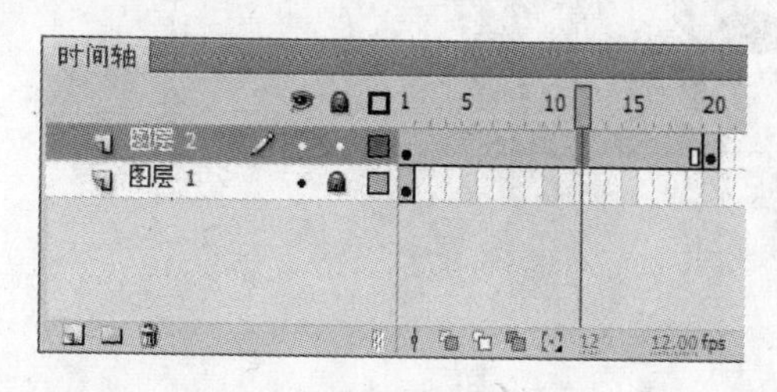

图 8-164

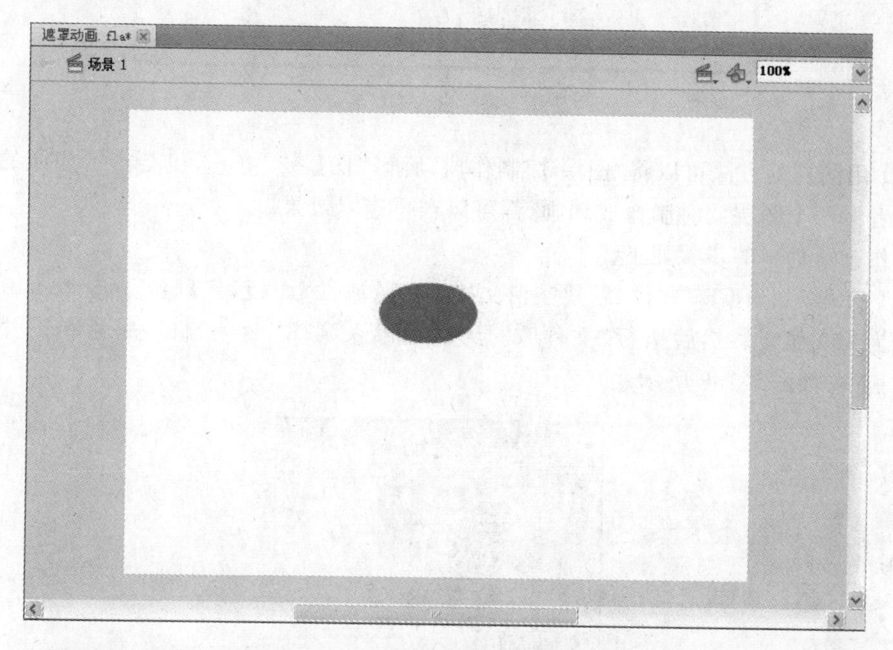

图 8-165

(6) 在“图层 2”的第 1 帧到第 20 帧中间任意一帧处右击,创建形状补间动画。然后选择“图层 1” 的第 20 帧,右击,在弹出的菜单中选择“插入帧”命令,如图 8-166 所示。

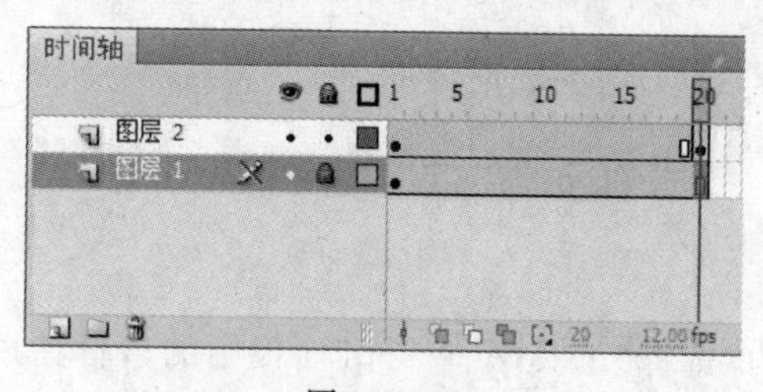

图 8-166

(7) 此时,拖动“时间轴”面板上的滑杆或者执行“控制”/“测试影片”命令,快捷键为 Ctrl+Enter。可以看到遮罩的效果,如图 8-167 所示。

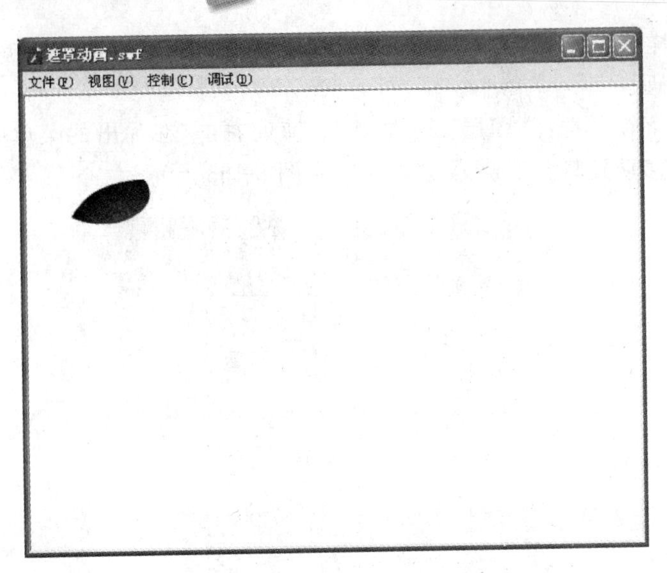

图 8-167

(8) 用同样的方法可以将"图层 1"制作成动画,"图层 2"静止,也会产生相应的遮罩效果。或者将两个图层同时制作成动画,都可以产生遮罩效果。

制作遮罩动画的步骤如下。

(1) 打开 Flash CS5 软件,新建空白文档,打开"属性"面板,将舞台宽设置为 400 像素,高设置为 450 像素。然后执行"文件"/"导入"/"导入到库"命令,将一幅素材图片导入到"库"面板中,如图 8-168 所示。

图 8-168

(2) 使用工具箱中的"选择"工具将"库"面板中的素材图片拖至舞台,并调整其大小和位置,如图 8-169 所示。

(3) 执行"插入"/"新建元件"命令,快捷键为 Ctrl+F8。类型选择为"影片剪辑",将其命名为"遮罩",如图 8-170 所示。

图　8-169

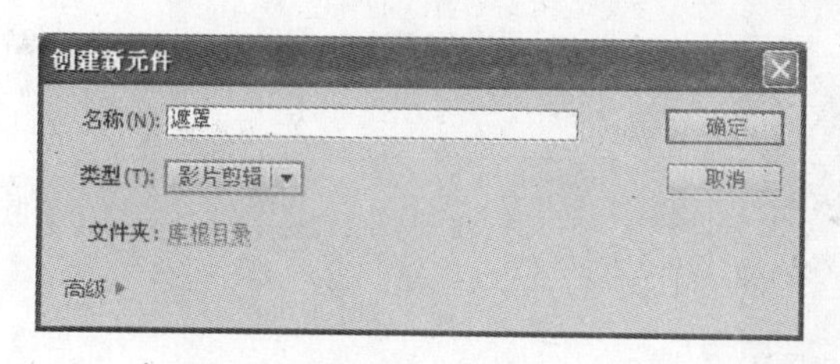

图　8-170

(4) 进入元件编辑区后，选择工具箱中的“矩形”工具，在其“属性”面板上设置笔触颜色为无，选择一种填充颜色。在舞台右侧绘制一个矩形，如图 8-171 所示。

图　8-171

(5) 选择"时间轴"面板上的第 20 帧，右击，插入关键帧。将矩形移动至舞台左侧，如图 8-172 和图 8-173 所示。

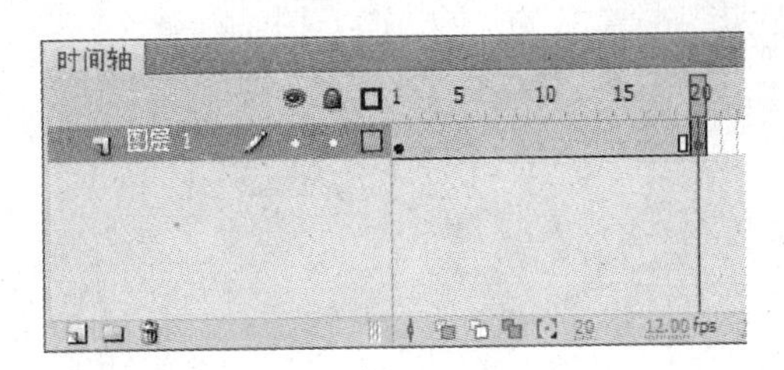

图 8-172

图 8-173

(6) 选择第 1 帧和第 20 帧中间任意一帧，右击，在弹出的菜单中选择"创建补间形状"命令。然后在第 40 帧处右击，插入关键帧。选择工具箱中的"任意变形"工具，将矩形放大，如图 8-174 和图 8-175 所示。

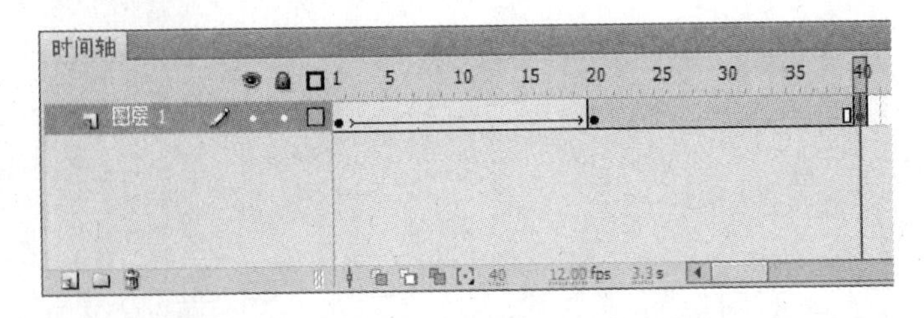

图 8-174

(7) 选择第 20 帧和第 40 帧中间任意一帧，右击，在弹出的菜单中选择"创建补间形状"命令，如图 8-176 所示。

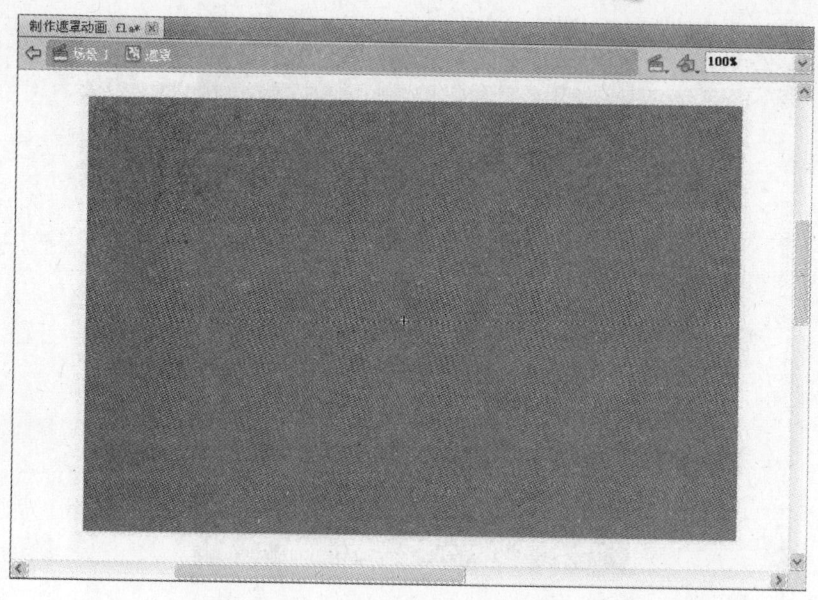

图 8-175

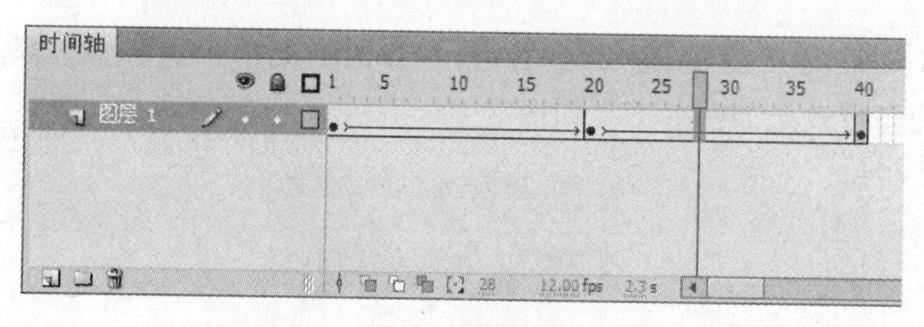

图 8-176

(8) 回到场景中,在“时间轴”面板上新建一个图层,如图 8-177 所示。然后打开“库”面板,可以看到刚才制作的元件,如图 8-178 所示。

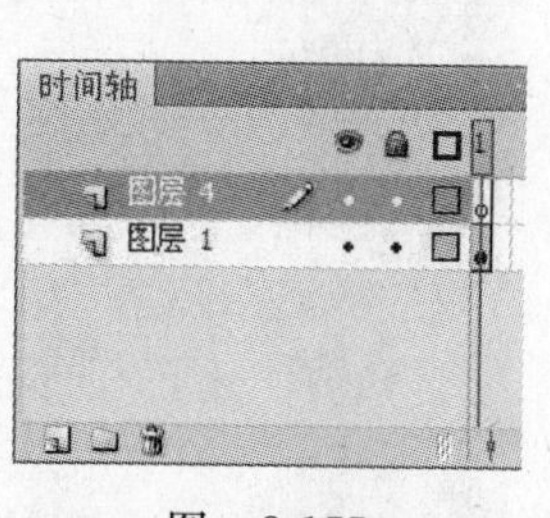

图 8-177

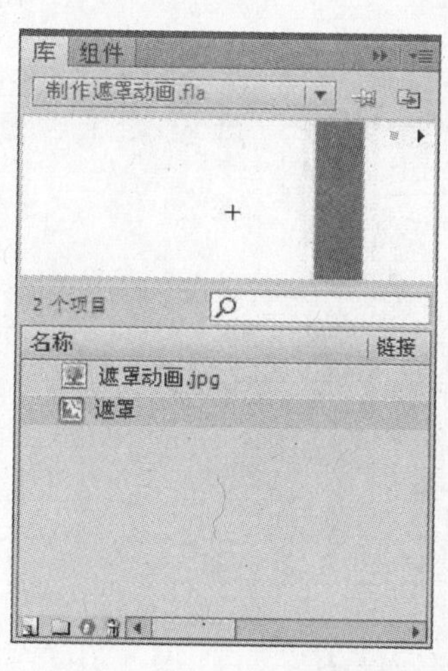

图 8-178

(9) 使用工具箱中的“选择”工具,将“库”面板中的“遮罩”元件拖至舞台上,并调整其位置和大小,如图 8-179 所示。

图　8-179

(10) 在“时间轴”面板的“图层 2”上右击，在弹出的菜单中选择“遮罩层”命令。此时的“时间轴”面板的舞台效果如图 8-180 和图 8-181 所示。

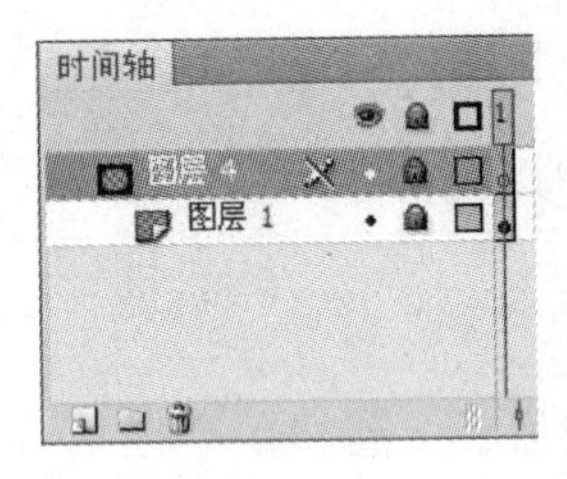

图　8-180

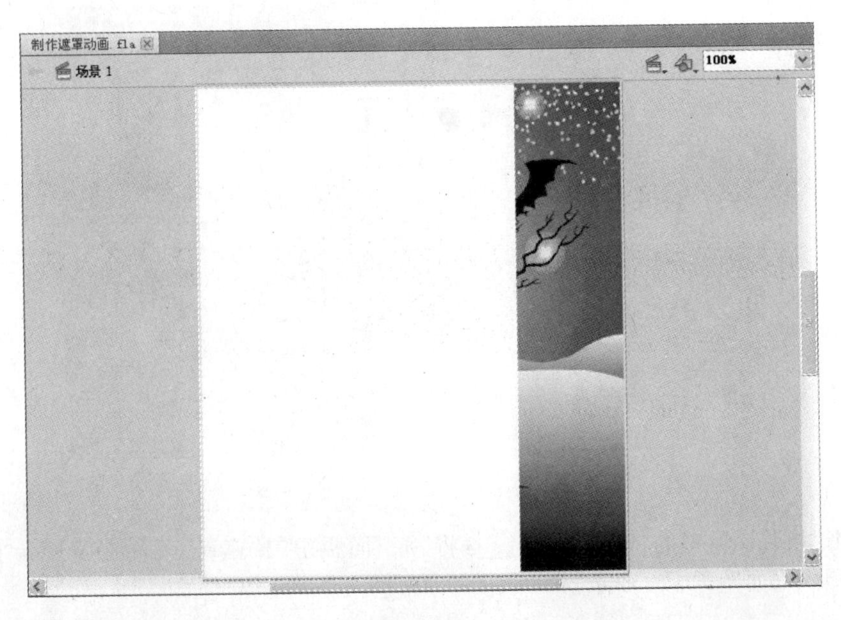

图　8-181

(11) 此时,拖动“时间轴”面板的滑杆或者执行“控制”/“测试影片”命令可以看到遮罩动画的效果,快捷键为 Ctrl+Enter,如图 8-182 和图 8-183 所示。

图 8-182

图 8-183

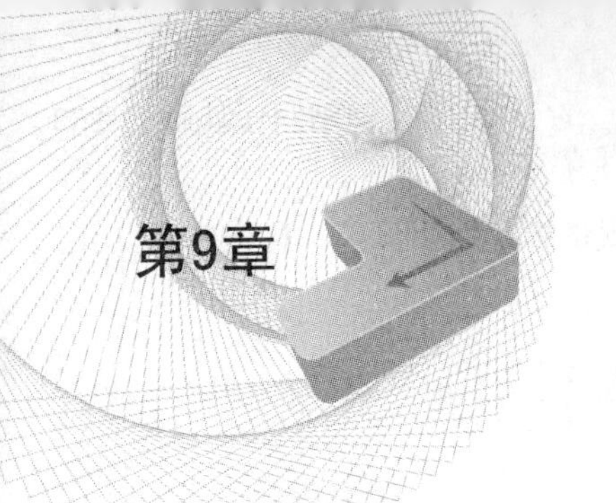

chapter 9

滤　　镜

在 Flash CS5 中，滤镜的使用与在 Photoshop 中的使用方法相似，可以对图形图像、文本、按钮和影片剪辑等添加滤镜效果。

9.1　滤镜的应用

Adobe Flash CS5 中的滤镜效果可以应用到文本、按钮和影片剪辑中的图形中，包括斜角、投影、发光、模糊、渐变发光、渐变斜角、调整颜色等效果。用户可以在其"属性"面板上对所选对象应用滤镜。

9.1.1　滤镜概述

滤镜的特殊效果经常用于补间动画，即在补间动画的结束关键帧中，Flash 会自动添加相匹配的滤镜效果，从而确保动画播放过程中该效果的连续性。

9.1.2　滤镜面板

在舞台中选择文本、影片剪辑或按钮，然后选择"属性"面板中的"滤镜"命令，即可打开"滤镜"面板，如图 9-1 所示。

在"滤镜"面板中单击按钮即可弹出设置菜单，通过此菜单可以对文本、影片剪辑或者按钮添加或删除滤镜效果。

Tips：滤镜效果只适用于文本、影片剪辑和按钮，当场景中的对象不适合应用滤镜效果时，"滤镜"面板是不显示的。

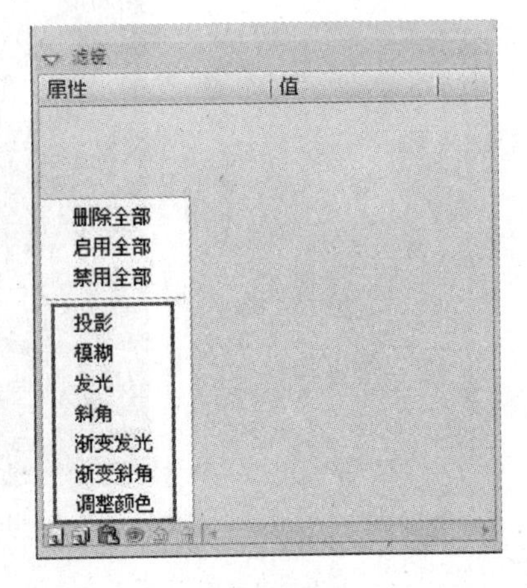

图　9-1

9.1.3　使用滤镜

在 Flash CS5 中，有很多种滤镜供制作特殊效果。下面对滤镜菜单中的效果进行详细介绍。

1. "投影"滤镜

"投影"滤镜可以模拟对象在一个表面投影的效果，具体操作步骤如下。

(1) 在舞台中输入文字,然后选择文本,打开“滤镜”面板,如图 9-2 所示。

图 9-2

(2) 在“滤镜”面板中单击按钮,在弹出的菜单中选择“投影”选项,如图 9-3 所示。

(3) 设置“投影”参数,得到相应的“投影”滤镜效果,如图 9-4 所示。

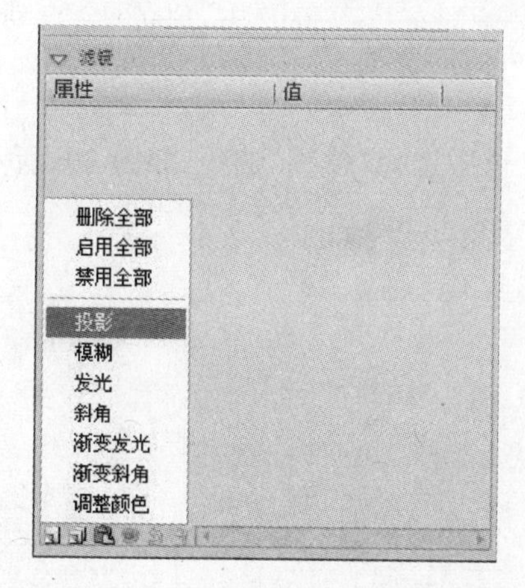

图 9-3

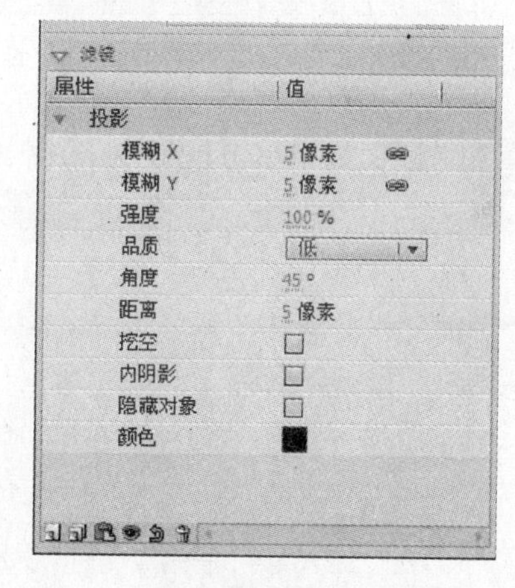

图 9-4

在“投影”滤镜面板中每个参数都有各自的意义,会产生不同的效果。

①“模糊”:指投影的模糊程度,有 X、Y 两个方向,取值范围是 0~100,单击“锁定”按钮可以单独对 X 轴或 Y 轴进行调整。

②“强度”:指投影的强烈程度,取值范围是 0%~1000%,取值越大,投影越清晰。

③“品质”:指投影的品质高低,有高、中、低三个选项,品质越高,投影越清晰。

④“角度”:指投影的角度,取值范围是 0°~360°。

⑤“距离”:指投影的距离的大小,取值范围是-32 至 32。

⑥“挖空”：指将投影的产生方向放在对象的内侧。

⑦“内阴影”：指阴影的产生方向在对象内侧。

⑧“隐藏对象”：指不显示原来对象，只显示阴影。

⑨“颜色”：指投影的颜色，可以打开颜色列表框选择投影的颜色。

2．“模糊”滤镜

“模糊”滤镜可以柔化对象的边缘和细节，其具体步骤如下。

(1) 在舞台中输入文字，然后选择文本，打开“滤镜”面板，如图 9-5 所示。

图 9-5

(2) 在“滤镜”面板中单击按钮，在弹出的菜单中选择“模糊”选项，如图 9-6 所示。

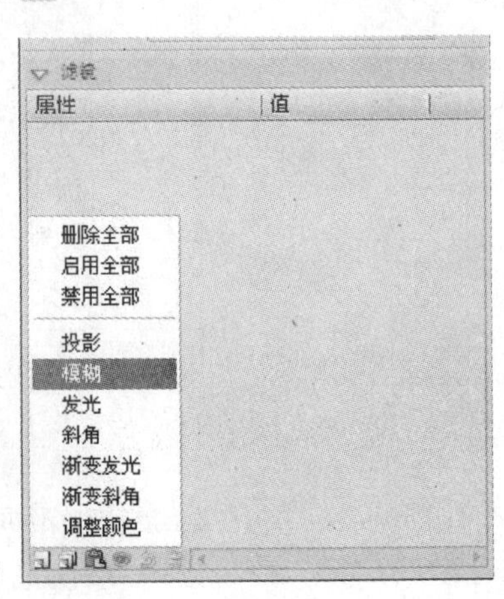

图 9-6

(3) 设置“模糊”参数，选择“高”品质。得到相应的“模糊”滤镜效果，如图 9-7 所示。

在“模糊”滤镜面板中有两个关于“模糊”效果的参数，影响所产生的实际效果。

①“模糊”：指对象的模糊程度，有 X、Y 两个方向，取值范围是 0～100，单击“锁定”按

图 9-7

钮可以单独对 X 轴或 Y 轴进行调整。

② “品质”：指对象模糊程度的品质高低，有高、中、低三个选项，品质越高，模糊效果越好。选择“高”品质，效果近似于高斯模糊。

3.“发光”滤镜

使用“发光”滤镜，可以为对象的边缘应用颜色。

(1) 在舞台中输入文字，然后选择文本，打开“滤镜”面板，如图 9-8 所示。

图 9-8

(2) 在“滤镜”面板中单击按钮,在弹出的菜单中选择“发光”选项,如图 9-9 所示。

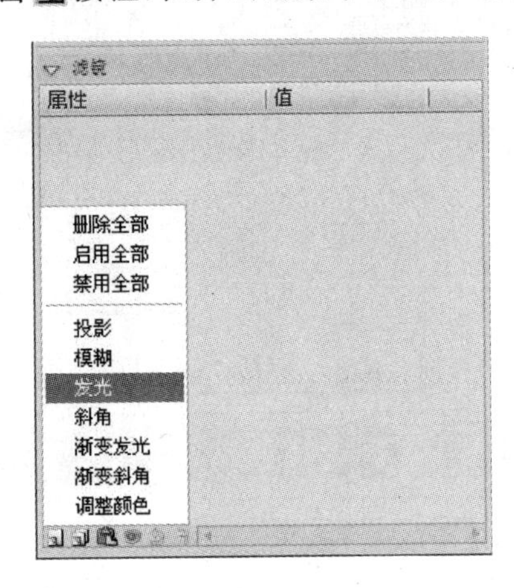

图 9-9

(3) 设置“发光”参数,选择“高”品质。得到相应的“发光”滤镜效果,如图 9-10 所示。

图 9-10

在“发光”滤镜面板中每个参数都有各自的意义,会产生不同的效果。

① “模糊”:指发光的模糊程度,有 X、Y 两个方向,取值范围是 0～100,单击“锁定”按钮可以单独对 X 轴或 Y 轴进行调整。

② “强度”:指发光的强烈程度,取值范围是 0%～1000%。

③ “品质”:指发光的品质高低,有高、中、低三个选项。

④ “颜色”:指发光的颜色,可以打开颜色列表框选择发光的颜色。

⑤“挖空”：指将发光效果作为背景，然后挖空对象显示。

⑥“内发光”：指发光的产生方向在对象内侧。

4．“斜角”滤镜

“斜角”滤镜用于制作图形立体浮雕效果，可以创建“内斜角”、“外斜角”和“完全斜角”。

(1) 在舞台中输入文字，然后选择文本，打开“滤镜”面板，如图 9-11 所示。

图 9-11

(2) 在“滤镜”面板中单击按钮，在弹出的菜单中选择“斜角”选项，如图 9-12 所示。

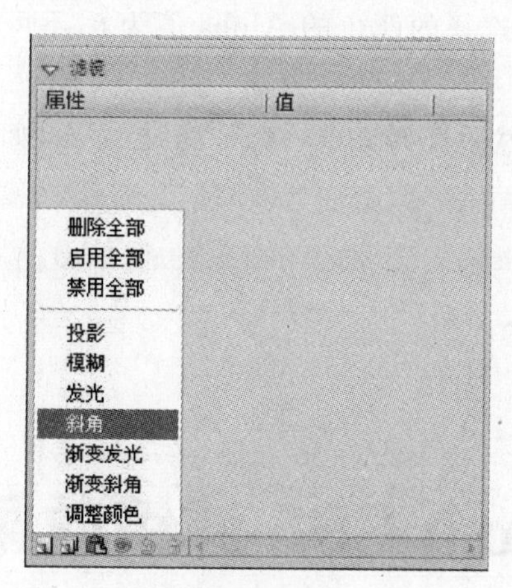

图 9-12

(3) 设置“斜角”参数，选择“高”品质。得到相应的“斜角”滤镜效果，如图 9-13 所示。

在“斜角”滤镜面板中每个参数都有各自的意义，会产生不同的效果。

①“模糊”：指斜角的模糊程度，有 X、Y 两个方向，取值范围是 0～100，单击“锁定”按钮可以单独对 X 轴或 Y 轴进行调整。

②“强度”：指斜角的强烈程度，取值范围是 0%～1000%，取值越大，投影越清晰。

图 9-13

③“品质”：指斜角的品质高低，有高、中、低三个选项。

5. “渐变发光”滤镜

“渐变发光”滤镜可以用来制作图形表面带有渐变颜色的发光效果。开始需要选择一种颜色作为“渐变”开始的颜色，选择的颜色的 Alpha 值为 0，不可以移动此颜色的位置，但可以改变颜色。

(1) 在舞台中输入文字，然后选择文本，打开“滤镜”面板，如图 9-14 所示。

图 9-14

(2) 在"滤镜"面板中单击按钮,在弹出的菜单中选择"渐变发光"选项,如图 9-15 所示。

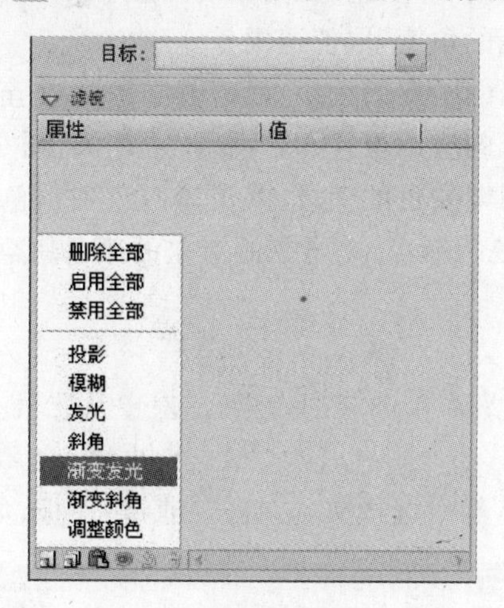

图 9-15

(3) 设置"渐变发光"参数,选择"高"品质。得到相应的"渐变发光"滤镜效果,如图 9-16 所示。

图 9-16

在"渐变发光"滤镜面板中每个参数都有各自的意义,会产生不同的效果。

①"模糊":指渐变发光的模糊程度,有 X、Y 两个方向,取值范围是 0~100,单击"锁定"按钮可以单独对 X 轴或 Y 轴进行调整。

②"强度":指渐变发光的强烈程度,取值范围是 0%~1000%。

③"品质":指渐变发光的品质高低,有高、中、低三个选项。

④ “挖空”：指渐变发光的产生方向在对象的内侧。

⑤ “角度”：指渐变发光的角度，取值范围是 0°～360°。

⑥ “距离”：指渐变发光的距离的大小，取值范围是－32 至 32。

⑦ “类型”：指渐变发光的应用位置，有“内侧”、“外侧”和“强制齐行”。

⑧ “渐变”：是用来控制渐变色的工具，默认为白色到黑色的渐变。将鼠标指针移动到色条上，可以增加或删除颜色控制点，单击控制点上的颜色块会弹出系统调色板让用户选择要改变的颜色。

6.“渐变斜角”滤镜

“渐变斜角”滤镜可以用来产生凸起的效果，使对象从背景上凸起，斜角表面上可以设置渐变颜色。

(1) 在舞台中输入文字，然后选择文本，打开“滤镜”面板，如图 9-17 所示。

图　9-17

(2) 在“滤镜”面板中单击按钮，在弹出的菜单中选择“渐变斜角”选项，如图 9-18 所示。

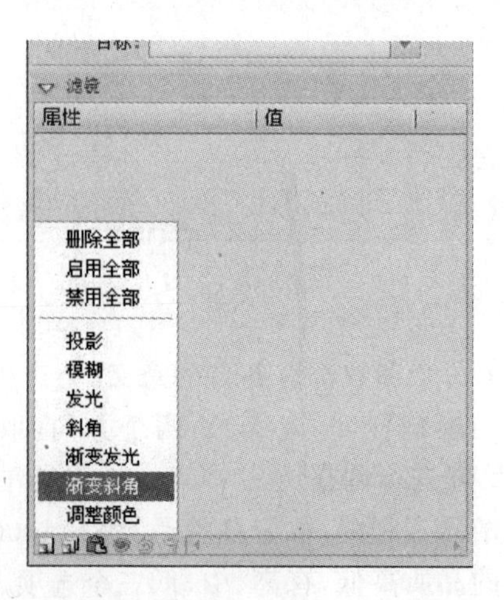

图　9-18

(3) 设置“渐变斜角”参数,选择“高”品质。得到相应的“渐变斜角”滤镜效果,如图 9-19 所示。

图 9-19

在“渐变斜角”滤镜面板中每个参数都有各自的意义,会产生不同的效果。

① “模糊”: 指渐变斜角的模糊程度,有 X、Y 两个方向,取值范围是 0～100,单击“锁定”按钮可以单独对 X 轴或 Y 轴进行调整。

② “强度”: 指渐变斜角的强烈程度,取值范围是 0%～1000%。

③ “品质”: 指渐变斜角的品质高低,有高、中、低三个选项。

④ “角度”: 指渐变斜角的角度,取值范围是 0°～360°。

⑤ “距离”: 指渐变斜角的距离的大小,取值范围是－32 至 32。

⑥ “渐变”: 是用来控制渐变色的工具,默认为白色到黑色的渐变。将鼠标指针移动到色条上,可以增加或删除颜色控制点,单击控制点上的颜色块会弹出系统调色板让用户选择要改变的颜色。

7. “调整颜色”滤镜

“调整颜色”滤镜可以对影片剪辑、文本或按钮进行颜色调整,如亮度、对比度、饱和度和色相等。

(1) 在舞台中输入文字,然后选择文本,打开“滤镜”面板,如图 9-20 所示。

(2) 在“滤镜”面板中单击 按钮,在弹出的菜单中选择“调整颜色”选项,如图 9-21 所示。

(3) 设置“调整颜色”参数,得到相应的“调整颜色”滤镜效果,如图 9-22 所示。

图 9-20

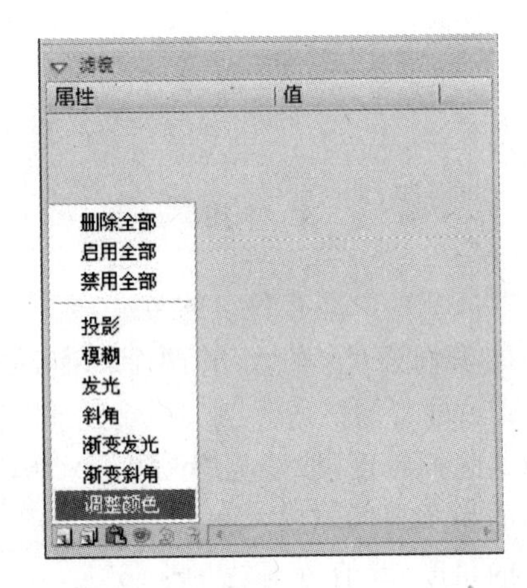

图 9-21

在“调整颜色”滤镜面板中每个参数都有各自的意义，会产生不同的效果。

① “亮度”：用于调整对象的亮度，取值范围是－100 至 100，向左滑动可以降低对象亮度，向右则相反。

② “对比度”：用于调整对象的对比度，取值范围是－100 至 100，向左滑动可以降低对象的对比度，向右则相反。

③ “饱和度”：用于调整对象的颜色饱和度，取值范围是－100 至 100，向左滑动可以降低对象的饱和度，向右则相反。

④ “色相”：用于调整对象的颜色色相浓度，取值范围是－180 至 180。

图 9-22

9.2 实例讲解——哈尔滨之夜

(1) 打开 Flash CS5 软件，新建一个空白文档，设置文档大小宽为 550 像素，高为 450 像素。背景颜色为灰色，如图 9-23 所示。

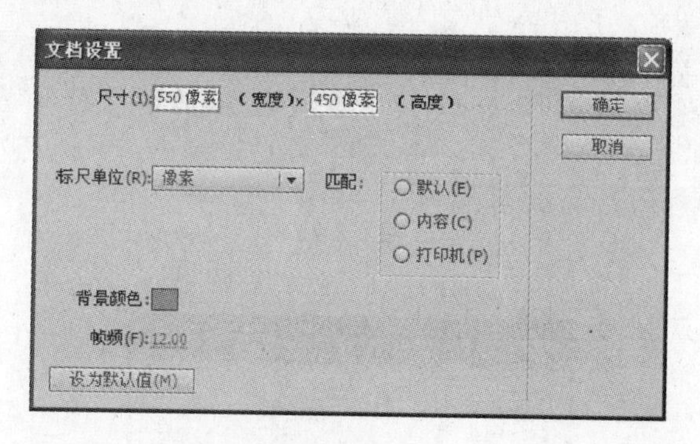

图 9-23

(2) 单击“时间轴”面板上的“新建图层”按钮，新建“图层 2”，选择工具箱中的“矩形”工具，在其“属性”面板上设置笔触颜色为无，填充颜色为黑色。如图 9-24 和图 9-25 所示。

(3) 在舞台中绘制矩形，如图 9-26 所示。

(4) 再次设置笔触颜色为无，填充颜色为“＃B6A481”，如图 9-27 所示。

(5) 在舞台中绘制矩形，如图 9-28 所示。

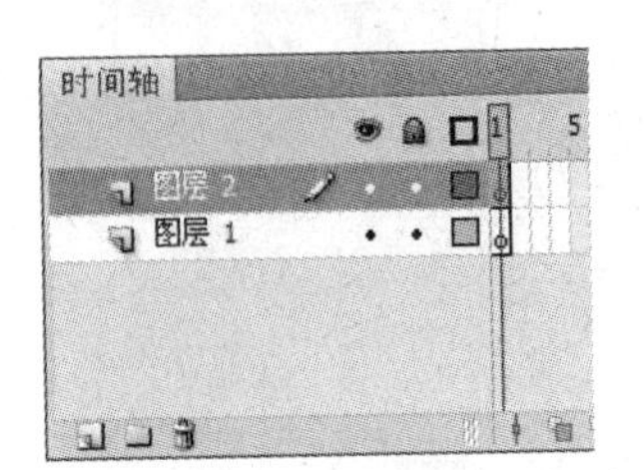

图 9-24

图 9-25

图 9-26

图 9-27

图 9-28

(6) 单击“时间轴”面板上的“插入图层”按钮 ，新建“图层 3”，选择工具箱中的“文本”工具 T ，在其“属性”面板中设置相应属性，如图 9-29 所示。

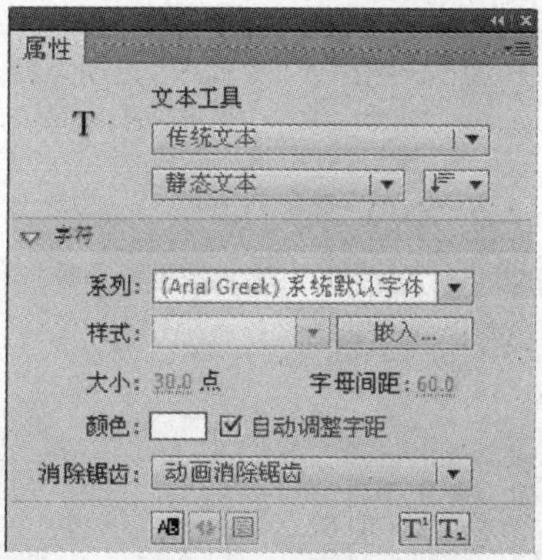

图 9-29

(7) 在舞台中输入文字 The night in Haerbin，如图 9-30 所示。

(8) 单击“工具箱”中的“选择”工具 ，在文字 The night in Haerbin 上右击，在弹出的菜单中选择“转换为元件”命令，快捷键为 F8，将文本转换为影片剪辑元件，命名为“文本”，如图 9-31 所示。

(9) 右击“图层 3”的“时间轴”面板的第 20 帧，在弹出的菜单中选择“插入关键帧”命令，快捷键为 F6，在“图层 2”和“图层 1”两个图层的第 20 帧处分别右击，在弹出的菜单中选择“插入帧”命令。然后使用工具箱中的“选择”工具 ，将文本的位置进行略微调整，如图 9-32 和图 9-33 所示。

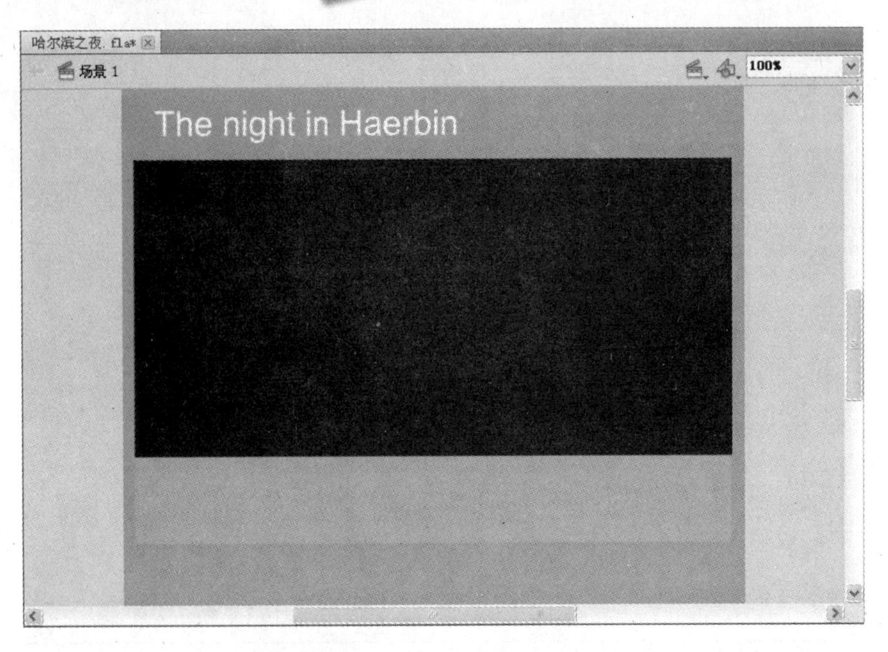

图 9-30

图 9-31

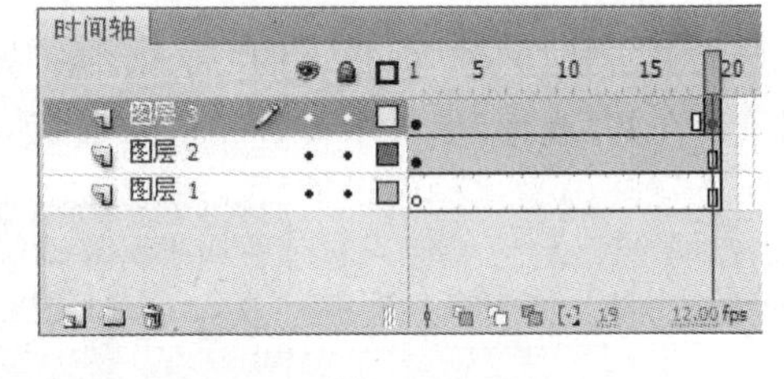

图 9-32

图 9-33

(10) 单击“工具箱”中的“选择”工具，选择第 1 帧的元件。打开“滤镜”面板，单击“滤镜”面板上的按钮，如图 9-34 所示。在弹出的下拉菜单中选择“模糊”命令，并设置模糊的参数。

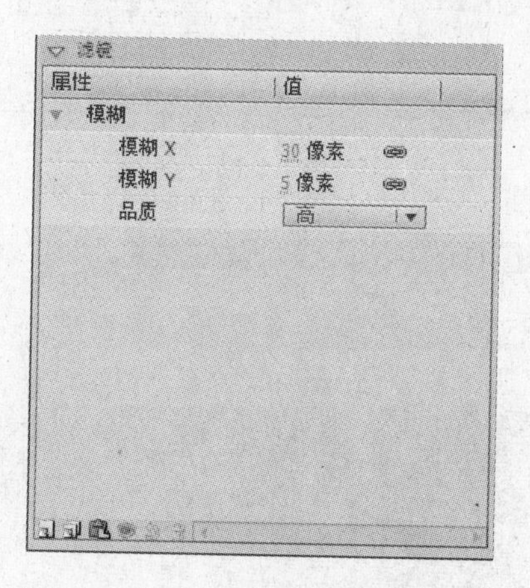

图 9-34

(11) 应用了“模糊”滤镜的第 1 帧元件效果如图 9-35 所示。

图 9-35

(12) 在“图层 3”的第 1 帧和第 20 帧中间任意选择一帧，右击，在弹出的菜单中选择“创建传统补间”命令，如图 9-36 和图 9-37 所示。

(13) 单击“时间轴”面板上的“插入图层”按钮，新建“图层 4”，在第 20 帧处插入关键帧。然后执行“文件”/“导入”/“导入到舞台”命令，将素材“哈尔滨夜景”导入到舞台中，并调整其大小和位置，如图 9-38 所示。

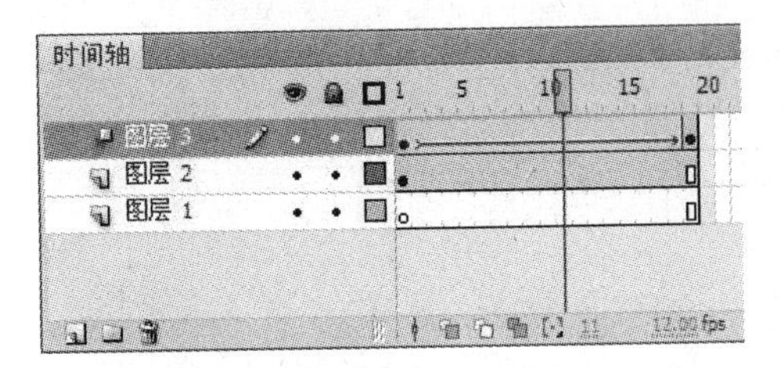

图 9-36

图 9-37

图 9-38

(14) 选择被导入的图像,右击,在弹出的菜单中选择“转化为元件”命令。将其命名为“背景”,类型选择“影片剪辑”,如图 9-39 所示。

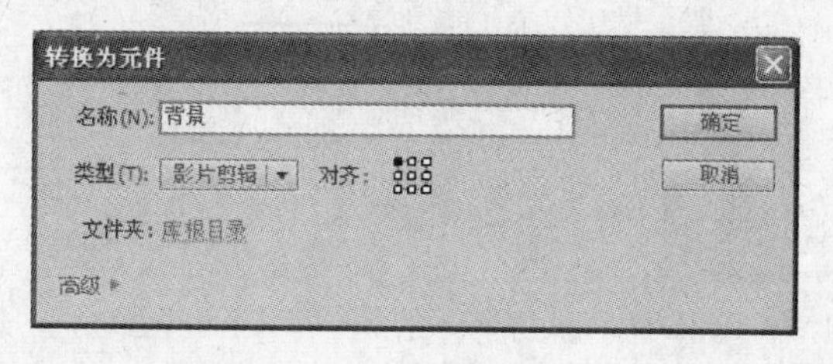

图 9-39

(15) 在第 30 帧处插入关键帧,选择第 20 帧到第 30 帧中间的任意一帧,右击,在弹出的菜单中选择“创建传统补间”命令。在其“属性”面板中的“色彩效果”样式中选择 Alpha 值为 0%,如图 9-40 和图 9-41 所示。

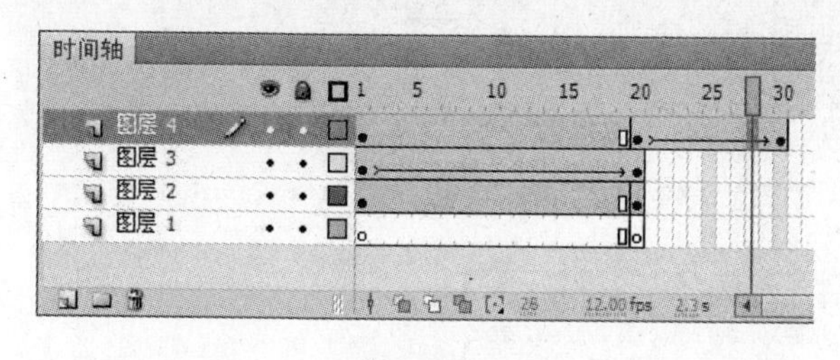

图 9-40

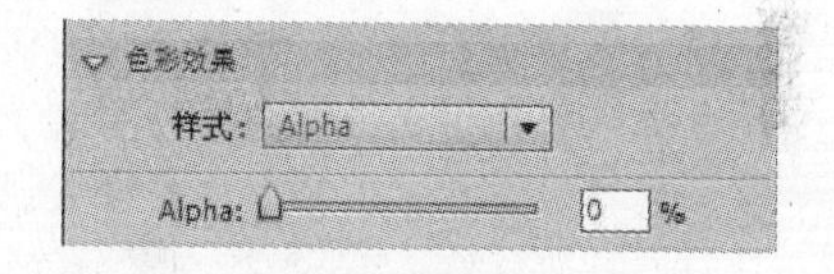

图 9-41

(16) 选择场景中的“背景”元件,打开“滤镜”面板,在第 20 帧处添加“模糊”效果。参数设置如图 9-42 所示。

(17) 在第 40 帧处插入关键帧。然后返回第 30 帧,设置“模糊”效果参数。参数设置如图 9-43 所示。

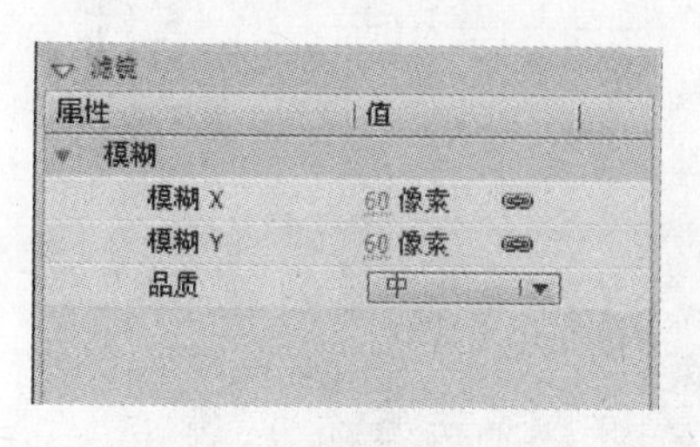

图 9-42

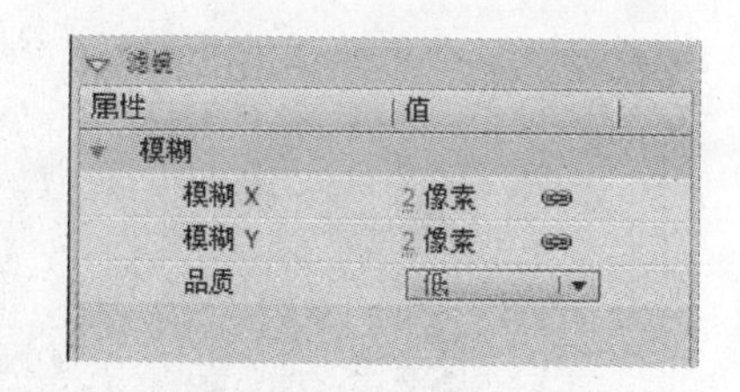

图 9-43

(18) 得到的图像效果如图 9-44 所示。

(19) 在第 50 帧处插入关键帧。然后返回至第 40 帧,选择场景中的元件,添加“模糊”效果。参数设置如图 9-45 所示。得到的图像效果如图 9-46 所示。

(20) 在第 30 帧和第 40 帧中间任意选择一帧,右击,在弹出的菜单中选择“创建传统补间”命令。同样,在第 40 帧和第 50 帧中间也选择“创建传统补间”命令,如图 9-47 所示。

(21) 新添加一个图层,在第 40 帧处添加关键帧。然后选择工具箱中的“文本”工具 T ,在其“属性”面板中设定相应属性,如图 9-48 所示。然后在舞台中输入文字“蓝色世界,哈尔滨之夜”,如图 9-49 所示。

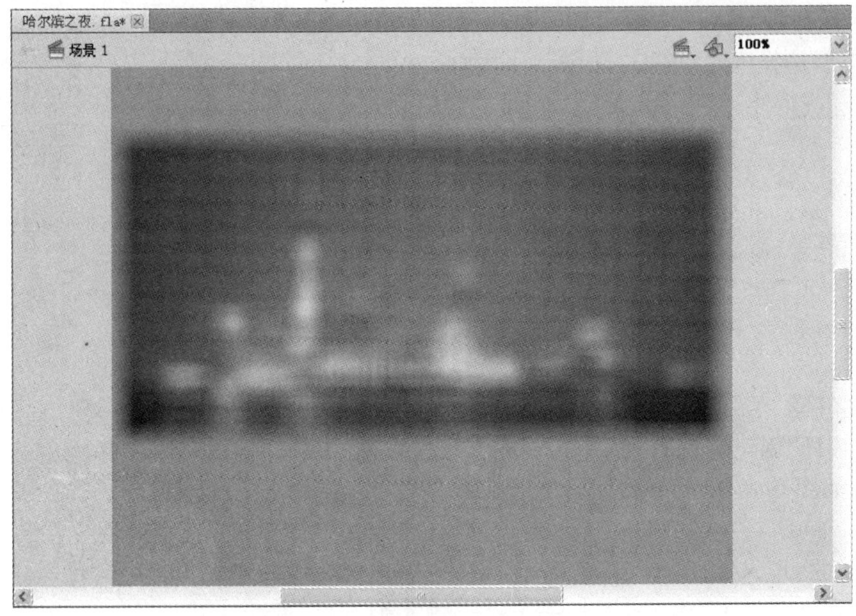

图 9-44

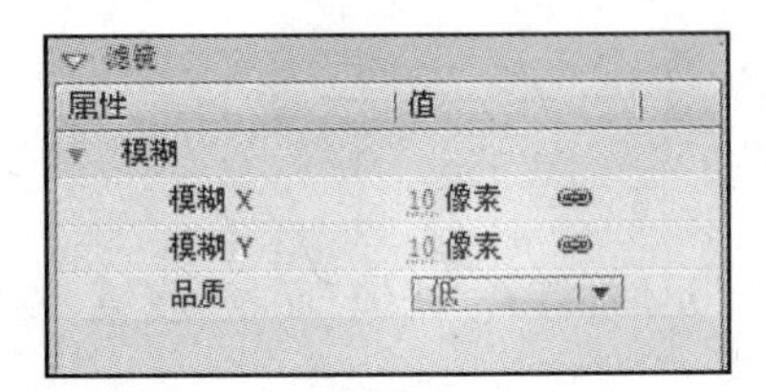

图 9-45

图 9-46

哈尔滨之夜.fla*
图层 4
图层 3
图层 2
图层 1
42
12.0 fps
3.4s

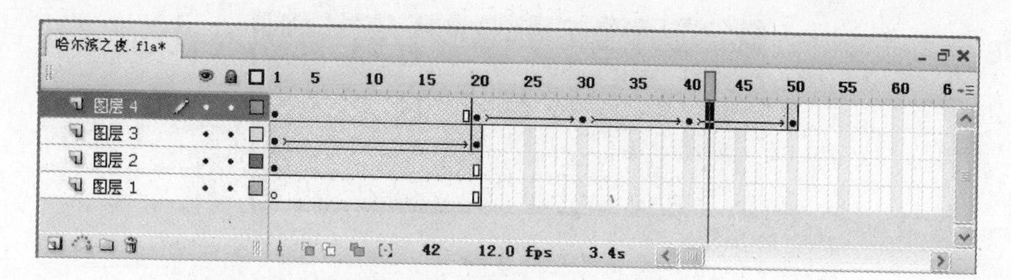

图 9-47

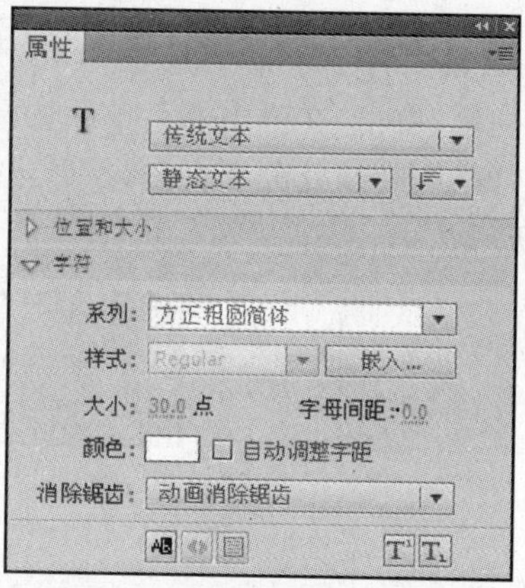

属性
传统文本
静态文本
位置和大小
字符
系列: 方正粗圆简体
样式: Regular
嵌入...
大小: 30.0 点
字母间距: 0.0
颜色:
自动调整字距
消除锯齿: 动画消除锯齿

图 9-48

哈尔滨之夜.fla*
场景 1
100%
蓝色世界，哈尔滨之夜

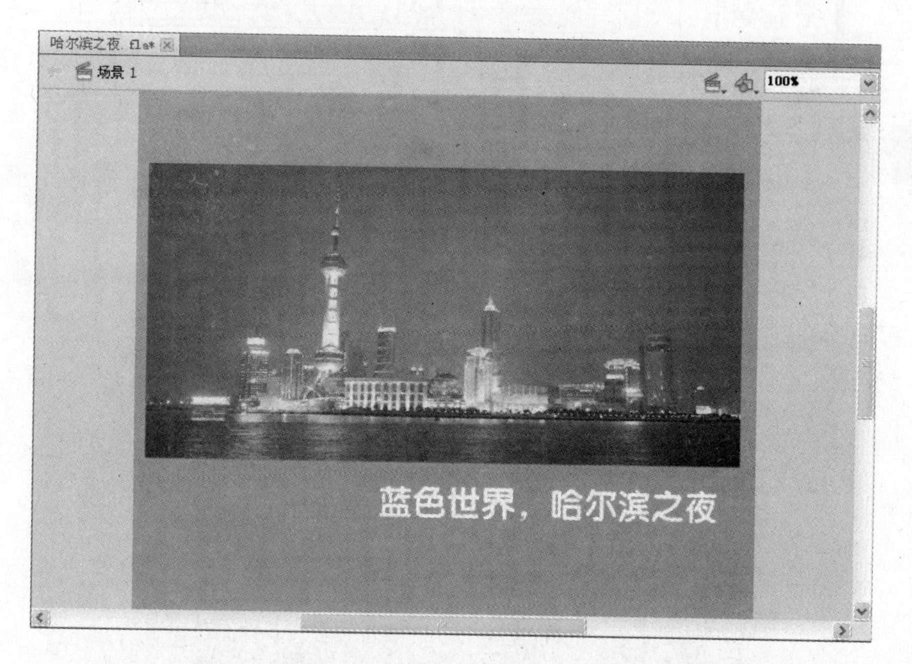

图 9-49

(22) 选择文本，然后右击，在弹出的菜单中选择“转换为元件”命令，将其命名为“文本1”，类型选择“影片剪辑”，如图 9-50 所示。

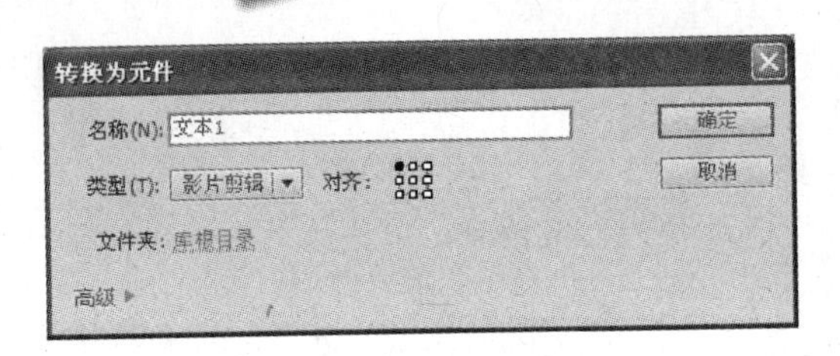

图 9-50

(23) 选择元件，在其“属性”面板中设置色彩效果样式为“Alpha”，值为 0%，如图 9-51 所示。

(24) 在第 50 帧处插入关键帧。将 Alpha 值设置为 100%，并将文字移至下方。在第 40 帧和第 50 帧中间选择任意一帧，右击，在弹出的菜单中选择“创建补间动画”命令。然后在“图层 1”、“图层 2”、“图层 3”的第 50 帧处分别右击，在弹出的菜单中选择“插入帧”命令，如图 9-52、图 9-53 和图 9-54 所示。

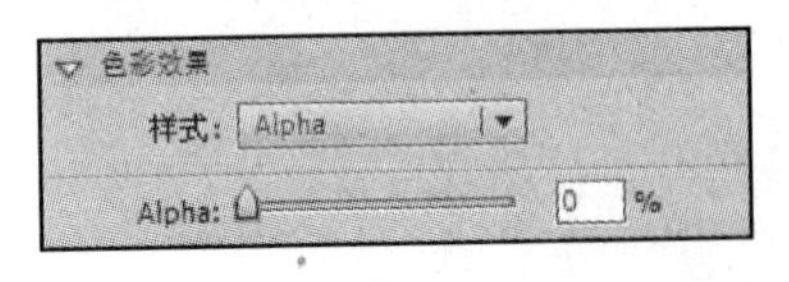

图 9-51

图 9-52

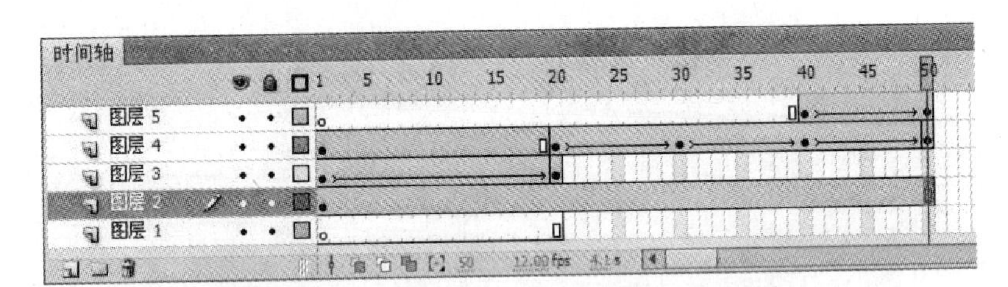

图 9-53

图 9-54

(25) 最后滑动"时间轴"面板上的滑杆或者执行"控制"/"测试影片"命令，快捷键为 Ctrl+Enter。可以看到整个影片的变化过程，如图 9-55 和图 9-56 所示。

图 9-55

图 9-56

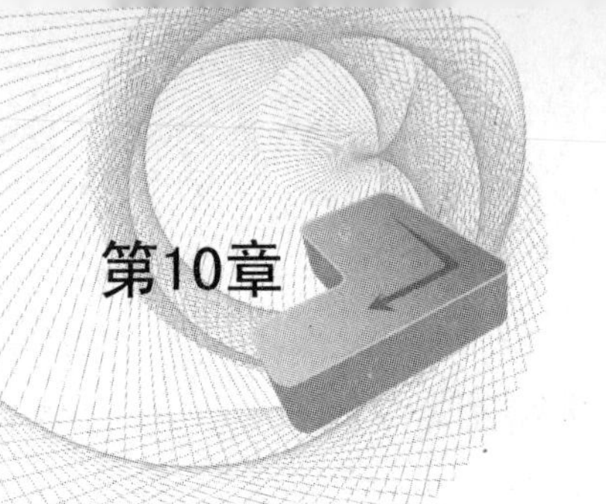

chapter 10

多媒体在动画中的应用

在多媒体作品中，声音一直是一种不可或缺的媒介。所以在使用 Flash CS5 制作动画过程中仅仅有漂亮的造型和精彩的画面是不够的，常常需要添加声音使得影片更加完善和引人入胜，从而有助于表现主题，可以在动画制作过程中渲染气氛，创造丰富的视听效果。

10.1 使用声音

在 Flash CS5 中，允许用户在制作动画过程中添加声音，并对其进行相应操作，但 Flash CS5 本身没有制作音频的功能，用户可以把事先准备好的声音文件添加到 Flash 作品中。

10.1.1 在 Flash 中添加声音

Flash 支持导入的文件格式包括 WAV、AIFF 和 MP3 等声音文件。如果系统里安装了 QuickTime 4 或更高版本的软件，则还可以导入下列类型的声音文件：Sound Designer Ⅱ、Sound Only QuickTime Movies。

10.1.2 导入与添加声音

1. 声音的导入

在 Flash 文档中执行“文件”/“导入”/“导入到库”命令，在打开的“导入到库”对话框中，选择声音文件的路径，并选择需要导入的声音文件，单击“打开”按钮即可将所选的声音文件导入到库中，如图 10-1 所示。

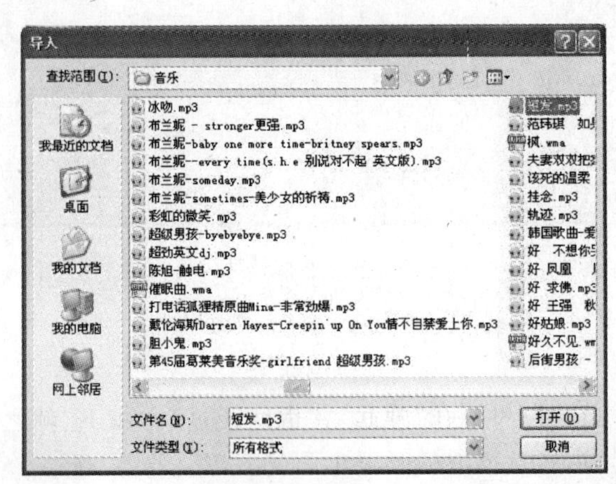

图 10-1

打开“库”面板，选择声音文件，即可对其进行预览，如图 10-2 所示。

2. 在时间轴上添加声音

如果把声音添加到时间轴上，需要把声音分配到一个新的图层，然后在其“属性”面板中设置相应属性。首先在“时间轴”面板上创建一个新的图层，然后选择一个关键帧作为声音播放的开始帧，打开“库”面板，将需要的声音文件拖拽至舞台上，得到的效果如图 10-3 和图 10-4 所示。

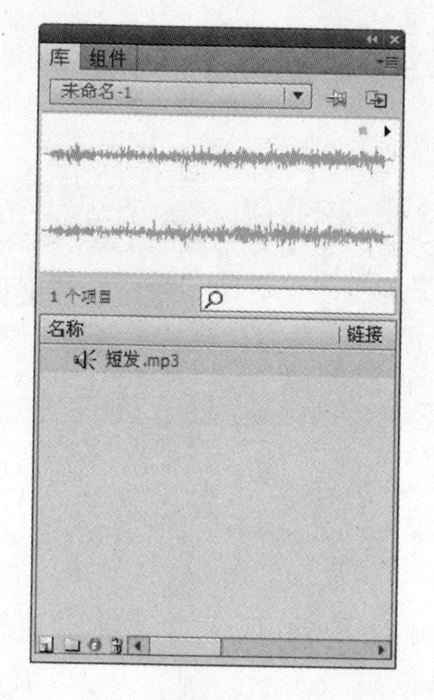

图 10-2

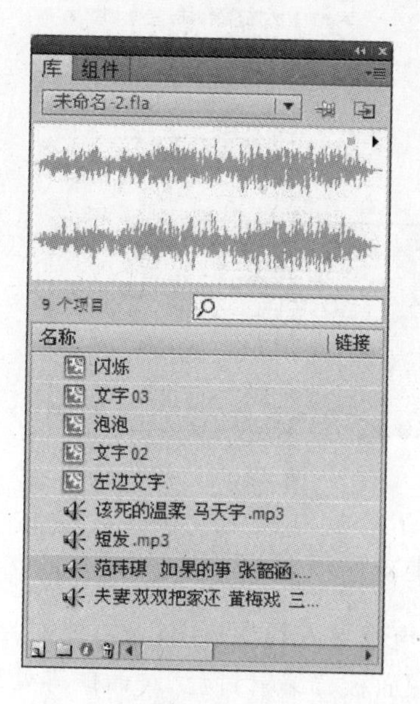

图 10-3

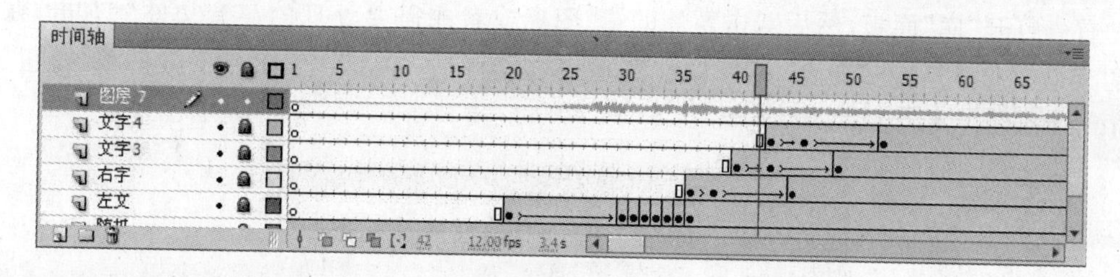

图 10-4

在选择关键帧作为声音播放的开始帧后，可以在其“属性”面板中的“声音”下拉列表中选择相应的声音文件，如图 10-5 所示。同样可以为时间轴添加声音。

3. 为按钮添加声音

在 Flash CS5 中，可以为按钮的每个状态添加声音，制作出生动的动画效果。首先双击“库”面板中的按钮元件进入按钮元件编辑区，然后新建图层，如图 10-6 所示。

在“时间轴”面板上创建的新图层中插入并选择关键帧，然后在其“属性”面板的“声音”下拉框中选择需要插入的声音文件即可为按钮元件添加声音文件，如图 10-7 和图 10-8 所示。

在选择为按钮添加声音时，可以在“弹起”、“指针经过”、“按下”帧之间任意选择一帧添加声音，所选择的帧不同，则声音播放的时段也不同。当选择在“指针经过”帧插入声音时，

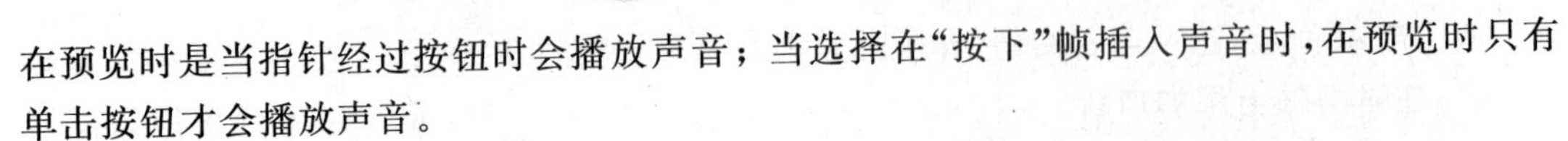

在预览时是当指针经过按钮时会播放声音；当选择在“按下”帧插入声音时，在预览时只有单击按钮才会播放声音。

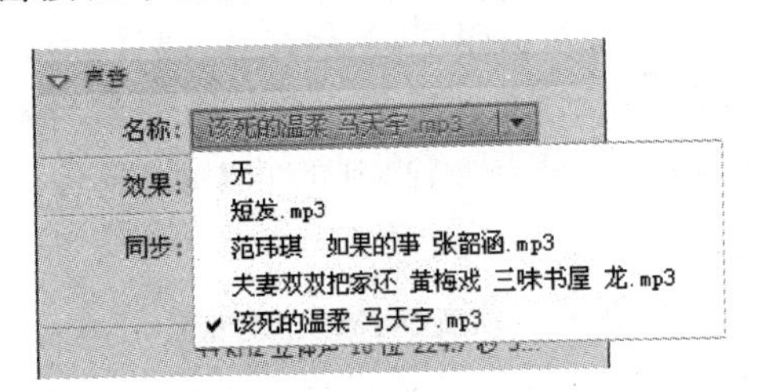

图 10-5

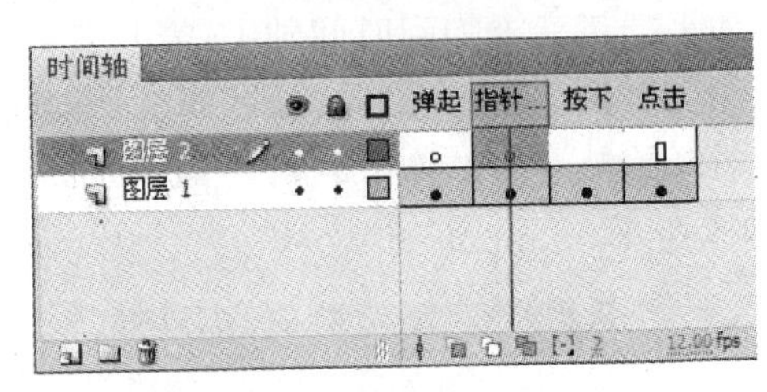

图 10-6

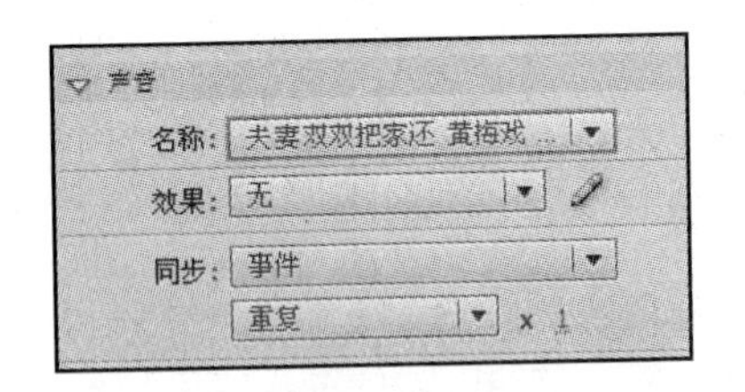

图 10-7

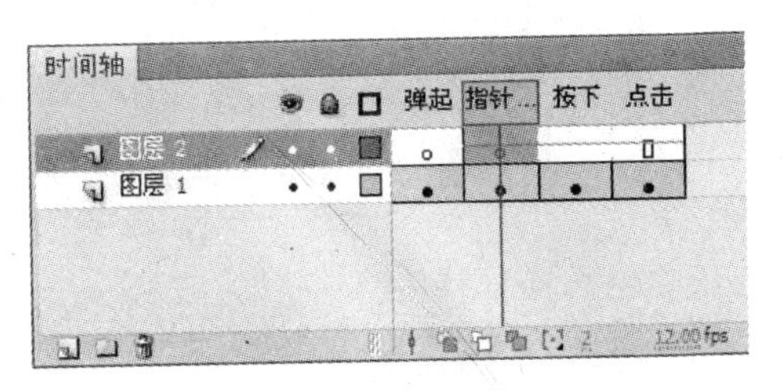

图 10-8

10.1.3 声音的设置

当将声音导入到动画中后，需要对导入的声音进行适当处理，可以通过“声音属性”对话框、“属性”面板、“编辑封套”对话框等处理声音特效。

在 Flash CS5 中，可以在“声音属性”对话框中对导入的声音进行设置。

首先打开“库”面板，然后双击左侧的图标或者在需要处理的声音文件上右击，在弹出的菜单中选择“属性”命令，也可以在选择声音文件后，单击“库”面板下方的按钮，如图 10-9 所示。

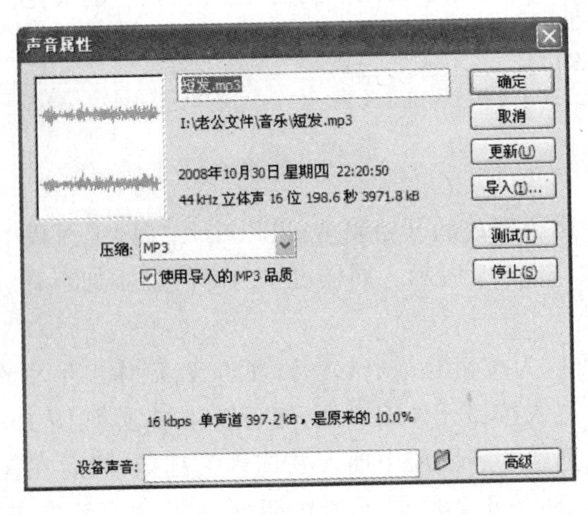

图 10-9

在“声音属性”对话框中，不仅可以对声音的压缩方式进行调整，也可以更换导入声音的名称，查看声音信息等。

在“声音属性”对话框中，顶部文本框显示声音文件的名称，下方是声音文件的基本信息，左侧是声音的波形图。对话框下方是“导出设置”栏，可以对声音文件压缩方式进行选择。

“更新”：用来对声音文件进行链接的更新。

“导入”：用来导入声音。新的声音文件可以对原来的声音文件进行覆盖。

“测试”：用来对目前的声音文件进行播放测试。

“停止”：用来停止对声音的播放测试。

当将声音添加至“时间轴”面板时，可在其“属性”面板中设置声音的属性。图 10-10 为声音的“属性”面板。

在“效果”下拉菜单中可以设置音频效果，“效果”的选项如图 10-11 所示。

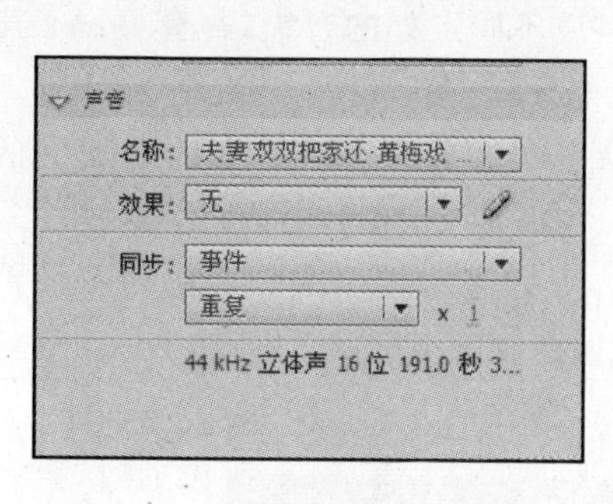

图 10-10

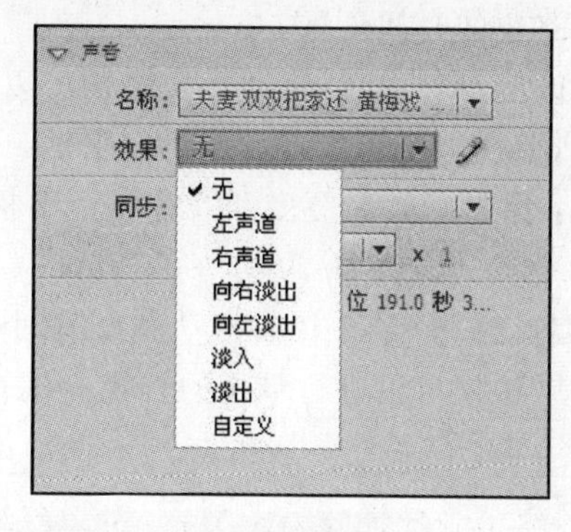

图 10-11

“无”：表示不使用任何效果。

“左声道”：表示只在左声道播放声音。

“右声道”：表示只在右声道播放声音。

“向右淡出”：表示声音从左声道至右声道，逐渐减小幅度。

“向左淡出”：表示声音从右声道至左声道，逐渐减小幅度。

“淡入”：表示声音逐渐增加幅度。

“淡出”：表示声音逐渐减小幅度。

“自定义”：表示用户自己创造声音效果，并编辑音频。

在“属性”面板中，有一个“同步”下拉框，可以为当前关键帧中的声音进行播放同步的类型设置。其中有 4 个选项，如图 10-12 所示。

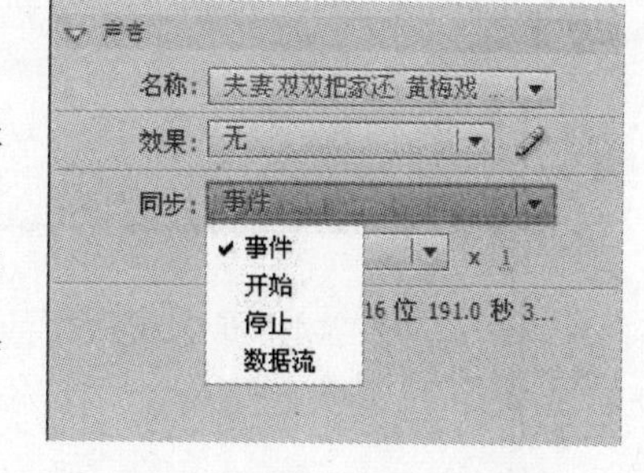

图 10-12

“事件”：表示在声音所在关键帧开始显示时播放，并独立于时间轴中帧的播放状态，即使影片停止也继续播放声音，直至整个声音播放完毕。

“开始”：同“事件”效果类似。

“停止”：表示当时间轴播放到该帧后，停止播放该关键帧中指定的声音。

“数据流”：表示强制动画与音频流的播放同步。

在“属性”面板中，“同步”区域中还有关于关键帧声音“重复”和“循环”的设置，如

图 10-13 所示。

“重复”：用于设置该关键帧上声音重复播放的次数。

“循环”：用于设置该关键帧上声音一直不停地循环播放。

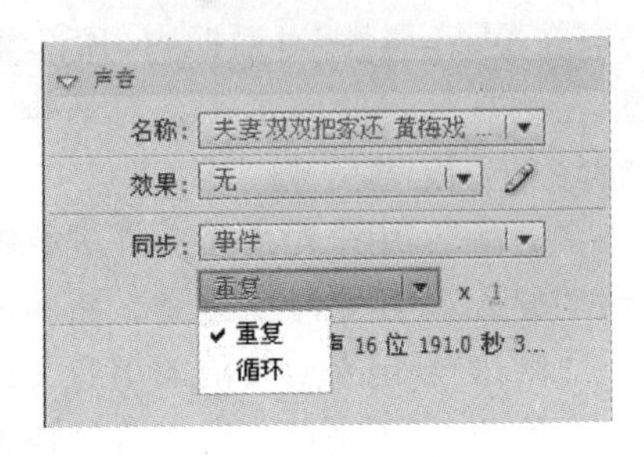

图 10-13

1. 如何编辑声音

在“时间轴”面板上选择需要编辑声音的动画帧，然后在其“属性”面板上单击“编辑”按钮，在弹出的“编辑封套”窗口中可以对声音文件进行各种编辑操作。

在“编辑封套”窗口中单击并拖动控制器上的“开始点”和“终止点”，可以改变声音播放的开始和终止的时间位置。

要想改变声音封套，拖动封套手柄可以改变声波不同点处的音级，封套显示了声音播放时的音量，单击封套线可以增加封套手柄。

Tips：在封套线上最多可以有 8 个手柄，删除手柄的方法是将封套线上的手柄拖至窗口外。

在“编辑封套”窗口中，单击“放大/缩小”按钮，可以显示较多或较少的声音波形。单击“秒”或“帧”按钮可以进行单位的转换。编辑效果如图 10-14 所示。

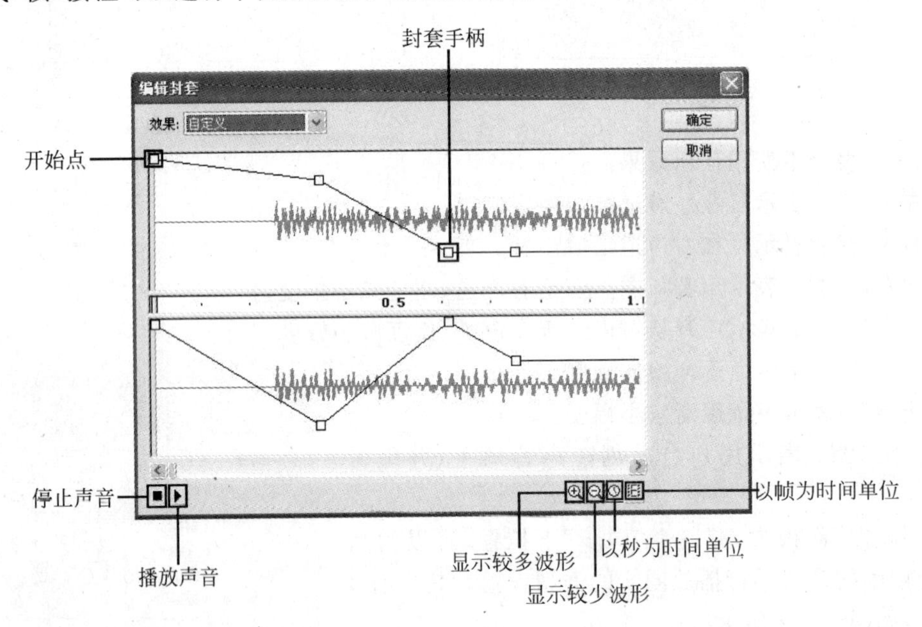

图 10-14

2. 输出声音

首先打开“库”面板，选择需要输出的声音文件，然后在面板下方单击“属性”按钮，打开“声音属性”对话框，如图 10-15 所示。

在“压缩”下拉列表中选择文件格式为“MP3”，在“比特率”中设置为声音的最大传输速率，在“品质”下拉列表中选择“高品质”，如图 10-16 所示。

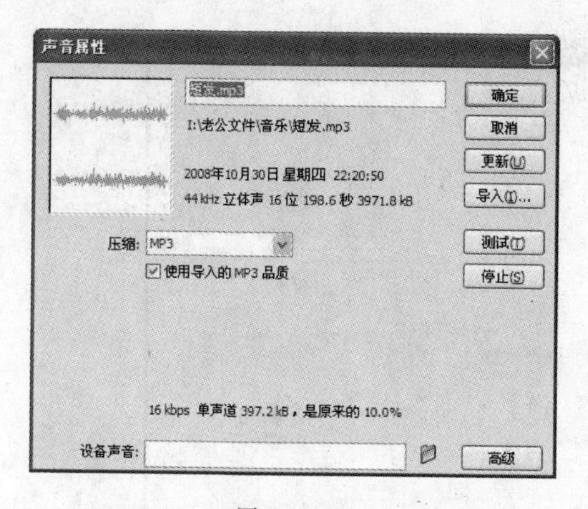

图 10-15

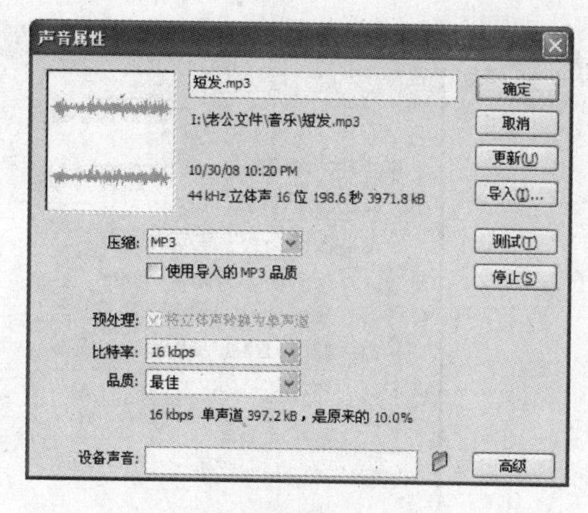

图 10-16

设置完毕后单击“测试”按钮即可测试音频效果，最后单击“确定”按钮完成输出设置。

10.2 导入视频

Flash CS5 可以将视频镜头融入基于 Web 的演示文稿中，Flash 视频具备创造性的技术优势，允许将视频、数据、图形、声音和交互式控制融为一体。也可以从其他应用程序中将视频剪辑导入为嵌入或链接的文件，并且可以选择“压缩”和“编辑”选项。

10.2.1 Flash 支持的视频文件格式

如果操作系统中安装了 QuickTime 6.5 或更高版本，或安装了 DirectX 9.0c 或更高版本，则可以导入多种文件格式的视频剪辑，包括 MOV、AVI、MPEG 等格式，还可以将带有嵌入视频的 Flash 文档发布为 SWF 文件。带有链接视频的 Flash 文档必须以 QuickTime 格式发布。

如果导入系统不支持的文件格式，Flash 会显示一条警告消息，告知用户无法完成操作。在有些情况下，Flash 可能只导入文件中的视频，而无法导入音频。此时，Flash 会显示警告消息，指明无法导入该文件的音频部分，但是仍可以导入没有声音的视频。

10.2.2 FLV 格式视频的导入

首先新建一个空白文件，然后执行“文件”/“导入”/“导入到库”命令，在打开的如图 10-17 所示的“导入到库”对话框中，单击“浏览”按钮可以选择需要播放的视频文件的路径。可以选择存储在本地计算机上的视频剪辑，也可以输入已经上传到 Web 服务器的视频的 URL。

选择需要导入的视频文件，如图 10-18 所示。然后在“导入视频”对话框中单击“下一个”按钮，如图 10-19 所示。

随后会出现“导入视频——部署”对话框，在单选项中选择一种部署方式，然后单击“下一个”按钮，如图 10-20 所示。

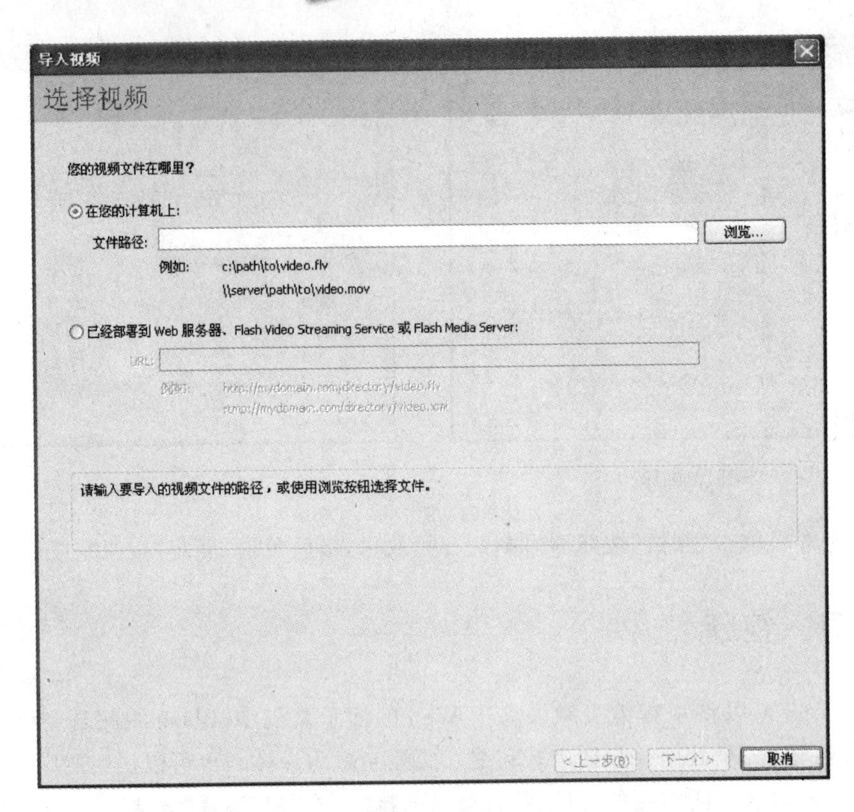

图 10-17

图 10-18

打开“导入视频——外观”对话框，在“外观”下拉列表中选择一种播放器的外观形状，然后单击“颜色”按钮，在弹出的“颜色选择器”中选择播放器的外观颜色，如图 10-21 所示。

打开“导入视频——完成视频导入”对话框，单击“完成”按钮即可导入 FLV 文件的视频，如图 10-22 所示。

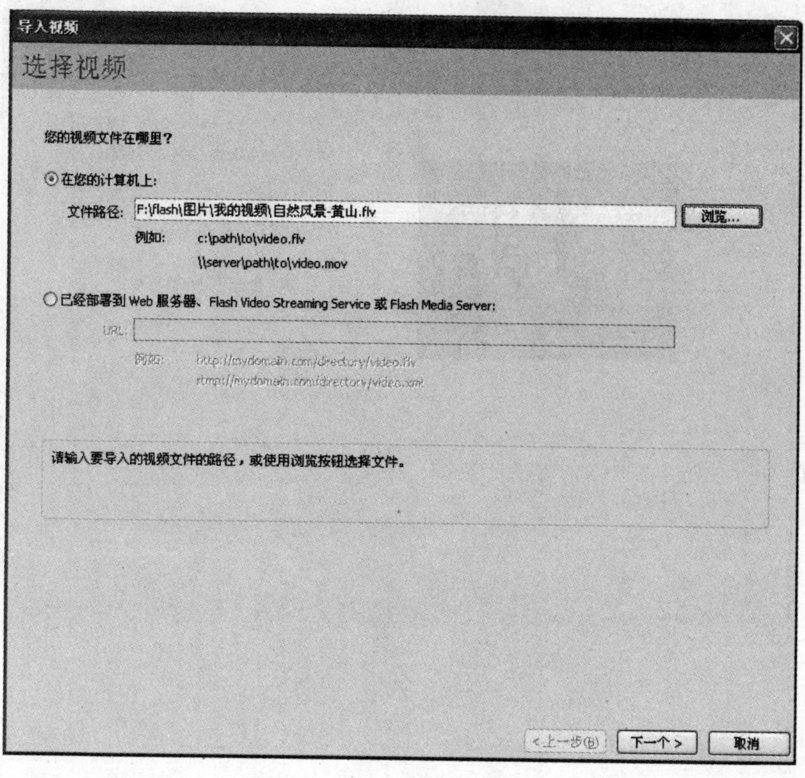
导入视频
选择视频
您的视频文件在哪里?
在您的计算机上:
文件路径: F:\flash\图片\我的视频\自然风景-黄山.flv
浏览...
例如: c:\path\to\video.flv
\\server\path\to\video.mov
已经部署到 Web 服务器、Flash Video Streaming Service 或 Flash Media Server:
URL:
请输入要导入的视频文件的路径，或使用浏览按钮选择文件。
< 上一步(B)
下一个 >
取消

图　10-19

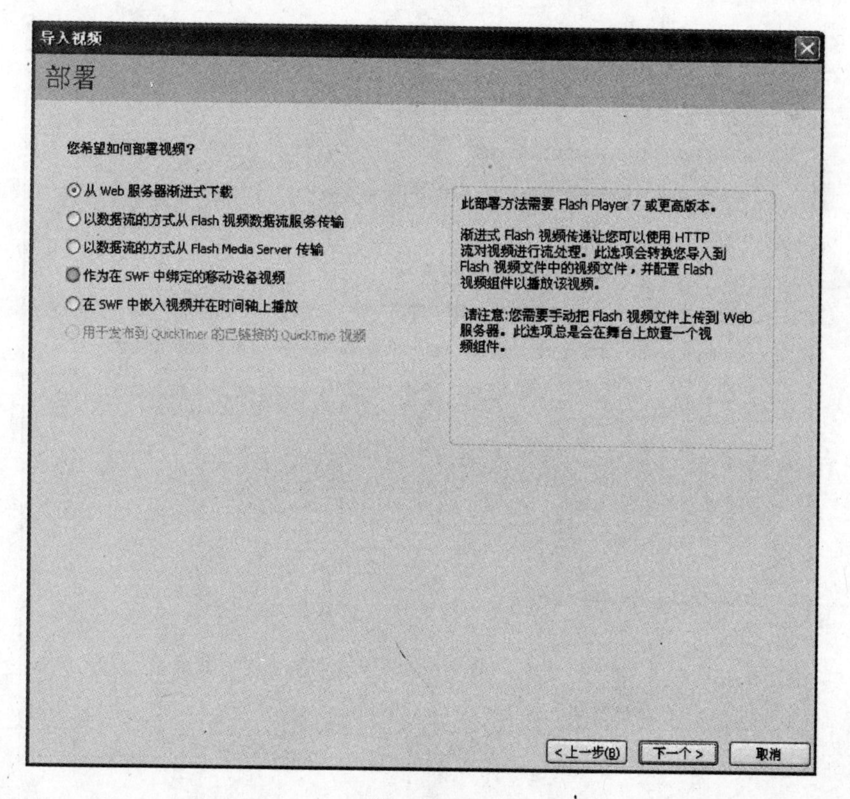
导入视频
部署
您希望如何部署视频?
从 Web 服务器渐进式下载
以数据流的方式从 Flash 视频数据流服务传输
以数据流的方式从 Flash Media Server 传输
作为在 SWF 中绑定的移动设备视频
在 SWF 中嵌入视频并在时间轴上播放
用于发布到 QuickTime 的已链接的 QuickTime 视频
此部署方法需要 Flash Player 7 或更高版本。
渐进式 Flash 视频传递让您可以使用 HTTP 流对视频进行流处理。此选项会转换您导入到 Flash 视频文件中的视频文件，并配置 Flash 视频组件以播放该视频。
请注意:您需要手动把 Flash 视频文件上传到 Web 服务器。此选项总是会在舞台上放置一个视频组件。
< 上一步(B)
下一个 >
取消

图　10-20

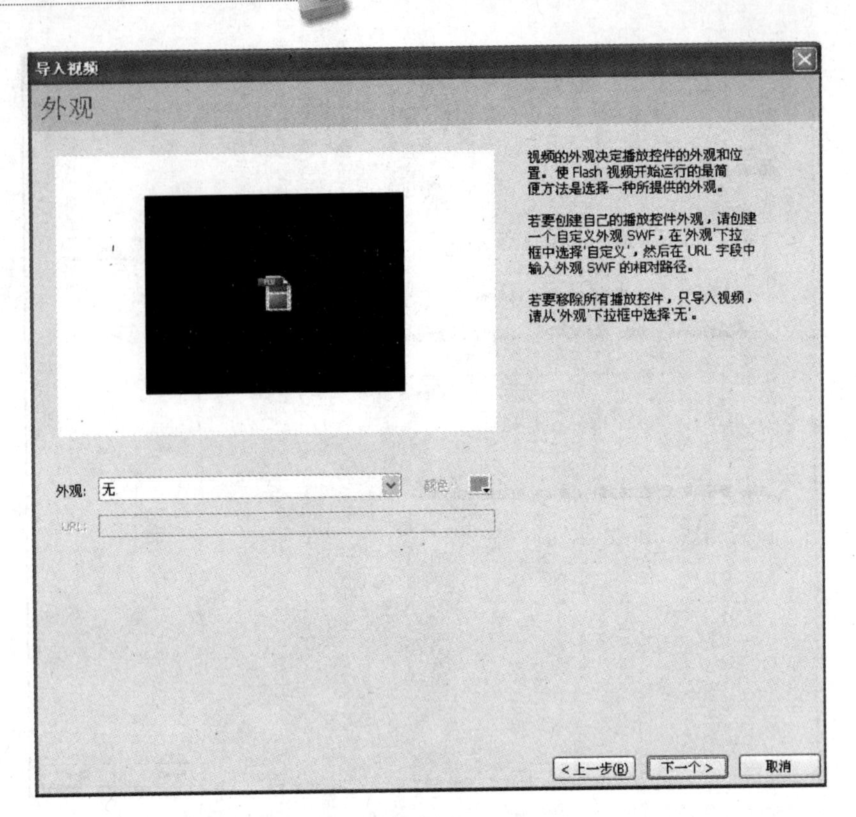
导入视频
外观
视频的外观决定播放控件的外观和位置。使 Flash 视频开始运行的最简便方法是选择一种所提供的外观。
若要创建自己的播放控件外观，请创建一个自定义外观 SWF，在'外观'下拉框中选择'自定义'，然后在 URL 字段中输入外观 SWF 的相对路径。
若要移除所有播放控件，只导入视频，请从'外观'下拉框中选择'无'。
外观: 无
颜色
URL:
< 上一步(B)
下一个 >
取消

图 10-21

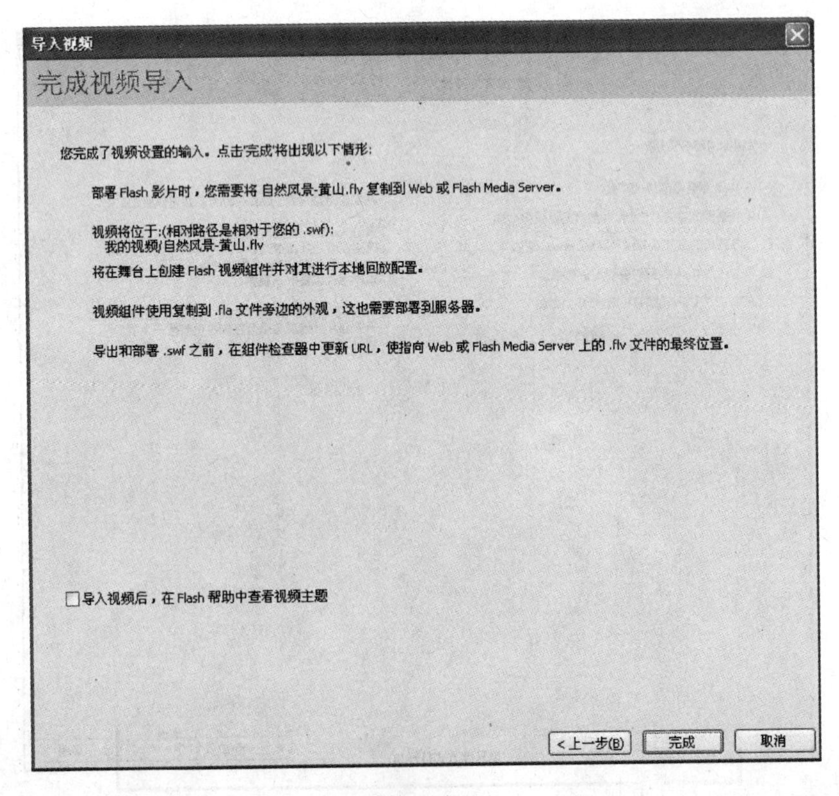
导入视频
完成视频导入
您完成了视频设置的输入。点击'完成'将出现以下情形:
部署 Flash 影片时，您需要将 自然风景-黄山.flv 复制到 Web 或 Flash Media Server。
视频将位于:(相对路径是相对于您的 .swf):
我的视频/自然风景-黄山.flv
将在舞台上创建 Flash 视频组件并对其进行本地回放配置。
视频组件使用复制到 .fla 文件旁边的外观，这也需要部署到服务器。
导出和部署 .swf 之前，在组件检查器中更新 URL，使指向 Web 或 Flash Media Server 上的 .flv 文件的最终位置。
导入视频后，在 Flash 帮助中查看视频主题
< 上一步(B)
完成
取消

图 10-22

导入视频后，“库”面板中会出现“FLV Playback”的剪辑文件，而舞台中也会显示播放器。

10.2.3 视频文件的导入

在文档中执行“文件”/“导入”/“导入视频”命令，打开如图 10-23 所示的“导入视频——选择视频”对话框。在该对话框中可以指定需要播放的视频文件存放的路径，如图 10-24 所示。然后单击“确定”按钮，在弹出的“打开”对话框中选择计算机上的视频文件，如图 10-25 所示。然后单击“打开”按钮即可。

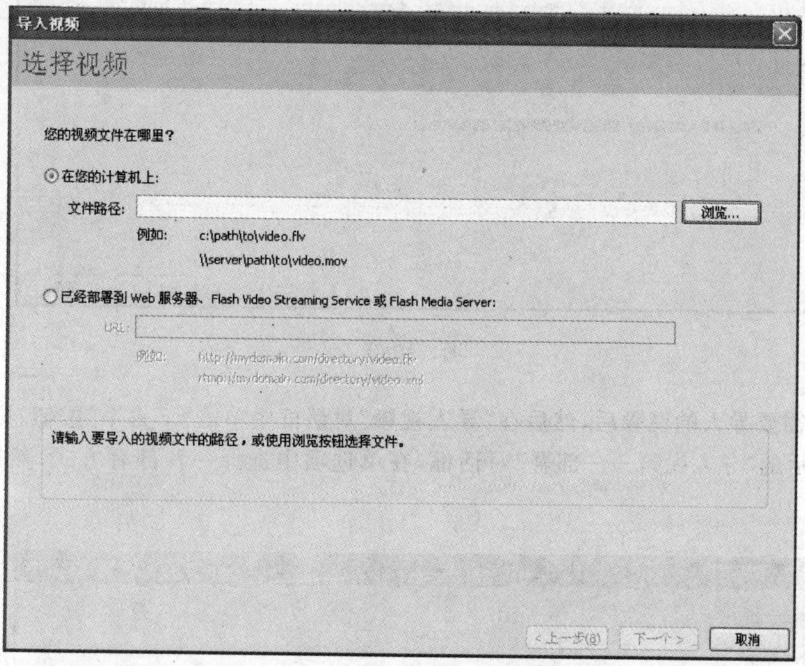

图 10-23

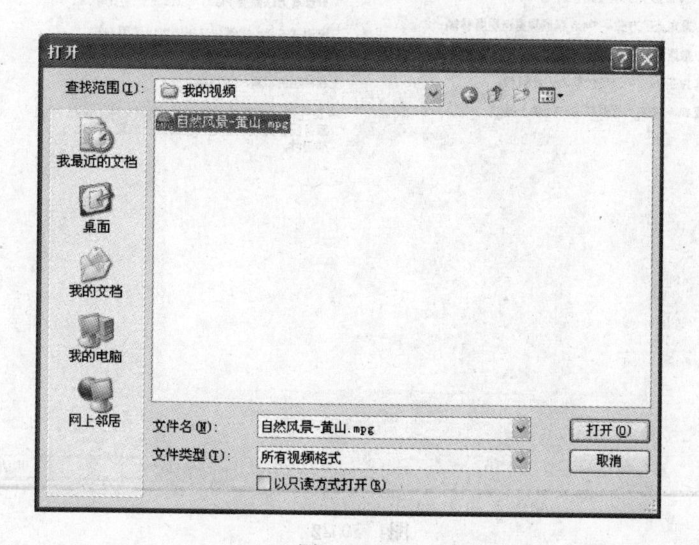

图 10-24

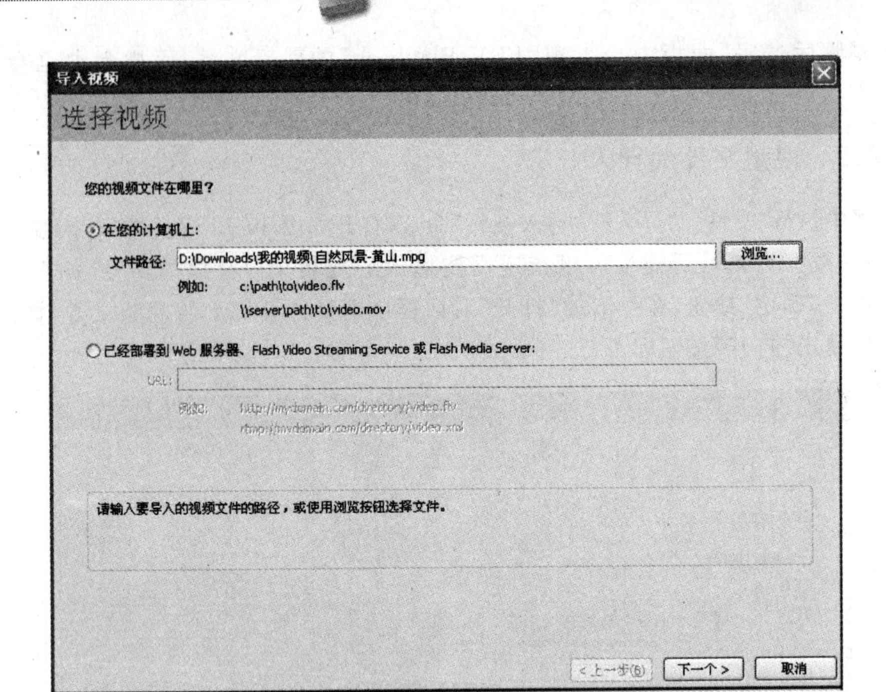

图 10-25

选择了需要导入的视频后，然后在“导入视频”对话框中单击“下一个”按钮，则会弹出如图10-26所示的“导入视频——部署”对话框，在单选项中选择一种部署方式，然后单击“下一个”按钮。

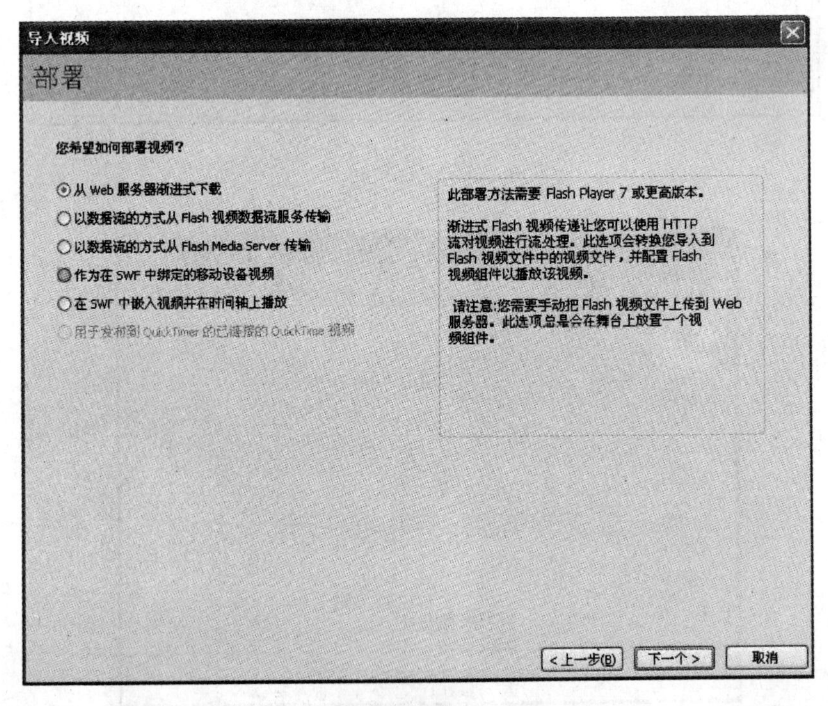

图 10-26

打开“导入视频——编码”对话框，如图 10-27 所示。在各选项中可以分别设置编码配置文件，进行视频、音频、提示点、裁切和调整大小等设置，设置完毕后单击“下一个”按钮。

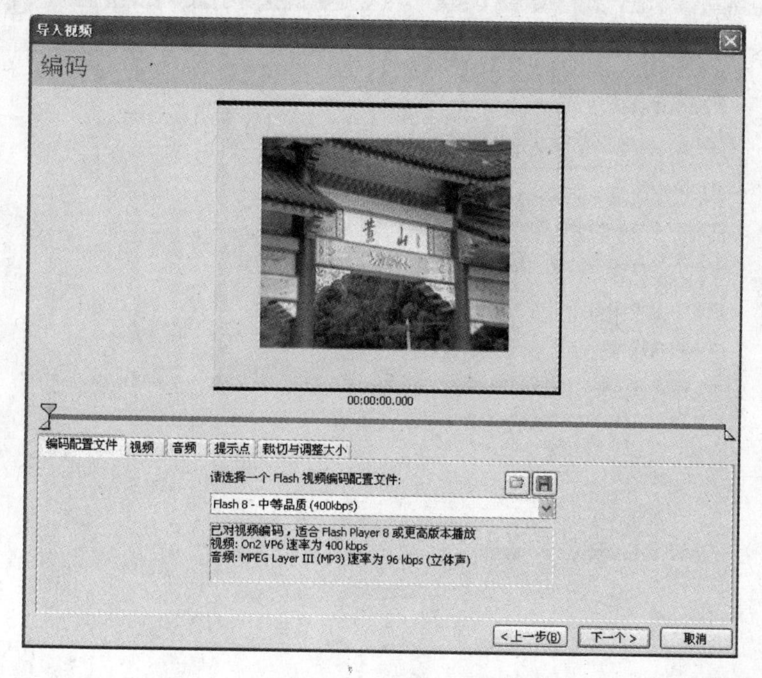

图　10-27

打开“导入视频——外观”对话框，在“外观”下拉列表中选择一种播放器的外观形状，然后单击“颜色”右侧的按钮，在弹出的“颜色选择器”中选择播放器的外观颜色，如图 10-28 所示，然后单击“下一个”按钮。

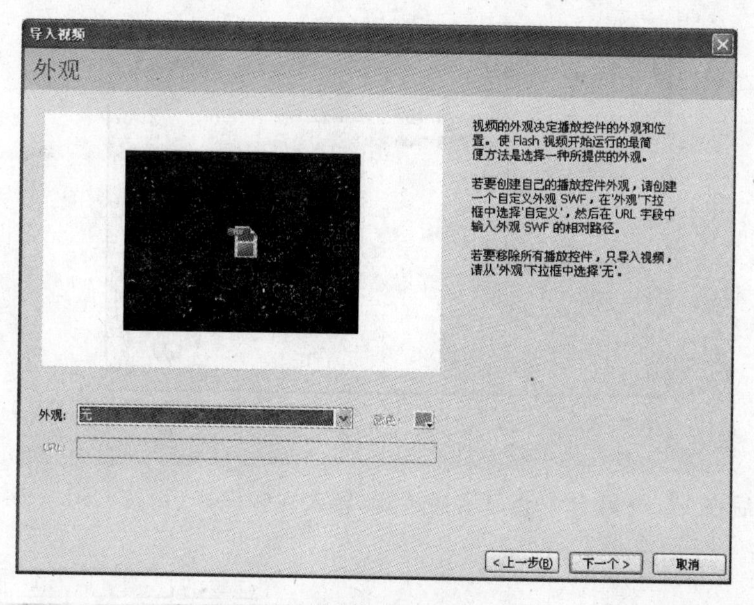

图　10-28

打开“导入视频——完成视频导入”对话框，如图 10-29 所示。

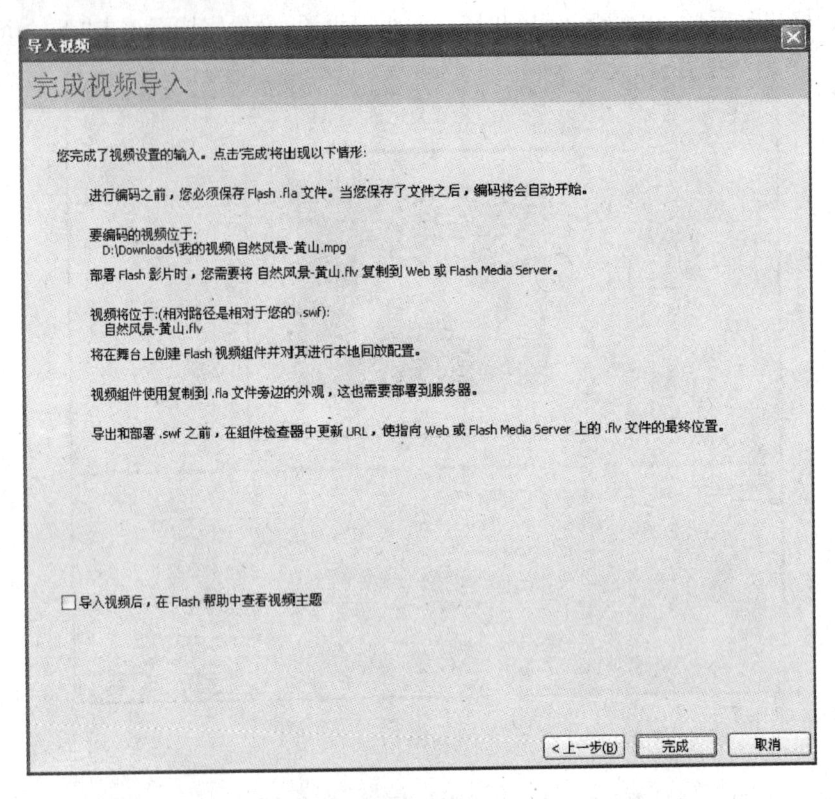

图 10-29

单击“完成”按钮即可打开“Flash 视频编码进度”对话框，开始对视频进行编码，如图 10-30 所示。

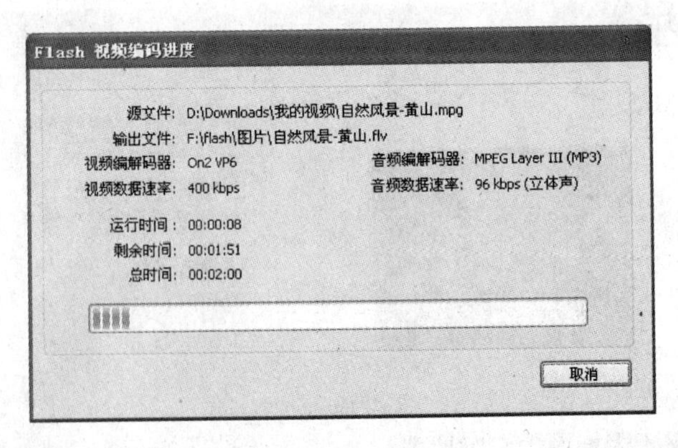

图 10-30

解码完毕后在 Flash 舞台中会显示播放器，导入视频完毕后，按 Ctrl+Enter 键即可预览视频文件。

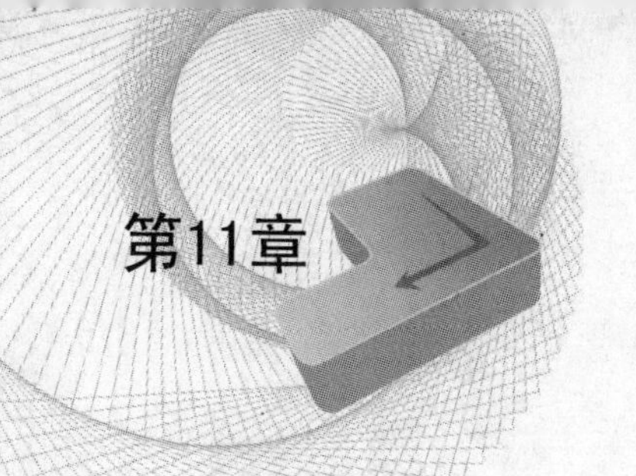

chapter 11

ActionScript动作脚本语言应用

ActionScript 动作脚本是遵循 ECMAScript 第 4 版的 Adobe Flash Player 运行时环境的编程语言。它在 Flash 内容和应用程序中实现交互性、数据处理以及其他功能。

ActionScript 是 Flash 的脚本语言，与 JavaScript 相似，ActionScript 是一种面向对象的编程语言。

ActionScript 中的相关术语如下。

(1) Actions(动作)：就是程序语句，它是 ActionScript 脚本语言的灵魂和核心。

(2) Events(事件)：简单地说，要执行某一个动作，必须提供一定的条件，如需要某一个事件对该动作进行的一种触发，那么这个触发功能的部分就是 ActionScript 中的事件。

(3) Class(类)：是一系列相互之间有联系的数据的集合，用来定义新的对象类型。

(4) Constructor(构造器)：用于定义类的属性和方法的函数。

(5) Expressions(表达式)：语句中能够产生一个值的任意部分。

(6) Function(函数)：指可以传送参数并能返回值的以及可重复使用的代码块。

(7) Identifiers(标示符)：用于识别某个变量、属性、对象、函数或方法的名称。

(8) Instances(实例)：实例是属于某个类的对象，一个类的每一个实例都包含类的所有属性和方法。

(9) Variable(变量)：变量是存储任意数据类型的值的标示符。

(10) Instancenames(实例名)：是在脚本中指向影片剪辑实例的唯一名字。

(11) Methods(方法)：是指被指派给某一个对象的函数，一个函数被分配后，它可以作为这个对象的方法被调用。

(12) Objects(对象)：就是属性的集合。每个对象都有自己的名字和值，通过对象可以自由访问某一个类型的信息。

(13) Property(特性)：对象具有的独特属性。

Flash 使用 ActionScript 给动画添加交互性。在简单动画中，Flash 按顺序播放动画中的场景和帧，而在交互动画中，用户可以使用键盘或鼠标与动画交互。例如，可以单击动画中的按钮，然后跳转到动画的不同部分继续播放；可以移动动画中的对象；可以在表单中输入信息等。使用 ActionScript 可以控制 Flash 动画中的对象，创建导航元素和交互元素，扩展 Flash 创作交互动画和网络应用的能力。

11.1 ActionScript 简介

11.1.1 关于 ActionScript 3.0

ActionScript 是针对 Adobe Flash Player 运行时环境的编程语言，它在 Flash 内容和应用程序中实现了交互性、数据处理以及其他许多功能。

ActionScript 是由 Flash Player 中的 ActionScript 虚拟机（AVM）来执行的。ActionScript 代码通常被编译器编译成“字节码格式”（一种由计算机编写且能够为计算机所理解的编程语言），编译器种类有 Adobe Flash CS5 Professional 或 Adobe® Flex™ Builder™ 的内置编译器或 Adobe® Flex™ SDK 和 Flex™ Data Services 中提供的编译器。字节码嵌入 SWF 文件中，SWF 文件运行时环境由 Flash Player 执行。

ActionScript 3.0 提供了可靠的编程模型，具备面向对象编程的基本知识的开发人员对此模型会感到似曾相识。ActionScript 3.0 中的一些主要功能包括如下几点。

（1）一个新增的 ActionScript 虚拟机，称为 AVM2，它使用全新的字节码指令集，可使性能显著提高。

（2）一个更为先进的编译器代码库，它更为严格地遵循 ECMAScript（ECMA-262）标准，并且相对于早期的编译器版本，可执行更深入的优化。

（3）一个扩展并改进的应用程序编程接口（API），拥有对对象的低级控制和真正意义上的面向对象的模型。

（4）一种基于即将发布的 ECMAScript（ECMA-262）第 4 版草案语言规范的核心语言。

（5）一个基于 ECMAScript for XML（E4X）规范（ECMA-357 第 2 版）的 XML API。E4X 是 ECMAScript 的一种语言扩展，它将 XML 添加为语言的本机数据类型。

（6）一个基于文档对象模型（DOM）第 3 级事件规范的事件模型。

11.1.2 ActionScript 3.0 的优点

ActionScript 3.0 的脚本编写功能超越了 ActionScript 的早期版本。它旨在方便创建拥有大型数据集和面向对象的可重用代码库的高度复杂应用程序。虽然 ActionScript 3.0 对于在 Adobe Flash Player 9 中运行的内容并不是必需的，但它使用新型的虚拟机 AVM2 实现了性能的改善。ActionScript 3.0 代码的执行速度可以比旧版本的 ActionScript 代码快 10 倍。

旧版本的 ActionScript 虚拟机 AVM1 执行 ActionScript 1.0 和 ActionScript 2.0 代码。为了向后兼容现有内容和旧内容，Flash Player 9 支持 AVM1。

11.1.3 ActionScript 3.0 中的新增功能

虽然 ActionScript 3.0 包含 ActionScript 编程人员所熟悉的许多类和功能，但 ActionScript 3.0 在架构和概念上是区别于早期的 ActionScript 版本的。ActionScript 3.0 中的改进部分包括新增的核心语言功能，以及能够更好地控制低级对象的改进了的 Flash Player API。

在 Flash CS5 中，利用 ActionScript 语句可以对动画编程，实现类似鼠标跟随等特殊动画效果。所以，在 Flash 动画制作的进阶阶段，如果想进一步提高动画作品的质量，就需要学习使用 ActionScript 脚本语言。

1. 核心语言功能

在 ActionScript 3.0 中，核心语言定义编程语言的基本构造块，如语句、表达式、条件、循环和类型。ActionScript 3.0 包含了许多开发过程的新功能。

(1) 运行时异常：ActionScript 3.0 的错误分析能力比早期的 ActionScript 版本要强。运行时异常用于常见的错误类型。用于改善调试体验并能够可靠地处理错误的应用程序。运行时错误可提供带有源文件和行号信息注释的跟踪，以便快速地定位错误。

(2) 运行时类型：在 ActionScript 2.0 中，类型注释主要是提供帮助，而在运行时，所有值的类型都是动态指定的。但在 ActionScript 3.0 中，类型信息在运行时保留，并可用于多种目的。Flash Player 9 执行运行时的类型检查，从而增强了系统的类型安全性。除此之外，类型信息还可以用本机形式表示变量。提高了内存的使用率。

(3) 密封类：在 ActionScript 3.0 中引入了密封类的概念。密封类是指在编译时定义的、只能是固定的一组属性和方法，而不能添加其他的属性和方法，这样使得编译时的检查更加严格，因此程序的运行也就更加可靠。密封类不要求每个对象实例都是一个内部哈希表，因此，对于事件处理非常有用。

(4) ECMAScript for XML(E4X)：E4X 提供了一组用于操作 XML 的自然流畅的语言构造。与传统的 XML 分析 API 不同，使用 E4X 的 XML 就如同该语言执行本机数据类型一样。E4X 通过大量减少所需代码的数量来简化使用 XML 的应用程序的开发。而在 ActionScript 3.0 中则实现了 EXMAScript for XML(E4X)。

(5) 正则表达式：在 ActionScript 3.0 中实现了对正则表达式的支持。因此，可以快速搜索并操作字符串。

(6) 命名空间：命名空间用于控制声明(public、private、protected)，其可见性同传统访问说明符相似，其工作方式、名称与制定的自定义访问说明符类似。命名空间使用同一资源标识符(URI)以避免冲突，并且在使用 E4X 时还可以用于表示 XML 的命名空间。

(7) 新基元类型：在 ActionScript 2.0 中拥有单一数值类型"number"，它是一种双精度浮点数。而在 ActionScript 3.0 中包含"int"和"uint"类型。"int"类型是一个带符号的 32 位整数，能使 ActionScript 代码充分利用 CPU 快速处理整数运算的能力；"uint"类型是无符号的 32 位整数类型，可用于 RGB 颜色值、字节计数和其他方面。

2. Flash Player API 功能

ActionScript 3.0 中的 Flash Player API 中包含许多允许在低级别控制对象的新类。全新的语言体系结构更加直观。

(1) DOM3 事件模型：DOM3 事件模型即文档对象模型第 3 级事件模型。DOM3 事件模型提供了生成并处理事件消息的标准方法。使应用程序中的对象之间可以进行交互和通信，同时保留自身的状态并相应更改。通过采用万维网联盟 DOM 第 3 级时间规范，提供了比早期 ActionScript 版本中的时间系统更清楚、更有效的机制。

(2) 显示列表 API：用于访问 Flash Player 显示列表的 API 由处理 Flash 中的可视基元的类组成。新增的"Sprite"类是一个轻型构造块，它类似于"MovieClip"类，并且可以随时动态地重新制定其父类；深度管理能自动执行并且内置于 Flash Player 中，因此不需要制定深度编号，深度管理提供了用于指定和管理对象的 Z 顺序的新方法。

(3) 处理动态数据和内容：在 ActionScript 3.0 中，包含了用于加载和处理 Flash 应用程序资源和数据的机制。新增的“Loader”类提供了加载 SWF 文件、图像资源的单一机制和访问已加载内容的详细信息的方法；“URLLoader”类提供了单独的机制，用于在数据驱动的应用程序中加载文本和二进制数据；“Socket”类则提供了一种以任意格式从服务器套接字中读取或写入二进制数据的方法。

(4) 低数据访问：各种 API 都提供了对数据的低级访问，而这种访问在以前版本中的 ActionScript 里是不可能实现的。对于正在下载的数据而言，可使用“URLStream”类在下载数据的同时访问原始的二进制数据；使用“ByteArray”类可优化二进制数据的读取、写入以及处理；使用新增的“Sound API”，可通过“SoundChannel”类和“SoundMixer”类对声音进行精细控制；新增的处理安全性的 API 可提供有关 SWF 文件或加载内容的安全权限的信息，从而能够更安全地处理错误信息。

(5) 处理文本：在 ActionScript 3.0 中包含用于所有与文本相关的 API 的一个“flash. text”包。其中“TextLineMetrics”类为文本字段中的一行文本提供精细度量，取代了 ActionScript 2.0 中的“TextField. getLineMetrics()”方法；“TextField”类包含了许多的新方法，可以提供有关文本字段中的一行文本或单个字符的特定信息，这些方法包括“getCharBoundaries()”(返回表示字符边框的矩形)、“getCharIndexAtPnint()”(返回指定点处理符的索引)以及“getFirstCharInParagraph()”(返回段落中第一个字符的索引)、“getLineLength()”(返回指定文本行中的字符数)和“getLineText”(返回指定行的文本)；新增的“Font”类提供了管理 SWF 文件中嵌入字体的方法。

11.1.4 ActionScript 3.0 的兼容性

在 Flash Player 9 中，可以运行在早期 Flash Player 版本中运行的任何内容。然而，在 Flash Player 9 中引入 ActionScript 3.0 后，对在 Flash Player 9 中运行的兼容性问题包括以下几个方面。

(1) 单个 SWF 文件无法将 ActionScript 1.0 或者 ActionScript 2.0 和 ActionScript 3.0 代码组合在一起。ActionScript 3.0 代码可以加载以 ActionScript 1.0 或者 ActionScript 2.0 编写的 SWF 文件，但是无法访问该 SWF 文件中的变量和函数。

(2) 以 ActionScript 1.0 或者 ActionScript 2.0 编写的 SWF 文件无法加载以 ActionScript 3.0 编写的 SWF 文件。这意味着在 Flash 8 或者 Flex Builder 1.5 以及更早版本中创建的 SWF 文件将无法加载 ActionScript 3.0 SWF 文件。

(3) 如果以 ActionScript 1.0 或者 ActionScript 2.0 编写的 SWF 文件要与以 ActionScript 3.0 编写的 SWF 文件一起工作，则必须进行迁移。例如，如果使用 ActionScript 2.0 创建了一个媒体播放器，这个媒体播放器加载的同样是使用 ActionScript 2.0 创建的内容，无法将用 ActionScript 3.0 创建的新内容加载到该媒体播放器中，此时必须将视频播放器迁移到 ActionScript 3.0 中。但是，如果是在 ActionScript 3.0 中创建一个媒体播放器，该媒体播放器可以对 ActionScript 2.0 内容进行简单的加载。

11.2 “动作”面板

在 Flash CS5 中,“动作”面板中提供了很多常用的功能模块,在创建动画的过程中可以选择所需的功能,为某个对象附加动作或编辑某个对象的动作。即为动画中的关键帧、按钮、动画片段等设置相应的“动作”,是用来实现某一具体功能的命令语句或实现一系列功能的命令语句的组合。

在 Flash CS5 中,对于 ActionScript 的编辑是通过“动作”面板实现的。

11.2.1 “动作”面板简介

执行“窗口”/“动作”命令,快捷键为 F9,打开“动作”面板,如图 11-1 所示。

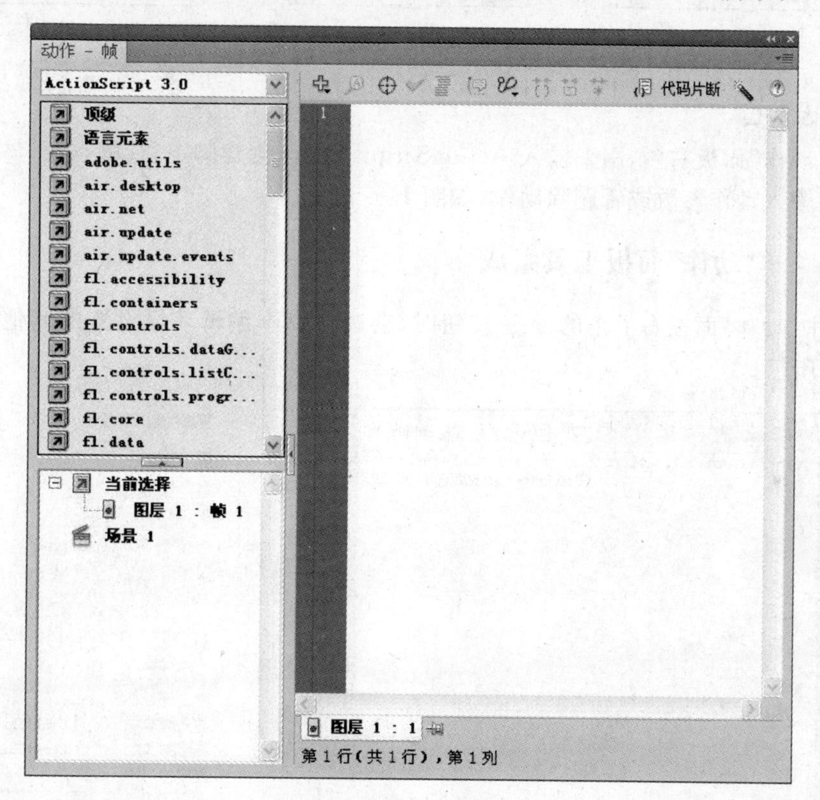

图 11-1

“动作”面板窗口由三部分组成,分别是动作工具箱、脚本导航器和脚本窗口。

1. 动作工具箱

位于“动作”面板左侧上方,可以按照下拉列表中所选的不同 ActionScript 版本类别显示不同的脚本命令,如图 11-2 和图 11-3 所示。

2. 脚本导航器

位于“动作”面板左侧下方,列出了当前选中对象的具体信息,如名称、位置等。用户可以通过脚本导航器快速地在 Flash 文档中的脚本间导航,如图 11-4 所示。

图 11-2

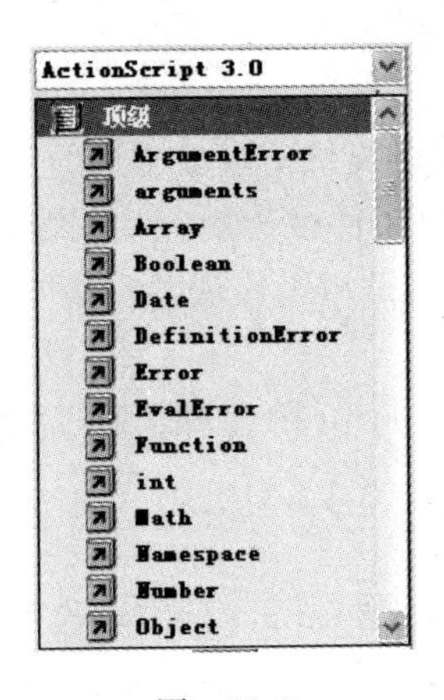

图 11-3

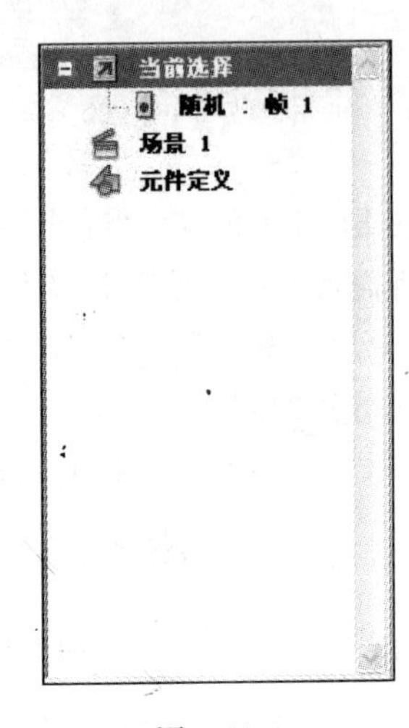

图 11-4

3. 脚本窗口

位于“动作”面板右侧，用来输入 ActionScript 代码来创建脚本，在脚本窗口中可以直接编辑动作、输入动作参数或者删除动作，如图 11-5 所示。

11.2.2 “动作”面板工具组成

当单击“动作”面板右上角的 按钮时，会弹出脚本编辑环境设置的其他菜单选项，如图 11-6 所示。

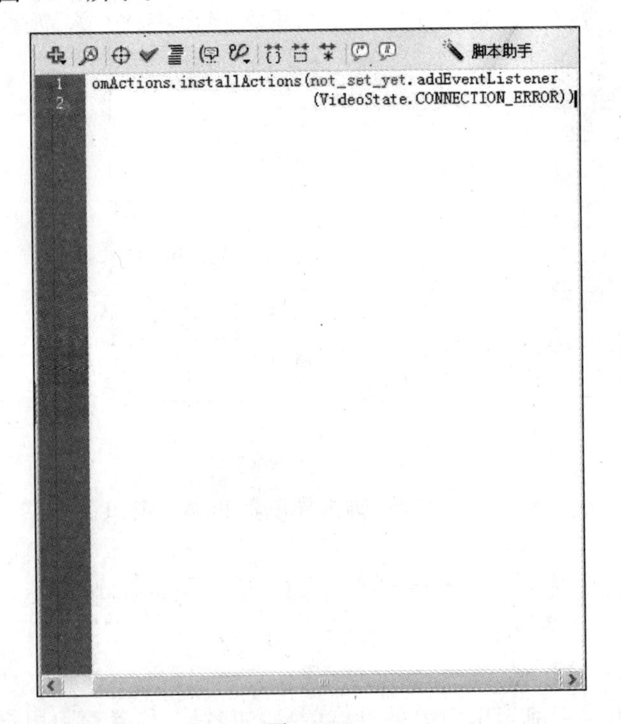

图 11-5

重新加载代码提示
固定脚本 Ctrl+=
关闭脚本 Ctrl+-
关闭所有脚本 Ctrl+Shift+-
转到行... Ctrl+G
查找和替换... Ctrl+F
再次查找 F3
自动套用格式 Ctrl+Shift+F
语法检查 Ctrl+T
显示代码提示 Ctrl+Spacebar
导入脚本... Ctrl+Shift+I
导出脚本... Ctrl+Shift+P
打印...
脚本助手 Ctrl+Shift+E
Esc 快捷键
隐藏字符 Ctrl+Shift+8
✔ 行号 Ctrl+Shift+L
自动换行 Ctrl+Shift+W
首选参数... Ctrl+U
帮助
关闭
关闭组

图 11-6

“重新加载代码提示”：用来刷新左侧代码提示框中的所有提示。

“固定脚本”：用来固定脚本窗口。

“关闭脚本”：用于关闭该脚本窗口。

“关闭所有脚本”：用来关闭除了默认窗口以外的所有窗口。

“转到行”：单击此选项后，会出现如图 11-7 所示的对话框，当输入行号后，被转到的行就会处于选中状态。

“查找和替换”：单击此选项后，会出现如图 11-8 所示的对话框，可以查找和替换相关内容。

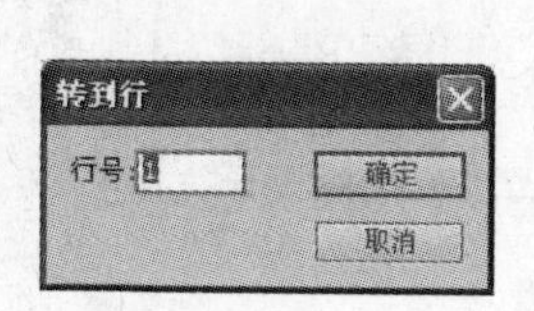

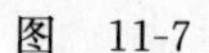

图　11-7

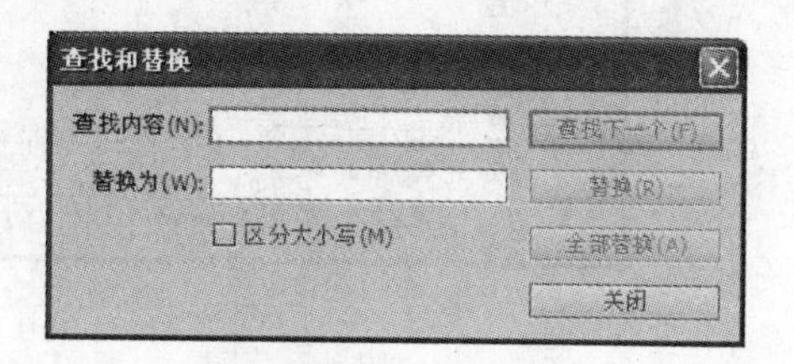

图　11-8

“再次查找”：选择此选项，Flash 将根据上一次查找的记录继续查找脚本。

“自动套用格式”：选择此选项，不论脚本中是否按格式编辑，它都会为所编写的脚本编排格式。

“语法检查”：用来检查所写脚本中的错误，如果脚本没有错误，即会弹出“此脚本中没有错误”的对话框。

“显示代码提示”：用来在编辑代码时 ActionScript 编辑器将显示该变量的代码提示。

“导入脚本”：用来导入需要的脚本。会弹出如图 11-9 所示的“打开”对话框。

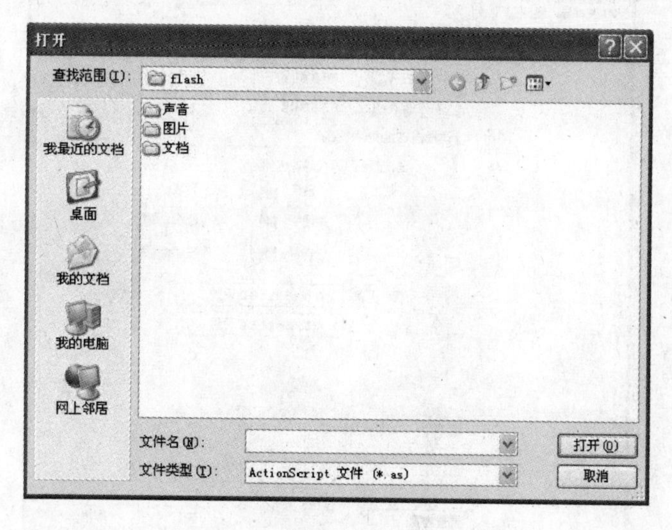

图　11-9

“导出脚本”：用来导出需要的脚本。会弹出如图 11-10 所示的“另存为”对话框。

“打印”：用来打印脚本。

“脚本助手”：用来解释脚本的含义。单击 脚本助手 按钮也可以实现此功能。

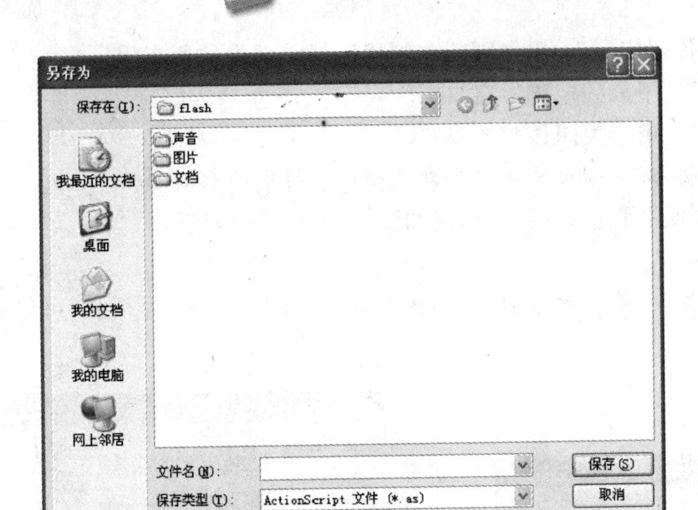

图　11-10

“行号”：用来查看所有脚本的行号。

“自动换行”：用来在编辑脚本过程中自动换行。

“首选项”：用来对“动作”脚本选项卡进行设置，如图 11-11 所示。

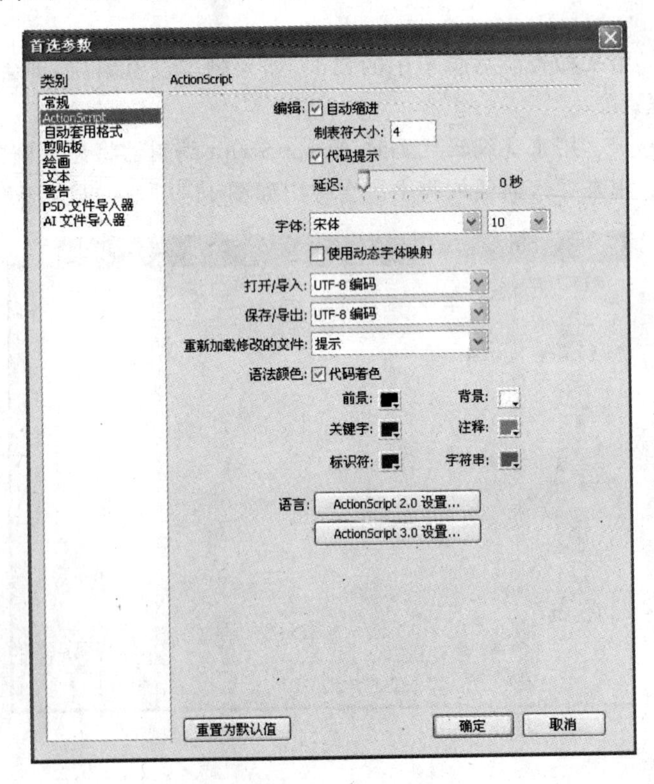

图　11-11

“帮助”：选择此选项会弹出帮助信息对话框。

11.2.3 添加动作脚本

1. 为“帧”添加动作

在给帧添加动作时，所选择的帧都必须是关键帧。给关键帧添加一个动作后，添加的关键帧的动作会根据影片达到帧需要的效果。

选中时间轴中的一个关键帧，单击鼠标右键，在弹出的菜单中选择“动作”选项，此时带有动作的帧会显示为“a”形状，如图 11-12 所示。

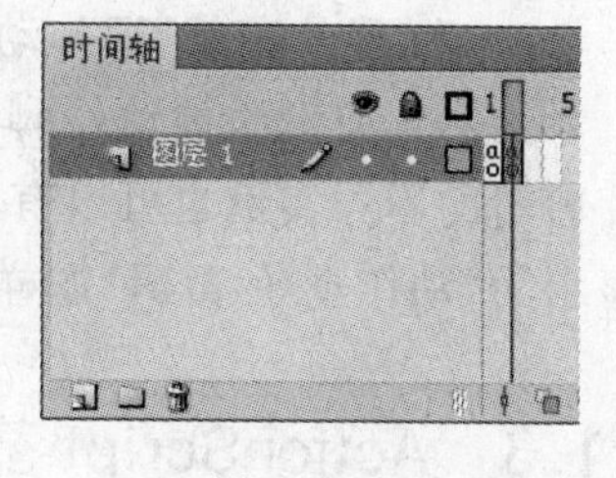

图 11-12

然后按“+”键可以从弹出的菜单中选择一个声明。依据选择的动作，参数框将提供附加声明需要的参数，也可以手动输入参数。

为帧添加动作脚本只有在影片播放到该帧时才被执行，如图 11-13 所示。在动画的第 20 帧处通过 ActionScript 脚本程序设置动作，那么就要等到影片播放到第 20 帧时才会响应该动作，与播放时间或影片内容有极大关系，在为帧添加脚本时，“动作”面板的标题栏显示 动作 - 帧 × 。

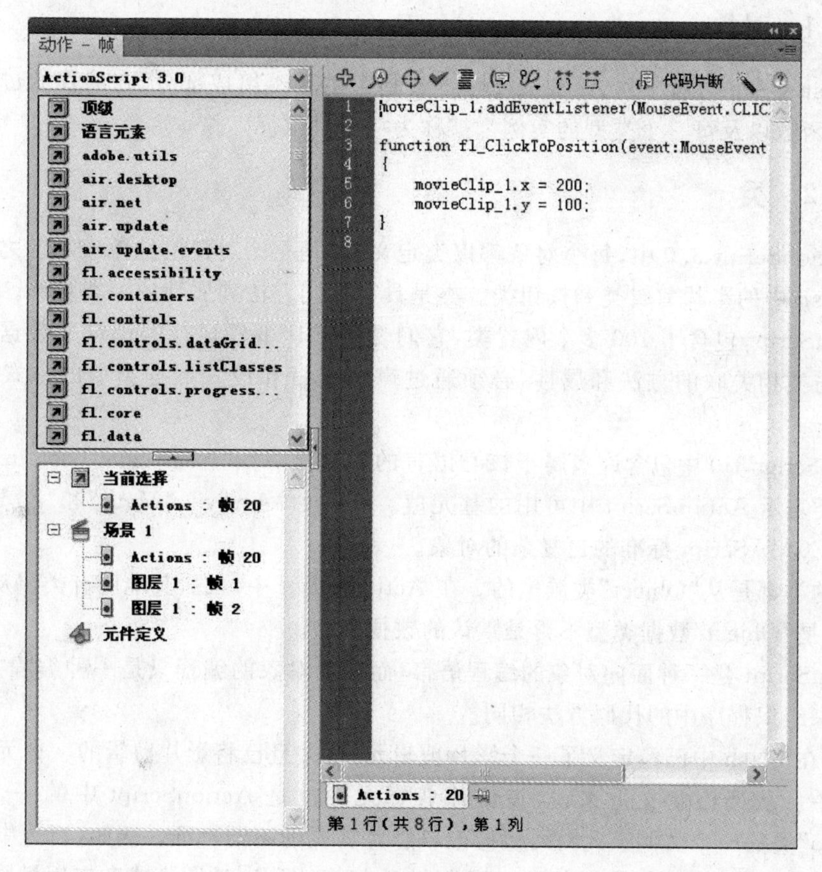

图 11-13

2. 为"按钮"添加动作

为按钮添加动作脚本只有当需要在按钮的单击、松开、鼠标经过等过程中通过动作或程序发生某些事件时执行，完成交互式的界面操作。

菜单中的每一个按钮实例都可以添加动作，即使是同一个元件的不同实例也不会互相影响。为按钮添加动作脚本后，在"动作"面板的标题栏会显示"动作-按钮"图样。

3. 为"影片剪辑"添加动作

为影片剪辑添加动作脚本通常是在播放该影片剪辑时，ActionScript 才会被响应。影片剪辑的不同实例也可以有不同动作。为影片剪辑添加脚本后，在"动作"面板的标题栏中显示为"动作-影片剪辑"图样。

11.3 ActionScript 基本语法、语句

在 ActionScript 3.0 中包含了 ActionScript 的核心语言，同时也包含 Flash Player 应用程序编程接口(API)。ActionScript 核心语言是 ActionScript 3.0 的一部分。ActionScript 3.0 是一种功能强大的语言，用来扩展 Flash 功能。

11.3.1 对象

在 Flash CS5 中，对象是 ActionScript 3.0 语言的基本组成部分，在编程的过程中的每一个变量、函数以及每一个类型的实例都被称为一个对象。

11.3.2 类

在 ActionScript 3.0 中，每个对象都以类定义，类是一个对象的抽象表示。之前已经使用过了 Flash 中的影片剪辑类和按钮类。类是具有相同方法和属性的一类对象。

ActionScript 包含了 100 多个内置类，它们是用于让事件运行的预定义数据类型。如果要使用与类相关联的方法和属性，必须通过声明变量和设置数据类型的方式创建类的实例。

ActionScript 3.0 中包含许多属于核心语言的内置类。如"Number"、"Boolean"、"String"等。内置类表示 ActionScript 中可用的基元值。其他如"Array"、"Math"和"XML"类用于定义属于 ECMAScript 标准的更复杂的对象。

所有的类都是从"Object"类派生的。在 ActionScript 中，虽然其他所有类仍从"Object"中派生，但是"Object"数据类型不再是默认的数据类型。

ActionScript 是一种面向对象的编程语言，而面向对象的编程只是一种编程方法，它与使用对象来组织程序中的代码方法相同。

例如，在 Flash 中已经定义了一个影片剪辑元件，并且已将影片剪辑的一个元件实例放在了舞台中。从严格意义上来说，该影片剪辑元件也是 ActionScript 中的一个对象，即"MovieClip"类的一个实例。此时可以修改该影片剪辑的不同特征。例如，当选中该影片剪辑时，可以在其"属性"面板中对其进行更改坐标、宽度、颜色、透明度或者应用投影滤镜等操作。而这些同样可以在 ActionScript 中通过更改，组合在一起，构成称为 MovieClip 的单个包的各数据片段来实现。

在 ActionScript 面向对象的编程中，任何类都可以包含属性、方法和事件三种类型的特性。

1. 类的属性

表示某个对象中绑定在一起的若干数据块中的一个。“Song”对象可能具有名为“artist”和“title”的属性；“MovieClip”类具有“rolation”、“X”、“sidth”和“alpha”等属性。可以同处理单个变量那样处理属性，也可以将属性视为包含在对象中的子变量。

例如，要将实例名称为“add”的“MovieClip”类移动到 50 像素的 y 坐标处的 ActionScript 代码示例为：

```
add.y = 100;
```

如果使用“rotation”属性旋转“triangle MovieClip”以便与“star MovieClip”的旋转相匹配的 ActionScript 代码示例为：

```
add.rotation = star.rotation;
```

以下代码更改“pentagon MovieClip”的垂直缩放比例，使其高度为原始高度的 2.1 倍的 ActionScript 代码示例为：

```
add.scaleY = 2.1;
```

从中可以看出，属性的结构顺序为“变量名→点→属性名”。作为对象名称的变量“add”和“star”，后面为点，然后是属性名“Y”、“rotation”、“scaleY”。这里的点被称为“点运算符”，用于指示要访问对象的某个子元素。

2. 类的方法

可以由对象执行的操作被称为方法。例如，在 Flash CS5 中制作一个影片剪辑元件时，可以控制播放或停止影片剪辑，或者指示它将播放头移动到特定帧上。

例如，播放实例名称为“goodpa”的影片剪辑的 ActionScript 代码示例为：

```
goodpa.play();
```

停止实例名称为“goodpa”的影片剪辑的 ActionScript 代码示例为：

```
goodpa.stop();
```

将实例名称为“goodpa”的影片剪辑的播放头移至第 5 帧，然后停止播放的 ActionScript 代码示例为：

```
goodpa.gotoandstop(5);
```

通过依次写下对象名称变量、点、方法名和小括号来访问方法，小括号是对象执行该动作的方式，有时为了传递动作所需的额外信息，需要将值或变量放入小括号中，而这些值被称为方法的参数。例如“gotoandstop()”方法需要知道应转到哪一帧，所以要求小括号中有一个参数。有的方法如“play()”、“stop()”，其自身的意义已经非常明确，因此不需要额外信息，但书写时仍需要带上小括号。

与属性和变量不同的是，方法不能用作占位符，然而有些方法可以执行计算并返回可以像变量一样使用的结果。例如，“Number”类的“toString()”方法将数值转换为文本表示形

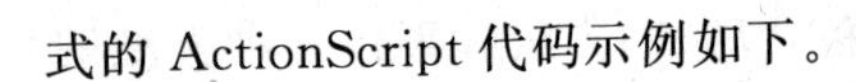

式的 ActionScript 代码示例如下。

```
var numericData: Number = 9;
var textData:Atring = numricData.toString();
```

如果希望在文本字段中显示 Number 的值,应使用“toString()”方法。“TextField”类的“text”属性被定义为“String”,所以它只能包含文本值。

3. **事件**

在 Flash CS5 中,事件就是所发生的 ActionScript 能够识别并可以响应的事情。许多事件都与用户交互有关,例如,单击按钮或者按下键盘上的键。但也有其他类型的事件。如使用 ActionScript 加载外部图像,通过此类事件可以知道图像何时加载完毕。当 ActionScript 程序正在运行时,Flash Player 只能等待事情的发生,而当事情发生时,Flash Player 将运行为这些事件指定的 ActionScript 代码。

指定为响应特定事件而执行的某些动作的技术称为“事件处理”。在编写执行“事件处理”的 ActionScript 代码时,需要认识以下三个重要元素。

事件源:即发生事件的对象是什么。例如,哪个按钮会被单击或者哪个“Loader”对象正在加载图像。事件源也被称为“事件目标”。

事件:即将要发生的事情,以及希望响应什么样的事情。识别事件是非常重要的,因为许多对象都会触发多个事件。

响应:即当事件发生时,希望执行哪些步骤。

11.3.3 变量

是包含任何数据类型的标识符,可以创建、更改或更新变量。可以检索它们存储的值以在脚本中使用。在 Flash CS5 中,变量可以用来存储程序中使用的值,是计算机内存中单个值的名称。要声明变量,必须将“var”语句和变量名同时使用。在 ActionScript 3.0 中,“var”语句不能省略使用。例如,声明一个名为“ah”的变量,ActionScript 代码示例为:

```
var ah;
```

如果将变量与一个数据类型相关联,必须在声明变量时进行此操作。在声明变量时如果不指定变量的类型会在严格模式下产生编译器警告。可以通过在变量名后追加一个后跟变量类型的英文状态的冒号来说明变量类型。例如,声明一个“int”类型的变量“ah”的 ActionScript 代码示例为:

```
var ah:int;
```

可以使用赋值运算符“=”为变量赋值。例如,声明一个变量“ah”并赋予值“500”的 ActionScript 代码示例为:

```
var ah:int;
ah = 500;
```

也可以在声明变量的同时为变量赋值,ActionScript 代码示例为:

```
var ah:int = 500;
```

在声明变量的同时为变量赋值的方法不仅在赋予基元值(如整数和字符串)时很常用,而且在创建数组或实例化类的实例时也很常用。声明一个数组并为其赋值的 ActionScript 代码示例为:

```
var numArray:Array = ["five","six","seven"];
```

也可以使用“new”运算符来创建类的实例。创建一个名为“goodha”的实例。并向名为“meal”的变量赋予对该实例的引用的 ActionScript 代码示例为:

```
var meal:goodha = new goodha();
```

如果要声明多个变量,则可以使用逗号分隔,从而在一行代码中声明所有这些变量。例如,在一行代码中声明 3 个变量的 ActionScript 代码示例为:

```
var a:int, b:int, c:int;
```

也可以在同一行代码中为其中每一个变量赋值。例如,声明 3 个变量(a、b、c)并为每个变量赋值的 ActionScript 代码示例为:

```
var a:int = 500, b:int = 600, c:int = 600;
```

11.3.4 运算符

在 Flash CS5 中,运算符是一种特殊的函数,具有一个或多个操作数并能返回相应的值,操作数是被运算符用作输入的值,通常是字面值、变量或表达式。例如,将加法运算符“+”和乘法运算符“*”与 3 个字面值操作数“1、2、3”结合使用来返回一个值,赋值运算符“=”随后使用该操作所返回的值“7”赋予变量“sumNumber”的 ActionScript 代码示例为:

```
var sumNumber: unit = 1 + 2 * 3;    //unit = 7
```

运算符可以是“一元”、“二元”和“三元”的。

“一元”运算符有一个操作数。例如,递增运算符“++”。

“二元”运算符有两个操作数。例如,除法运算符“/”。

“三元”运算符有三个操作数。例如,条件运算符“?:”。

有些运算符是重载的,这就意味着运算符的行为会因传递的操作数的类型或数量而异。例如,加法运算符“+”就是一个重载运算符,其行为因操作数的数据类型而异。如果两个操作数都是数字,则加法运算符会返回这些值的和。如果两个操作数都是字符串,则加法运算符会返回这两个操作数连接后的结果。

下面的示例代码说明运算符的行为如何因操作数而异。

```
trace(7 + 8);       //15
trace("7" + "8");   //15
```

运算符的行为还会因所提供的操作数的数量而异。减法运算符“-”既是“一元”运算符,又是“二元”运算符。对于减法运算符来说,如果只提供一个操作数,则该运算符会对操作数求反并返回结果;如果提供两个操作数,则减法运算符返回这两个操作数的差。下面示例说明首先将减法运算符用作“一元”运算符,然后再用作“二元”运算符。

```
trace(-9);      //-9
trace(8-6);     //2
```

11.3.5 条件语句

在 Flash CS5 中，ActionScript 3.0 提供了 3 个可用来控制程序流的基本条件语句，即“if…else”、“if…else if”和“switch”语句。

1. “if…else”语句

条件语句“if…else”用于测试一个条件，如果该条件存在，则执行一个代码块，否则执行替代代码块。例如，测试“y”的值是否超过“88”，如果是，则生成一个“trace()”函数，否则生成另一个“trace()”函数，ActionScript 代码示例为：

```
if (y > 88)
{
        trace("y is > 88");
}
else
{
        trace("y is < 88");
}
```

如果不想执行替代代码块，可以仅使用“if”语句，而不用“else”语句。

2. “if…else if”语句

条件语句“if…else if”语句用来测试多个条件。例如，测试“y”的值是否超过“88”，而且还测试“y”的值是否为负数的 ActionScript 代码示例为：

```
if (y > 88)
{
        trace("y is > 88");
}
else if (y < 0)
{
        trace("y is < negative");
}
```

如果“if”或“else”语句后面只有一条语句，则无需用大括号括起后面的语句。例如，不使用大括号的 ActionScript 代码示例为：

```
if (y > 88)
        trace("y is positive");
else if (y < 0)
        trace("y is negative");
else
        trace("y is 0");
```

3. “switch”语句

如果多个执行路径依赖于同一个条件表达式，使用“switch”语句会非常有用。其功能近乎于“if…else if”语句，但“switch”语句更便于阅读。“switch”语句不是对条件进行测试

以获得布尔值，而是对表达式进行求值，并使用计算结果来确定要执行的代码块，代码块以"case"语句开头，以"break"语句结尾。例如，"switch"语句基于由"Data. getDay()"方法返回的日期值输出星期日期的ActionScript代码示例为：

```
var  someDate:Date = new Date();
var  dayNum:uint = someDate.getDay();
switch(dayNum)
{
   case 1:
       trace("Monday");
       break;
   case 2:
       trace("Tuesday");
       break;
   case 3:
       trace("Wednesday");
       break;
   case 4:
       trace("Thursday");
       break;
   case 5:
       trace("Friday");
       break;
   case 6:
       trace("Saturday");
       break;
   case 7:
       trace("Sunday");
       break;
   default:
       trace("Out of range");
       break;
}
```

11.3.6 循环语句

在Flash CS5中，循环语句允许使用一系列值或变量来反复执行一个特定的代码块。在ActionScript 3.0中提供了5个可用来控制程序流的基本循环语句，即"for"、"for…in"、"for each…in"、"while"和"do…while"语句。

1. "for"语句

"for"循环语句用于循环访问某个变量，以获得特定范围的值。必须在"for"语句中提供以下3种表达式。

- 一个设置了初始值的变量。
- 一个用于确定循环何时结束的条件语句。
- 一个在每次循环中都更改变量值的表达式。

例如，代码循环5次。变量"a"的值从10开始到15结束，输出结果为从10到15的6个数字，每个数字各占一行的ActionScript代码示例为：

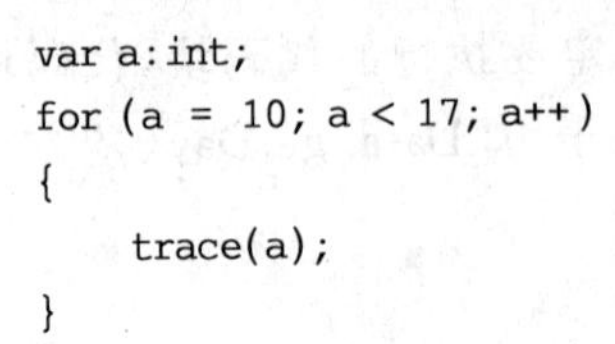

```
var a:int;
for (a = 10; a < 17; a++)
{
    trace(a);
}
```

2. “for…in”语句

“for…in”循环语句用于循环访问对象属性和数组元素。例如，可以使用“for…in”循环语句来循环访问通用对象的属性，即不按任何特定的顺序来保存对象的属性，因此，属性可能以看似随意的顺序出现，ActionScript 代码示例为：

```
var myObj:Object = {x:20,y:30};
for (var i:String in myObj)
{
    trace(i + ":" + myObj[ i]);
}
//输出;
//x:20
//y:30
```

还可以循环访问数组中的元素的代码示例为：

```
var myArray:Array = ["one","two","three"];
for (var i:String in myArray)
{
    trace(myArray [ i]);
}
//输出;
//one
//two
//three
```

3. “for each…in”语句

“for each…in”循环语句用于循环访问集合中的项目，可以是“XML”或“XMLList”对象中的标签、对象属性保存的值或数组元素。可以使用“for each…in”循环语句来循环访问通用对象的属性，但是与“for…in”循环语句不同的是，“for each…in”循环语句中的迭代变量包含属性所保存的值，而不包含属性的名称。ActionScript 代码示例为：

```
var myObj:Object = {x:20,y:30};
for (var num in myObj)
{
    trace(num);
}
//输出;
//x:20
//y:30
```

还可以循环访问“XML”或“XMLList”对象，ActionScript 代码示例为：

```
var myXML:XML = <users>
```

```
                    <fname>a<<fname>
                    <fname>b<<fname>
                    <fname>c<<fname>
                </users>;
for each (var item in myXML.fname)
{
    trace(item);
}
/*输出;
a
b
c
*/
```

还可以循环访问数组中的元素，ActionScript代码示例为：

```
var myArray:Array = ["one","two","three"];
for each (var item in myArray)
{
    trace(item);
}
//输出;
//one
//two
//three
```

如果对象是密封类的实例，则无法循环访问该对象的属性。即使对于动态类的实例，也无法循环访问任何固定属性。

4．"while"语句

"while"循环语句与"if"语句相似，只要条件为"true"，就会反复执行。下面的代码与"for"循环语句示例生成的输出结果相同。ActionScript代码示例为：

```
var s:int = 12;
while (s < 17)
{
    trace(s);
    s++;
}
```

这个实例中的"while"循环语句中容易出现无限循环。如果省略了用来递增计数的变量的表达式，则"for"循环实例代码将无法编辑，而"while"循环示例代码却仍然能够编译。

5．"do…while"语句

"do…while"循环语句是一种"while"循环。"do…while"循环语句保证至少执行一次代码块，这是因为在执行代码块后才会检查条件。下面的代码显示了"do…while"循环语句的一个简单示例，即使条件不满足，该示例也会产生输出结果。ActionScript代码示例为：

```
var s:int = 5;
do
{
```

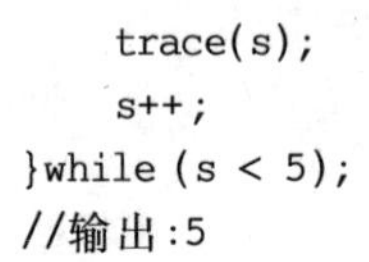

```
    trace(s);
    s++;
}while (s < 5);
//输出:5
```

11.3.7 函数

函数是通过引用名称执行任务的一组语句。使用函数可以完成相同的功能,而不必重复地输入相同的脚本。

在 ActionScript 中有两类函数,即“方法”和“函数闭包”。将函数称为“方法”还是“函数闭包”取决于定义函数的上下文。如果将函数定义为类定义的一部分或者将它附加到对象的实例,则该函数称为“方法”。如果以其他任何方式定义函数,则该函数称为“函数闭包”。

可以通过两种方法来定义函数:使用函数语句和使用函数表达式。可以根据自己的编程风格来选择相应方法。如果倾向于采用静态或严格模式的编程,则应使用函数语句来定义函数;如果有特定的需求,需要用函数表达式来定义函数。函数表达式更多地用在动态编程或标准模式编程中。

1. 函数语句

函数语句是在严格模式下定义函数的首选方法。函数语句以“function”关键字开头,在其后可以接以下 3 种类型。

- 函数名。
- 用小括号括起来的逗号分隔参数列表。
- 用大括号括起来的函数体,即在调用函数时要执行的 ActionScript 代码。

下面的代码用于创建定义一个参数的函数,然后将字符串“hello”用作参数来调用该函数,ActionScript 代码示例为:

```
function traceParameter(aParam:String)
{
     trace(aParam);
}
traceParameter("hello");     //hello
```

2. 函数表达式

声明函数的第二种方法就是结合使用赋值语句和函数表达式,函数表达式有时也成为函数字面值或匿名函数。这是一种较为繁杂的方法,在早期的 ActionScript 版本中使用较多。带有函数表达式的赋值语句以“var”关键字开头,在其后可以跟以下 7 种类型。

- 函数名。
- 冒号运算符“:”。
- 指示数据类型的“Function”类。
- 赋值运算符“=”。
- “function”关键字。
- 用小括号括起来的逗号分隔参数列表。
- 用大括号括起来的函数体,即在调用函数时要执行的 ActionScript 代码。

下面的代码使用函数表达式来声明“traceParameter”函数,ActionScript 代码示例为:

```
var traceParameter: function = function(aParam:String)
{
    trace(aParam);
}
traceParameter("hello");    //hello
```

函数表达式和函数语句的另一个重要区别是,函数表达式是表达式,而不是语句。这意味着函数表达式不能独立存在,而函数语句则可以。函数表达式只能作为语句(通常是赋值语句)的一部分。一个赋值数组元素的函数表达式的 ActionScript 代码示例为:

```
var traceArray: Array = new Array();
traceArray[0] = function(aParam:String)
{
    trace(aParam);
}
traceArray[0];("hello");
```

除非在特殊情况下要求使用函数表达式,否则应尽量使用函数语句。函数语句较为简洁,而且与函数表达式相比,更有助于保持严格模式和标准模式的一致性,而且函数语句比包含函数表达式的赋值语句更便于阅读。与函数表达式相比,函数语句使代码更为简洁,而且不容易引起混淆。

如果对于程序代码或脚本文件不是很熟悉,ActionScript 代码也是不容易理解的。如果理解了基本的语法,即语言的编写规则和标点用法,学起来就容易多了。

(1) 一行代码末尾的分号告诉 ActionScript,此行代码已经结束,要转到下一行。

(2) 每个开括号必须对应一个闭括号,对于中括号和大括号也是如此。

(3) 点运算符提供了一种访问对象属性和方法的途径。输入实例名,再输入一个点,然后是属性或者方法名。

(4) 无论何时,只要输入字符串或文件名,就必须使用引号。

(5) 可以添加注释提示,而这些注释 ActionScript 是不能识别的。为单行代码添加注释时,使用双反斜杠"//"作为开始;为多行进行注释时,则以"/*"开始,"*/"结束。

当在"动作"面板中输入 ActionScript 中一些有特定意义的关键词和语句时,这些词会显示为蓝色;输入没有保留在 ActionScript 中的那些词时,如变量名,会显示为黑色;字符串显示为蓝白色;ActionScript 忽略的注释会显示为黑色。

在使用"动作"面板时,Flash 能识别出输入的动作并显示出一个代码提示。代码提示有两种类型:一种是包含完整动作语法的工具提示;另一种是列出可能的 ActionScript 元素的弹出菜单。

如果需要检查正在编写的语法,可以单击"自动套用格式"图标,或者单击"语法检查"图标。语法错误会列在编译器错误面板中。

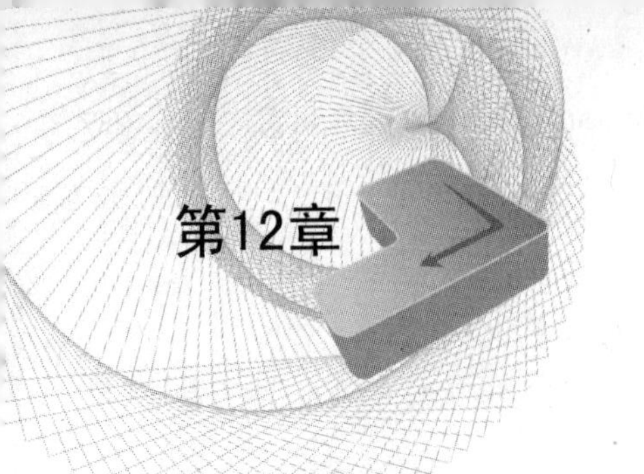

chapter 12

认 识 组 件

通过 Flash CS5 组件的强大交互功能可以创建如复选框、提交按钮、单选按钮和下拉列表等交互界面元素。本章主要讲述 Flash CS5 组件的种类、应用方法和具体操作等。通过具体的操作练习使我们对组件的应用有更深的理解。

12.1 认识组件

在 Flash CS5 中，组件是带有参数的影片剪辑，参数可以用来修改组件的外观和行为。组件可以提供很多功能，也可以是简单的用户界面控件。“组件”面板中除了原有的“User Interface”组件外，还增加了“Video(视频组件)”，如图 12-1 所示。这些组件的应用为开发数据库和多媒体应用提供了强有力的支持。

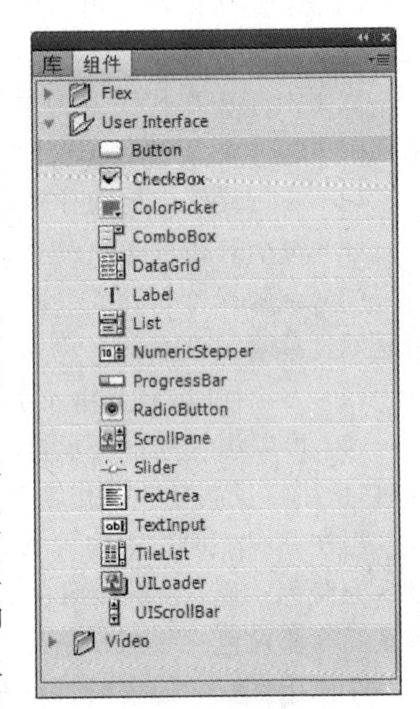

图 12-1

每个组件都有预定定义的参数设置，可以在创作时设置参数，每个组件都有一组独特的 ActionScript 方法、属性和事件，可以在运行时设置参数和其他选项。

在 Flash CS5 中，添加组件可以使用“组件”面板将组件添加到影片中，然后使用“属性”面板或“组件”参数面板指定基本参数，使用动作脚本来控制该组件，另外还可以使用“组件”面板将组件添加至影片中，接着使用“属性”面板、动作脚本方法来指定参数，通过在影片运行时执行相应的动作脚本来添加并设置组件。

12.2 组件基础知识

在 Flash CS5 中，常用的用户界面组件包括按钮(Button)、复选框(CheckBox)、下拉菜单(ComboBox)、文本标签(Label)、列表(List)、数字输入框(NumericStepper)、加载进程(ProgressBar)、单选按钮(RadioButton)、滚动窗格(ScrollPane)、文本域(TextArea)、输入文本框(TextInput)。

12.2.1 按钮(Button)

在 Flash CS5 中,按钮组件的功能和参数设置比较简单。按钮组件是一个可调整大小的矩形用户界面按钮。在单击“切换”按钮后它将保持按下状态,再次单击即可返回弹起状态。

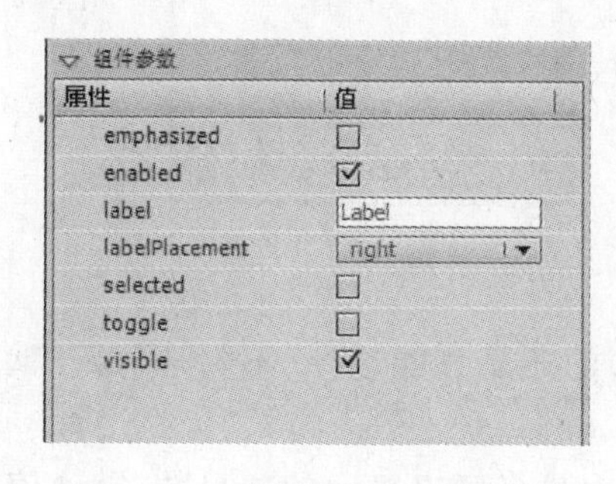

图 12-2

按钮是任何表单或 Web 应用程序的一个基础部分,每当启动一个事件时,都可以使用按钮。

在“属性”面板的“组件参数”选项卡中对其进行设置,如图 12-2 所示。

在 Flash CS5 中,按钮组件常用参数如下。

“label”:用来设置按钮上显示的文本值。

“toggle”:用来将按钮变为切换开关,如果勾选此项,该参数指定按钮是处于按下状态的,如果不勾选,则表示该参数指定按钮是处于释放状态的。

“labelPlacement”:用来确定按钮上的标签文本相对于图标的方向。参数可以为“left”、“right”、“top”和“bottom”,默认值为“right”。

12.2.2 复选框(CheckBox)

复选框是表单中最常见的一部分,是可以选中或取消选中的方框。在 Flash CS5 中,可以为复选框添加文本标签,也可以将它放在左侧、右侧、顶部或底部。

直接在“属性”面板的“参数”选项卡中可以对其进行设置,如图 12-3 所示。

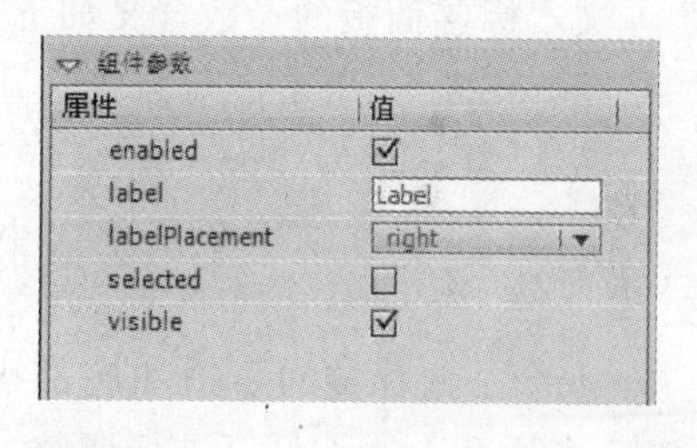

图 12-3

复选框的常用参数的含义如下。

“label”:用来设置复选框上文本的值。

“labelPlacement”:用来确定复选框上标签文本的方向。参数可以是“left”、“right”、“top”、和“bottom”,默认值为“right”。

“selected”:用来选中(true)或取消(false)复选框的初始值。

12.2.3 下拉菜单(ComboBox)

在 Flash CS5 中,下拉菜单的使用是将所有的选择放置在同一个列表中,如果不单击下拉菜单,就会自动收起来,同时也节省了空间。

直接在“属性”面板的“参数”选项卡中可以对其进行设置,如图 12-4 所示。

主要参数的含义如下。

“dataProvider”:用来将数据值与下拉列表组件中的每个项目相关联,该数据参数是一个数组。单击 图标,会弹出如图 12-5 所示的设置参数的对话框。

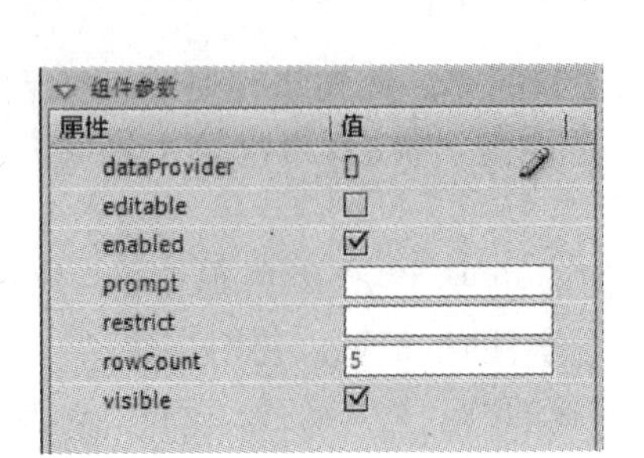

图 12-4

图 12-5

“editable”：用来确定下拉列表组件是可编辑（勾选）的还是只能选择（不勾选）的。默认值为不勾选状态。

“rowCount”：用来设置在不使用滚动条的情况下一次最多可以显示的项目数，默认值为 5 行。如果超出 5 行，则会出现滚动条。

12.2.4 文本标签(Label)

在 Flash CS5 中，一个文本标签组件就是一行文本，使用文本标签组件可以为表单的另一个组件创建文本标签。

直接在“属性”面板的“参数”选项卡中可以对其进行设置，如图 12-6 所示。

图 12-6

文本标签面板的参数含义如下。

“autoSize”：用来指明标签大小和对齐方式应如何适应文本，默认值为“none”。

“none”：此标签不会调整大小或对齐方式来适应文本。

“left”：此标签的右边和底部可以调整大小以适应文本，左边和上边不可以进行调整。

“center”：此标签的底部可以调整大小以适应文本，标签的水平中心锚定在原始水平中心位置上。

“right”：此标签左边和底部可以调整大小以适应文本，右边和上边不可以进行调整。

“htmlText”：用来指明文本标签的显示文本。

“text”：用来指明标签文本，默认值为“Label”，可以更改为其他显示文本。

12.2.5 列表(List)

与下拉列表相似，不过下拉列表一开始就显示一行，而列表则显示多行。列表是一个可滚动的单选或多选列表框，也可以显示图形。列表中可以包括其他组件。

在使用列表和属性添加、删除或替换列表项时，可能需要制定该列表项的索引。

直接在“属性”面板的“参数”选项卡中可以对其进行设置，如图 12-7 所示。

主要参数的含义如下。

“dataProvider”：用来填充列表数据的数值。默认值为[]（空数组），单击图标，会弹出如图 12-8 所示的数据框。

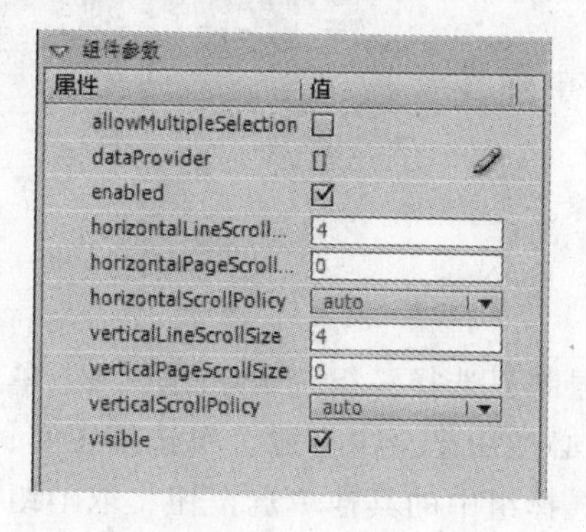

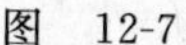
图 12-7

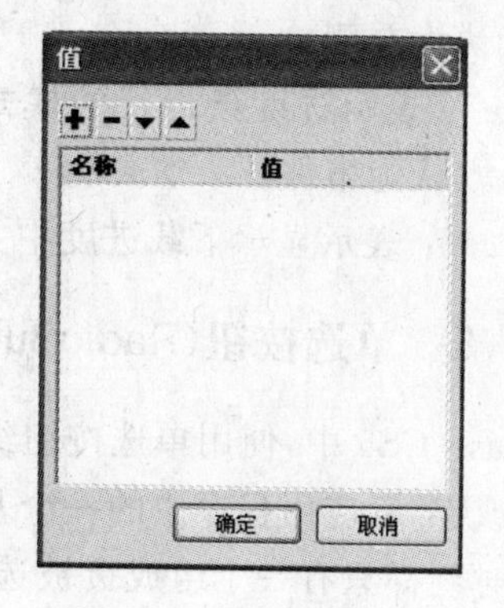

图 12-8

“horizontalScrollPolicy”：用来在下拉列表中进行选择，选择“on”选项表示底部出现左右方向的滚动条，选择“off”选项表示默认状态，选择“auto”选项表示无滚动条。

12.2.6 数字输入框(NumericStepper)

用户可以通过数字输入框组件逐个输入一组经过排序的数字，由显示在上下箭头按钮旁边的数字组成，单击这些按钮时数字将逐渐增大或减小。当单击其中任意一个箭头按钮时，数字将根据“stepSize”设置的参数值增大或减小，直到松开按钮或达到最大/最小值位置为止。

此组件用来处理数值数据。

直接在“属性”面板的“参数”选项卡中可以对其进行设置，如图 12-9 所示。

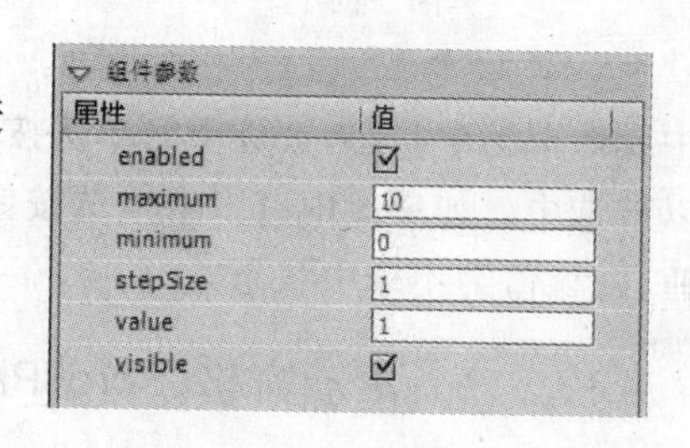

图 12-9

主要参数的含义如下。

“maximum”：用来设置步进最大值，默认值为 10。

“minimum”：用来设置步进最小值，默认值为 0。

“stepSize”：用来设置步进的变化单位，默认值为 1。

“value”：用来设置当前步进的值，默认值为 1。

12.2.7 加载进程(ProgressBar)

用户在等待加载内容时加载进程组件会显示加载进程。可以是确定的也可以是不确定的，确定情况是指一段时间内进程过程的线性表示，在需要载入的内容已知时可以使用，不确定情况的进程条在不知道要加载的内容时使用。

加载进程组件中有好几种模式，可以使用模式参数来设置模式，常用模式为“事件”、“轮询”。两种模式可以使用“source”参数来指定一个加载进程，该进程发出“progress”和“complete”事件（时间模式）或公开“getBytesTotal”方法（轮询模式）。

直接在“属性”面板的“参数”选项卡中可以对其进行设置，如图 12-10 所示。

其面板中主要参数含义如下。

“direction”：表示进度条填充的方向。可以是右侧或左侧，默认为右侧。

“mode”：表示进度条运行的模式，可以是事件、轮询或手动，默认为事件。

“source”：表示显示下载进度中文件的来源。

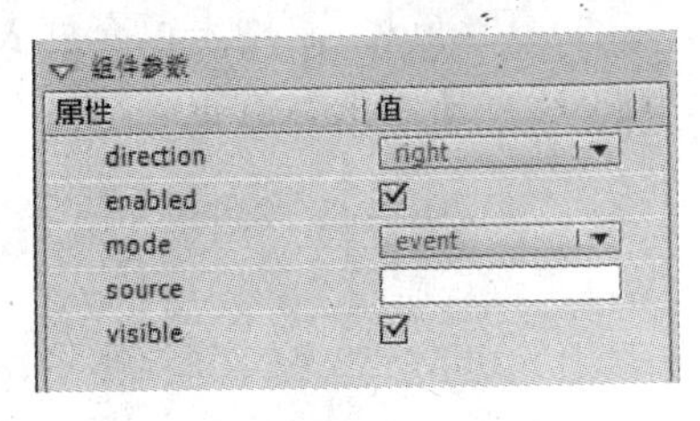

图 12-10

12.2.8 单选按钮(RadioButton)

在 Flash CS5 中，使用单选按钮组件可以强制只选择一组选项中的一项。单选按钮是任何表单或 Web 应用程序中的一个基础部分，必须用于至少有两个单选按钮实例的组，在任何给定时刻都只有一个组成员被选中，然后选择组中的其他单选按钮将取消组内当前选定的单选按钮。

直接在“属性”面板的“参数”选项卡中可以对其进行设置，如图 12-11 所示。

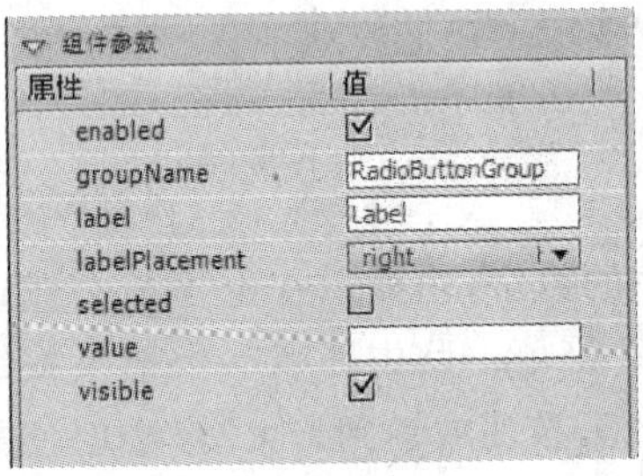

▽ 组件参数

属性	值
enabled	☑
groupName	RadioButtonGroup
label	Label
labelPlacement	right
selected	☐
value	
visible	☑

图 12-11

其面板主要参数含义如下。

“groupName”：用来确定该单选按钮属于哪个组，同一组内的单选按钮中只能有一个被选中。

“label”：用来设置按钮上显示的文本，默认值为“Label”。

“labelPlacemcnt”：用来确定按钮上标签文本的方向。该参数可以是“left”、“right”、“top”或“bottom”，默认值为“right”。

“selected”：用来将单选按钮的初始值设置为被选中或取消选中状态，被选中的单选按钮会显示为一个圆点。一个组内只有一个单选按钮可以被选中。如果组内有多个单选按钮被设置为被选中状态，则会选中最后实例化的单选按钮，默认值为不选中状态。

12.2.9 滚动窗格(ScrollPane)

滚动窗格组件可以用来生成一个带滚动条的图片显示窗口，通过调节滑块来改变图片位置。

直接在“属性”面板的“参数”选项卡中可以对其进行设置，如图 12-12 所示。

其面板中具体参数含义如下。

“scrollDrag”：是一个布尔值，即选中或不选中，用户在滚动窗格中滚动内容，即直接用鼠标拖动图片来显示。默认值为不选中状态。

图 12-12

12.2.10 文本域(TextArea)

文本域组件相当于将 ActionScript 中的“TextField”

对象进行换行。可以使用样式自定义文本域组件，当实例被禁用时，其内容以"disablesColor"样式所指示的颜色显示。也可以采用HTML格式，或者作为掩饰文本的密码字段。

直接在"属性"面板的"参数"选项卡中可以对其进行设置，如图12-13所示。

其面板主要参数含义如下。

"editable"：用来指明文本域组件是选中或不选中状态，默认值为选中状态。

"htmlText"：指明组件所显示的文本。

"text"：用来指明可以在里面输入的文本内容。

"wordWrap"：用来指明文本选中或不选中状态来自动换行，默认值为勾选状态。

12.2.11 输入文本框(TextInput)

在任何需要输入单行文本字段的地方都可以使用输入文本框组件。该组件生成的文本框可以在制作完成这个程序后，向其中输入文字。

直接在"属性"面板的"参数"选项卡中可以对其进行设置，如图12-14所示。

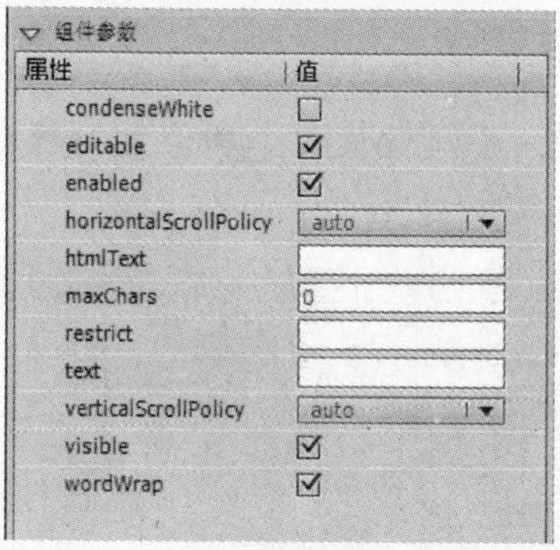

图 12-13

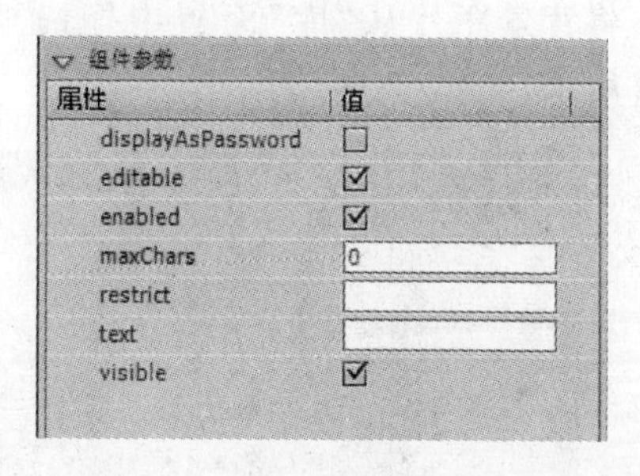

图 12-14

其面板中主要参数的含义如下。

"editable"：用来指明输入文本框组件是选中或不选中状态，默认值为选中状态。

"text"：用来指定输入文本框中的内容，不能输入回车键，默认值为""(空字符串)。

12.3 添加文本组件

文本组件在做文本特效动画时会经常用到。本节将讲述文本组件的使用以及常见参数的修改。

12.3.1 将组件拖拽至舞台上

在Flash CS5中，所有组件都存储于"组件"面板中，添加文本组件需要把"TextArea"组件拖拽至舞台上，然后Flash会自动添加"TextArea"组件、"UIScrollBar"组件和一个组件资源文件夹到"库"面板中。

(1) 执行"文件"/"导入"/"导入到库"命令，将一幅背景图片导入到"库"面板中，如

图 12-15 所示。

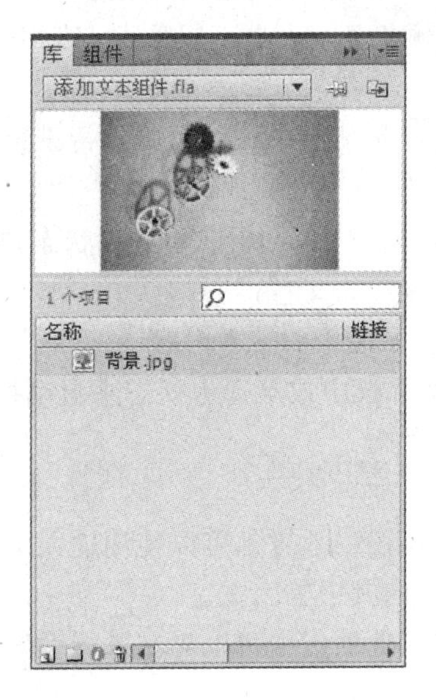

图 12-15

(2) 将背景图片从"库"面板中拖拽至舞台上,并调整其大小和位置与舞台对齐,如图 12-16 所示。

图 12-16

(3) 选择工具箱中的"文本"工具 T ,在舞台中单击并输入文本作为标题,如图 12-17 所示。

(4) 执行"窗口"/"组件"命令,打开"组件"面板,选择"User Interface"文件夹中的"TextArea"组件,如图 12-18 所示。

(5) 将"TextArea"组件拖拽至舞台上,此时,"库"面板中同时会增加一个"TextArea"

图 12-17

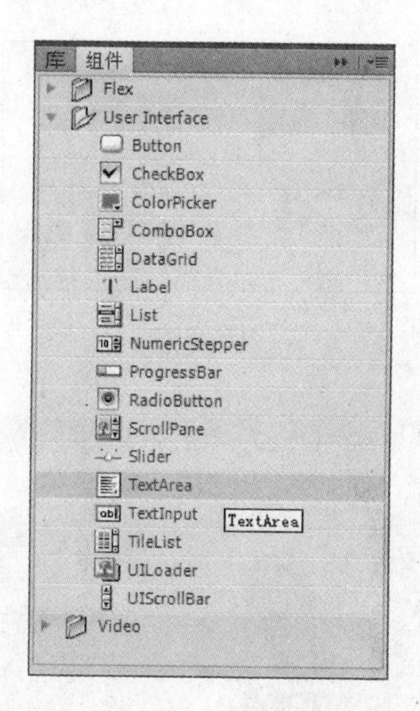

图 12-18

组件。如果文本框中没有太多的文本，“UIScrollBar”组件也将出现，组件资源文件夹可以运行任何组件，如图 12-19 所示。

12.3.2 在组件中插入文本

(1) 在“TextArea”组件的“属性”面板中设置宽为 170、高为 220、X 值为 350，Y 值为 120，于是文本框会出现在标题正下方。然后在“色彩效果”选项中选择“Alpha”，调整数值为 60%，如图 12-20 和图 12-21 所示。

图 12-19

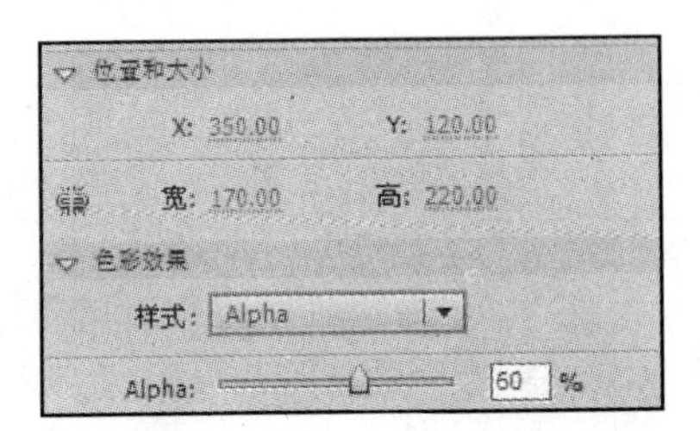

图 12-20

图 12-21

（2）在图 12-21 中，可以看到，文本框的颜色还是白色，但测试影片时，会显示为半透明。然后打开“属性”面板，选择“text”参数，在其中输入文字介绍，如图 12-22 所示。

（3）执行“控制”/“测试影片”命令，快捷键为 Ctrl＋Enter。此时，文本就出现了，而且旁边还出现了滚动条。单击文本，然后就可以编辑文本了，如图 12-23 所示。

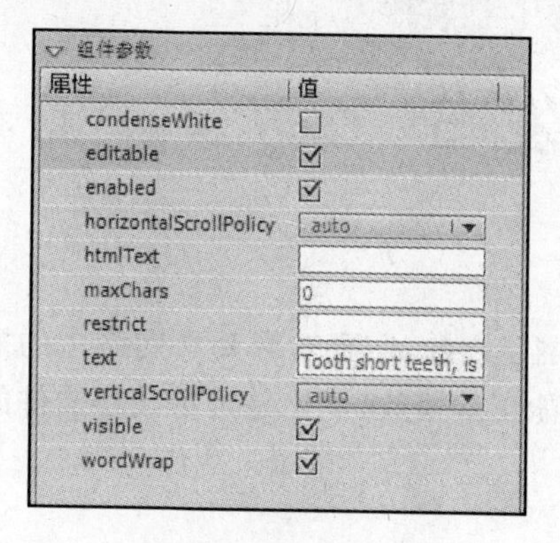

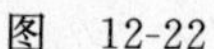
图 12-22

图 12-23

12.3.3 修改组件参数

（1）在舞台中选择“TextArea”组件，在其“属性”面板中设置参数“editable”为不勾选状态，使文本不再是可编辑的。然后设置参数“verticalScrollPolicy”，选择“off”，如图 12-24 所示。

（2）执行“控制”/“测试影片”命令，快捷键为 Ctrl＋Enter。可以看到滚动条已经没有了，而且文本不再是可编辑的了，如图 12-25 所示。

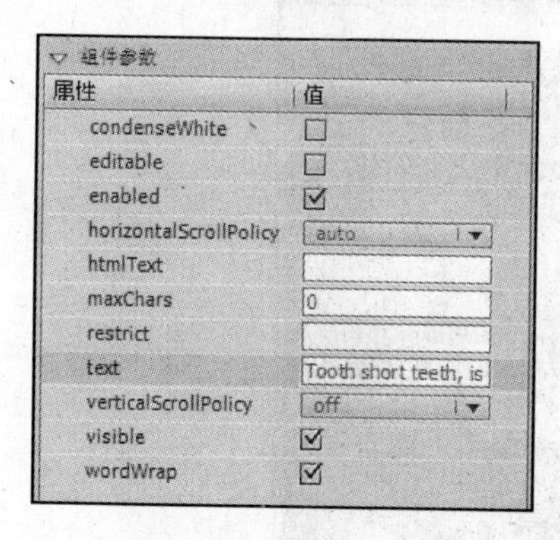

图 12-24

图 12-25

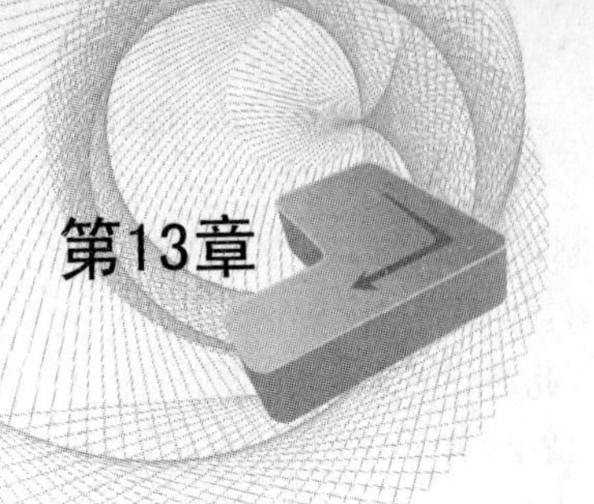

chapter 13

影片测试与发布

在完成了一个 Flash 影片的制作后，将其上传至网络之前，需要对影片在网络中的播放情况进行模拟测试和优化，测试是为了检查影片是否能正常播放，优化是为了减小文件的大小，从而加快影片的下载速度。

13.1 影片的测试

在 Flash CS5 中，为了测试影片下载中可能出现的故障和确保所有部分都能按期望方式运行，就需要测试影片，而且需要早测试、频繁测试。

(1) 测试影片的方法是首先打开一个已经编辑完毕的 Flash 影片，执行"控制"/"测试影片"命令，快捷键为 Ctrl＋Enter。这个命令会创建一个 SWF 文件用于播放影片，它不会创建 HTML 或其他格式的用于网站或 DVD 播放的文件，如图 13-1 所示。

图 13-1

(2) 在打开的测试播放窗口中选择"视图"/"宽带设置"命令，从中可以看到影片在浏览器下载时数据传输的情况，在图像中交错的块状图形，代表一个帧中所含数据量的大小，块状图形面积越大，该帧中的数据量就越大。如果块状图形高于图表中的红色水平线，影片在浏览器中下载时就会需要较长时间，如图 13-2 所示。

图 13-2

(3) 执行"视图"/"下载设置"命令,可以看见在打开的子菜单中可以选择下载速度来确定 Flash 模拟的数据流速率,如图 13-3 所示。

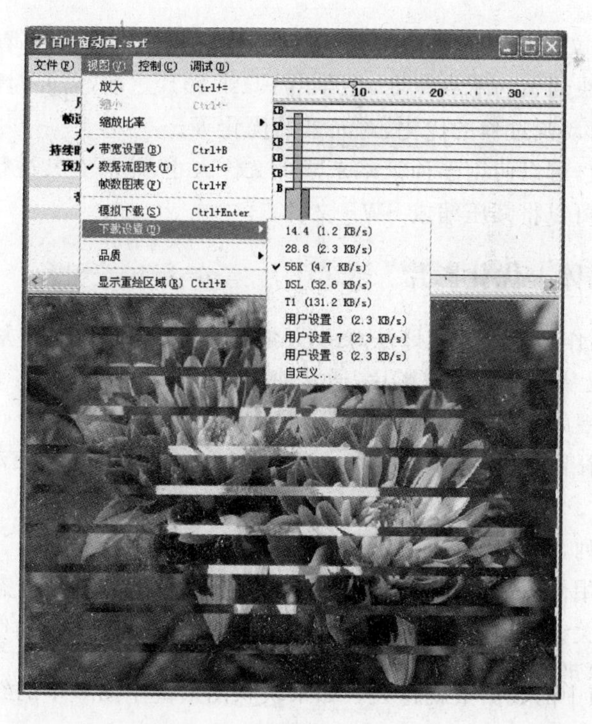

图 13-3

(4) 当需要自定义一个下载速度时，可以执行“视图”/“下载设置”/“自定义”命令，在打开的“自定义下载设置”对话框中可以根据实际情况做自定义的模拟设置，如图 13-4 所示。

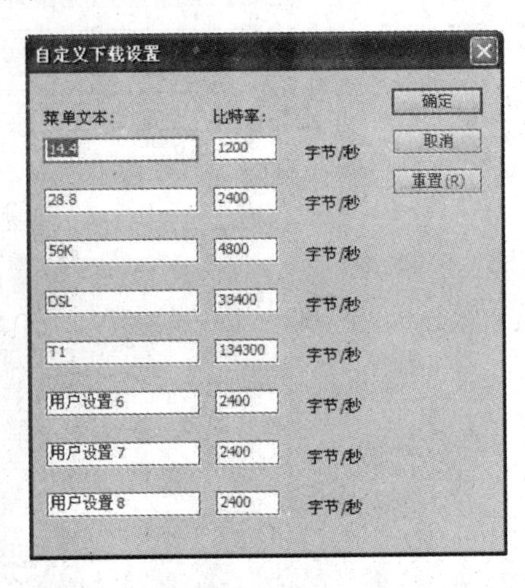

图 13-4

(5) 执行“视图”/“模拟下载”命令，可以看到在播放进度条中会显示一个绿色的进度条表明动画的下载情况。如果它一直领先于播放磁头的前进速度，则表明动画可以被顺利下载并播放。最后关闭测试窗口，返回至 Flash 动画的制作场景中，即可完成测试。

13.2 影片的优化

随着 Flash 影片文件大小的增加，它的下载速度和回放时间也会增加，为了减少 Flash 影片的所占空间，加快动画的下载速度，在导出 Flash 影片之前，需要对影片文件进行优化。优化影片主要包括对动画过程的优化、对元素的优化等。

在导出影片之前，可以使用多种策略来减少文件大小，从而对其进行进一步的优化。在影片发布的时候，也可以将其压缩成 SWF 文件。

13.2.1 从总体上优化影片

在 Flash 影片制作的过程中应该注意对动画的优化。这样会在影片制作过程中就能减小影片的大小。所以从整体上优化影片，通常使用以下方法：

- 对于多次出现的元素，尽可能使用元件、动画或者其他对象。
- 尽量多使用补间动画，少用逐帧动画。因为补间动画与逐帧动画相比，占用空间较少。
- 对于动画序列，要使用影片剪辑，而不使用图形元件。
- 尽量避免使用位图制作动画，可以使用位图制作背景或其他静态元素。
- 限制在每个关键帧中改变的区域，在尽可能小的区域中执行动作。
- 对于声音，尽可能使用数据量小的声音格式，如 MP3。

13.2.2 优化影片中的元素

在制作 Flash 影片过程中,还应该注意对动画元素的优化。对于元素的优化主要包含对线条、文本、颜色和动作脚本等的优化。

(1) 优化影片中的元素和线条可以通过以下几种方法。

- 尽量使用组合元素。
- 使用层把随动画过程中改变的元素和不随动画过程中改变的元素分开。
- 执行"修改"/"形状"/"优化"命令,尽量减少用于描述形状的分隔线条的数量。
- 尽量限制特殊线条的数量。例如,虚线、点状线、锯齿状线条等。实线所需内存较少,铅笔工具生成的线条比画笔工具生成的线条所需内存要小。

(2) 优化影片中的文本可以通过以下几种方法。

- 在同一个影片中,使用的字体尽量少,字号尽量小。
- 嵌入字体最好少用,因为他们会增加影片的大小。
- 对于"嵌入字体"选项,只选中需要的字符,不要包括所有字符。

(3) 优化影片中的颜色可以通过以下几种方法。

- 使用"属性"面板,将对由一个元件创建出的多个实例的颜色进行不同的设置。
- 选择色彩时,尽量使用颜色样本中给出的颜色,因为这些颜色属于网络安全色。
- 尽量减少 Alpha 的使用,因为它会增加影片的大小。
- 尽量减少渐变色的使用,因为使用渐变色填充区域比使用纯色填充大概多需要 50 个字节。

(4) 优化影片中的动作脚本可以通过以下方法。

- 在"发布设置"选项卡中选择"忽略 trace 操作",从而在发布影片时不使用 trace 动作。
- 尽量多使用本地变量。
- 把经常使用的脚本操作定义为函数。

13.3 影片的发布设置

在 Flash CS5 中,将制作好的影片通过测试、优化和导出后,可以利用发布命令将制作的 Flash 影片文件进行发布,以便于影片的推广和传播。可以同样用多种格式导出 FLA 文件。导出 FLA 文件的方法类似于使用其他文件格式发布 FLA 文件,但每种文件格式的设置不存储于 FLA 文件中。

13.3.1 预览与发布设置

在 Flash CS5 中,影片制作完成后可以通过发布命令发布作品,从而将影片传递给观众。默认情况下,发布命令可以创建 Flash SWF 文件,并将 Flash 影片插入浏览器窗口中的 HTML 文档,同时也可以通过 GIF、JPEG、PNG、QuickTime 格式来发布 FLA 文件,以及在浏览器窗口中显示影片动画和交互画面。当以其他格式发布 FLA 文件时,每种文件格式的设置都会存储于该 FLA 文档中。

当影片制作完成后，执行"文件"/"发布设置"命令，快捷键为 Ctrl＋Shift＋F12。打开"发布设置"对话框。通过对该对话框的设置，可以将制作完成后的影片输出成多种格式的应用文件。

如图 13-5 所示，输出格式包括：SWF 格式、HTML 格式、GIF 格式、JPEG 格式、PNG 格式、MOV 格式等。在默认情况下，该对话框中包含 3 个默认选项卡，即"格式"、"Flash"和"HTML"。如果需要发布其他格式，可以通过勾选其他对应格式前的复选框即可。

如图 13-5 所示，单击 使用默认名称 按钮可以在 Flash CS5 发布文件时使用默认的文件名。

13.3.2 Flash发布格式

在执行"文件"/"发布设置"命令，打开"发布设置"对话框后，单击"Flash"选项卡，可以对 Flash 的发布格式进行设置，如图 13-6 所示。

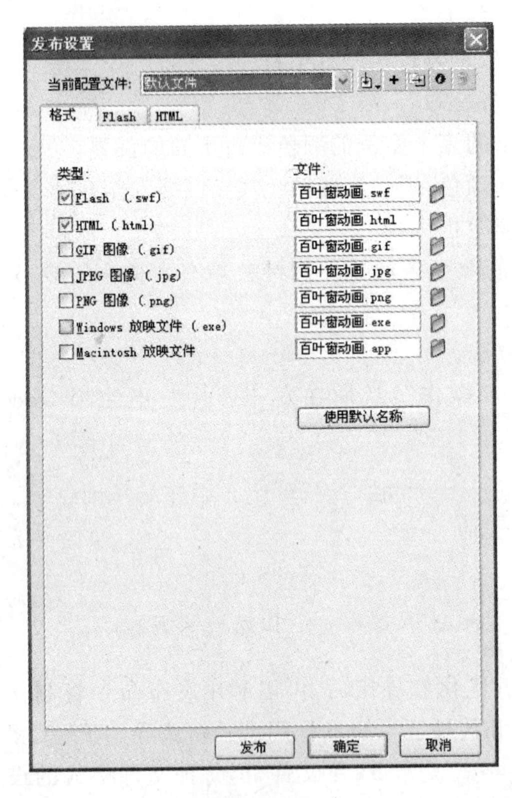

图 13-5

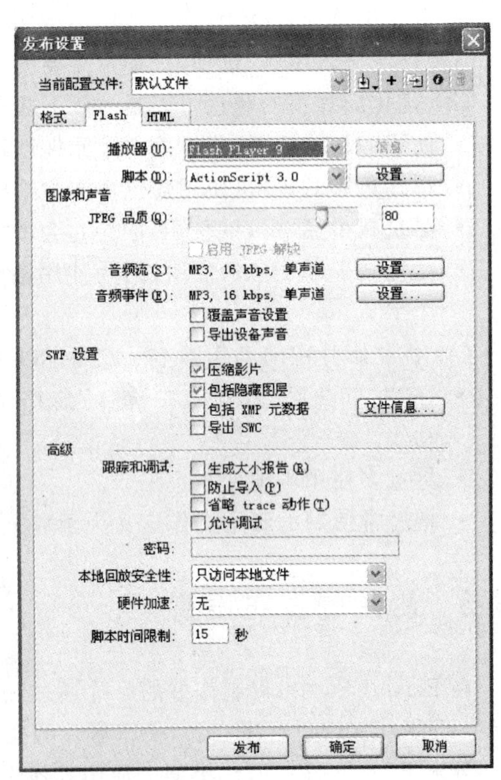

图 13-6

"Flash"选项卡中各选项的说明如下。

"版本"：在其下拉列表中可以选择一种播放器版本，如图 13-7 所示，从 Flash 1 到 Flash 9 一共 9 种播放器。Flash CS5 可以对 9 个版本的播放器进行浏览。

"ActionScript 版本"：在其下拉列表中可以选择 ActionScript 版本，如图 13-8 所示。单击"设置"按钮，可以在弹出的对话框中针对每种不同版本的语言进行设置，如图 13-9 所示。

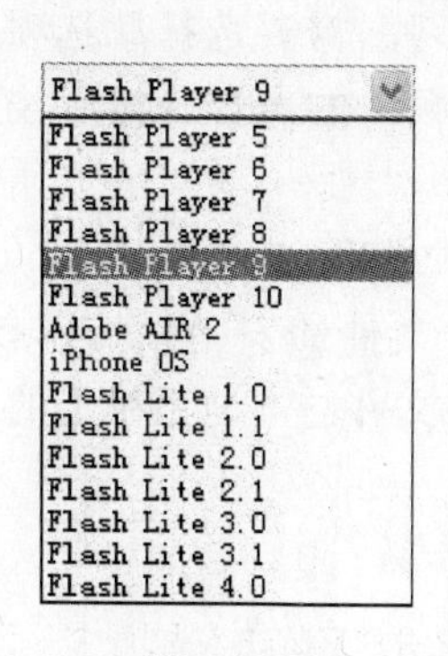

图 13-7

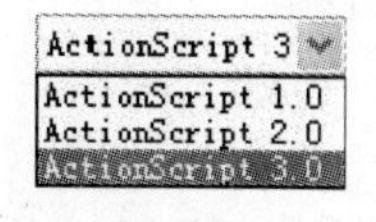

图 13-8

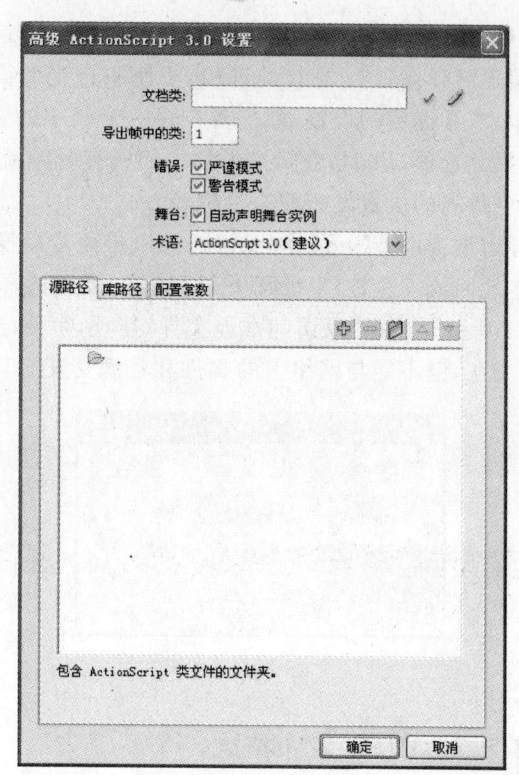

图 13-9

"生成大小报告":选择此选项,最终影片会生成一个报告,按文件列出最终 Flash 内容中的数据量。

"防止导入":选择此选项,可以防止其他作品导入影片,用于保护 Flash SWF 文件。

"省略 trace 动作":选择此选项,可以忽略当前影片的跟踪动作,来自跟踪动作的信息不会显示在"输出"窗口中。

"允许调试":选择此选项,可以激活调试器,并允许远程调试影片。

"压缩影片":选择此选项,可以压缩 SWF 文件来减小文件大小和缩短下载时间,当文档包含大量文本或 ActionScript 脚本时,推荐使用此选项,经过压缩的文件只能在 Flash Player 或更高版本中播放。

"导出隐藏层":选择此选项,可以导出 Flash 文档中所有隐藏的图层。

"导出 SWC":选择此选项,可以导出".swc 文件",该文件用于分发组件。

"密码":当选择"允许调试"命令后,可以在"密码"文本框中输入密码,防止未授权用户调试影片。因为当添加密码后,其他用户必须输入该密码才能调试或导入 SWF 文件。

"脚本时间限制":用来设置脚本的运行时间。

"JPEG 品质":如果要控制位图品质,可调整"JPEG 品质"滑块或输入数值,图像品质越低,则生成的文件就越小;图像品质越高,则生成的文件就越大。当值为 100 时,图像品质最佳,但压缩比率也会最小。

"音频流设置、音频事件设置":用来对影片中所有音频流或事件声音设置采样率和压

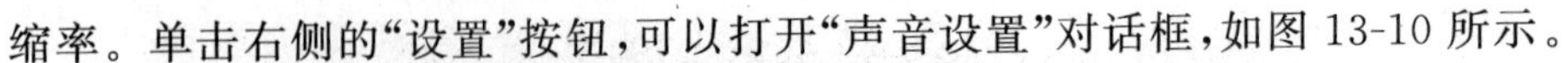

缩率。单击右侧的“设置”按钮，可以打开“声音设置”对话框，如图 13-10 所示。

“覆盖声音设置”：选择此选项，将使用选定的设置来覆盖在“属性”面板的“声音”部分中为各个声音选定的设置，如果要创建一个较小的、低保真度的影片，需要选择此选项。如果不选择此选项，Flash 会扫描影片中的所有音频流（包括导入视频中的声音），然后按照各个设置中最高的设置发布所有音频流。

“导出设备声音”：选择此选项，可以将声音以设备声音的形式导出。

“本地回放安全性”：在其下拉列表中可以选择已发布 SWF 文件的安全性访问权，如图 13-11 所示。选择“只访问本地文件”选项，可使已发布的 SWF 文件与本地系统上的文件和资源交互，但不能与网络上的文件和资源交互。

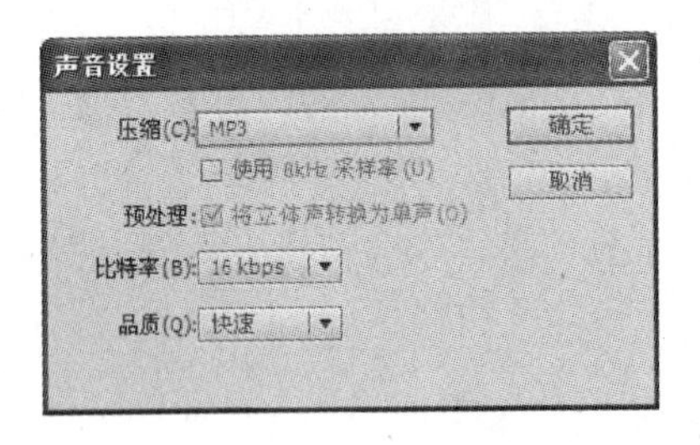

图 13-10

图 13-11

13.3.3 HTML 发布格式

当在“发布设置”对话框中选择“HTML”选项卡时，即可对 HTML 的发布格式进行设置，HTML 参数可以确定 Flash 影片出现在窗口中的位置、背景色、大小等属性，并设置“Object”和“Embed”标记的属性，如图 13-12 所示。

在“HTML”选项卡中各项参数的说明如下。

“模板”：在其下拉列表中可以选择已经安装的模板，如图 13-13 所示。单击右侧的 信息 按钮，在弹出的“HTML 模板信息”对话框中可以显示所选择模板的说明，如图 13-14 所示。

“检测 Flash 版本”：选择此选项，可以检测 HTML 文件中 Flash 动画播放器的版本。

“尺寸”：用来设置动画的宽度值和高度值。其中包括“匹配影片”、“像素”和“百分比”三种选项，如图 13-15 所示。

- “匹配影片”用于将发布的尺寸设置为动画的实际尺寸大小。
- “像素”用于设置影片的实际宽度和高度，选择此选项后可在“宽”和“高”两个文本框中输入具体像素值。

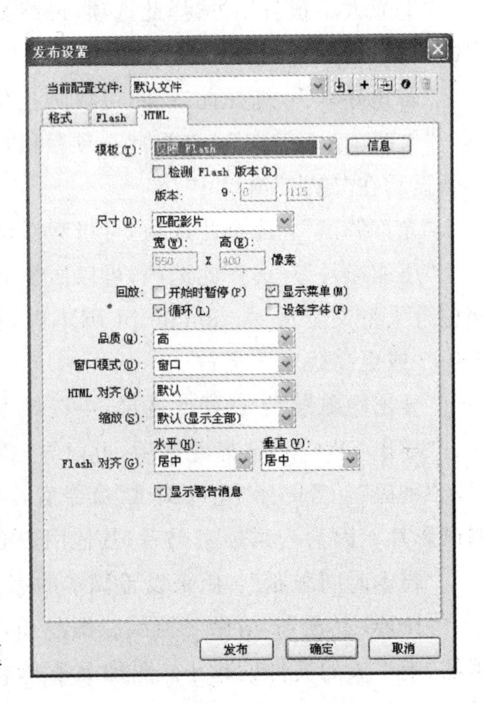

图 13-12

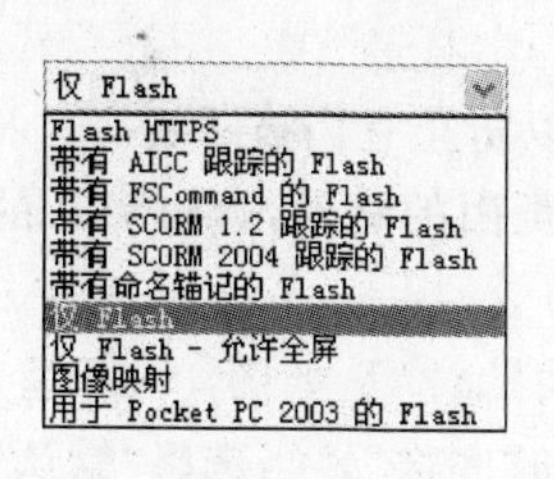

图 13-13

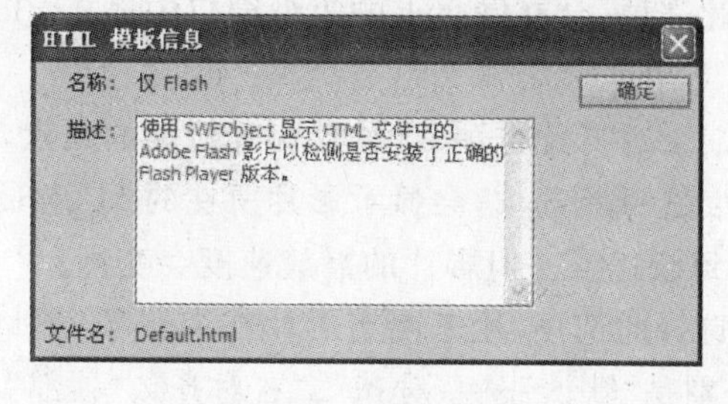

图 13-14

图 13-15

- “百分比”选项用于设置动画相对于浏览器窗口的尺寸大小。

“回放”：在其下拉列表中有 4 个复选项，用来控制影片的播放和各种功能。

- “开始时暂留”：选择此选项，会一直暂留播放影片，直到用户要求播放动画时才取消暂留，默认情况下，该选项处于取消选择状态。
- “显示菜单”：选择此选项，在生成的动画页面上右击，会弹出控制动画播放的菜单。取消后，快捷菜单将会只有“关于 Flash”一项。
- “循环”：选择此选项，影片会在到达最后一帧后重复播放，但对帧中有“stop”指令的动画无效。
- “设备字体”：选择此选项，可以使用经过消除锯齿处理的系统字体替换系统中没有安装的字体。

“品质”：用于设置动画的品质。将在处理事件与应用消除锯齿功能之间确定一个平衡点，从而在将每一帧呈现到观众屏幕之前对其进行平滑处理。其中包括“低”、“自动降低”、“自动升高”、“中”、“高”和“最佳”6 个选项，如图 13-16 所示。

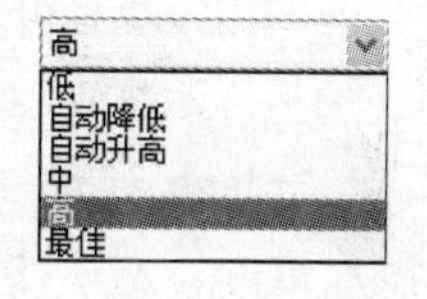

图 13-16

- “低”：主要考虑回放速度，基本不考虑外观，并且不适用于消除锯齿功能。
- “自动降低”：主要强调速度，但是也会尽可能改善外观。回放开始时，消除锯齿功能处于关闭状态，如果 Flash Player 检测到处理器有消除锯齿的功能，就会打开该功能。
- “自动升高”：在开始时同样强调回放速度和外观，但在必要时会牺牲外观来保证回放速度。回放开始时消除锯齿功能处于打开状态。如果实际帧频降到指定帧频之下，就会关闭消除锯齿功能以提高回放速度。
- “中”：会运用一些消除锯齿功能，但并不会平滑位图，该设置生成的图像的品质在“低”和“高”选项设置生成的图像的品质之间。
- “高”：主要考虑外观，基本不考虑回放速度，始终使用消除锯齿功能。如果影片中不包含动画，则会对位图进行平滑处理，如果影片中包含动画，则不会对位图进行平滑处理。
- “最佳”：此选项会提供最佳的显示品质，但不考虑回放速度，所有的输出都已消除锯齿，而且始终对位图进行平滑处理。

“窗口模式”：选择此选项，可以用于设置安装有 Flash ActiveX 的 IE 浏览器，可以利用 IE 的透明显示、绝对定位以及分层的功能。该模式有“窗口”、“不透明无窗口”、“透明无窗口”三个选项，如图 13-17 所示。

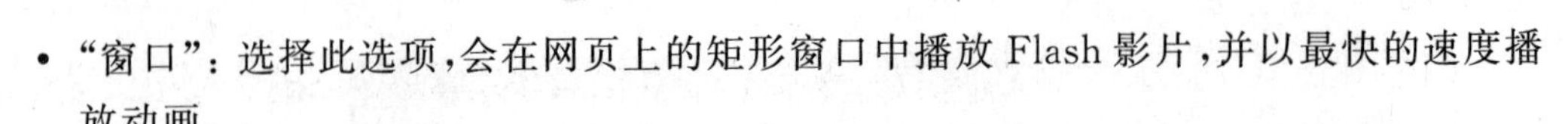

- “窗口”：选择此选项，会在网页上的矩形窗口中播放 Flash 影片，并以最快的速度播放动画。
- “不透明无窗口”：选择此选项，会移动影片后面的元素，以防止它们被透视。
- “透明无窗口”：选择此选项，会显示影片所在的 HTML 页面的背景，透过影片的透明区域可以看到该背景。但影片的播放速度会变慢。

“HTML 对齐”：选择此选项，用来确定影片在浏览器窗口中的位置，如图 13-18 所示。其中包含 5 个选项，分别是“默认”、“左对齐”、“右对齐”、“顶部”和“底部”。当选择“默认”选项时，影片会在浏览器窗口的中央位置显示。选择其他选项时，影片会出现在浏览器窗口中相应的边缘位置。

“缩放”：选择此选项，可以将影片放置到指定的边界内，如图 13-19 所示。其中包含“默认(显示全部)”、“无边框”、“精确匹配”和“无缩放”4 个选项。

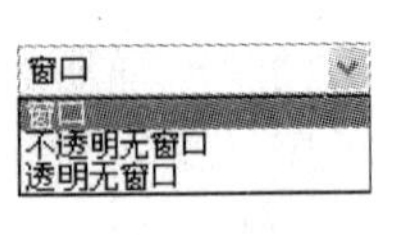

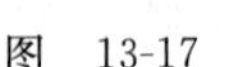
图 13-17

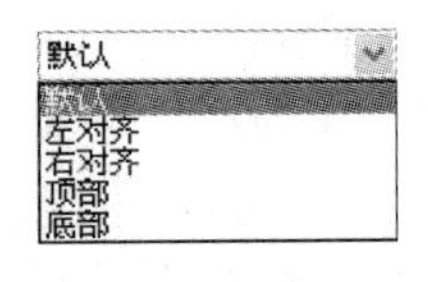

图 13-18

图 13-19

- “默认(显示全部)”：选择此选项，会在指定的区域内显示整个影片，并且不会发生扭曲，同时保持影片的原始高宽比。但边框可能会出现在影片两侧。
- “无边框”：选择此选项，会对影片进行缩放，以使它填充指定的区域，并保持影片的原始高宽比，同时不会发生扭曲，如果需要，可裁剪影片边缘。
- “精确匹配”：选择此选项，会在指定区域显示整个影片，它不保持影片的原始高宽比，所有可能会发生扭曲。
- “无缩放”：选择此选项，会禁止影片在调整 Flash Player 窗口大小时进行缩放。

“Flash 对齐”：选择此选项，可设置如何在影片窗口内放映影片以及在必要时如何裁剪影片边缘。对于水平对齐，可以选择左、中间或右对齐。对于垂直对齐，可以选择顶部、中间或底部对齐。

“显示警告信息”：选择此选项，表示 Flash 是否要警示 HTML 标签代码中所出现的错误。

13.3.4 GIF 发布格式

在目前的网络中会经常见到许多动态图标，它们都是 GIF 格式的动画。GIF 文件是由连续的 GIF 图形文件组成的动画，它提供了一种简单的方法导出绘画和简单动画来供网页使用。标准的 GIF 文件是一种简单的压缩位图，用简单方法来导出简单的动画序列。Flash CS5 可以优化 GIF 动画，只存储逐帧更改。

在默认情况下是没有“GIF”选项卡的，必须先单击“格式”选项卡，将“GIF 图像”选项选中，如图 13-20 所示。随后会出现“GIF”选项卡，如图 13-21 所示。

在“GIF”选项卡中可以对 GIF 图像的发布格式进行设置，各项参数说明如下。

“尺寸”：此选项用于输入导出图像的高度和宽度，或者选择“匹配影片”复选项，使 GIF 和 Flash 影片大小相同，并保持原比例。

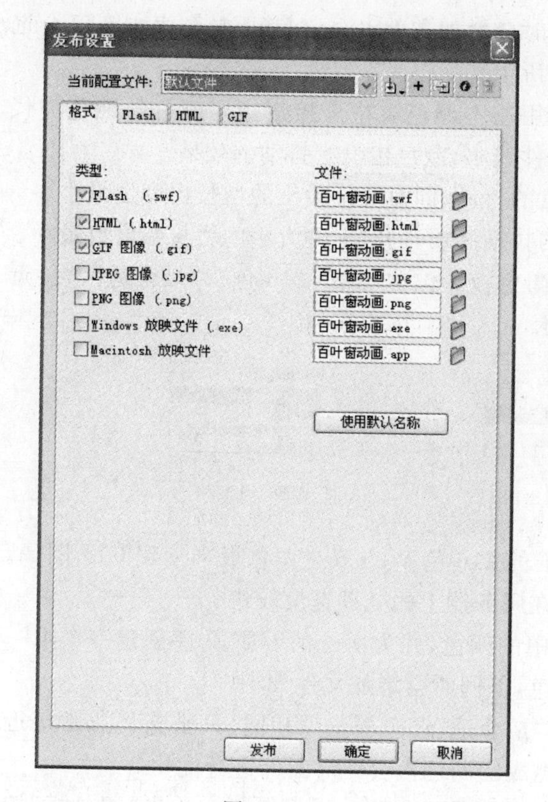

图 13-20

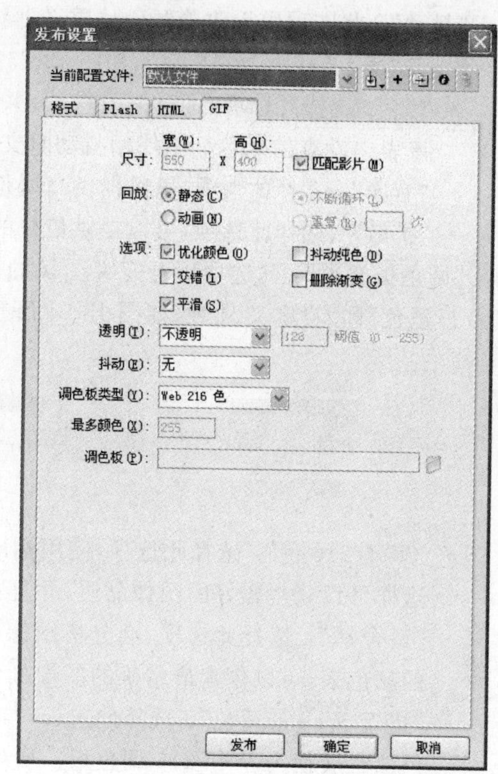

图 13-21

"回放"：此选项用于决定创建的是静态图片还是动态动画。当选中"动画"选项后，可以设置动画的循环次数以及重复的次数。

"选项"：此选项用于指定 GIF 图像的显示范围。

- "优化颜色"：选择此选项，将从 GIF 文件的颜色表中删除所有不适用的颜色。此选项会使文件大小减小 1000～1500 字节，而不影响图像品质，但对内存要求会有所提高。
- "交错"：选择此选项，会使导出的 GIF 文件下载时在浏览器中逐步显示。交错的 GIF 文件可以在文件完全下载之前为用户提供基本的图形内容，并可以在网络连接较慢时以较快的速度下载。
- "平滑"：选择此选项，可以消除导出位图的锯齿，从而生成高品质的位图图像，并改善文本的显示品质。但会增加 GIF 文件的大小。
- "抖动颜色"：选择此选项，可以抖动纯色和渐变色。
- "删除渐变"：选择此选项，可以用渐变色中的第一种颜色将 SWF 文件中的所有渐变填充转换为纯色。此选项默认情况下是关闭的。

"透明"：此选项用于确定影片背景的透明度以及将 Alpha 设置转换为 GIF 的方式。主要包含三个选项，分别是"不透明"、"透明"和"Alpha"，如图 13-22 所示。

- "不透明"：选择此选项，会使背景成为一种纯色背景。
- "透明"：选择此选项，可使背景成为透明背景。
- "Alpha"：选择此选项，可以设置局部透明度。然后输入一个 0～255 的阈值。值越低，透明度越高。例如，值在 128 时对应的是 50%的透明度。

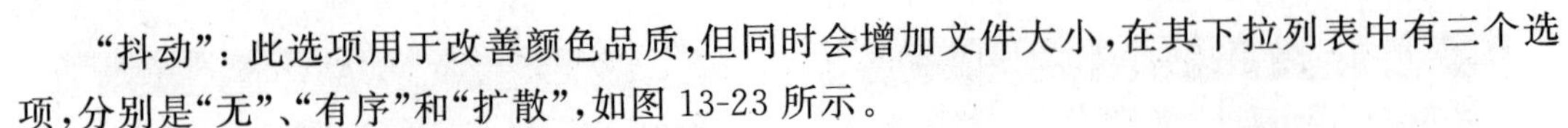

“抖动”：此选项用于改善颜色品质，但同时会增加文件大小，在其下拉列表中有三个选项，分别是“无”、“有序”和“扩散”，如图 13-23 所示。

- “无”：选择此选项，可以关闭抖动，并用基本颜色表中最接近指定颜色的纯色替代该表中没有的颜色。不使用抖动时文件较小，颜色也没有抖动的效果。
- “有序”：选择此选项，可以提供高质量的抖动，同时文件大小的增长幅度也最小。
- “扩散”：选择此选项，可以提供最好的抖动品质，同时文件大小的增长幅度也最小。

“调色板类型”：此选项用于定义图像的调色板。包含“Web 216 色”、“最合适”、“接近 Web 最适色”和“自定义”4 种，如图 13-24 所示。

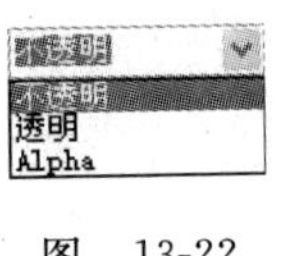

图　13-22

图　13-23

图　13-24

- “Web 216 色”：选择此选项，使用标准的 216 色 Web 安全调色板来创建 GIF 图像。这样可以获得较好的图像品质，并且在服务器上的处理速度较快。
- “最合适”：选择此选项，会分析图像中的颜色，并为所选的 GIF 文件创建一个唯一的颜色表，可以创建最精确的图像颜色，但同时会增加文件大小。
- “接近 Web 最适色”：选择此选项，与“最合适”调色板选项相同，只是它将非常接近的颜色转换为 Web 216 调色板。所生成的调色板会针对图像进行优化。
- “自定义”：选择此选项，可以指定对所选图像进行优化的调色板。单击“调色板”按钮后，在打开的对话框中选择一个调色板文件，如图 13-25 所示。

图　13-25

13.4　影片的导出和发布

在制作完成 Flash 影片后，可以将已经完成的 Flash 动画导出为“.swf”的影片格式，也可以将其保存为各种 Flash 的图像文件格式。

13.4.1 导出影片

在 Flash CS5 中将制作完成的影片导出，执行“文件”/“导出影片”命令，快捷键为 Ctrl+Shift+Alt+S。可以打开“导出影片”对话框，如图 13-26 所示。

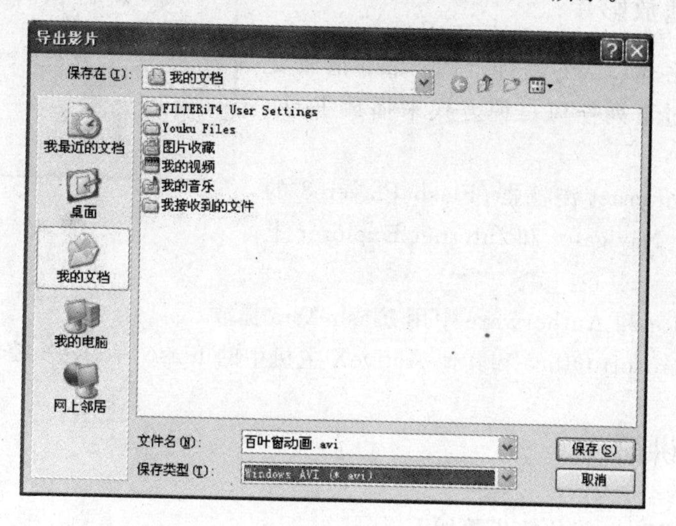

图 13-26

在对话框中的“保存类型”下拉菜单中选择文件的类型。在“文件名”中输入文件名，然后单击“保存”按钮即可导出影片。

13.4.2 导出图像

在 Flash CS5 中导出图像，首先打开需要导出的 Flash 动画，选取某帧或场景中的某个对象。然后执行“文件”/“导出”/“导出图像”命令，可以打开“导出图像”对话框，如图 13-27 所示。

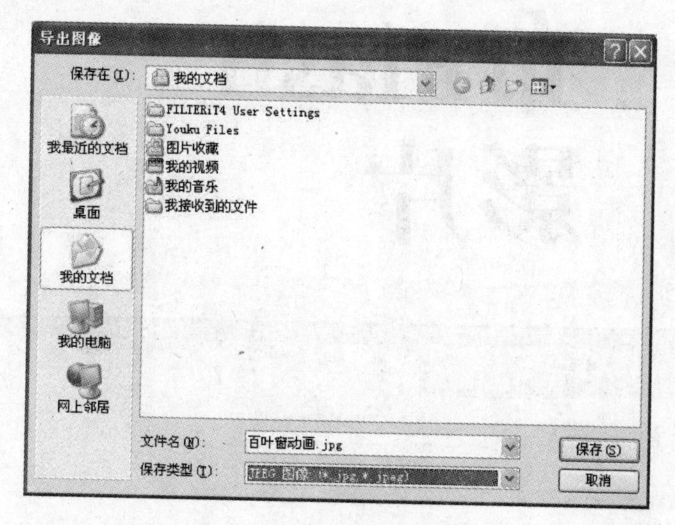

图 13-27

最后单击“保存”按钮。如果导出的是JPEG格式的图像，会在单击“保存”按钮后弹出“导出JPEG”对话框，如图13-28所示。在该对话框中可以设置图像的导出参数，然后单击“确定”按钮完成图像的导出工作。

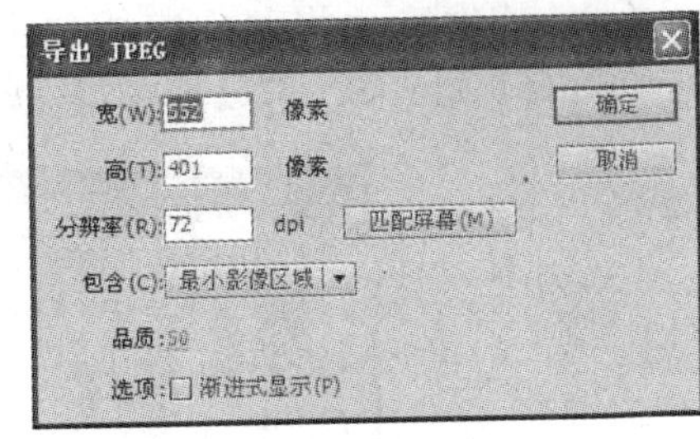

图 13-28

13.4.3 播放影片

Flash文件格式(.swf)是标准的Flash播放文件格式，可以通过下列任何一种方式来播放Flash影片。

- 可以在Internet浏览器、Flash Player 8的Netscape Navigator和Internet Explorer上播放。
- 在Director和Authorware中用Flash Xtra播放。
- 利用Microsoft Office和其他ActiveX主机中的Flash ActiveX控件播放。

13.5 实例讲解

测试并发布Flash影片的步骤如下。

(1) 打开素材文件“测试并发布Flash影片”，如图13-29所示。

图 13-29

（2）执行“控制”/“测试影片”命令，快捷键为 Ctrl＋Enter，如图 13-30 所示。

（3）在打开的测试播放窗口中，执行“视图”/“下载设置”命令。可以看到下载速度，如图 13-31 所示。

图 13-30

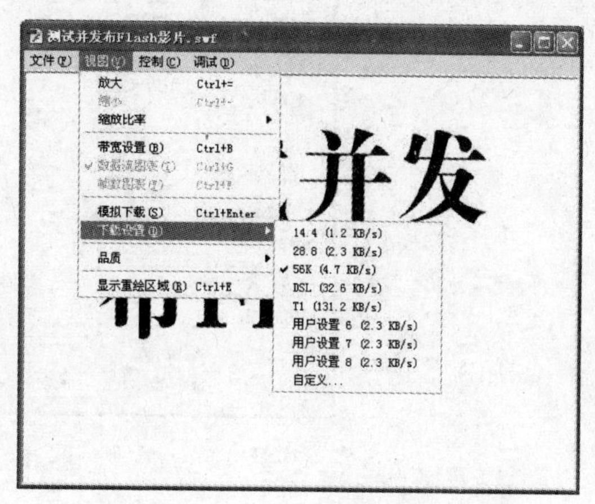

图 13-31

（4）为了检测可能出现的停顿情况，执行“视图”/“带宽设置”命令，图 13-32 是带宽检测图。

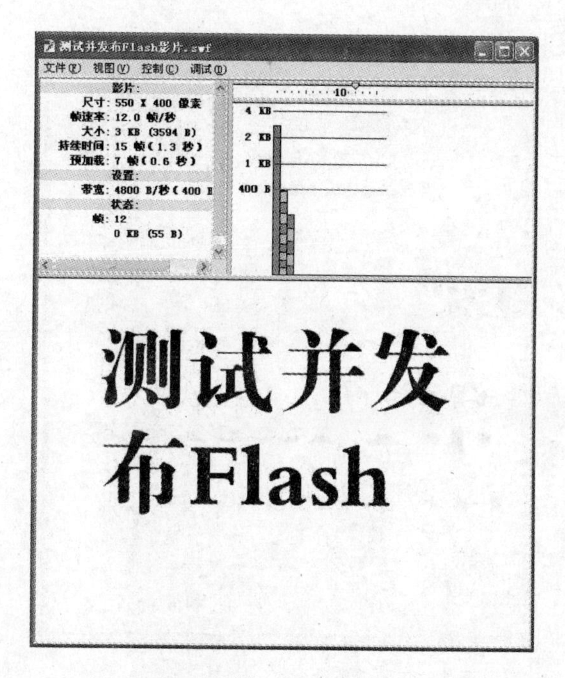

图 13-32

（5）关闭测试窗口，回到场景中。执行“文件”/“导出”/“导出影片”命令。在打开的对话框中为影片命名，同时确定“保存类型”为“Flash 影片（＊.swf）”，如图 13-33 所示。

（6）单击“保存”按钮即可导出影片。

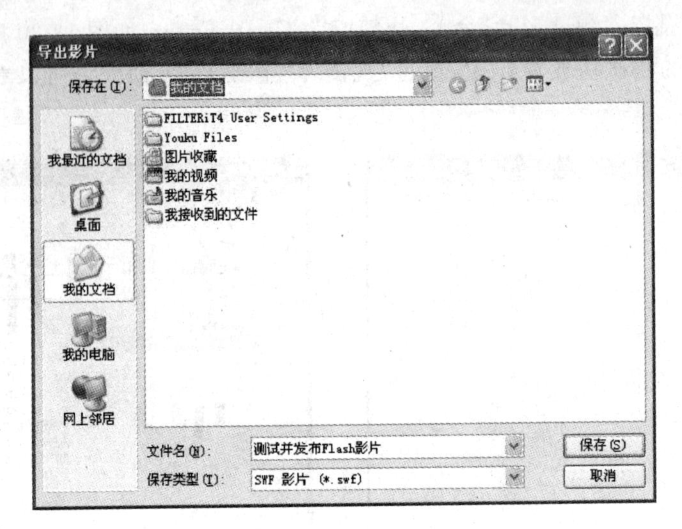
导出影片
保存在(I):
我的文档
FILTERiT4 User Settings
Youku Files
图片收藏
我的视频
我的音乐
我接收到的文件
我最近的文档
桌面
我的文档
我的电脑
网上邻居
文件名(N):
测试并发布Flash影片
保存(S)
保存类型(T):
SWF 影片 (*.swf)
取消

图 13-33

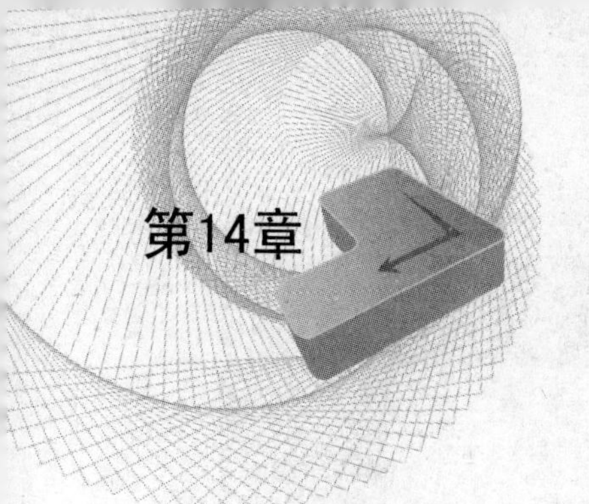

第14章 chapter 14

综合实例制作

14.1 MP3 产品介绍

首先来建立文档，创建画布。

(1) 启动 Flash CS5，执行"文件"/"新建"命令，快捷键为 Ctrl＋N，打开"新建文档"对话框，在"常规"选项卡中选择"Flash 文件(ActionScript 3.0)"选项，或者在开始的"欢迎屏幕"中选择"Flash 文件(ActionScript 3.0)"选项，如图 14-1 和图 14-2 所示。

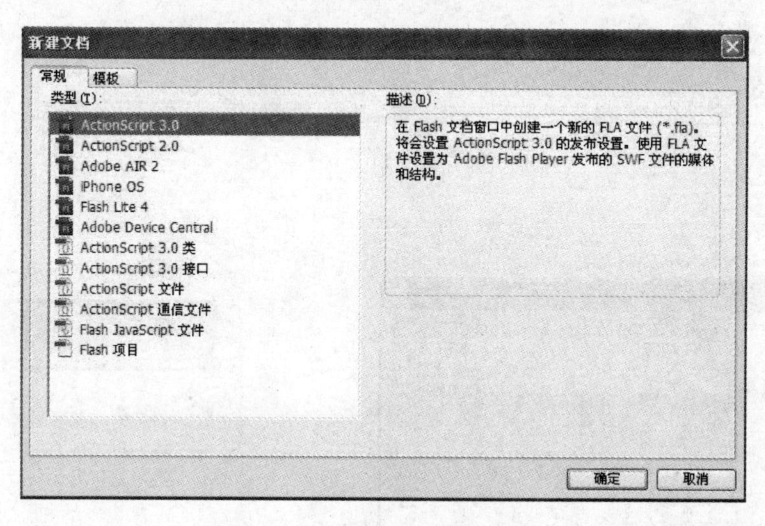

图 14-1

(2) 单击"确定"按钮后，即可创建一个新的 Flash 文档，然后在其"属性"面板中设置文档的尺寸为 600×500 像素，其他参数保持不变，如图 14-3 所示。

(3) 执行"文件"/"导入"/"导入到舞台"命令，快捷键为 Ctrl＋R。将素材图像"mp3"导入到舞台，并将其所在图层命名为"背景"，如图 14-4 和图 14-5 所示。

接下来创建动态文本。

(4) 在"时间轴"面板上新建图层，命名为"文字介绍"。然后选择工具箱中的"文本"工具 T，在其"属性"面板中的"文本类型"列表中选择"动态文本"，在画布上用鼠标直接拖拽出一个宽度为 260 像素，高为 74 像素的动态文本框，如图 14-6 和图 14-7 所示。

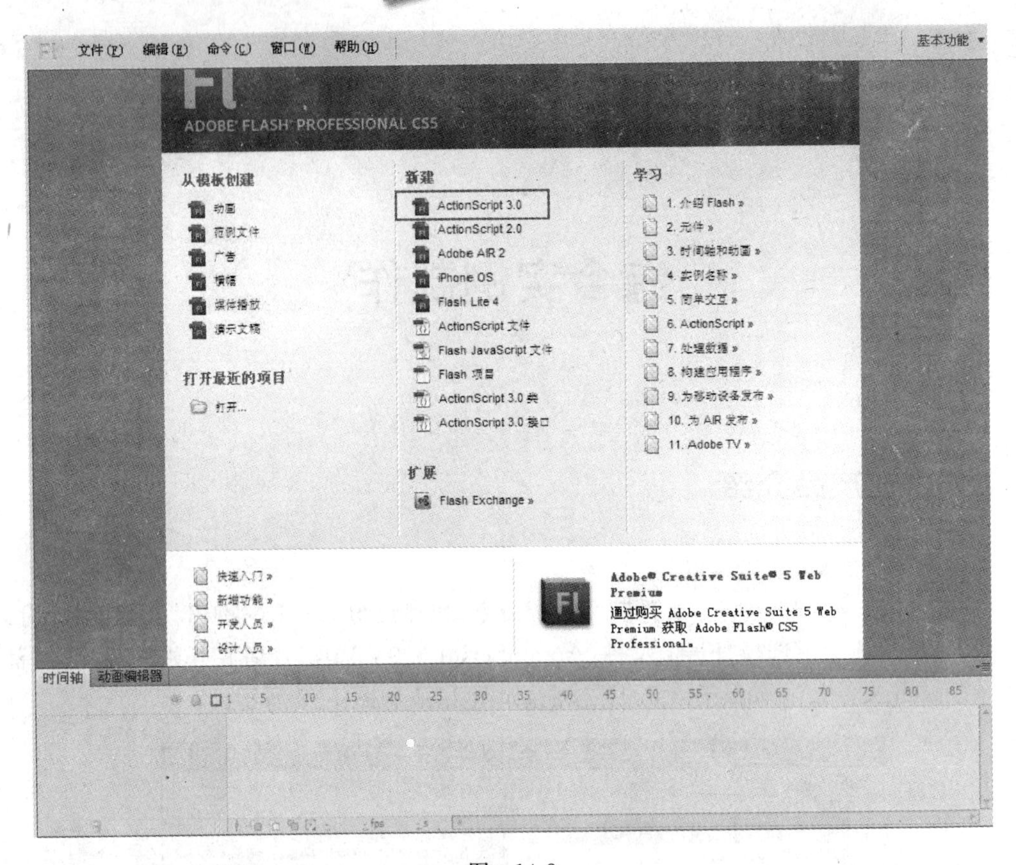

图 14-2

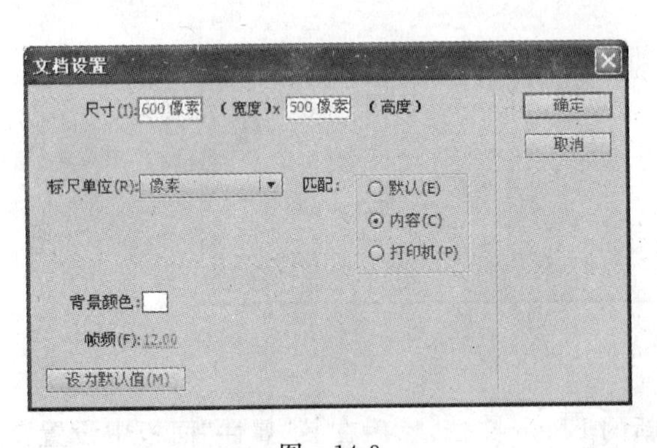

图 14-3

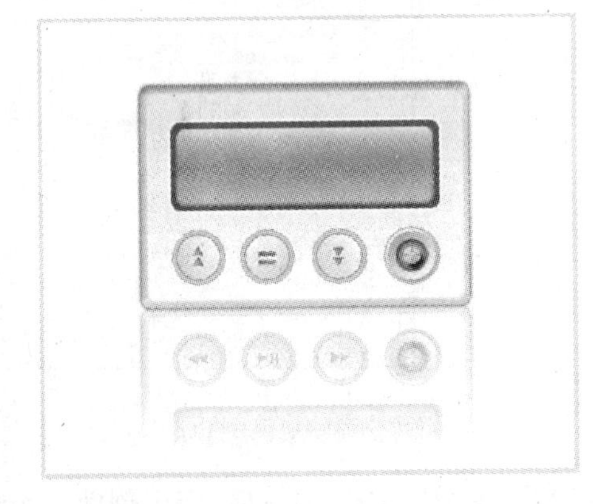

图 14-4

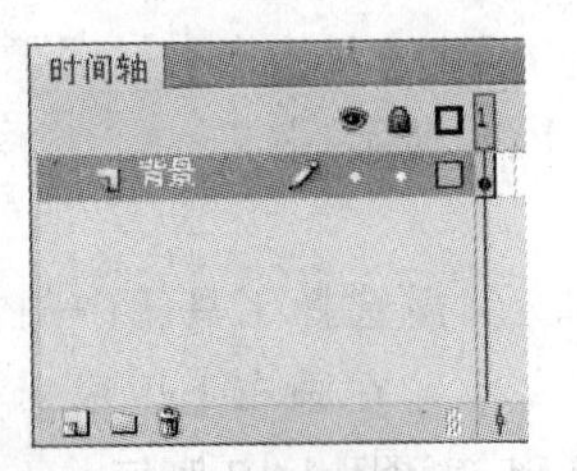

图 14-5

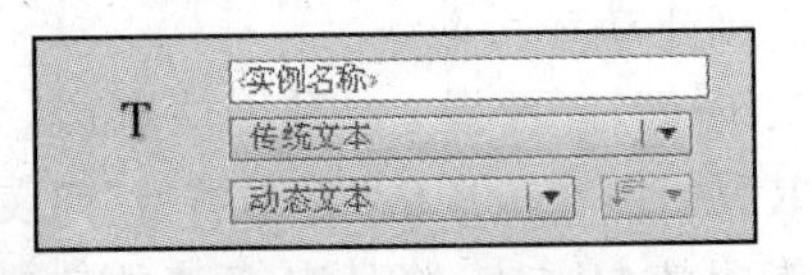

图 14-6

(5) 接着在“属性”面板中选择“线条类型”为多行，字体为黑体，字体大小为12，颜色为白色，并将其变量命名为“产品说明”，如图14-8所示。

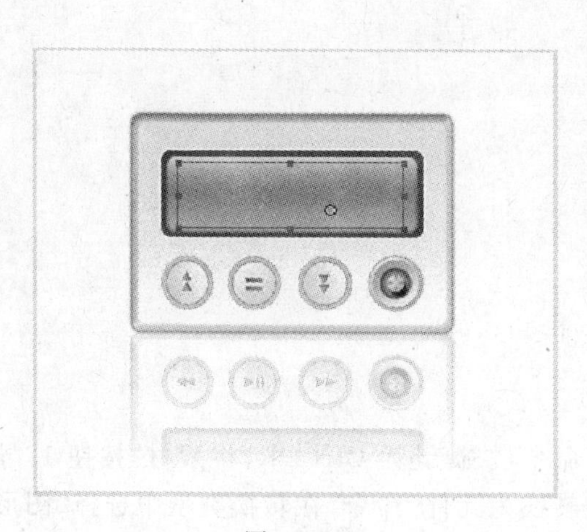

图 14-7

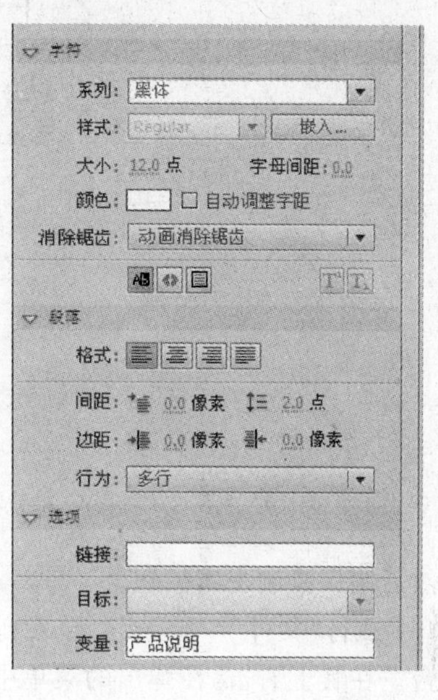

图 14-8

(6) 选择之前绘制的动态文本框，单击鼠标右键，在弹出的菜单中选择“可滚动”选项，如图14-9所示。

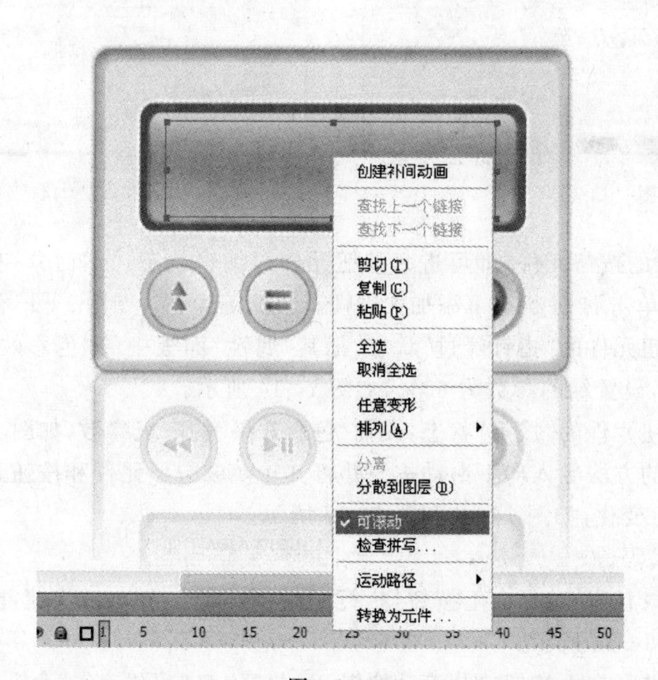

图 14-9

(7) 打开素材文本，将其中的文字输入到动态文本框中，如图14-10所示。

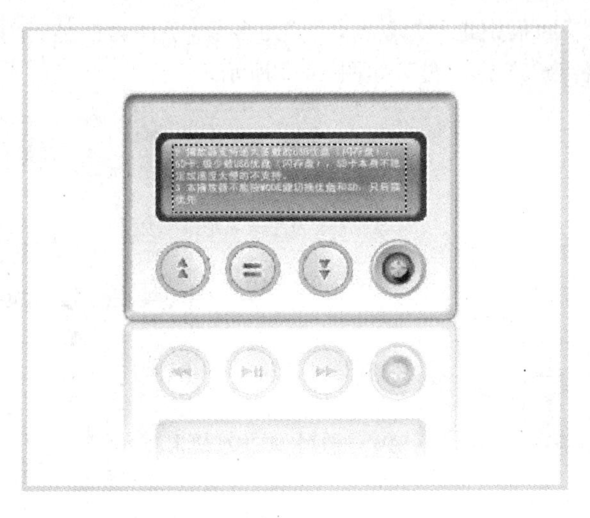

图 14-10

然后制作控制文本按钮。

(8) 执行“文件”/“导入”/“导入到舞台”命令,快捷键为 Ctrl+R,将素材“按钮 1”导入至舞台。在其上右击,在弹出的菜单中选择“转换为元件”命令,在转换类型中选择“图形”,名称为“按钮图形”,如图 14-11 所示。然后再一次右击,选择“转换为元件”命令,元件类型选择“按钮”,名称为“滚动按钮”,如图 14-12 所示。

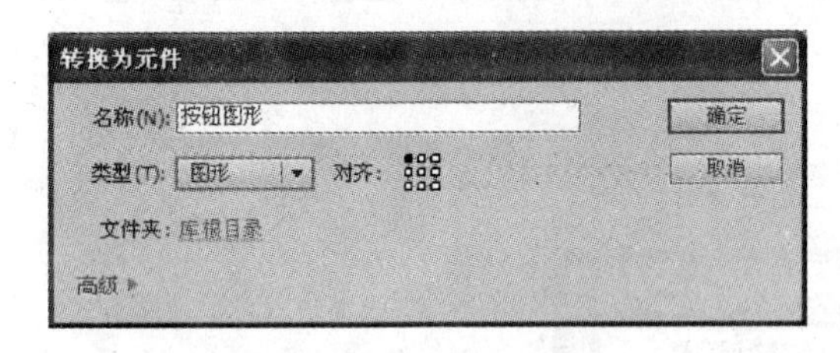

图 14-11

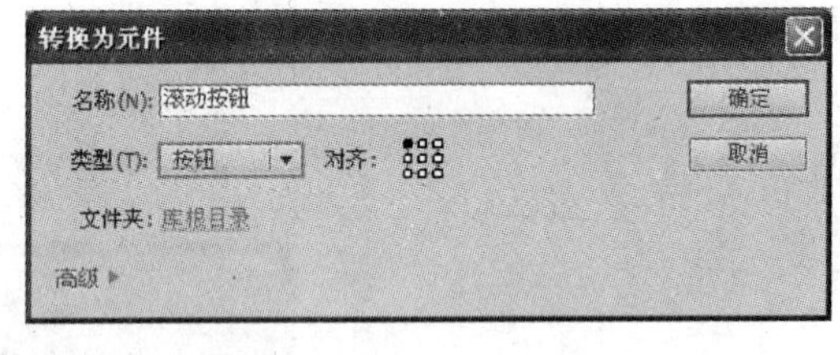

图 14-12

(9) 双击刚才的按钮元件,即可进入按钮元件的编辑状态。然后分别在“弹起”、“指针经过”、“按下”和“单击”4 种状态下添加关键帧。快捷键为 F6,如图 14-13 所示。

(10) 选择按钮元件的“指针经过”状态,把其“属性”面板中的“色彩效果”选项中的“样式”设置为“高级”,设置绿的参数为 60%,如图 14-14 所示。

(11) 选择按钮元件的“按下”状态,设置“色彩效果”的高级参数,如图 14-15 所示。

(12) 用同样的方法导入向下滚动按钮并将其转换成图形元件和按钮元件,再设置向下滚动的按钮的颜色变化,如图 14-16 和图 14-17 所示。

再添加动作代码。

(13) 回到场景状态,选择向上按钮,执行“窗口”/“动作”命令,快捷键为 F9,在其中输入以下代码,如图 14-18 所示。

(14) 然后再选择向下按钮,即“滚动按钮 2”,执行“窗口”/“动作”命令,快捷键为 F9,在其中输入如图 14-19 所示的代码。

最后测试与发布影片。

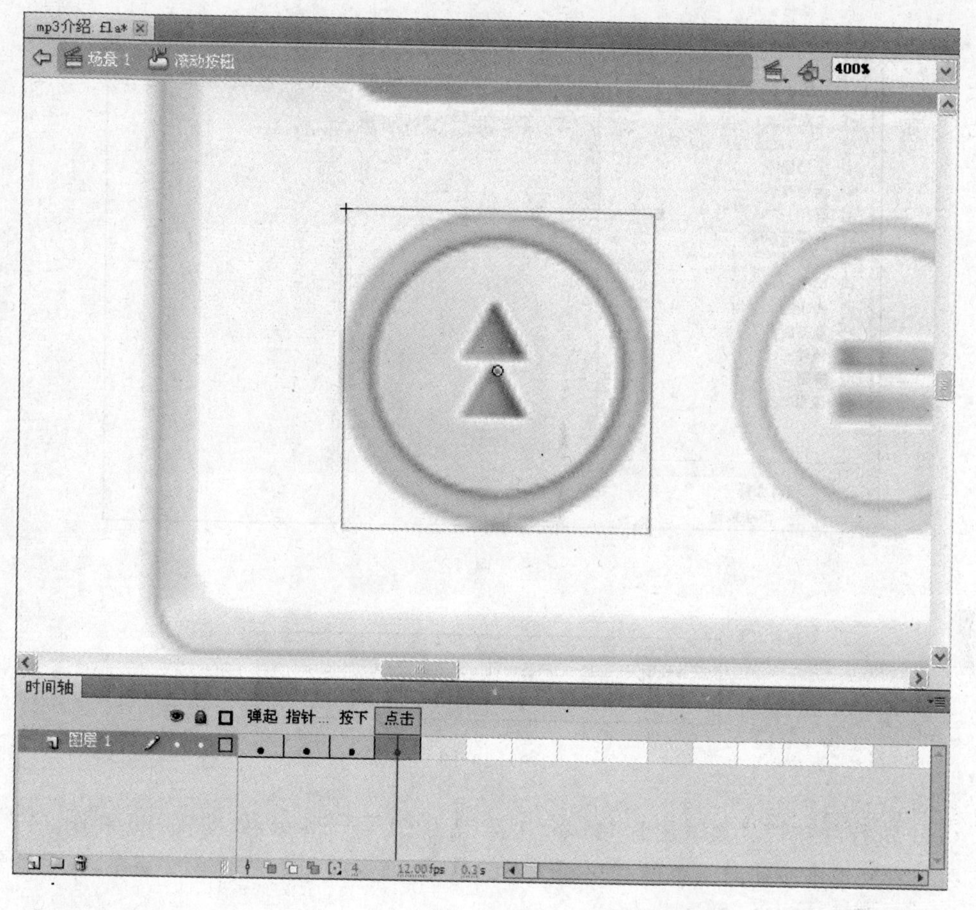

图　14-13

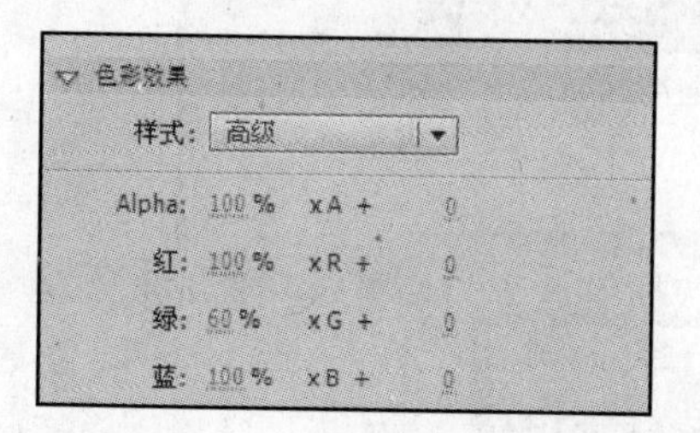

图　14-14

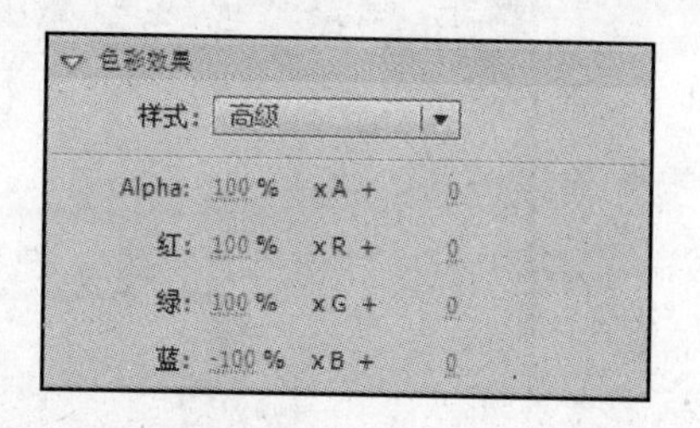

图　14-15

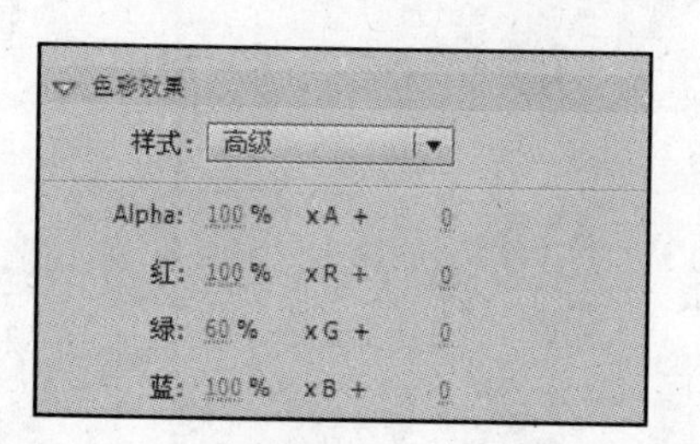

图　14-16

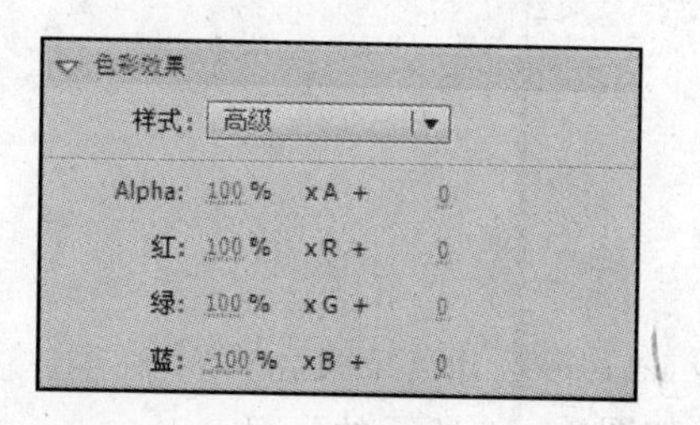

图　14-17

动作 - 按钮
ActionScript 1.0 & 2.0
全局函数
ActionScript 2.0 类
全局属性
运算符
语句
编译器指令
常数
类型
否决的
数据组件
组件
屏幕
索引
当前选择
滚动按钮
代码片断
on(release){
产品说明.scroll=产品说明.scroll+1;
}

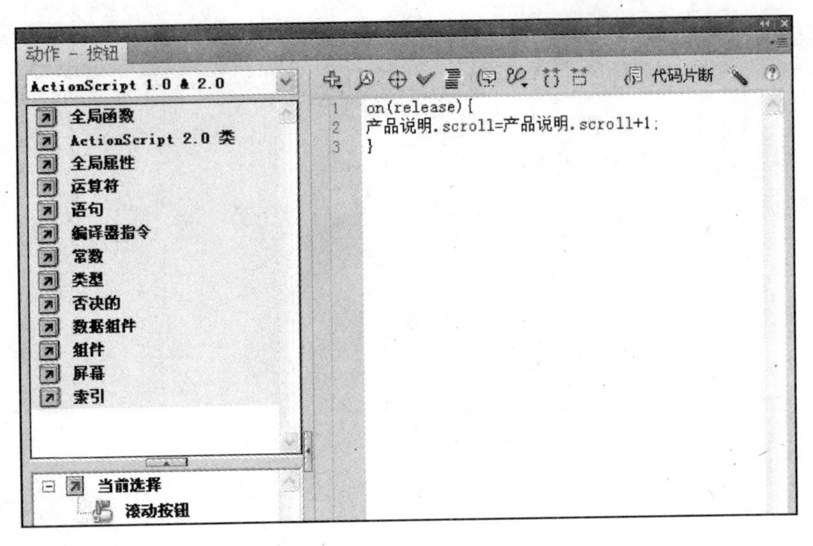

图 14-18

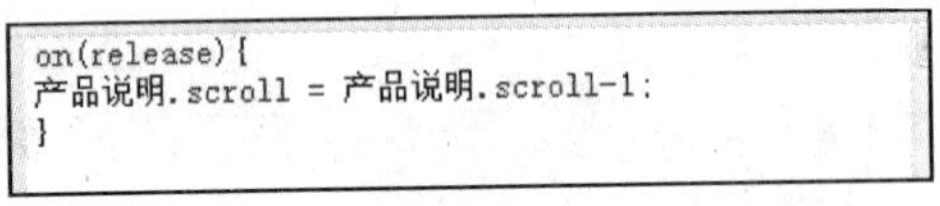

on(release){
产品说明.scroll = 产品说明.scroll-1;
}

图 14-19

(15) 执行"控制"/"测试影片"命令，快捷键为 Ctrl+Enter，如图 14-20 和图 14-21 所示。可以看到单击按钮时颜色的变化和文字的移动，或者将鼠标放置在文字中，拖动滑轮也可以使得文字进行移动。

mp3介绍.swf
文件(F) 视图(V) 控制(C) 调试(D)

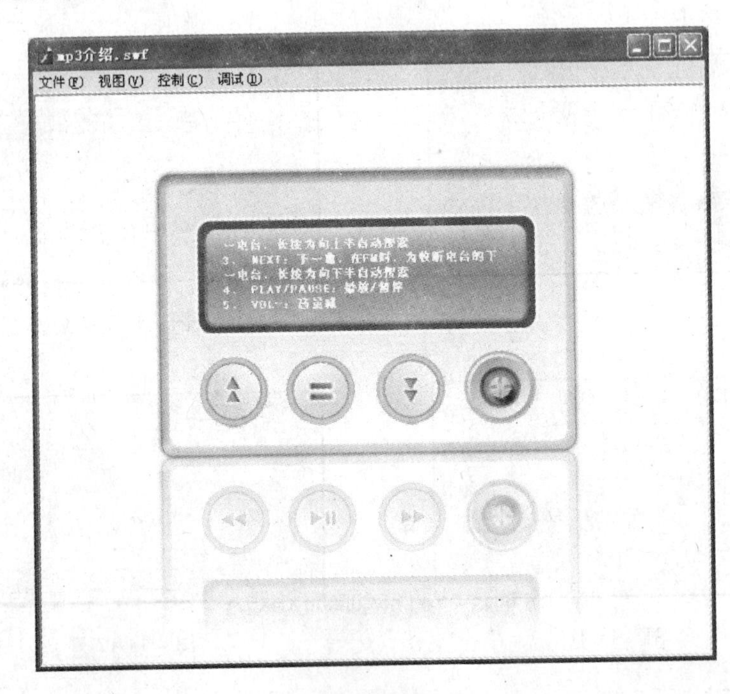

图 14-20

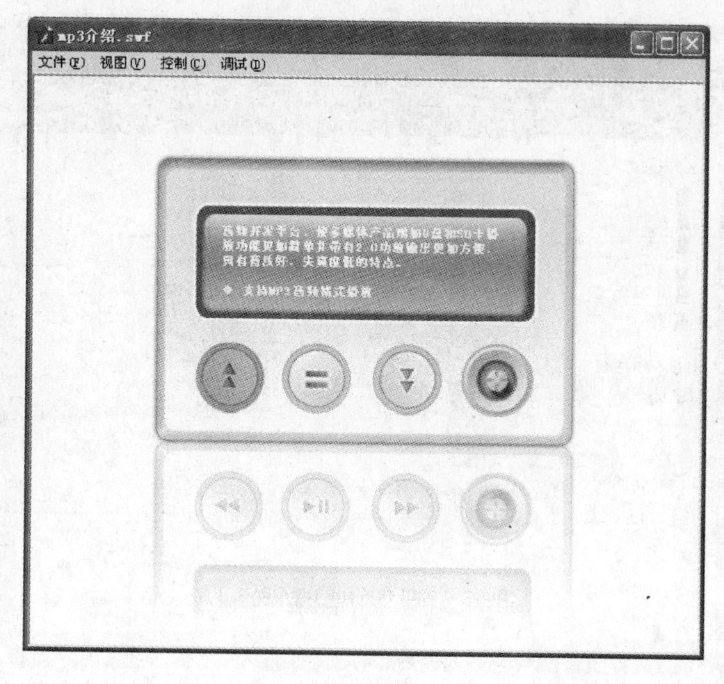

图 14-21

14.2 视觉冲击

首先建立文档、创建底图。

(1) 启动 Flash CS5，执行“文件”/“新建”命令，快捷键为 Ctrl+N，打开“新建文档”对话框，在“常规”选项卡中选择“Flash 文件(ActionScript 3.0)”选项，或者在开始的“欢迎屏幕”中选择“Flash 文件(ActionScript 3.0)”选项，如图 14-22 和图 14-23 所示。

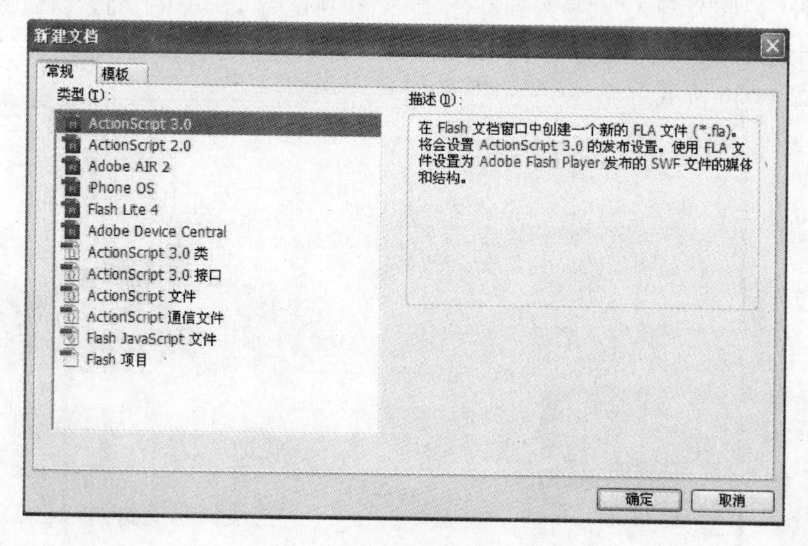

图 14-22

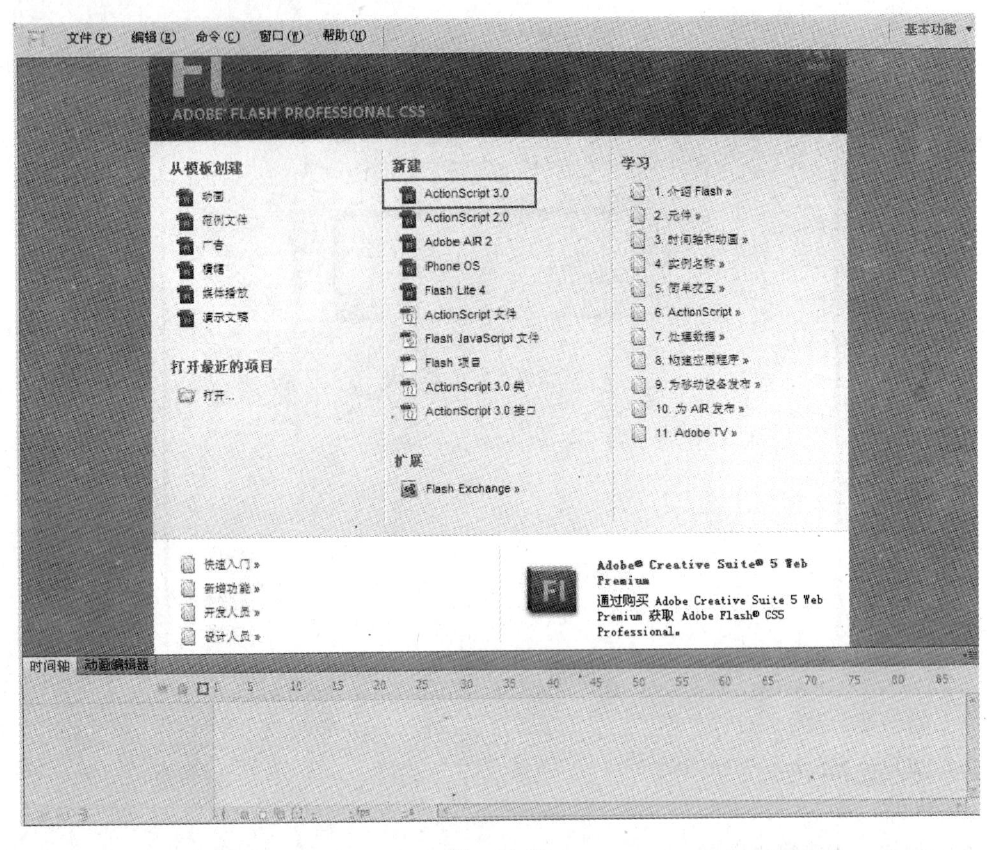

图 14-23

(2) 单击“确定”按钮后，即可创建一个新的 Flash 文档，在其“属性”面板中设置帧频为 24fps，保持其他各项参数不变，如图 14-24 所示。

(3) 执行“文件”/“导入”/“导入到舞台”命令，快捷键为 Ctrl+R。将素材图像“色彩”导入到舞台，调整其大小和位置使之与舞台相对应。并将其所在图层命名为“虚化背景”，如图 14-25 和图 14-26 所示。

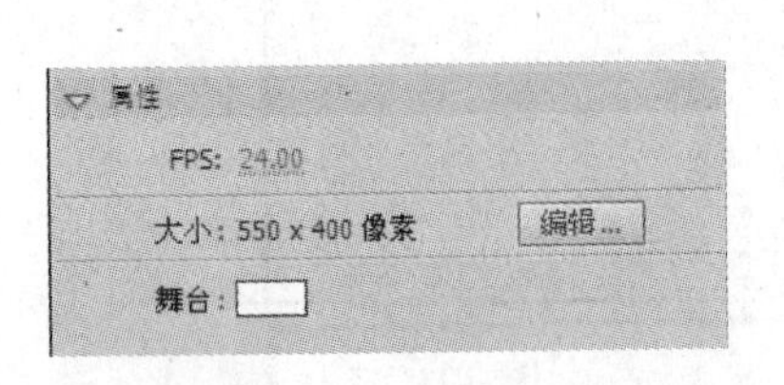

图 14-24

图 14-25

(4) 在该图层第 2 帧处右击,插入帧,同时将图像与画布居中对齐,如图 14-27 和图 14-28 所示。

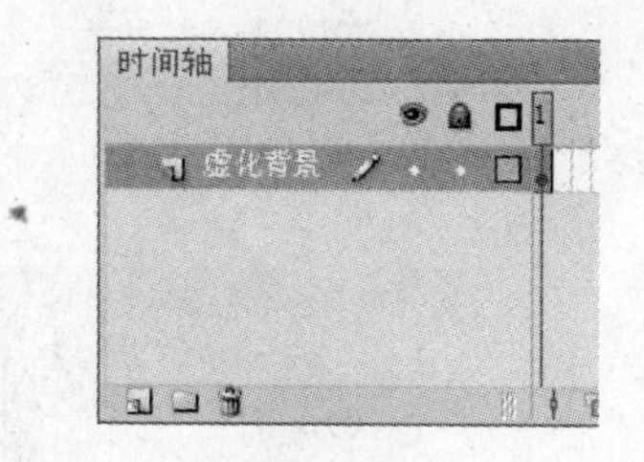

图 14-26

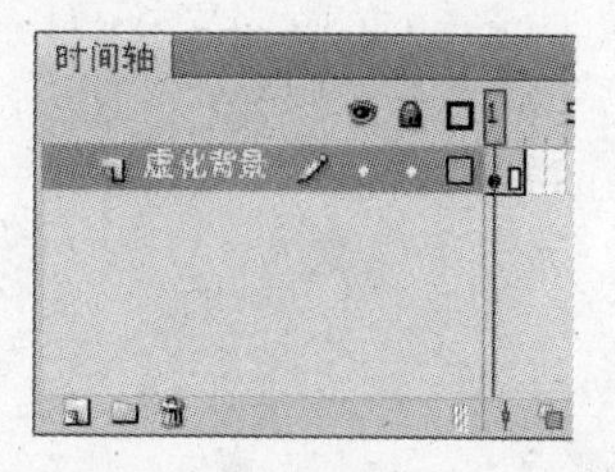

图 14-27

图 14-28

(5) 在导入的图像上右击,在弹出的菜单中选择"转换为元件"命令,将其转换为影片剪辑元件,命名为"背景",如图 14-29 所示。

(6) 执行"窗口"/"属性"/"滤镜"命令,打开"滤镜"面板,为图像添加模糊特效。参数如图 14-30 所示。得到的图像效果如图 14-31 所示。

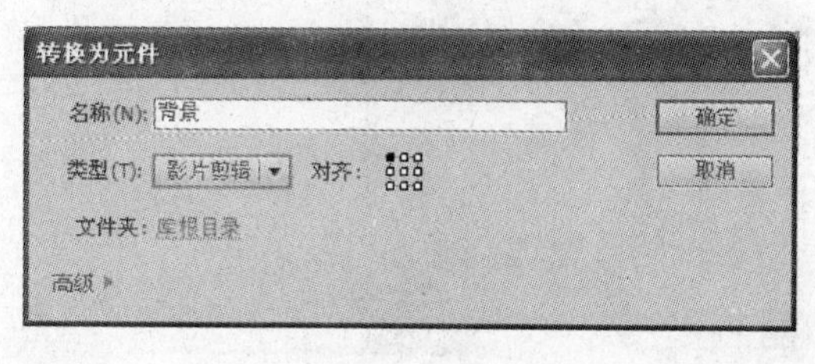

图 14-29

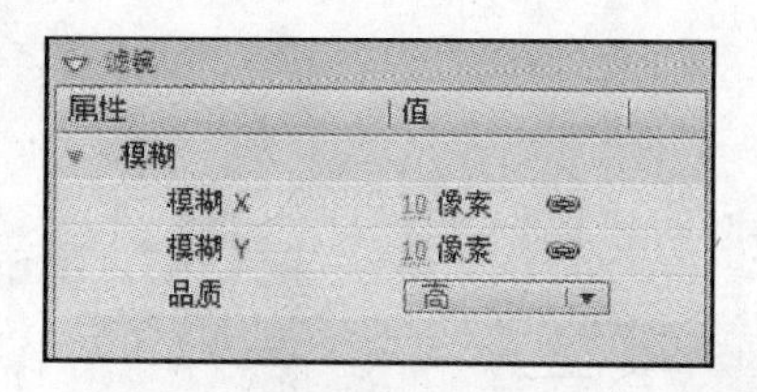

图 14-30

(7) 在"时间轴"面板上新建图层,并命名为"清晰背景",如图 14-32 所示。

图　14-31

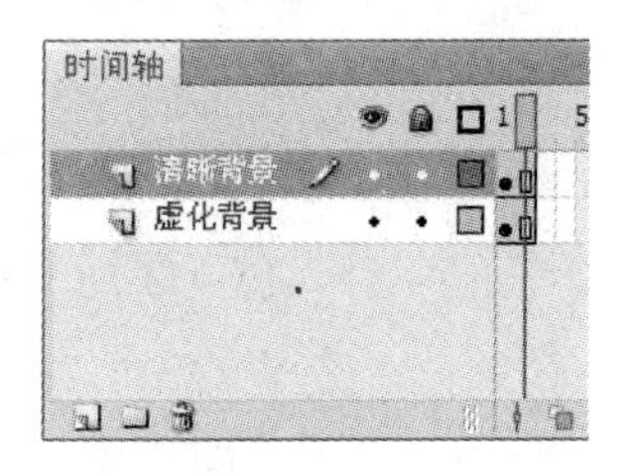

图　14-32

(8) 打开"库"面板,将影片剪辑元件"背景"拖拽至舞台,并调整其位置和大小使之与舞台对齐,如图 14-33 所示。

(9) 在"时间轴"面板上新建图层,并将其命名为"遮罩",如图 14-34 所示。

图　14-33

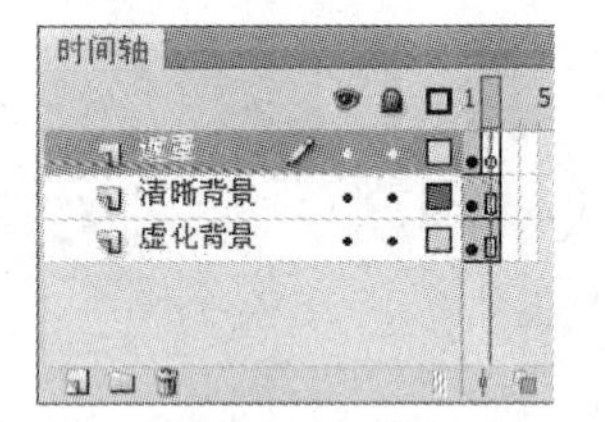

图　14-34

(10) 选择工具箱中的"矩形"工具,在舞台中绘制矩形,放置在舞台中的任意位置,如图 14-35 所示。

图　14-35

(11) 在矩形上右击，将其转换为影片剪辑元件，命名为“遮罩”，如图 14-36 所示。将“遮罩”元件在“属性”面板中的“实例名称”处改为“mask”，如图 14-37 所示。

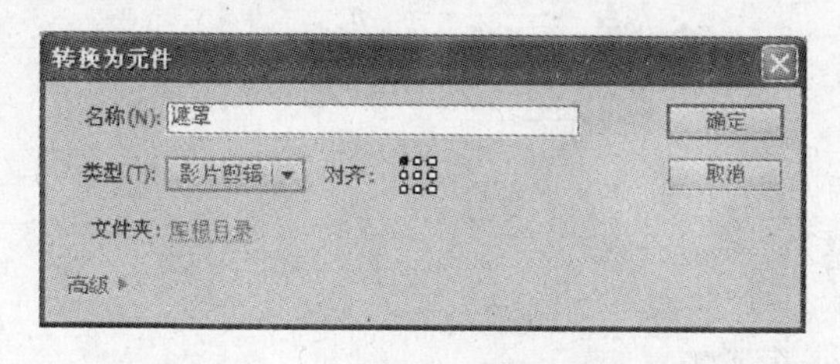

图 14-36

图 14-37

(12) 在“遮罩”图层上右击，选择“遮罩层”命令，将其转换为遮罩层，如图 14-38 和图 14-39 所示。

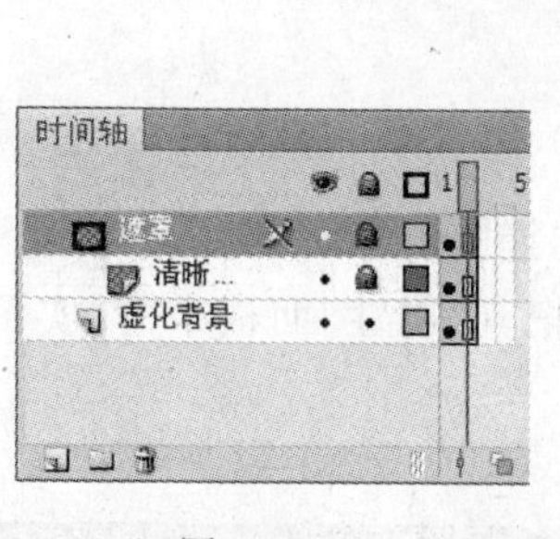

图 14-38

图 14-39

(13) 然后选择遮罩图层的第 1 帧，打开“动作”面板，输入代码，如图 14-40 和图 14-41 所示。

图 14-40

接着创建视觉冲击镜头。

(14) 在“时间轴”面板的遮罩层上新建图层，命名为“镜头”，如图 14-42 所示。

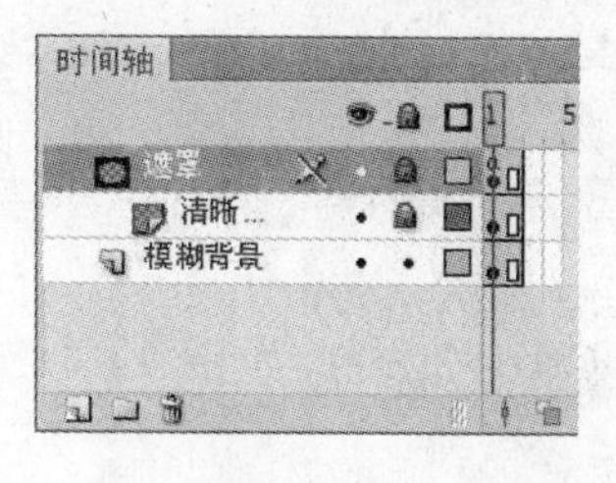

图 14-41

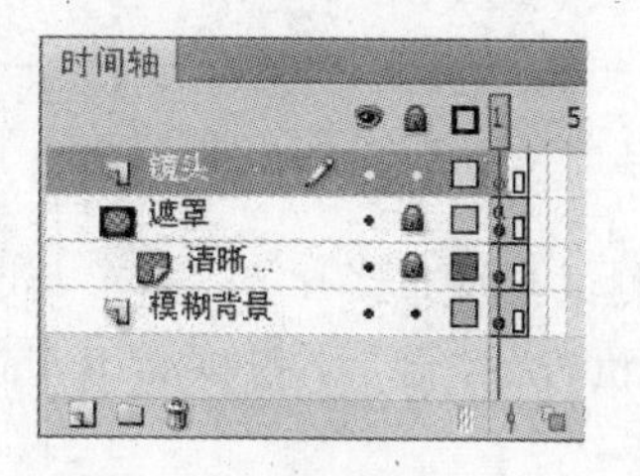

图 14-42

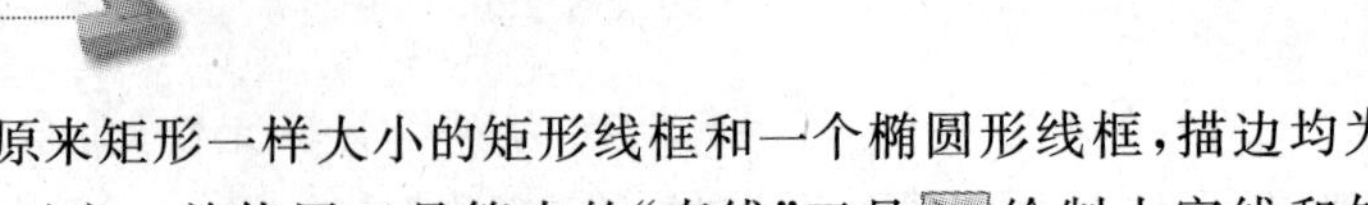

(15) 在舞台中绘制一个与原来矩形一样大小的矩形线框和一个椭圆形线框，描边均为黑色，并使得椭圆形和矩形中心对齐。并使用工具箱中的“直线”工具绘制十字线和外框，如图 14-43 所示。

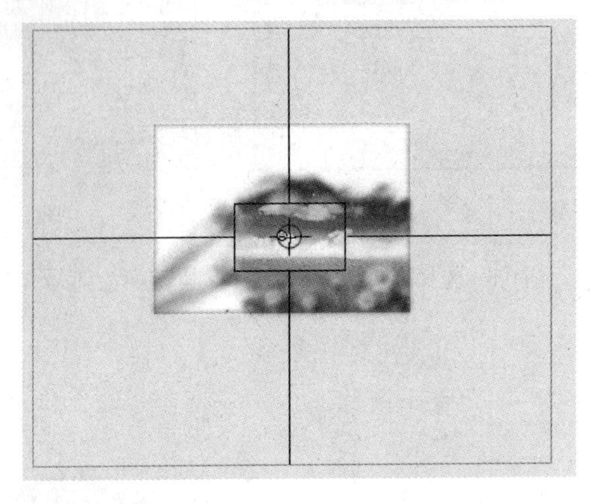

图 14-43

(16) 选中所有的镜头线框，右击，在弹出的菜单中选择“转换为元件”命令，将其转换为影片剪辑元件，并命名为“镜头”，如图 14-44 所示。然后把其“属性”面板中的“实例名称”改为“camera”，如图 14-45 所示。

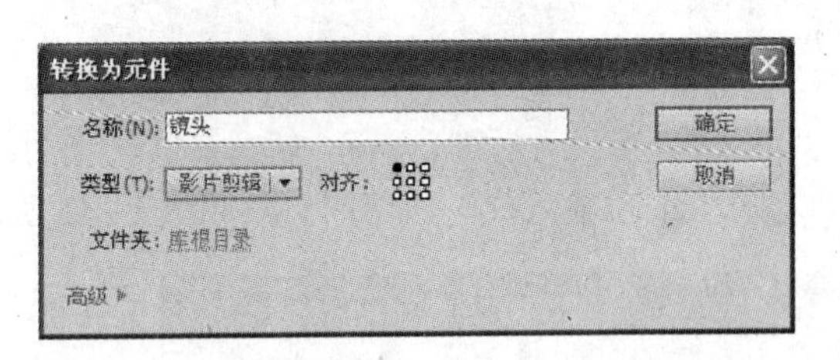

图 14-44

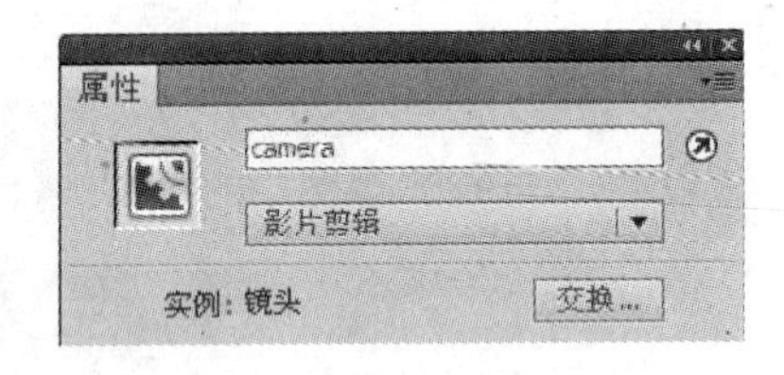

图 14-45

(17) 选择“镜头”图层的第 2 帧，右击，在弹出的菜单中选择“插入空白关键帧”命令，快捷键为 F7，打开“动作”面板，在其中输入代码，如图 14-46 和图 14-47 所示。

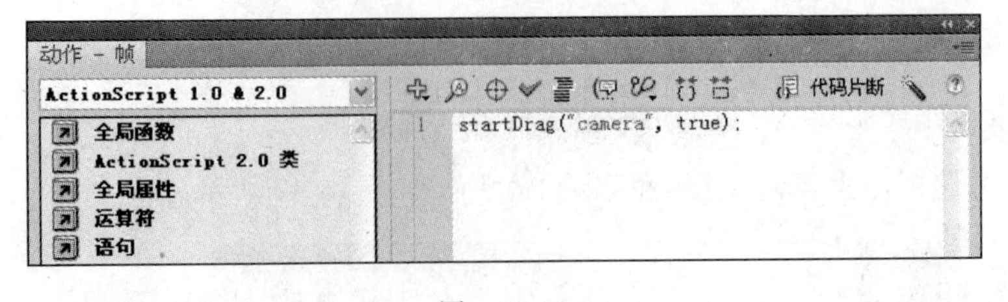

图 14-46

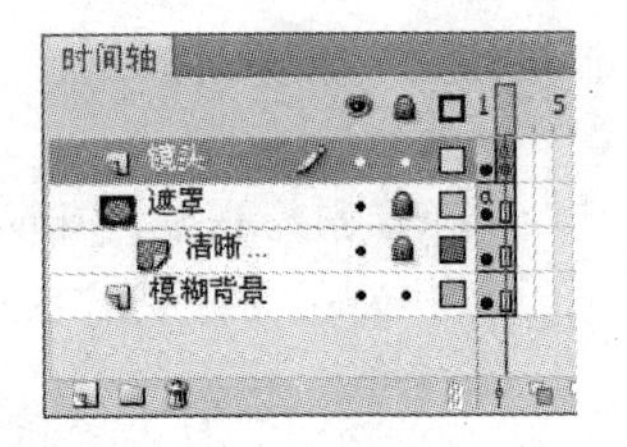

图 14-47

最后测试与发布影片。

(18) 执行“控制”/“测试影片”命令，快捷键为 Ctrl+Enter，如图 14-48 和图 14-49 所示。

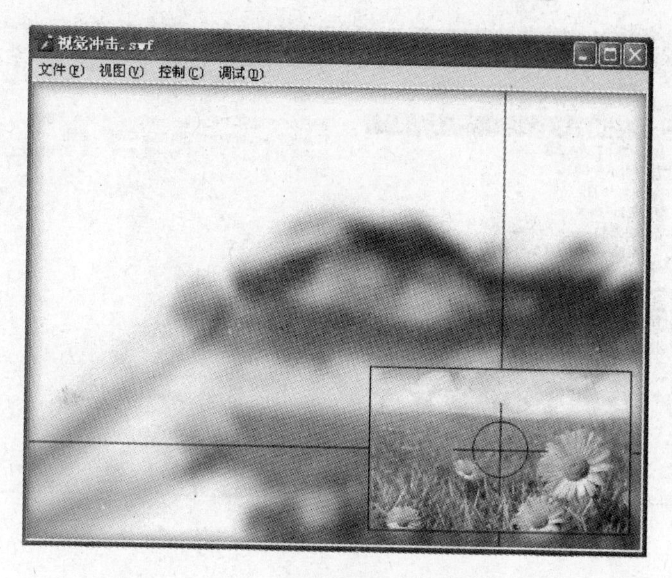

图 14-48

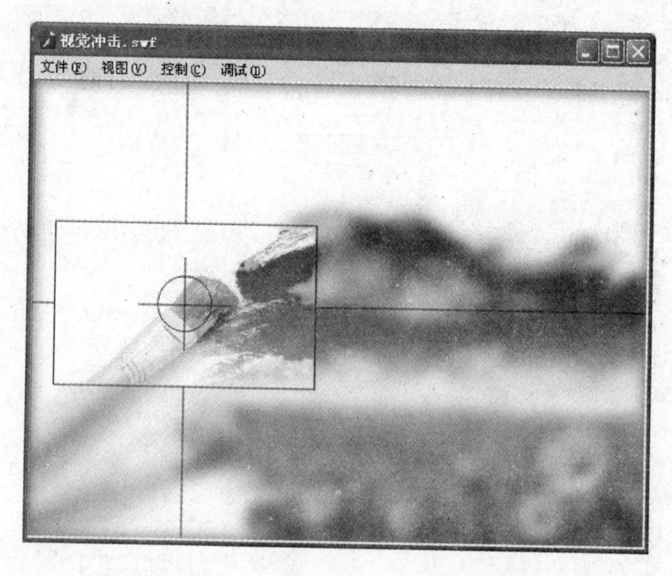

图 14-49

14.3 我的世界色彩斑斓

首先建立文档，创建背景。

(1) 启动 Flash CS5，执行“文件”/“新建”命令，快捷键为 Ctrl+N。打开“新建文档”对话框，在“常规”选项卡中选择“Flash 文件(ActionScript 3.0)”选项，或者在开始的“欢迎屏幕”中选择“Flash 文件(ActionScript 3.0)”选项，如图 14-50 和图 14-51 所示。

(2) 单击“确定”按钮后即可创建一个新的 Flash 文档，设置文档的尺寸为 540×425 像素，帧频设置为 24fps，其他参数保持不变，如图 14-52 所示。

(3) 执行“文件”/“导入”/“导入到舞台”命令，快捷键为 Ctrl+R。将素材图像“背景”导

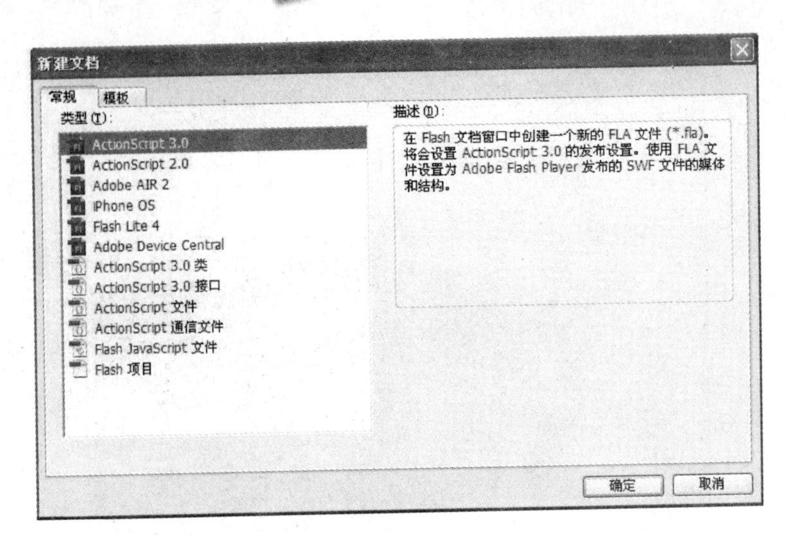

图 14-50

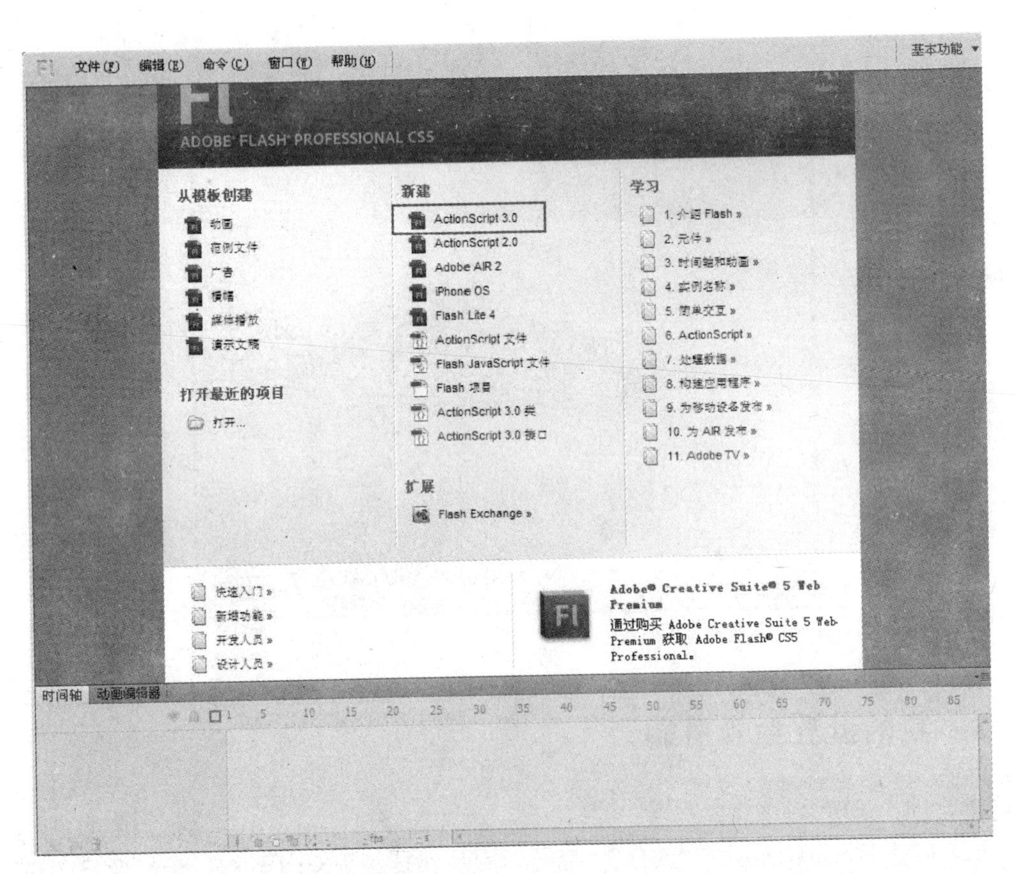

图 14-51

入到舞台，调整其大小使之与舞台大小匹配。并将其所在图层命名为“背景”，如图 14-53 和图 14-54 所示。

接着创建流动背景。

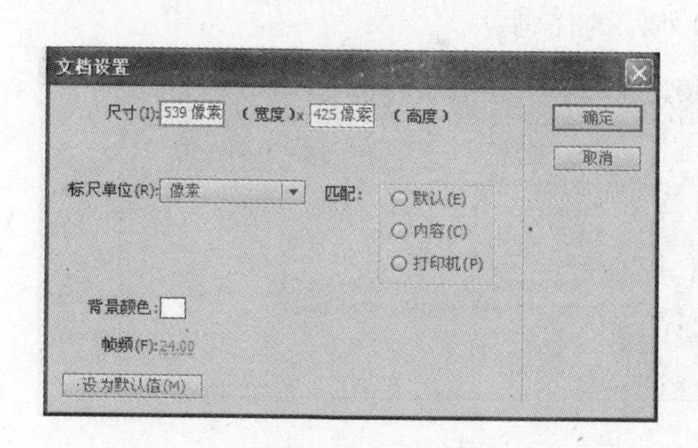

图 14-52

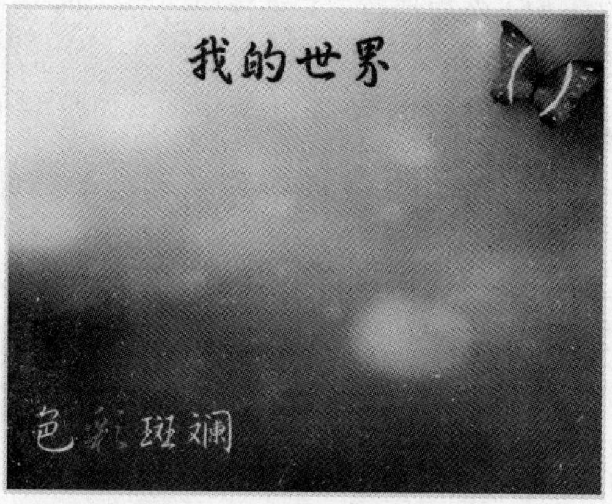

图 14-53

(4) 在“时间轴”面板上创建新图层，并将其命名为“流动背景”，如图 14-55 所示。然后执行“文件”/“导入”/“导入到舞台”命令，快捷键为 Ctrl＋R。将素材“流动背景”导入至舞台中，并放置在指定位置，如图 14-56 所示。然后在其上右击，将其转换为影片剪辑元件，如图 14-57 所示。

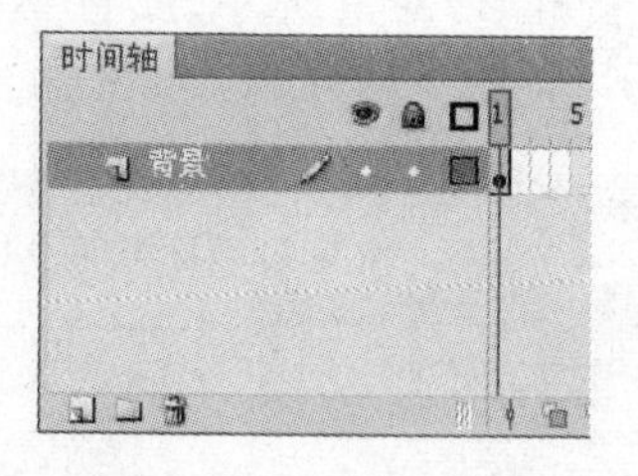

图 14-54

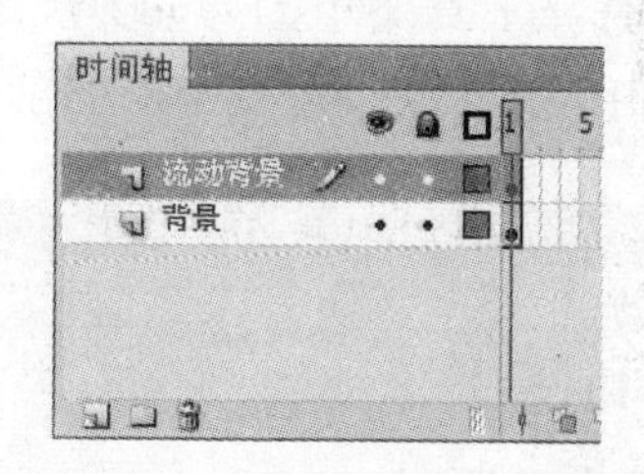

图 14-55

图 14-56

(5) 选择“时间轴”面板上的“流动背景”图层的第 1 帧，右击，选择“动作”命令，在其中输入“stop();”代码，如图 14-58 所示。

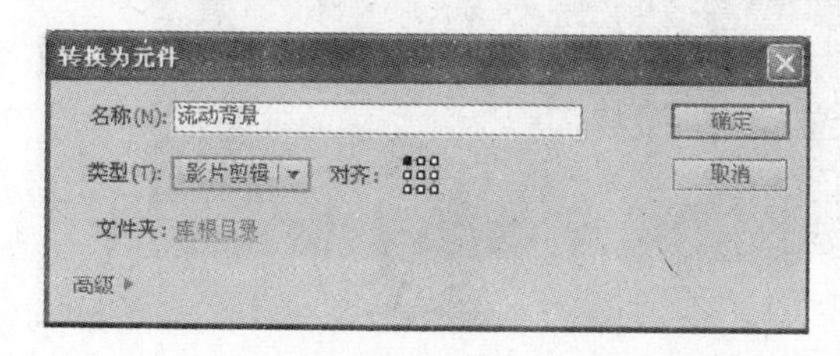

图 14-57

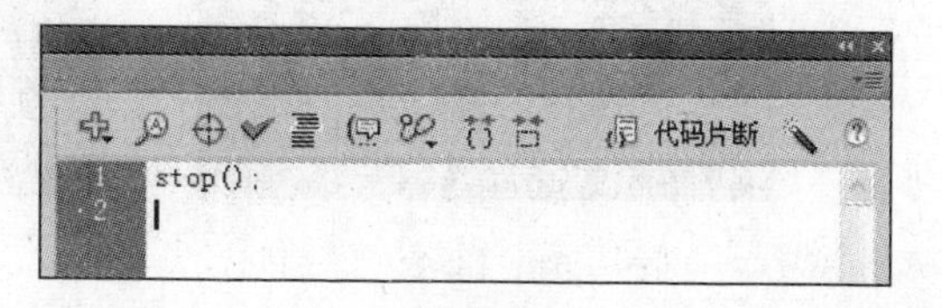

图 14-58

(6) 然后选择该关键帧中的"流动背景"元件实例，在其"属性"面板中的"实例名称"处命名为"menu"，如图 14-59 所示。

(7) 然后在"动作"面板中插入如图 14-60 所示的代码。

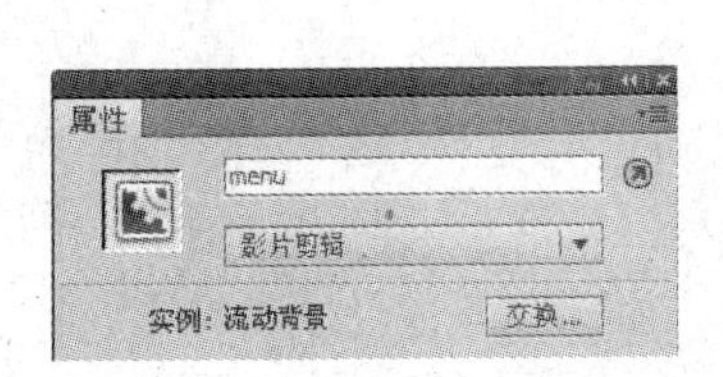

图 14-59

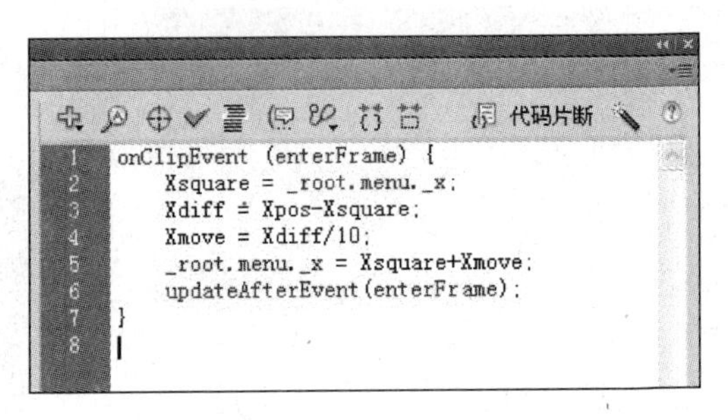

图 14-60

然后创建按钮。

(8) 执行"插入"/"新建元件"命令，快捷键为 Ctrl+F8，创建一个按钮元件，如图 14-61 所示。

(9) 单击"确认"按钮后，即可进入按钮元件的编辑状态。在"单击"状态下右击，插入关键帧，然后选择工具箱中的"矩形"工具，绘制一个矩形，对其大小、颜色不做要求，如图 14-62 和图 14-63 所示。

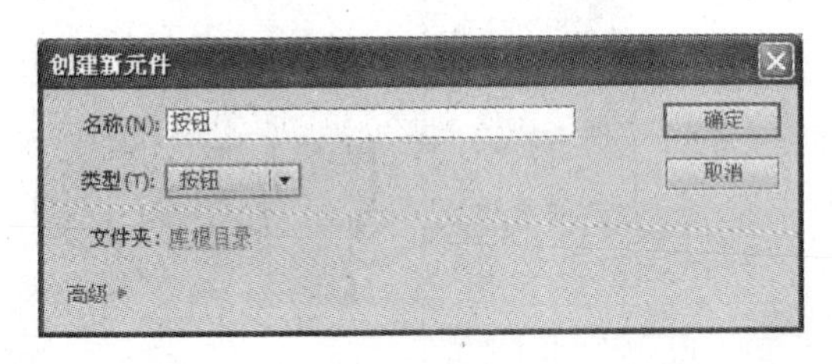

图 14-61

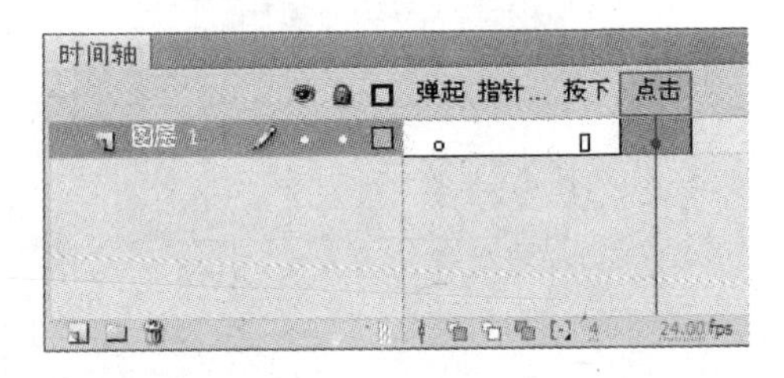

图 14-62

(10) 返回场景编辑状态，新建图层，命名为"按钮"。将制作好的按钮元件拖拽至舞台中。调整其大小和位置使之适合背景图像上的"色"字。按照相同的方法制作与"彩"、"斑"、"斓"三个字体相应大小的透明按钮，如图 14-64 所示。

图 14-63

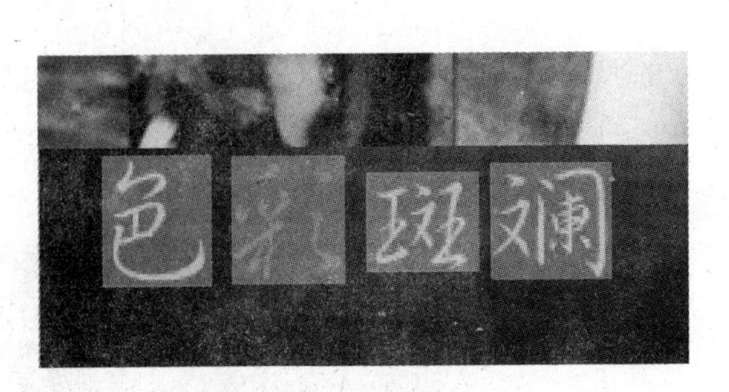

图 14-64

(11) 选择这些按钮,分别为它们添加动作代码。"色彩斑斓"4 个字体按钮的代码分别如图 14-65、图 14-66、图 14-67 和图 14-68 所示。

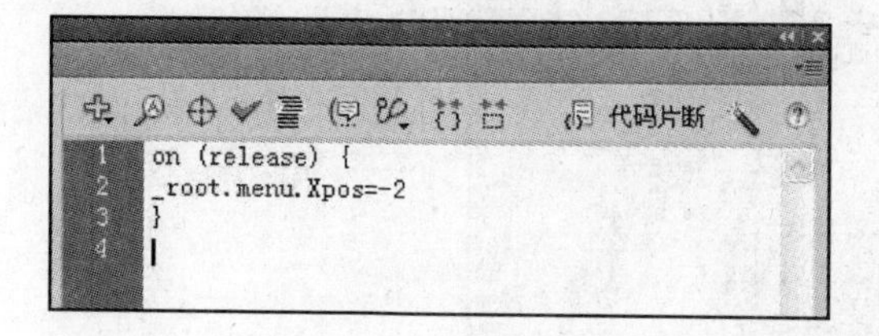

图 14-65

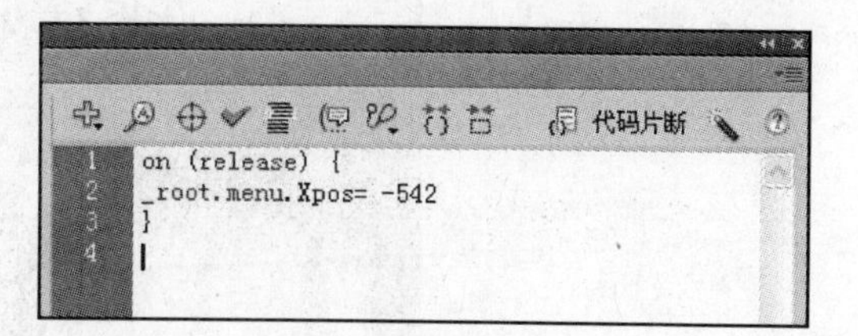

图 14-66

```
on (release) {
_root.menu.Xpos= -1081
}
```

图 14-67

图 14-68

接着完善画面构图。

(12) 在"时间轴"面板上继续新建图层,使用工具箱中的"矩形"工具绘制两个矩形,放置在适当位置,并将其颜色设置为黑色,如图 14-69 所示。

图 14-69

最后测试与发布影片。

(13) 执行"控制"/"测试影片"命令,快捷键为 Ctrl+Enter。如图 14-70 和图 14-71 所示可以看到当单击图像下面的"色彩斑斓"4 个字时,中间的流动背景会产生不同的变化。

图 14-70

图　14-71

14.4　制作网站导航

(1) 打开 Flash CS5 软件，在弹出的“欢迎屏幕”中的“新建”选项下方选择“新建 Flash 文件(ActionScript 3.0)”选项，新建文档，如图 14-72 所示。

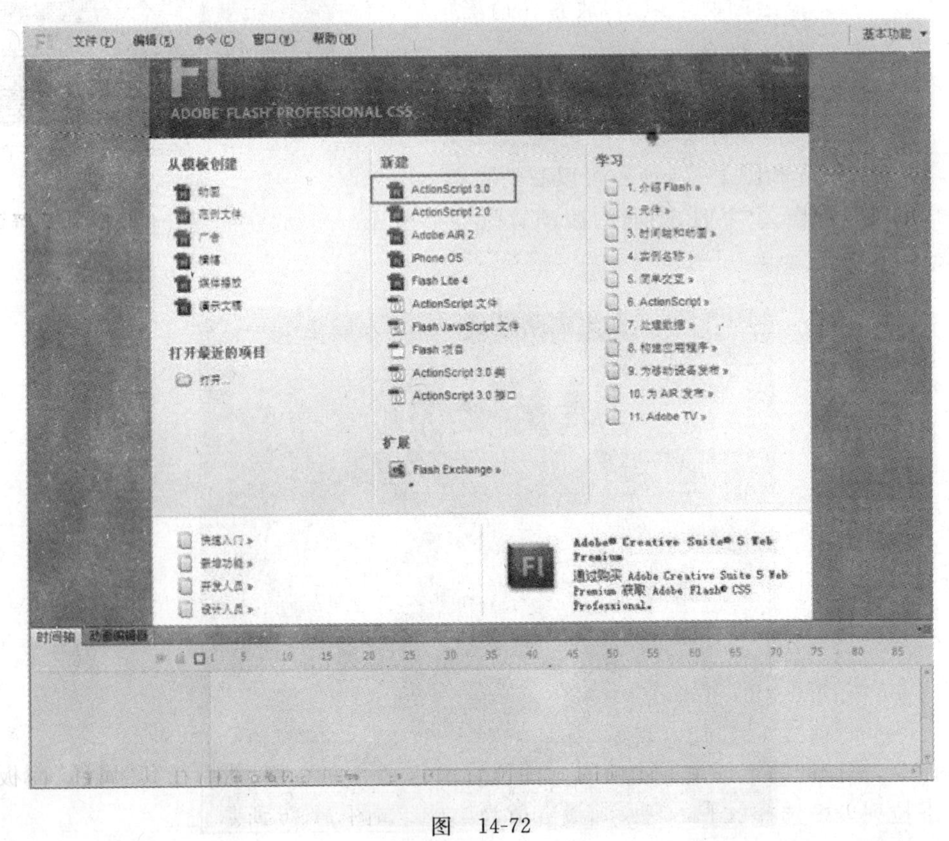

图　14-72

(2) 执行“文件”/“导入”/“导入到舞台”命令，快捷键为 Ctrl＋R，将素材图片“背景”导入到舞台中，调整其大小和位置，并单击“时间轴”面板上“图层 1”的锁定图层图标，将其锁定。然后将文档背景颜色设置为黑色，尺寸为 600×340 像素，如图 14-73 所示。

图　14-73

(3) 执行“插入”/“新建元件”命令，快捷键为 Ctrl＋F8，在弹出的对话框中设置类型为“影片剪辑”，名称为“down1”，如图 14-74 所示。

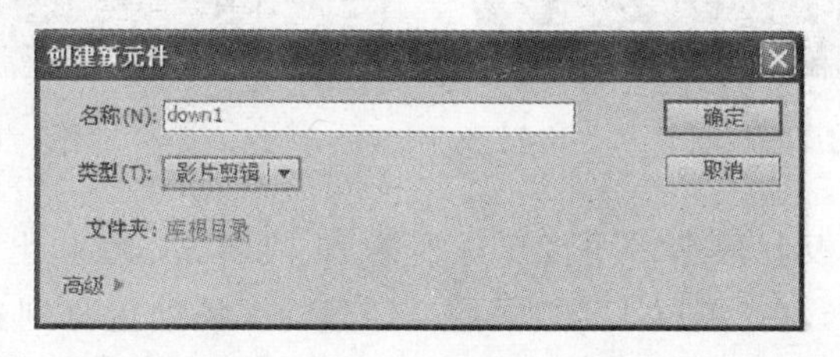

图　14-74

(4) 单击“确定”按钮后，即可进入“down1”影片剪辑元件的编辑区域。选择工具箱中的“矩形”工具，设置颜色为棕色，然后在矩形上右击，在弹出的菜单中选择“转换为元件”命令。名称为“down2”，类型为“图形”，如图 14-75 所示。

(5) 在“时间轴”面板上选择“图层 1”的第 18 帧，右击，在弹出的菜单中选择“插入关键帧”命令，快捷键为 F6，并将此帧的元件位置向水平方向右移，然后在其“属性”面板的“颜色”下拉列表中选择“Alpha”选项，设置值为 25%，如图 14-76 所示。

图　14-75

（6）选择“图层 1”中的第 25 帧，右击，在弹出的菜单中选择“插入关键帧”命令，快捷键为 F6，在其“属性”面板中设置其 Alpha 值为 40%，并在第 1 帧和第 18 帧、第 18 帧和第 25 帧中间分别右击，在弹出的菜单中选择“创建传统补间”命令，如图 14-77 所示。

图　14-76

图　14-77

（7）在“时间轴”面板上新建“图层 2”，选择第 26 帧，右击，在弹出的菜单中选择“插入关键帧”命令，快捷键为 F6，在“图层 1”和“图层 2”的第 60 帧处也分别右击，在弹出的菜单中选择“插入帧”命令，快捷键为 F5。然后选择工具箱中的“文本”工具 T，在舞台中输入文本信息，如图 14-78 所示。

（8）选择文字，右击，在弹出的菜单中选择“转换为元件”命令，如图 14-79 所示。

（9）选择“图层 2”的第 25 帧，将元件“文本 1”的 Alpha 值设置为 0%，选择第 55 帧，将其 Alpha 值设置为 70%，然后将文本向左移动。并创建补间动画，如图 14-80 所示。

（10）在“时间轴”面板上新建“图层 3”，选择第 60 帧，右击，在弹出的菜单中选择“插入空白关键帧”命令，快捷键为 F7，然后再次右击，在弹出的菜单中选择“动作”选项，在“动作”面板中输入代码“stop();”，如图 14-81 所示。

图 14-78

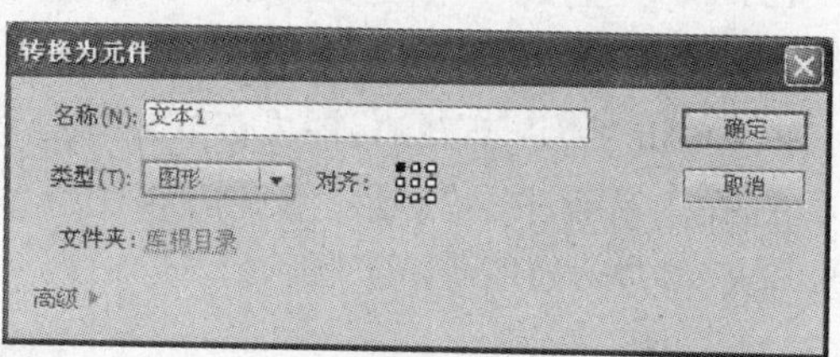

图 14-79

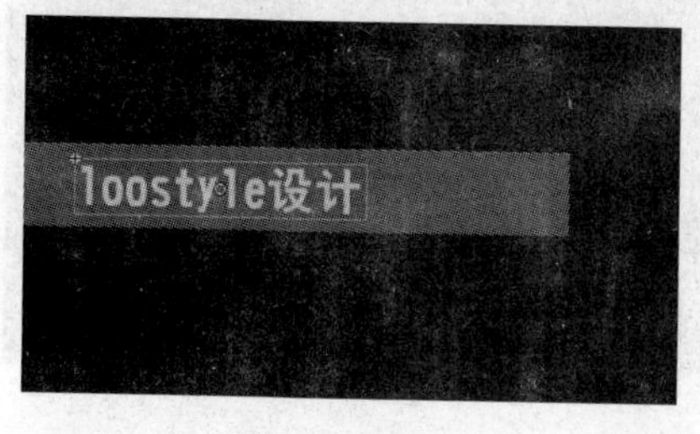

图 14-80

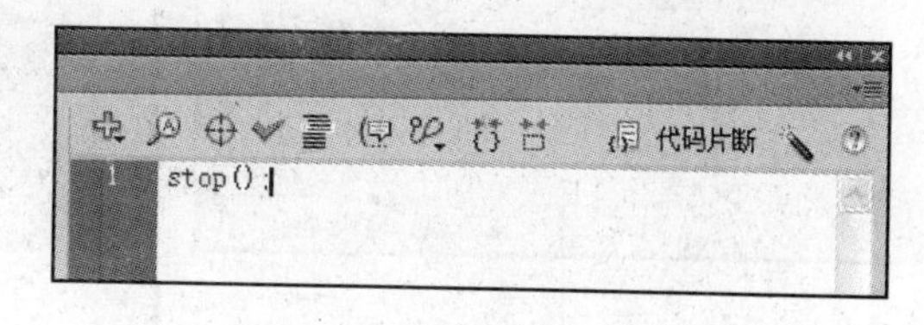

图 14-81

(11) 单击导航条中的“Scene1”按钮,进入主场景菜单中,在“时间轴”面板上插入“图层 2”,选择第 8 帧,右击,在弹出的菜单中选择“插入空白关键帧”,快捷键为 F7,同时在“图层 1”的第 8 帧处插入帧。然后将“库”面板中的“down2”元件拖拽至舞台中,并调整其大小和位置,如图 14-82 所示。

图 14-82

(12) 执行“插入”/“新建元件”命令，快捷键为 F8，设置其名称为“mulu1”，类型为“影片剪辑”，如图 14-83 所示。

(13) 单击“确定”按钮后，即可进入影片剪辑编辑区域，将“时间轴”面板上的“图层 1”命名为“a”，选择工具箱中的“矩形”工具，在舞台中绘制矩形，设置填充颜色为“＃FFFFFF”，Alpha 值为 20％，如图 14-84 所示。

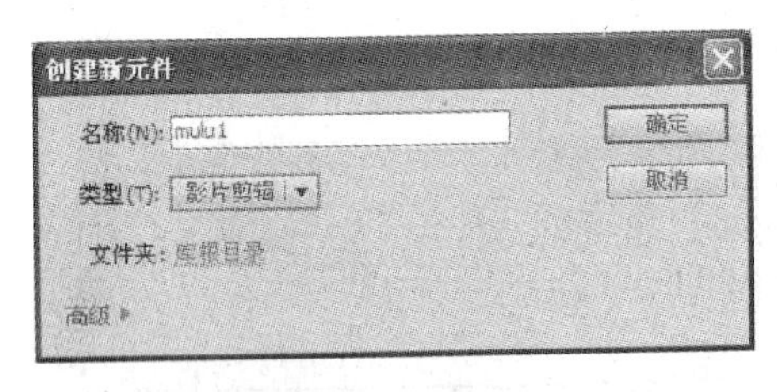

图 14-83

图 14-84

(14) 选择第 2 帧，右击，在弹出菜单中选择“插入空白关键帧”，快捷键为 F7，继续选择第 15 帧，右击，选择“插入关键帧”命令，快捷键为 F6。选择工具箱中的“矩形”工具，同样绘制和第 1 帧一样的矩形，如图 14-85 所示。

(15) 保持选择工具箱中的“矩形”工具不变，设置颜色为“＃FFFFFF”，Alpha 值为 30％，绘制如图 14-86 所示的矩形。

图 14-85

图 14-86

(16) 执行“插入”/“新建元件”命令，快捷键为 F8，设置其名称为“b1”，类型为“按钮”，如图 14-87 所示。

(17) 单击“确认”按钮后，即可进入按钮元件的编辑区域，选择“时间轴”面板的“弹起”帧，右击，选择“插入关键帧”命令，快捷键为 F6。然后选择工具箱中的“文本”工具，在舞台中输入文字，并执行“修改”/“分离”命令将其打散，快捷键为 Ctrl＋B，如图 14-88 所示。

(18) 选择“指针经过”帧，右击，选择“插入关键帧”命令，快捷键为 F6，并将此帧的图形颜色更改为“＃FFFF00”，如图 14-89 所示。

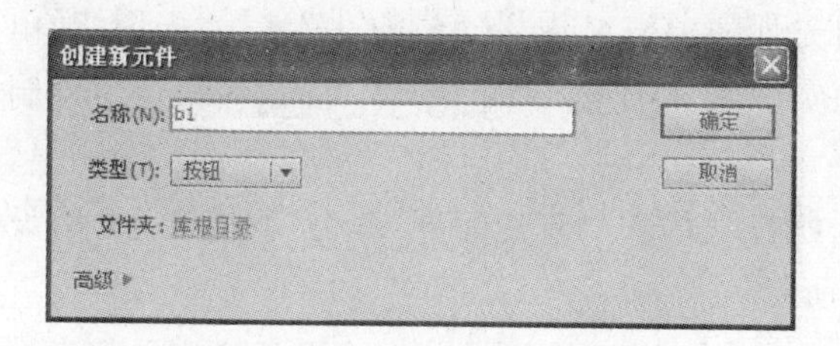

图 14-87

图 14-88

(19) 选择“点击”帧,右击,选择“插入关键帧”命令,快捷键为 F6。删除此帧中的文本,然后选择工具箱中的“矩形”工具▢,在舞台中文本图形的位置,绘制矩形,如图 14-90 所示。

图 14-89

图 14-90

(20) 按照同样的方法制作按钮元件“b2”、“b3”、“b4”、“b5”、“b6”,如图 14-91 所示。

(21) 制作完成后,双击“库”面板中的“mulu1”按钮,进入其影片剪辑按钮的编辑区域。新建“图层 2”,将其名称修改为“c”,选中第 15 帧,右击,在弹出的菜单中选择“插入空白关键帧”命令,快捷键为 F7,将制作好的 6 个按钮元件拖拽至舞台中,并调整好其大小和位置,如图 14-92 所示。

(22) 执行“插入”/“新建元件”命令,快捷键为 F8,设置其名称为“d1”,类型为“按钮”,如图 14-93 所示。

图 14-91

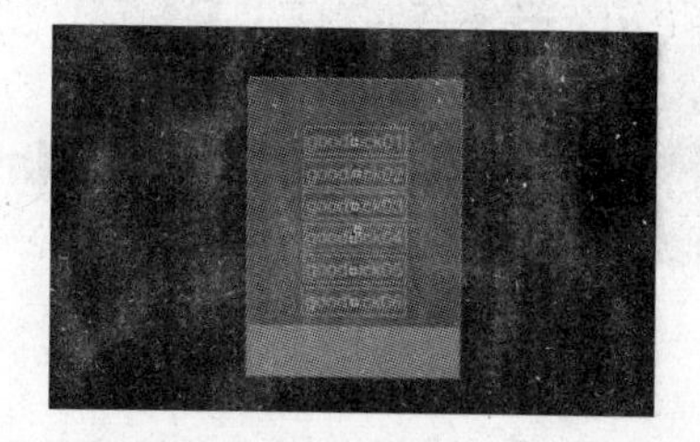

图 14-92

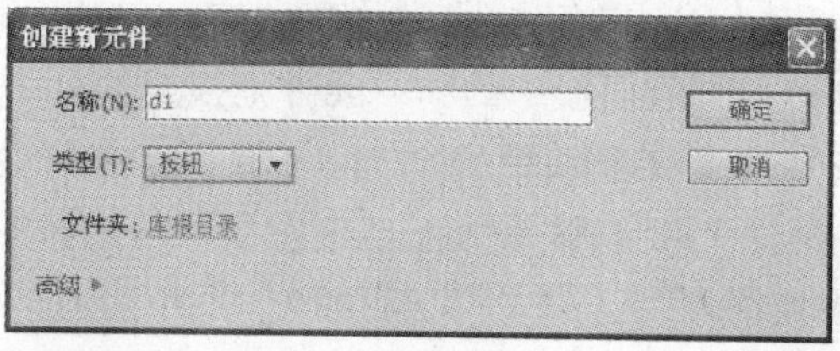

创建新元件
名称(N): d1
确定
类型(T): 按钮
取消
文件夹: 库根目录
高级

图 14-93

(23) 单击"确定"按钮后,即可进入按钮元件的编辑区域,选择"点击"帧,右击,在弹出的菜单中选择"插入空白关键帧",快捷键为F7,选择工具箱中"矩形"工具在舞台中绘制一个矩形,填充白色,如图14-94所示。

(24) 单击"Scene1"按钮,回到主场景中,执行"插入"/"新建元件"命令,快捷键为F8,设置其名称为"d2",类型为"按钮",如图14-95所示。

图 14-94

图 14-95

(25) 单击"确认"按钮后,即可进入按钮元件的编辑区域,选择"点击"帧,右击,在弹出的菜单中选择"插入空白关键帧"命令,快捷键为F7。然后选择工具箱中的"矩形"工具,在舞台中绘制一个矩形,填充白色,并执行"修改"/"合并对象"/"打孔"命令将中间镂空,如图14-96所示。

(26) 然后双击"库"面板中的"mulu1"元件,插入新图层,将其命名为"e",选择第1帧,将元件"d1"拖拽至舞台中,并调整其位置和大小,如图14-97所示。

图 14-96

图 14-97

(27) 选择工具箱中的"文本"工具,在舞台中输入文本信息,如图14-98所示。

(28) 在"时间轴"面板上选择第2帧,右击,在弹出的菜单中选择"插入空白关键帧"命令,快捷键为F7,然后在第15帧处右击,在弹出菜单中选择"插入关键帧"命令,快捷键为F6。此时把"库"面板中的"d2"元件拖拽至舞台中,并调整其位置和大小,如图14-99所示。

(29) 选择工具箱中的"文本"工具,在舞台中输入文本信息,如图14-100所示。

(30) 在"时间轴"面板上新建图层"f",选择第1帧,右击,在弹出的菜单中选择"动作"选项,然后输入"stop();"代码,如图14-101所示。

(31) 用同样的方法制作另外3个影片剪辑元件"mulu2"、"mulu3"、"mulu4",如图14-102所示。

图 14-98

图 14-99

图 14-100

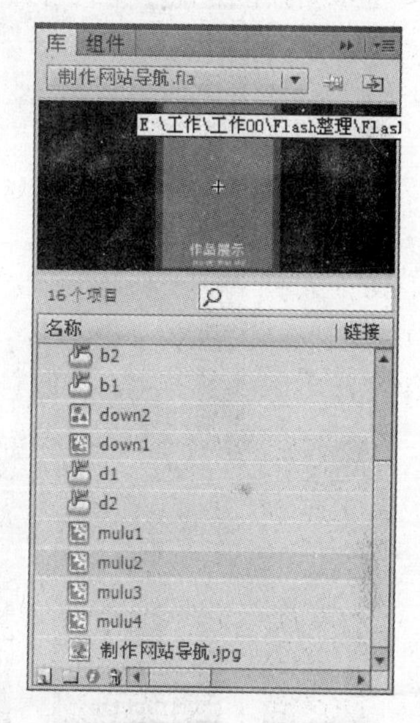

图 14-102

图 14-101

(32) 单击工作区中的“Scene1”按钮，进入到主场景中，新建“图层 3”，然后将“库”面板中的“mulu1”、“mulu2”、“mulu3”和“mulu4”4 个影片剪辑元件拖拽至舞台中，并调整其位置和大小，如图 14-103 所示。

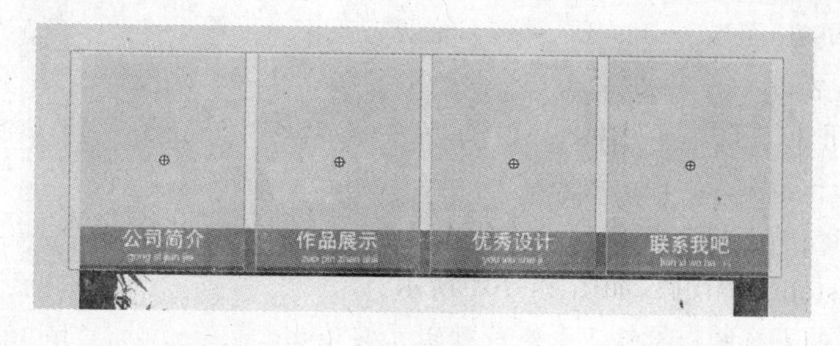

图 14-103

(33) 在“时间轴”面板上新建图层，命名为“action”，在第 8 帧处右击，在弹出的菜单中选择“插入关键帧”命令，快捷键为 F6，然后打开“动作”面板，输入如图 14-104 所示的代码。然后再新建“图层 4”，输入“stop();”如图 14-105 所示。

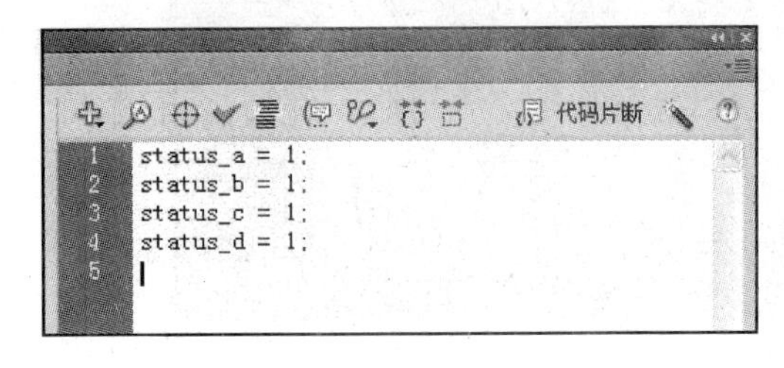

图　14-104

图　14-105

(34) 执行“控制”/“测试影片”命令，快捷键为 Ctrl+Enter，即可浏览制作的网站导航动画，如图 14-106 和图 14-107 所示。

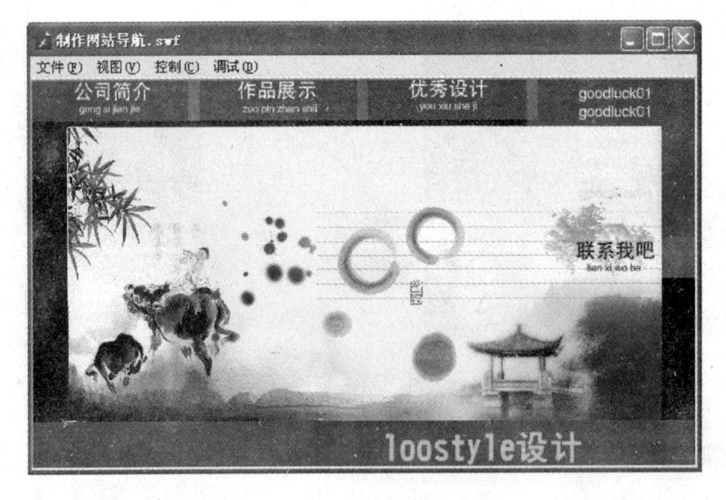

图　14-106

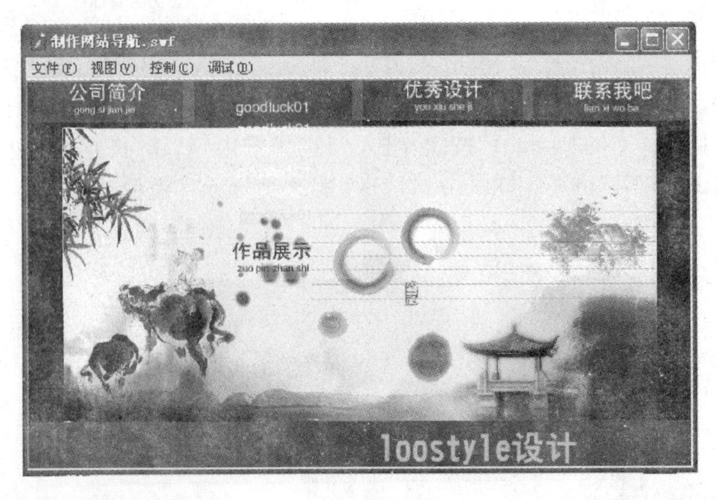

图　14-107

14.5 变色的屋顶

(1) 打开 Flash CS5 软件,在弹出的"欢迎屏幕"中的"新建"选项下方选择"新建 Flash 文件(ActionScript 3.0)"选项,新建文档,如图 14-108 所示。

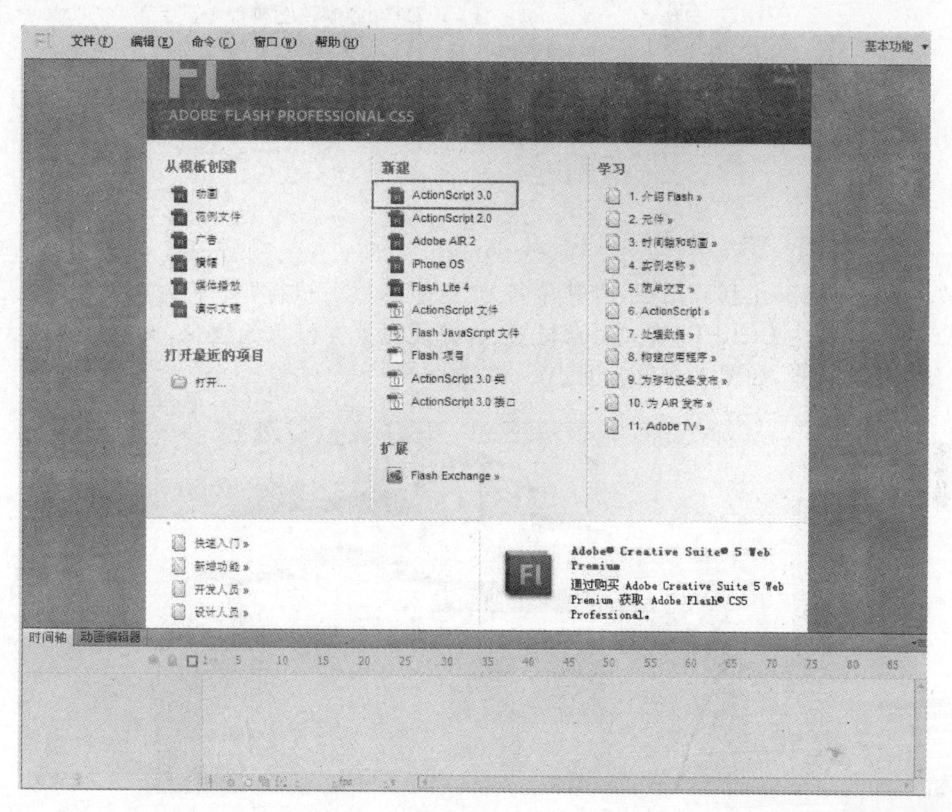

图 14-108

(2) 执行"文件"/"导入"/"导入到舞台"命令,快捷键为 Ctrl+R,将素材图片"背景"导入到舞台中,调整其大小和位置,并单击"时间轴"面板上"图层 1"的锁定图层图标,将其锁定。然后将尺寸设置为 580×400 像素,帧频为 36fps,如图 14-109 和图 14-110 所示。

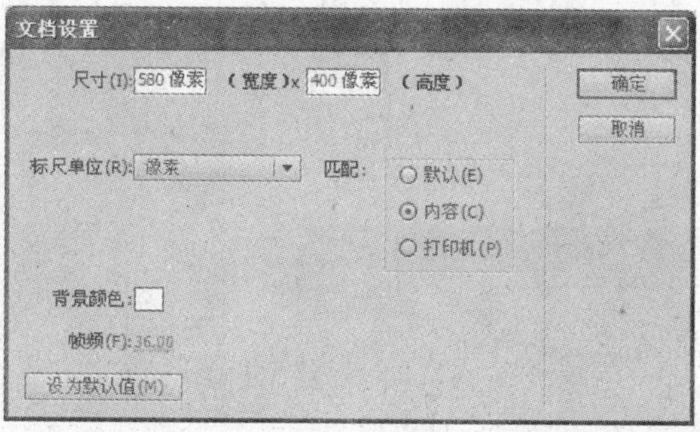

图 14-109

图　14-110

(3) 在“图层 1”上新建图层，将其命名为“遮罩”，然后执行“文件”/“导入”/“导入到舞台”命令，快捷键为 Ctrl+R，将矢量素材导入，并设置填充颜色为黑色，调整遮罩的大小和位置使之适合背景，如图 14-111 所示。

图　14-111

(4) 在重合的遮罩上右击，将其转换成影片剪辑元件，命名为“变色元件”，如图 14-112 所示。

(5) 在“属性”面板中，将“变色元件”的 Alpha 值设置为 90%，并且设置“影片剪辑”的名称为“mask”，如图 14-113 所示，得到的图像效果如图 14-114 所示。

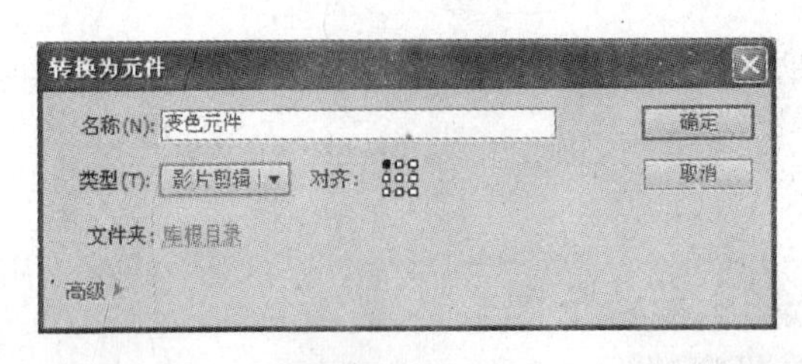

图　14-112

图　14-113

图 14-114

（6）选择“变色元件”，打开“动作”面板，输入如图 14-115 所示的代码。

```
    myColor = new Color(this);
    var cRGB = myColor.getRGB();
    var cHEX = cRGB.toString(16);
    var newRGB = cRGB;
    var newHEX = cHEX;
}
onClipEvent (enterFrame) {
    if (cHEX<>newHEX) {
        var cHEX_r = parseInt(cHEX.substring(0, 2), 16);
        var newHEX_r = parseInt(newHEX.substring(0, 2), 16);
        var cHEX_g = parseInt(cHEX.substring(2, 4), 16);
        var newHEX_g = parseInt(newHEX.substring(2, 4), 16);
        var cHEX_b = parseInt(cHEX.substring(4, 6), 16);
        var newHEX_b = parseInt(newHEX.substring(4, 6), 16);
        if (cHEX_r<>newHEX_r) {
            var r_diff = Math.round((newHEX_r-cHEX_r)/a);
            if (Math.abs(r_diff)<1) {
                cHEX_r = newHEX_r;
            } else {
                cHEX_r += r_diff;
            }
        }
        if (cHEX_g<>newHEX_g) {
            var g_diff = Math.round((newHEX_g-cHEX_g)/a);
            if (Math.abs(g_diff)<1) {
                cHEX_g = newHEX_g;
            } else {
                cHEX_g += g_diff;
            }
        }
        if (cHEX_b<>newHEX_b) {
            var b_diff = Math.round((newHEX_b-cHEX_b)/a);
            if (Math.abs(b_diff)<1) {
                cHEX_b = newHEX_b;
            } else {
                cHEX_b += b_diff;
            }
        }
        cHEX_r = cHEX_r.toString(16);
        cHEX_g = cHEX_g.toString(16);
        cHEX_b = cHEX_b.toString(16);
        while (cHEX_r.length<2) {
            cHEX_r = "0"+cHEX_r;
        }
        while (cHEX_g.length<2) {
            cHEX_g = "0"+cHEX_g;
        }
        while (cHEX_b.length<2) {
            cHEX_b = "0"+cHEX_b;
        }
        cHEX = cHEX_r+cHEX_g+cHEX_b;
        myColor.setRGB(parseInt(cHEX, 16));
    }
}
```

图 14-115

(7) 执行"插入"/"新建元件"命令，快捷键为 Ctrl＋F8。插入一个按钮元件，并将其命名为"绿按钮"，如图 14-116 所示。

(8) 单击"确定"按钮后，即可进入按钮元件的编辑状态，选择"弹起"状态下的关键帧，使用工具箱中的"基本矩形"工具创建一个 30×30 像素，边角半径为 5 的圆角矩形，并填充绿色，如图 14-117 所示。

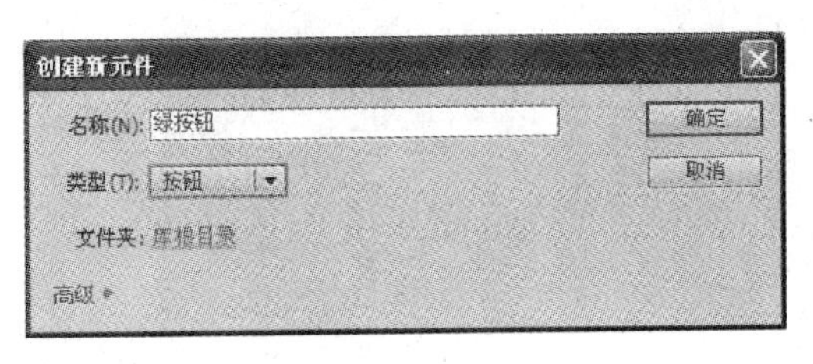

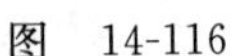
图 14-116

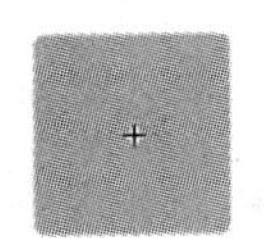
图 14-117

(9) 再次执行"插入"/"新建元件"命令，快捷键为 Ctrl＋F8。插入一个影片剪辑元件，并将其命名为"鼠标经过按钮动画"，如图 14-118 所示。

(10) 单击"确定"按钮后，即可进入影片剪辑元件的编辑状态，在"时间轴"面板上的"图层 1"的第 1 帧处创建一个宽、高都为 30 像素，边角半径为 5 的无填充色圆角方形外轮廓，描边颜色为黑色。然后在第 20 帧和第 40 帧处也插入关键帧，如图 14-119 和图 14-120 所示。

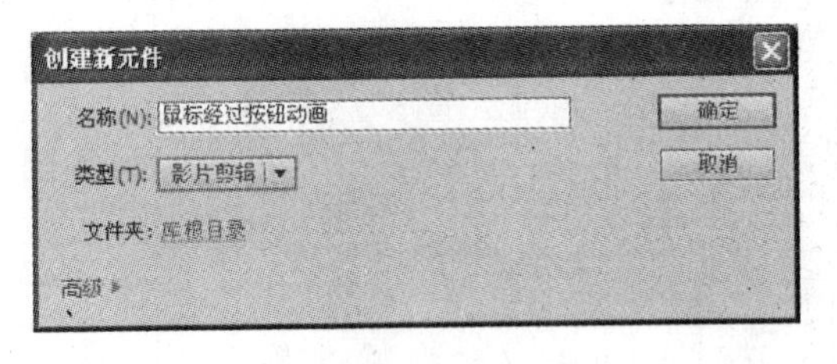

图 14-118

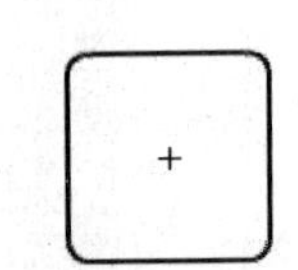
图 14-119

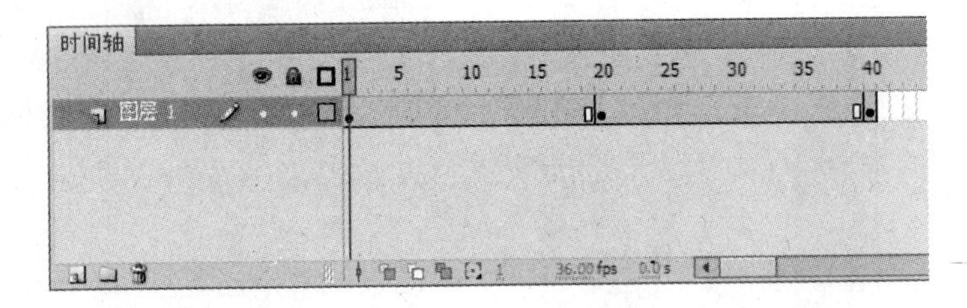

图 14-120

(11) 将第 20 帧处的圆角矩形放大到宽、高都为 50 像素，并将描边颜色的 Alpha 值设定为 25%，然后在第 1 帧、第 20 帧、第 40 帧之间分别用形状补间链接，如图 14-121 和图 14-122 所示。

(12) 回到"绿按钮"元件中，在"指针经过"状态栏中插入关键帧，将制作完成的"鼠标经过按钮动画"元件从库中拖至该关键帧处，并使之与"绿按钮"对齐，如图 14-123 和图 14-124 所示。

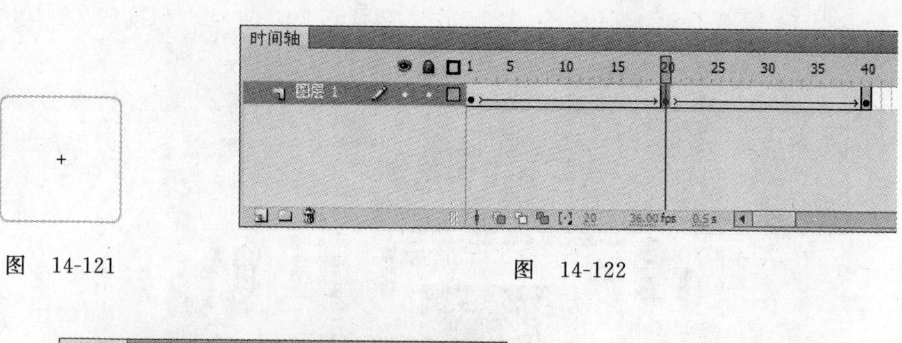

图 14-121

图 14-122

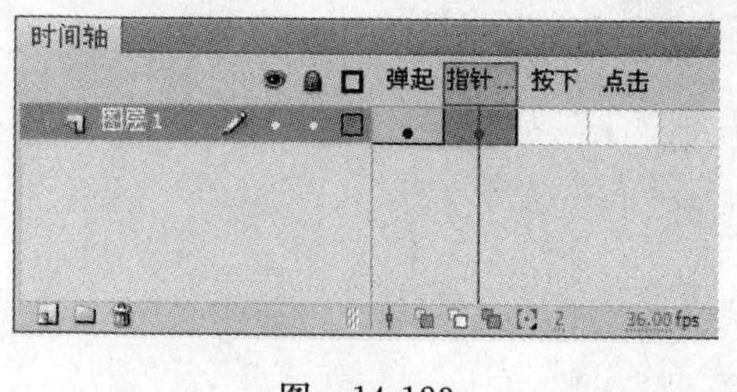

图 14-123

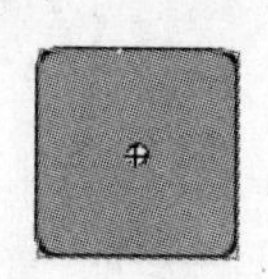

图 14-124

(13) 用同样的方法制作“红按钮”、“蓝按钮”、“紫按钮”、“橙按钮”，如图 14-125 所示。

(14) 返回场景状态，在“遮罩”上方新建“按钮”图层，然后将制作完成的 5 个按钮拖至该图层，并调整其位置和大小，如图 14-126 和图 14-127 所示。

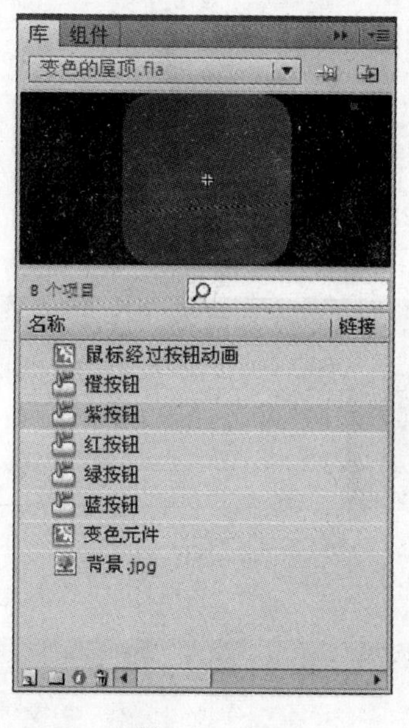

图 14-125

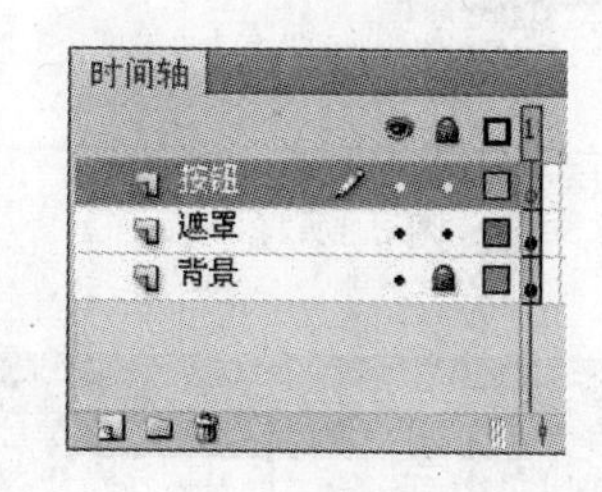

图 14-126

(15) 新建“文字”图层。选择工具箱中的“文本”工具 T ，在场景中输入文字加以修饰，如图 14-128 所示。

(16) 然后逐一为各个按钮添加变色代码。“橙按钮”代码如图 14-129 所示、“红按钮”代码如图 14-130 所示、“蓝按钮”代码如图 14-131 所示、“绿按钮”代码如图 14-132 所示、“紫按钮”代码如图 14-133 所示。

图 14-127

图 14-128

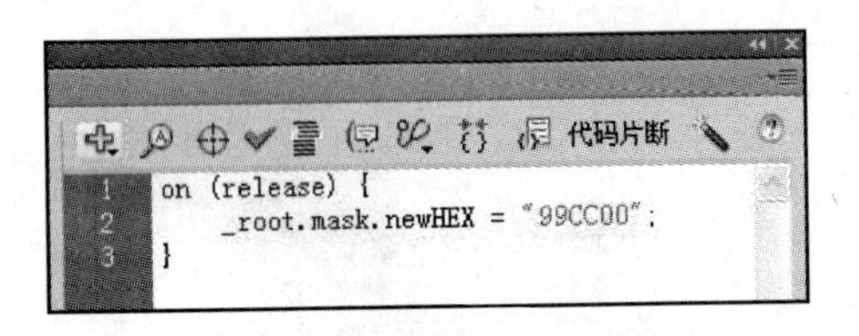

图 14-129

图 14-130

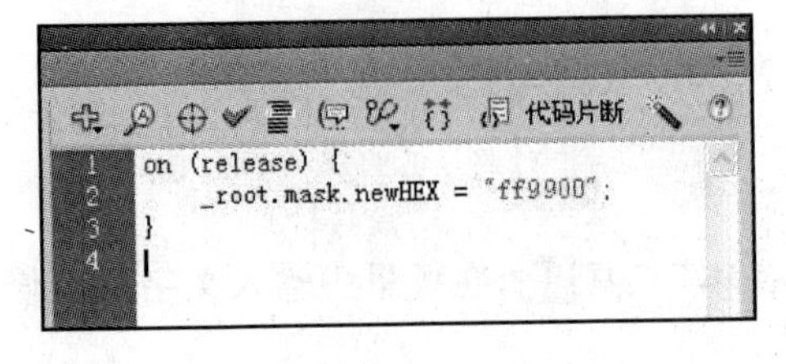

图 14-131

图 14-132

(17) 执行"控制"/"测试影片"命令，快捷键为 Ctrl+Enter。从中可以看到当单击按钮时，屋顶会发生相应的颜色变化，如图 14-134、图 14-135 和图 14-136 所示。

```
on (release) {
    _root.mask.newHEX = "0033cc";
}
```

图 14-133

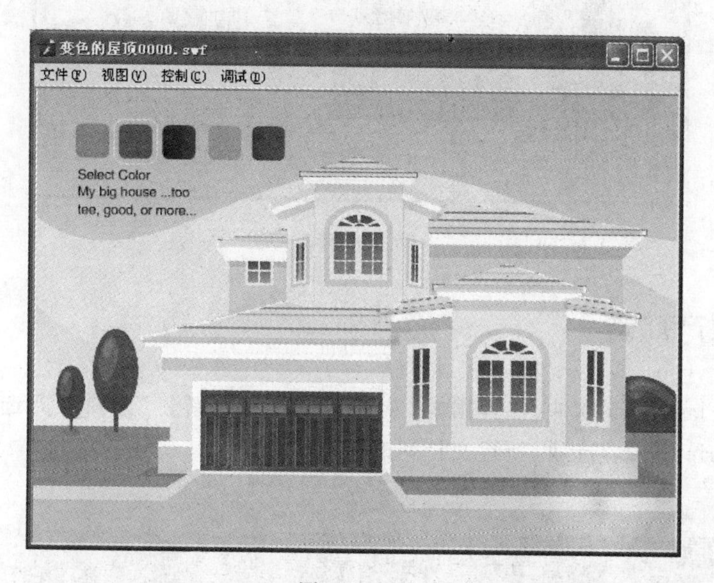

图 14-134

图 14-135

图 14-136

14.6 房地产广告

(1) 打开 Flash CS5 软件,在弹出的"欢迎屏幕"中的"新建"选项下方选择"新建 Flash 文件(ActionScript 3.0)"选项,新建文档,如图 14-137 所示。

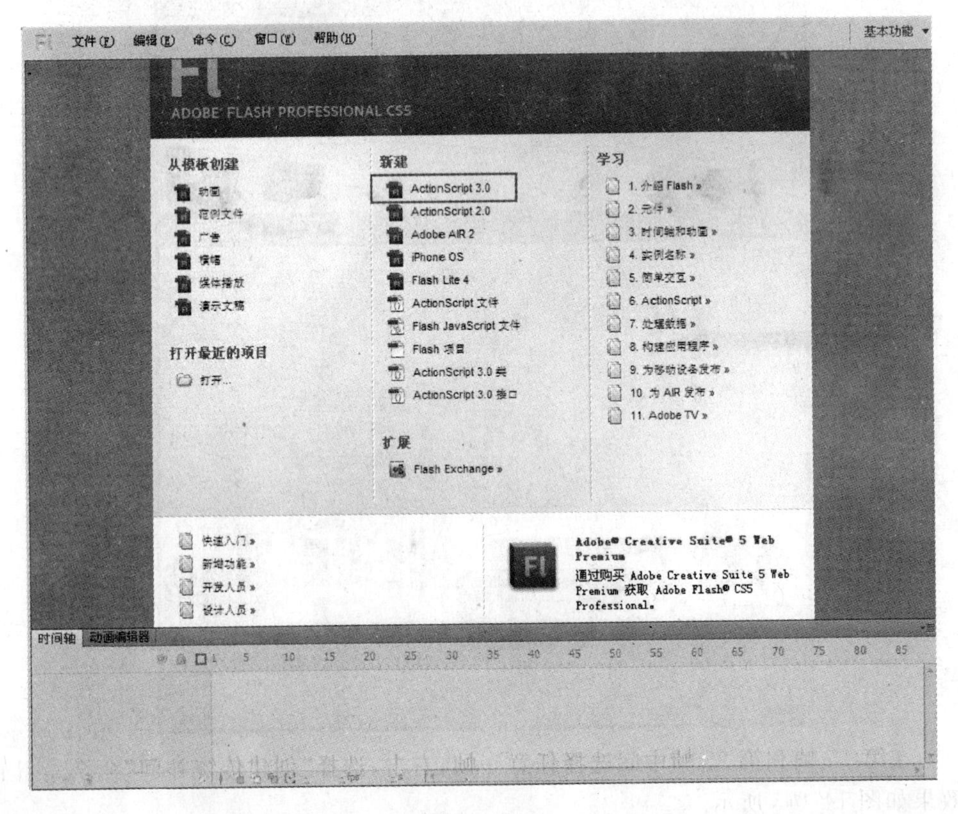

图 14-137

(2) 单击“属性”面板中的“编辑”按钮，将其尺寸设置为720×550像素，背景颜色设置为暗红色，如图14-138所示。

(3) 执行“插入”/“新建元件”命令，快捷键为Ctrl+F8，新建一个名为“动画a”的影片剪辑类型的元件，如图14-139所示。

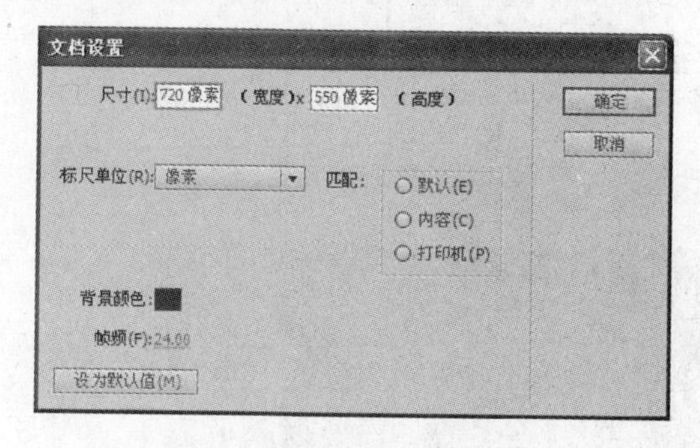

图　14-138

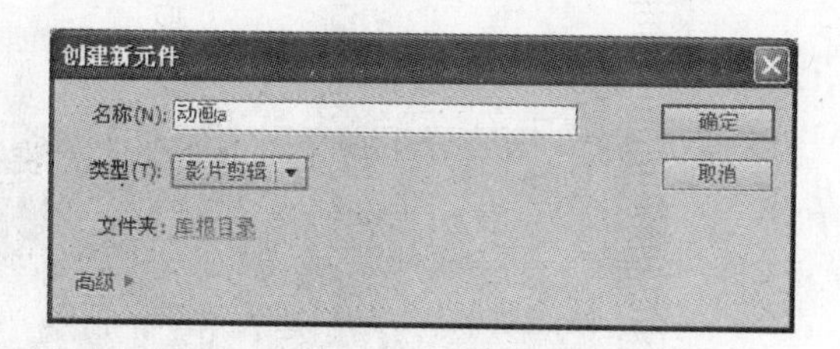

图　14-139

(4) 单击“确定”按钮后，即可进入“动画a”影片剪辑元件的操作界面中。执行“文件”/“导入”/“导入到舞台”命令，快捷键为Ctrl+R，将素材图片“素材1”导入到舞台中，调整其大小和位置，如图14-140所示。

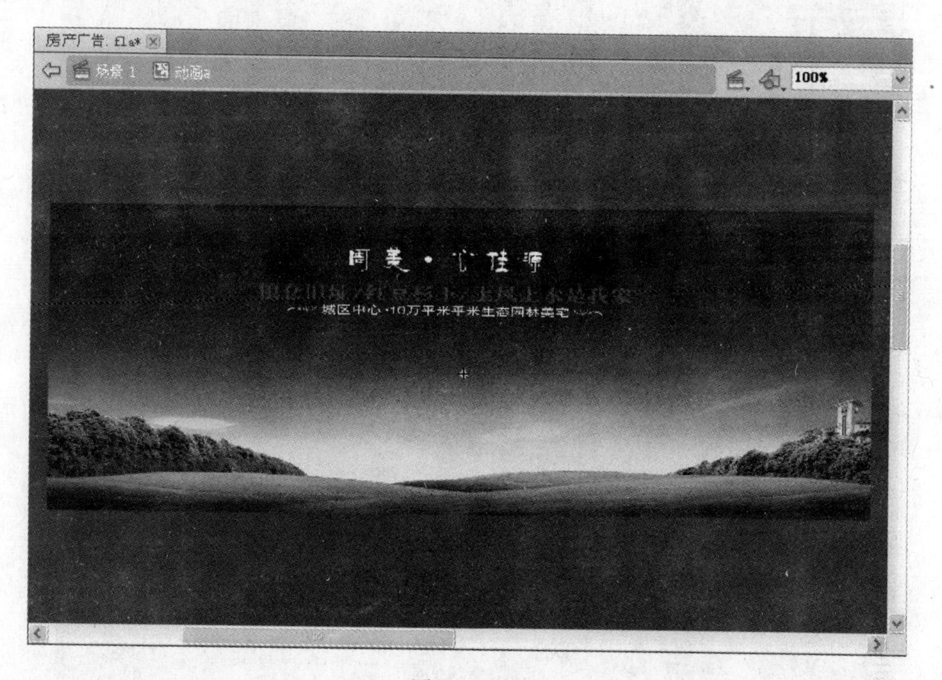

图　14-140

(5) 在图片上右击，将其转换为元件，如图14-141所示。

(6) 在“时间轴”面板的第15帧和第25帧分别插入关键帧，快捷键为F6。然后选择第25帧，在其“属性”面板中设置其“色彩样式”中的Alpha值为0%，效果如图14-142所示。

(7) 在第15帧和第25帧中间选择任意一帧，右击，选择“创建传统补间”命令。得到的图像效果如图14-143所示。

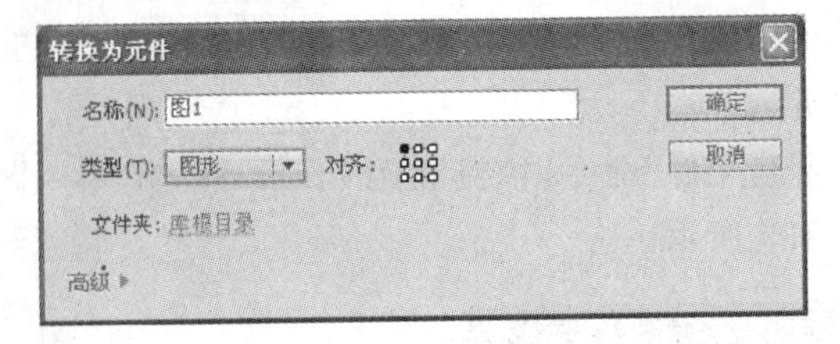

图 14-141

图 14-142

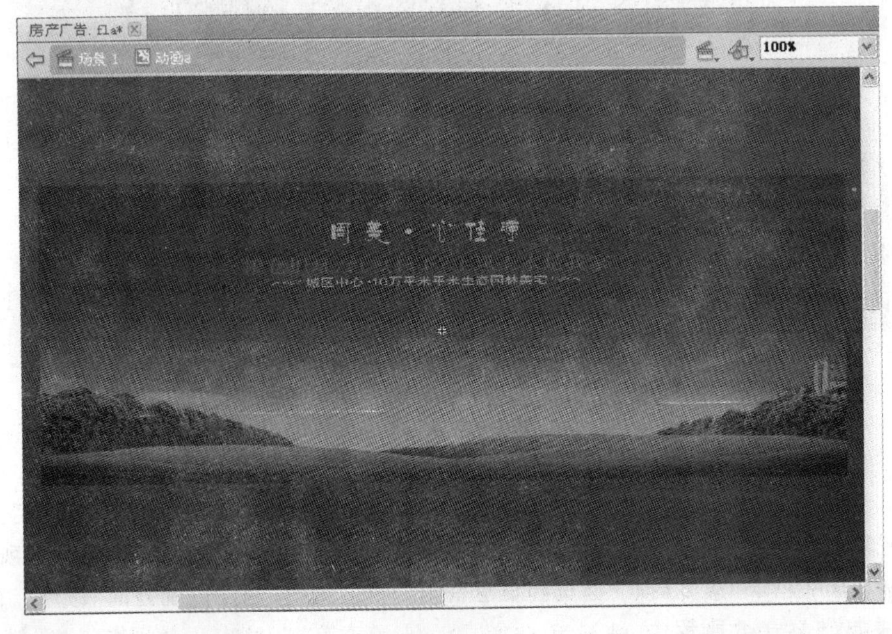

图 14-143

(8) 新建“图层 2”，在其第 20 帧处添加关键帧，导入“素材 2”图片，并调整至合适位置和大小，如图 14-144 所示。

图 14-144

(9) 在“素材 2”图片上右击，选择“转换为元件”命令，将其转换为图形元件，如图 14-145 所示。

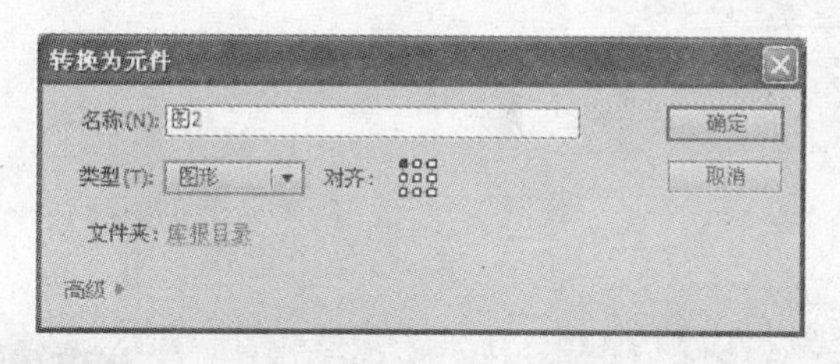

图 14-145

(10) 在“图层 2”第 30 帧、第 45 帧、第 50 帧处分别插入关键帧，设置第 20 帧和第 55 帧的 Alpha 值为 0%，如图 14-146 所示。

(11) 在“图层 2”第 20 帧至第 30 帧、第 45 帧至第 55 帧中间分别右击，创建传统补间。得到的图像效果如图 14-147 所示。

(12) 新建“图层 3”，在第 50 帧处插入关键帧，导入“素材 3”到舞台中，并调整其大小和位置，如图 14-148 所示。

(13) 在图像上右击，将其转换为图形元件，如图 14-149 所示。

(14) 在“图层 3”的第 60 帧、第 75 帧、第 85 帧处分别插入关键帧，然后设置第 50 帧和第 85 帧处的元件的“色彩样式”效果的 Alpha 值为 0%，如图 14-150 所示。

(15) 在“图层 3”的第 50 帧至第 60 帧、第 75 帧至第 85 帧中间分别右击，创建传统补

图 14-146

图 14-147

间。得到的图像效果如图 14-151 所示。

(16) 在“图层 1”的第 80 帧和第 90 帧处插入关键帧，设置第 90 帧处的“色彩样式”中的 Alpha 值为 100%，然后右击第 80 帧和第 90 帧中间的任意一帧，创建传统补间，如图 14-152 所示。

图 14-148

转换为元件
名称(N): 图3
类型(T): 图形
对齐:
文件夹: 库根目录
高级
确定
取消

图 14-149

图 14-150

图　14-151

图　14-152

(17) 执行“插入”/“新建元件”命令，快捷键为 Ctrl+F8，新建一个名为“动画 b”的影片剪辑元件，如图 14-153 所示。

(18) 单击“确定”按钮后，即可进入“动画 b”影片剪辑元件的操作界面中。导入“素材 4”图像到舞台中，调节其位置和大小，如图 14-154 所示。

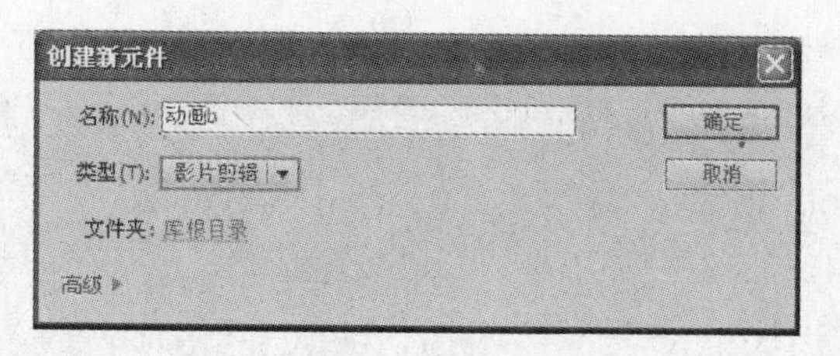

图 14-153

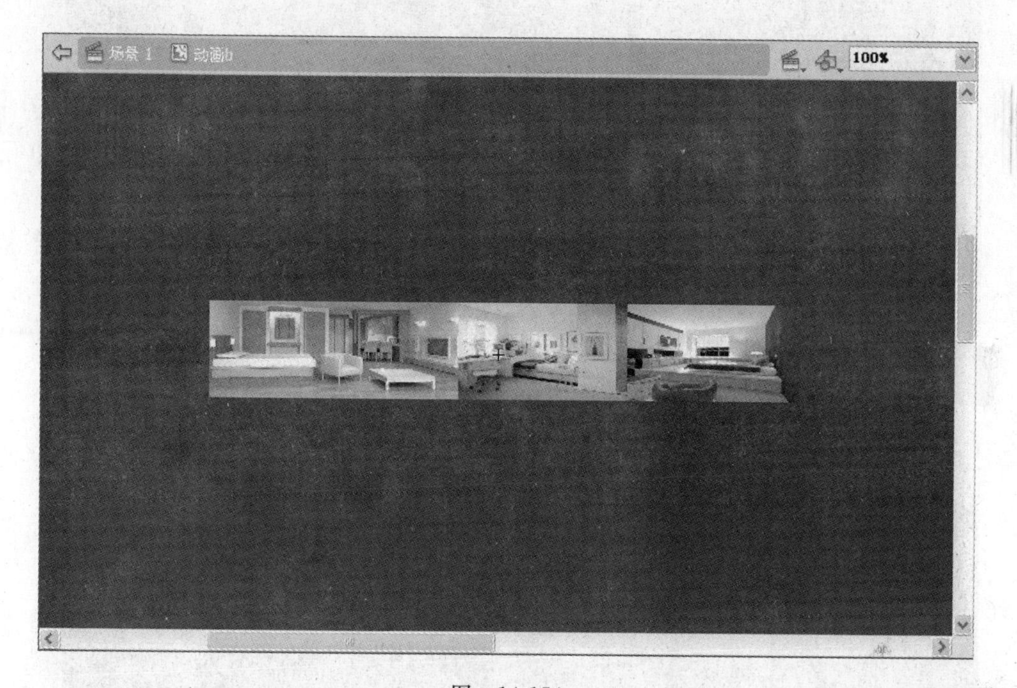

图 14-154

(19) 在图像上右击,将其转换为元件,如图 14-155 所示。

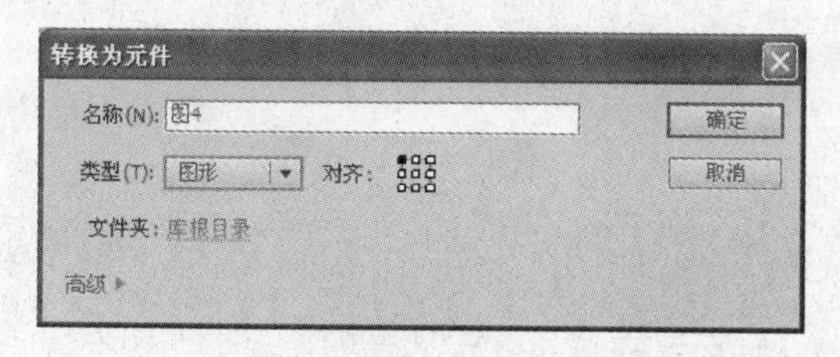

图 14-155

(20) 选择"图 4"的元件实例,在按住 Alt 键的同时拖动鼠标进行复制。然后执行"修改"/"组合"命令,将两个元件实例进行组合,如图 14-156 所示。

(21) 选择"图层 1"的第 50 帧,插入关键帧,然后选择场景中相应的实例对象,将其向左移动一段距离,并创建第 1 帧到第 50 帧中间的传统补间动画,图像如图 14-157 所示。

(22) 新建"图层 2",选择第 1 帧,选择工具箱中的"矩形"工具,在舞台上绘制矩形。然后在"图层 2"上右击,建立遮罩层,图像效果如图 14-158 所示。

图 14-156

图 14-157

(23) 插入新的影片剪辑元件“文字 1”,如图 14-159 所示。

(24) 单击“确定”按钮后,即可进入影片剪辑元件的编辑界面,选择工具箱中的“文本”工具 T ,在场景中输入文字,效果如图 14-160 所示。

(25) 选中两组文字,右击,将其转换为元件,如图 14-161 所示。

图 14-158

创建新元件

名称(N): 文字1

确定

类型(T): 影片剪辑

取消

文件夹: 库根目录

高级

图 14-159

图 14-160

图 14-161

(26) 然后在“文字 1”影片剪辑元件中,选择“图层 1”的第 30 帧,插入帧,快捷键为 F5,然后新建“图层 2”和“图层 3”,将“文字 a”的元件实例进行复制,粘贴到“图层 2”的第 1 帧中的当前位置。在“图层 3”上,选择“矩形”工具,在场景中绘制矩形并调整其形状,如图 14-162 所示。

图 14-162

(27) 在“图层 3”的第 30 帧处插入关键帧,将变了形状的矩形拖至文字右侧。并在“图层 3”的第 1 帧到第 30 帧的中间创建补间形状动画,如图 14-163 所示。

(28) 在“图层 3”上右击,建立遮罩层,如图 14-164 所示。

(29) 新建影片剪辑元件“文字 2”,如图 14-165 所示。

(30) 单击“确定”按钮后,即可进入到“文字 2”影片剪辑元件的编辑当中,选择工具箱中的“文本”工具T,在场景中输入文字,如图 14-166 所示。

(31) 在“图层 1”的第 40 帧处插入帧,然后新建“图层 2”,选择第 1 帧,使用工具箱中的“矩形”工具在场景中绘制矩形,如图 14-167 所示。

(32) 在“图层 2”的第 15 帧处插入关键帧,使用工具箱中的“任意变形”工具调整矩形使其遮住文字,如图 14-168 所示。

图 14-163

图 14-164

图 14-165

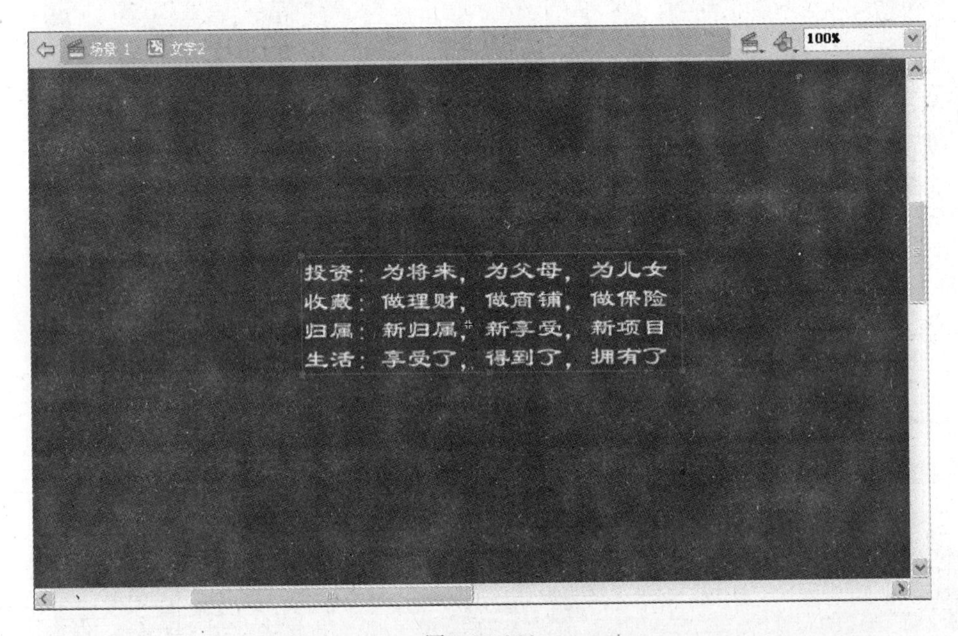

图 14-166

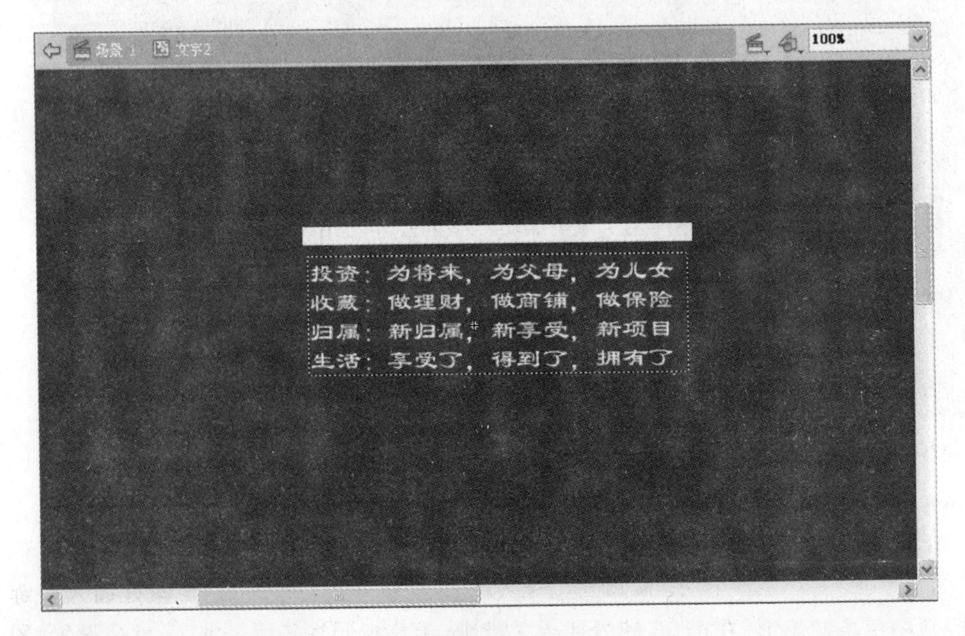

图 14-167

图 14-168

(33) 在“图层 2”上右击。然后在第 1 帧和第 15 帧中间创建形状补间动画，如图 14-169 所示。

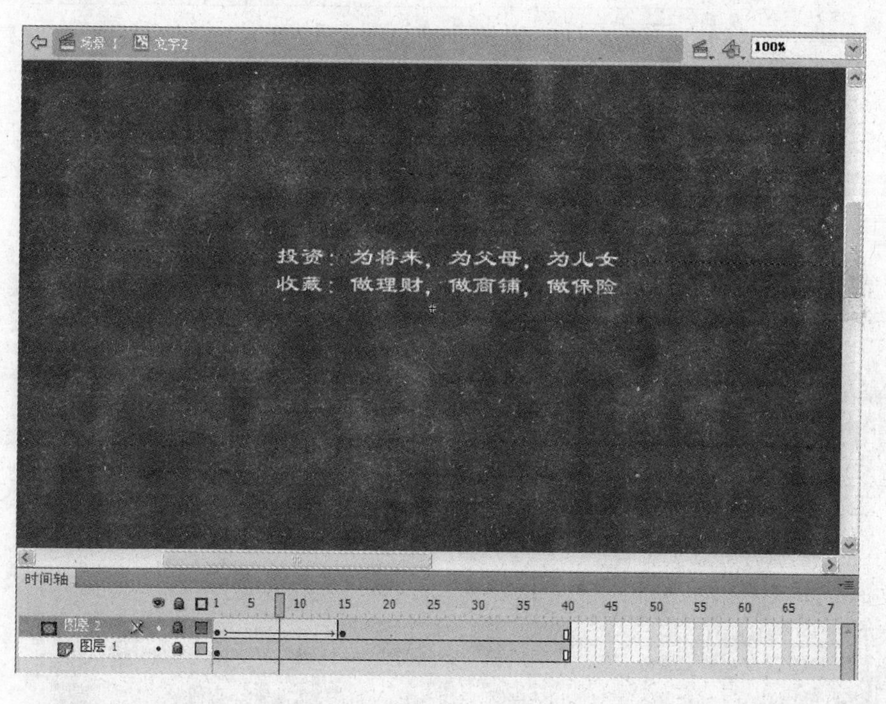

图 14-169

(34) 新建“图层 3”和“图层 4”，使用同样的方法，在“图层 3”的第 41 帧处插入关键帧，拷贝之前的文字到当前位置，在第 80 帧处插入帧。然后在“图层 4”的第 41 帧处插入关键帧，同样绘制白色条状矩形，在第 55 帧处插入关键帧，调整矩形使其覆盖文字，然后设置“图

层 4"为遮罩层，如图 14-170 所示。

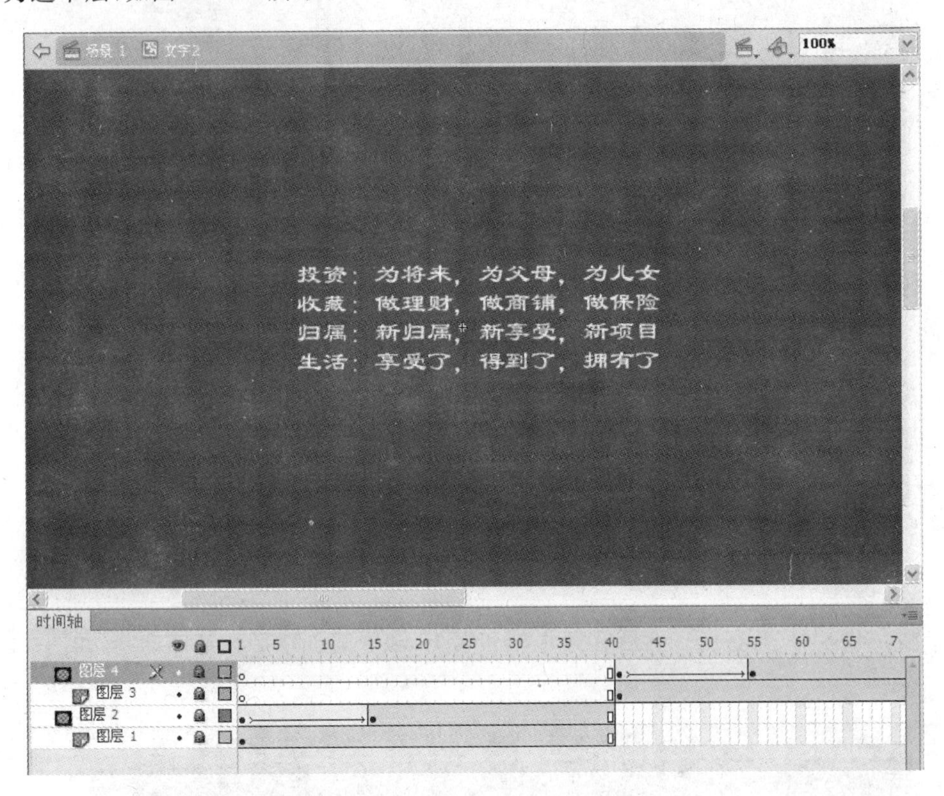

图 14-170

(35) 回到最初的场景中，在"图层 1"上绘制一个边框，然后将"动画 a"影片剪辑元件拖拽至场景中，并调整其大小和位置，效果如图 14-171 所示。

图 14-171

(36) 新建“图层 2”，选择第 1 帧，使用工具箱中的“矩形”工具绘制长条矩形，并使用“文本”工具在其中输入文字，效果如图 14-172 所示。

图　14-172

(37) 新建“图层 3”，从“库”面板中拖拽出“动画 b”影片剪辑元件，调整其位置和大小，使用“文本”工具在场景中输入文字，效果如图 14-173 所示。

图　14-173

(38) 新建"图层 4",将"库"面板中的"文字 1"影片剪辑元件拖拽至舞台中,如图 14-174 所示。

图　14-174

(39) 新建"图层 5",将"库"面板中的"文字 2"影片剪辑元件拖拽至舞台中,如图 14-175 所示。

图　14-175

(40) 执行"控制"/"测试影片"命令,快捷键为 Ctrl+Enter,就可以看到房地产广告的效果了,如图 14-176 所示。

图 14-176

14.7 汽车广告

(1) 打开 Flash CS5 软件，在弹出的“欢迎屏幕”中的“新建”选项下方选择“新建 Flash 文件(ActionScript 3.0)”选项，新建文档，如图 14-177 所示。

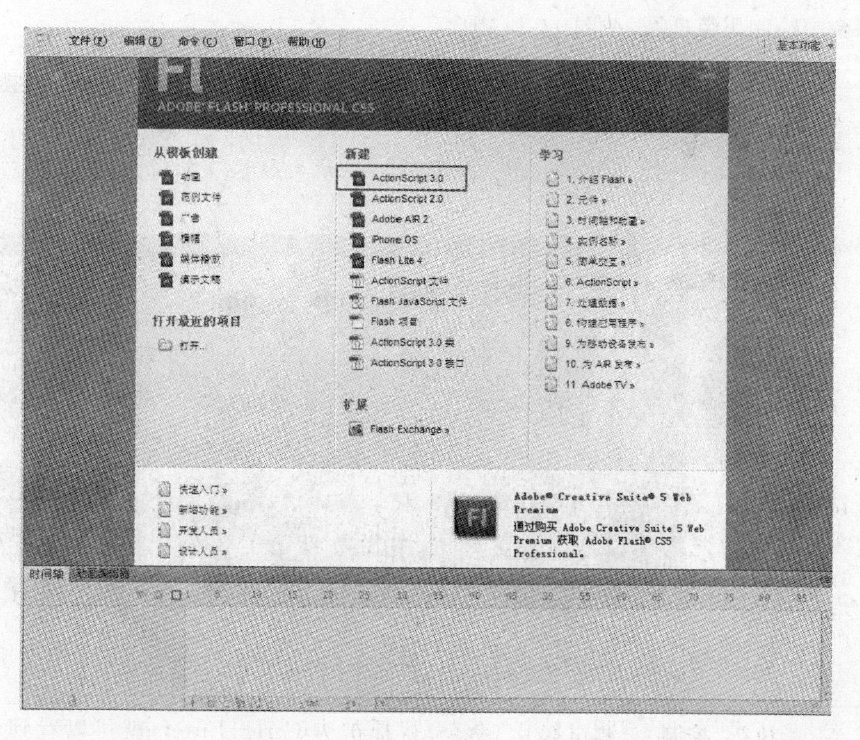

图 14-177

(2) 单击"属性"面板中的"编辑"按钮，将其尺寸设置为 700×300 像素。然后导入素材到舞台中并调整其大小和位置，如图 14-178 所示。

图　14-178

(3) 在"图层 1"的第 235 帧处插入帧，然后新建"图层 2"，使用工具箱中的"椭圆"工具 在舞台中绘制黑色椭圆，如图 14-179 所示。

图　14-179

(4) 在"图层 2"的第 10 帧、第 20 帧、第 40 帧处分别插入关键帧,然后选择第 10 帧,将椭圆移至画面右侧,如图 14-180 所示。

图 14-180

(5) 选择"图层 2"的第 20 帧,将椭圆移至画面中间,如图 14-181 所示。

图 14-181

(6) 选择第40帧,然后将椭圆扩大,如图14-182所示。

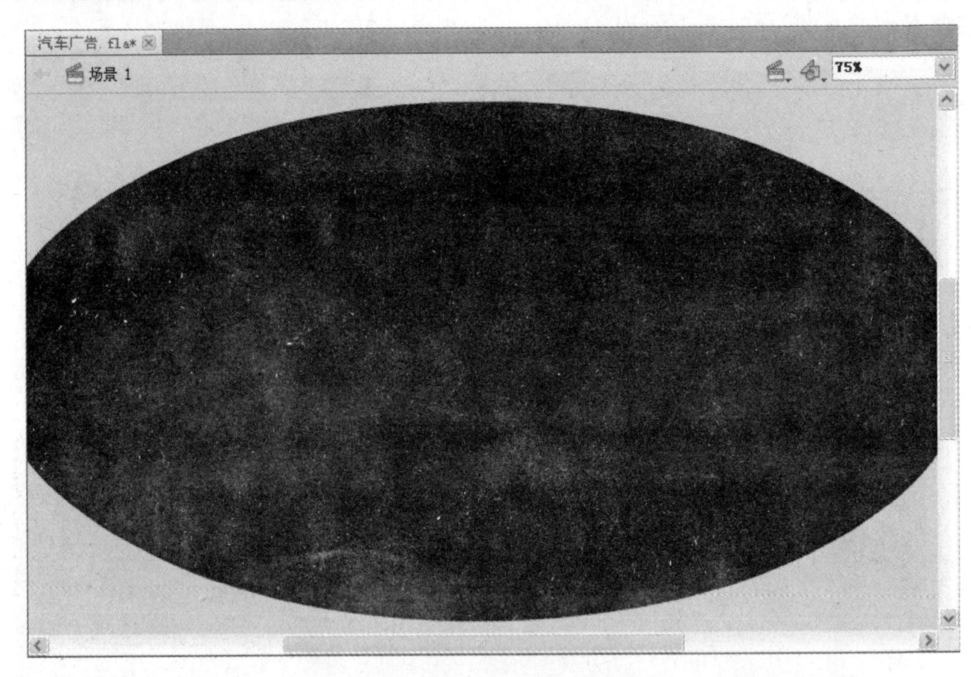

图 14-182

(7) 在"图层2"上右击,创建遮罩层。然后在第1帧到第10帧、第10帧到第20帧和第20帧到第40帧中间分别右击,创建传统补间动画,如图14-183所示。

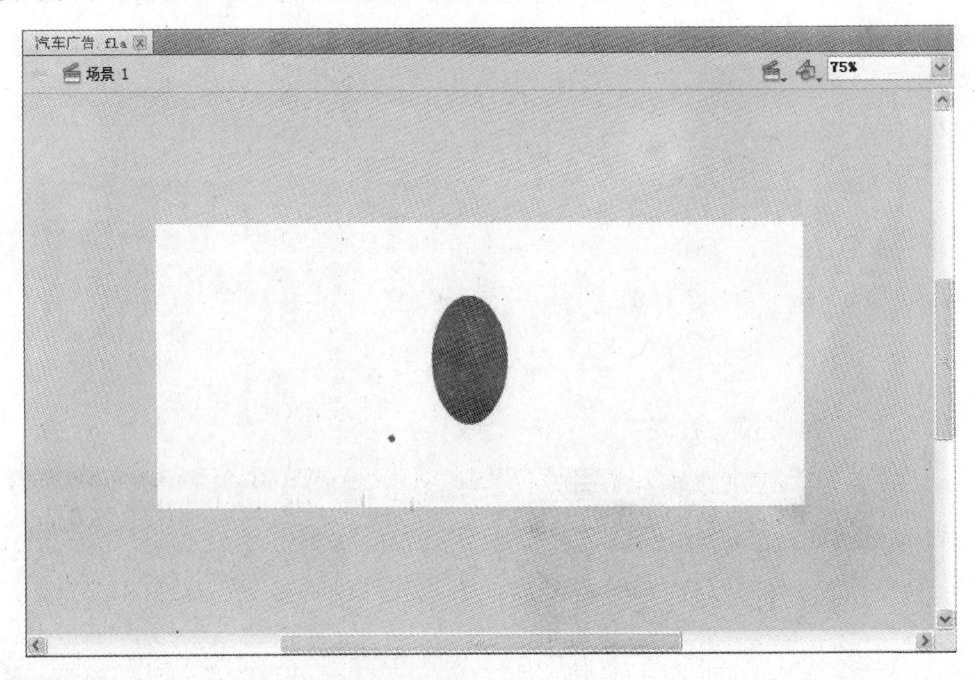

图 14-183

(8) 新建"图层 3",在第 40 帧处插入关键帧,导入"车 1"的素材文件,调整其位置和大小,如图 14-184 所示。

图 14-184

(9) 选择"车 1"实例,在其"属性"面板中的"色彩效果"中设置其 Alpha 值为 0%,如图 14-185 所示。

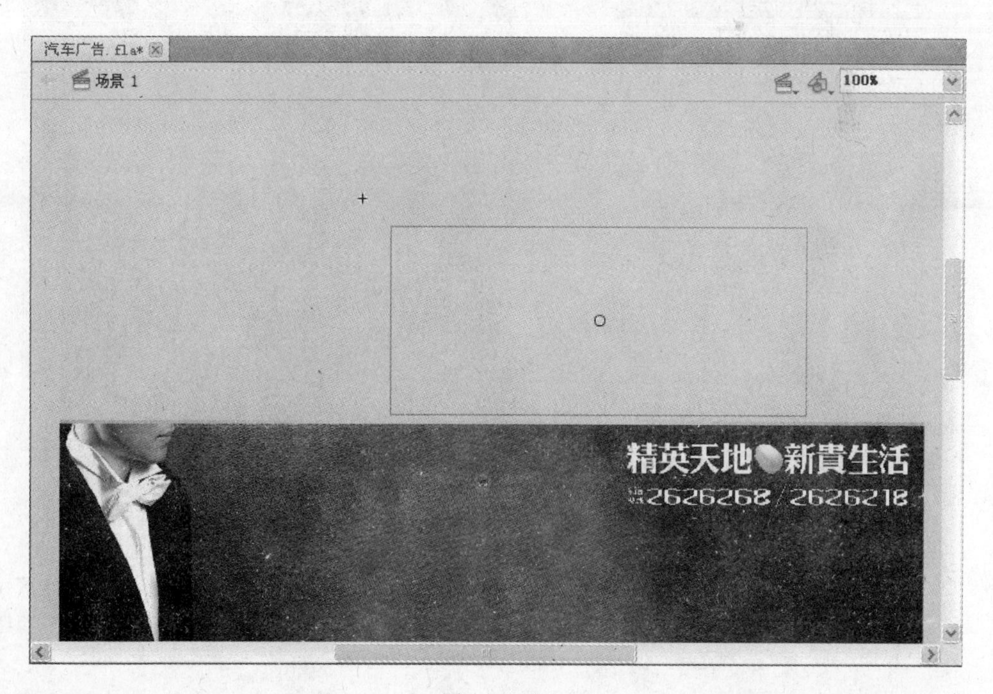

图 14-185

(10) 在“图层 3”的第 65 帧处插入关键帧，将“车 1”移动至图像中间并设置其 Alpha 值为 100%，如图 14-186 所示。

图 14-186

(11) 创建第 40 帧到第 65 帧之间的传统补间动画，效果如图 14-187 所示。

图 14-187

(12) 新建“图层 4”和“图层 5”，在“图层 4”的第 60 帧处插入关键帧，使用工具箱中的“文本”工具[T]输入文字，如图 14-188 所示。

图 14-188

(13) 在文字上右击，将其转换为图形元件，如图 14-189 所示。

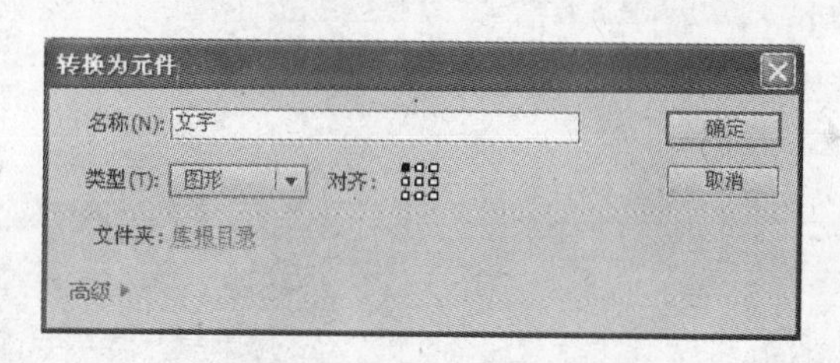

图 14-189

(14) 在“图层 5”上的第 60 帧处插入关键帧，使用工具箱中的“椭圆”工具绘制如图 14-190 所示的椭圆。

(15) 在“图层 5”的第 70 帧、第 80 帧、第 90 帧、第 100 帧处分别插入关键帧。然后分别使用工具箱中的“选择”工具移动椭圆，每次移动一部分，如图 14-191 所示。在第 100 帧处将白色椭圆放大至能遮盖住字体的大小，如图 14-192 所示。

(16) 分别创建第 60 帧到第 70 帧、第 70 帧到第 80 帧、第 80 帧到第 90 帧、第 90 帧到第 100 帧之间的补间形状动画，然后在“图层 5”上右击，创建遮罩层。图像效果如图 14-193 所示。

(17) 选择“图层 3”，在第 110 帧和第 130 帧处插入关键帧，在第 130 帧处，将“车 1”向右下方移动，并设置其“属性”面板中“色彩效果”的 Alpha 的值为 0%，同时创建第 110 帧到第 130 帧中间的传统补间动画，效果如图 14-194 所示。

图 14-190

图 14-191

图 14-192

图 14-193

图 14-194

(18) 新建“图层 6”,在第 135 帧处插入关键帧,然后导入素材“车 2”,调整其位置和大小,如图 14-195 所示。

图 14-195

(19) 设置“车 2”的 Alpha 值为 0%,如图 14-196 所示。

(20) 在“图层 6”的第 145 帧处插入关键帧,将“车 2”向左移动并设置其 Alpha 值为

100%,如图 14-197 所示。

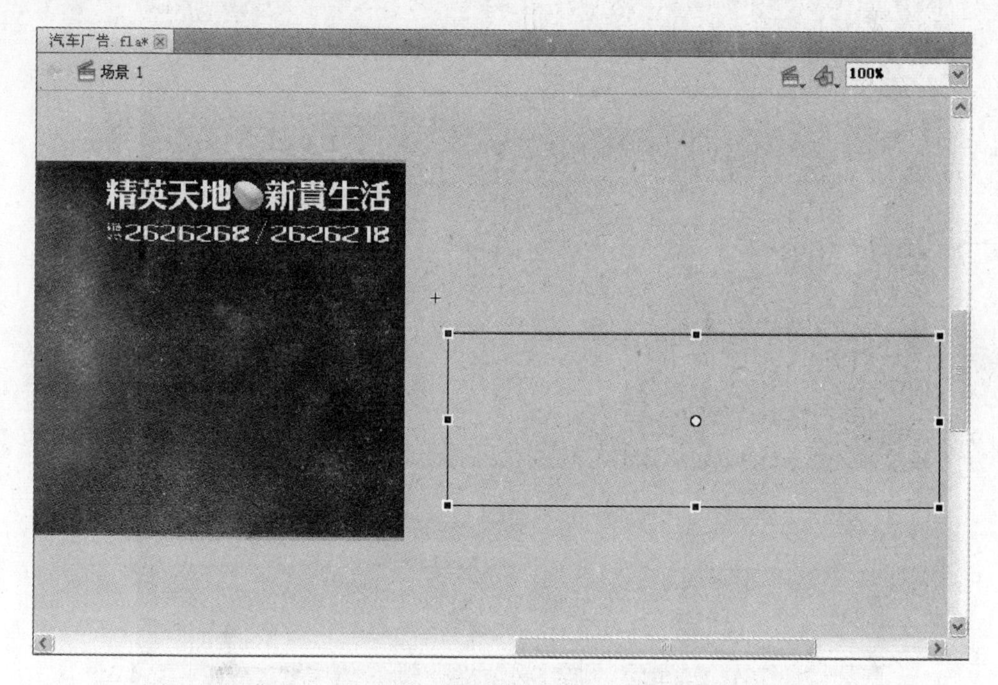

图 14-196

图 14-197

(21) 创建第 135 帧到第 145 帧中间的传统补间动画,效果如图 14-198 所示。

(22) 执行"控制"/"测试影片"命令,快捷键为 Ctrl+Enter,可以看到动画效果,如图 14-199 和图 14-200 所示。

图 14-198

图 14-199

图 14-200

14.8 真爱永恒

(1) 打开 Flash CS5 软件，在弹出的“欢迎屏幕”中的“新建”选项下方选择“新建 Flash 文件(ActionScript 3.0)”选项，新建文档，如图 14-201 所示。

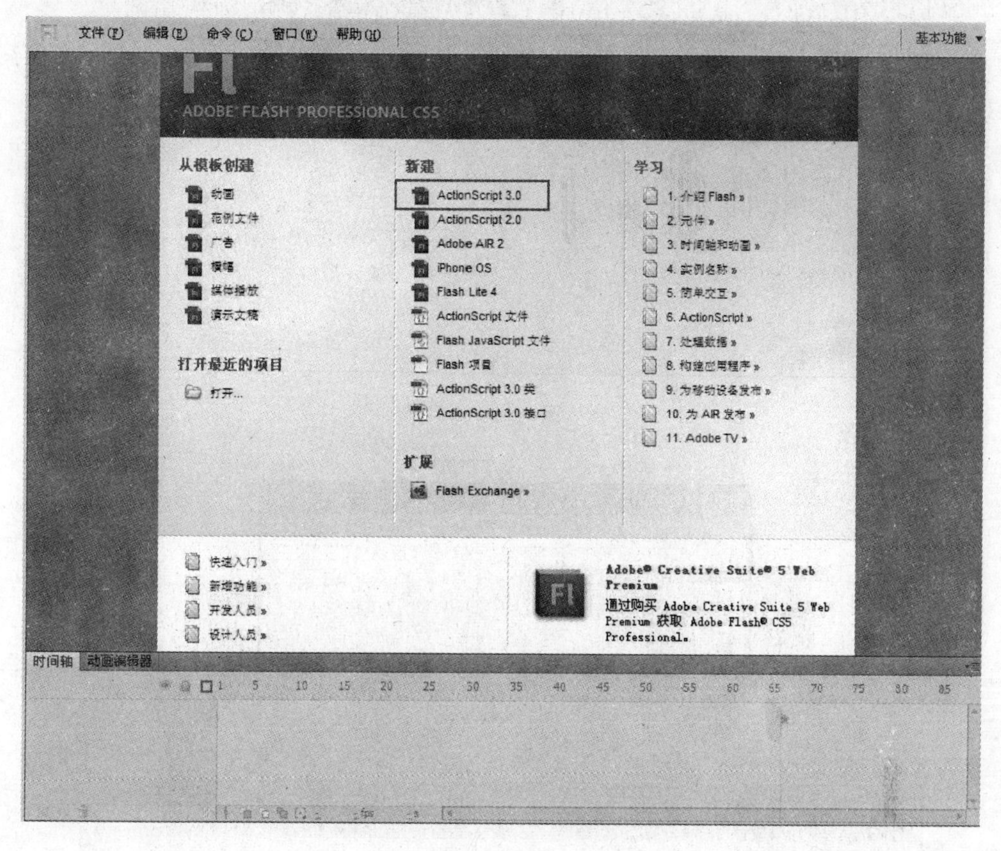

图 14-201

(2) 单击“属性”面板中的“编辑”按钮，将其尺寸设置为 600×270 像素，导入素材文件“底图”，将其拖至舞台中并调整其位置和大小，如图 14-202 所示。

(3) 新建“图层 2”，执行“插入”/“新建元件”命令，快捷键为 Ctrl+F8，新建一个名为“跳跃文字”的“影片剪辑”类型的元件，如图 14-203 所示。

(4) 单击“确定”按钮，即可进入影片剪辑元件的编辑区域中，使用工具箱中的“文本”工具 T 在舞台上输入“真”字，如图 14-204 所示。

(5) 在文字上右击，将其转换为图形元件，如图 14-205 所示。

(6) 在“图层 1”的第 10 帧处插入关键帧，然后在第 70 帧处插入帧。选择第 1 帧，设置其 Y 值为－20，Alpha 值为 0%，如图 14-206 所示。

(7) 在第 1 帧到第 10 帧中间创建传统补间动画，如图 14-207 所示。

(8) 新建“图层 2”，使用工具箱中的“文本”工具 T 在舞台上输入“爱”字，并将其转换为图形元件，如图 14-208 所示。

图 14-202

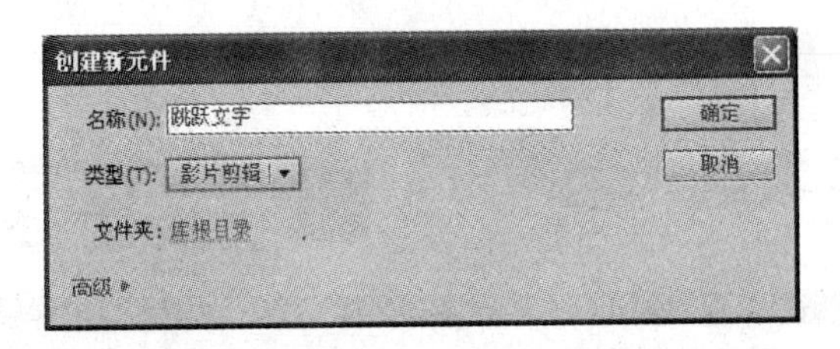

图 14-203

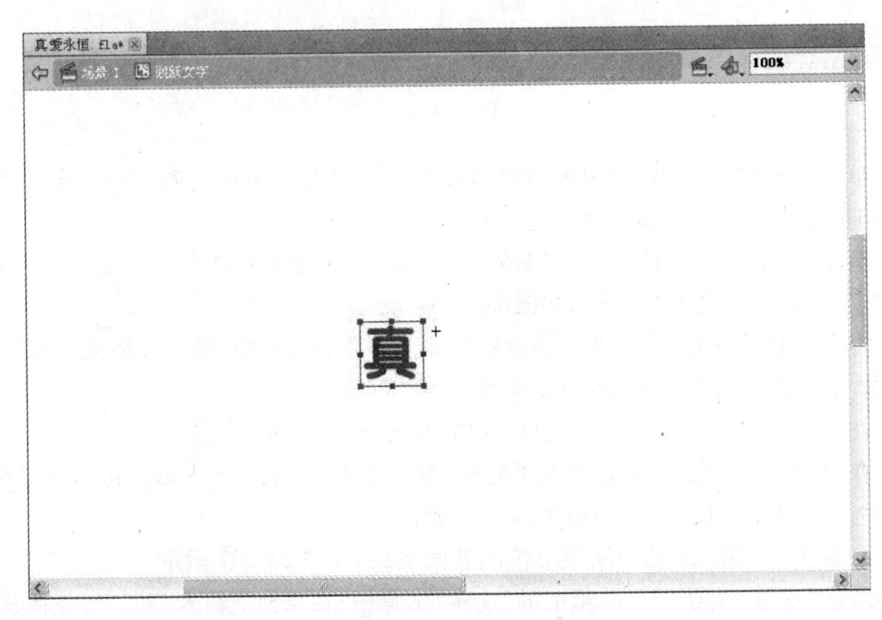

图 14-204

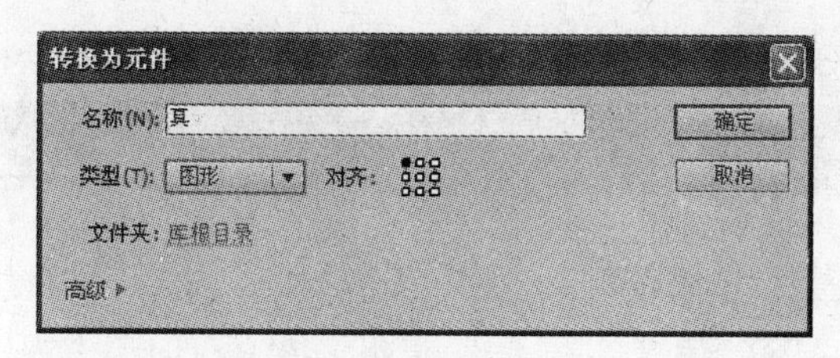

图 14-205

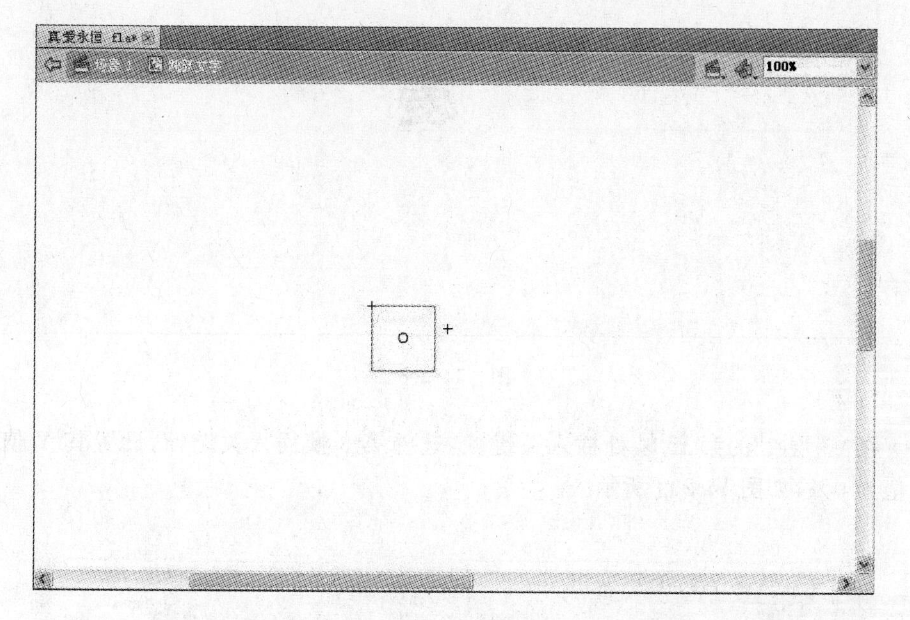

图 14-206

图 14-207

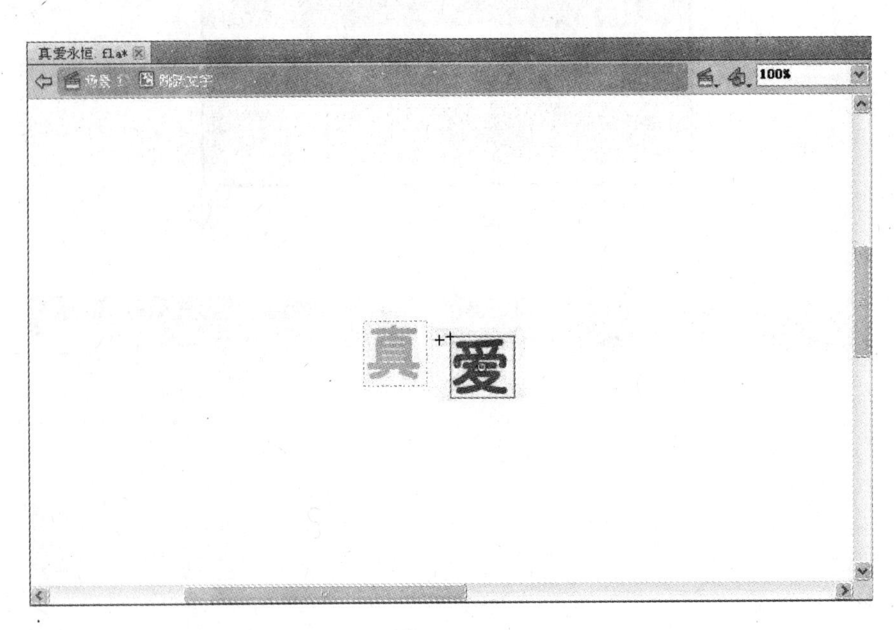

图 14-208

(9) 在“图层 2”的第 15 帧处插入关键帧，选择第 5 帧插入关键帧，设置其 Y 值为 20，Alpha 值为 0%，如图 14-209 所示。

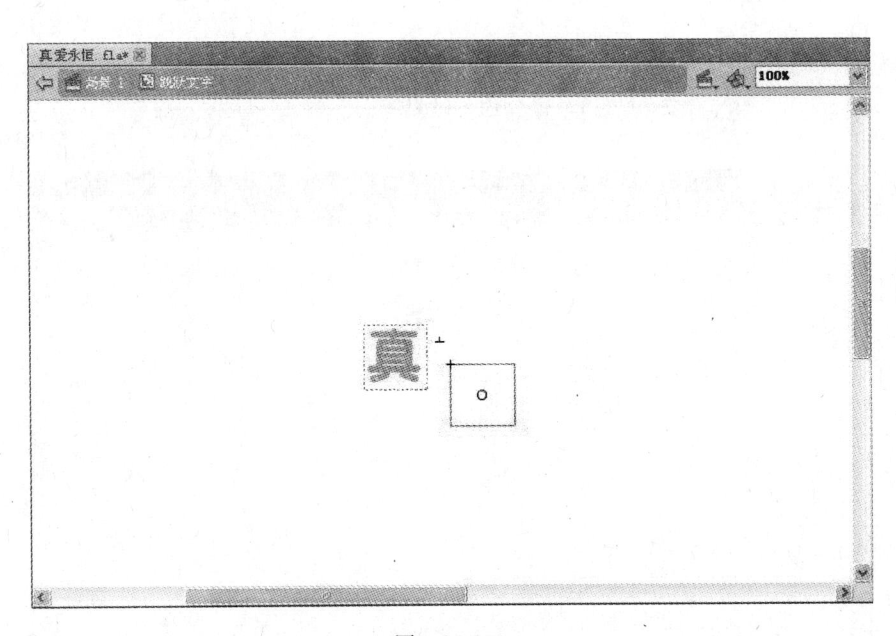

图 14-209

(10) 创建第 5 帧到第 15 帧中间的传统补间动画，如图 14-210 所示。

(11) 新建“图层 3”，使用工具箱中的“文本”工具 T 在舞台上输入“永”字，并将其转换为图形元件，如图 14-211 所示。

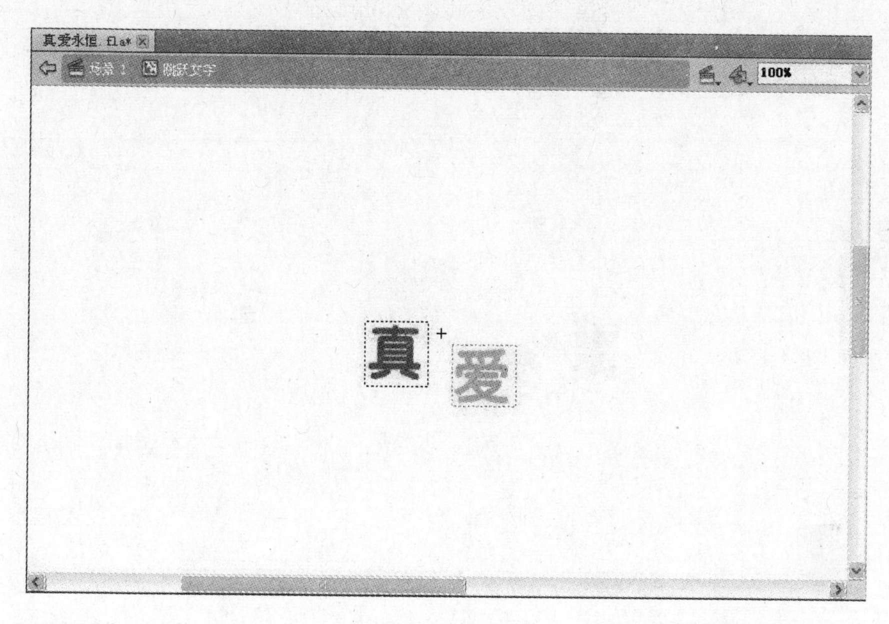

图 14-210

图 14-211

(12) 在“图层 3”的第 20 帧处插入关键帧，选择第 10 帧插入关键帧，设置其 Y 值为 −20，Alpha 值为 0%，如图 14-212 所示。

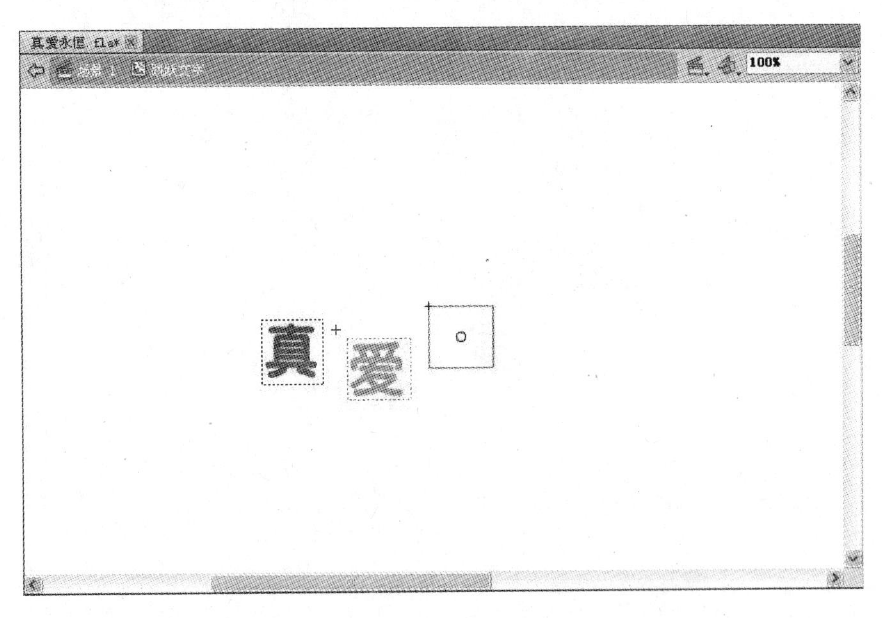

图 14-212

(13) 创建第 10 帧到第 20 帧中间的传统补间动画，如图 14-213 所示。

图 14-213

(14) 新建“图层 4”，使用工具箱中的“文本”工具 T 在舞台上输入“恒”字，并将其转换为图形元件，如图 14-214 所示。

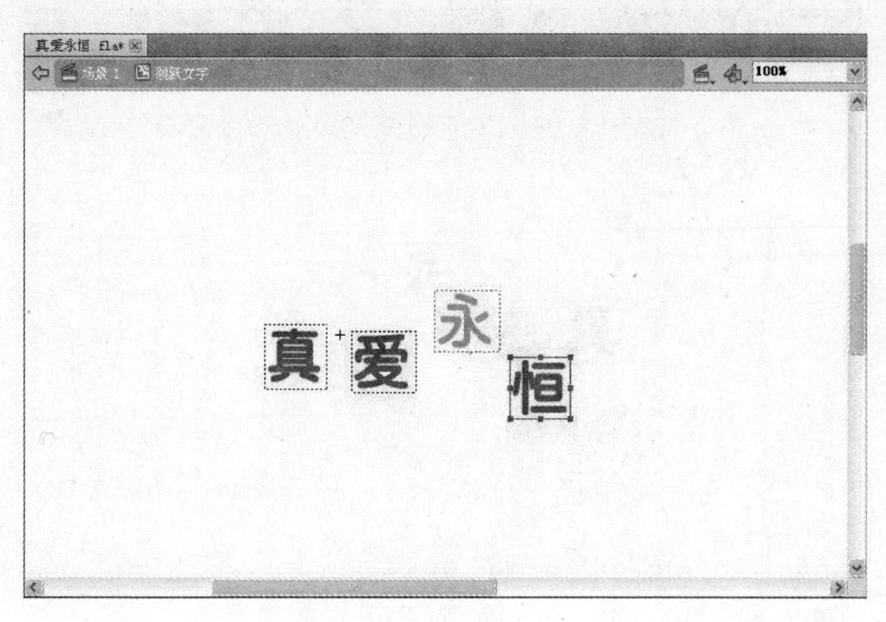

图　14-214

(15) 在“图层 4”的第 25 帧处插入关键帧，选择第 15 帧插入关键帧，设置其 Y 值为－20，Alpha 值为 0%，如图 14-215 所示。

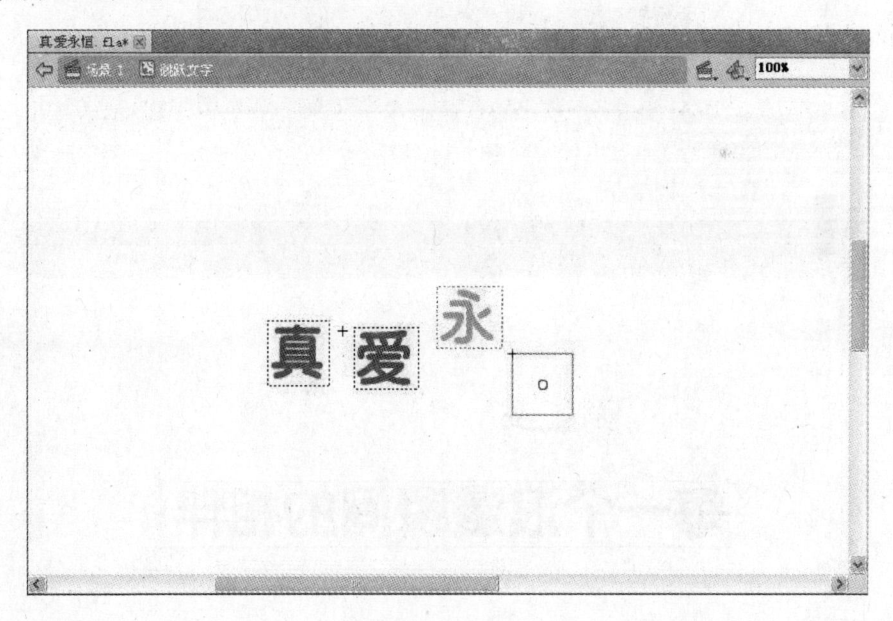

图　14-215

(16) 创建第 15 帧到第 25 帧中间的传统补间动画，如图 14-216 所示。

(17) 新建影片剪辑元件“转动文字”，如图 14-217 所示。

(18) 使用工具箱中的“文本”工具 T 在舞台中输入文字“每一个浪漫瞬间的相件”，如图 14-218 所示。

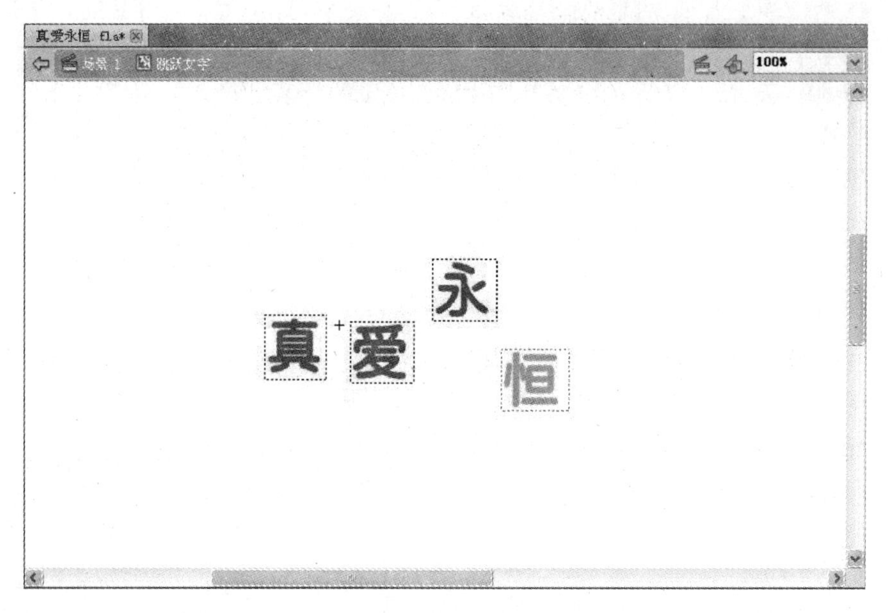

图 14-216

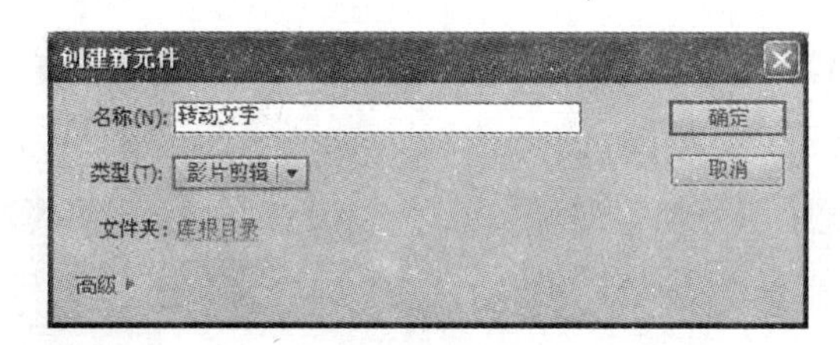

图 14-217

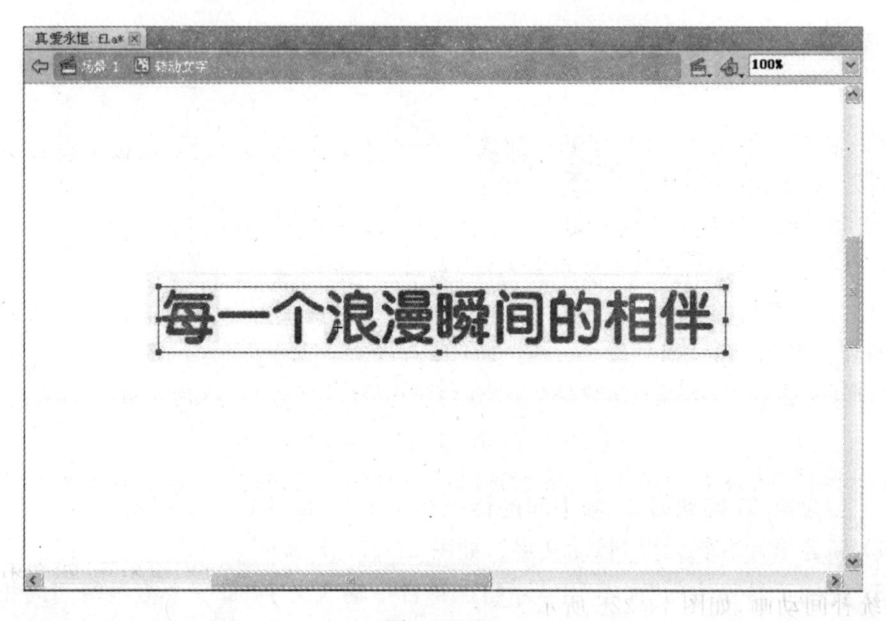

图 14-218

(19) 在文字上右击,将其转换为图形元件,如图 14-219 所示。

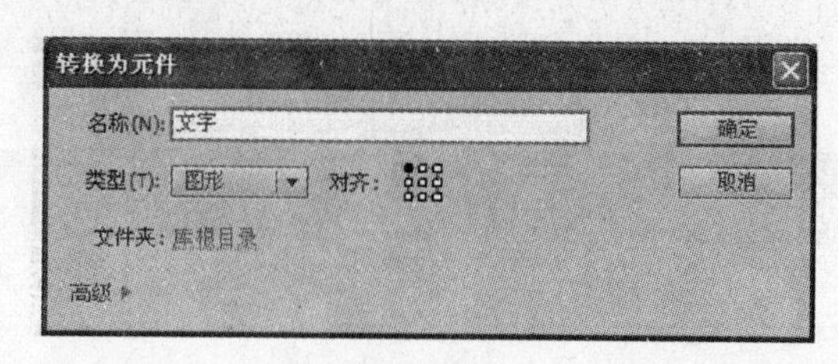

图 14-219

(20) 在第 30 帧处插入关键帧,使用“任意变形”工具将文字变小,设置其 Alpha 值为 0%,如图 14-220 所示。

图 14-220

(21) 在第 1 帧到第 30 帧中间创建传统补间动画,并在其“属性”面板中设置文字为“顺时针”旋转,如图 14-221 所示。

(22) 在第 50 帧处插入关键帧,将文字放大,并设置其 Alpha 值为 100%。设置其旋转方式为“逆时针”,然后在第 70 帧处插入帧,如图 14-222 所示。

(23) 回到最初的场景中,在“图层 1”的第 70 帧处插入帧,新建“图层 2”,导入素材“真爱 1”,调整其位置和大小,如图 14-223 所示。

(24) 在“图层 2”的第 30 帧处插入空白关键帧,将“真爱 1”移至舞台中,如图 14-224 所示。

(25) 选择“图层 2”的第 1 帧,设置其 Alpha 值为 0%,然后在第 1 帧至第 30 帧中间设置传统补间动画,如图 14-225 所示。

(26) 在第 50 帧处插入关键帧,设置其 Alpha 值为 0%。然后创建第 30 帧到第 50 帧之间的传统补间动画,如图 14-226 所示。

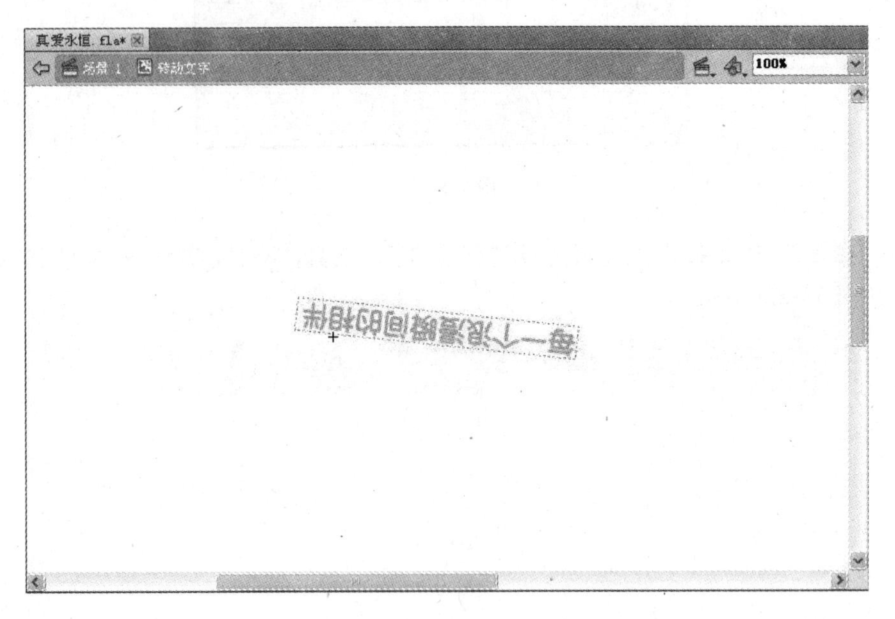

图 14-221

图 14-222

图 14-223

图 14-224

图 14-225

图 14-226

(27) 新建"图层 3",在第 45 帧处插入关键帧,导入素材"真爱 2",调整其大小和位置,如图 14-227 所示。

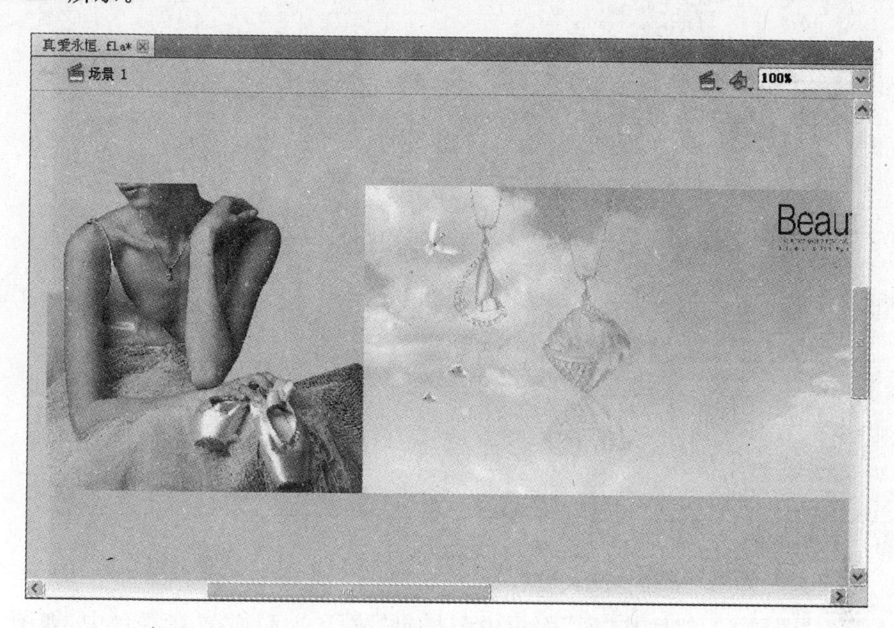

图 14-227

(28) 在"图层 3"的第 60 帧处插入关键帧,然后将"真爱 2"移至舞台中,如图 14-228 所示。

图 14-228

(29) 选择第 45 帧的"真爱 2"实例,设置其 Alpha 值为 0%,创建第 45 帧至第 60 帧的传统补间动画,如图 14-229 所示。

图 14-229

(30) 新建“图层 4”，然后从“库”面板中拖拽出“跳跃文字”放置在舞台中，如图 14-230 所示。

图 14-230

(31) 从“库”面板中拖拽出“文字”放置在舞台中，如图 14-231 所示。

(32) 执行“控制”/“测试影片”命令，快捷键为 Ctrl+Enter，可以看到效果，如图 14-232 和图 14-233 所示。

图 14-231

图 14-232

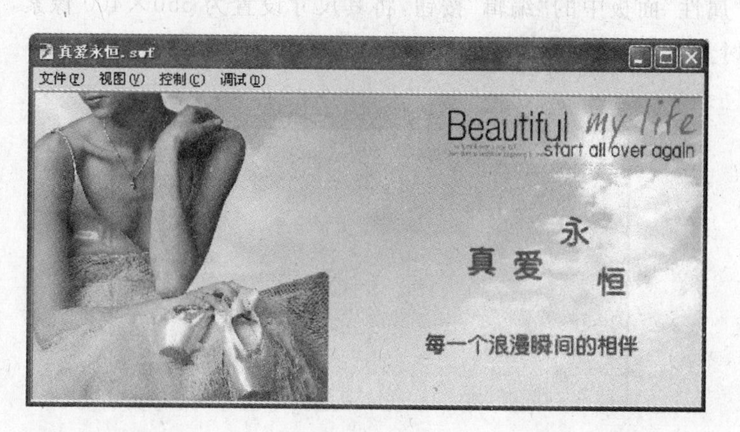

图 14-233

14.9 珍贵记忆

(1) 打开 Flash CS5 软件,在弹出的"欢迎屏幕"中的"新建"选项下方选择"新建 Flash 文件(ActionScript 3.0)"选项,新建文档,如图 14-234 所示。

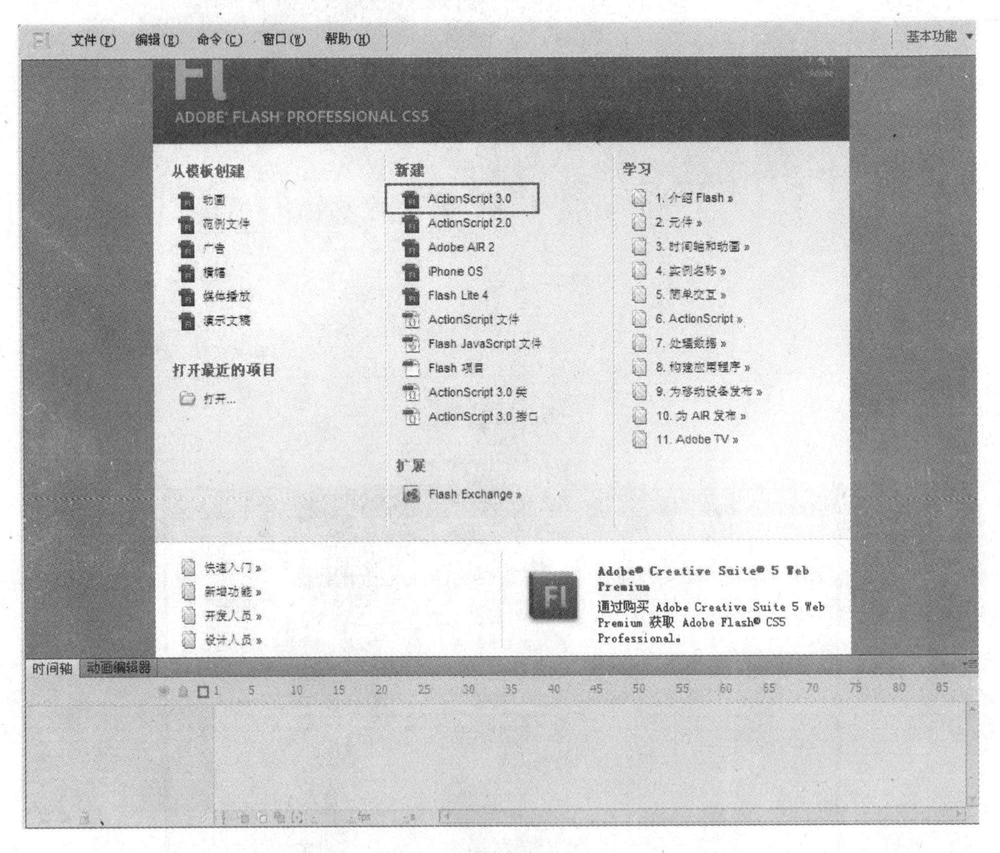

图 14-234

(2) 单击"属性"面板中的"编辑"按钮,将其尺寸设置为 550×400 像素,背景颜色设置为粉色,如图 14-235 所示。

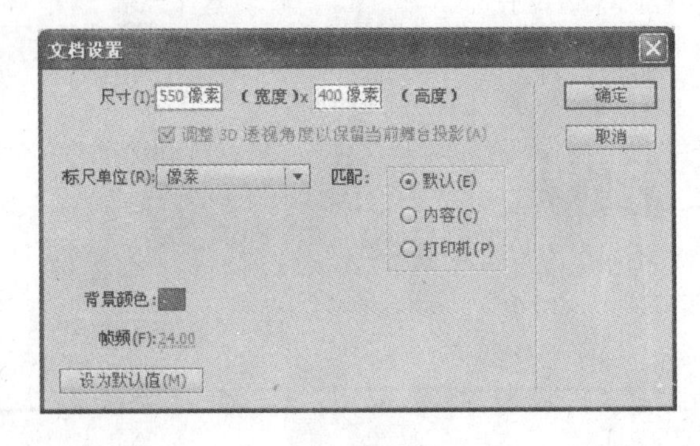

图 14-235

(3) 使用工具箱中的"矩形"工具和"钢笔"工具等绘制如图 14-236 所示的斜条矩形图案作为背景。

图 14-236

(4) 执行"插入"/"新建元件"命令,快捷键为 Ctrl+F8,新建一个名为"a"的"影片剪辑"类型的元件,如图 14-237 所示。

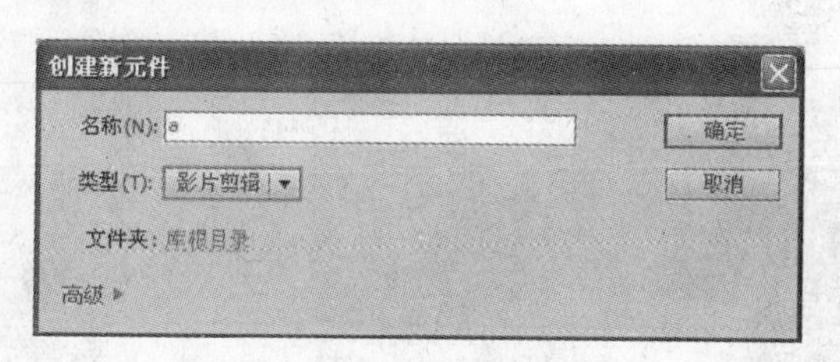

图 14-237

(5) 单击"确定"按钮后,即可进入影片剪辑的编辑区域,导入素材"相机"到"库"面板中,然后拖拽至舞台中并调整其位置和大小,如图 14-238 所示。

(6) 在"图层 1"的第 15 帧处插入关键帧,选择第 1 帧,然后将"相机"向左移动一点距离,然后设置其"属性"面板的 Alpha 值为 0%,如图 14-239 所示。

(7) 创建第 1 帧至第 15 帧中间的传统补间动画,效果如图 14-240 所示。

(8) 在第 17 帧、第 19 帧处插入关键帧,然后选择第 17 帧,在其"属性"面板中设置其亮度为 100%,如图 14-241 所示。

(9) 创建第 15 帧至第 17 帧、第 17 帧至第 19 帧中间的补间动画,如图 14-242 所示。

(10) 在第 80 帧处插入帧,然后新建"图层 2",在"图层 2"的第 80 帧处插入关键帧,然后导入素材"照片 1"、"照片 2"和"照片 3"至"库"面板中。将"照片 1"拖拽至舞台并调整其位置和大小,如图 14-243 所示。

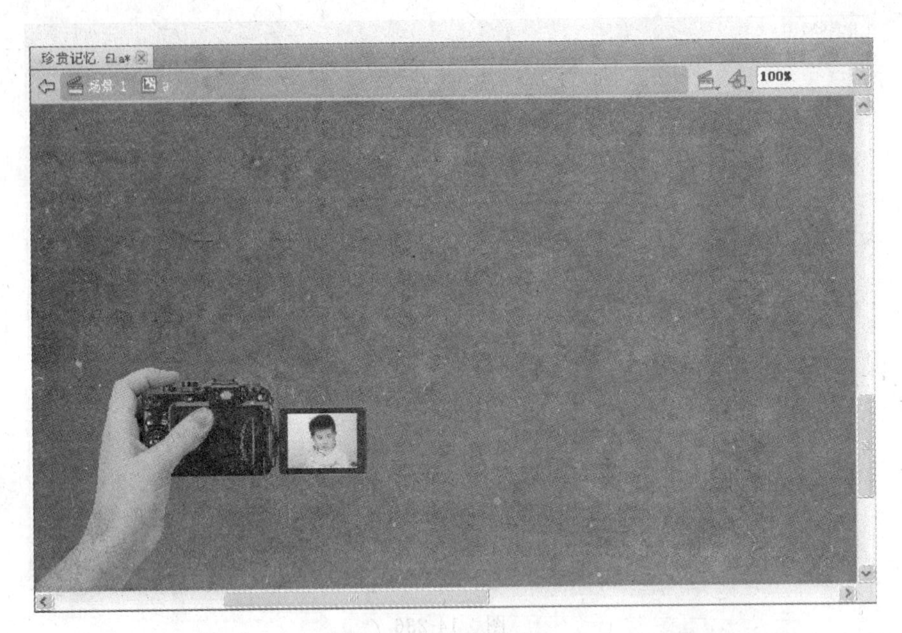

图 14-238

图 14-239

图 14-240

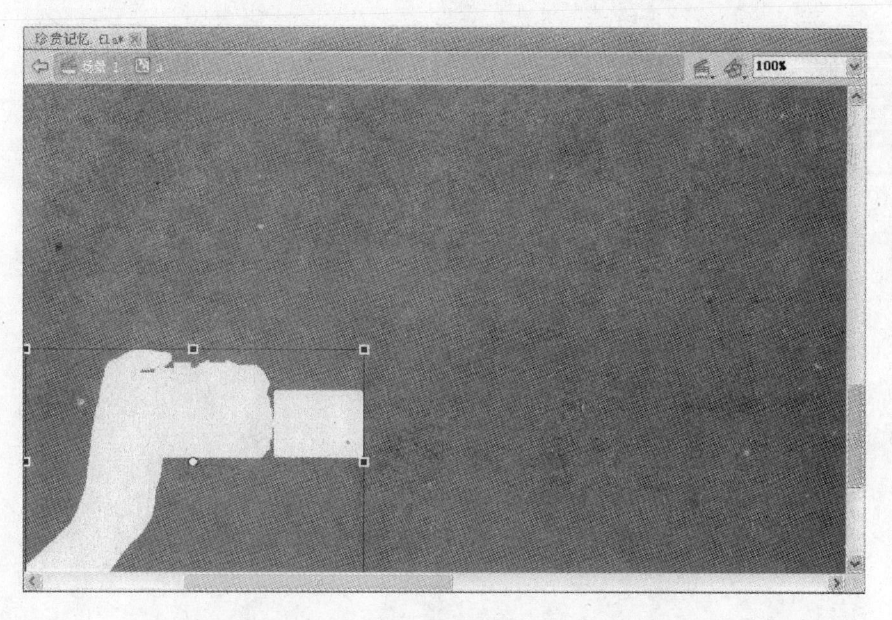

图 14-241

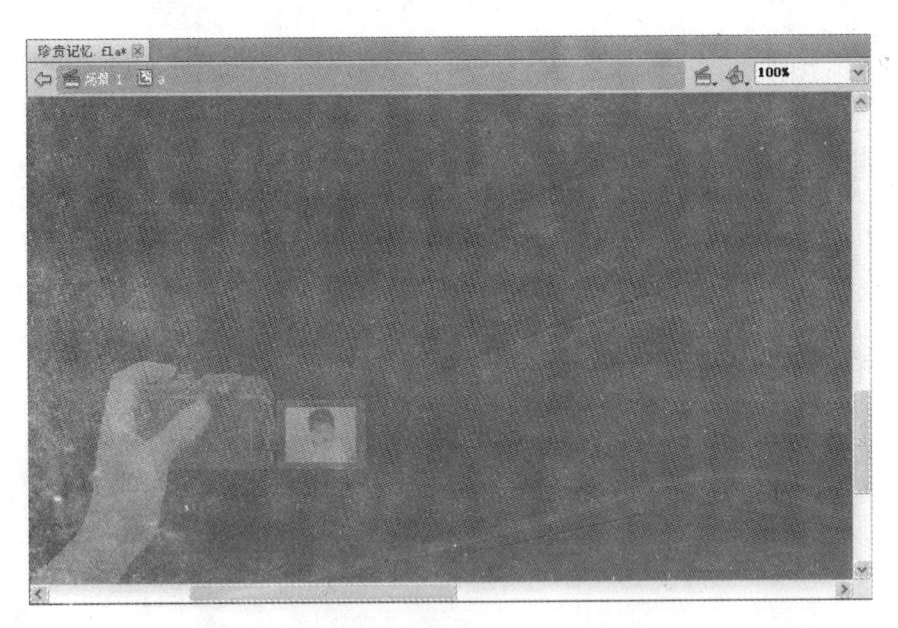

图 14-242

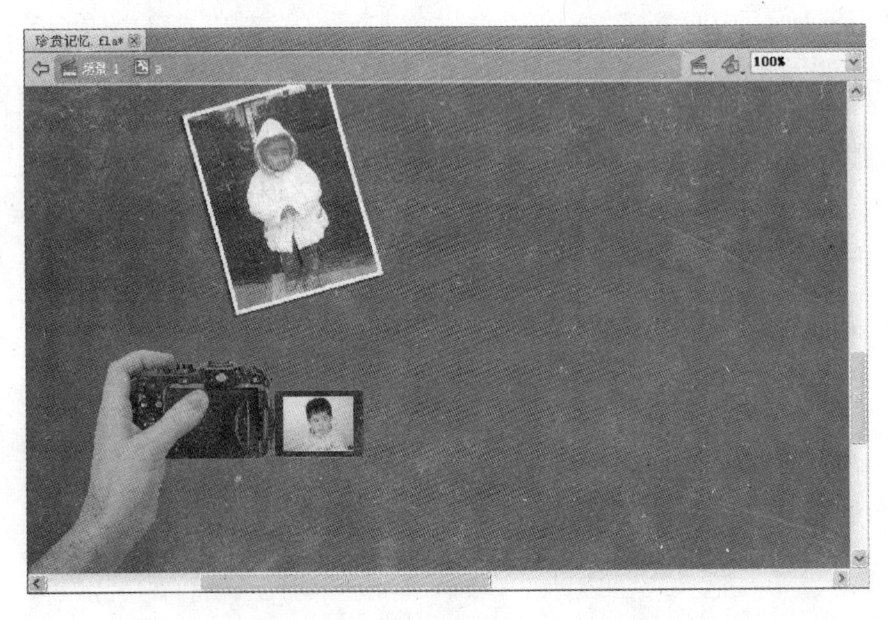

图 14-243

(11) 在“图层 2”的第 30 帧处插入关键帧，使用工具箱中的“任意变形”工具将“照片1”放大，然后设置其亮度为 70%，如图 14-244 所示。

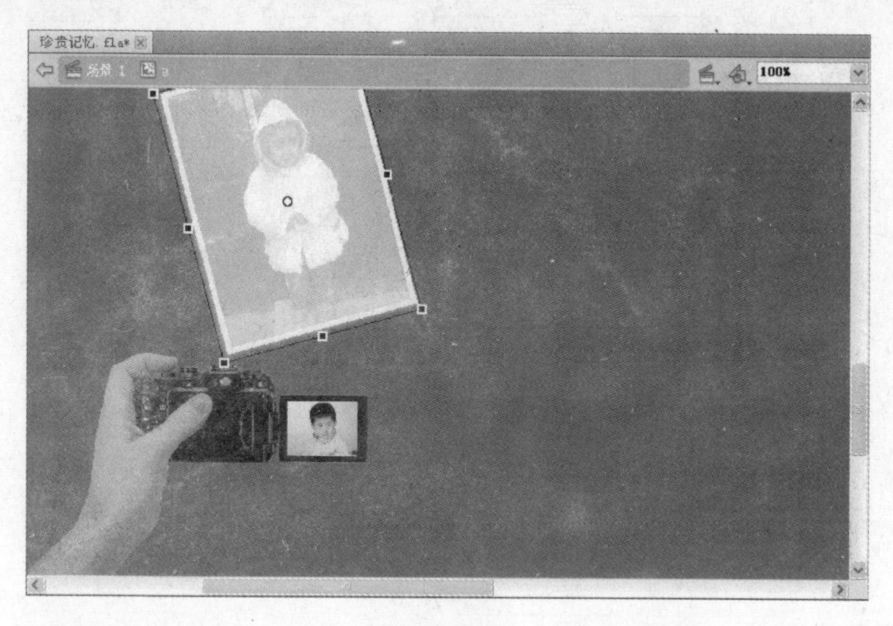

图　14-244

(12) 创建第 20 帧到第 30 帧中间的传统补间动画，如图 14-245 所示。

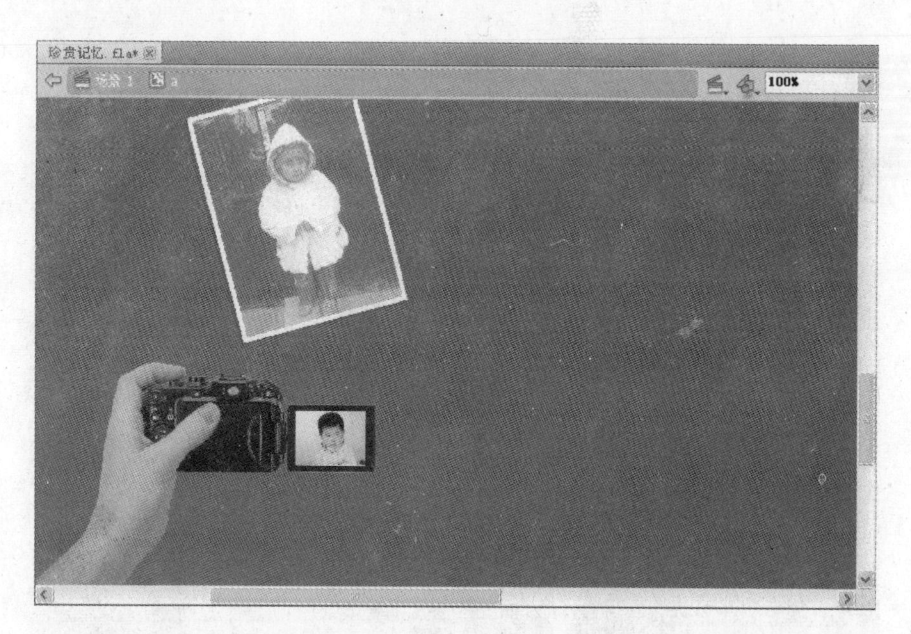

图　14-245

(13) 新建“图层 3”，在第 25 帧处插入关键帧，然后将“照片 2”拖拽至舞台中。调整其大小和位置，如图 14-246 所示。

图 14-246

(14) 在“图层 3”的第 35 帧处插入关键帧，然后再次使用工具箱中的“任意变形”工具调整“照片 2”的大小和位置，如图 14-247 所示。

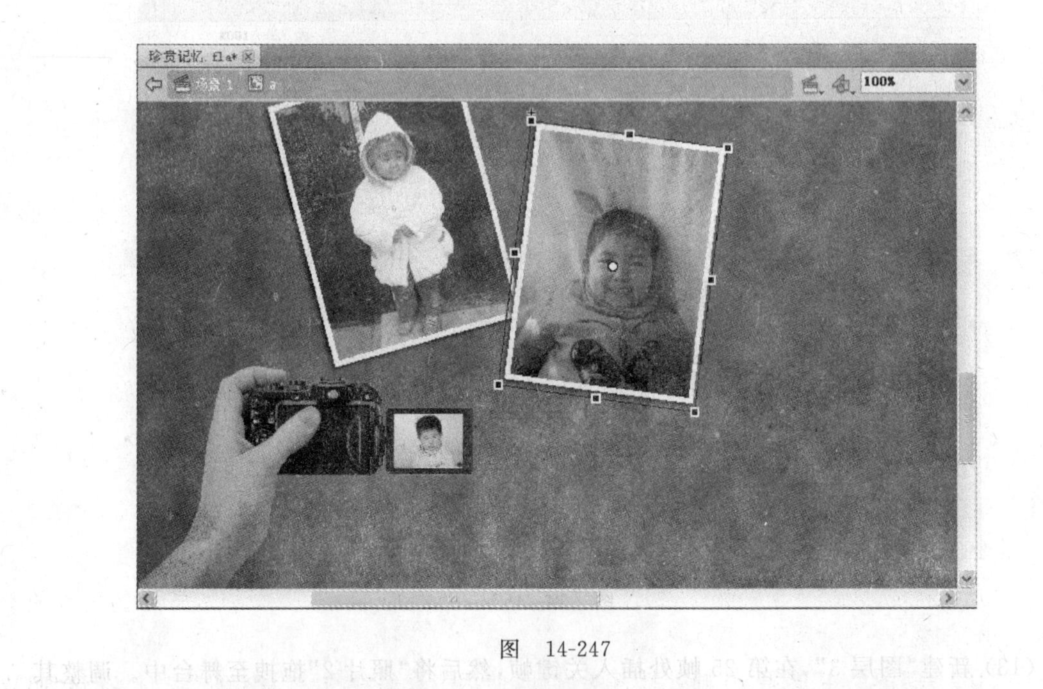

图 14-247

(15) 选择第 25 帧，设置其亮度为 70%，如图 14-248 所示。

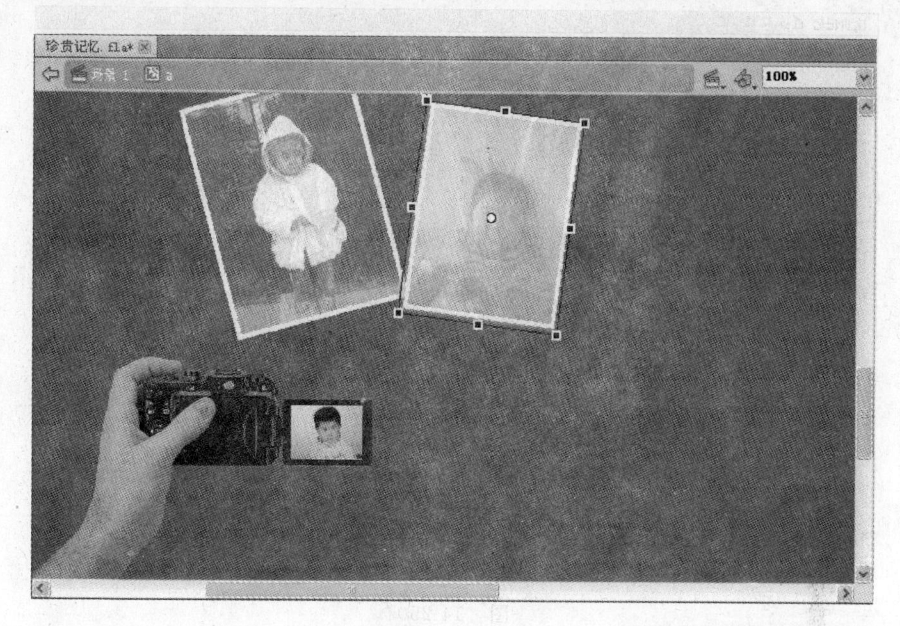

图 14-248

(16) 创建第 25 帧至第 35 帧中间的传统补间动画，如图 14-249 所示。

图 14-249

(17) 新建"图层 4"，在第 30 帧处插入关键帧，将"照片 3"拖拽至舞台中并调整其位置和大小，如图 14-250 所示。

(18) 在"图层 4"的第 40 帧处插入关键帧，使用工具箱中的"任意变形"工具将"照片 3"变形，如图 14-251 所示。

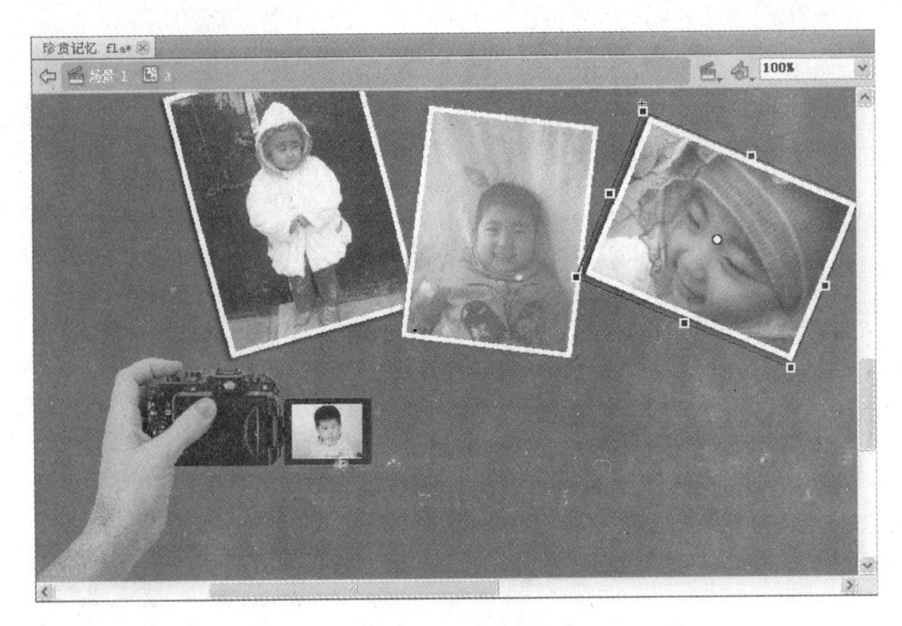

图 14-250

图 14-251

(19) 选择第 30 帧,设置其亮度为 70%。然后创建第 30 帧到第 40 帧中间的传统补间动画,如图 14-252 所示。

(20) 新建“图层 5”,在第 35 帧处插入关键帧,然后使用工具箱中的“文本”工具 T 在舞台中输入文字,如图 14-253 所示。

(21) 将文字转换为图形元件,如图 14-254 所示。

图 14-252

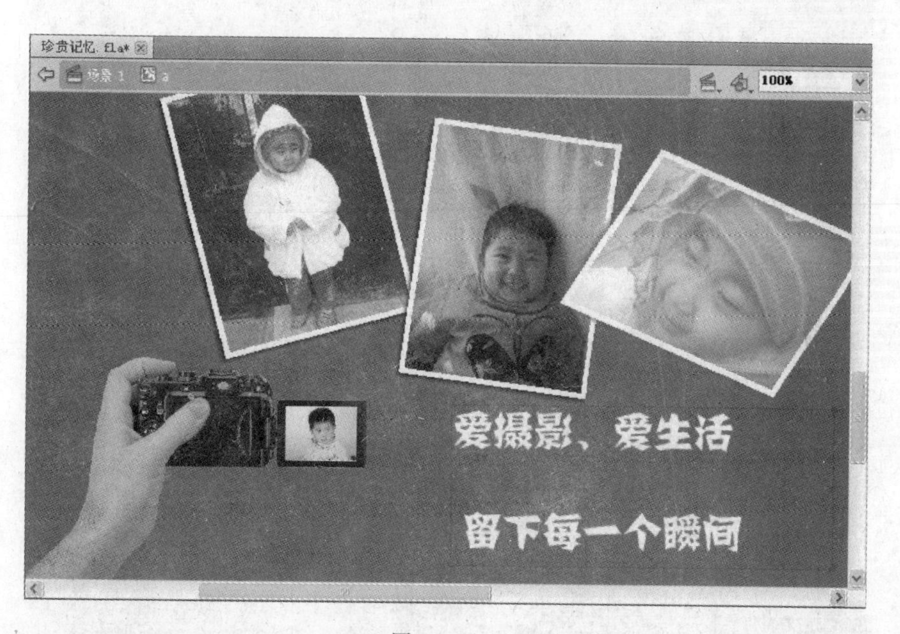

图 14-253

(22) 在“图层 5”的第 50 帧处插入关键帧，然后选择第 35 帧，使用工具箱中的“任意变形”工具将文字缩小，如图 14-255 所示。

(23) 设置文字的 Alpha 值为 0%，然后创建第 35 帧至第 50 帧中间的传统补间动画，如图 14-256 所示。

(24) 选择第 35 帧至第 50 帧中间任意一帧，设置其旋转方式为“顺时针”，如图 14-257 所示。

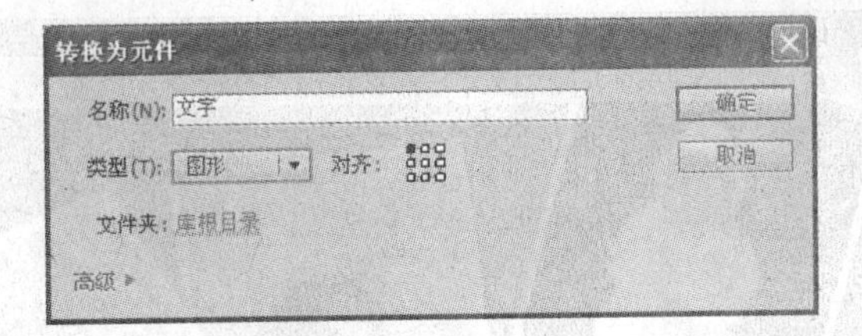

图 14-254

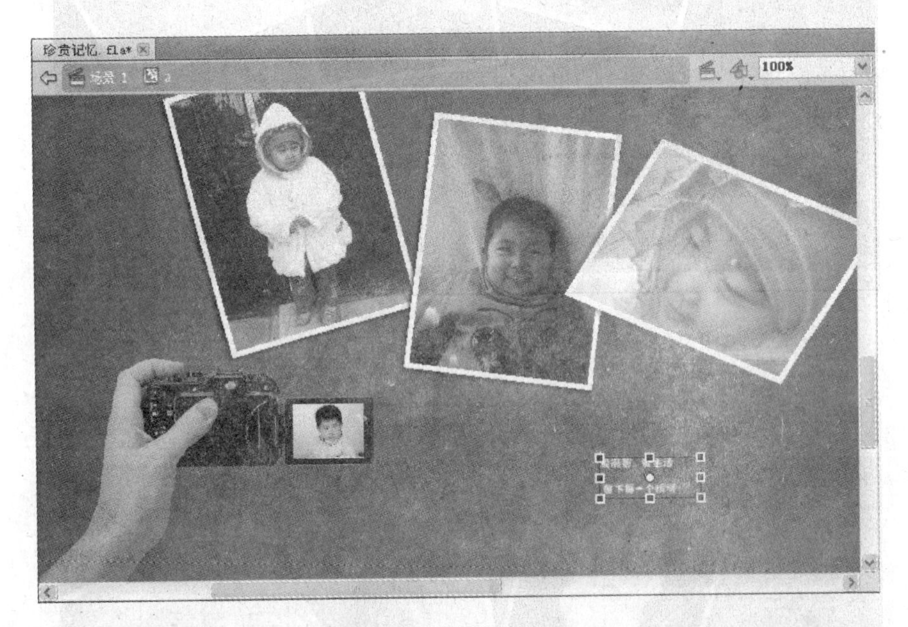

图 14-255

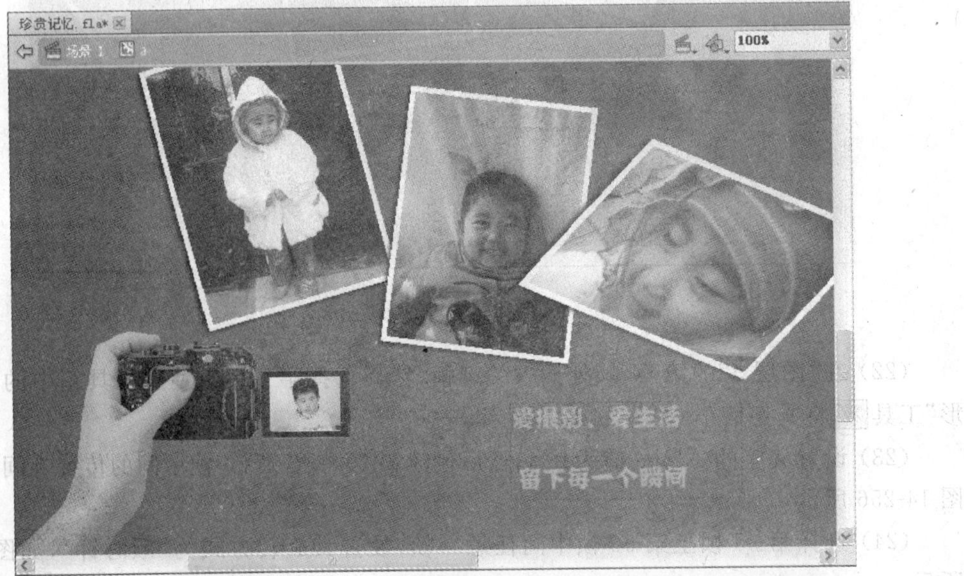

图 14-256

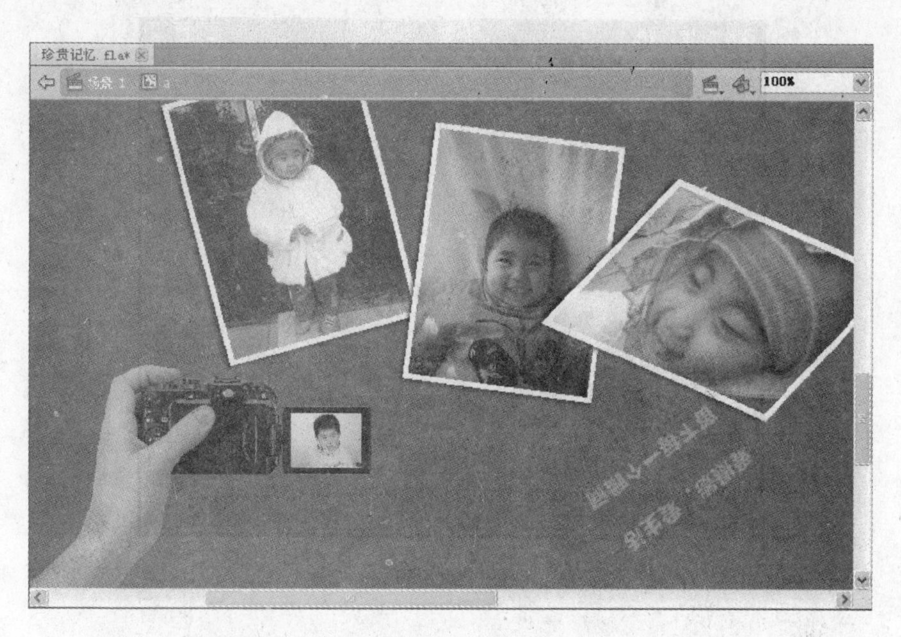

图 14-257

(25) 回到原场景中,新建"图层 2",在第 1 帧处插入关键帧,然后将元件"a"拖拽至舞台中并调整其位置和大小,如图 14-258 所示。

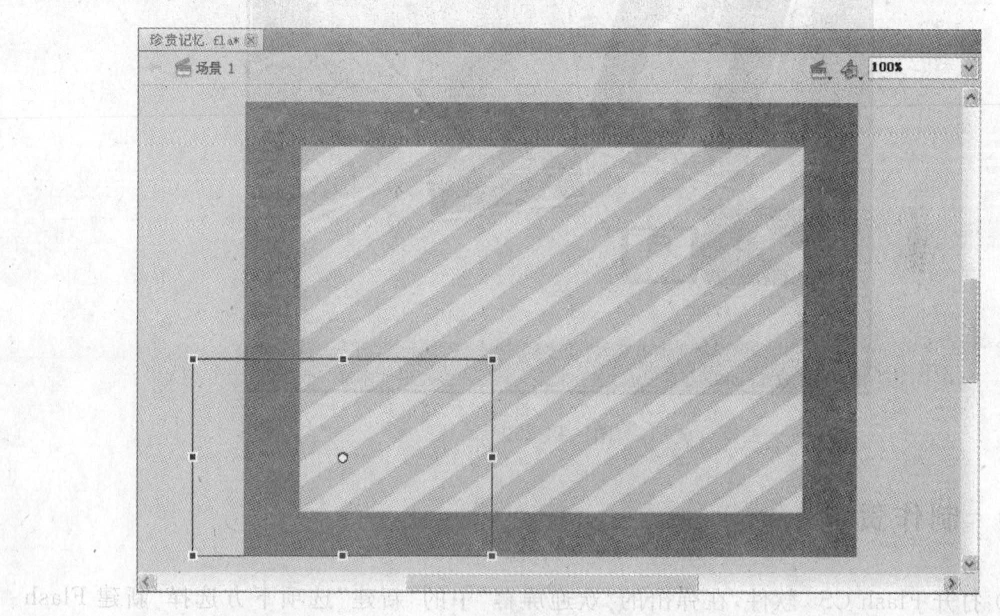

图 14-258

(26) 执行"控制"/"测试影片"命令,快捷键为 Ctrl+Enter。可以看到动画效果,如图 14-259 和图 14-260 所示。

图 14-259

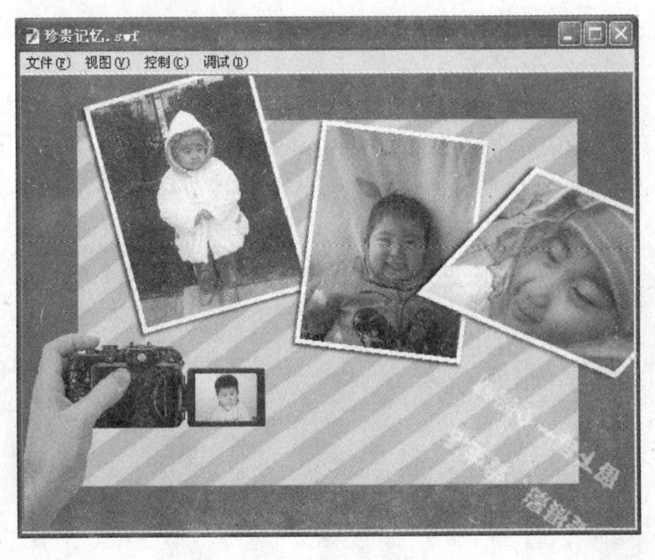

图 14-260

14.10 制作贺卡

(1) 打开 Flash CS5 软件,在弹出的“欢迎屏幕”中的“新建”选项下方选择“新建 Flash 文件(ActionScript 3.0)”选项,新建文档,如图 14-261 所示。

(2) 单击“属性”面板中的“编辑”按钮,将其尺寸设置为默认 750×400 像素,背景颜色设置为白色。导入“素材 1”到舞台中,并调整其位置和大小,如图 14-262 所示。

(3) 在图像上右击,将其转换为影片剪辑元件,如图 14-263 所示。

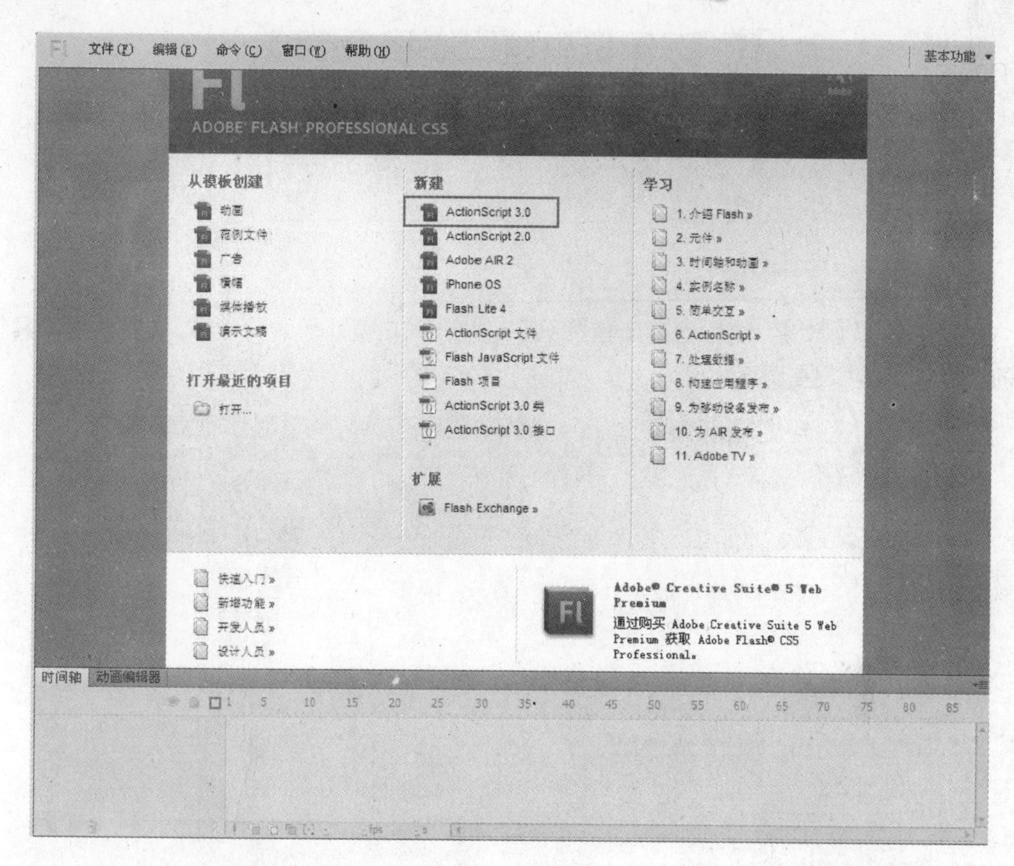

图　14-261

图　14-262

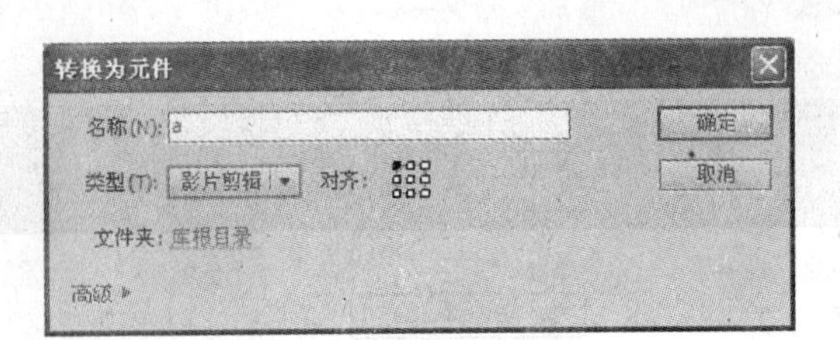

图　14-263

(4) 在第 80 帧处插入帧，然后新建“图层 2”，在第 10 帧处插入关键帧，然后使用工具箱中的“文本”工具 T 在画面中输入文字，如图 14-264 所示。

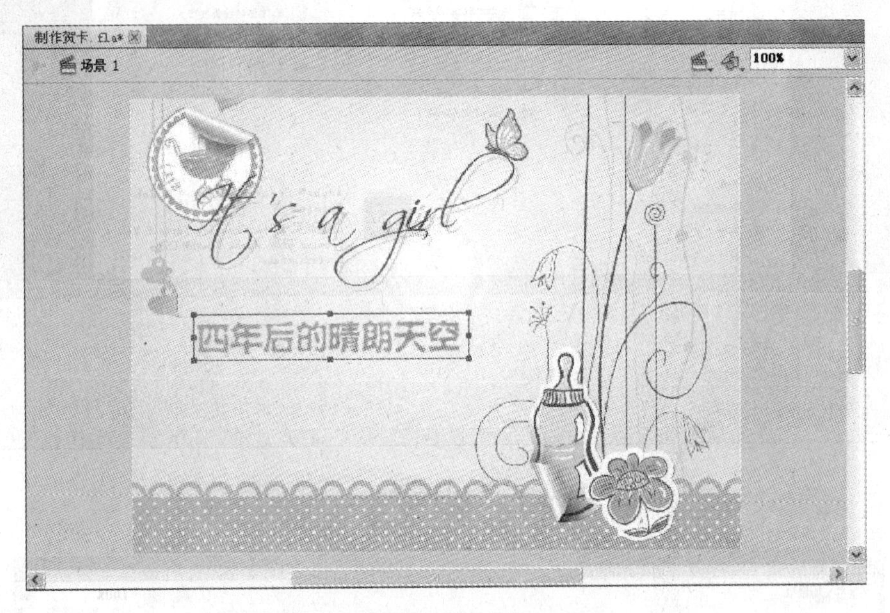

图　14-264

(5) 在文字上右击，将其转换为图形元件，如图 14-265 所示。

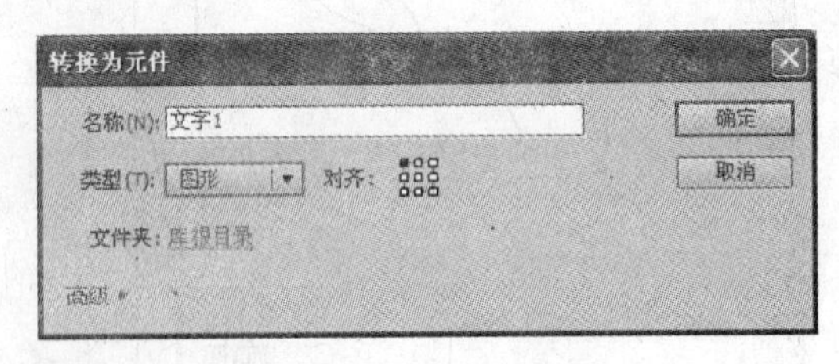

图　14-265

(6) 在“图层 2”的第 20 帧处插入关键帧，更改文字颜色，如图 14-266 所示。

(7) 在“图层 2”的第 35 帧处插入关键帧，将文字位置向上移动，如图 14-267 所示。

(8) 选择第 10 帧，设置其 Alpha 值为 0%，如图 14-268 所示。

图　14-266

图　14-267

(9) 创建第 10 帧至第 20 帧、第 20 帧至第 30 帧中间的传统补间动画，如图 14-269 所示。

(10) 新建“图层 3”，在第 25 帧处插入关键帧，然后使用工具箱中的“文本”工具 T 在画面中输入文字，如图 14-270 所示。

(11) 在文本上右击，将其转换为图形元件，如图 14-271 所示。

图 14-268

图 14-269

（12）在第35帧、第45帧处插入关键帧，然后选择第35帧，改变字体的颜色，如图14-272所示。

图 14-270

转换为元件
名称(N): 文字2
类型(T): 图形 对齐:
文件夹: 库根目录
高级 ▶
确定
取消

图 14-271

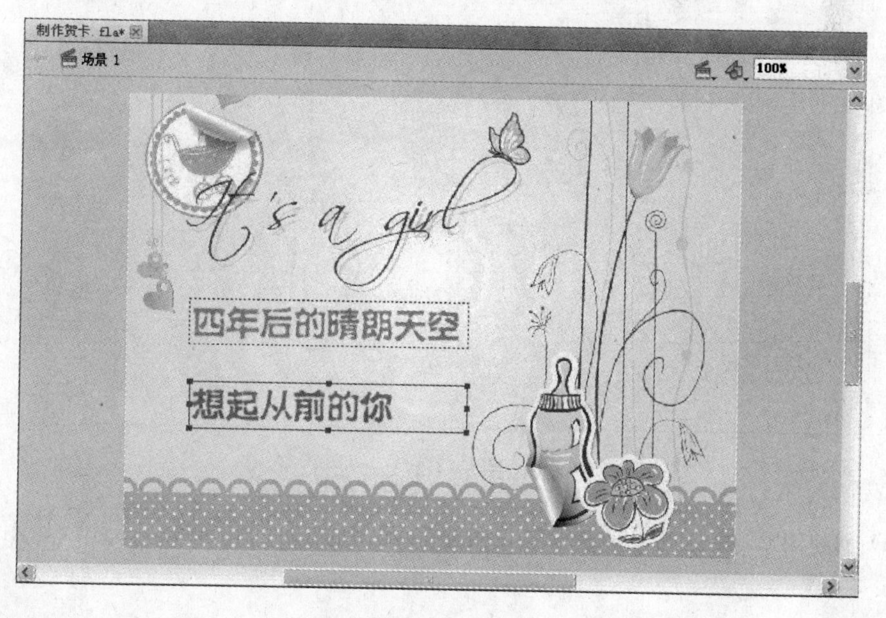

图 14-272

(13) 选择第45帧,将文本向上移动,如图14-273所示。

图 14-273

(14) 选择第25帧,设置文本的Alpha值为0%,如图14-274所示。

图 14-274

(15) 创建第25帧至第35帧、第35帧至第45帧之间的传统补间动画,如图14-275所示。

图 14-275

(16) 新建“图层 4”，在第 40 帧处插入关键帧，然后使用工具箱中的“文本”工具 T 在场景中输入文字，如图 14-276 所示。

图 14-276

(17) 在文字上右击，将其转换为图形元件，如图 14-277 所示。

(18) 在第 50 帧、第 60 帧处插入关键帧。选择第 50 帧，改变文本颜色，如图 14-278 所示。

(19) 选择第 60 帧，将文本向上移动，如图 14-279 所示。

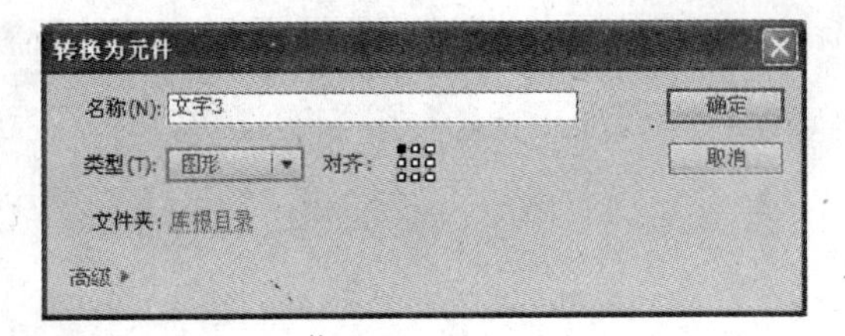

图 14-277

图 14-278

图 14-279

(20) 选择第 40 帧，设置其 Alpha 值为 0%，如图 14-280 所示。

图 14-280

(21) 创建第 40 帧至第 50 帧、第 50 帧至第 60 帧中间的传统补间动画，如图 14-281 所示。

图 14-281

(22) 新建“图层 5”，导入“素材 2”，在第 80 帧处插入关键帧，将“素材 2”导入舞台中，并调整其位置和大小。同时在“图层 5”的第 160 帧处插入帧，如图 14-282 所示。

图 14-282

(23) 用同样的方法制作文字的逐步淡入效果。最终效果如图 14-283 所示。

图 14-283

(24) 同样导入“素材 3”,也制作文字的逐步淡入效果。最终效果如图 14-284 所示。

(25) 导入声音文件,新建图层,将声音文件拖拽至舞台中,如图 14-285 所示。

(26) 执行“控制”/“测试影片”命令,快捷键为 Ctrl+Enter,可以看到贺卡的展示效果,如图 14-286、图 14-287 和图 14-288 所示。

图 14-284

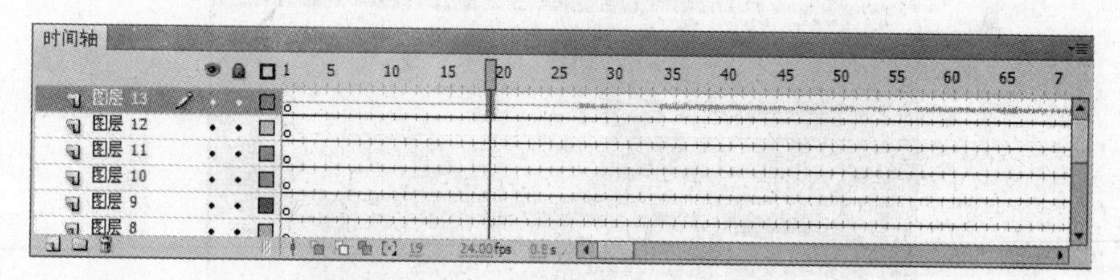

图 14-285

图 14-286

图 14-287

图 14-288

14.11 产品展示

(1) 打开 Flash CS5 软件,在弹出的"欢迎屏幕"中的"新建"选项下方选择"新建 Flash 文件(ActionScript 3.0)"选项,新建文档,如图 14-289 所示。

(2) 单击"属性"面板中的"编辑"按钮,将其尺寸设置为 750×350 像素,如图 14-290 所示。

(3) 执行"插入"/"新建元件"命令,快捷键为 Ctrl+F8,新建一个名为"a"的"影片剪辑"类型的元件,如图 14-291 所示。

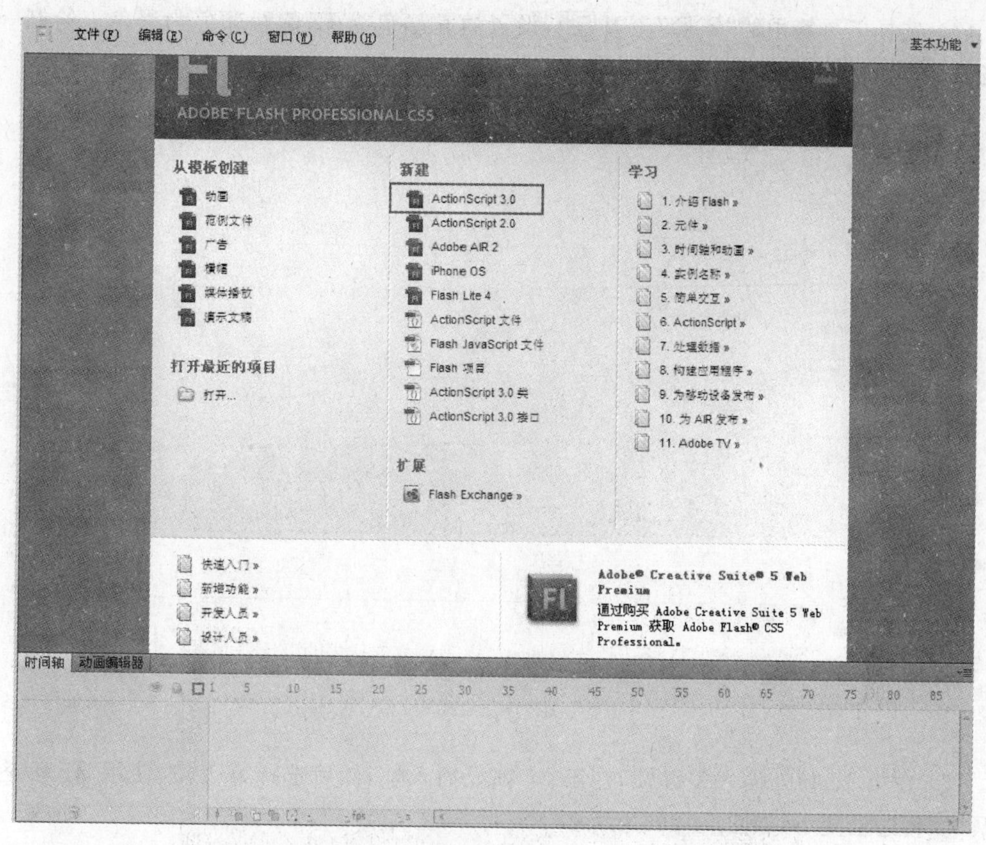

图　14-289

图　14-290

图　14-291

(4) 选择工具箱中的“矩形”工具，设置填充颜色为无，笔触颜色为黑色。绘制一个与场景同样大小的框，如图 14-292 所示。

图 14-292

(5) 在第 15 帧处插入关键帧，在第 87 帧处插入帧，然后选择第 1 帧，使用“任意变形”工具将边框变小，如图 14-293 所示。

图 14-293

(6) 创建第 1 帧至第 15 帧中间的形状补间，如图 14-294 所示。

(7) 导入素材“背景”到“库”面板中，然后新建“图层 2”，在第 16 帧处插入关键帧，将“背景”拖拽至舞台中，并调整其位置和大小，将背景图转换成为元件，如图 14-295 所示。

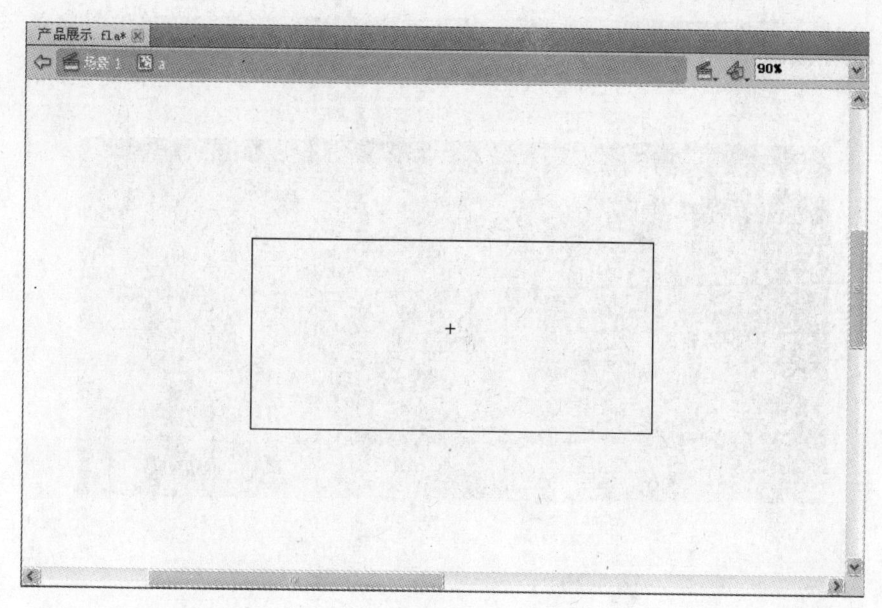

图 14-294

图 14-295

(8) 选择工具箱中的“文本”工具T，在场景左上角输入相关商家信息，如图 14-296 所示。

(9) 在“图层 2”的第 28 帧处插入关键帧，然后选择第 16 帧的背景图，设置其 Alpha 值为 0%，然后创建第 16 帧至第 28 帧中间的传统补间动画，如图 14-297 所示。

(10) 新建“图层 3”，在第 87 帧处输入脚本代码，如图 14-298 所示。

(11) 导入“素材 1”、“素材 2”、“素材 3”到“库”面板中。然后新建影片剪辑元件“b”，如图 14-299 所示。

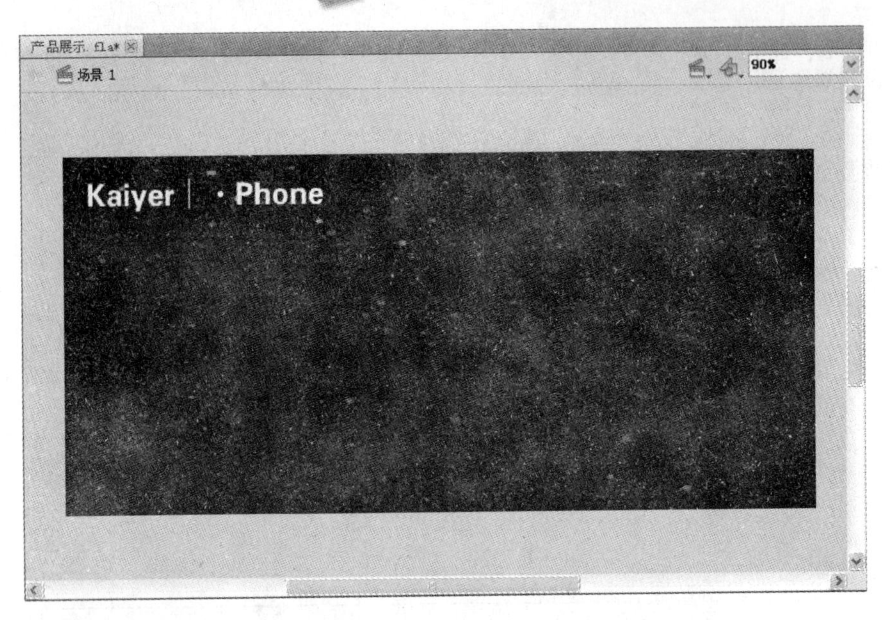

图 14-296

图 14-297

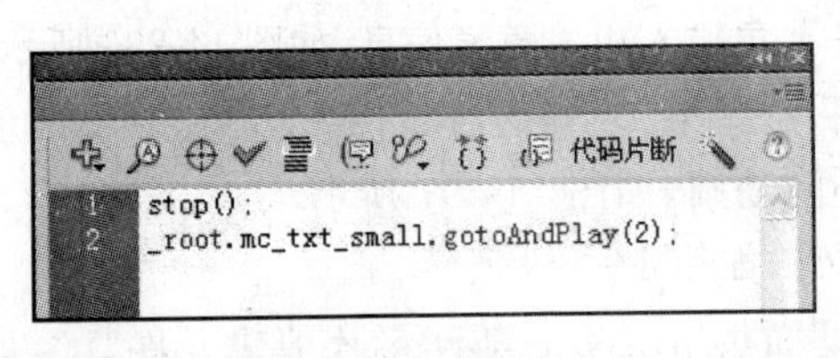

图 14-298

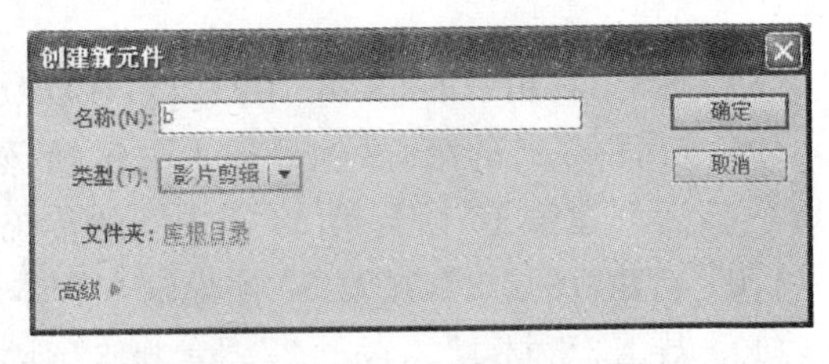

图 14-299

(12) 单击“确定”按钮后，即可进入影片剪辑的编辑区域。将“素材 1”拖拽至场景中，如图 14-300 所示。

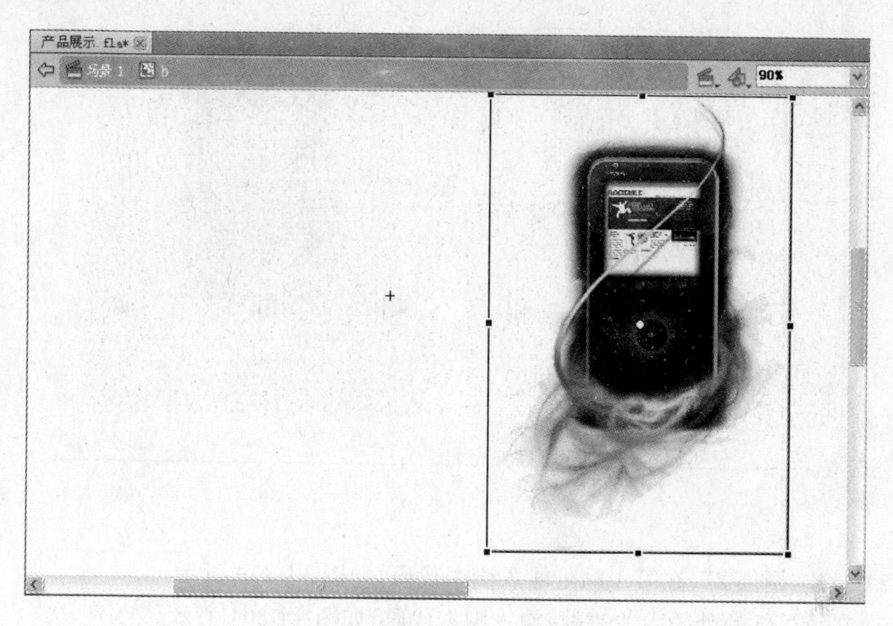

图　14-300

(13) 在第 30 帧、第 100 帧、第 130 帧处分别插入关键帧，然后设置第 1 帧、第 130 帧处的元件的 Alpha 值为 0%，如图 14-301 所示。

图　14-301

(14) 创建第 1 帧至第 30 帧和第 100 帧至第 130 帧中间的传统补间动画，如图 14-302 所示。

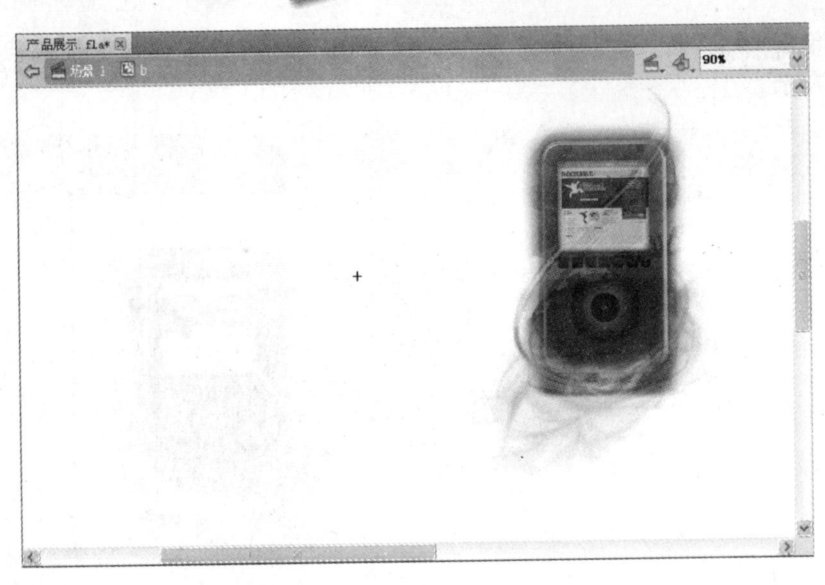

图 14-302

(15) 新建"图层 2",在第 1 帧处输入脚本代码,如图 14-303 所示。

(16) 在第 130 帧处插入关键帧,输入脚本代码,如图 14-304 所示。

图 14-303

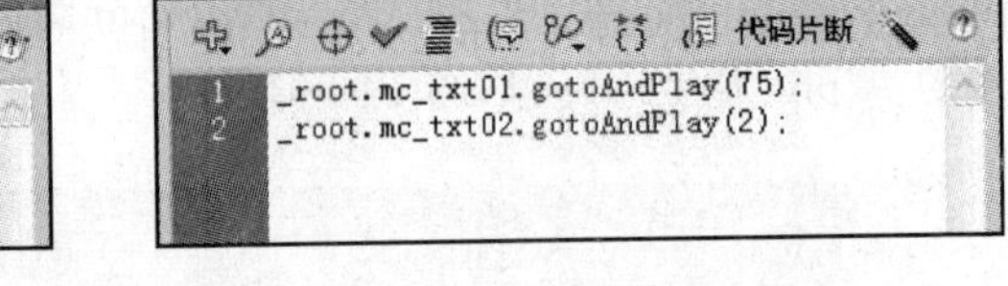

图 14-304

(17) 用同样的方法制作影片剪辑元件"c"和"d",如图 14-305 和图 14-306 所示。

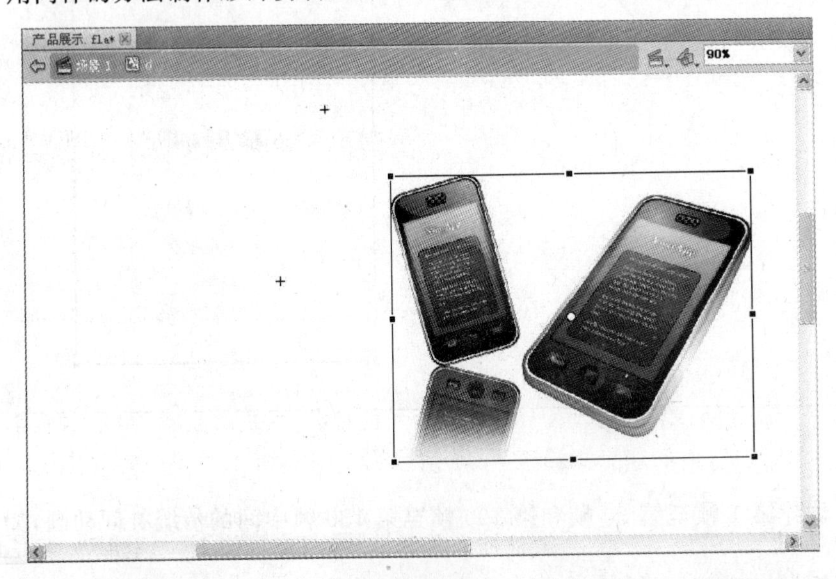

图 14-305

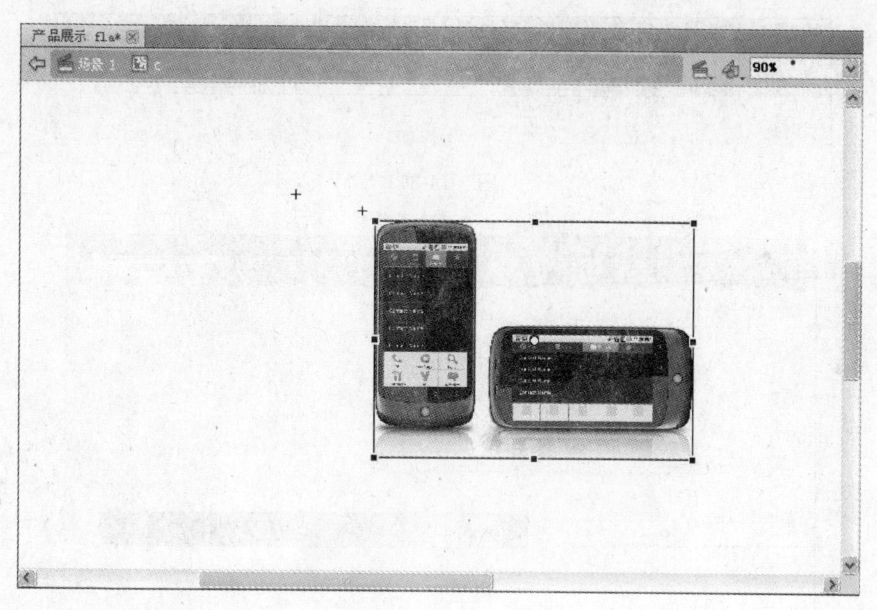

图 14-306

(18) 新建影片剪辑元件“文字”，如图 14-307 所示。

(19) 使用工具箱中的“文本”工具 T 在舞台中输入白色文字，如图 14-308 所示。

图 14-307

图 14-308

(20) 按 Ctrl+B 两次将文字打散，如图 14-309 所示。

(21) 在被打散的文字上右击，将其转换为元件，如图 14-310 所示。

Everybody News X1

图 14-309

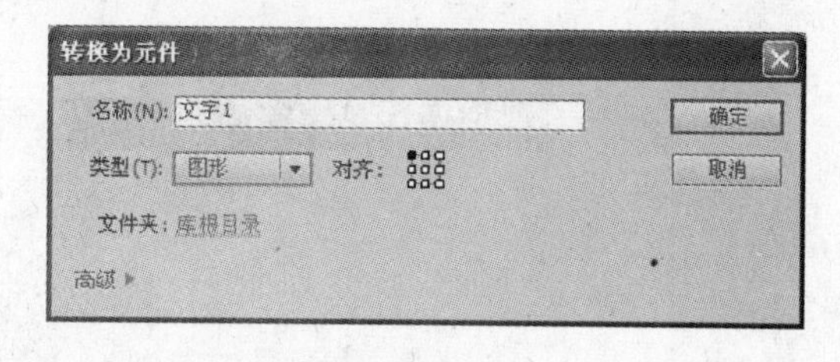

图 14-310

(22) 在第 20 帧、第 70 帧、第 100 帧处插入关键帧，然后分别设置第 1 帧、第 70 帧处的 Alpha 值为 0%。然后创建第 1 帧至第 20 帧、第 70 帧至第 100 帧中间的传统补间动画，如图 14-311 所示。

(23) 新建“图层 2”，在第 20 帧处插入关键帧，使用工具箱中的“矩形”工具 在场景中绘制渐变矩形，如图 14-312 所示。

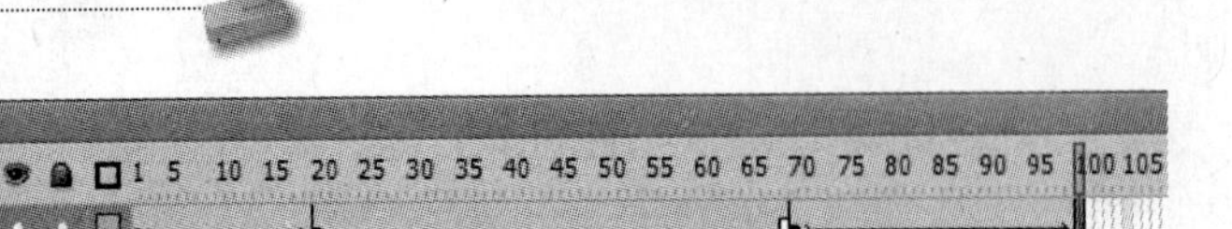

图 14-311

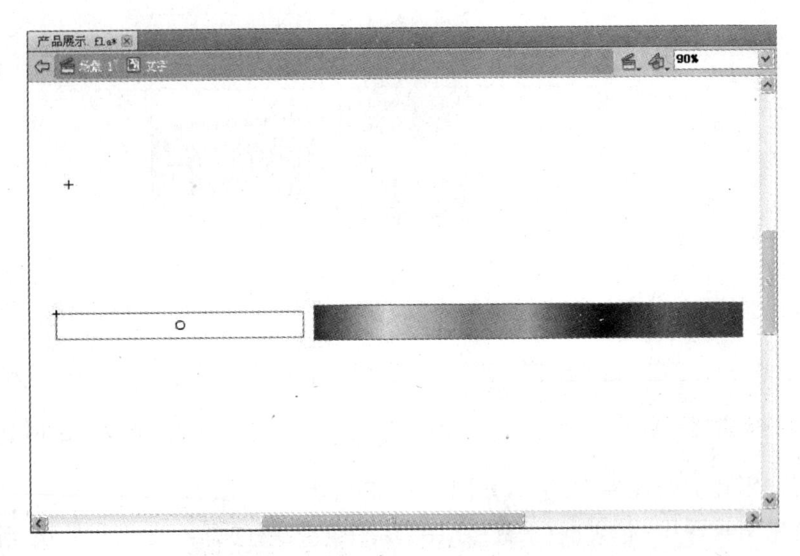

图 14-312

(24) 在第 70 帧处插入关键帧,调整渐变矩形的位置,如图 14-313 所示。

图 14-313

(25) 创建第 20 帧至第 70 帧中间的形状补间动画。新建"图层 3",在第 20 帧处插入帧,复制"图层 1"中第 20 帧的元件,原位粘贴到该帧上。然后在"图层 3"上右击,设置遮罩层,效果如图 14-314 所示。

图　14-314

（26）然后新建“图层 4”，在第 1 帧处输入“stop();”脚本代码，在第 70 帧处插入关键帧，输入如图 14-315 所示代码。

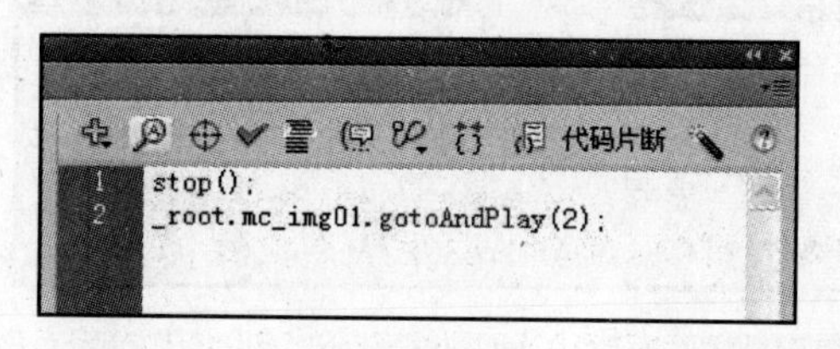

图　14-315

（27）用同样方法制作其他两个文字影片剪辑元件，“文字 a”、“文字 b”，如图 14-316 和图 14-317 所示。

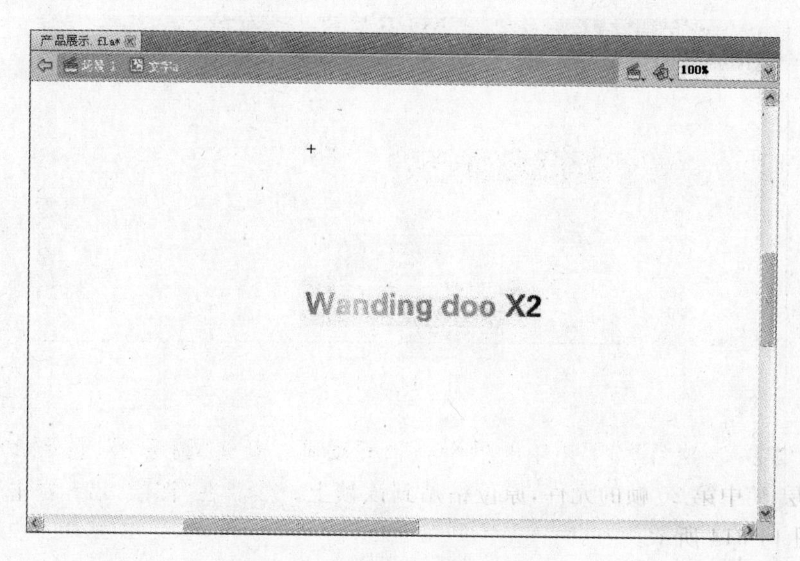

图　14-316

图　14-317

(28) 插入影片剪辑元件“正文”，如图 14-318 所示。

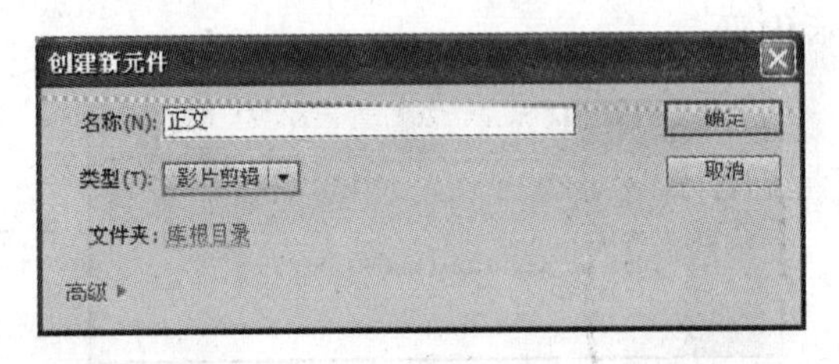

图　14-318

(29) 单击“确定”按钮后，即可进入影片剪辑元件的编辑区域。使用工具箱中的“文本”工具 T 输入文字，如图 14-319 所示。

图　14-319

(30) 右击，将其转换为元件，如图 14-320 所示。

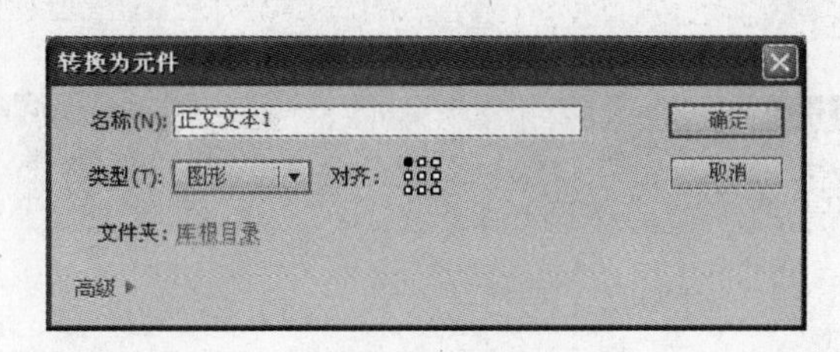

图　14-320

(31) 在第 87 帧处插入帧，然后在第 30 帧处插入关键帧。选择第 1 帧，设置其 Alpha 值为 0%。创建第 1 帧至第 30 帧中间的传统补间动画，如图 14-321 所示。

图　14-321

(32) 新建"图层 2"，在第 30 帧处插入关键帧，使用工具箱中的"文本"工具 T 在场景中输入文字，如图 14-322 所示。

图　14-322

(33) 返回到场景中，将影片剪辑元件“a”拖拽至场景中，并调整其位置和大小，如图 14-323 所示。

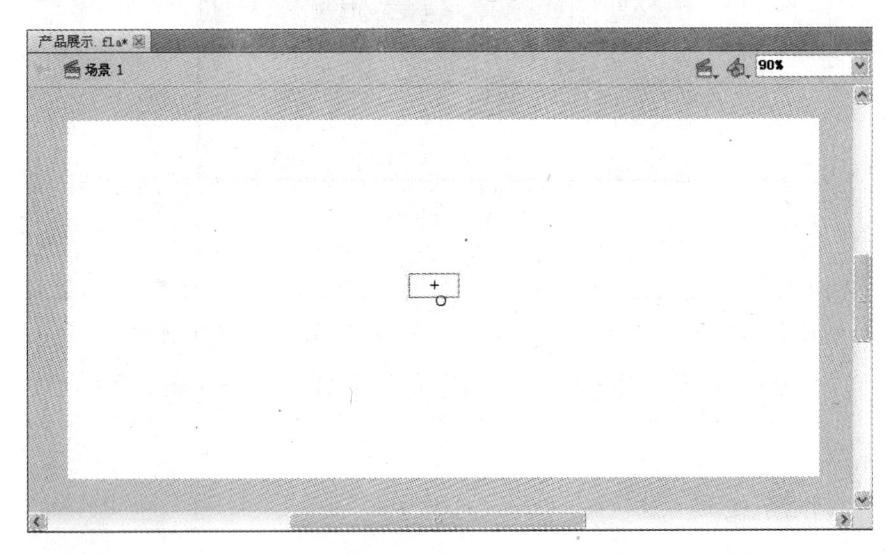

图 14-323

(34) 新建“图层 2”，将影片剪辑元件“b”拖拽至场景中，并调整其位置和大小，如图 14-324 所示。

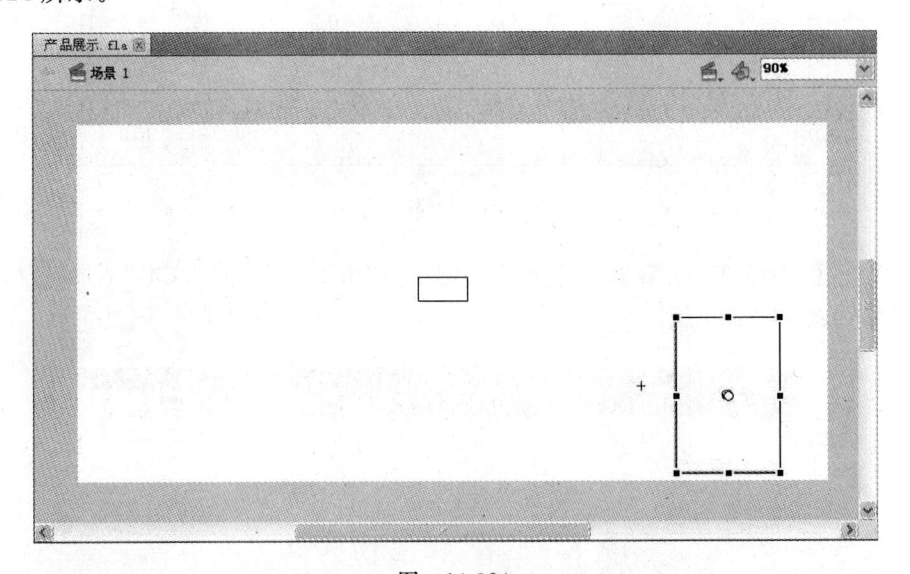

图 14-324

(35) 选中该元件，在其“属性”面板中设置“实例名称”为“mc_img01”，如图 14-325 所示。

(36) 新建“图层 3”，将影片剪辑元件“c”拖拽至舞台中，然后调整其位置和大小。在“属性”面板中设置实例名称为“mc_img02”，如图 14-326 和图 14-327 所示。

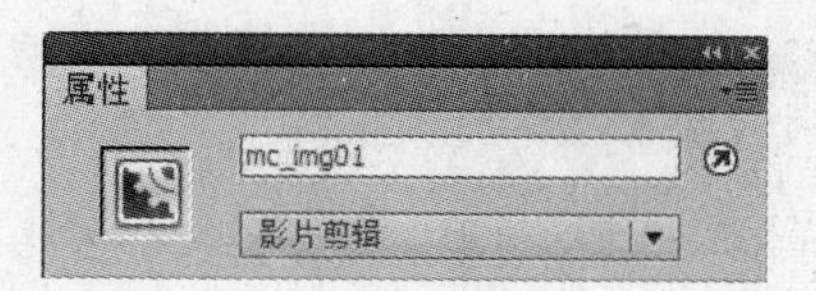

图 14-325

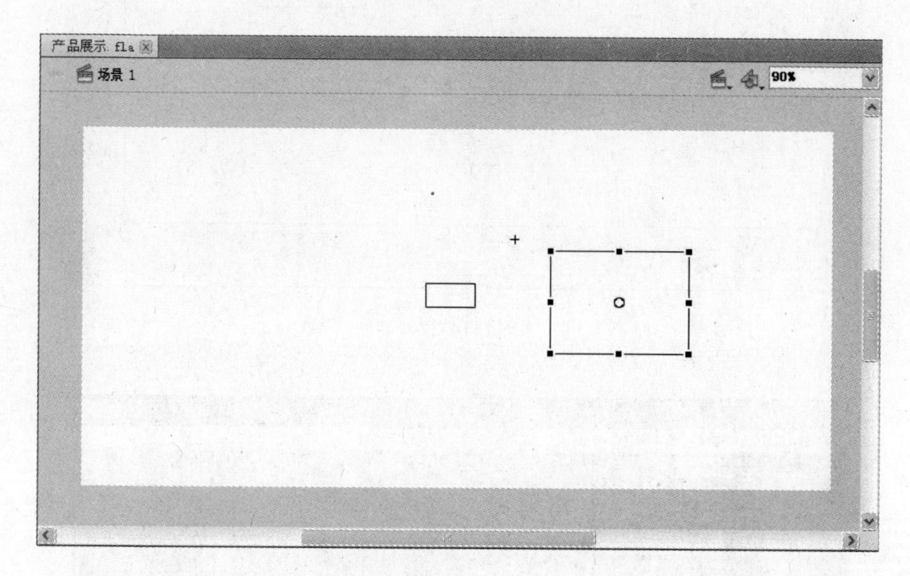

图 14-326

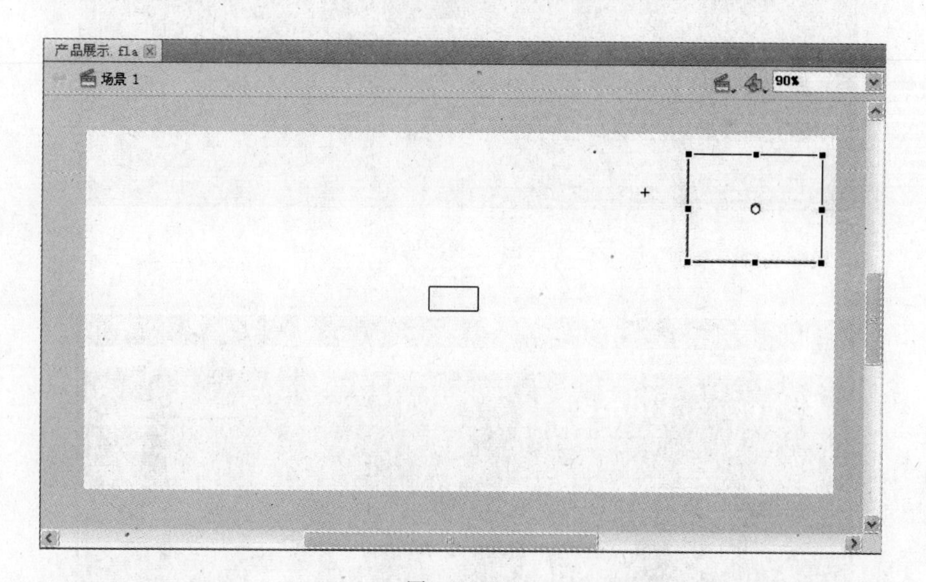

图 14-327

(37) 新建图层，将其他元件拖拽至场景中。同时设置相应的实例名称，如图 14-328 所示。

(38) 执行“控制”/“测试影片”命令，快捷键为 Ctrl＋Enter。即可看到动画的播放效果，如图 14-329 和图 14-330 所示。

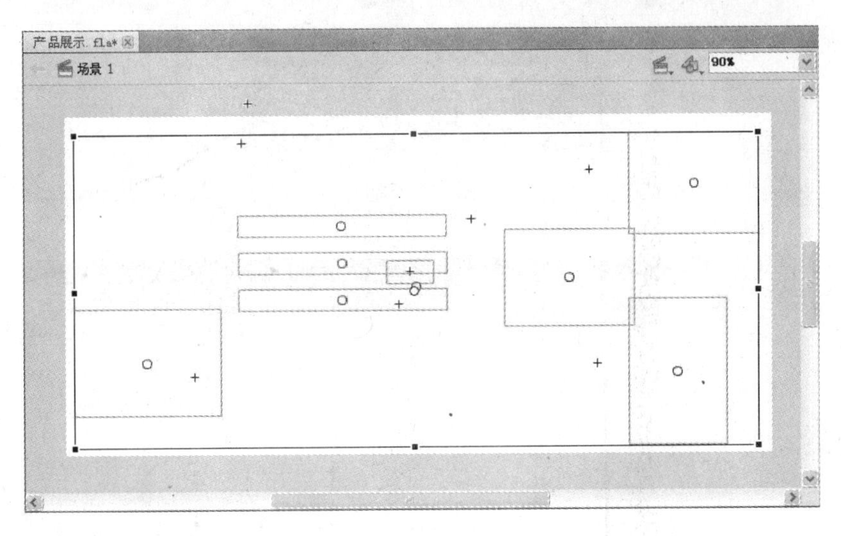

图 14-328

图 14-329

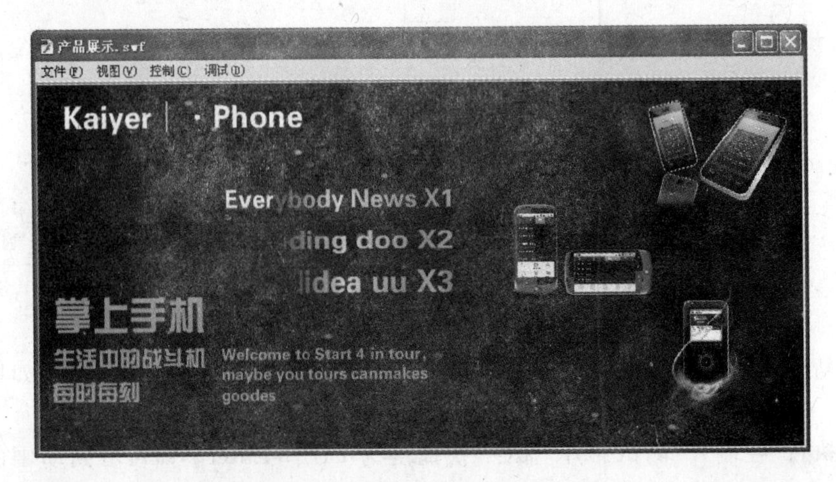

图 14-330